현장 수목관리자를 위한 교목에 대한 구조와 생리의 융합적 접근

응용 교목 생물학

Applied Tree Biology

Andrew D. Hirons · Peter A. Thomas 지음 | 이규화 옮김

BIO BIOSCIENCE (주)바이오사이언스출판

응용 교목 생물학

현장 수목관리자를 위한 교목에 대한 구조와 생리의 융합적 접근

초판 인쇄: **2021년 4월 23일**
초판 발행: **2021년 4월 30일**

지은이: **Andrew D. Hirons/Peter A. Thomas**
옮긴이: 이 규 화
발행인: 문 정 구
발행처: (주)바이오사이언스출판
본　사: **10860 경기도 파주시 탄현면 국화향길 10-56, 1동**
서울 사무소: **06569 서울특별시 서초구 도구로 115, 1층(방배동)**
전　화: (02)581-4057~8
팩　스: (02)581-4059
이메일: inquiry@biosciencepub.com
홈페이지: http://www.biobooks.co.kr
ISBN: 978-89-6824-120-8 93520

등록번호: 제22-3079호
값 38,000원

제사(題詞)

한마디로, 두드러지고 숭고한 진실을 말한다면, 나무와 숲은 전 세계를 두 번 구했다. 처음에는 방주(方舟, ark)로, 다음은 에덴동산의 선악과를 완전히 속죄한 십자가(十字架, cross)로; 골고다(Golgotha) 언덕 위의 십자가에 의해 세상은 다시 한 번 새롭게 태어난 것이다.

1664년 판 John Evelyn의 *Sylva*에서

목차

도움을 준 사람들 ... xii

추천자 머리말 ... xiii

지은이 머리말 ... xv

옮긴이 머리말 ... xvii

1장 서론 1

1.1 교목의 지구적인 가치 ... 1

1.2 도시 교목의 가치 ... 3

1.3 교목 관리하기 ... 6

2장 목질의 골격: 수간과 가지 17

2.1 교목은 무엇인가? ... 17

2.2 교목은 어떻게 자라는가? ... 18

2.3 교목 설계 ... 22

2.4 줄기는 어떻게 자라는가? ... 23

- 블록 쌓기: 분열조직과 눈 ... 23
- 눈으로부터 새로운 줄기 발생 ... 27

2.5 정아우세와 정아통제 ... 30

2.6 잠아지와 발아 ... 32

- 잠아지(새순) ... 33
- 기부 맹아 ... 36
- 가지와 수간 잠아지 ... 37

• 기회 잡아지 … 37
• 땅속에서 발생하는 맹아지 … 39

2.7 발아의 실무적인 고려 … 42
• 기계적인 손상에 반응한 발아 … 42
• 교란에 반응한 발아 … 43

2.8 이차생장 … 43
• 유관속 형성층 … 44
• 목질 세포벽의 비후 … 48
• 세포예정사 … 51

2.9 수피와 이차사부 … 51
• 수피는 어떻게 자라는가 … 52
• 수피의 변이 … 55

2.10 이차목부 – 목재 … 57

2.11 목재에서 발견되는 서로 다른 세포 유형 … 59
• 목재 내 살아 있는 세포 – 유조직 … 61
• 목재 내 살아 있지 않은 세포 – 도관, 가도관, 섬유 … 63

2.12 목재 구조의 변이 … 66
• 나자식물 목재 … 66
• 쌍자엽식물 목재 … 68

2.13 변재와 심재 … 72
• 변재와 물의 이동 … 73
• 심재 … 76
• 변재와 심재 – 전정 작업을 위한 고려 … 79

2.14 목재 설계에서의 상충 … 79
• 상충과 물의 이동 … 81
• 동결로 인한 공동현상 … 84
• 가뭄으로 인한 공동현상 … 86

2.15 교목 각부위 로의 물 이동 – 유관속 영역구분 … 90

3장 잎과 수관 97

3.1 피자식물 잎 ... 99
- 피자식물 잎의 해부학적 구조 ... 103

3.2 나자식물 잎 ... 105
- 나자식물 잎의 해부학적 구조 ... 107

3.3 유엽 ... 108

3.4 양엽과 음엽 ... 110

3.5 잎의 배열 ... 113

3.6 복엽 ... 115

3.7 상록성 잎과 낙엽성 잎 ... 117
- 상록성 잎과 낙엽성 잎의 가치 ... 119

3.8 잎의 생물계절학 ... 123

3.9 교목 수관 ... 129
- 교목 수관의 형태 ... 133
- 교목 수관 내 가지의 역할 ... 136
- 교목 수관의 생체역학적 설계 ... 138
- 이상재 ... 154

3.10 자연현상으로서의 가지 탈락 ... 156

3.11 교목 전정 ... 159
- 전정 작업 ... 162

3.12 교목 수관 지지 ... 167

4장 교목 뿌리 175

4.1 뿌리 생장과 발달 ... 176

4.2 뿌리 시스템 ... 181

4.3 이차 뿌리 생장 ... 184

4.4 뿌리 체계 ... 187

4.5 뿌리 고착 ... 190
4.6 뿌리 시스템의 범위 ... 192
4.7 뿌리는 언제 자라는가? ... 195
4.8 토양 답압 ... 200
- 뿌리 발달에 대한 토양 저항 ... 203
- 토양 답압 관리 ... 206
- 멀칭 ... 209
- 이완 ... 209

4.9 교목 뿌리를 위한 적정 토양부피 추정 ... 212
4.10 도시 환경에서 토양 부피 키우기 ... 222

5장 교목의 다음 세대: 씨앗에서 식재까지 231

5.1 꽃, 씨앗, 열매 ... 231
5.2 꽃과 수분의 변이 ... 234
5.3 모든 씨앗이 수분을 필요로 하는 것은 아니다 ... 237
5.4 생식의 대가 ... 239
5.5 관련된 수치들 ... 241
5.6 도시경관에서의 개화와 결실 ... 244
5.7 교목 작물 ... 247
5.8 영양생식 ... 248
5.9 교목 재배 ... 252
- 씨앗과 원산지 ... 252
- 씨앗 저장 ... 254
- 씨앗 휴면 ... 256
- 발아 ... 259
- 실생묘 ... 260

5.10 교목 정착 – 생산에서 경관까지 ... 262
5.11 교목 정착의 추진력 ... 263

5.12 수종 선택 ... 266

5.13 교목 품질 ... 273

- 농장 생산 ... 273

5.14 뿌리 전개 환경 ... 281

5.15 수목관리 실무 ... 283

6장 교목과 물 295

6.1 물은 교목 발달에 필수적이다 ... 295

6.2 수분포텐셜의 중요성 ... 296

6.3 교목은 토양 함수량이 아닌 토양 수분포텐셜을 체험한다 ... 298

6.4 토양 수분 가용성 관리 ... 300

6.5 세근이 수분 흡수에 매우 중요하다 ... 308

6.6 수력학적 재분배 ... 310

6.7 뿌리에서 줄기로의 수액 상승 ... 314

6.8 증산작용 ... 316

6.9 수분 손실에 대한 저항 ... 317

7장 교목과 탄소 323

7.1 탄소는 사부를 거쳐 공급원에서 수용부로 이동한다 ... 325

7.2 광합성에 영향을 미치는 빛과 다른 환경적인 변수 ... 327

- 저광도에 대한 대응 ... 330
- 과도한 햇빛에 대한 대응 ... 332
- 광 환경과 내음성의 실무적인 암시 ... 334

7.3 기타 광합성에 영향을 미치는 핵심 요소 – 기온, 영양소, 물 ... 335

7.4 종에 따라 잎의 광합성 능력이 크게 다르다 ... 337

7.5 큰 그림 – 수년 간에 걸친 탄소 획득 ... 339

7.6 교목 내 탄소 동역학: 생산, 사용, 저장 ... 341

7.7 교목은 어떻게 죽는가? ... 346

7.8 경관 교목의 탄소 수지 개선 ... 348

7.9 교목의 연중 탄소 동역학과 수목관리 작업의 시기 선택 ... 348

8장 교목 영양 353

8.1 필수영양소 ... 354

8.2 영양소 흡수 ... 356

- 영양소 획득을 도와주는 공생관계 ... 359
- 양분 유효도에 영향을 미치는 기타 요소 – pH, 수분, 통기, 온도 ... 363

8.3 영양소 순환 ... 365

8.4 교목 영양 관리 ... 369

9장 다른 유기체와의 상호작용 375

9.1 서식지와 숙주로서의 교목 ... 375

9.2 수목과 착생식물 ... 376

9.3 미생물 ... 379

- 공생 곰팡이 ... 380
- 상업적 접종제 ... 383
- 병원성 곰팡이 ... 384

9.4 줄기의 방어 ... 392

- 줄기 방어의 역사적 추이 ... 392
- 줄기 방어 ... 393
- 수피 상처의 영향 ... 395
- 상처발생이 변재에 미치는 영향 ... 398
- 전정과 상처발생 ... 402
- 줄기 부후 ... 403

• 세균 ... 406

9.5 곤충 ... 407

• 꽃가루 매개자와 방어자로서의 곤충 ... 407
• 흡즙곤충과 식엽곤충 ... 409
• 목재와 수피 천공충 ... 411
• 해충, 병, 환경적 스트레스의 시너지 효과 ... 415

9.6 포유동물과 새 ... 416

• 씨앗 전파자 ... 416
• 새와 포유동물에 의한 상처 ... 417

9.7 서식지로서의 교목 관리하기 ... 417

9.8 죽은 목재 ... 426

10장 교목에 대한 환경적 도전 437

10.1 식물 스트레스의 회피와 내성 ... 438

10.2 순화와 적응 ... 439

10.3 내한성 ... 440

• 내한성 확보 ... 441
• 내한성 지도 ... 441
• 교목에 대한 한해 ... 444
• 영하 기온에서의 결빙 회피 ... 445
• 세포 원형질체 바깥의 얼음 형성 ... 446
• 서리 피해 ... 446

10.4 고온 ... 451

• 고온에 대한 대응 ... 452

10.5 가뭄과 수분 결핍 ... 455

• 수분 결핍과 교목 발달 ... 456
• 회피와 내성 전략을 활용한 수분 부족에 대한 저항 ... 461
• 열악한 도시 부지에 대한 내건성 ... 465

10.6 범람과 침수 내성 ... 469

- 범람 피해 ... 470
- 범람과 토양 ... 471
- 범람 저항성의 변이 ... 472
- 범람에 대한 구조적 적응 ... 473
- 범람에 대한 생리적 적응 ... 476
- 도시 환경에 적응된 수변 교목 ... 477

10.7 내염성 ... 478

- 염류토양의 탈수와 독성 피해 ... 479
- 관상수 식재 시 염류토양 관리하기 ... 481

찾아보기 ... 487

도움을 준 사람들

Richard C. Beeson Jr.
Mid-Florida Research and Education Center
University of Florida
Apopka, FL, USA

A. Roland Ennos
School of Biological, Biomedical and Environmental Sciences
The University of Hull
Hull, UK

David Lonsdale
Alton
Hampshire, UK

Glynn C. Percival
R.A. Bartlett Tree Research Laboratory
University of Reading
Reading, UK

Henrik Sjöman
Department of Landscape Architecture, Planning and Management
Swedish University of Agricultural
Sciences
Alnarp, Sweden;
Gothenburg Botanical Garden
Gothenburg, Sweden

Duncan Slater
Department of Greenspace
University Centre Myerscough
Bilsborrow
Preston, UK

추천자 머리말

실무적인 수목관리학(arboriculture)은 숙련된 수목관리전문가(arborist)에 의해 통합된 교목 관리의 '기예'(技藝, art)와 '과학'(科學, science)이다. 두 분야가 적기에 올바르게 적용되면, 그 결과는 아름다운 경관에서 생존하는 더욱 건강하고 스트레스를 덜 받는 교목으로 나타난다.

수목관리전문가로서 우리는 교목을 어떻게 올바르게 전정할 것인가, 과거의 '평절'(平切, flush cutting) 기술이 아닌 '표적 전정'(標的剪定, target pruning) 원리에 따라 모지(母枝, parent branch)에 부착된 지점을 기준으로 어디서 최종절단을 해야 하는가 등과 같은 교목 작업의 규율을 배운다. 그러나 우리들 중 많은 사람들은 식물 생리학에 대한 제대로 된 이해와 왜 표적 전정을 해야 하는가에 대한 지식 없이 이러한 원리들을 당연한 것으로 생각하고 그대로 받아들인다.

내가 가장 존경하는 전임자 중 한 분은 19세기 후반에 왕립식물원(Royal Botanic Gardens) Kew Gardens의 수목원(樹木園, Arboretum)에서 일한 William Dallimore였다. 그는 원장인 William Turner Thisleton-Dyer경에 의해 Kew Gardens에 고용된 최초의 수목관리전문가들 중 한 사람으로, 그의 임무는 임학적 원리를 다듬고 적합하도록 변형함으로써 Kew Gardens 수목원에서 수집한 표본 교목의 유지관리를 향상시키는 것이었다. 여기서 그는 매우 성공적인 결과를 거두면서 일했지만, 이는 대부분의 작업 뒤에 숨은 과학에 대한 이해 없이 자신이 수행한 전정 작업 이후에 정원에서 관찰되는 결과에 기반을 두었다. 그는 긴 가지터기를 남기면 말라죽게 되고 결국에는 부후된다고 언급하면서, 자신의 일기에 다양한 수종들이 일련의 손 도구와 함께 자신이 사용한 다양한 전정 기술에 어떻게 반응하는가를 적어두었다. 그는 자신의 팀을 지켜보면서, 이들의 작업이 불만스러우면 해당 절단을 올바르게 마무리하였다. 그는 이러한 관찰을 기반으로 책을 썼는데, 그 책이 1926년에 첫 출판된 *The Pruning of trees and shrubs; being a description of the methods practiced in the Royal Botanic Gardens, Kew*이다. 당시의 Dallimore와 달리, 오늘날 우리는 전정 작업을 1960년대와 1970년대의 과학적인 연구 결과에 기반을 둔다. 북미 식물병리학자인 Alex Shigo박사가 발표한 'CODIT'(compartmentalization of decay in trees, 수목 내 부후의 구획화) 이론은 전 세계 수목관리 실무를 보다 나은 방향으로 바꾸었다.

수목관리전문가들이 원리 뒤에 숨은 과학과 함께 최종 절단을 할 때 톱날의 정확한 위치와 같이 자신들이 전정을 어떻게 해야 하는가를 알게 되면, 이렇게 하는 것이 해당 교목의 장수와 건강에 더 좋다는 것을 알게 되고, 보다 논리적으로 생각하여 이 작업을 보다 쉽게 수행할 수 있게 한다. 과학적인 지식이 없으면, 이런 것들을 이해하고 실행하는 데 훨씬 더 어려울 것이다.

이는 교목을 식재하는 일도 마찬가지다. 대부분의 사람들은 자신이 교목을 식재할 수 있다고 생각하지만, 여기에는 많은 '옳고'(right) '그름'(wrong)과 올바른 식재 깊이, 토양 개량제와 균근 제품의 추가, 적합한 수목 지지를 위한 지주목 형태, 효과적인 잡초 관리, 적절한 사후관리 등과 같은 몇 가지 일반적인 작업원리가 있다. 이들 모두는 견고한 과학적 연구에 기반을 두고 있고 오늘날 도시 교목 식재에서 훨씬 더 높은 교목 활착 성공률로 이어지면서 성공적으로 사용되고 있다. 이러한 원리가 보다 널리 받아들여지고 매일의 수목관리에 사용되면, 우리의 교목경관은 훨씬 양호하고 건강하게 될 것이다.

수목관리의 다양한 규율에 대한 실무적이고 과학적 원리를 전문적으로 다루는 참고 서적은 많이 있지만, 한 책에 이들 모두를 함께 다루는 책은 거의 없다. 본인은 이 책이 이러한 문제를 해결할 수 있는 것으로 판단되며, 모든 수준의 수목관리전문가들에게 무엇을 하고 왜 하는가를 이해하는 데 도움을 줄 것이다. University Centre Myerscough 교수인 Andrew Hirons와 Keele University의 식물생태학 강사인 Peter Thomas는 응용 교목 생물학에 대한 폭넓은 지식을 가지고 있기 때문에, 이를 성공적으로 수행할 수 있는 최고의 적임자임에 의심의 여지가 없다. 나는 실무를 수행하는 모든 수목관리전문가와 원예가가 실무적인 수목관리를 이해하는 데 이 책을 활용하기를 희망한다.

Tony Kirkham
영국 왕립식물원 Kew Gardens의
the Arboretum, Gardens and Horticultural Services 책임자

지은이 머리말

이 책은 교목이 어떻게 살아가는가를 이해하고 싶어 하는 사람과 교목이 포함된 경관을 관리하는 사람이면 누구나 접근할 수 있는 새로운 교목 생물학(喬木生物學, tree biology)에 관한 교과서를 만들고 싶은 욕심 때문에 나오게 되었다. 이 책은 공식 교육과정의 일부이거나 자신의 관심의 결과이거나를 막론하고 수목관리학과 교목관리를 공부하는 사람 모두를 위해 쓰였다. 전반적인 목적은 우리의 정원, 공원, 가로, 뜰 등에 있는 교목의 건강과 활력을 향상시키기 위한 관리 권고를 뒷받침하는 데 사용될 수 있도록 교목에 관한 지식을 제공하는 데 있다. 우리는 교목이 어떻게 살아가는가에 관해 알려진 모든 것에 대한 포괄적인 지침을 제공하기보다 우리가 목표로 하는 것을 충족시키는 데 필요한 정보만을 담기 위해 노력했다. 이 책의 내용은 Richard Beeson, Roland Ennos, David Lonsdale, Glynn Percival, Henrik Sjöman, Duncan Slater 등과 같은 선구적인 실무자와 학자들이 기술한 일련의 '전문가 논단'(Expert boxes)에 의해 뒷받침된다.

우리는 유익한 토론과 초기 원고를 통독해준 Ruth Hirons, Tony Kirkham, David Lonsdale, Hugh Morris, Glynn Percival, Keith Sacre, Duncan Slater에게 진심으로 감사를 드린다.

우리는 그림의 일부를 다시 그리는 데 도움을 준 Myerscough College의 Laura Power와 Adrian Capstick, Keele University의 Andy Lawrence에게도 감사한다. 그리고 이 책에서 사용된 많은 그림의 사용권을 확보하는 데 도움을 주기 위해 재정적인 지원을 해 준 Myerscough College에게도 감사를 드린다. 그림을 제공하고 개발하는 데 도움을 준 분들에게도 감사의 말씀을 드린다: Lukas Ball, Richard Beeson, Alex Chau, Roland Ennos, Linda Hirons, David Lonsdale, Kevin McGinn, Keith Sacre, Francis Schwarze, Fritz Schweingruber, Henrik Sjöman, Duncan Slater. 많은 사람들의 기여가 이 책을 매우 풍성하게 만들었고 이에 대해 감사드린다.

별도로 표기되지 않은 사진들은 모두 저자들의 것이다.

Hirons는 Myerscough College의 안식년 동안 이 책에 사용된 자료의 개발을 가능하게 해 준 RHS Coke Bursary Trust Fund의 지원에 대해서도 감사를 드리고, Myerscough

College의 과거와 현재의 동료들에게도 감사한다. 특히, 교목에 관한 책에 대해 많은 관심을 가진 Mark Johnston, 멘토 역할을 해준 David Elphinstone, 많은 것을 생각하게 하는 수없이 많은 토론에 응해준 Duncan Slater에게 감사한다. Thomas는 Harvard University의 Harvard Forest에서 Bullard Fellow를 하는 동안 베풀어준 도움과 격려에 감사한다. 그가 쓴 내용의 대부분은 Harvard에 있을 때였다.

옮긴이 머리말

이 책의 제목 '응용 교목 생물학'은 원서의 제목 'Applied Tree Biology'를 그대로 옮긴 것으로 우리에게 다소 생소할 수 있지만 직역을 한 데는 이유가 있다. '응용'(應用, Applied)은 실무적인 목적을 위해 순수 과학적인 지식을 활용하는 것으로, 이 용어를 사용한 것은 수목관리 실무자(Arborist)들이 현장에서 일어나는 일들을 과학적으로 이해하는 데 도움을 주기 위해 이 책이 저술되었다는 것을 의미한다.

이처럼 수목관리 현장에서 일어나는 상황을 설명하고 이해하기 위해서는 형태나 구조와 함께 이러한 현상이 나타나는 과정이나 원인에 관한 지식이 동시에 필요할 것이다. 이에 따라 구조와 생리를 모두 다루는 상위 학문 분야인 '생물학'(生物學, Biology)적 관점이 필요하며, 이렇게 균형 잡히고 융합적인 접근이 문제를 정확하게 진단하여 올바른 처방을 내릴 수 있게 할 것이다.

그리고 우리는 일반적으로 목본식물을 편의상 수목이라고 부르고 있는데, 이제 보다 정확한 용어 사용이 필요한 시점이 된 것 같다. 수목관리 관점에서 보면 목본식물인 교목, 관목, 목본성 덩굴식물 중에서 주된 관리대상은 '교목'(喬木, Tree)이 될 수밖에 없다. 왜냐하면 관목이나 목본성 덩굴식물과 달리, 교목은 훨씬 오래 살고, 경관에서 차지하는 비중이 높으며, 잘못 관리하여 문제가 발생하면 인명과 재산에 엄청난 피해를 줄 수 있기 때문이다. 이에 따라 하루 빨리 이러한 용어에 익숙해져서 정확한 용어를 구사하는 것이 이 분야가 발전하기 위한 첫 걸음이 될 수 있을 것이다.

수목관리학(Arboriculture)은 다양한 기초 학문으로부터 교목의 생육과 관련된 부분을 모아서 체계화한 응용 학문이기 때문에, 수목관리를 하는 사람들에게는 각 분야의 기초 지식을 수목관리에 적용할 수 있도록 정리해주는 참고서가 있으면 매우 유용할 것이다. 이러한 관점에서 보면 이 책이 현학적인 수목의 구조와 생리를 수목관리 현장에서 발생하는 상황을 중심으로 정리해놓은 수목관리자들이 기대하던 바로 그 책이라고 확신할 수 있다. 그리고 다른 분야에서도 이처럼 수목관리자들을 위한 유용한 책이 많이 발간되기를 기대해본다.

저자의 의도를 충분히 전달하지 못할 수도 있다는 두려움도 있지만 아무쪼록 이 책이 수목관리 현장에서 마주치는 다양한 현상을 이해하는 데 많은 도움이 되었으면 하는 욕심도 부려본다. 끝으로 이 책을 비롯하여 다양한 수목관리 분야 책의 출간을 흔쾌히 수락해주신 ㈜바이오사이언스출판 문정구 사장님께 감사의 말씀을 드리고, 쉰이 넘은 늙은 학생에게 배움의 길을 열어주신 서울대 이경준 명예교수님과 항상 믿고 응원해주는 집사람에게도 감사를 드린다.

2021년 3월

옮긴이 씀

본문에 대한 주석

고딕체는 핵심 단어와 개념이 처음 사용될 때 이를 강조하기 위해 사용된다. 약어 sp.와 spp.는 각각 하나 또는 더 많은 종을 나타낸다. 이 책에 사용되는 측정 단위는 다양한 척도로 기술되지만, 마이크로미터(μm)는 밀리미터(mm)의 1/1,000이고, ppm은 1/1,000,000임을 알고 있으면 좋다.

다른 사람의 자료가 인용되면, 해당 논문이나 책을 각 장의 끝에 있는 인용문헌에서 찾아볼 수 있도록 저자의 이름을 발행 일자와 함께 적어둔다.

1장

서론

1.1 교목의 지구적인 가치

전 세계에 걸쳐 존재하는 3조 그루의 교목(Crowther 등 2015)은 우리 자신과 우리 행성의 안녕에 엄청나게 중요하다(그림 1.1). 이들의 가치는 일반적으로 교목(喬木, tree)과 숲(forest)이 우리 인간을 도와주기 위해 할 수 있는 생태계 서비스(ecosystem service)라는 용어로 나타낸다. 교목과 숲이 제공하는 생태계 서비스의 자세한 목록은 이 책을 채우고도 남음이 있기 때문에(UK National Ecosystem Assessment 2011이 매우 훌륭한 요약을 제공한다) 여기서는 삽화를 통해 세 가지 주된 서비스만 다룬다.

주된 서비스 중 하나는 탄소(炭素, carbon)를 저장하는 것이다. 숲은 육지에 저장된(즉, 바다에 저장된 매장량을 제외한) 탄소 2,780Gt(Giga는 십억/1,000,000,000)의 약 45%를 보유하고 있다. 이는 대기에 있는 양(829Gt)의 약 3.3배에 해당한다. 대기 중 이산화탄소(二酸化炭素, carbon dioxide)는 산업화 이전의 280ppm에서 이 책을 쓰는 동안에는 404ppm으로 증가하여 42%나 늘어났다. 만약 세계의 모든 교목이 죽어서 분해되어 자신이 가지고 있는 탄소를 대기 중으로 방출하면, 대기 중 이산화탄소 수준이 우리가 사는 지구에 대재앙적인 영향을 미칠 수 있는(UNEP 2008) 1,700ppm(산업화 이전의 600%)까지 상승하기 때문에 교목과 숲의 지구적인 탄소 저장은 엄청나게 중요한 서비스이다.

그림 1.1 숲은 탄소를 저장하고, 기후 패턴을 결정하는 데 도움을 주고, 폭넓은 범위의 생명에 대해 서식지를 제공하기 때문에 인류에게 엄청나게 중요하다. 이 광경은 뉴욕주의 Robert H. Treman 주립공원에 있는 온대림(溫帶林, temperate forest) 중 일부이다.

숲은 기후 패턴(氣候-, weather pattern)을 결정하는 데에도 도움을 준다. 이는 부분적으로 많은 양의 물을 증산하는 숲에 의한 것으로, 바람을 타고 비를 뿌리는 구름을 만든다. 나아가 최근에는 교목이 방출하는 화합물인 피넨(pinene – 모노테르펜의 하나)이 주변에 있는 물이 응축되는 핵(核, nucleus)으로서의 역할을 함으로써 구름을 만드는 씨앗을 뿌리는 데 도움을 줄 수 있기 때문에 구름을 형성하여 비가 내리는 데 기여할 수 있다는 것을 발견하였다(Kirby 등 2016). 마찬가지로 교목이 방출하는 다른 휘발성 유기화합물(揮發性有機化合物, VOC/volatile organic compound)도 비슷한 효과를 가지고 있을 가능성이 있다. 교목과 숲은 빗방울이 지상으로 떨어지는 속도를 늦추고 토양 구조를 향상시키는 데 도움을 주는 스펀지 역할을 함으로써 편익을 주는데, 두 효과는 모두 빗물이 지표면으로 흘러가지 않고 토양 속으로 침투되도록 조장한다. 이는 물이 개울과 강으로 배출되는 것을 지연시켜 홍수(洪水, flooding)와 토양 침식(土壤侵蝕, soil erosion)을 줄이는 데 도움을 준다.

대부분의 세계 생물다양성(生物多様性, biodiversity)은 숲이 보유하고 있다. 지표면의 7%를 덮고 있는 열대 숲은 세계의 육상 동물과 식물 종의 60% 이상을 보유하고 있고, 모든 세계 숲은 종의 80% 이상을 간직하고 있다(Balvanera 등 2014).

1.2 도시 교목의 가치

상대적으로 더 작은 규모인 도시 교목(都市喬木, urban tree)과 삼림(森林, woodlands)도 우리의 웰빙(well-being)에서 중요한 역할을 하지만, 이유는 다소 다르다. 기본적으로 도시 교목은 우리 동네와 도시를 보다 살기 좋은 곳으로 만들어 준다. 도시 지역을 보다 매력적으로 보이도록 만드는 것 외에도 교목은 장소감(sense of place)과 시간감(sense of time)을 제공할 수 있다. 이들은 야외 휴양기회를 제공하고 도시 환경을 보다 쾌적하게 만드는 데 도움을 준다. 도시 교목의 경제적 편익(經濟的便益, economic benefits)에는 더 높은 부동산 가치, 건물의 에너지 비용 절감, 대기 오염 제거와 빗물용 기반시설에 대한 지출의 감축 등이 있다(Roy 등 2012; Mullaney 등 2015). 또한 다양한 환경적 편익(環境的便益, environmental benefits)도 있는데, 이중 가장 중요한 것은 전문가 논단 1.1에 요약되어 있다.

세계 인구의 절반 이상이 도시에 살고 있는 상황에서 교목과 녹색 공간(綠色空間, green spaces)이 제공하는 가장 중요한 기여 중의 하나는 우리의 건강에 대한 것이다. 교목과 녹색공간에 노출되는 것이 건강과 우리의 사회성을 향상시킨다는 것을 입증하는 정보의 양이 늘어나고 있다(Wolf & Robbins 2015). 많은 연구가 교목이 건강에 미치는 긍정적인 영향은 일반적으로 녹색공간에 대한 접근과 무관하다는 것도 보여준다. 예를 들면, 캘리포니아주 새크라멘토의 경우, 집으로부터 250m 이내에 교목 피복(喬木被覆, tree cover)이 높으면 전반적인 건강을 향상시키는 것으로 나타났는데, 이는 낮은 수준의 비만과 이웃과의 좋은 사회적 유대에 의해 부분적으로 영향을 받기 때문이다(Ulmer 등 2016). 교목의 정신적 편익이 맥박수(脈搏數, pulse rate)와 주된 스트레스 호르몬인 코르티솔(cortisol)의 수준을 낮춤으로써 우리 몸의 생리에 영향을 줄 수 있다는 정보도 많이 있다(Ochiai 등 2015). 이러한 효과는 교목의 사진을 보기만 해도 작동한다. 또한 일부 교목이 방출하는 화합물이 우리에게 직접적으로 영향을 미치기 때문에 생리적인 반응이 나타난다. 예를 들면, Ikei 등(2015)은 일본에서 비누, 치약, 화장품의 향료로 널리 사용되고 있는 편백나무(*Chamaecyparis obtusa*)에서 추출한 기름이 두뇌활동에 긍정적인 영향을 미쳐서 '안락함'(comfortableness)의 기분을 유발한다는 것을 발견하였다. 이것이 나무가 많은 지역을 걸어서 지나가거나 교목 아래에 서서 천천히 숨을 쉬는 일본에서 인기가 있는 긴장완화의 한 형태인 삼림욕(森林浴/shinrinyoku – 숲 공기 마시기 또는 숲 목욕)의 근거가 된다(그림 1.2). 구름 형성을 유발하는 것과 동일한 모노테르펜(monoterpenes)이 긴장과 정신적인 스트레스를 낮추어주어 공격성과 우울증을 낮추고 행복한 기분을 높여주는 것으로 알려져 있다. 짧은 점심시간 동안 녹색지역을 통과하는 1.8km의 걷기만으로도 그날 밤의 수면 패턴을 향상시킬 수 있다(Galdwell 등 2016). 더구나 생리적인 효과는 우리 체내에 머문다. Li(2010)는 한 연구에서 3일 동안의 숲 방문이 30일 이후까지 면역 체계에 긍정적인 효과를 미친다는 것을 발견하였다.

도시 환경에서 교목을 잃는다는 것도 인간의 건강에 부정적인 결과를 가져온다는 것을 입증해왔다. 미국 북동부지역에서는 2002년 이래 침입 해충인 호리비단벌레(EAB, emerald ash borer)로 인해 1억 그루가 넘는 물푸레나무류(*Fraxinus* spp.) 교목을 상실하였

그림 1.2 일본 혼슈(本州, honshu) 섬 북부에 있는 사람들이 숲속에서 숨 쉴 것을 권장하는 표지판. 이 삼림욕(shinrin–yoku)은 일분에서 인기 있는 긴장완화의 한 형태이다.

다. 이러한 막대한 교목 상실이 사람들의 심혈관(心血管, cardiovascular)과 호흡기(呼吸器, respiratory) 질환의 증가를 유발하여 사망률 증가로 이어졌다(Donovan 등 2013). 범죄 증가와 같은 사회적 비용 증가도 EAB에 의해 유발된 교목 상실과 관련이 있었다(Kondo 등 2017). 따라서 교목이 우리의 도시 환경 내부와 주변에 존재한다는 것이 중요한 공공 건강과 사회적 편익을 제공한다는 증거가 늘어나고 있다.

그러나 어떤 경우에는, 이처럼 과도하게 옹호되는 도시 교목의 가치가 주장하는 것만큼이 아닐 수도 있다. 이에 대한 사례에는 산소 생산과 탄소 격리(炭素隔離, carbon sequestration - 탄소를 가두는 것)가 포함된다. 교목이 많은 양의 산소를 생산하는 것은 사실이다. 예를 들면, 미국의 도시 숲은 매년 미국 인구의 2/3가 숨 쉴 수 있는 양의 산소(61Mt)를 생산하는 것으로 추정된다(Nowak 등 2007). 그러나 이미 대기 중에 보유 중인 엄청나게 많은 산소에 비하면, 이는 매우 미미한 도시 교목의 편익이다. 가끔 과도하게 평가되는 도시 교목의 또 다른 편익은 이들의 탄소 배출을 완화시키는 역할이다. 전문가 논단 1.1에서 Roland Ennos는 그레이터 런던(Greater London — 런던을 중심으로 한 대도시 주) 8.4백만 그루의 교목이 2.4백만 톤의 탄소를 저장하고 매년 77,200톤의 탄소를 격리하는 것으로 추정한다고 주장한다(Rogers 등 2015). 이는 해당 시의 연간 탄소 배출의 약 3%에 해당하는 양으로, 달리 말하면 해당 시 배출량의 12일치를 감당할 수 있는 양이다. 런던의 교목도 연간 탄소 배출량의 약 0.2%만 격리한다. 이는 도시 교목의 탄소 격리를 폄하하는 것이 아니라 다만 균형감을 가지자는 것이다. 즉, 도시 교목이 우리에게 매우 귀중한 것이지만 이를 심는 것이 기후 변화(氣候變化, climate change)의 해결책이거나 우리 마을과 도시의 탄소 배출을 상당한 정도로 상쇄하지는 않는다는 것이다. 따라서 전 세계의 숲을 보전하는 것이 훨씬 더 중요하다.

교목이 우리의 경관과 우리에게 압도적인 편익을 제공하지만, 이들은 문제를 일으킬 수도 있는데, 특히 해당 부지에 적합하지 않은 수종을 선정하거나 해당 부지를 교목이 생육하기에 불량하게 설계하여 교목을 부적절하게 식재한 경우에 그러하다. 교목은 자신의 위치에 비해 너무 크게 자랄 수 있어서 건물, 공익시설, 시선(視線, sightline)과 충돌할 수 있다. 연중 특정 시기에는 교목으로부터 발생하는 꽃가루가 고초열(枯草熱/hey fever - 계절성 알레르기비염)을 가진 사람을 괴롭힐 수 있고; 꽃, 열매, 잎에서 발생하는 쓰레기는 미끄럼 위험이나 배수구 막힘을 유발할 수 있다. 때로는 교목 뿌리가 포장 파손을 유발하여 표면을 고르지 못하게 만들고, 물과 양분의 공급원을 찾는 과정에서 배관 피해를 악화시킬 수도 있다. 가끔 가뭄이 드는 해에는, 수축할 수 있는 점토질 토양에 자라는 특정 수종은 조립식 구조물에 침강 피해를 유발하기에 충분한 양의 물을 뽑아낼 수 있다. 또한 교목은 구조적으로 불안정하거나 과도하게 부후하면 인명이나 재산에 위험을 제기할 수도 있다. 그렇다고 이러한 잠재적인 문제 때문에 우리는 도시 교목을 심고 유지하지 않아야 하는가? 절대로 그렇지 않다.

도시 경관의 교목과 관련된 많은 문제가 불량한 계획 수립, 설계, 기술 등과 연계되어 있음에도 불구하고 비난을 받는 것은 언제나 교목이다. 교목의 편익에 대한 증거에도 불구하고 우리 주변의 도시 환경으로부터 광범위한 교목 손실이 종종 보고되고 있다. 미국에서는, 매년 4백만 그루의 도시 교목이 사라지는 것으로 추정되었고(Nowak & Greenfield 2012), 비슷한 경향이 유럽에 걸쳐 관찰될 수 있다. 더욱 은밀하게도 교목의 총 수량은 크게 감소하지 않았지만 해당 교목의 크기는 변하고 있다. 영국의 경우, 런던버즘나무(*Platanus* x *acerifolia*)와 같은 대교목(大喬木, large tree)의 수는 줄어들고 있는데 비해, 산사나무류(*Crataegus* spp.), 벚나무류(*Prunus* spp.), 마가목과 팥배나무류(*Sorbus* spp.), 자작나무류(*Betula* spp.) 등 더 작은 교목이 점점 더 흔해지고 있다(Trees and Design action Group 2008). 이는 도시 숲에서 나오는 편익을 감소시킨다. 교목이 클수록 소교목보다 더 많은 빗방울을 가로채고(Xiao & McPherson 2002), 기온을 더 많이 떨어뜨리며(Gratani & Varone 2006; Gómez-Muñoz 등 2010), 특히 수관의 밀도가 높으면 더욱 그러하다(Sanusi 등 2017). 그러므로 우리의 경관에 걸쳐 대교목에 대한 기회와 적절한 여건을 제공하기 위해 노력하는 것이 매우 중요하다.

1.3 교목 관리하기

숲은 우리가 이들을 '관리'(managing)하지 않은 상태에서 수백 년 동안 생존해 왔는데, 왜 이들 교목을 돌볼 필요가 있는가? 이에 대한 대답은 세 가지로 제시될 수 있다. 첫째로, 건강하고 성숙한 숲의 경우, 교목의 차세대는 수천 개의 씨앗으로부터 조성된다. 그러나 이들의 대부분은 먹이가 되거나, 부적합한 생장 여건에서 자라거나, 다른 종에 의해 경쟁에서 밀려나게 된다. 이들 씨앗의 극히 일부가 성목(成木, mature tree)으로 자란다는 사실은 특정 숲의 더 큰 그림에서 보면 중요하지 않다: 이러한 손실은 숲의 자연 생태의 일부일 뿐이다. 그러나 공원과 정원에서는 각 개별 교목의 성공이 해당 식재 계획의 성공과 밀접하게 연결되어 있다. 우리는 개별 교목이 장기적으로 경관에 기여할 수 있도록 해당 교목의 선택, 식재, 정착을 적극적으로 관리할 필요가 있다.

둘째로, 안정적인 숲 환경은 이상적인 상태를 보여주는 데 비해, 정원, 공원, 가로에 있는 많은 교목은 인위적인 문제나 우리의 인공 환경(人工環境, built environment)이 이들에게 가하는 충돌을 견뎌내야 한다. 교목은 가끔 인간과 공유하는 공간을 점유하는데, 이것이 해당 교목에 대한 환경의 질을 악화시킨다. 어떤 경우에는, 교목에 대한 우리의 숭배나 이들과 함께 있고 싶은 욕구마저도 해당 교목에게는 유해하다. 경관의 매력에 이끌려 공원과 정원을 방문한 사람들은 고도의 답압을 유발할 수 있고, 매설되는 공익시설은 뿌리 환경의 굴착으로 이어지고, 겨울철 안전한 도로와 통행의 필요성은 교목 가까이에 적용되는 높은 수준의 염으로 이어지는 등 수없이 많은 피해가 발생한다. 교목과 이들의 환경은 이러한 충돌이 교목의 건강에 해롭지 않도록 하기 위해 관리가 필요하다.

셋째로, 교목 생육이 정상적인 패턴으로 된다는 것은 교목이 자신의 위치에 비해 너무 크게 자라거나 교목의 상태가 시간이 지남에 따라 인명과 재산에 피해를 줄 수 있을 정도로 쇠락할 수 있다는 것을 의미한다. 이러한 문제가 발생하면 교목은 자신의 크기와 안전을 통제하기 위해 관리될 필요가 있다.

교목으로부터의 많은 편익을 실현하고 싶다면, 우리는 경관에 걸쳐 존재하는 교목의 건강과 장수를 보장하고 새로운 교목을 위해 잘 설계된 공간을 제공하기 위해 우리가 할 수 있는 것을 해야 한다. 이러한 목적을 위한 기본적인 필수 조건은 교목 생물학(喬木生物學, tree biology)에 대한 철저한 이해이다.

우리 마을과 도시 내 교목의 상태는 변이가 매우 크다. 도시 환경이 항상 교목에 적대적이라고 생각하는 것은 잘못이다. 교목의 자연 서식지의 질을 크게 초과할 수 있는 탁월한 교목 생장 환경을 제공하는 공원과 정원이 많이 있다. 그러나 많은 부지가 교목에 매우 도전적인 여건을 제공한다. 토양은 척박하고 답압되어 있을 수도 있고; 포장된 표면은 물의 침투를 저지하고 토양 통기를 제한할 수 있고; 뿌리전개 환경은 공익시설과 공유해야 할 수도 있다. 지상에서는, 가지들이 건물, 통행, 케이블(그림 1.3), 그리고 특히 CCTV 카메라의 수가 늘어나고 있는 상황에서는 시선과의 충돌을 줄이기 위해 제거된다. 자연적인 과정(natural process)도 저지되고, 잎은 쓸어서 영양분을 제공하고자 하는 뿌리로부터 멀리 떨어진 외딴 곳으로 치워진다. 그러나 이러한 제약의 대부분은 간단한 사전 예측만으로도 개선할 수 있다.

만약 교목이 우리의 경관에 가치를 더해주기를 기대한다면, 우리는 식재 부지의 설계와 건설에서 가능한 한 삼림환경을 모방하기 위해 노력하는 것이 필수적이다. 이를 위해서는 **삼림 모방**(森林模倣, forest mimicry) 개념의 적용, 교목이 자신의 자연환경에서 작동하는 방법의 모방, 교목의 생물학에 대한 지식 등이 매우 중요하다. 교목이 자연적으로 번성하는 여건에 대한 지식과 교목의 생물학에 대한 이해가 교목 건강을 증진시키는 성공적인 관리와 단순히 교목의 쇠락을 가속화시키는 간섭 사이의 차이를 결정한다. 이렇게 하면 지역사회에 미래와 함께 과거와의 연계를 제공하는 교목을 가진 지속가능한 경관을 육성할 수 있을 것이다.

교목 생물학의 이해가 우리의 교목 관리에 실제로 어떻게 영향을 미칠 수 있는가에 대한 좋은 사례는 교목의 전정 실무와 관련이 있다. 20세기 대부분의 기간 동안, 전정 지침은 최종 절단을 해당 교목의 줄기와 평행하도록 가지를 절단하라는 것이었다. Alex Shigo는 전정 상처 뒤쪽의 부후를 연구하고 자연 낙지(自然落枝, natural branch shedding)의 과정을 관찰함으로써 **자연표적전정**(自然標的剪定, natural target pruning)이라는 생각을 발전시킬 수 있었다(Shigo 1989). 이는 교목 전정에 대한 우리의 접근을 바꾸었고 이제

(a) (b)

그림 1.3 (a) 북부 일본의 가공전선과 충돌하고 있는 물푸레나무(*Fraxinus* sp.). 이 교목은 이제 이 부지에서 버티기 위해서는 고강도의 관리가 필요하다. (b) 미국 애틀랜타에 있는 이 성숙한 참나무(*Quercus* sp.)는 부적합한 위치에 식재되었기 때문에 수십 년 동안 전정을 견뎌내고 있다.

교목이 전정 상처를 유합하여 부후 발달을 보다 효과적으로 제한할 수 있게 됨으로써 교목에 헤아릴 수 없는 편익을 주게 되었다(제3장과 9장 참조). 또한 교목 생물학을 실무에 적용하면 뿌리 전개 환경의 향상, 물과 양분 자원의 보다 효과적인 관리, 교목 정착률의 향상, 교목 상태의 보다 정확한 평가로 이어질 수 있다. 나아가 교목이 서로 다른 환경에서 어떻게 자라는가를 이해하면 이들의 있을 법한 한계와 이들을 인간 경관으로 옮겨왔을 때의 내성을 예측하는 능력에 크게 도움을 줄 것이다.

이러한 우리 주변의 공원, 정원, 경성 경관(硬性景觀, hard landscapes)에 걸친 다양한 생장 여건은 교목 관리에 대해 고도로 처방된 책자가 필요하다는 것을 의미한다. 하지만 우리의 접근은 작은 정원이든 대규모 공원, 가로, 뜰이든 관리 의사결정에 더 좋은 정보를 제공하는 데 사용될 수 있도록 독자에게 교목 생물학과 생태학에 대한 이해를 제공하는 것이다.

이 책의 각 장은 핵심 주제로 나누어진다: 교목 생장과 발달(2장); 잎과 수관(3장); 뿌리(4장), 교목의 다음 세대(5장); 교목과 물의 관계(6장); 교목과 탄소의 관계(7장); 교목 영양(8장); 다른 유기체와의 상호관계(9장); 교목에 대한 환경적인 도전(10장).

전문가 논단 1.1 도시 교목의 환경적 편익

Roland Ennos

교목은 당연히 놀라운 유기체이다; 당신이 이를 인식하지 못하면 이 책을 읽지 않을 것이다. 그리고 도시 교목은 없을 경우 휑뎅그렁하고 무정하게 보일 주변 환경을 아름답게 만든다는 것은 의심의 여지가 없다. 그러나 도시 교목의 환경적인 편익에 관해 많은 주장이 제기되고 있다: 교통 소음을 줄이고, 공해를 흡착하고, 탄소를 흡수하여 저장하고, 그늘과 시원함을 제공하고, 홍수를 예방하는 데 도움을 준다. 이러한 주장들은 모두 그럴 듯하게 들리지만 실험적인 조사가 이러한 주장을 검증하고 교목의 환경적 편익을 수량화하기 시작한 것은 최근의 일일 뿐이다.

소음 감축(騷音減縮, noise reduction)

여러분은 교목이 시각적인 차폐 기능을 가지고 있는 것처럼 소음을 막는 데에도 효과적일 것이라고 기대할 수도 있다. 실험에 의하면 교목이 실제로는 소음 수준을 낮추는 데 부족하다는 것을 보여준다(Fang & Ling 2003). 간단하게 말해서 교목의 구조는 특히 수간마저도, 너무 가늘어서 소리가 이들을 쉽게 바로 통과하기 때문에 음파(音波, sound wave)에, 특히 깊은 윙윙거리는 소리인 차량 소음을 운반하는 장파에는, 영향을 미칠 수 없다. 교목은 지나가는 차량을 보이지 않도록 우리를 막아서 소음에 대한 우리의 지각을 낮추는 데 도움을 주고, 교목이 소리 자체를 편안한 바람에 바스락거리는 소리로 만들어서 차량 소음으로부터 우리의 주의를 더욱 딴 데로 돌리게 된다. 사람들이 교목이 늘어선 가로에서 더 천천히 차를 몰아서 자신의 차량이 만드는 소음을 낮춘다는 증거도 있다.

공해 흡착

교목은 공해를 줄이는데, 특히 자신의 잎으로 자동차 엔진이 발생시키는 미립자의 오염물질(汚染物質, pollutants)을 가로챔으로써 이를 줄여준다. 잎에 붙은 오염물질은 빗방울에 씻겨 땅으로 떨어져서 배수구로 내려간다. 모델링과 실험적인 연구는 입자의 농도를 5~20%까지 줄여줄 수 있다는 것을 보여준다(McDonald 등 2007). 그러나 교목은 공해를 흡수하도록 적응되어 있지 않기 때문에 이러한 감축은 그렇게 크지 않고 풍속과 해당 도시 주위의 세부적인 기류에 따라 크게 달라진다. 어떤 경우에는, 교목이 풍속을 너무 낮추어서 자신이 흡착한 입자를 도시 가로에 잡아두어 공해 수준을 **높인다**. 일부 수종, 특히 버드나무, 사시나무, 참나무 등은 잎에서 자동차 배기가스에서 나오는 질소 산화물(窒素酸化物, nitrogen oxides)과 반응하여 해로운 오존을 만드는 휘발성 유기화합물(VOC, volatile organic compound)을 방출한다(Donovan 등 2011). 따라서 교목의 공해 방지 신뢰성은 상당히 약하다.

탄소 저장과 격리

교목이 중요한 탄소 저장소라는 사실은 의심의 여지가 없으며, 자라는 교목은 온실가스(溫室-, greenhouse gas)인 이산화탄소를 적극적으로 흡수한다. 이들은 광합성(光合成, photosynthesis) 과정에서 설탕을 만들기 위해 이를 사용하고, 이 탄소를 목재의 형태로 바꾸어 저장한다. 1헥타르의 도시 숲은 일반적으로 지상에 10~30톤 정도의 탄소를 저장하고 뿌리는 추가로 2~5톤을 저장한다. 자라는 교목 임분(林分, stand)은 추가로 매년 헥타르당 0.5~0.9톤을 흡수하여 격리한다(McPherson 등 2013). 전체 도시로 확대하면 이는 상당한 양을 축적한다. 예를 들어 Greater London 전체의 경우, 교목은 약 2.4백만 톤의 탄소를 저장하고 있고, 매년 추가로 7.2만 톤을 흡수한다(Rogers 등 2015). 그러나 이들 편익은 좀 더 넓은 시각에서 살펴볼 필요가 있다. 격리된 탄소의 일부는 죽고 오래되고 병든 교목을 제거하기 때문에 다시 방출되고 관리 작업을 위해 사용되는 동력 도구로부터 배출되는 탄소로 인해 추가로 상쇄하게 된다. 또한 격리된 양은 연간 10백만 톤을 초과하는 차량과 도시 건물의 난방 시스템에 의해 배출되는 이산화탄소보다 훨씬 작다. 대기로부터 탄소를 제거하는데 진짜 기여하는 것은 시골에 있는 광대한 면적의 숲뿐이다.

그늘 지우기와 냉각

교목의 다른 환경적 편익의 일부가 실망스럽게 보인다면, 교목이 가지는 진짜 편익은 그늘 지우기(shading)와 냉각(冷却, cooling)이다. 교목의 잎은 빛을 차단하고 흡수하도록 적응되어 있기 때문에 교목은 이 역할을 굉장히 잘 수행한다. 더구나 광합성을 위해 이산화탄소가 들어오도록 하기 위해 잎은 낮 동안 자신의 기공(氣孔, stomata)을 열린 상태로 유지해야 하고, 이때 많은 양의 물이 자신으로부터 증발하도록 허용한다. 더운 날씨에 우리 몸에서 나오는 땀이 증발하면서 우리를 시원하게 유지시키는 것과 마찬가지로, 이러한 증발이 잎과 이를 둘러싸고 있는 공기를 냉각시킨다.

국지적인 수준에서, 교목의 냉각 편익은 대부분 교목이 제공하는 그늘의 결과이다. 태양으로부터의 복사(輻射, radiation)는 교목의 수관 아래에서는 90%까지 감소되어 이러한 그늘이 아래에 있는 도로와 포장을 냉각시킨다(그림 EB1.1). 타맥(tarmac–포장용 아스팔트 응고제)은 더운 여름날 태양 하에서 온도가 50~60℃에 이를 수 있지만 교목의 그늘에서는 30℃ 이하를 유지할 수 있다(Ennos 등 2014). 우리가 느끼는 더위의 정도는 기온(氣溫, air temperature)보다 우리 주변과의 복사평형(輻射平行, radiation balance)에 훨씬 더 의존하기 때문에, 이들 두 효과는 사람들의 안락함을 크게 높여준다. 따라서 한 그루의 교목이 주변의 기온에 무시해도 좋을 정도의 영향을 미치지만 교목의 그늘 아래에 있는 사람은 태양으로부터 훨씬 적은 양의 단파 복사를 흡수하고 주위에 훨씬 더 많은 장파 복사를 방출한다. 이 모든 상황이 우리가 실제로 10~15℃ 더 시원하게 느낄 수 있다는 것을 의미한다.

또한 그늘 효과(shading effect)는 건물을 더욱 생활하기 좋게 만들고 더운 여름 날씨에 운영비를 낮추게 한다. 교목이 만드는 그늘, 특히 건물의 서쪽과 동쪽에 위치한 교목에 의한 그늘은, 맑은 날 벽의 온도를 30℃까지 낮출 수 있다. 미국과 캐나다에서의 연구에 의하면 최적으로 위치한 교목은 냉방(冷房, air conditioning) 비용을 약 30%까지 낮출 수 있는 것으로 나타났다(Akbari 등 1997). 이와 달리, 교목이 바람에 미칠 수 있는 효과(풍속과 난류[亂流, turbulence]를 줄여줌)는, 특히 캐나다와 스칸디나비아와 같은 고위도에서, 난방(暖房, heating) 비용을 줄이는 데 도움이 될 수 있다. 북유럽에서는 냉방이 드물고 여기에 있는 교목들이 자연적인 냉방을 제공한다. 이들은

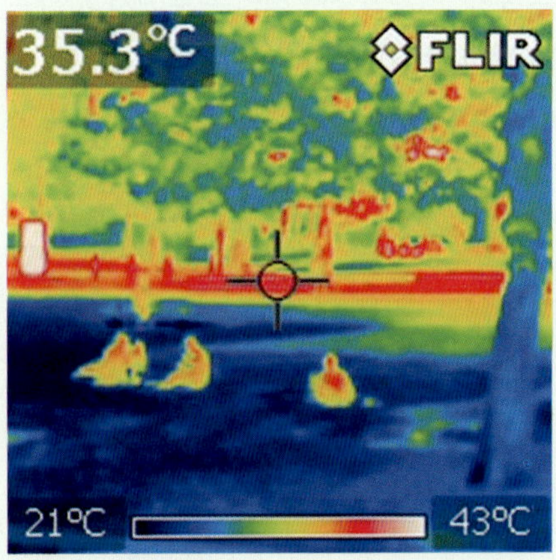

그림 EB1.1 공원 교목이 제공한 시원한 그늘에서 쉬고 있는 사람들을 보여주는 적외선 영상. 배경의 붉은색은 타맥을 나타내고 있는 반면, 노란색은 태양에 노출된 잔디를 나타낸다. 출처: Roland Ennos.

우리의 건물을 여름에 더 시원하게 유지시켜주어 열적쾌적성(熱的快適性, thermal comfort)을 높여주고, 2003년 여름에 발생한 것과 같은 열파(熱波, heat wave) 상황에서 나타나는 사망을 예방하는데 도움을 준다. 불행하게도 이러한 역할에 대한 교목의 유효성은 아직 계량화되지 못했다.

도시 전체와 같이 범위를 넓혀보면, 교목의 냉각효과(冷却效果, cooling effect)는 실제로 자신의 잎으로부터의 증발(蒸發, evaporation)에 의해 발생하는데, 증발은 이들 주위의 공기를 냉각시킨다. 이는 중요한데, 덥고 고요하고 화창한 날씨가 지속되는 기간에는 도시열섬(都市熱島, urban heat island)이라고 알려진 효과로 인해 도시가 주변의 시골보다 훨씬 더 데워지기 때문이다. 도시의 가로(街路, street)는 태양 복사를 좀 더 많이 흡수하고 이 열은 가파른 도시 협곡 안에 갇히게 된다. 이로 인해 도시는 주위의 시골보다 낮 동안 2℃까지 더 데워지고 밤에는 7℃까지 더 더운 상태가 유지된다. 교목은 잎이 수분을 증발시키도록 가하는 에너지의 1/3에서 1/2을 사용함으로써 공기를 데우기보다 어느 정도 열섬효과를 역전시킬 수 있다는 것을 보여준다(Ennos 등 2014).

그러나 교목의 냉각 유효성은 매우 가변적이다. 콩배나무(*Pyrus calleryana*)처럼 수관이 조밀하고 빨리 자라는 수종은 성긴 잎을 가진 우미네코벚나무(*Prunus* 'Umineko')보다 4배 정도 효과적이다(그림 EB1.2). 또한 교목이 냉각 효과를 제공하기 위해서는 활기찬 생장과 증산작용을 할 필요가 있고, 따라서 수분 공급과 통기가 양호한 토양이 필요하다. 예를 들면 우리는 답압 저항성인 '암스테르담 석력토양'(Amsterdam structural soil)에서 자라는 콩배나무는 흔히 사용되는 포장 안쪽의 전통적인 표토에서 자라는 같은 종의 수목이 제공하는 냉각효과보다 다섯 배를 더 생산할 수 있다는 것을 보여주었다(그림 EB1.3). 이의 기본원리는 교목이 더 건강하고 더 빨리 자랄수록 제공하는 냉각효과는 더 클 수 있다는 것이다.

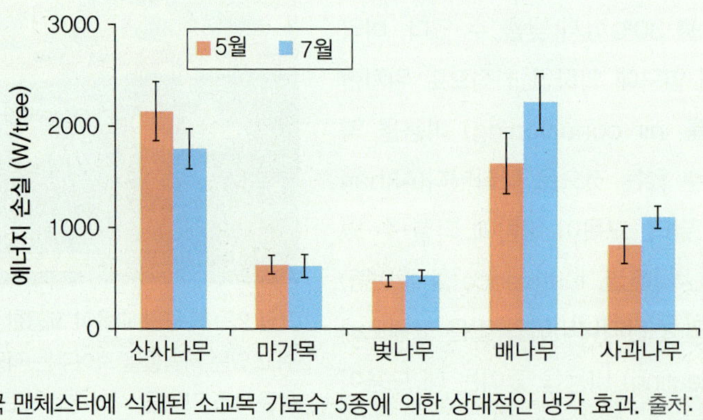

그림 EB1.2 영국 맨체스터에 식재된 소교목 가로수 5종에 의한 상대적인 냉각 효과. 출처: Ennos 등 (2014). Licensed open government licence v3.0, http://www.nationalarchives.gov.uk/doc/open-government-licence/version/3/.

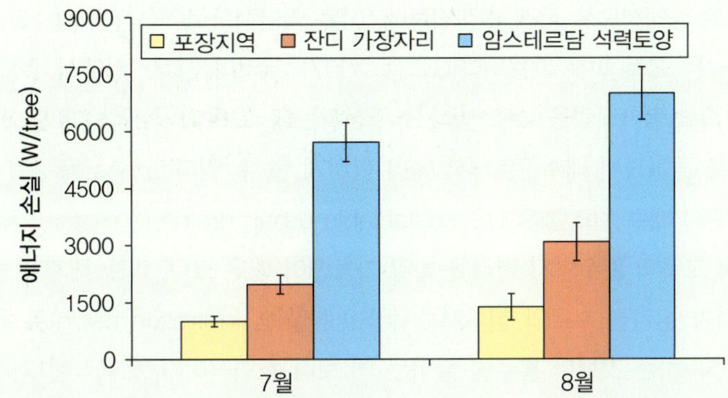

그림 EB1.3 포장 지역 내 전통적인 토양 개구, 잔디 가장자리, 답압 저항성 암스테르담 석력토양에서 각각 자라는 콩배나무의 상대적인 냉각 효과(영국 맨체스터). 출처: Ennos 등 (2014). Licensed open government licence v3.0, http://www.nationalarchives.gov.uk/doc/open-government-licence/version/3/.

이는, 개별 교목이 얼마나 많은 냉각을 제공하는가를 확인하는 것은 상대적으로 쉬운 일로, 교목이 사용하는 물의 양을 측정하기만 하면 된다는 것을 보여준다. 그러나 도시 기온에 대한 교목의 전반적인 영향은 측정하기가 어려운데, 이는 그저 다른 조건은 동일한데 식생만 다른 두 도시를 비교하는 것이 가능하지 않기 때문이다. 많은 연구가 도시 공원의 기온을 주변의 가로와 비교함으로써 이 문제를 극복하고자 했다. 그러나 불행하게도 이들 측정은 항상 실망스러운 결과가 나오는데, 이는 공원이 일반적으로 1℃ 정도만 더 시원하기 때문이다(Bowler 등 2010). 문제는 바람이 공원으로부터 시원한 공기를 내보내고 더운 공기를 공원으로 불어넣어 냉각효과가 도시 전반에 걸쳐 확산되기 때문이다. 교목의 냉각효과에 대한 더 나은 추정치를 얻기 위해서는, 교목의 증발 냉각을 해당 도시의 대형 기상 모델(氣象-, meteorological model)에 통합시키는 것이 더 효과적일 것이다. 불행하게도 도시의 복잡성 때문에 이는 수행하기가 엄청나게 어렵고 비용도 많이 든다.

홍수 방지

도시 교목은 홍수(洪水, flood) 위험을 줄이는 데 도움이 되는 중요한 편익도 가지고 있다. 비가 오는 동안, 교목의 잎은 빗방울이 땅에 닿기 전에 가로채어 수관을 통과하거나 수관으로부터 흘러내리는 빗방울 중 많은 부분을 토양 속으로 침투시킨다. 이를 통해 배수 시스템으로 보내지고 지표 침수로 이어질 수 있는 유출수(流出水, run-off)를 약 50% 줄여준다(Wang 등 2008). 교목은 다음 두 가지 이유 때문에 잔디 지역보다 더 효과적이다. 첫째, 수관은 1~2mm의 비가 토양에 도달하는 것조차 막는다. 둘째, 교목의 뿌리는 토양을 건조시키고 분산시켜 물이 토양 속으로 침투할 수 있는 속도를 60배까지 높인다. 도시 전체로는 이러한 수목의 효과가 일반적으로 5~6% 정도로 상대적으로 작게 추정되는데, 이는 일반적으로 도시지역의 15~20%에 한정된 상대적으로 낮은 교목 피복 때문이다(Gill 등 2007). 그러나 맨체스터에서 수행된 일부 실험은 이들 효과가 과소평가되었을 수도 있다고 주장하는데, 교목의 수관 밖에 떨어진 물도 교목의 식재 구덩이로 들어가서 배수구로부터 멀리 향하게 할 수 있다(Ennos 등 2014). 또한 교목이 지속가능한 도시 배수 시스템(SUDS, sustainable urban drainage system) 체계 내에서 자라도록 함으로써 교목의 홍수방지 편익을 높일 가능성이 매우 크다. 이들 체계가 빗물을 건물과 도로로부터 잔디가 심겨진 수로와 침투저류지(浸透貯留池, infiltration basin)로 유도하면 단순히 식생면적을 추가하는 것보다 홍수를 줄이는 데 보다 효과적이다. 있음직한 기후변화 효과와 연계하여, 이러한 체계 내부에 교목을 사용하면 두 가지 중요한 편익을 얻을 수 있다. 이를 통해 교목을 자동적으로 관수하는 데 도움을 주어 예상되는 긴 여름 가뭄에 교목이 생존하는 데 도움이 된다. 그리고 물을 흡수하고 물이 이 지역으로 들어가도록 도와주어 향후 발생이 예상되는 점점 더 커지는 폭풍우 동안 침수되는 것을 줄여준다.

이용과 한계

이상에서 살펴본 바와 같이, 교목의 환경적 편익은 결국 제대로 이해하고 수량화하기 위한 출발점에 서 있다. 우리는 이들의 편익을 화폐 단위로 측정하는 것도 가능하기 시작했다. 미국에서 개발된 i–Tree 소프트웨어는 교목 조사 결과를 교목의 탄소 저장, 오염물질 제거, 홍수 방지 편익의 현금 가치를 추정하는 데 사용한다. i–Tree 조사는 분명히 교목의 중대한 편익을 입증한다. 예를 들면, 런던에 대한 조사는 132백만 파운드라는 수치를 제시하였다(Treeconomics 2015). 그러나 이 소프트웨어는 많은 편익을 빠뜨리고 있고 수종 내 그리고 수종 간 교목이 나타내는 고도의 실적 변이를 설명하지 못한다.

마지막으로 교목도 물론 환경적인 문제를 유발한다. 사시나무와 버드나무와 같은 속성수종(fast–growing species)은 최선의 냉각과 홍수 방지를 제공하면서 동시에 가장 많은 휘발성 유기화합물을 배출한다. 또한 이들은 더 많은 물을 사용하여 여름철에 점토질 토양의 건조와 수축을 유발함으로써 건물 침강을 초래할 가능성이 더 높다. 일부 피나무류(*Tilia* spp.)는 진딧물이 이들 잎에서 수액을 흡즙하여 차량에 떨어뜨리는 끈적끈적한 수액을 분비하기 때문에 도시에서는 인기가 없는 경향이 있다. 또한 사람들은 광 수준을 낮추고 가을에 잎을 떨어뜨리는 교목을 반대할 수 있다. 환경 기술자로서 교목을 배치하는 핵심은 '올바른 장소에 올바른 교목'(適地適樹, the right tree in the right place)이 자라도록 함으로써, 이들이 공급하는 편익을 극대화하면서 모든 사람이 행복하도록 유지하는 것이다.

인용문헌

Akbari, H., Kurn, D.M., Bretz, S.E. and Hanford, J.W. (1997) Peak power and cooling energy savings of shade trees. *Energy and Buildings*, 25: 139–148.

Balvanera, P., Siddique, I., Dee, L., Paquette, A., Isbell, F., Gonzalez, A., *et al.* (2014) Linking biodiversity and ecosystem services: Current uncertainties and the necessary next steps. *BioScience*, 64, 49–57.

Bowler, D.E., Buyung-Ali, L., Knight, T.M. and Pullin, A.S. (2010) Urban greening to cool towns and cities: A systematic review of the empirical evidence. *Landscape and Urban Planning*, 97: 147–155.

Bradshaw, C.J.A., Sodhi, N.S. and Brook, B.W. (2009) Tropical turmoil: A biodiversity tragedy in progress. *Frontiers in Ecology and the Environment*, 7, 79–87.

Crowther, T.W., Glick, H.B., Covey, K.R., Bettigole, C., Maynard, D.S., Thomas, S.M., *et al.* (2015) Mapping tree density at a global scale. *Nature*, 525: 201–205.

Donovan, G.H., Butry, D.T., Michael, Y.L., Prestemon, J.P., Liebhold, A.M., Gatziolis, D., *et al.* (2013) The relationship between trees and human health: Evidence from the spread of the emerald ash borer. *American Journal of Preventive Medicine*, 44: 139–145.

Donovan, R., Owen, S., Hewitt, N., Mackenzie, R. and Brett, H. (2011)*The Development of an Urban Tree Air Quality Score (UTAQS): Using the West Midlands, UK Conurbation as a Case Study Area*. VDM Verlag Dr. Müller, Düsseldorf, Germany.

Ennos, A.R., Armson, D. and Rahman, M.A. (2014) How useful are urban trees? The lessons of the Manchester Research Project. In: Johnston, M. and Percival, G. (eds). *Trees, People and the Urban Environment II*. Institute of Chartered Foresters, Edinburgh, UK, pp. 62–70.

Fang, C.F. and Ling, D.L. (2003) Investigation of the noise reduction provided by tree belts *Landscape and Urban Planning*, 63: 187–195.

Gill, S., Handley, J.F., Ennos, A.R. and Pauleit, S. (2007) Adapting cities for climate change: The role of the green infrastructure. *Built Environment*, 33: 97–115.

Gladwell, V.F., Kuoppa, P., Tarvainen, M.P. and Rogerson, M. (2016) A lunchtime walk in nature enhances restoration of autonomic control during night-time sleep: Results from a preliminary study. *International Journal of Environmental Research and Public Health*, 13: article 280.

Gómez-Muñoz, V.M., Porta-Gándara, M.A. and Fernández, J.L. (2010) Effect of tree shades in urban planning in hot-arid climatic regions. *Landscape and Urban Planning*, 94: 149–157.

Gratani, L. and Varone, L. (2006) Carbon sequestration by *Quercus ilex* L. and *Quercus pubescens* Willd. and their contribution to decreasing air temperature in Rome. *Urban Ecosystems*, 9: 27–37.

Ikei, H., Song, C. and Miyazaki, Y. (2015) Physiological effect of olfactory stimulation by Hinoki cypress (*Chamaecyparis obtusa*) leaf oil. *Journal of Physiological Anthropology*, 34: article 44.

Kirby, J., Duplissy, J., Sengupta, K. *et al.* (2016) Ion-induced nucleation of pure biogenic particles. *Nature*, 533: 521–526.

Kondo, M.C., Han, S., Donovan, G.H. and MacDonald, J.M. (2017) The association between urban trees and crime: Evidence from the spread of the emerald ash borer in

Cincinnati. *Landscape and Urban Planning*, 157: 193–199.
Li, Q. (2010) Effect of forest bathing trips on human immune function. *Environmental Health and Preventive Medicine*, 15: 9–17.
McDonald, A.G., Bealey, W.J., Fowler, D., Dragosits, U., Skiba, U., Smith, R.I., *et al.* (2007) Quantifying the effect of urban tree planting on concentrations and depositions of PM10 in two UK conurbations *Atmospheric Environment*, 41: 8455–8467.
McPherson, E.G., Xiao, Q.F. and Aguaron, E. (2013) A new approach to quantify and map carbon stored, sequestered and emissions avoided by urban forests. *Landscape and Urban Planning*, 120: 70–84.
Mullaney, J., Lucke, T. and Trueman, S.J. (2015) A review of benefits and challenges in growing street trees in paved urban environments. *Landscape and Urban Planning*, 134: 157–166.
Nowak, D.J. and Greenfield, E.J. (2012) Tree and impervious cover change in US cities. *Urban Forestry and Urban Greening*, 11: 21–30.
Nowak, D.J., Hoehn, R. and Crane, D.E. (2007) Oxygen production by urban trees in the United States. *Arboriculture and Urban Forestry*, 33: 220–226.
Ochiai, H., Ikei, H., Song, C., Kobayashi, M., Miura, T., Kagawa, T., *et al.* (2015) Physiological and psychological effects of a forest therapy program on middle-aged females. *International Journal of Environmental Research and Public Health*, 12: 15222–15232.
Rogers, K., Sacre, K., Goodenough, J. and Doick, K. (2015) *Valuing London's Urban Forest: Results of the London i-Tree Eco Project*. Treeconomics, London, UK.
Roy, S., Byrne, J. and Pickering, C. (2012) A systematic quantitative review of urban tree benefits, costs, and assessment methods across cities in different climatic zones. *Urban Forestry and Urban Greening*, 11: 351–363.
Sanusi, R., Johnstone, D., May, P. and Livesley, S.J. (2017) Microclimate benefits that different street tree species provide to sidewalk pedestrians relate to differences in Plant Area Index. *Landscape and Urban Planning*, 157: 502–511.
Shigo, A.L. (1989) *Tree Pruning: A Worldwide Photo Guide*. Shigo and Trees, Durham, New Hampshire, USA.
Trees and Design Action Group (2008) *No Trees, No Future: Trees in the Urban Realm*. Trees and Design Action Group, London, UK.
UK National Ecosystem Assessment (2011) *The UK National Ecosystem Assessment: Technical Report*. UNEP-WCMC, Cambridge, UK.
Ulmer, J.M., Wolf, K.L., Backman, D.R., Tretheway, R.L., Blain, C.J., O'Neil-Dunne, J.P. *et al.* (2016) Multiple health benefits of urban tree canopy: The mounting evidence for a green prescription. *Health and Place*, 42: 54–62.
UNEP (2008) *Kick the Habit: A UN Guide to Climate Neutrality*. United Nations Environment Programme, Arendal, Norway.
Wang, J., Endreny, T.A. and Nowak, D.J (2008) Mechanistic simulation of tree effects in an urban water balance model *Journal of the American Water Resources Association*, 44: 75–85.
Wolf, K.L. and Robbins, A.S. (2015) Metro nature, environmental health, and economic value. *Environmental Health Perspectives*, 123: 390.
Xiao, Q. and McPherson, E.G. (2002) Rainfall interception by Santa Monica's municipal urban forest. *Urban Ecosystems*, 6: 291–302.

2장

목질의 골격: 수간과 가지

2.1 교목은 무엇인가?

이 장을 시작하면서 먼저 '교목'(喬木, tree)이라는 용어가 정확하게 무엇을 의미하는가를 확인하는 것이 적절할 것이다. 사전적 정의는 종종 교목을 스스로 지지하는 주된 줄기와 뚜렷하게 높은 수관을 형성하는 가지를 가진 다년생(多年生, perennial)의 목본식물(木本植物, woody plant)로 기술하고, 어떤 경우에는 최소 높이가 5m 내외라고 제시하기도 한다. 교목은 우리가 동의할 수 있는 이러한 다년의 생활사(生活史, life cycle)와 같은 이러한 정의의 속성도 있지만, 많은 다른 특성도 공개적으로 토론되어야 한다. 많은 '교목'이 다수의 줄기를 가지고 있지만 우리는 이들을 관목(灌木, shrubs)이라고 부르지 않는다. 그리고 고무나무류는 자신 생애의 많은 기간 동안 스스로 지지하지 않고, 야자수는 뚜렷한 가지 뻗기가 없고, 북극버드나무(*Salix arctica*)와 같은 교목은 자신이 자라는 자연적인 환경에서 5m에 도달할 가능성은 절대로 없다. 그러므로 교목의 정의는 많은 논쟁거리를 제공하지만, 일반적으로 보람이 있는 일은 아니다. 왜냐하면 예외가 너무 많기 때문이다. 논쟁의 여지가 있겠지만, 가장 유용한 정의는 생물학자가 아닌 UK Town and Country Planning Act에 대한 판결의 일부로 교목을 정의한 재판관 Denning경의 판결문에서 찾아볼 수 있다. 그는 '사람들이 통상적으로 교목이라고 부르는 것은 모두 해당 Act의 이 그룹 조항들에서 말하는 "교목"이다'라고 선언하였다. 이는 간단하지만 놀랍게도 효과적이다. 즉, 여러분들이 어떤 것을 교목이라고 부르면, 그것은 교목이다. 정밀한 정의가 필요한 경우도 있겠지만, 대부분의 목적을 위해서는 이러한 실용적인 견해가 잘 작동한다. 상자 2.1은 교목의 기관들에 대해 일부 유용한 정의를 제공한다.

2.2 교목은 어떻게 자라는가?

대부분의 자연계(自然界, natural world)에 걸쳐 교목은 우세한 식생의 형태이다. 이들은 많은 경우 폭풍, 가뭄, 동결 상황, 생물적 공격자의 숙주(宿主, host)임에도 불구하고 수세기 또는 수천 년 동안을 견딘 생체역학적 생리학적 승리자들이다. 지구상 약 10만에 달하는 교목 종 중에서 약 50종(<0.005%)만이 수고가 50m 넘게 측정되는 거대한 크기에 도달한다. 현재로는 '가장 키가 큰' 교목의 타이틀은 수고가 115.7m의 엄청난 높이로 측정되는 레드우드(*Sequoia sempervirens*)가 가지고 있다. 이 수종은 미송(*Pseudotsuga*

상자 2.1 교목의 주요 기관: 유용한 정의

교목은 지면 위에 **지상계**(地上界, shoot system)와 지하에 **뿌리 시스템**(root system)을 가지고 있다. 가지와 잎의 집단은 뿌리 시스템에서 발생한 하나의 **수간**(樹幹, trunk)이나 여러 수간에 붙어 있는 **수관**(樹冠, crown)을 형성한다. 다수 교목의 수관이 합쳐지면 이들은 한데 합쳐서 교목 **덮개**(canopy – 임관/林冠)라고 부른다.

그림 B2.1은 성숙한 교목의 수간에서 발견되는 핵심 부위들을 보여준다. 밖에서 출발하여, **외수피**(外樹皮, outer bark)는 해당 교목의 내부를 촉촉하게 유지시키고 해충과 병원균이 해당 교목 속으로 들어가는 것을 방지하는 데 도움을 주는 방수 피부이다. 이 안쪽이 **내수피**(內樹皮, inner bark)로 **사부**(篩部, phloem)가 주류를 이루고 있다. 이는 해당 교목 주위에 설탕과 다른 유용한 화합물을 운반하는 살아 있는 조직이다. 이들은 거의 대부분 잎에서 생산되어 해당 교목의 여기저기 필요로 하는 곳으로 가는 설탕이지만 식물호르몬(plant hormone)과 같은 다른 많은 화합물을 포함할 수 있다. 수피의 안쪽에는 물이 해당 교목을 통과해서 위로 운반되는 작은 관을 내포하고 있는 **목재**(木材, wood) 또는 **목부**(木部, xylem)가 있다. 목부는 살아 있는 조직을 포함하지 않은 어떤 형태의 **심재**(心材, heartwood)와 수분수송(水分輸送, water transport)

에 필수적인 **변재**(邊材, sapwood)로 구성되어 있다. 변재도 축 방향으로 이어지는 살아 있는 유세포(柔細胞, parenchyma cell)인 **주축 유조직**(主軸柔組織, axial parenchyma)과 방사상으로는 **방사조직**(放射組織, ray) 또는 **방사 유조직**(放射柔組織, radial parenchyma)을 내포하고 있다. 살아 있는 세포로 된 이들 두 시스템은 살아 있는 세포가 서로 연결된 복잡한 3차원 연결망을 제공하는데, 이들을 저장, 운반, 지지, 방어의 역할을 가진 **심플라스트**(symplast–전원형질/全原形質)라고 부른다. 사부와 목부 사이에는 안쪽에 새로운 목부와 바깥쪽에 새로운 사부를 생산하는 얇은 조직 층인 **유관속 형성층**(維管束形成層, vascular cambium)이 있다.

유관속 형성층에 의해 생산된 목부는 우리가 일반적으로 목재라고 부르는 것을 만든다. 목부의 세포벽은 셀룰로오스(cellulose), 리그닌(lignin), 그리고 헤미셀룰로오스(hemicellulose)라고 불리는 셀룰로오스와 유사한 화합물의 혼합으로 구성된다. 또한 이들의 화합물은 목재의 특성인 강도(强度, strength)를 제공한다.

나자식물(裸子植物, gymnosperm)의 목재는 물을 통도하면서 물리적으로 수간을 지지하는 역할을 하는 **가도관**(假導管, tracheids)이라고 불리는 수직적인 관을 가지고 있다. 이와는 달리, 피자식물(被子植物, angiosperm – 엄밀하게 말하면 쌍자엽 피자식물. 야자수와 같은 단자엽 식물은 다른 구조를 가지고 있기 때문임)의 목재는 기능이 나누어지는데, **도관**(導管, vessel)은 물을 통도하기 위해, **섬유**(纖維, fiber)는 구조적인 강도를 제공하기 위해 사용한다. 물을 통도하는 모든 관(즉 도관과 가도관)을 통틀어 **관상요소**(管狀要素, tracheary element)라는 용어를 사용한다.

교목의 이들 서로 다른 요소에 대한 더 자세한 정보는 이 장에 기술되어 있다.

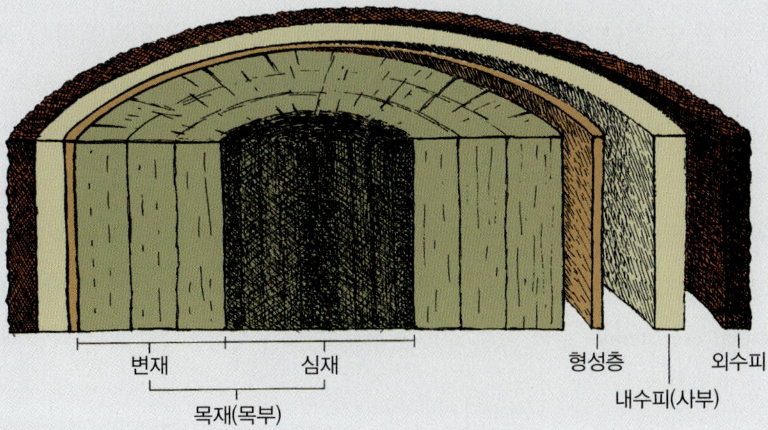

그림 B2.1 성숙한 교목 수간의 단면.
출처: Thomas(2014). Cambridge University Press의 허락을 받아 전재.

menziesii), 자이언트세쿼이아(*Sequoiadendron giganteum*), 시트카가문비(*Picea sitchensis*), 노블전나무(*Abies procera*)와 같은 다른 거대 구과식물(毬果植物, conifer)과 함께 북미의 서해안에서 공존하고 있다. 남반구는 가장 키가 큰 현화식물(顯花植物, flowering plants－피자식물/angiosperms)을 보유하고 있는데, 이는 남부 호주의 비옥한 지역에서 사는 수고가 99.6m인 스웜프유칼리(*Eucalyptus regnans*)이다. 열대지방도 수고가 85m 이상 되는 옐로우메란티(*Shorea faguetiana*)와 클링키파인(*Araucaria hunsteinii*) 등 몇 개의 거대 종을 가지고 있다(그림 2.1).

대부분의 교목은 유전성과 환경으로 인해 이러한 높이에 절대로 이르지 못한다. 사실 얼음처럼 찬 북극의 바람을 피하기 위해 난장이자작(*Betula nana*)은 자신의 잎을 지표면 위 20cm 정도밖에 올리지 못한다. 이처럼 크기에서의 엄청난 대비에도 불구하고 가장 큰 종과 가장 작은 종이 자라는 방식은 동일하다. **일차생장**(一次生長, primary growth)은 줄기와 뿌리가 더 길어지는 것을 담당하고, **이차생장**(二次生長, secondary growth)은 목본식물 몸체의 측방(방사방향) 팽창을 담당한다. 이에 대한 예외는 일차생장만 하는 단자엽식물(單子葉植物/monocotyledons, 예: 야자수)에서 발견된다. 일차생장이 모든 식물에 필수적이지만, 교목이 팽창하는 줄기 시스템을 지지할 수 있는 단단한 구조를 축적하도록 하는 것은 이차생장이다. 간단히 말하면, 이차생장은 교목이 크게 자랄 수 있는 목질의 골격을 창출한다. 그러므로 이는 교목이 빛을 두고 경쟁하고, 역학적인 파손에 대해 저항하고, 생물적 작인(作因, agent)으로부터의 쇠퇴에 대해 저항하는 능력에 필수적일 뿐만 아니라 교목을 동정하는 데에도 중요하다.

교목이 도달할 수 있는 궁극적인 크기와 관계없이, 높이와 직경의 생장은 세포분열(細胞分裂, cell division)을 할 수 있는 식물 조직인 **분열조직**(分裂組織, meristem)의 활동을 통해 일어난다. 비록 분열조직이 해당 식물체의 미세한 부분을 구성하고 있지만, 이 조직이 식물의 기능을 위해 필요한 특화된 조직을 확대하고 생산하는 새로운 세포를 만들기 때문에 교목의 발달에 필수적이다. 교목에서, 일련의 정단분열조직(頂端分裂組織, apical meristems－일반적으로 눈/bud과 뿌리 끝에 내포되어 있음)과 싸개 같은 측방분열조직(側方分裂組織, lateral meristems－수피 아래 교목을 두르고 있는 형성층)은 전체 식물체의 생장을 담당한다.

(a)

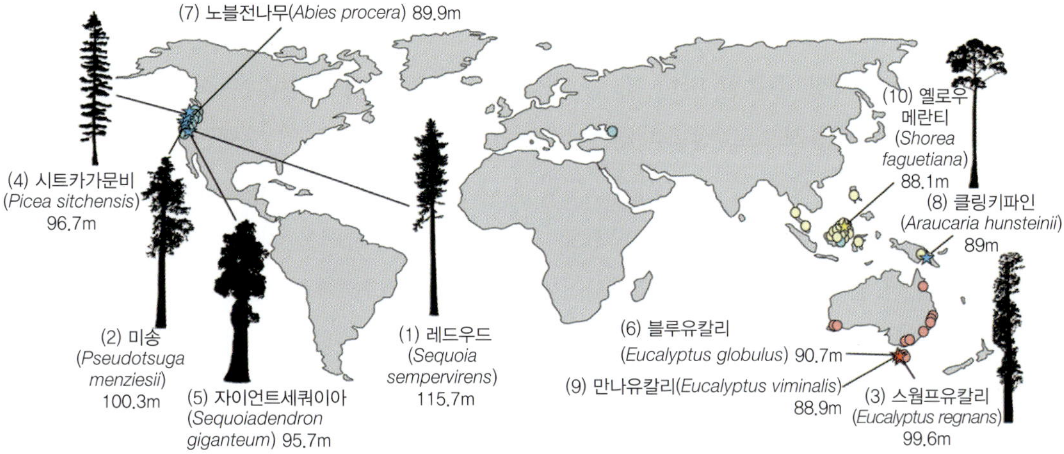

(b)

그림 2.1 (a) 수고가 70m에 이르는 것으로 알려진 교목 종의 지구상 분포. 상위 10개 수종 중에서 보르네오의 용뇌향과(dipterocarp)에 속하는 1종(노란색 별로 표시됨)과 뉴기니의 구과식물 1종(푸른색 별로 표시됨)이 포함된 것을 제외하면, 키가 큰 대부분의 종은 북미 서해안의 구과식물이거나(상위 5개 종은 푸른색 별로, 나머지는 푸른색 점으로 표시됨), 태즈메이니아의 유칼리나무(가장 키가 큰 3개 종은 붉은색 별로, 나머지는 연한 붉은색 점으로 표시됨)이다. 기타 70m를 넘는 피자식물 종(연한 노란색 점)은 동남아, 특히 보르네오에서 발견된다. 키 큰 구과식물 한 종이 유라시아에서 나타난다. 출처: Tng 등(2012). John Wiley and Sons의 허락을 받아 전재. (b) 호주 빅토리아주의 셔브룩포리스트(Sherbrook Forest)에서 자라고 있는 세계에서 가장 키가 큰 수종 중 하나인 스웜프유칼리(*Eucalyptus regnans*).

2.3 교목 설계

교목과 관련하여 가장 주목할 만한 것 중 하나는 교목의 습성이 수많은 식물과(植物科, plant families)로 독립적으로 진화하였는데, 이는 자연에서 최고의 **수렴진화**(收斂進化, convergent evolution) 사례 중 하나이다. 햇빛에 대한 경쟁을 하기 위한 탐색은 동일한 해결책을 가진 서로 다른 많은 식물 종으로 나타났는데, 해결책은 자신의 이웃보다 더 크게 자라고 더 넓은 공간을 차지하는 것이다. 그러나 이러한 해결책은 실로 수많은 도전에 당면한다. 수고를 높이기 위해서는 지상부를 지지하기 위해 추가적인 생물량(生物量, biomass)이 필요하다. 그런데 이웃하고 있는 식물보다 위쪽 공간을 성공적으로 차지하는 것은 초기 돌풍에 파손되기만 할 뿐 좋은 것이 아니다. 경쟁적인 상태를 유지하기 위해서는, 교목은 단지 다른 식물보다 더 빨리 자라서는 안 되고(비록 이를 위한 장소가 있더라도) 그 환경 내에서 생존하고 존속해야 한다. 그러므로 교목은 생물적(예: 해충과 병) 무생물적(예: 바람, 가뭄, 추위) 스트레스에 저항적으로 대처해야 하고, 오랜 기간에 걸쳐 생체역학적으로 안정성이 있어야 한다. 크게 보면, 이들은 하나의 특정한 지역에서 최적의 성과를 위해 상충(相衝, trade-off)이 요구되는 경쟁적인 산물이다. 따라서 생체역학적 안정성과 관련된 생장과 환경에 의해 주어지는 스트레스에 대한 저항성 사이의 타협이 모든 교목 설계에 있어서 타고난 문제이다. 이들 경쟁적인 산물을 시각화하는 유용한 방법은 교목 상충 삼각형(相衝三角形, trade-off triangle)이다(그림 2.2). 광합성을 통해 생산된 설탕의 형태로 얻은 탄소는 한 번만 쓸 수 있기 때문에, 교목은 '탄소예산'(炭素豫算, carbon budget)을 어디에 소비할 것인가를 결정해야 하고 이는 경쟁하는 생장 산물 사이에 긴장을 유발한다. 예를 들면, 탄소 지출을 목재의 강도를 높이기 위해 사용할 것인가, 뿌리 시스템을 확대하기 위해 사용할 것인가, 아니면 엽면적(葉面積, leaf area)을 극대화하기 위해 사용할 것인가? 만약 생장에 우선을 두면 이는 언제나 생체역학적 안정성과 스트레스 저항성 관점에서는 어떤 형태로든 손실을 의미한다. 뿐만 아니라 최고의 스트레스 저항성을 가진 교목은 느려진 생장률(成長率, growth rate)을 보이는 경향이 있다. 모든 환경에서 지배적인 하나의 설계는 없으며, 한 환경에 특화하기 위한 상충은 동일한 식물을 다른 환경에서 덜 경쟁적인 식물로 만들 수 있다. 그러므로 교목 설계는 최적이라고 기술하기는 어렵고, 도리어 교목은 주어진 자신의 진화적인 기원(자신의 계통발생[系統發生, phylogeny]), 개별 교목의 역사와 환경적인 제약을 반영한 효율적인 설계를 보여준다(Crawley 1994). 결국, 이들 타협의 결과는 교목에게 외부적

그림 2.2 교목 설계는 탄소 획득, 스트레스 저항성, 생체역학적 안정성 사이의 타협이다. 이들 주요 요소들은 부제로 제시되는 다른 수많은 요소들로부터 정보를 받는다.

형태(모습)와 내부 해부학적 구조에서 이처럼 다양한 형상과 크기를 부여한다.

2.4 줄기는 어떻게 자라는가?

블록 쌓기: 분열조직과 눈

목본식물의 줄기(shoot)는 축소된 줄기를 내포하고 있는 새로운 눈이 형성되는 분명한 비활동성 시기와 빠른 줄기 생장기(분출기)가 교대하면서 리드미컬하게 자란다. 이러한 주기적 생장의 환경적 조절은 폭넓은 종에 걸친 매우 동시적 줄기 발달로 나타난다. 온대기후에서는, 생장 개시의 가장 중요한 변수가 알맞은 기온이다. 열대기후에 가까울수록 기온은 일 년 내내 식물 발달에 적합하기 때문에, 이는 생장을 자극하는 호우(豪雨, heavy rain)의 도착이 될 수도 있다.

알맞은 생장기(生長期, growth period) 동안, 줄기는 잎이 광합성을 위한 빛을 포획할 수 있도록 공간을 점유하기 위한 탐색을 한다. 이는 가스 교환(-交換, gas exchange)이 가능한 시스템을 제공하면서 수분 통도와 생체역학적 지지를 달성하기 위해 필요하다. 줄기 자체의 생장 성공에 의해 전체 식물의 광합성 효율이 줄어들지 않도록 하기 위해 자기 차광(self-shading)도 최소화되어야 한다. 교목은 모든 교목의 수관에서 볼 수 있는 반복적인 발달 패턴을 통해 이를 달성한다. 이들의 가장 큰 것이 가지(branch)로 잎과 눈을 가진 줄기로 이루어진 **모듈**(module)로 구성된다. 이들 모듈은 다시 절간(節間, internode)이라고 불리는 가지 사이에 있는 부분과 줄기의 마디에서 잎과 눈으로 이루어진 일련의 더 작은 하위 단위(**이성체**[異性體, metamer]라고 불림)로 구성된다. 교목의 최종적인 형태는 자신의 환경과 자신이 채울 수 있는 공간에 반응하여 유전적 통제 하에 발달하는 이성체와 모듈이 반복적으로 누적된 결과이다. 따라서 개별 교목은 가능한 수많은 형태를 가질 수 있지만 무작위적이지는 않다. 교목이 나타내는 무수한 형태와 크기에도 불구하고 교목 생장의 근본적인 과정은 종별로 공통적이고, 그렇지 않으면 무관한 종이다. 케임브리지대학의 식물학자 H.M. Ward가 언급하였듯이, '교목의 형체를 이루는 것을 보면 이의 통합은 엄청나게 복잡한 일이지만 진전되는 단계는 매우 단순한 일이다'(Ward 1909).

새로운 줄기 모듈 또는 가지는 **정단분열조직**(頂端分裂組織, apical meristem – 고도의 세포분열이 특징인 세포영역)에서 발생하는데, 이는 일반적으로 기존 줄기의 끝이나 엽저(葉底, leaf base)에서 발견된다. 이 분열조직의 내부에는, 매우 작은 돌기(突起, protuberance)로 보이는 잎 원기(-原基, leaf primordium)에서 나온다. 잎 원기는 해당 줄기 둘레에 마주보는 쌍이나 나선의 규칙적인 순서로 발생하고, 이들은 최종적으로 마디(node – 잎이 부착된 부위)와 절간(節間, internode)으로 정의한다(그림 2.3).

절간 줄기 부위도 정단분열조직에 의해 눈에서 발달된다. 그림 2.4에서 보는 바와 같이 발생 직후에 뚜렷한 조직이 발달하기 시작한다. 어린 줄기의 중앙에 위치한 수(髓, pith)는 일반적으로 유관속 조직(목부와 사부)을 가지고 있는 유조직(柔組織, parenchyma – 범용 세포)의 피층(皮層, cortex)에 의해 둘러싸인다. 처음에는 이들이 일련의 막대 모양 유관속(維管束, vascular bundle)을 형성하고 나중에 이차생장을 하는 동안 서로 연결된다(이 장의 뒤쪽 이차생장 참조). 이들 조직은 피층과 외부 환경 사이에 식물 피부와 같은 장벽 역할을 하는 특정 형태의 표피(表皮, epidermis)에 의해 둘러싸여 있다. 각 조직 부위는 하나의 세포 유형을 내포하고 있는 몇 개의 단순한 조직으로 이루어질 수도 있고 다수의 특화된 세포를 내포하고 있는 보다 복잡한 조직으로 이루어질 수도 있다. 얘를 들면, 사부는 사부요소(篩部要素, sieve tube element)와 반세포(伴細胞, companion cell)를 내포하고 있다. 정단분열조직에서 유래된 모든 세포는 일차조직으로 알려져 있고, 측방분열조직(유관속 형성층과 같은 – 뒤에 고찰됨)에서 유래한 모든 세포는 이차조직으로 알려져 있다.

일단 완전히 발달하고 나면, 눈(bud)은 자신의 내용물(영양, 꽃 또는 혼합), 위치(정단,

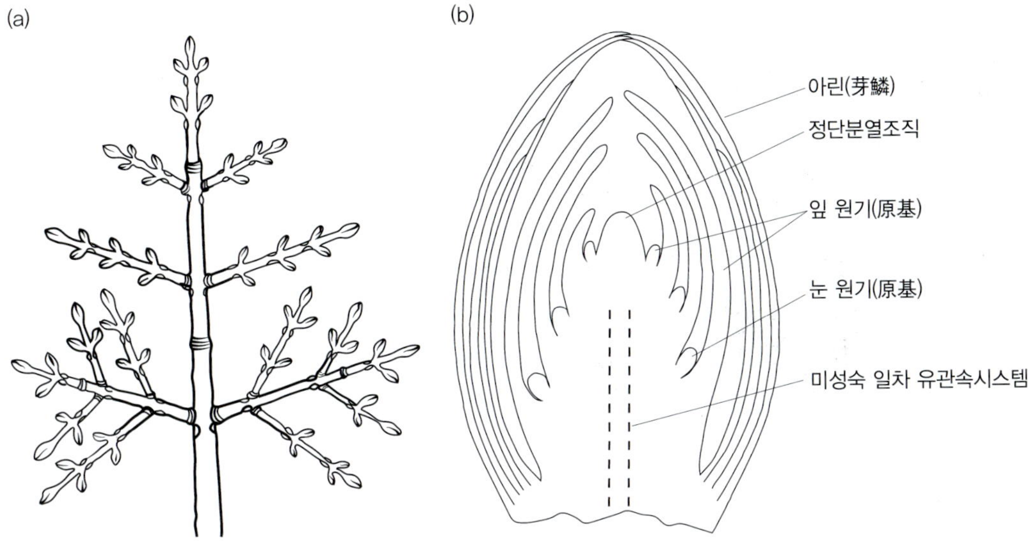

그림 2.3 (a) 3년 생장을 보여주는 목질의 줄기. 당년과 전년의 신장 생장의 기부에서 아린흔(芽鱗痕, bud scale scar)을 고리 형태로 볼 수 있다. 정단분열조직은 주지와 측지의 끝에서 볼 수 있다. 출처: Ward(1904). (b) 분열조직과 보호하는 아린에 둘러싸인 어린 잎(잎 원기)을 보여주는 정단분열조직의 단면. 새로운 생장은 눈의 기부에서 발달하는 내부 관(유관속 조직)에 연결될 것이다. 출처: Beck(2010). Cambridge University Press의 허락을 받아 전재.

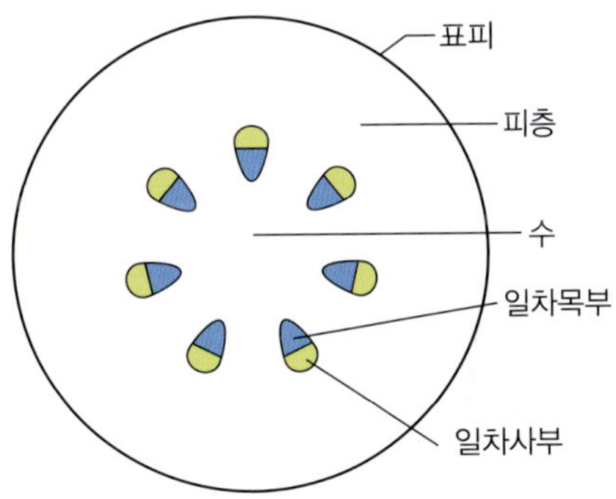

그림 2.4 각각이 목부와 사부를 내포하고 있는 '유관속'(維管束/관다발, vascular bundle)으로 이루어진 유관속 조직을 포함한 일차 구조를 보여주는 어린 쌍자엽식물의 줄기 단면. 출처: Beck(2010): Cambridge University Press의 허락을 받아 전재.

측방, 겨드랑이 또는 부정), 활동성의 수준(휴지 또는 휴면) 등에 따라 분류될 수도 있다. 영양아(營養芽, vegetative bud)는 지연되어 발달되도록 억제된 축소된 줄기 이성체(異性體, metamer)를 내포하고 있다. 화아(花芽/꽃눈, flower bud)는 배아 상태의 꽃을 내포하고 있지만 일반적으로 원기상태의 잎도 내포할 것이다. 혼합아(混合芽, mixed bud)는 배아 상태의 잎과 꽃을 모두 내포할 것이다(그림 2.5). 눈은 부풀기 전에 자신의 휴면 상태 동안 건조, 찬 기온, 초식동물로부터 어느 정도 보호를 해주는 아린(芽鱗, bud scale/cataphyll)에 의해 둘러싸여 있을 수도 있다. 아린이 없는 종은(예: 유칼리나무), 오래된 잎의 엽저(葉底,

그림 2.5 해당 종의 특징적인 장상엽(掌狀葉, palmate leaf)에 의해 둘러싸인 눈의 가운데에 있는 미성숙 꽃 구조를 보여주는 가시칠엽수(*Aesculus hippocastanum*)의 팽창하고 있는 혼합아. 발달하는 줄기의 기부에 아린이 매달려 있는 것을 볼 수 있다.

leaf base)나 탁엽(托葉, stipule)이 민감한 분열조직에 대해 어느 정도의 보호를 제공할 수도 있다. 란타나분꽃나무(*Viburnum lantana*), 물푸레잎굴피(*Pterocarya fraxinifolia*)와 많은 (아)열대지방 원산의 종과 같은 다른 종은 휴지 또는 휴면기 동안 환경에 완전히 노출되어 있는 나아(裸芽, naked bud)를 가지고 있다(그림 2.6).

정단분열조직에서 발생한 눈이 모두 이듬해 생장기에 줄기(shoot)로 발달하지는 않는다. 어떤 눈은 휴면 상태로 남아 있고, 어떤 눈은 죽거나 퇴화되는데, 화아는 분명히 꽃을 피운다. 휴면아(休眠芽, dormant bud)는 기본적으로 엽액(葉腋, leaf axil)에서 발달한 부풀지 않은 영양아이기 때문에, 이들은 수(髓, pith)에 이르는 아흔(芽痕, bud trace)을 남긴다. 이러한 아흔이 휴면아를 줄기 끝이나 엽액의 분열조직으로부터 공간적으로 분리된 성숙한 줄기 부위에 있는 주변이나 상대적으로 깊은 유조직에서 불규칙하게 시작되는 부정아와 구별할 수 있게 한다.

(a)

(b)

그림 2.6 (a) 계단화(鷄蛋花, *Plumeria rubra*)와 (b) 캔들넛(*Aleurites moluccana*)의 나아.

눈으로부터 새로운 줄기 발생

영양아가 팽창함에 따라, 교목에서 폭넓게 볼 수 있는 두 가지 기본적인 생장 유형은 **유한생장**(有限生長/determinate growth – 고정 또는 플러시 유형으로도 알려짐)과 **무한생장**(無限生長/indeterminate growth – 자유 또는 계속 유형으로도 알려짐)이다. 단풍나무류(*Acer*), 너도밤나무류(*Fagus*), 물푸레나무류(*Fraxinus*), 호두나무류(*Juglans*), 가문비나무류(*Picea*), 소나무류(*Pinus*), 미송류(*Pseudotsuga*), 참나무류(*Quercus*) 중에서 적어도 몇 종이 포함되는 광범위한 교목에서 발견되는 유한생장은 휴면아로부터 새로운 줄기와 잎을 신장시킨다. 미리 형성된(preformed) 잎은 그림 2.7의 고정생장 종을 나타내는 녹색선에서 보여주듯이 상대적으로 짧은 기간 동안 모두 분출하는데, 불과 2~3주 동안만 지속될 수도 있는 빠른 생장 분출로 잎과 줄기가 거의 동시에 나오고 신장한다. 이후 즉시 다음 해 눈을 형성하며, 이 눈은 트기 전까지 수개월 동안 조용히 기다린다. 반대로, 단풍나무류(*Acer*)(대부분), 오리나무류(*Alnus*), 자작나무류(*Betula*), 유칼리나무류(*Eucalyptus*), 낙엽송류(*Larix*), 생강나무류(*Lindera*), 사과나무류(*Malus*), 사시나무류(*Populus*) 등에서 발견되는 무한생장은 신초가 발달함에 따라 새로이 형성되는 신초가 많은 것이 특징이다. 이는 신초 발달이 대부분의 생장기로 연장될 수도 있다. 반면 다른 종에서는, 오랜 기간의 신초 신장에도 불구하고, 대부분의 생장이 매우 짧은 기간에 달성된다(그림 2.7). 무한생장 수종에서, 줄기의 아래쪽 잎은 전년의 눈에서 먼저 형성되고 가장 바깥 잎은 신초가

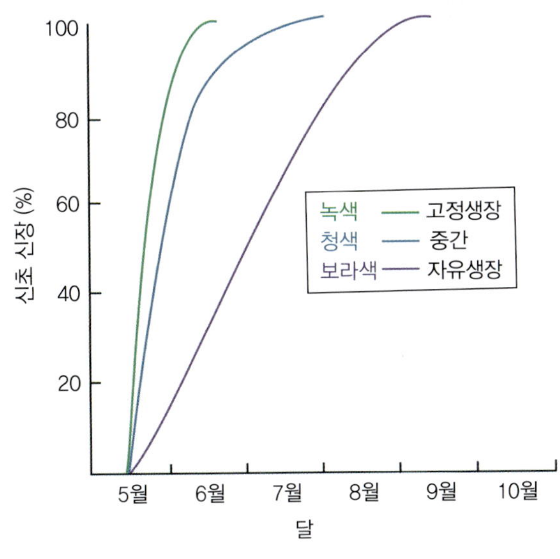

그림 2.7 온대지방 교목 종의 신초 생장(신장) 세 가지 패턴. 고정생장 또는 유한생장 종은 매우 빠르게 신장하는 것을 볼 수 있고 2~3주 내에 최대 신장에 도달한다. 자유 또는 무한생장 종은 일부 신초가 생장기 대부분을 통해 신장하는 것을 나타낸다. 어떤 종은 중간 위치를 차지할 수도 있을 것이다.
출처: Kikuzawa & Lechowicz(2010). Springer의 허락을 받아 전재.

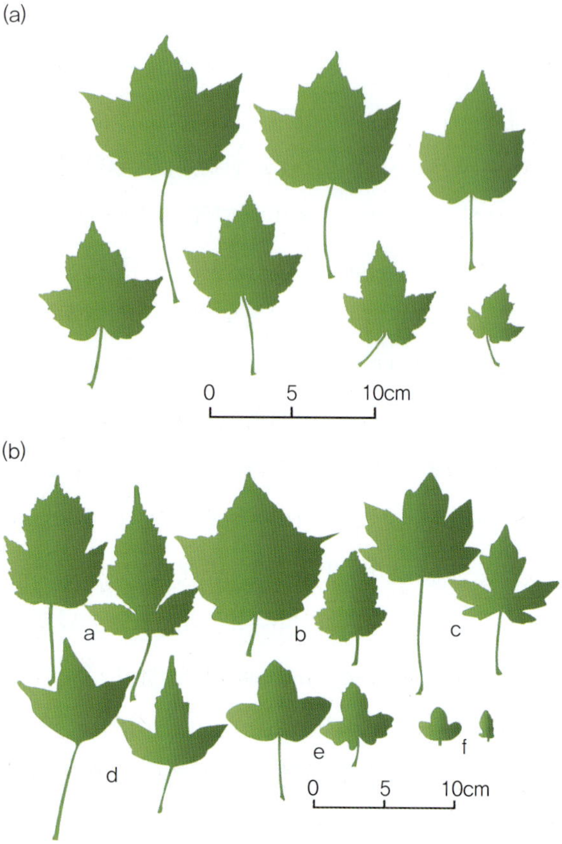

그림 2.8 다양한 단풍나무의 성숙된 잎. (A) 적단풍(*Acer rubrum* – 마디당 한 개의 잎). 위쪽 열은 춘엽으로, 왼쪽에 가장 어린 잎(마디 1). (B) 이형엽–(a) 신나무(*Acer tataricum*)(마디 2, 5); (b) 뱀수피단풍(*A. rufinerve*)(마디 1, 3); (c) 레이오카르품단풍(*A. campestre* var. *leiocarpum*)(마디 2, 5); (d) 중국단풍(*A. buergerianum*)(마디 2, 7); (e) 몽펠리에단풍(*A. monspessulanum*)(마디 1, 8); (f) 크레타단풍(*A. sempervirens*)(마디 1, 4). 출처: Critchfield (1971). Harvard University의 허락을 받아 전재.

생장하면서 형성된다. 전년의 눈에서 먼저 형성된 초기 잎을 **춘엽**(春葉, early leaves)이라고 부르고 새로이 형성된 잎을 **하엽**(夏葉, late leaves)이라고 부른다. 그러므로 온대기후에서, 교목의 신초 발달은 사전 형성된 신초 모듈의 작용에 의해, 또는 사전 형성된 신초 모듈과 새로 형성된 것의 결합에 의해 발생한다. 온대기후에서 불리한 생장기가 되면 교목들은 겨울 동안 휴면할 눈에 이듬해를 위한 신초모듈을 만들기 때문에는 새로 형성된 신초는 존재하지 못한다. 춘엽과 하엽의 형태적 차이가 발생하는 경우에는, 이들 종을 **이형엽**(異形葉, heterophyllous)이라고 부른다. 이형엽에 해당하는 종으로는 많은 단풍나무류(*Acer*)(그림 2.8), 자작나무류(*Betula*), 유칼리나무류(*Eucalyptus*)가 있다. 잎의 형태와 해부학적 구조의 차이가 어린 줄기와 성숙한 줄기 사이에서 나타나면, 이들도 이형엽이라고 부를 수 있다.

단순하게 주된 줄기와 가지의 정아(頂芽, terminal bud) 생장에 의한 신초 생장은 **단축분지성**(單軸分枝性, monopodial)이라고 부르며, 길고 곧은 줄기로 자란다. 정단의 신초가 신장된 후에는 새로운 정아가 형성되는 동안 짧은 비활동성 기간이 있다. 따라서 한 생장기에 몇 번의 생장 분출이 있을 수 있다. 단축분지성 생장을 보이는 교목으로는 소나무류(*Pinus*), 가문비나무류(*Picea*), 참나무류(*Quercus*), 히코리류(*Carya*)에 속하는 종이 있다. **가축성**(假軸性, sympodial) 종에서는, 신초가 정아에서 생장하지 않고 줄기의 옆에 있는 측아(側芽, lateral bud)로부터 발생한다. 이러한 유형의 생장은 가끔 꽃이 가지의 끝에서 발생하거나 줄기의 끝이 퇴화되는 경우에 발달한다. 가축성 생장은 특징적으로 다소 지그재그 형태를 취한다. 가축성 생장을 보이는 교목에는 칠엽수류(*Aesculus*), 자작나무류(*Betula*), 서어나무류(*Carpinus*), 개오동나무류(*Catalpa*), 감나무류(*Diospyros*), 주엽나무류(*Gleditsia*), 버즘나무류(*Platanus*), 버드나무류(*Salix*), 피나무류(*Tilia*), 느릅나무류(*Ulmus*)에 속하는 종들이 있다.

어떤 종에서는(예: 적단풍/*Acer rubrum*, 사과나무/*Malus domestica*, 은자작나무/*Betula pendula*, 너도밤나무/*Fagus sylvatica*, 유럽서어나무/*Carpinus betulus*, 계수나무/*Cercidiphyllum japonicum*, 은행나무/*Ginkgo biloba*, 발삼포플러/*Populus balsamifera*) 줄기가 **단지**(短枝, short shoot)와 **장지**(長枝, long shoot)로 나뉘진다. 눈에서 충분히 사전 형성된 신초는 일반적으로 일 년에 2cm 미만으로 신장되는 단지로 생장하여 측지를 갖지 못한다. 이들은 가지에 독특한 돌출부를 만든다. 휴면아에서 충분히 형성되지 않은 신초가 일반적으로 일 년에 2cm 이상 신장하는 장지로 발달하여 측지를 가질 것이다. 이따금 지역적인 환경 여건의 변화로 단지가 장지로 바뀔 수 있고 반대의 경우도 가능하다. 이처럼 두 유형의 신초를 가지면 장지는 수관의 뼈대를 구축할 수 있게 하고 단지는 빛을 포획하는 잎의 위치를 효과적으로 배치할 수 있도록 수관의 공간을 채우게 된다. 교목이 성숙해감에 따라, 장지와 단지의 비율이 변하는데, 일반적으로 노령의 교목이 더 많은 단지를 생산한다. 길이가 2~3mm에 불과하지만, 소나무류(*Pinus* spp.)에서 발견되는 침엽의 다발은 2~3년 후에 침엽과 함께 떨어지는 단지에 붙어 있다. 시더류(*Cedrus* spp.)와 낙엽송류(*Larix* spp.)에서 발견되는 침엽의 로제트(rosette – 장미꽃처럼 모여 난 모양)도 일 년 또는 그 이상 지속되는 단지에 달려 있다.

생장 여건이 알맞은 상태로 계속되는 곳의 경우, 일부 교목은 휴면하지 않은 새로이 형성된 눈들로부터 신초들이 발생한다. 이들을 동시지(同時枝, sylleptic shoot)라고 부른다(그림 2.9). 가끔 이들은 생장기 초기에 형성되기 때문에 정상적인 신장 생장과 구분하기 어려울 수 있다. 온대기후에서 자작나무류(*Betula* spp.), 벚나무류(*Prunus* spp.), 사시나무류(*Populus* spp.)와 같이 빨리 자라는 종은 자주 동시지를 발달시킨다. 열대지방에서

그림 2.9 흑양(*Populus nigra*)은 북부 이태리에 있는 이 시험장 포장에서 발견되는 것과 같이 알맞은 생장 여건 하에서는 동시지(화살표)를 종종 발달시킨다.

는, 알맞은 생장 여건이 지속되기 때문에 광범위한 종에 걸쳐 측아가 동시지로 발달하게 된다. 일반적으로 다음 생장기까지 움이 트지 않을 것으로 기대되는 최근에 형성된 정아로부터 발달하는 **여름도장지**(-徒長枝/라마枝, lammas shoot)도 동시지라고 부를 수 있다. 이와는 달리, **측아도장지**(側芽徒長枝, proleptic shoot)는 휴면기를 지난 눈에서 발생한다. 뚜렷한 계절성이 존재하는 곳에서는, 생장기 후반에 발생한 동시지나 측아도장지는 저온에 적응하기 위해 필요한 시간이 짧기 때문에 한해(寒害, winter injury)에 특히 취약하다(제10장 참조). 생장기 후기에 가지를 만드는 속의 예는 다음과 같다: 전나무속(*Abies*), 오리나무속(*Alnus*), 카리아속(*Cayra*), 소나무속(*Pinus*), 미송속(*Pseudotsuga*), 참나무속(*Quercus*), 느릅나무속(*Ulmus*).

2.5 정아우세와 정아통제

교목의 형상은 일생을 통해 하나의 줄기에 몇 개의 잎이 달린 구조적으로 단순한 실생묘로부터 여러 방향으로 뻗은 가지의 다양한 정렬로 된 복잡한 수관으로 크게 바뀐다. 교목의 최종 형상을 창출하는 데 도움을 주는 바람과 햇빛과 같은 많은 외부 영향이 있음에도 불구하고, 정아우세(頂芽優勢 apical dominance)와 정아통제(頂芽統制, apical control)의 작용은 수관 발달 방식에 깊은 영향을 미친다(Sterck 2005).

정아우세는 줄기의 끝에 있는 정아(頂芽, apical bud)가 해당 줄기 아래에 있는 측아(側芽, lateral bud)가 가지로 자랄 수 있는지 여부를 억제할 수 있도록 하는 생리적인 작용을 말한다. 그러므로 이는 가지의 수와 궁극적으로는 교목의 수형을 결정하는 데 도움을 준다(Cline 1991). 이러한 줄기 발달 특징은 전정이나 폭풍 피해로 인해 줄기에서 정아가 제거되면 이전에 억제되었던 측아가 신장하기 시작하는 현상에 의해 아주 쉽게 입증된다. 즉, 측아가 정아의 지배로부터 해방된다. 정아와 어린잎은 측아의 발달을 억제하기 위해 식물 호르몬인 옥신(auxin)을 내보내어 지배력을 행사한다. 두절이 되고 나면, 옥신의 흐름이 멈추게 되어 측아가 신장하기 시작한다(Cline 2000). 이들 측아가 줄기로 발달함에 따라 이 줄기의 정아는 자신의 측아가 생장하는 것을 억제하기 시작한다.

줄기가 자라서 측아로부터 멀어짐에 따라 정아의 지배력은 감소하기 시작한다. 일반적으로 측아의 정아우세는 이들이 형성된 후 1년이 되면 없어진다. 이 때문에 신초 발달 첫해에는 종종 단일 줄기 신장으로 제한되고 둘째 해가 되어서야 작은 측지가 발달하는 것을 볼 수 있다. 이와 달리, 동시지를 가진 수종에서는 정아와 측아가 동시에 활성화된다.

측지가 생장을 시작함에 따라 주지는 **정아통제**를 통해 측지의 발달을 계속해서 통제한다(Brown 등 1967; Wilson 2000). 성숙해지면, 많은 구과식물과 몇몇 활엽수는 아래에서 발달한 상대적으로 획일적인 측지와 함께 우세한 수직의 주지를 가진다. 새로운 측지가 가끔 주지와 동일한 시기에 생장하기 때문에, 정아우세가 약해졌다고 할 수 있지만, 정아통제는 강하기 때문에 측지는 주지보다 더 천천히 그리고 더 수평으로 자라서 주지의 통제 하에 있음을 분명히 보여준다. 중앙 줄기의 더 아래에 있는 더 오래된 측지는 생장할 수 있는 시간이 더 길기 때문에 줄기의 더 위에 있는 가지보다 더 길어서, 전반적인 결과는 **원추형**(圓錐型, excurrent)이라고 부를 수 있는 보다 원뿔 모양 수관으로 나타난다(그림 2.10a). 이와 달리, 대부분의 피자식물 교목은 정아우세는 높지만 정아통제는 낮게 나타난다. 이들은 1년 이상 억제된 측지를 가지고 있지만(강한 정아우세) 측지가 어느 방향으로든 수관의 확대를 추구하면 매우 빠르게 자신의 중앙 주지를 상실할 것이다(약한 정아통제). 이의 결과는 **구형**(球型, decurrent)으로 불릴 수 있는 훨씬 더 둥근 수관으로 나타난다(Zimmerman & Brown 1971)(그림 2.10b).

가장 어린 교목은 원뿔의 원추형 생장습성을 발달시키는데, 이는 이들이 임관(林冠, forest canopy) 내 자신의 자리를 확보하거나 경쟁하는 식생에 대한 우위를 제공하기 위

(a) (b)

그림 2.10 (a) 약한 정아우세와 강한 정아통제에 의해 형성된 어린 자이언트세쿼이아(*Sequoiadendron giganteum*)의 원추형 수형. (b) 강한 정아우세와 달리 약한 정아통제에 의해 형성된 성숙한 버즘단풍나무(*Acer pseudoplatanus*)의 구형 수형.

해 빠르게 위로 자라는 데 도움을 준다. 해당 교목이 성숙해감에 따라, 정아우세와 통제의 상대적인 강도는 더욱 충분히 발현되어, 수관의 체계가 해당 수종의 특징을 보다 잘 보여주게 된다.

2.6 잠아지와 발아

교목의 다년생 본성과 이동 능력의 부재는 심각한 상해를 유발할 수도 있는 화재, 폭풍, 산사태, 이와 유사한 재앙적인 사태와 같은 자연적인 교란에 취약하게 만든다. 낙엽, 바람에 의한 표면적인 피해, 동물에 의한 섭식과 같은 강도가 약한 교란은 상실된 잎의 대체나 수관 체계의 조정으로 해결될 수도 있다. 따라서 많은 교목은 휴면아(休眠芽, dormant bud)와/나 교란에 의해 형성된 부정아(不定芽, adventitious bud)로부터 새순을 낼 수 있다. 이러한 특성은 교목에게 잃은 잎을 대체할 수 있는 '보험증권'(保險證券, insurance policy) 역할을 한다. 시간이 경과함에 따라, 이러한 새순은 해당 교목 수관의 중요한 구성요소로 발달하고, 이들이 주된 줄기를 대체하는 경우에는 정아우세를 두고 경쟁하기도 한다. 드물게는 해당 교목 수관의 상당한 부분이 모수(母樹, parent tree) 형

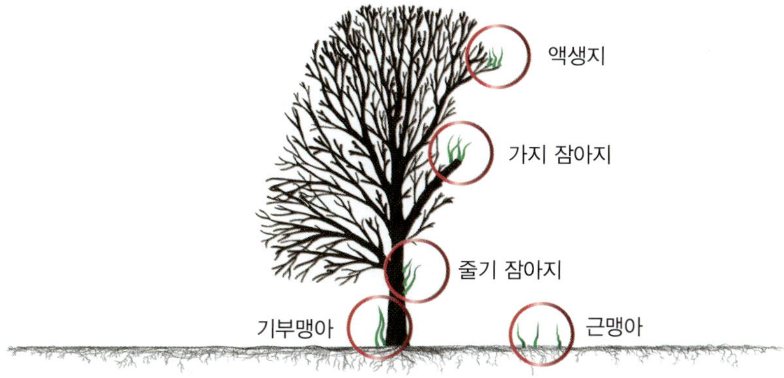

그림 2.11 생존하는 교목의 새순 유형에 주어진 이름. 이들 발아 형태가 모든 종에서 전부 나타나는 것은 아니다.

상의 회복을 꾀하는 성숙한 잠아지(潛芽枝, epicormic sprout)나 부정지(不定枝, adventitious sprout)에 의해 메워질 수 있다. 레드우드(*Sequoia sempervirens*)처럼 오래 사는 교목 종은 종종 동물들의 보금자리뿐만 아니라 선태류(蘚苔類, bryophytes), 지의류(地衣類, lichens), 착생성 양치류(着生性羊齒類, epiphytic fern)의 틈새 서식지를 제공하는 복잡한 수관을 형성하는 잠아성 구조(潛芽性構造, epicormic structure)를 발달시킨다(Sillet & Van Pelt 2007).

새순은 교목의 줄기, 기저 부위, 때로는 뿌리 시스템으로부터 발생할 수 있다(그림 2.11). 거의 모든 교목 종은 줄기의 어린 부위, 즉 어린 교목이나 오래된 교목의 어린 가지에서 싹을 틔울 능력을 가지고 있는데, 많은 종은 줄기가 나이 들어감에 따라 이러한 능력을 상실한다(또는 적어도 새순을 틔우기 위해서는 더 높은 수준의 자극을 요구한다). 다른 종은 성숙한 줄기에서도 자신의 생애 대부분에 걸쳐 새순을 틔울 왕성한 능력을 유지한다.

잠아지(새순)

이전에 굵어진 줄기에 형성된 모든 영양아(營養芽, vegetative bud)와 분열조직은 잠아(潛芽, epicormic bud)나 분열조직으로 부를 수 있다. 이들 구조는 나중에 정상적인 줄기 발달로 이어지는 가지(보다 흔히 새순/sprout이라고 부름)를 생산할 능력이 있다. 잠아는 발달 이력에 따라 두 유형으로 구분될 수 있다. **예비아**(豫備芽, preventitious bud)는 정단의 신초 분열조직의 새순에서 발생하여 매년 생장을 통해 수피의 바로 아래 또는 수피 표면에 머물 수 있도록 해당 줄기의 방사상 확장과 보조를 맞추어 자신의 활력을 유지한다. 일반적으로 유세포의 **잠아흔**(潛芽痕, epicormic trace)은 눈이 수(髓, pith)에 연결되어 있는 것을 볼 수 있다. **부정아**(不定芽, adventitious bud)는 이전의 비분열조직(non-meristematic tissue)에서 발생한다. 그래서 수에 연결되어 있지 않고 일반적으로 그 자리에서 발달하는데, 가장 흔하게는 상처 발생에 반응하여 생산되는 유상조직(癒傷組織, callus)으로부터 발달한다.

예비아는 일반적으로 자라나오는 데 실패한 정상적인 액아(腋芽, axillary bud)이다. 그러나 아린(芽鱗, bud scale)은 단지 변형된 잎이기 때문에, 아린의 기부에 있는 작은 액아가 살아남아 예비아가 될 수도 있다. 그러므로 교목에서의 잠아 개체 수는 해당 줄기의 정상적인 발달과 밀접하게 관련이 있다. 따라서 교목의 상태와 유전적 통제가 한 교목에서 발견되는 잠아 수 변이의 주된 원인일 가능성이 높다. 부정아는 상처 발생이 없는 경우에는 상당한 부분의 잠아 은행(銀行, bank)을 구성하지 못하는 경향이 있다.

줄기 단면을 자세히 살펴보면 종종 성숙한 줄기에 잠아 발달의 기록을 찾을 수 있다(그림 2.12). 연속적인 흔적은 새순을 틔우지도 죽지도 않은 눈을 나타낸다(그림 2.12의 b). 갑자기 그리고 뚜렷한 확대를 보이는 단일 흔적은 새순 형성의 증거인 반면(그림 2.12의 c), 목재 내에서 끝나는 흔적은 그 눈이 죽었음을 보여준다(그림 2.12의 d). 이러한 흔적의 평가는 자연환경이든 도시환경이든 교목 교란 이력의 윤곽을 밝히는 데 유용할 수 있다.

이들 새순은 잠아지(특히 발생이 부정인 새순)가 약하게 부착되어 있어서 크기와 표면적이 커짐에 따라 파손될 가능성이 높기 때문에 위험 평가 관점에서 중요하다. 이는 여

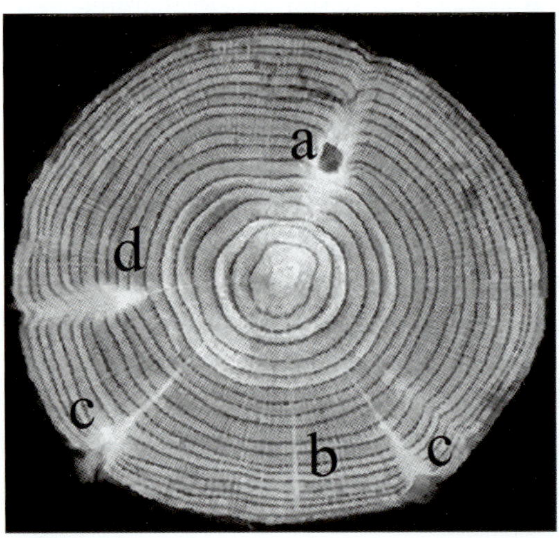

그림 2.12 가지와 잠아 구조를 보여주는 참나무 줄기의 단면: (a) 정상적인 가지의 마디; (b) 새순이 발생하지 않았다는 것을 의미하는 가는 흔적의 신장만을 보여주는 살아 있는 잠아; (c) 뚜렷한 아흔, 형성층을 가로지르는 발달과 함께 새순 발생 당시 아흔의 팽창을 보여주는 새순이 나온 잠아; (d) 발생 후 7년 만에 새순을 내고 그 뒤에 죽은 1차 잠아지.
출처: Meier 등(2012). Oxford University Press의 허락을 받아 전재.

(a) (b)

그림 2.13 왕립식물원 Kew Gardens의 이 유럽밤나무(*Castanea sativa*)에서 보는 바와 같이, 원 수관이 쇠락함에 따라 줄기의 정단 신초가 종종 해당 교목이 앞으로 더 오랜 기간 동안 생존하는 데 기여할 수 있는 새로운 수관을 발달시키는 데 도움을 줄 수 있다. (a) 잠아 발달에 의해 형성된 새로운 수관 바로 위에서 원 교목 수관의 남은 부분을 볼 수 있다. (b) 수간의 아래 부위에서 형성된 잠아지의 근접 사진.

러 개의 새순이 서로 근접하여 발생하여 동일한 부착 지점을 두고 경쟁하는 경우에 특히 그러하다. 그러나 많은 종은 잠아가 발단한 줄기를 포함하여 생체역학적으로 안정적인 수관을 형성할 수 있다. 예를 들면, 잠아에서 기원한 것임에도 불구하고 유럽밤나무(*Castanea sativa*)의 중복된 줄기가 원 수관이 쇠락함에 따라 새로운 수관을 형성할 수 있다(그림 2.13). 제9장의 고목에 관한 David Lonsdale의 전문가 논단을 참고하라.

잠아 구조의 구성을 기준으로 네 가지 잠아 전략(潛芽戰略, epicormic strategy)이 확인되었다(Meier 등 2012). **외부집단화**(外部集團化, external clustering)는 정상적인 신초가 발달하는 동안 작은 액아가 수많은 눈과 신초로 구성된, 가끔 옹두리(burr)와 함께, 잠아 복합체로 발달한다. 눈은 아린에 둘러싸인 분열조직과 함께 수피 표면에 위치하거나 수피 속으로 묻힌 상태로 수피 표면 바로 위로 비어져 나올 수도(편평한 눈) 있다(Fink 1980). 이들은 대부분의 참나무류(*Quercus* spp.)와 같이 일부 온대지방 피자식물에서는 적어도 40년 동안 유지될 수도 있지만, 구과식물에서는 눈의 수명이 더 짧은 경향이 있다. **고립된 눈**(isolated bud)을 만드는 종은 커다란 잠아(뚜렷하게 높은 눈)를 생산하는 것이 특징이고, 이 눈은 큰 덩어리를 만들지 않고 수명은 일반적으로 지속기간이 15년 미만으로 짧은 경향이 있다. 흰버드나무(*Salix alba*)와 독일가문비(*Picea abies*)와 같이 이 그룹에 속하는 일부 종은 수피에 묻힌 일부 원 분열조직이 수십 년(50년 이상) 동안 눈을 만들 수 있기 때문에 짧은 눈의 수명을 상쇄한다. **분기분열조직**(分岐分裂組織, detached meristem)을 만드는 종은 구과식물에서만 나타나며, 잎의 겨드랑이에 예비(preventitious) 분열조직을 최소한으로 발달시키는 것이 특징이다. 또한 이들이 잠아와 잠아지로 발달하기 위해서는 무언가 자극이 필요하다. 자극이 없으면 이들은 2~3년 후에 수피와 함께 탈락된다. **잠아 가닥**(epicormic strand)을 만드는 종은, 도금양과(桃金孃科, Myrtaceae family)에서 전형적인데, 수피 안에 상대적으로 수명이 짧은 일련의 잠아를 지속적으로 만들 수 있는 광범위한 분열조직의 가는 가닥을 내포하고 있다. 이들은 시간이 흐르면서 더 크게 되고 해당 교목의 생애 전반을 통해 존재하는 경향이 있는데, 잠아와 잠아지로 발달하기 위해서는 여전히 자극이 필요하다. 잠아 연구 분야의 발전이 계속됨에 따라 추가적인 잠아 전략이 확인될 수도 있다.

기부 맹아

대부분의 피자식물 교목은 **근원**(根元, root collar)이라고 불리는 줄기-뿌리 전이대(轉移帶, transition zone)에 위치한 눈에서 기부 맹아(基部萌芽, basal sprout)를 만들어낼 능력을 가지고 있다(그림 2.14). 이 지대 내에 있는 눈은 교목이 아직 실생묘일 때 원래 떡잎(cotyledon) 위의 줄기 조직에서 발달한다. 이들 눈은 수피 바로 아래에 있는 자신의 위치를 유지하기 위해 밖으로 자라나온다. 실제로 수피를 제거하면 목부의 표면에서 작은

그림 2.14 왕립식물원 Kew Gardens에 있는 좁은잎물푸레(*Fraxinus angustifolia*)에서 발생한 기부맹아. (a) 수관에서 쇠락의 초기 징후를 볼 수 있다. (b) 기부맹아의 근경.

원뿔형 돌기 형태를 하고 있는 이 휴면아를 볼 수 있다. 형태적으로는 이들 눈이 줄기의 더 높은 곳에서 발견되는 잠아와 비슷하지만, 기능적으로는 가지가 아닌 이차 수간을 생산하기 때문에 구별된다(del Tredici 2001).

모든 잠아와 마찬가지로, 기부에 있는 눈의 수명은 엄청나게 다양하다: 어떤 종은 수십 년 동안 발아할 능력을 유지하는 데 비해 다른 종은 도전적인 환경에서 묘목의 영속성을 확보하기 위해 사용하지만 성숙해감에 따라 발아 능력이 감소하게 된다.

발아된 눈의 궁극적인 운명은 생장 환경과 발생 지점에 크게 좌우된다. 수간에서 발달된 잠아지는 원 뿌리 시스템에 의존할 것이다. 또한 이들은 수간에서 넘어오는 병원균에도 감수성이다(제9장 참조). 만약 이 잠아지가 지표 아래에서 발달하면, 새로운 줄기의 아래 부위에서 부정근(不定根, adventitious root)이 발생하여 원 교목으로부터 독립적이 될 수도 있다.

많은 나자식물이 묘목일 때에는 기부맹아 발아 능력이 있지만, 성숙해감에 따라 대부분 이러한 능력을 상실한다. 주목할 만한 예외로는 세쿼이아류(*Sequoia*), 삼나무류(*Cunninghamia*), 주목류(*Taxus*), 비자나무류(*Torreya*), 카나리섬소나무(*Pinus canariensis*)와 같이 산불에 적응된 소나무들이다.

가지와 수간 잠아지

스트레스가 없을 때 풍부한 잠아지를 생산하는 것으로 알려진 종(예: 유럽피나무/*Tilia x europaea*)이 아니면, 수간이나 가지에 잠아지(이명 – 흡지/吸枝, sucker)가 발달하는 것은 종종 어떤 형태의 스트레스가 존재한다는 징후이다. 이러한 특징은 수간 내 측지로부터 수직으로 발생하거나(그림 2.15a), 폭풍으로 부러지거나(그림 2.15b) 잘못 전정된 가지의 끝을 향해 나타날 수도 있다. 어떤 경우든, 잠아 발아는 교목 쇠락의 시작이나 최근의 손상을 나타낼 수 있기 때문에 이의 원인에 대한 추가적인 조사가 필요하다.

기회 잠아지

뿌리가 부분적으로 들려 수평적인 수간을 가진 교목은, 측지와 마찬가지로, 종종 잠아 구조로부터 유래된 몇 줄의 수직적인 잠아지를 발달시킨다. 이들 반복적인 잠아지는 잔여 뿌리 시스템을 사용하면서 새로이 개방된 수관 틈(canopy gap)을 활용한다. 이러한

(a) (b)

그림 2.15 (a) 유럽피나무의 수관 내에서 자라는 가지의 잠아지. (b) 버즘나무에 대한 폭풍 피해에 반응하여 자라는 가지의 잠아지.

발달은 침식이 뿌리 시스템의 밑을 파서 해당 교목을 풍도(風倒, wind-throw)에 취약하게 만드는 강둑을 따라 특히 빈번하다. 오리나무(*Alnus*), 버드나무(*Salix*), 사시나무(*Populus*) 속의 교목에서 종종 이런 유형의 생장을 볼 수 있지만, 유럽낙우송(*Larix decidua*)과 미송(*Pseudotsuga menziesii*) 같은 구과식물을 포함한 폭넓은 종에서도 발생한다.

비슷하지만 독특한 방법으로, 살아 있는 수간이나 가지가 땅과 접촉하게 되면 **휘묻이 잠아지**(layered sprout)가 나올 수도 있다. 이러한 잠아지는 개방된 곳에서 자라는 교목이 아래쪽 가지가 자신의 무게로 인해 지면이 닿거나, 반복적인 눈 부하가 아래쪽 가지의 영구적인 지면 접촉을 유발하거나, 특별한 생장 형태로 인해 줄기가 빈번하게 땅에 접촉하는 경우에 발생할 수 있다(그림 2.16). 이러한 경우, 땅과 접촉하는 곳에서 줄기와 동일한 지점에서 발생하는 부정지(不定枝, adventitious shoot)에 앞서 부정근(不定根, adventitious root)이 발달한다. 어떤 경우에는, 원 가지가 위쪽을 향해 새로운 수간으로 발달한다. 이어지는 생장은 기존의 수관을 확대시키거나, 완전히 기능적이고 독립적인 교목으로 발달하여 나이 들거나 손상된 모수를 대체하기도 한다. 이러한 유형의 교목 발달을 종종 '휘묻이'(취목/取木, layering)라고 부른다. 이는 개방된 생장 상황에서 수관 면적을 확대시킬 가능성이 있지만, 대개는 새로운 영역을 차지하거나 개체군의 크기를 키우기보다 피압이나 교란에서 생존하기 위한 기제(機制, mechanism)이다.

대부분의 교목은 휘묻이를 할 수 있기 때문에, 수목 번식전문가들은 이를 정착된 수목으로부터 **공중 취목**(空中取木, air layering)으로 새로운 개체를 영양적으로 생산하기 위해 활용한다. 원래 어리고 활력이 좋은 줄기 부위를 부분적으로 토양에 묻거나, 공기

(a) (b)

그림 2.16 휘묻이는 가지가 땅과 접촉할 때 발생한다. 이는 땅과 접촉하는 지점에서 부정근을 발생시키고 잠아지가 발달하게 한다. (a) 수양너도밤나무(*Fagus sylvatica* 'pendula')의 가지가 땅에 닿아 원 수관의 둘레 주위에 수많은 줄기를 발생시켜 이 교목의 방사방향 크기를 크게 증대시키는 효과를 가져왔다. (b) 땅에 닿은 가시칠엽수(*Aesculus hippocastanum*)의 가지. 두 사례의 출처는 왕립식물원 Kew Gardens이다.

중의 줄기 주위에 대체 생장물질을 담은 작은 용기를 붙여준다. 부정근이 정단의 줄기 부분을 부양할 수 있을 정도로 충분히 발달하면, 독자적인 생장이 가능한 새로운 수목을 생산하기 위해 옮긴다. 이러한 접근은 씨앗으로 쉽게 키울 수 없거나 다른 기술을 사용하여 번식할 수 없는 종에 특히 유용하다.

땅속에서 발생하는 맹아지

또한 어떤 교목은 괴경(塊莖/덩이줄기, lignotuber)과 근경(根莖/뿌리줄기, rhizome)과 같은 특수한 지하 줄기를 가지고 있는데, 이들은 원 줄기와 공간적으로 분리된 맹아지(萌芽枝, sprout)를 발생시킬 수 있다. 이들 맹아지의 발생 지점이 지하이기 때문에 이들은 부정근 시스템의 발달을 통해 자신의 모수로부터 독자적이 될 가능성이 있다.

괴경은 처음에 실생묘 떡잎의 겨드랑이에 있는 눈에서 발달한다. 이들이 증식하여 주수간이 손상되면 맹아지가 자라는 데 도움이 될 수 있는 맹아 은행(萌芽銀行, bud bank)과 탄수화물 창고(carbohydrate store)를 보유하는 큰 기관(그림 2.17)을 형성한다. 많은 교목이 괴경을 발달시키고 있는 것이 확인되었으며, 특히 산불이 일어나기 쉬운 생태계에서는 광범위하게 발견되었다(Paula 등 2016). 여기에 속하는 교목의 과(科, family)는 다음과 같다: 국화과(*Asteraceae*), 브루니아과(*Bruniaceae*), 인동과(*Caprifoliaceae*), 측백나무과(*Cupressaceae*), 담팔수과(*Elaeocarpaceae*), 진달래과(*Ericaceae*), 참나무과(*Fagaceae*), 도금양

그림 2.17 호주 시드니 서쪽에서 자라는 유칼리나무의 기부에 형성된 커다란 괴경.

과(*Myrtaceae*), 물푸레나무과(*Oleaceae*), 프로테아과(*Proteaceae*), 갈매나무과(*Rhammaceae*), 장미과(*Rosaceae*), 피나무과(*Tiliaceae*).

근경으로 알려진 특수한 지하 줄기는 이들의 독특한 마디와 절간으로 뿌리와 구별할 수 있다. 이들은 모수의 뿌리 시스템과 연결된 상태를 유지하면서 원래의 일차 줄기로부터 어느 정도 먼 거리에서 맹아지를 생산할 수 있다. 이들은 영양계 군락(clonal colony)의 일부로 연결을 유지할 수도 있고, 자신의 부정근을 생산하여 모수로부터 완전히 독립될 수도 있다. 감벨참나무(*Quercus gambelii*)와 버지니아벚나무(*Prunus virginiana*)처럼 가뭄에 적응된 교목은 근경을 생산할 수 있다.

오리나무류(*Alnus*), 낙상홍류(*Hippophaë*), 사시나무류(*Populus*), 굴피나무류(*Pterocarya*), 아까시나무류(*Robinia*), 느릅나무류(*Ulmus*), 느티나무류(*Zelkova*)에 속하는 종처럼 많은 피자식물 교목도 자신의 뿌리에서 맹아지를 생산할 능력이 있다. 일반적으로 **근맹아**(根萌芽, root sucker)는 줄기가 아닌 뿌리에서 유래하기 때문에 잠아 구조(潛芽構造, epicormic structure)로 간주되지 않지만, 이들의 발달이 많은 방식에서 해당 교목의 지상 부위에서 형성되는 신초와 비슷하다. 이들은 어리고 손상되지 않은 뿌리의 뿌리 조직(내초[內鞘, pericycle], 형성층, 코르크형성층, 또는 코르크피층) 내부 깊은 곳에서 발생하는 **부가눈**(additional bud)이나 손상된 뿌리의 표피 조직(뿌리 유상조직/callus)에서 형성되는 **회복**

눈(回復-. reparative bud)으로부터 발달한다. **근맹아**는 일반적으로 외상적인 상처나 교란에 반응하여 발생하지만, 옻나무류(*Rhus*), 뱅크셔류(*Banksia*)와 일부 벚나무류(예: 가시자두/*Prunus spinosa*)에 속하는 종에서처럼 정상적인 식물 발달의 일부가 될 수도 있다. 위쪽에 위치한 뿌리 시스템을 굴착해보면 가끔 모수로부터 먼 뿌리 시스템이 상당히 비대한 것을 보게 되는데, 언젠가는 모수와 연결된 뿌리 부위는 더 이상 발달하지 않고 독립적인 이차 줄기를 남기고 죽는다.

개방된 장소에서 고광도의 햇빛을 받는 상태도 일부 종에서 근맹아를 자극할 수 있기 때문에 근맹아 발생은 교목을 관리하는 데 중요한 결과를 가져올 수 있다(그림 2.18). 이는 근맹아가 다른 식생, 잔디, 다른 기반시설과 충돌하는 생활편의시설 지역에서는 문제를 유발할 수 있다. 해당 맹아를 잘라버리는 것은 적어도 단기적으로 맹아발생을 더욱 자극하는 결과만 가져오기 때문에 이러한 상황에 대한 뾰족한 대책이 없다. 그러므로 어떤 종의 근맹아 발생 가능성은 생활편의시설 여건에 적합한 교목을 선정할 때 고려해야 하는 중요한 특성이 될 수 있다.

아마 가장 인상적인 근맹아 발생은 하나의 독자 영양계(營養系, clone)에서 나온 수천 개의 별도 수간이 광범위한 면적(가장 큰 것은 43헥타르에 이름)을 점령하고 있는 미국사시나무(*Populus tremuloides*)이다. 유럽사시나무(*Populus tremula*)와 은백양(*P. alba*)도 근맹아를 이용하여 새로운 지역을 차지하는 데 매우 성공적이다.

(a) (b)

그림 2.18 근맹아. 왕립식물원 Kew Gardens의 (a) 느티나무(*Zelkova serrata*)와 (b) 물푸레잎굴피(*Pterocarya fraxinifolia*).

2.7 발아의 실무적인 고려

수 세기 동안, 새순을 만드는(발아/發芽, sprouting) 교목의 능력을 숯 생산용, 울타리 자재용, 그리고 가축 사료용 줄기를 생산하는 데 활용해왔다. 두목작업(頭木作業, pollarding)과 왜림작업(倭林作業, coppicing) 실무 모두 손상 후 새순을 만드는 교목의 능력에 의존한다. 이후 이들 잠아지는 3~7년 동안 생장하게 한 후 수확한다. 왜림작업의 경우 남겨둔 수간에서 많은 수의 잠아지 발생을 조장하기 위해 지상으로부터 15~25cm 위에서 절단한다. 두목작업은 이와 비슷하지만 신초가 초식동물과의 거리를 확보할 수 있도록 대략 지상 2m 위에서 절단한다. 어린 교목(예: 10~15년생)을 두목작업을 하거나 왜림작업을 할 때에는, 주기적인 절단이 이들 줄기 부착을 향상시킬 수 있는 역학적으로 튼튼한 주먹(knuckle)을 형성하는 데 도움이 된다.

기계적인 손상에 반응한 발아

관리되고 있는 경관에서, 서투른 전정 기술이 발아를 자극할 수 있다. 예를 들면, 가지깃(branch collar) 위로 돌출된 짧은 가지를 남기는 가지터기 절단(stub cut, 마디사이 절단)이 바람으로 인해 자연적으로 유발된 가지 파손과 비슷한 반응을 자극한다. 많은 종에서, 손상 부위에 가까운 잠아로부터 또는 유상조직(癒傷組織, callus)에 형성된 부정아로부터 다수의 신초가 자랄 것이다(그림 2.15b). 이후 이들은 상실된 엽면적을 대체하기 위해 제거된 가지에 의해 남겨진 공간을 차지하기 위해 서로 경쟁한다. 억제하지 않고 그대로 두면, 이들 신초는 자람에 따라 파손 위험을 높일 수 있는 굵은 잠아 줄기(자신의 기부 직경이 5cm 초과)로 발달하게 될 것이다. 이러한 문제는 주로 부착 지점에 집중되는 항력(抗力, drag force) 때문이지만(제3장 참조), 줄기의 동일한 부위에서 발생하는 수많은 잠아지도 줄기의 품질을 떨어뜨리는 부착지점에서의 과밀을 유발한다. 어떤 경우에는, 이전의 상처에 자리 잡고 있는 부후에 의해 부착이 더욱 약화될 수도 있다. 전정하는 동안 발생하는 모지에 대한 손상(평절/平切, flush cut)도 잠아지 발달로 이어질 수도 있는데, 이들도 상당한 크기의 줄기로 생장하도록 방치하면 부착지점에서 파손되기 쉬울 것이다. 따라서 두목이나 왜림작업을 신중하게 수행하지 않으면, 관리되는 경관에서의 잠아지 생장은 최적 실무 전정 지침(예: 영국의 국가표준 BS3998, 국제수목관리학회/International Society of Arboriculture의 최적관리실무/Best Management Practice, 그리고 제3

장의 교목 전정)을 준수함으로써 최소화해야 한다. 그러나 잠아지 생장이 손상된 수관의 과거 모습을 회복하기 위해 관리가 필요한 경우, 몇 번의 전정 주기에 걸쳐 단일의 잠아지를 주의 깊게 선정하는 것이 더 오랜 기간에 걸쳐 수관의 본래 모습을 유지할 수 있는 보다 강한 부착으로 이어질 수 있다.

교란에 반응한 발아

잠아지는 교란 시기를 지나 존속하기 위한 교목의 전략 중 하나로 자연적으로 나타난다. 이들의 출현은 환경적인 교란, 손상 또는 어떤 형태의 내부 생리적인 문제를 나타내는 지표일 수 있다. 따라서 잠아지의 존재 상태가 교목의 스트레스를 진단하는 데 도움을 줄 수 있기 때문에 교목의 육안점검에 잠아지 구조와 기타 잠아지 발생의 형태에 대한 평가를 포함하는 것이 좋다. 이를 수행할 때에는, 발아 반응이 결코 누구나 가지고 있거나 균일한 것이 아니라는 것을 기억하는 것이 중요하다. 잠아지를 발생시키는 능력은 수종 간에 변이가 매우 크다. 어떤 종(예: 유럽피나무/*Tilia* x *europaea*)의 경우, 풍부한 기부맹아와 잠아지 발생이 이들의 정상적인 발달의 일부이다. 반면, 다른 종은 잠아지를 전혀 생산하지 않을 수도 있다. 그러므로 잠아지가 없다고 부지 교란이나 교목 쇠락이 존재하지 않는다는 것을 의미하는 것은 아니다.

2.8 이차생장

이차생장(二次生長, secondary growth)의 중요성은 아무리 강도해도 지나치지 않는다. 인류의 역사는 다방면으로 목본식물(木本植物, woody plants)의 진화에 의존해왔다. 햇빛으로부터 에너지를 얻어서 몇 가지 다른 화합물을 첨가한 후 이들을 목재와 수피로 전환하는 교목의 능력은 은신처, 연료, 종이, 섬유, 약제, 기타 수많은 필수품을 위한 재료를 제공해왔다. 그러나 이차생장은 인간의 욕구를 충족시키기 위해 진화한 것이 아니라 수목이 햇빛을 찾아 키를 키우는 것이다. 수관을 위로 확대함으로써 목질의 줄기를 가진 식물은 햇빛을 차지하기 위해 보다 효과적으로 경쟁하였다. 이러한 진화적인 힘은 교목이 우리 지구상 생물량에서 우위를 차지하는 원동력이 되었고, 수많은 종이 수고가 70m를 초과하도록 이끌었다. 힘든 이차생장의 추가적인 생태적 결과는 환경적 스트레스와 생물적 퇴화에 대해 더 큰 탄성을 가지게 되어, 교목은 더 오래 살 수 있게 된다.

식물의 몸체가 자라고 햇빛을 두고 경쟁하여 확보하기 위해, 교목은 일차생장(一次生長, primary growth)으로 발생한 신초를 강화하고 보호할 수 있어야 한다. 거의 대부분 교목은 **유관속 형성층**(維管束形成層, vascular cambium)과 **코르크형성층**(cork cambium/phellogen)이라고 알려진 두 측방분열조직(側方分裂組織, lateral meristem)의 활동을 통해 지상과 지하의 목질 골격의 폭이 더욱 넓어진다. 진짜 목재의 핵심을 제공하는 이들 형성층의 진화는 초본과 목본의 근본적인 차이 중 하나이다. 이차목부(二次木部, secondary xylem/wood)와 이차사부(二次篩部, secondary phloem/inner bark)는 유관속 형성층에서 비롯되고 수피는 크르크형성층에서 비롯된다. 대부분의 교목에서 내수피(內樹皮, inner bark)와 외수피(外樹皮, outer bark)는 이들이 쌓임에 따라 점진적으로 상실되기 때문에, 이차생장의 주된 결과는 주기적인 생장에 의해 추가되는 수피 아래에 둘러싸인 일련의 목부 층(xylem layer)이다.

목재(木材, wood)는 해당 교목에 몇 가지 핵심적인 기능을 제공한다: 수관에 대한 생체역학적 지지를 제공하고; 뿌리와 줄기 사이의 물질을 전도하고; 탄수화물, 영양분, 물과 방어물질을 저장하는 역할을 한다(Chave 등 2009). 사부(篩部, phloem)는 설탕과 기타 화합물을 잎에 있는 공급원이나 저장 부위로부터 생장, 생식 또는 방어를 위해 탄수화물을 사용하는 다양한 수용부(受用部, sink)로 운반하는 것이 주된 역할이다. 외수피는 세포호흡을 위해 필요한 기체의 교환을 용이하게 하면서 줄기를 극단적인 기온, 건조와 생물적 위협으로부터 물리적으로 보호한다. 어린 줄기에서는, 바람, 눈과/이나 얼음에 의한 휨에 대한 줄기의 역학적인 저항성을 높이는 것이 수피의 추가적인 역할이다(Niklas 1999).

유관속 형성층

유관속 형성층(維管束形成層, vascular cambium)은 줄기와 뿌리의 맨 끝을 제외하고 교목 전체를 둘러싸고 있는 영원한 이차 분열조직(二次分裂組織, secondary meristem)이다. 대부분의 교목에서, 이는 목부와 사부 조직 사이의 어린 줄기의 유관속(維管束, vascular bundle)(속내형성층/束內形成層[fascicular cambium]이라고 함)에서 먼저 발달한다(그림 2.4). 이후 이들 유관속 사이의 정상적인 식물 세포(기본조직/ground tissue 또는 유세포/parenchyma cell)의 일부가 형성층 세포(形成層細胞, cambial cell)(유관속간 형성층, interfascicular cambium을 만드는)로 분화하고, 이 두 유관속이 합체하여 안쪽으로는(구심적으로) 이차목부(二次木部, secondary xylem)를 생산하고 바깥쪽으로는(원심적으로) 이차사부(二次篩部, secondary phloem)를 생산할 수 있는 연속적인 분열조직 세포의 원통을 형성한다(그림 2.19). 새로운 어린 가지에서는, 이 유관속 형성층이 오래된 조직의 형성층에 연결됨으로써, 아래 줄기와 뿌리에 이르는 연속적인 집(초/鞘, sheath)을 형성한다.

유관속 형성층은 **시원세포**(始原細胞, initial)로 알려진 분열성 세포로 구성되어 있는데, 이는 생장기 동안 모세포(母細胞, mother cell)와 또 다른 시원세포를 생산하기 위해 지속적으로 재생한다. 일반적으로, 이후 목부와 사부세포는 자신들의 성숙된 조직 유형으로

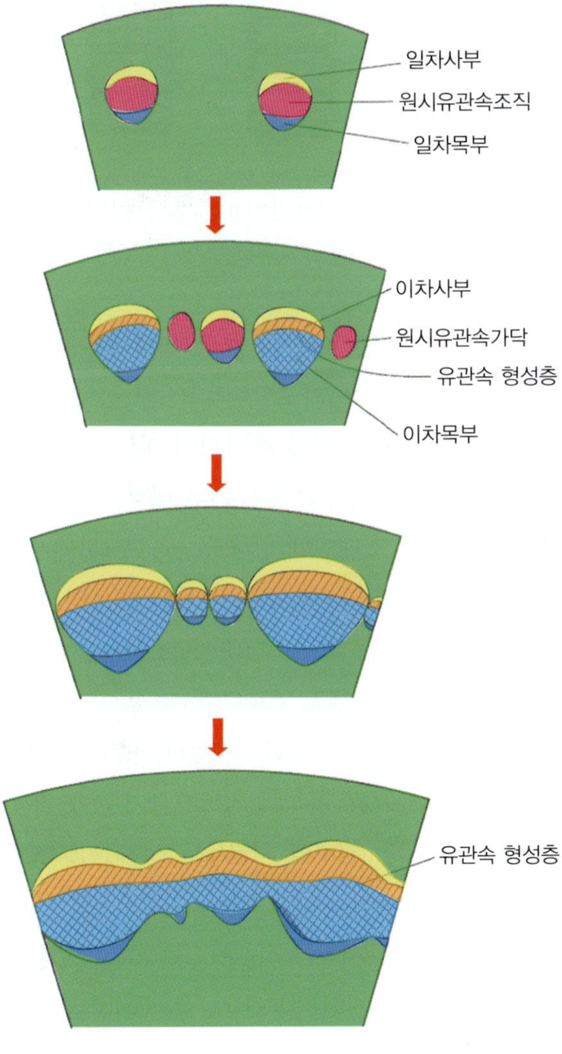

그림 2.19 전형적인 교목의 유관속 형성층 발달. 형성층은 먼저 유관속의 일차목부와 일차사부 사이에 형성된 후 연속적인 원통의 분열조직을 형성하기 위해 유관속 사이 둘레 주위로 확장된다. 출처: Beck(2010). Cambridge University Press의 허락을 받아 전재.

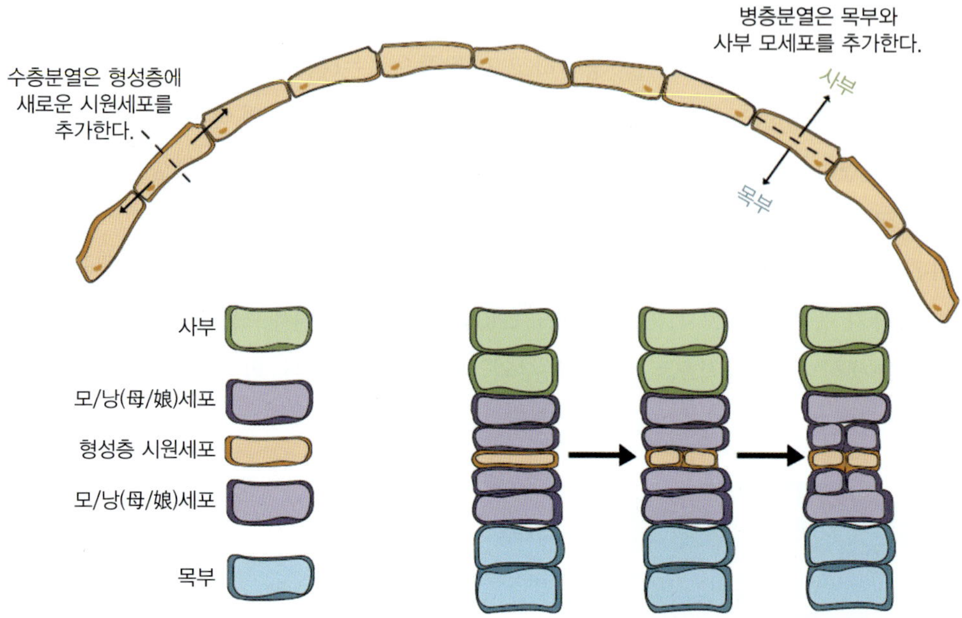

그림 2.20 교목의 형성층 구역. 형성층 시원세포(원 분열세포)는 두 가지 서로 다른 방식으로 분열한다. 수층분열(교목의 축에 대해 직각)은 형성층 원통의 둘레를 키우는 새로운 형성층 세포를 생산하고, 병층분열(축에 평행)은 새로운 목부와 사부를 생산한다. 출처: Spicer & Groover(2010). John Wiley and Sons의 허락을 받아 전재.

분화되기 전에 다시 분열된다. 이처럼 미성숙하고 분열성 세포의 얇은 집(가장 활발할 때 2~3mm)을 통틀어 형성층 구역(形成層區域, cambial zone)이라고 부른다(그림 2.20). 거의 대부분의 종에서, 목부 모세포가 사부 모세포보다 더 빈번하게 분열되어 생장기 동안은 언제나 사부보다 목부가 더 많이 만들어지게 된다. 대부분의 종은 목부 대 사부의 비율이 4에서 10:1을 보인다. 그러나 열대성 피자식물인 스페인체리(*Mimusops elengi*)에서는 1:1의 비율이, 온대지방 나자식물인 서양측백나무(*Thuja occidentalis*)에서는 15:1의 비율이 관측되어, 적어도 몇 종은 이 범위를 벗어난다는 것을 보여준다(Fromm 2013).

많은 교목 종에서, 육안으로도 목질의 줄기 횡단면(橫斷面, cross/transverse section)을 내려다보면 목재 내에 서로 다른 두 종류의 세포 세트를 구분할 수 있다. 이들은 주축계(主軸系, axial system－줄기의 축에 평행)와 방사계(放射系, radial system－줄기 축에 직각)로, 이들 각각은 형성층의 특별한 부위에서 비롯한다. **방추형 시원세포**(紡錘形始原細胞, fusiform initials)는 줄기의 축 방향의 세포(가도관/tracheids, 도관요소/vessel elements, 섬유, 주축 유조직/axial parenchyma)를 만들어내고, **방사형 시원세포**(放射形始原細胞, radial initials)는 방사 방향의 세포(방사 유조직/ray parenchyma, 방사 가도관/ray tracheids)를 창출한다. 대부분의 형성층 분열(分裂, division)은 **병층분열**(竝層分裂, periclinal/radial)로 새로운 목부와 사부를 생산하지만, 더 많은 목부가 축적되기 때문에, 형성층은 연속성을 유지하기 위해 **수층분열**(垂層分裂, anticlinal division)을 통한 세포 추가로 외곽으로의 확장도 추구해야 한다(그림 2.20). 예를 들면, 스트로브잣나무(*Pinus strobus*)의 어린 줄기는 자신의 형성층에 약 800개의 시원세포를 가지고 있다가, 60년 후에는 그 수가 40배에 달하는 32,000개의 세포가 줄기 둘레의 형성층을 형성하고 있는 것으로 확인되었다(Bailey 1923).

세포분열(細胞分裂, cell division)의 속도와 성질은 유전적 통제 하에 있지만 이는 환경적인 신호에 의해 가감될 수도 있다. 도관과 사관요소(篩管要素, sieve tube element)의 창출은 옥신(auxin – 구체적으로는 IAA/indole-3-acetic acid)에 의해 촉발된다. 그러나 사이토키닌(cytokinin), 아브시스산(abscisic acid), 브라시노스테로이드(brassinosteroids), 에틸렌(ethylene)을 포함한 많은 추가적인 식물생장조절제(植物生長調節劑, plant growth regulators)가 목부 발달과 생장에 연계되어 있고 매우 복잡한 방법으로 상호작용할 가능성이 있다(Aloni 2010). 목부 모세포(木部母細胞, xylem mother cell)의 활동 시작 직후에, 세포 팽창(細胞膨脹, cell expansion)은 수분 흡수에 의해 주도되는데, 수분 흡수는 세포 팽압(細胞膨壓, cell turgor – 세포 내부 물의 압력)을 조절하는 데 도움을 주는 아쿠아포린(aquaporins)이라고 불리는 막 단백질(膜蛋白質, membrane protein)의 통제 하에 있는 것으로 알려져 있다. 다음으로 옥신의 통제 하에 있는 것으로 보이는 일련의 스위치(switch)에 의해 목부 모세포가 유세포(柔細胞, parenchyma cell), 섬유(纖維, fiber), 수액 통도세포(通導細胞, conducting cell) 중 어떤 것으로 분화할 것인가를 결정하게 된다.[1] 그러므로 이차목부는 몇 가지 세포 유형으로 구성되어 있는데, 이들은 자신의 성숙된 형태와 밀접하게 관련이 있는 각각의 특정한 기능을 수행한다. 생장조절제는 이들 세포의 형태, 그리고 노화와 스트레스에 대한 자신의 반응도 조절한다(Schweingruber 등 2013).

계절적인 기후에서, 형성층 활동은 환경적 여건에 의해 강하게 영향을 받는다. 낮은 기온이나 낮은 수분 유효성과 같은 불리한 여건은 형성층이 휴면(休眠, dormant)에 들어가도록 유도한다. 형성층이 휴면 중이면, 이는 **휴식**(休息, rest)과 **휴지**(休止, quiescence) 두 상태나 단계 하에서 살아간다. 휴식 중에는 유리한 환경적 여건이 존재하더라고 세

---

1 피자식물의 도관과 나자식물의 가도관과 같은 수액 통도세포를 통틀어 **관상요소**(管狀要素, tracheary elements)라고 부른다.

포분열이 불가능하지만, 휴지 중에는 핵심적인 환경 여건이 충족되면 세포분열을 재개할 수 있다. 휴식으로부터 휴지로의 전환은 저온요구도(低溫要求度, chilling requirement)가 충족되면 촉발된다(제3장 잎의 생물계절학 참조). 가을에 낮 시간이 짧아짐에 따라, 형성층은 옥신에 둔감해지고 세포분열이 중단되고, 동시에 눈 형성이 완료되고 낙엽수에서는 잎이 떨어지기 시작한다. 일단 겨울에 걸쳐 특정한 저온요구도가 충족되면(제3장 참조), 휴지 단계에 도달하여 형성층은 또 다시 옥신과 따뜻한 기온에 민감하게 된다. 발달하는 눈에서 옥신이 생산되어 수목의 상단으로부터 밑동으로(구기적으로/basipetally) 운반됨에 따라, 형성층 재활성화는, 뿌리로 이동하기 전에, 줄기의 끝으로부터 수간의 기부를 향해 아래로 확산되는 경향이 있다. 칼슘(calcium)과 같은 영양소(營養素, nutrient)와 함께 지베렐린(gibberellin), 사이토키닌(cytokinin), 에틸렌(ethylene)과 같은 추가적인 식물생장조절제도 형성층 재활성화의 복잡한 과정과 연계되어 있다(Fromm 2013). 광주기(光周期, photoperiod)와 기온(氣溫, temperature)이 생장-휴면 주기(生長休眠週期, growth-dormancy cycle)를 조절하는 가장 중요한 환경적인 신호지만, 교목의 집단에서는 무리 내에서의 상태도 역할이 있을 수 있다. 예를 들면, 임관의 우세한 부분을 차지하고 있는 유럽전나무(*Abies alba*)가 프랑스의 삼림 조림지 내의 다른 중간목(中間木, intermediate tree)이나 피압목(被壓木, suppressed tree)보다 형성층 활동이 더 빨리 시작되고 더 늦게 완료되는 것이 확인되어, 교목 크기와 환경 요소 간의 상호작용이 휴면 시기를 조절한다는 것을 시사한다(Rathgeber 등 2011).

일장(日長, day-length)이나 기온의 연중 변이가 거의 없는 열대지방의 경우, 형성층은 연중 내내 활동적일 수 있다. 계절성 열대지방에서는, 건기에 형성층 활동이 일시적으로 중단될 수 있다. 마찬가지로 장기간의 침수가 뿌리 활동에 심각한 충격을 주기 때문에 형성층 휴면을 유발할 수 있다. 따라서 열대지방에서 교목 나이테의 폭은 일반적으로 다양한 환경적 여건이나 어떤 내부 통제에 의해서도 영향을 받는다. 그러므로 열대지방 교목의 나이테는 매년 만들어지지 않을 수도 있어서 해당 교목의 나이를 측정하는 데 사용될 수 없다.

목질 세포벽의 비후

목부와 사부 모두 새로운 세포를 추가하는 기간을 거친 후 이들이 특정한 세포 유형으로 변화한다(분화/differentiation). 해당 교목을 물리적으로 지지하거나 수분 전도 중의 강한 부압(負壓, negative pressure)에 저항해야 하는 세포의 경우, 이들의 발달에서 중요한 과정은 세포벽 비후(細胞壁肥厚, cell wall thickening)이다.

사부섬유(篩部纖維, phloem fiber)와 같은 다른 세포와 마찬가지로 성숙한 목부 세포는 각각의 구조가 서로 다른 여러 층으로 이루어진 벽을 가지고 있다. 가장 바깥층이 중엽층(中葉層, middle lamella)으로 근본적으로 세포들을 연결하는 매트릭스(matrix, 두께가 5μm까지)이며, 펙틴(pectin)과 리그닌(lignin)으로 이루어져 있다(그림 2.18). 펙틴은 이웃하는 세포들을 고정하는 역할을 하는데, 강도는 고농도의 리그닌에 의해 제공된다(어떤 종은 80% 초과). 다음으로 일련의 벽이 안쪽에 차례로 쌓인다(그림 2.21). 일차세포벽(一次細胞壁, primary cell wall)은 셀룰로오스 미세원섬유(cellulose microfibrils)라고 알려진 매우 가는 셀룰로오스 가닥(20~30%), 매트릭스 전반에 산재한 펙틴(30~50%), 헤미셀룰로오즈(20~25%), 당단백질(糖蛋白質, glycoproteins - 예: 엑스팬신/expansin)과 물(5~10%)로 구성되어 있다. 중엽층과 일차세포벽을 합쳐서 일반적으로 복합중엽(複合中葉, CML/compound middle lamella)이라고 부른다. CML 안쪽에는 세포가 비후하는 동안 세 겹의

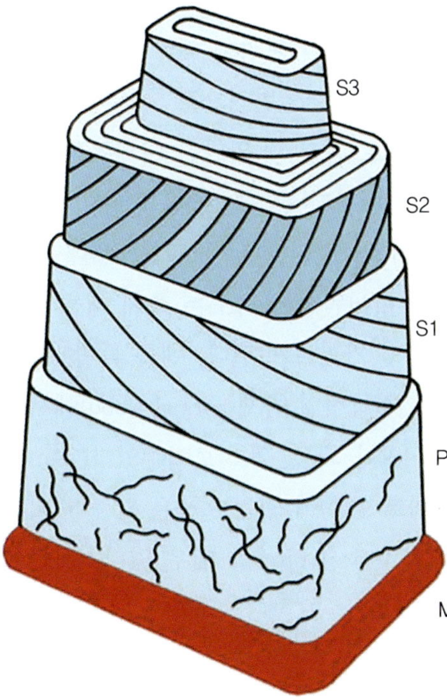

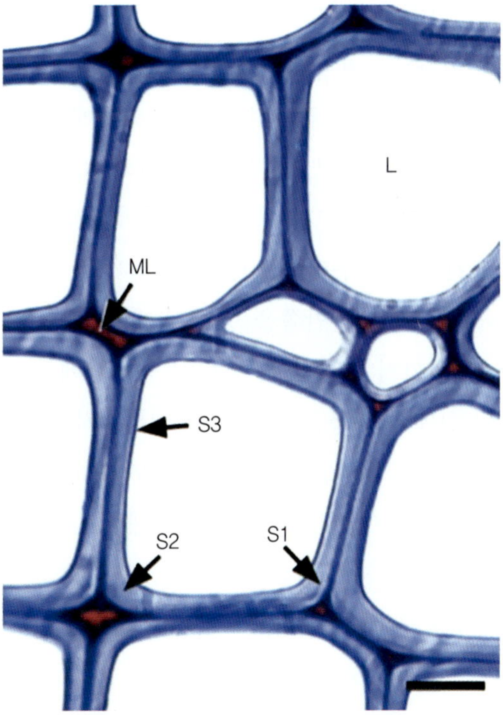

그림 2.21 목질세포 세포벽의 층: 중엽층(ML), 일차 벽(PW)과 이차 벽(S_1, S_2, S_3)-이들에 대한 설명은 본문을 참고하라. 출처: Schwarze(2007). Elsevier의 허락을 받아 전재.

이차세포벽(secondary cell wall, S1/S2/S3)이 차례로 만들어진다(그림 2.21). 이들 이차 벽은 세포의 구조 강도 거의 전부를 제공하고, 나선형으로 배열된 3에서 10nm 두께의[2] 수많은 셀룰로오스 미세원섬유로 구성되어 있다는 면에서 일차세포와 현저하게 다르다. 다시 말하면, 헤미셀룰로오스(hemicellulose)에 의해 싸여있고 서로 묶여 있고, 리그닌 매트릭스에 묻혀 있다. 리그닌은 지지와 세포 붕괴에 저항하기 위해 필수적인 압축강도(壓縮强度, compressive strength)와 휨강도(bending strength – 강성/stiffness)를 제공한다. 그러나 물을 밀어내는(소수성/疏水性, hydrophobic) 리그닌의 특성도 세포벽 안으로의 물의 흡수를 방해함으로써, 마찰과 수분 손실을 줄여주어 물이 성숙한 목부 도관을 통해 계속 위로 흐르도록 도와준다. 리그닌의 항균성(抗菌性, antimicrobial property)도 몇몇 특수한 미생물을 제외한 모든 부후균에 저항성을 가진다(제9장 병원성 곰팡이 참조). 셀룰로오스 성분은 인장강도(引張强度, tensile strength)를 제공하기 때문에, 셀룰로오스의 양(보통 세포벽 건중량의 40~50%)과 미세원섬유 각도(微細纖維角度, MFA/microfibril angle)가 목재의 역학적인 특성, 특히 강성(剛性, stiffness)에 상당한 영향을 미친다. 헤미셀룰로오즈는 셀룰로오스 미세원섬유를 리그닌 매트릭스에 결합시키고 묶어주는 데 중요한 역할을 한다.

이차세포벽의 자세한 구성은 종에 따라 차이가 있고, 이의 형성은 해당 세포가 경험하는 역학적인 압력과 같은 요소들에 의해 변경될 수 있다. 일반적으로 S_1층은 두께가 0.1~0.4μm이고,[3] 세포 축에 대해 60~80°로 나선형으로 감긴 꽤 완만한 미세원섬유 각도를 가지고 있다. 목재의 생체역학적 성질을 결정하는 보다 중요한 것은 S_2층이다. 미세원섬유의 두께는 1에서 10μm까지 다양하지만 섬유와 달리 항상 도관요소(導管要素, vessel element) 안쪽을 향해 비례적으로 가늘어진다. 미세원섬유 각도는 축에 대해 4°에서 30°까지 다양한데, 장력이 증가함에 따라 각도는 덜 가파르게 된다. 예를 들면, 사시나무(*Populus* sp.) 섬유의 S_2층 내 미세원섬유 각도는 정상적인 목재(normal wood)에서는 4°지만 인장이상재(引張異常材, tension wood)에서는 13°가 되는 것을 보여주었다(Lautner 등 2012). 가장 안쪽(즉, 세포의 내강[內腔, lumen]에 바로 인접)에 있는 S_3층은 S_1층과 비슷한 미세원섬유 각도(60~90°)를 가지고 있고, 두께가 0.5~1.0μm로 매우 얇다. 이들이 결합함으로써, 이차세포벽은 목재의 구조적인 완결성에 중요하다. 그러나 천공판(穿孔

2 1나노미터(nm)는 1미터의 10억분의 1 또는 1밀리미터의 1백만분의 1로, 10nm = 0.00001nm임.

3 1마이크로미터(μm)는 1밀리미터의 1천분의 1로, 1μm = 0.001mm임.

板, perforation plate)이나 벽공(壁孔, pit)과 같이 인접하는 세포와 서로 연결되는 세포 부위에는 이차세포벽이 발달하지 않는다. 이는 효과적인 타협으로, 세포가 구조적인 강도는 극대화하면서 물을 축 방향과 세포 사이로 통도하도록 허용한다.

세포예정사

관상요소(管狀要素, tracheary element; 즉, 도관요소와 가도관)는 물을 운반해야 하는 자신의 당연한 주된 역할 때문에, 기능을 발휘하기 위해서는 먼저 속이 비어야 한다. 이를 용이하게 하기 위해서는 이들이 죽어야 한다. 더구나 일단 세포벽 비후가 발생하면 섬유를 살려두는 이점이 없고, 이들이 죽어서 세포의 호흡을 위해 귀중한 탄소를 소비하지 않을 때 비로소 자신의 구조적 역할을 수행할 수 있다. 다양한 기능을 가진 유세포마저도 결국은 빈사상태가 되어 죽게 된다. 이 **세포예정사**(細胞豫定死, programmed cell death)는 식물 호르몬 에틸렌과 같은 다양한 내부로부터의 신호에 의해 조절(즉, '전사적으로 조절된'[transcriptionally regulated] 것이다)되고 영향을 받는다. 도관요소에서는 분화와 사망이 2~3일 이내에 일어날 수 있다. 도관은 수력학적 기능을 최대한 유지하는 것이 필수적이기 때문에, 도관요소에서 세포벽 비후와 리그닌화(-化, lignification)는 우선권이 주어진다. 또한 관상요소가 죽으면 이들은 물로 가득 찬다는 것을 지적하는 것도 중요하다. 이는 이어지는 물 운반에 중요한 요소이다. 섬유는 성숙하고 리그닌화된 다음 죽는데 약 한 달 정도 걸릴 수 있는 데 비해, 유세포는 변재에서 특정 형태의 심재로 전환하는 동안 죽기 전에 수십 년 동안 살아 있을 수 있다. 이와 관련하여, 교목의 기능에서의 중요한 개념은 세포사가 성공적인 삶의 핵심 요소라는 것이다.

2.9 수피와 이차사부

외수피(外樹皮, outer bark)는 내부 몸체와 외부 세계 사이의 보호층(保護層, protective layer)을 제공하기 때문에 나무의 피부에 해당한다. 이 경계가 훼손되면, 줄기는 빠르게 기능을 잃게 된다. 공기가 목부로 들어가면 물의 전도가 붕괴되고, 미생물과/이나 해충도 누출된 목부 표면을 빠르게 침범할 수도 있다. 그러므로 수피 보전은 정상적인 줄기 기능과 병원균에 대한 교목의 저항을 위해 절대적으로 중요하다.

그림 2.22 산불로부터 보호해주는 두껍고 코르크질 수피를 가지고 있는 코르크참나무의 횡단면.

수피(樹皮, bark)는 종이 달라도 기능은 비슷하지만, 그 외관은 종들 사이에 엄청나게 차이가 많다(Vaucher 2003과 Pollet 2010 참조). 이는 생물학적 변이의 한 예이지만, 이는 우리가 종을 동정(同定, identification)하고, 기형을 설명하는 데 크게 도움을 주고, 가끔은 해당 교목의 생태적인 유산을 이해하는 데에도 도움을 줄 수 있다. 예를 들면, 자이언트세쿼이아(*Sequoiadendron giganteum*)의 수피와 코르크참나무(*Quercus suber*)의 코르크(그림 2.22)는 주기적인 산불에 견디기 위해 진화한 것으로, 자신의 자생지 환경에서 생존하기 위해서는 필수적이다.

수피는 어떻게 자라는가

유관속 형성층의 바깥쪽에서 생산되는 이차사부(동의어 - 내수피/inner bark 또는 인피/bast)는 나자식물에서는 **사세포(**篩細胞, sieve cell)로 피자식물에서는 **사관요소**(篩管要素, sieve tube element)로 알려진 일련의 빈 관을 제공한다. 세포가 발달하는 동안 이들은 세포벽 안쪽에 살아 있는 원형질막(原形質膜, plasma membrane)을 유지하지만, 설탕과 해당 교목 둘레의 다른 화합물을 전도하기 위해 필요한 속이 빈 구조를 제공하기 위해 세포핵(細胞核, nucleus)을 포함한 몇 가지 세포소기관(細胞小器官, organelle)을 상실한다. 이로 인해 사요소(篩要素, sieve element)는 자신의 유전 및 대사 활동을 통제할 수 없게 되기 때문에, 이들은 피자식물에서는 **반세포**(伴細胞, companion cell)로 나자식물에서는 **스트라스버거 세포**(Strasburger cell)로 알려진 인접한 유세포(柔細胞, parenchyma cell)와 연대를 형성한다. 이들 세포 복합체는 사부의 사요소 안팎에 있는 물질의 운반을 조절하기 위해 적극적으로 돕는다. 사부는 방사조직에 저장하기 위해 설탕을 운반하는 것과 같은 일을 도와주는 주축 유세포(主軸柔細胞, axial parenchyma cell)와 방사 유세포(放射柔細胞, radial parenchyma cell), 그리고 조직에 강성(剛性, rigidity)을 제공하는 사부섬유(篩部纖維, phloem fiber)를 내포하고 있다. 어떤 교목(예: 인센스시더/*Calocedrus decurrens*, 아까시나무/*Robinia pseudoacacia*, 느릅나무류/*Ulmus* spp., 피나무류/*Tilia* spp.)에서는, 사부에 밧줄과 거친 직물을 만드는데 적합한 길고, 내구성이 있는 사부섬유가 특히 풍부하다(Vaucher 2003). 수피로 만든 천(bark cloth)도 아시아에서는 꾸지나무(*Broussonetia papyrifera*), 우간다에서는 나탈고무나무(*Ficus natalensis*)를 이용하여 만든다. 그러나 이처럼 긴 사부섬유는 이들 종이 전정 작업이나 자연적인 줄기 파손 중에 수피가 찢어지는 데 취약하게 만든다. 이러한 문제를 줄이기 위해, 전정 작업을 할 때 가지를 제거하기 전에 무게를 줄이는 언더컷(undercut)을 해야 한다(제3장 참조). 전정 작업 중에 가지의 무게를 줄이는 언더컷은 목재가 찢어지는 것을 방지하기 위해서도 필수적이다.

내수피가 해당 교목 둘레에 설탕과 다른 화합물을 운반하는 데 관여한다면, 외수피는 해당 교목의 튼튼한 피부 역할을 한다. 나자의 쌍떡잎 교목에서, 외수피는 줄기와 세근의 가장 어린 끝을 제외한 모든 것을 덮고 있다. 이는 유관속 형성층과 거의 동시에 형성되는 코르크형성층(cork cambium)에서 유래한다. 이 코르크형성층은 피층유조직(cortical parenchyma)의 바깥쪽 내부(거의 전형적)나 더 깊게는 피층(皮層, cortex) 내부 또는 이차사부 바깥쪽에 이르기까지 어디든 형성될 수 있다(그림 2.23). 변형된 유세포는 밖으로는 코르크조직 세포(phellem cell)을 안으로는 코르크피층 세포(phelloderm cell)을 만들기 위해 분열하는 원통형의 코르크형성층을 창출하는데, 코르크형성층이 만드는 두 조직을 합쳐서 **주피**(周皮, periderm)라고 부른다. 코르크조직이 코르크피층보다 일반적으로 훨씬 더 많이 생산되고, 이의 이차세포벽은 수베린(suberin)이라고 불리는 소수성이고 항미생물의 화학물질로 채워진다. 이러한 수피세포의 화학적인 변형은 목재(변재)로부터의 수분 손실과 함께 일부 특수한 미생물을 제외한 모든 미생물의 군체 형성을 방지한다. 코르크조직은 보호라는 자신의 역할을 수행하기 위해서는 살아남을 필요가 없기 때문에 성숙하면 죽는다. 코르크피층은 시간이 흐름에 따라, 일부 구성 세포는 줄기에 추가적인 역학적 지지를 제공하고 압축력(壓軸力, compressive force)에 저항

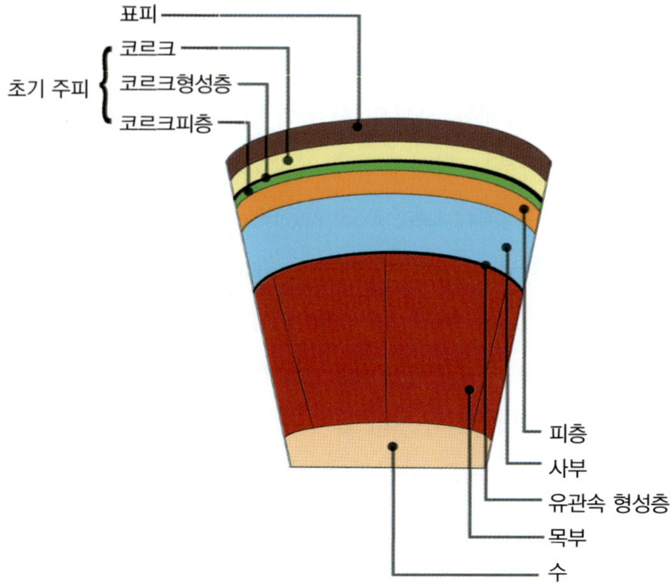

그림 2.23 피층에서의 초기 수피 또는 주피 형성을 보여주는 단순화된 그림. 코르크, 코르크형성층(cork cambium/phellogen), 코르크피층(phelloderm)이 함께 주피를 형성한다.

하는 이차세포벽(즉, 후벽세포/sclereid)을 발달시킬 수도 있다.

많은 종에서, 코르크피층도 엽록소(葉綠素, chlorophyll – 엽록조직/chlorenchyma을 형성하는)를 내포하고 있어서 수피를 침투하는 햇빛을 활용하여 광합성을 할 수 있기 때문에 유용하다. 예를 들면, 구주물푸레(*Fraxinus excelsior*)의 경우, 50%의 일광이 사부에 도달하고 0.4%가 직경 6mm의 1년 생 줄기의 수에 도달한다(Thomas 2016). 이 줄기의 엽록조직(葉綠組織, chlorenchyma)은 눈이 트기 전에 CO_2를 흡수하는 것이 확인되었고 (Langenfeld-Heyser 등 1996), 따라서 틀림없이 광합성을 하고 있었을 것이다. 엽록조직의 광합성이 생장에 크게 도움이 되지 않을 수도 있지만 인접한 줄기세포의 호흡(呼吸, respiration) 손실을 상당부분(60~90%) 상쇄할 수 있기 때문에 줄기 내부에 산소를 공급하는 데 도움이 될 것이다(Pfanz 등 2002). 겨울에는, 줄기 광합성도 살아 있는 조직의 호흡을 유지하기 위해 사용되는 저장된 탄수화물(炭水化物, carbohydrate)의 소진을 줄이는 데 도움을 줄 수 있다. 엽록조직은 가장 바깥 수피를 벗기면 부드러운 녹색 층이 나타나기 때문에 쉽게 확인할 수 있다. 휴면기에는, 수피의 표면 아래에 이러한 녹색 층을 확인하는 것이 해당 줄기가 아직 살아 있는지를 검정하기 위해 사용될 수 있다.

수피의 변이

어떤 종, 예를 들면 아카시아(*Acacia*), 단풍나무(*Acer*), 감귤(*Citrus*), 감탕나무(*Ilex*), 유칼리나무(*Eucalyptus*) 등의 속에 속하는 많은 종에서는, 피층조직(皮層組織, cortical tissue)과 표피(表皮, epidermis)는 해당 교목의 일생에 걸쳐 계속 발달하지만 주피(周皮, periderm)는 절대 형성되지 않는다. 이러한 경우, '수피'가 매우 얇아서 피해를 입을 가능성이 높다. 그러나 대부분의 교목에서 외부의 보호조직은 초기 주피(初期周皮, initial periderm)에서 표피로 대체된다. 이러한 과정이 어떤 종에서는 50년이 넘게 걸리는 반면(전나무류/*Abies*, 자작나무류/*Betula*, 벚나무류/*Prunus*에 속하는 일부 종 – 그리고 많은 오래된 벚나무가 자신의 특유의 수피를 잃는 이유를 설명한다), 대부분의 온대 교목에서는 일반적으로 10년 이내에 형성된다. 피층 내에 연속적인 원통형 내부 주피의 천이를 형성하는 종에서는(그림 2.24a), 수피의 외부가 매끈하다 – 너도밤나무(*Fagus sylvatica*)와 유럽서어나무(*Carpinus betulus*)에서처럼. 이러한 종에서는, 코르크형성층이 줄기의 확대와 보조를 맞추기 위해 수층(垂層 – 측방) 분열을 한다. 이와 달리, 다른 종은 초기 주피와 이차사부 사이에 겹치는 일련의 초승달 모양 주피(렌즈모양 주피)를 형성한다. 이는 이들 연속적인 주피 층의 배열이며 진행 중인 줄기의 방사상 팽창으로, 수피 표면을 보다 거친 질감으로 만드는 외부 수피 패턴을 창출한다(그림 2.24b). 가끔, 나중에 형성된 주피가 초기 주피보다 더 많은 코르크조직(phellem)을 생산하여 수피의 보호 기능을 향상시킨다. 코르크참나무(*Quercus suber*)가 이러한 현상의 좋은 사례인데, 초기 주피는 얇아서 가치가 거의 없지만 이어지는 주피는 훨씬 많은 양의 코르크를 형성하여 줄기를 화재로부터 보호하고 상업적으로 가치 있는 상품이 된다.

주피가 형성되면 외부 조직을 사부에서 전달되는 영양분으로부터 효과적으로 차단시키기 때문에, 주피의 외부에 있는 거의 모든 세포는 죽는다. 그러나 죽기 전에 적어도 이들 세포의 일부는 수지(예: 소나무류/*Pinus*), 점액(예: 느릅나무류/*Ulmus*), 탄닌(예: 오리나무류/*Alnus*, 자작나무류/*Betula*, 가문비나무류/*Picea*, 소나무류/*Pinus*, 참나무류/*Quercus*, 버드나무류/*Salix*, 위성류/*Tamarix*)로 채워지고/거나 폐기물(예: 피나무류/*Tilia*와 너도밤나무류/*Fagus*의 옥살산칼슘/calcium oxalate이나 규산염결정체/silicate crystal)로 침전된다. 이러한 과정을 거쳐 보다 일반적으로 outer bark이라고 불리는 **외수피**(外樹皮, rhytidome)를 구성하는 매우 복잡한 주피 지대와 살아 있지 않은 조직(non-living tissue)이 형성된다.

수베린화되지 않은 코르크조직 세포(phellem cell)인 펠로이드 세포(phelloid cell)가

(a)

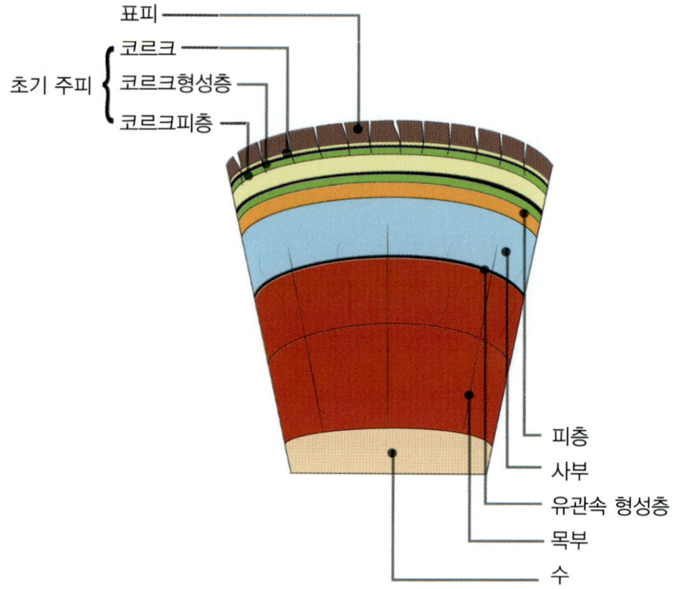

(b)

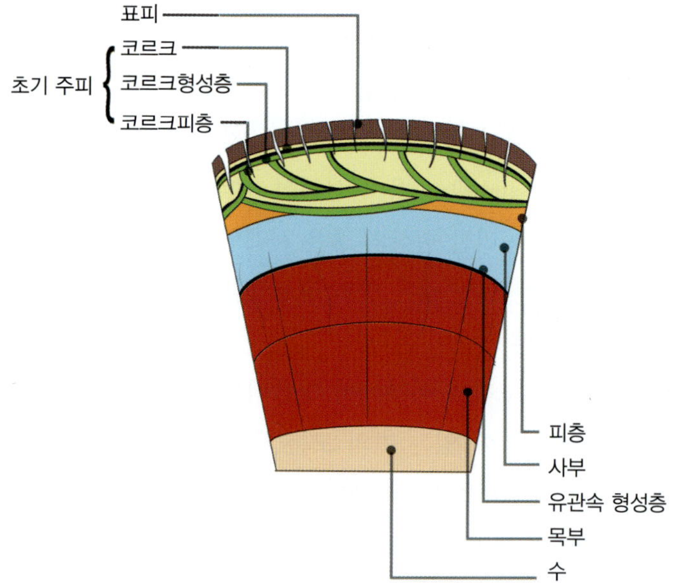

그림 2.24 (a) 초기 주피 바로 아래에서 형성되는 연속적인 내부의 주피는 너도밤나무와 유럽서어나무와 같은 교목의 매끈한 수피를 만든다. (b) 초기 주피 바로 아래에서 형성되는 렌즈모양 주피는 많은 온대지방 교목에서 전형적인 보다 거친 수피를 생산한다.

(a) (b)

그림 2.25 (a) 피목은 필드단풍(*Acer campestre*)에서처럼 종종 줄기의 어린(녹색) 부위에 밝은 반점의 형태로 볼 수 있다. (b) 그러나 피목은 은백양(*Populus alba*)에서 보이는 것처럼 상당히 오래된 줄기에서도 볼 수 있다. 더 깊이 갈라진 수피에서는, 피목을 쉽게 볼 수 없지만 존재할 것이다.

절제층(切除層, excision layer) 역할을 하면 수피는 떨어져 나간다. 자작나무류(*Betula* spp.)의 경우, 이들 펠로이드 세포도 자작나무 수피에 특유의 색상을 선사하는 흰색 물질인 베툴린(betulin)을 함유하고 있다. 다른 종(예: 버즘나무류/*Platanus* spp., 배롱나무류/*Lagerstroemia* spp., 페르시안 아이언우드/*Parrotia persica*)의 경우, 절제층이 더욱 발달하여 수피가 커다란 판으로 떨어진다.

목질의 줄기 안에 있는 많은 세포는 역할을 다하면 죽지만, 남아 있는 살아 있는 조직은 여전히 산소가 필요하다. 피목(皮目, lenticel)은 코르크형성층으로부터 유래된 세포가 느슨하게 배열된 특화한 지역으로 대기와의 가스 교환(-交換, gas exchange)이 가능하다. 어리고 수피가 얇은 종에서는, 줄기의 표면을 가로지르는 피목을 볼 수 있고, 수피가 두꺼워지면 이들을 잘 볼 수 없게 되지만, 이 피목이 독특한 특징이 될 수 있다(그림 2.25).

2.10 이차목부 - 목재

훈련되지 않은 눈에도, 확대된 목본식물 줄기를 보면 종에 따라 세포 유형의 배열과 이들의 정돈이 크게 다르다는 것이 보인다. 성분 세포(成分細胞, component cells)의 유형,

이들의 배치와 핵심 특징에 관한 지식은 목재를 동정하고, 식물의 생태적 유산을 이해하고, 과거의 기후와 교란 사건을 탐구하는 데 활용될 수 있고, 동시에 변화하는 기후로 인해 종의 분포가 어떻게 바뀔 것인가를 예측하는 데 도움이 된다. 그러므로 목재 내 특징은 목재 가공, 교역, 보존, 생태, 범죄수사학(forensic science), 고고학(考古學, archaeology), 고식물학(古植物學, paleobotany)에 폭넓게 적용할 수 있는 유용한 정보를 제공할 수 있다. 선택적인 목재 구조가 교목의 성과에 미치는 영향을 고려하기에 앞서, 먼저 목재를 구성하고 있는 부분들을 확인하는 것이 필요하다. 상자 2.2는 목재를 관찰할 때 사용되는 일부 중요한 원리를 명확히 하는 데 도움을 줄 것이다.

상자 2.2 목재 관찰하기

목재의 3차원 구조를 시각화하는 데에는 세 가지 관점이 도움이 된다: 횡단면(橫斷面, transverse/cross section), 접선단면(接線斷面, tangential section), 방사단면(放射斷面, radial section)(그림 B2.2). 횡단면에서는, 교목 수간의 횡단면을 예로 들면, 주축 요소(axial element)의 끝이 보이고 방사방향 세포는 종적 방향 단면이 보인다. 접선단면에서는 종적 단면의 주축요소와 방사요소의 끝을 보여준다. 목재를 노출시키기 위해 수피를 벗겨내었다고 상상해 보면, 이는 접선의 관점이 될 것이다. 만약 완벽하게 쪼개진 통나무의 측면에서 본다면, 이것이 방사단면이다. 교목의 가운데로부터 바깥으로의 방사단면은 종축 단면에 있는 종축과 방사 시스템 둘을 모두 보여준다. 처음에는 이렇게 대비되는 관점을 시각화하는 것이 어려울 수 있지만, 목재 토막을 깊이 생각하는 데 충분한 시간을 들이거나 실제로 장작을 쪼개보면 서로 다른 관점이 분명해진다.

어떤 종에서는, 목부의 구조가 한 해 동안에도 변이가 많다. 확대를 거의 또는 전혀 하지 않고도, 이러한 변이는 온대기후나 계절성 기후에서는 일 년의 생장을 반영할 수 있는 뚜렷한 고리(층)을 창출한다. 그러나 일 년 내내 생장에 적합한 기후가 존재하는 열대기후에서는 나이테 층 사이 경계가 종종 뚜렷하지 않거나, 있어도 역년(曆年, calendar year)과 일치하지 않는다. 나아가 어떤 기후에서는 한 해에 다수의 나이테가 관측되는 경우도 있을 수 있다.

눈에 보이는 고리들을 분명히 구분할 수 있는 경우에는, 각 생장 고리를 종종 춘재(春材, early/spring wood)와 추재(秋材, late/summer wood)로 구분할 수 있다. 나자식물에서는, 얇은 세포벽을 가진 폭넓은 세포가 춘재의 다수를 차지하고, 두꺼운 세포벽을 가진 폭이 좁은 세포가 추재를 형성한다. 각 고리 사이 경계가 뚜렷이 보이는 것은 추재와 다음 생장기 춘재 사이의 대비 때문이다(그림 2.31). 마찬가지로 피자식물에서는, 환공성(環孔性, ring-porous) 종(자

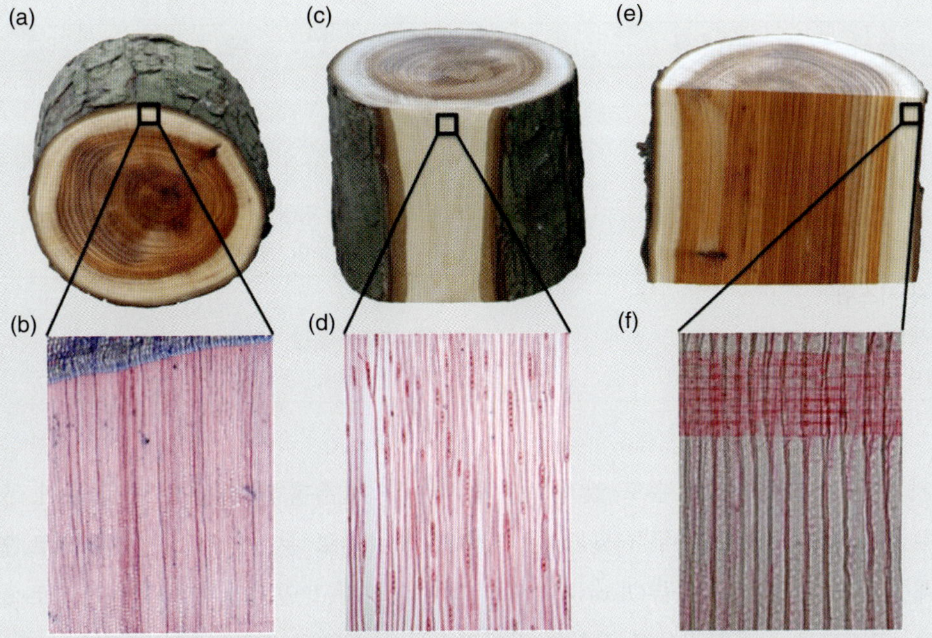

그림 B2.2 목재의 3차원 구조: (a, b) 횡단면(×100); (c, d) 접선단면(×200); (e, f) 방사단면(x400).
출처: Wood micrographs © Fritz Schweingruber, 허락을 받고 사용함.

세한 내용은 본문 참조)에서처럼 한 생장기의 추재와 다음 해의 춘재 사이에 큰 차이가 존재하는 경우 매우 쉽게 확인할 수 있지만, 보다 획일적인 목재 구조를 가진 산공성(散孔性, diffuse porous) 종(본문 참조)에서는 구분하기 어려울 수 있다.

2.11 목재에서 발견되는 서로 다른 세포 유형

목재는 해당 식물체에 대한 생체역학적 지지를 제공할 뿐만 아니라 물과 무기양분에 대한 안정적인 통도를 제공해야 한다. 이러한 기능적인 요구를 충족시키기 위해 다양한 세포가 서로 다른 정도의 전문성을 가지고 진화해왔다(표 2.1).

중요한 차이는 쌍자엽식물(피자식물) 목재와 나자식물(구과식물) 목재의 구조 사이에서 발생한다. 일반적인 말로는, 'hardwood'(경재/硬材, 활엽수재)와 'softwood'(연재/軟材, 구과식물재)라는 용어가 흔히 이들 두 유형의 목재를 구별하기 위해 사용되지만, 특정한 종에 따라서는 'hardwood'(활엽수재)가 물리적으로 연할 수도 있고 'softwood'(구과식물

표 2.1 목부 세포의 유형과 주된 기능

세포 유형	주된 기능
종축 시스템	
도관 요소(주로 피자식물)	수액 통도
가도관(주로 나자식물)	수액 통도와 지지
섬유	지지, 때로는 저장
유세포	저장, 지지, 운반, 방어
방사 시스템	
유세포	저장, 지지, 운반, 방어
(일부 구과식물의 가도관)	지지, 운반

재)가 물리적으로 단단할 수도 있기 때문에 이는 크게 유용하지 않다. 예를 들어, 사시나무류(*Populus*)와 버드나무류(*Salix*)는 경재(hardwood)로 분류되지만 상대적으로 연한 목재를 가지고 있고, 주목류(*Taxus*)는 강한 목재를 가지고 있지만 연재(softwood)로 분류된다. 그러므로 식물학적으로 정확한 쌍자엽식물 목재(dicotyledonous wood)나 나자식물 목재(gymnosperm wood)를 사용하는 것이 바람직하다.

나자식물의 경우, 줄기에 대한 생체역학적 지지는 **가도관**(假導管, tracheid), 특히 두꺼운 세포벽을 가진 추재 가도관들에 의해 제공된다. 진화적으로 보다 후기에 속하는 쌍자엽의 피자식물 목재에서는, 분업(分業, division of labor)이 일어나, **도관요소**(導管要素, vessel element)는 수액의 통도로 특화된 반면 줄기에 대한 지지를 제공하도록 특화된 조직은 **섬유**(纖維, fiber)이다. 섬유는 목질화된 두꺼운 세포벽과 매우 좁은 세포 내강을 가진 상대적으로 긴(일반적으로 0.8~2.3μm) 세포이다. 이차세포벽이 섬유 구조 강도의 대부분을 제공하는데, 일부 세포는 자신의 세포 내강에 가로질러 격벽(隔壁, septum)이라고 알려진 얇은 가로 벽을 발달시킨다. **격벽섬유**(膈壁纖維, septate fiber) 내 이들 구조는 건물에서 사용되는 이중벽(cavity wall) 이음재와 비슷하다. 이들의 구조적인 역할에 더하여, 일부 섬유(단풍나무류/*Acer*와 아까시나무류/*Robinia*와 같은 속에서처럼)는 성숙한 변재에 자신의 원형질체(原形質體, protoplast – 세포 내용물)를 유지함으로써 목부 유세포와 비슷한 방법으로 비축 물질의 저장에 관여할 수도 있다.

목재 내 살아 있는 세포 – 유조직

가능성 있는 예외인 몇몇 살아 있는 섬유와 함께, 방사 유조직(放射柔組織, radial parenchyma)과 주축 유조직(主軸柔組織, axial parenchyma)이 목부의 살아 있는 구성요소를 형성한다. 방사와 주축 유조직의 결합은 심플라스트(symplast)라고 알려진 목부와 사부에 걸쳐 살아 있는 세포에 의해 고도로 상호 연결되고 삼차원적인 격자를 형성한다. 단순한 벽공(壁孔, pit)과 원형질연락사(原形質連絡絲, plasmodesmata) 형태인 유세포 간 광범위한 심플라스트 연결은 교목이 이들 살아 있는 조직 전반에 걸쳐 물질을 저장하고 재배분할 수 있게 한다(Spicer 2014). 이처럼 광범위한 심플라스트는 탄수화물, 질소 화합물과 물의 이동을 위해 필수적이다. 또한 목부 유조직은 탄수화물(주로 전분의 형태로)을 저장하고 저장된 에너지를 교목 내 생장이나 다른 활발한 반응을 위해 재분배하는 데에도 불가결한 조직이다. 이들 반응에는 줄기의 방어(Morris 등 2016a)와 유관속폐색(維管束閉塞, embolism)에 이은 수송망(輸送網, transport network) 수리(Brodersen & McElrone 2013) 등이 있다. 또한 목부 유조직은 기름(oil), 페놀(phenol), 탄닌(tannin), 테르펜(terpene)과 같은 다양한 화합물의 합성과 저장에도 관여한다.

주축 유조직은 배열이 매우 다양한 축방향으로 향하는 살아 있는 세포로 구성된다. 이들 세포는 방사 유조직은 물론 도관과/이나 가도관과의 연결을 형성하는데, 이들을 부분적 또는 완전한 싸개(sheath)로 둘러쌀 수도 있다(목부연접형/paratracheal). 또한 주축 유세포는 통도 요소와 접촉하지 않고 섬유 가운데 묻힌 상태로 발견되거나, 풍부한 종에서는 목부를 통과하는(목부분리형/apotracheal) 접선 띠로 발견된다.

주로 방사 유조직으로 이루어진 방사조직(放射組織, ray)은 수종 간에, 특히 이들의 상대적인 크기에서 변이가 매우 큰데, 이는 이들이 단열(單列, uniseriate – 세포 하나 두께)일 수도, 이열(二列, biseriate – 세포 두 개 두께)일 수도, 다열(多列, multiseriate – 다수의 세포 두께, 폭이 세포 30개에 이를 수도 있음)일 수도 있기 때문이다(그림 2.26). 따라서 버드나무류(*Salix* spp.)처럼 실과 같은 단열의 방사조직을 찾아내는 것보다 대부분의 참나무류(*Quercus* spp.)에서처럼 커다란 다열 방사조직을 찾는 것이 훨씬 쉽다. 또한 방사조직은 높이에서도 세포 하나 높이에서부터 수백 개에 이르기까지 다양하다.

방사조직 내 세포는 서로 다른 형태와 배열로 나타나는데, 이것이 목재를 동정하는 데 도움이 될 수 있다: **평복세포**(平伏細胞, procumbent cell)는 세포의 가장 긴 축이 줄기 축에 직각인 방사상으로 배열되고; **직립세포**(直立細胞, upright cell)는 세포의 가장 긴 축

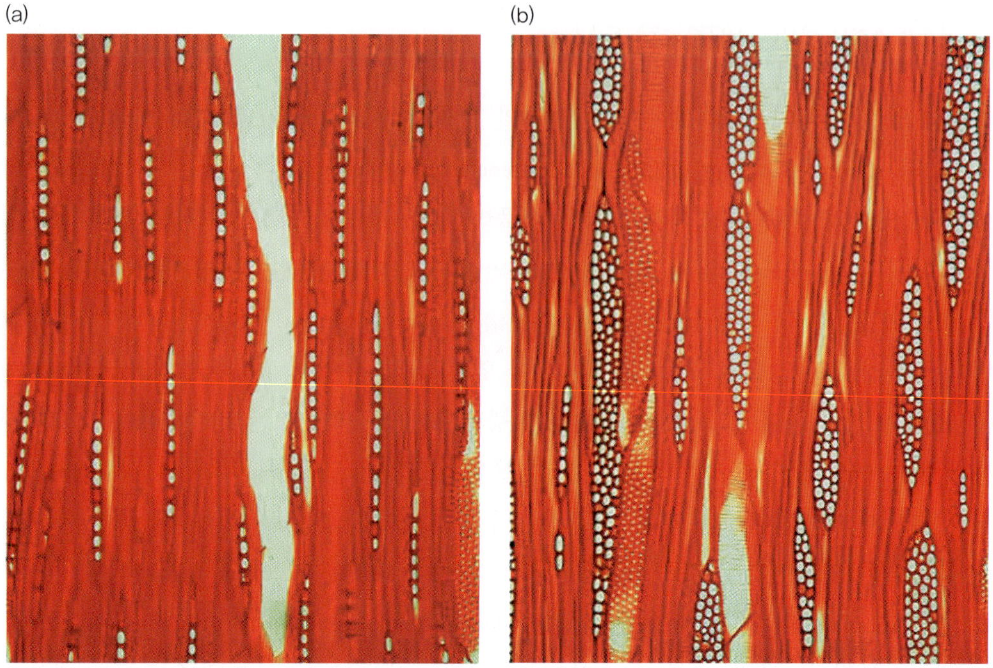

그림 2.26 (a) 이형세포(위쪽과 아래쪽 끝에 있는 직립 세포)를 내포하고 있는 단열 방사조직(세포 하나 두께)인 흰 버드나무(*Salix alba*)의 방사방향 모습; (b) 동형세포(모두 평복세포)를 내포하고 있는 다열 방사조직(다수 세포 두께)인 버즘단풍나무(*Acer pseudoplatanus*). 출처: Schoch 등(2004). Woody anatomy of central European Species (www.woodanatomy.ch)의 허락을 받아 전재.

이 줄기 축에 평행하게 배열되고; **등경세포**(等徑細胞, isodiametric cell – 정사각형)는 확실한 방향이 없다. 평복세포가 줄기의 중심으로부터 해당 교목의 바깥으로 신장됨에 따라, 이들은 줄기 내에서 방사방향으로 물질을 통도하도록 설계된다. 줄기 나이와 함께 탄수화물에 대한 수요가 증가함에 따라, 평복세포는 씀씀이가 커지게 된다. 반대로 방사조직 내 직립세포는 일반적으로 주축 유조직과 결합되어 있기 때문에, 두 유조직 시스템을 살아 있는 조직의 정교한 3차원 망으로 통합하는 데 절대적인 역할을 한다. 오로지 평복세포만으로 구성된 방사조직은 **동형세포형**(同形細胞形, homocellular)이라고 부르고, 서로 다른 세포 유형으로 구성된 방사조직은 **이형세포형**(異形細胞形, heterocellular)이라고 부른다. 목질화된 이차세포벽도 줄기 내 중요한 역학적 역할을 하는데, 특히 전단파괴(剪斷破壞, shear failure)에 저항하여 교목 나이테 간 엽렬(葉裂, delamination)을 방지한다.

유세포는 성숙하면 재분화(再分化, re-differentiate)할 수 있는 능력을 가지고 있기 때문에, 종축과 방사 유세포 모두 상처 발생 후 형성층을 재생시키는 극히 중요한 서비스를 제공한다.

목재 내 살아 있지 않은 세포 – 도관, 가도관, 섬유

도관(導管, vessel)과 가도관(假導管, tracheid)은 가장 고도로 특화된 목부 세포로, 물과 함께 양분과 호르몬과 같이 용해된 물질을 통도하는 역할을 담당한다. 기능적으로 성숙한 단계에 이르면, 이들은 죽어서 다른 통도 세포와의 다양한 연결과 함께 목질화된 세포벽을 가진다. 가도관에서는, 두 인접한 가도관의 이차세포벽을 통과하는 **벽공**(壁孔, pit)이 이들 사이에 물이 흐르도록 한다. 도관요소에서는, 세포의 양쪽 끝에 가끔은 측벽에 있는 **천공판**(穿孔板, perforation plate – 개구/opening)이 인접한 세포를 연결하는데, 천공판은 하나의 구멍이나 천공을 가진 단순한 구조이거나 하나 이상의 천공이 존재하는 복합적(다천공)일 수도 있다. 복합 천공판은 구조에 따라 달리 부를 수 있는데, 천공이 서로 평행하게 배열되어 있으면, 사다리꼴(계문형/階紋形, scalariform)로, 천공이 그물 패턴을 형성하고 있으면 망상형(網狀形, reticulate)으로, 둥근 구멍의 집단으로 관찰되면 유공형(有孔形, foraminate)으로 부른다(그림 2.27). 벽공은 도관요소의 방사방향 세포벽에서도 발견될 수 있다. 종축방향인 일련의 도관요소는 일부 종에서 길이가 0.5m 이상에 이르는 **도관**을 형성한다.

대부분의 나자식물 교목에서는, 섬유(纖維, fiber)가 부피 기준으로 목부의 30~80%를 차지한다(Spicer 2016). 섬유는 세포 내강이 매우 좁은 잘 발달된 이차세포벽을 가짐에 따라 역학적인 지지를 제공하도록 특화되고, 길이가 평균 1~2mm 정도로 상대적으로 길다. 이상재가 아닌 목재에서는 두 유형의 섬유가 중요한데 이들의 세포벽 벽공 형성의 차이로 구분된다: **섬유가도관**(纖維假導管, fiber-tracheid)은 유연벽공(有緣壁孔, bordered pit)을 가지고 있는 반면, **인피형섬유**(靭皮形纖維, libriform fiber)는 단순벽공(單純壁孔, simple pit – 연변부가 없는)을 가지고 있다. 피자식물 이상재(異常材, reaction wood – 즉, 인장 이상재; 제3장 참조)의 경우, 일부 종에서 제3의 섬유 유형이 발견된다. **교질섬유**(膠質纖維, gelatinous fiber)는 변형된 젤리같은 셀룰로오스가 풍부한 세포벽 층(G 층)을 발달시킨다. 이들 특화된 섬유는 줄기를 위쪽으로 당기는 인장력(引張力, tensile force)을 제공하는 데 관여하는 것으로 추정된다(Groover 2016).

벽공의 특성과 구성은 종에 따라 매우 다양하다. 특징으로서 작은(200nm까지) 빈 공간(벽공강, pit cavity)이 안쪽의 넓은 벽공실(壁孔室, pit chamber)로 이어지는 좁은 구멍(벽공

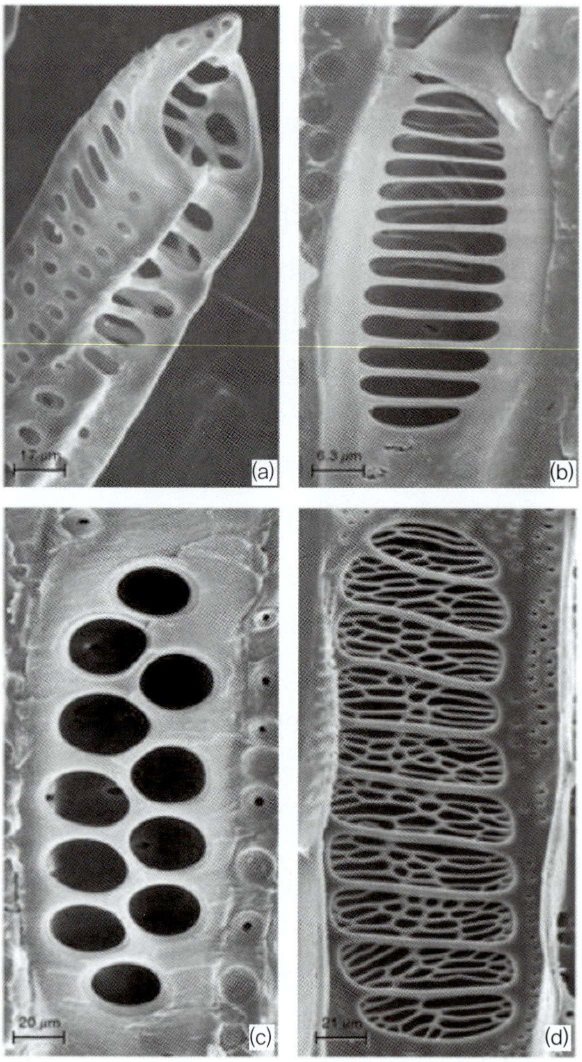

그림 2.27 도관 요소 사이 천공판의 전자현미경 사진. (a) 하나의 큰 개구를 가진 펠라고늄속(*Pelargonium*)의 단순한 천공판; (b) 사다리꼴 천공판인 진달래속(*Rhododendron*)의 평행한 가로장; (c) 둥근 구멍을 가진 마황속(*Ephedra*)의 유공형 천공판; (d) 연속적인 사다리꼴과 사각형 천공판의 홍광수(*Knema furfuracea*-육두구과 식물/말레이반도 원산)(Ohthani 등 1992). 출처: Evert(2006). John Wiley and Sons의 허락을 받아 전재.

구, pit aperture)을 가진 이차세포벽 연변부(緣邊部, border)에 의해 부분적으로 둘러싸여 있다(그림 2.28). 이러한 **유연벽공**은 이차세포벽이 제공하는 구조적인 지지와 가도관 요소 간 물의 이동이 가능한 표면적을 극대화한다(Carlquist 2001). 그러나 연변부의 정도는 매우 다양하여 절반 정도의 연변부를 가지고 있거나 단순벽공(즉, 이차세포벽의 아치형 구조가 없는)이 될 수도 있다. 벽공강의 기부에서, 두 인접한 일차세포벽과 중간에 끼어 있는 중엽층이 벽공막(壁孔膜, pit membrane)을 형성하는데, 이 막은 일반적으로 펙틴 매트릭스에 결합되어 있는 셀룰로오스와 헤미셀룰로오스 미세원섬유의 촘촘히 짜인 그물망으로 구성되어 있다. 대부분의 나자식물(그리고 매우 소수의 피자식물, Jansen 등[2007]

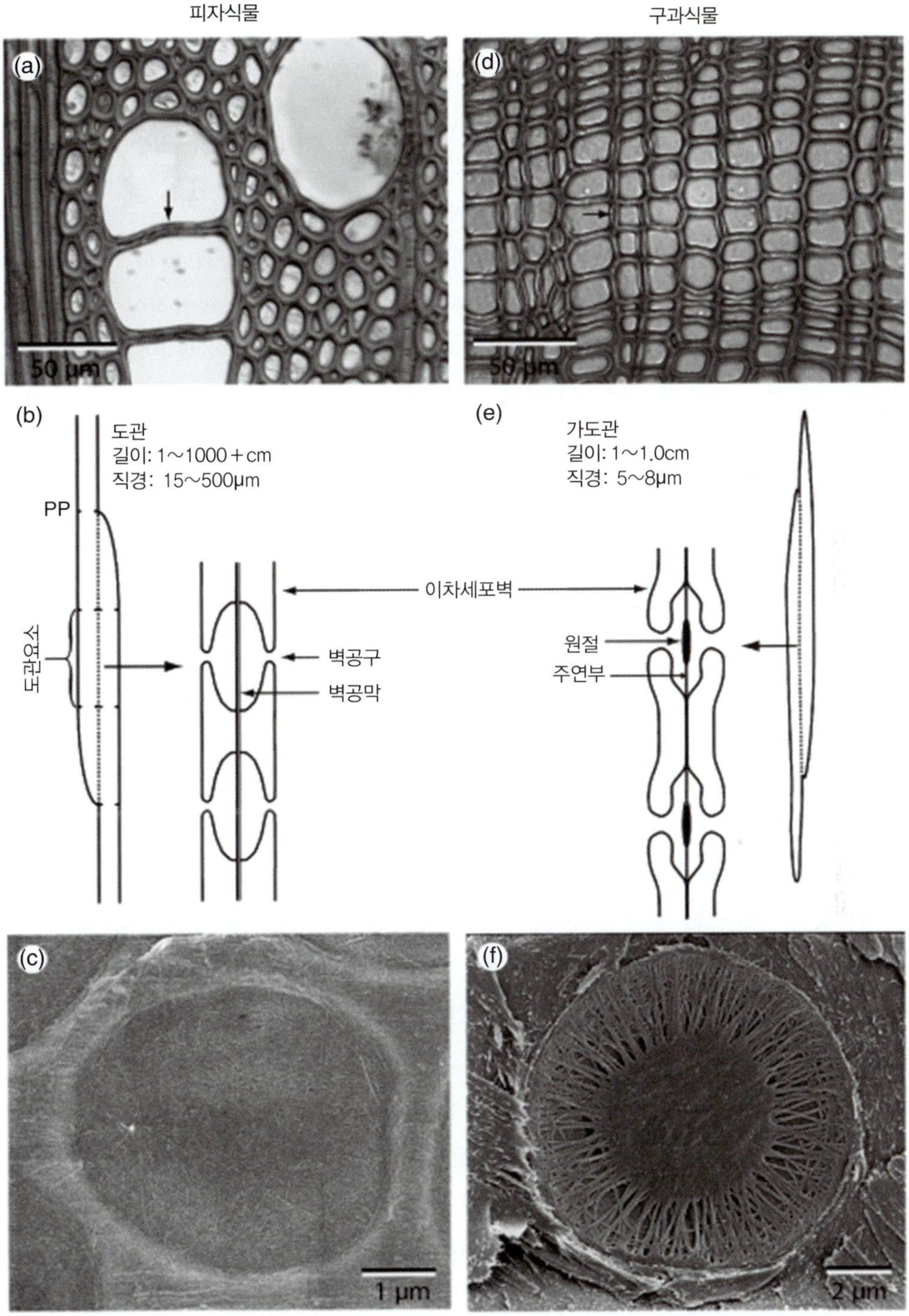

그림 2.28 쌍자엽과 나자식물 목재의 벽공 구조. (a) 구멍이 뚫린 벽을 통해 연결된 도관을 보여주는 쌍자엽 목부조직의 횡단면. (b) 각 도관은 천공판을 통해 끝과 끝이 연결된 다수의 도관요소로 이루어지지만, 도관들은 일차세포벽과 중엽층으로 구성된 벽공막으로 유연의 벽공 쌍을 통해 옆으로 연결된다. (c) 벽공막의 표면을 가로질러 미세원섬유가 획일적으로 침착된 피자식물의 균질(homogeneous) 벽공막을 보여주는 전자현미경 사진. (d) 방사방향 벽에 위치한 유연벽공을 가진 가도관으로 이루어진 전형적인 나자식물 목부조직의 횡단면. (e) 유연벽공의 체계는 벽공막의 구조는 다르지만 도관과 비슷한데, (f) 이는 중앙의 두꺼운 부분(원절/torus)과 다공질의 주연부(margo)를 가지고 있기 때문이다. 출처: Choat(2008). John Wiley and Sons의 허락을 받아 전재.

참조)은 벽공막 내에 뚜렷한 두 영역이 있다: **원절**(圓節, torus/복수형 tori)과 **주연부**(周緣部, margo). 외곽의 주연부 영역은 투과성이어서 벽공을 통한 물의 이동을 허용하는 반면, 중앙의 원절은 비후되고 목질화되어 있어서, 옆으로 이동하여 벽공구를 막고(닫힌 벽공을 **폐쇄된**/aspirated 벽공이라고 부른다) 목부 세포 사이로 기체와 병원균이 이동하는 것을 방지할 수 있는 불투과성 판을 창출한다. 원절-주연부 벽공과 달리, 대부분의 피자식물은 도관 간 물의 이동에 대한 낮은 저항을 형성하기 위해 획일적인 막을 가지고 있다(Choat 등 2008). 일반적으로 인접한 관상요소 간에는 수많은 벽공이 발생하지만, 관상요소와 섬유 사이에는 벽공이 거의 또는 전혀 발생하지 않고, 반(半, half) 유연벽공이나 단순 벽공 쌍이 관상요소와 유세포 사이에서 발생한다.

2.12 목재 구조의 변이

나자식물 목재

진화적인 관점에서 보면, 나자식물 목재는 쌍자엽 목재보다 덜 발전되어 보다 동질적인 목재 구조(가도관 목재로 된/homoxylous)를 가지고 있다. 이는 도관이 없고 통도와 줄기의 물리적인 지지 역할을 모두 수행하는 가도관(假導管, tracheid)이 주도한다(그림 2.29). 대부분 종의 가도관은 길이가 5mm 미만이지만 아라우카리아과(Araucariaceae)에 속하는 몇 종은 가도관 길이가 10mm 정도를 보인다. 가도관의 직경은 10~65μm 범위이고, 점점 가늘어지는 끝은 수많은 원절-주연부(pit-margo) 유형의 유연벽공 쌍과 겹치고 공유함으로써 물의 이동에 대해 낮은 저항을 창출한다.

춘재(春材, early wood - 생장기 초기에 생장된 목부)에는, 세포의 수분 전도(水分傳導, water conduction)를 향상시키기 위해 상대적으로 큰 내강(內腔, lumen)과 얇은 세포벽을 가진다. 추재(秋材, late-wood - 생장기 후기에 생산된 목부)에는, 더 큰 역학적인 지지를 제공하는 훨씬 더 두꺼운 세포벽을 만들기 위해 내강이 작아진다. 이들 추재 가도관은 나자식물 목재에서 대부분의 역학적 강도를 제공한다.

나자식물의 주축요소 대부분은 가도관인데, 주축 유조직(主軸柔組織, axial parenchyma)이 존재할 수도 있다. 이 경우, 주축 유조직은 목부의 10% 미만을 차지할 것이다(Plavcová & Jansen 2005). 많은 경우, 주축 유조직은 목부를 따라 그리고 가로질러서 이

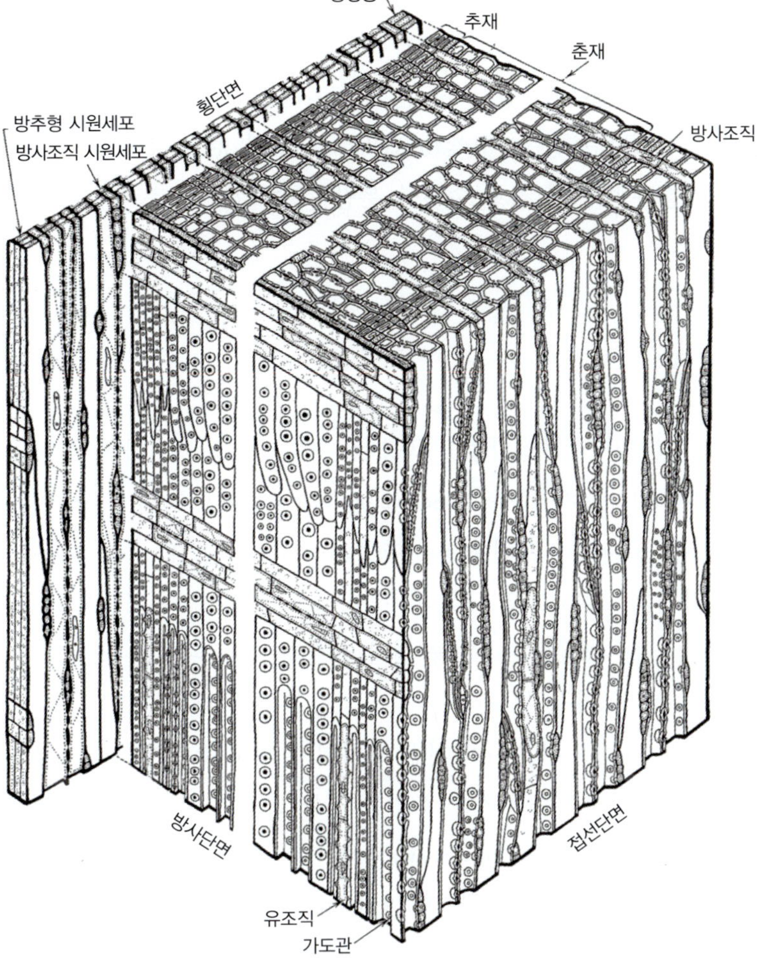

그림 2.29 나자식물인 서양측백나무(*Thuja occidentalis*)의 목재 토막. 이 나무의 중앙은 오른쪽 방향이다. 이 토막은 춘재와 추재로 된 하나의 완전한 나이테와 목부에서 분리된 형성층을 보여준다. 주축 시스템은 가도관과 일부 유세포로 구성되어 있다. 방사조직만 유세포를 가지고 있다.
출처: Esau(1960). John Wiley and Sons의 허락을 받아 전재.

어지는 수지구(樹脂溝, resin duct)와 관련된 세포로 한정되고, 병원균이나 상처에 반응할 수 있는 3차원의 망을 형성한다. 수지구는 일부 나자식물 교목(예: 소나무류/*Pinus*, 미송류/*Pseudotsuga*, 낙엽송류/*Larix*, 가문비나무류/*Picea*)에서 불변의 특징이지만, 다른 종(예: 세쿼이아류/*Sequoia*, 개잎갈나무류/*Cedrus*, 전나무류/*Abies*)에서는 수지가 기계적인 상처나 해충 피해와 같은 외상적인 사건에 대한 반응으로만 생산되고, 때로는(예: 전나무류/*Abies*와 사이프러스류/*Cupressus*) 수피에 한정된다. 수지구는 사이프러스류 목부에서 알려지지 않았다.

일반적으로 방사조직은 유세포로 구성되어 있는데, 이들은 방사 유조직(放射柔組織, ray parenchyma)과 매우 흡사한 방사가도관(放射假導管, ray tracheid)을 가지고 있지만 성숙하면 살아 있는 세포내용물(細胞內容物, cell content)이 없고 유연벽공을 가진 이차 벽을 가진다. 어떤 종은 변재에 걸쳐 수지를 운반할 수 있는 종축과 방사상 양방향의 수지구를 가지고 있다.

쌍자엽식물 목재

유전적으로 보다 진전된 쌍자엽식물의 목재는 나자식물 목재보다 구조적으로 훨씬 더 많은 변이를 보인다(보다 자세한 내용은 Schweingruber 등 2011, 2013 참조). 이는 도관(導管, vessel)과/이나 매우 드물게 가도관; 하나 이상의 섬유 유형; 한 종류 이상의 주축과 방사상 유조직을 가질 수 있다(그림 2.30). 나아가 세포 확장 특히 도관요소로부터의 확장은 인접하는 세포의 위치를 변화시켜 종 전반에 걸쳐 매우 다양한 모습을 유발한다.

쌍자엽식물 목재에서 가장 두드러진 변이의 원천은 목재 내 도관의 수와 분포이다. 교목의 횡단면에서, 이들 도관은 구멍처럼 보여서 목재 해부학자들은 **소공**(小孔, pore)이라고 부른다. 목부의 약 25%를 차지하고 있는 이들 도관의 분포는 크게 세 가지 패턴으로 나뉜다. **산공재**(散孔材, diffuse porous wood)에서는 도관이 각 나이테에 걸쳐 꽤 균일하게 분포되어 있다(그림 2.31b). **반환공재**(半環孔材, semi-ring porous wood)는 춘재에 추재보다 직경이 3~5배 큰 도관을 가지고 있다. **환공재**(環孔材, ring porous wood)(그림 2.31a)는 추재보다 직경이 6배에서 10배 이상 큰 춘재 도관을 가지고 있다(Schweingruber 등 2011). 지구 전체로는 산공재 교목이 전체 목본식물 종의 90% 이상을 차지하고 있지만, 북반구 온대지방에서는 이 비율이 50%를 약간 정도로 떨어지고 환공과 반환공재 종이 거의 비슷한 비율로 나머지를 차지한다(Wheeler 등 2007). 단순화하면, 반환공재와 산공재는 개체 내에서도 변이가 있기 때문에, 일반적으로 교목을 산공재나 아니면 환공재냐(때로는 각각 세공성/microporous과 환상공성/cycloporous으로 부른다)로 구분하는 것이 적절하다. 대부분의 쌍자엽 교목이 산공성이기 때문에 환공성 구조가 목부의 진화에서 보다 최근의 혁신일 가능성이 있다.[4]

---

4 환공재는 폭넓은 식물 과(科, family)에 걸쳐 그리고 다음과 같은 다양한 속의 종에서 발달되었다: 아카

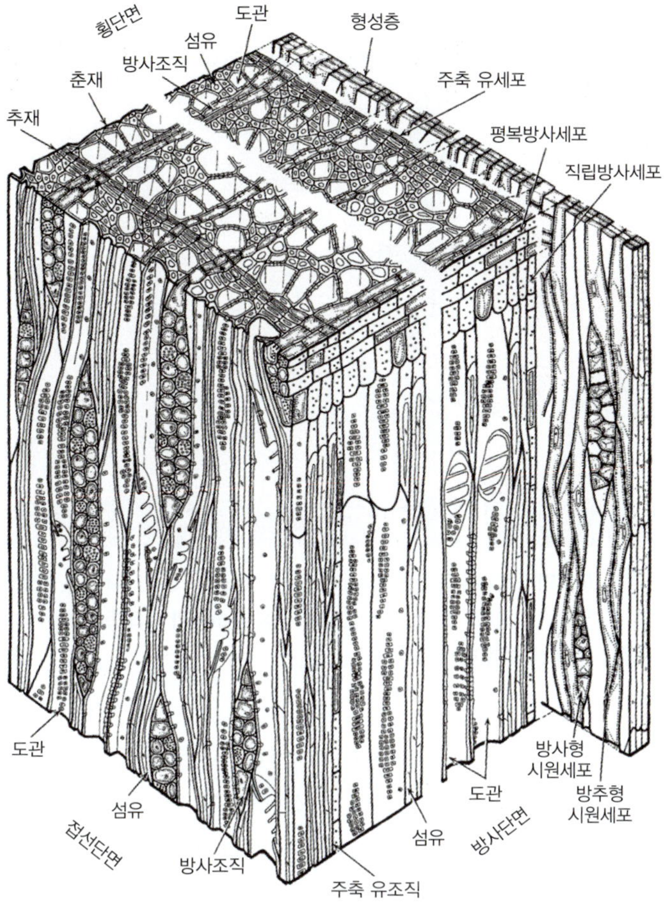

그림 2.30 쌍자엽식물인 백합나무(*Liriodendron tulipifera*)의 목재 토막. 주축 시스템은 사다리꼴 천공판, 섬유가 도관, 유조직 가닥에 의해 결합된 도관 요소로 구성되어 있다. 교목의 중심은 왼쪽 방향이고, 그림 2.29에서처럼 형성층은 목부에서 분리되어 있다. 출처: Esau(1960). John Wiley and Sons의 허락을 받아 전재.

평균 도관 길이는 약 0.01에서 0.45m까지 다양하다. 최대 도관 길이(교목 내 상대적으로 작은 수의 도관을 가진)는 평균 길이의 약 5배로, 이는 일부 교목 종에서 개별 도관이

시아/*Acacia*, 가죽나무/*Ailanthus*, 카리아/*Carya*, 밤나무/*Castanea*, 메밀잣밤나무/*Castanopsis*, 개오동나무/*Catalpa*, 팽나무/*Celtis*, 코티누스/*Cotinus*, 황단/*Dalbergia*, 보리수나무/*Elaeagnus*, 물푸레나무/*Fraxinus*, 주엽나무/*Gleditsia*, 커피트리/*Gymnocladus*, 모감주나무/*Koelreuteria*, 나도싸리/*Laburnum*, 배롱나무/*Lagerstroemia*, 뽕나무/*Morus*, 오동나무/*Paulownia*, 황벽나무/*Phellodendron*, 피스타치오/*Pistacia*, 굴피나무/*Platycarya*, 벚나무/*Prunus*, 참나무/*Quercus*, 아까시나무/*Robinia*, 옻나무/*Rhus*, 사사프라스/*Sassafras*, 세네갈리아/*Senegalia*, 느릅나무/*Ulmus*, 가시미모사/*Vachellia*, 느티나무/*Zelkova*. 참고 자료: InsideWood database(2004 이후, Wheeler 2011).

(a) (b)

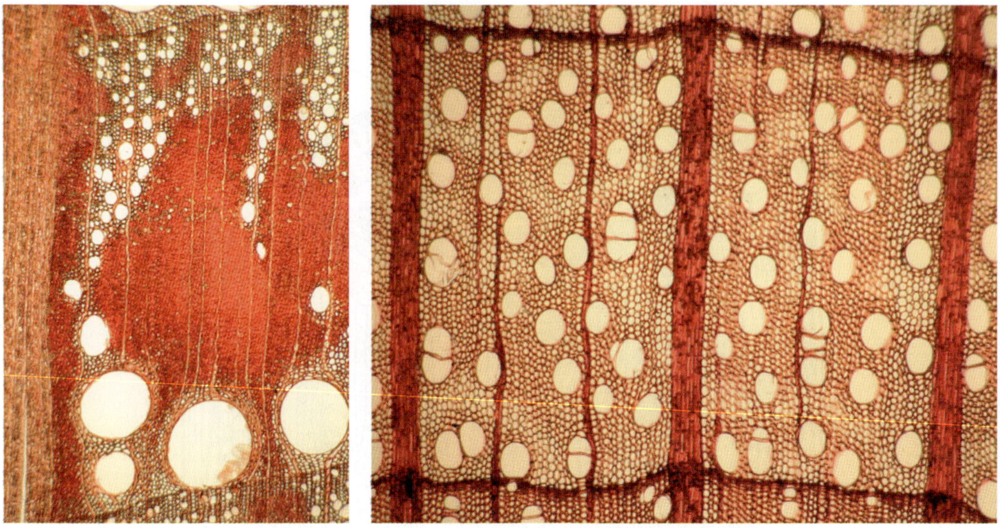

그림 2.31 목재의 단면. (a) 영국참나무(*Quercus robur*)의 환공성 도관 배열과, (b) 설탕단풍나무(*Acer saccharum*)의 산공성 도관 목재. 각각의 경우, 해당 교목의 중심은 그림의 아래쪽이고, 수직의 어두운 선은 방사조직이며, 수평선은 겨울로 인한 생장 휴지이다.

2m를 초과할 수 있음을 의미한다(Jacobson 등 2012). 교목에서(관목과 덩굴은 아님), 도관은 산공재(0.05m)보다 환공재 종(0.19m)이 더 긴 경향이 있다. 나아가 춘재와 추재 사이에 큰 차이가 발생하는 경우, 추재에서 더 짧은 도관이 발견된다. 도관의 길이가 줄기 직경과 함께 증가하는 증거도 있어서, 가장 긴 도관이 더 성숙한 줄기에서 발견되고 어린(직경이 더 가는) 줄기에서 더 짧은 도관이 발견된다.

우리는 종종 교목이 가도관(나자식물)이나 도관(쌍자엽 피자식물) 둘 중 하나를 가지고 있다고 생각하지만, 많은 교목이 둘 다 가지고 있다. 이러한 결합은 통도에 대해 보다 나은 안전을 보장하는데, 이는 가도관이 유관속폐색(維管束閉塞, embolism - 기포에 의한 관상요소의 막힘)에 훨씬 덜 민감하기 때문이다. 상황이 좋으면 도관이 수분 통도의 거의 대부분을 책임지겠지만, 상황이 어려워지면 가도관이 보조적인 통도 시스템 기능을 함으로써 전체적인 수분 공급 중단에 대해 어느 정도의 유연성을 제공한다. 이러한 이유로 도관을 지원하기 위해 일부 가도관을 보유하는 현상이 온대와 지중해 교목의 경우 폭넓은 속에 속하는 많은 종에서 이런 유형의 목부를 가진 사례가 매우 광범위하게 확인된다.[5]

---

5 도관과 가도관은 다음 속에 속하는 많은 종에서 발견될 수 있다: 오리나무/*Alnus*, 아르부투스/*Arbutus*, 자작나무/*Betula*, 밤나무/*Castanea*, 팽나무/*Celtis*, 박태기나무/*Cercis*, 개암나무/*Corylus*, 코티누스/

남반구 원산인 윈테라과(Winteraceae)는 이러한 면에서는 생물학적으로 부적합한데, 이들은 쌍자엽식물이지만 도관이 없고 가도관만 가지고 있다. 다섯 속(드리미스/*Drimys*, 슈도윈테라/*Pseudowintera*, 탁타자니아/*Takhtajania*, 태즈메이니아/*Tasmannia*, 자이고기늄/*Zygogynum*)과 약 65개 종의 교목과 관목은 자신의 진화적 과거(evolutionary past) 동안 도관에 대한 선택압(選擇壓, selective pressure)에 노출되었을 수 있다. 이에 대해 가능성이 가장 높은 추동력(推動力, impetus)은 냉동–해동 사상 후의 가도관 기반 목부의 크게 향상된 수분 통도이다(이 장의 뒤쪽 목재 설계의 상충 참조). 이것이 이들로 하여금 자신이 자라는 습한 온대와 열대 산악 서식지의 추운 밤을 견딜 수 있게 해주었다(Field 등 2002). 동남아시아 자생의 작은 과인 수레나무과(Trochodendraceae)는 도관이 없는 목재를 가진 또 다른 피자식물 그룹이다(Carlquist 2012).

쌍자엽 목재의 유조직 비율은 종에 따라 크게 다를 수 있다. 온대지방 피자식물 교목에서는, 평균적으로 유조직은 목부의 26%를 구성하지만 그 범위는 7~62%로 폭이 넓은 것으로 확인되었다. 열대지방 피자식물 교목은 평균적으로 자신의 목부에 38%의 유조직을 가지고 있으며, 그 범위는 6~92%에 이른다. 분명 예외가 있지만, 두 그룹의 유조직 중에서 방사 유조직이 목재 유조직에서 차지하는 비중이 더 높은 경향이 있다(Morris 등 2016b). 서로 다른 기후에서 자란 목부를 분석한 결과에 의하면, 연평균기온이 유조직 구성의 변화를 주도하는데, 기온이 상승함에 따라 주축 유조직의 증가가 특히 뚜렷하였다(Morris 등 2016b). 온도에 따라 유조직 구성이 양(陽, positive)의 변화를 보이는 이유는 앞으로 추가적인 연구가 필요하다.

목부 내에 높은 비율의 살아 있는 세포를 유지하는 것은 에너지 측면에서 보면 낭비적이므로, 이를 유지하는 교목에게 상당한 이점이 있어야 한다. 목부 유조직과 관련된 주어진 기능이 다양한 상황에서, 높은 유조직 비율을 발달시키는 구체적인 이점은 기후와 서식지에 따라 다소 다양할 가능성이 있다. 온대기후 환경에서는, 참나무류(*Quercus* spp.)와 같이 오래 사는 교목들은 상대적으로 높은 비율의 유조직을 가지고 있는데, 이렇게 하는 것이 목부 방어 능력을 높여주고 목부 내 탄수화물을 저장하는 능력을 증대시켜 교목의 장수에 도움을 준다. 이러한 특성이 열대기후에서도 유리할 것임은 의심할

Cotinus, 너도밤나무/*Fagus*, 당광나무/*Ligustrum*, 돌참나무/*Lithocarpus*, 올리브/*Olea*, 목서/*Osmanthus*, 피스타치오/*Pistacia*, 벚나무/*Prunus*, 참나무/*Quercus*, 갈매나무/*Rhamnus*, 옻나무/*Rhus*, 딱총나무/*Sambucus*, 느릅나무/*Ulmus*, 느티나무/*Zelkova*. 참고 자료: InsideWood database(2004 이후, Wheeler 2011).

여지가 없다.

또 다른 경우, 목부 유조직의 증가가 물이 부족한 시기 동안의 생존과 매우 밀접한 관계가 있는 것으로 보인다. 예를 들면 바오밥나무류(baobab, *Adansonis* spp.)(그림 10.12 참조)는 목부의 약 3/4이 유조직(대부분 주축 유조직)으로 구성되어 있다(Chapotin 등 2006). 이는 이들 특별한 교목이 자신의 줄기에 다량의 물을 저장할 수 있게 한다. 물이 부족한 시기 동안, **수리용량**(水理容量, hydraulic capacitance – 조직의 수량[水量] 변화와 조직의 수분포텐셜 변화의 비율)으로 알려진 작용을 통해 광합성을 유지하는 데 도움을 주기 위해 저장된 물을 증산류(蒸散流, transpiration stream)로 방출한다. 이 생존전략의 단점은 높은 유조직 비율이 목부 내 섬유 비율을 낮춘다는 것이다. 다시 말하면 이는 해당 줄기의 강성을 감소시킨다. 이를 보상하기 위해 바오밥나무는 자신의 안정성을 확보하기 위해 둘레를 늘려야 한다. 이로 인해 어떤 표본목은 직경이 10m를 초과하는 것으로 알려져 있다.

경관 교목을 관리하는 사람들에게는 폭넓게 고려되지는 않지만, 목부 해부학 지식은 교목이 환경과 교목 관리실무에 어떻게 반응하는가를 이해하는 데 크게 도움이 될 수 있다. 이는 교목 종이 스트레스에 반응하는 방법을 분류하고, 목재의 강도에 대한 통찰력을 주고, 상처발생, 병해충에 대한 교목의 반응을 확인하는 데 도움이 될 수 있다. 그러므로 목재 구조의 다양성이 가지는 기능적 중요성을 이해하는 것은 교목을 관리하는 사람들에게는 매우 귀중하다.

2.13 변재와 심재

성숙한 교목 줄기를 절개하면 종종 목재의 바깥쪽 부분인 어린 **변재**(邊材, sapwood)와, 줄기의 가운데 더 오래되고 나이가 들어감에 따라 변색된 **심재**(心材, heartwood) 간의 대비가 나타난다(그림 2.32). 목재의 모든 성분 세포(成分細胞, component cell)가 두 목재 모두에 존재하지만, 이러한 현상은 변재의 경계를 나타내는 살아 있는 유세포의 존재 때문이다. 이들 살아 있는 세포는 일반적으로 부피 기준으로 변재의 5~40%를 구성하고 있고, 해당 교목이 필요한 물질을 저장하고 합성하는 능력을 제공한다.

당연히 종 간에는 변재의 폭과 이의 심재로의 전환 특성에 큰 차이가 있다. 예를 들면, 미국개오동(*Catalpa speciosa*)의 변재는 하나에서 두 개의 나이테로만 구성되어 있는

그림 2.32 금사슬나무(*Laburnum anagyroides*)에서 밝은 변재에 둘러싸인 어두운 심재.

데 비해, 닛사나무(*Nyssa sylvatica*)의 변재는 나이테 100개를 가지고 있는 것으로 알려져 있다. 많은 구과식물은 이보다 더 훨씬 더 많은 나이테가 발견되었다(Hillis 1987). 일을 복잡하게 만드는 요소의 하나는 변재와 심재가 항상 색깔에 차이가 있는 것은 아니어서 구분하기 어렵다는 것이다. 이러한 경우 살아 있는 유세포의 존재 여부가 유용한 지침을 준다. 일반적으로, 나자식물은 살아 있는 유조직이 점진적으로 상실되기 때문에 변재에서 심재로의 전이가 점진적으로 나타난다. 이러한 현상은 **숙재**(熟材, ripewood)로 알려진 불규칙적인 형태의 심재를 생산하는 피자식물에도 적용된다. 그러나 많은 피자식물은 변재로부터 심재로 매우 급변하는 전이를 보이는 **규칙적 심재**(regular heartwood)를 생산한다. 목부 내 깊이 차이에 따른 살아 있는 유세포의 비율을 평가하면, 변재가 종 내에서 그리고 종 간에 얼마나 차이가 많은가를 확인할 수 있다. 그림 2.33은 수많은 나자식물과 피자식물 종 내에서의 변이가 클 수 있다는 것을 보여준다. 이는 아직 기제가 완전히 이해되지는 않았지만, 유전적 및 환경적 차이의 다양성 때문인 것으로 보인다.

변재와 물의 이동

이론적으로는 모든 변재가 해당 교목의 위로 물을 통도할 수 있어야 하지만, 실제로는 안쪽에 위치한 오래된 변재 부위는 점진적으로 유관속폐색(embolism, 기체 막힘)이 누적될 가능성이 있기 때문에 통도가 변재의 전체 폭에 걸쳐 일어날 가능성은 낮다. 따라서 살아 있는 유조직을 내포하고 있는 **변재**와 물을 운반할 수 있는 **통도 변재**(conducting sapwood)를 구분하는 것이 필요하다. 많은 종이 자신의 전체 수리 요구(水理要求,

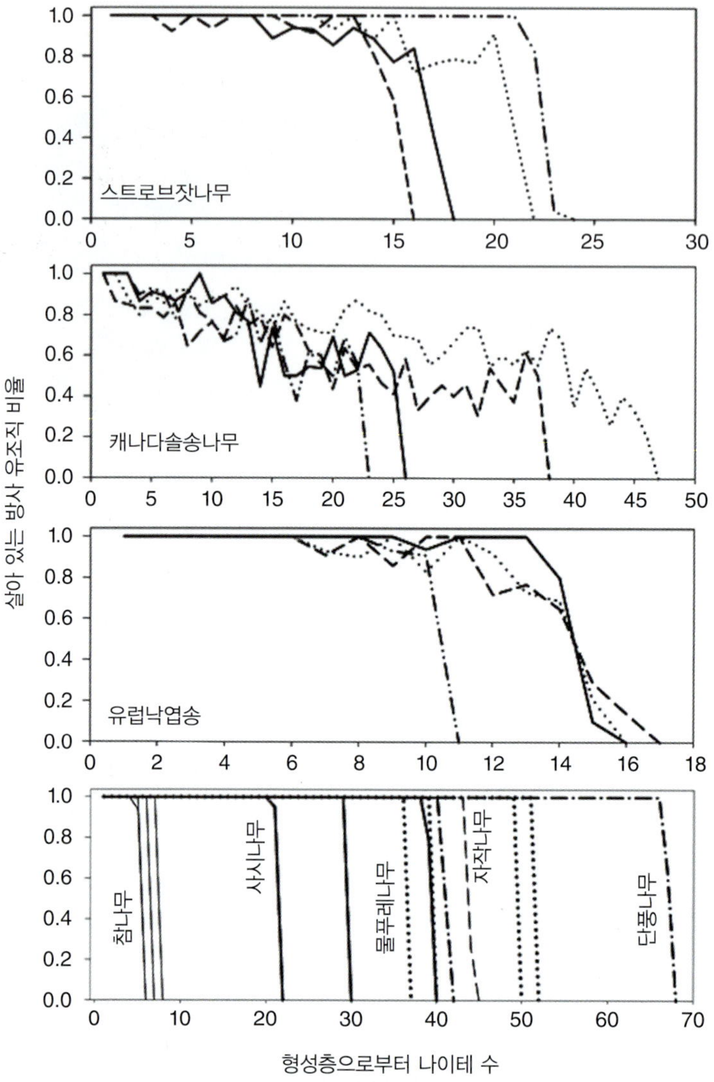

그림 2.33 변재를 통과하는 방사방향 단면에 걸친 살아 있는 세포를 내포하고 있는 방사조직의 비율에 의해 확인된 나자식물과 피자식물 종들의 변재 폭. 같은 종의 개체 간에도 많은 변이가 있을 수 있다. 각각의 선은 개체를 나타낸다(예: 각 나자식물에 대해 4개체를 보여준다). 여기에 보여주는 나자식물은 스트로브잣나무(*Pinus strobus*), 캐나다솔송나무(*Tsuga canadensis*), 유럽낙엽송(*Larix decidua*)이다. 피자식물은 루브라참나무(*Quercus rubra*), 미국사시나무(*Populus grandidentata*), 미국물푸레(*Fraxinus americana*), 종이자작나무(*Betula papyrifera*), 적단풍(*Acer rubrum*)이다(이들 각각은 지정된 선의 패턴이 있는데, 예를 들면 점선은 물푸레나무, 점·파선은 단풍나무를 나타낸다). 출처: Spicer(2005). Elsevier의 허락을 받아 전재.

hydraulic need)를 위해 상대적으로 적은 수의 나이테에 의존한다. 이는 특히 변재의 나이테가 40~50개임에도 불구하고 전체 수관에 대한 수액을 운반하기 위해 가끔 하나의 목부 나이테에만 의존하는 환공재 종에서 명백하다(예를 들면, 그림 2.33의 물푸레나무를 참고하라). 그림 2.34의 미국물푸레(*Fraxinus americana*)와 적단풍(*Acer rubrum*) 간의 대비에서 보여주는 바와 같이, 산공재 교목이 통도에 더 큰 비율의 변재를 사용하는 경향이

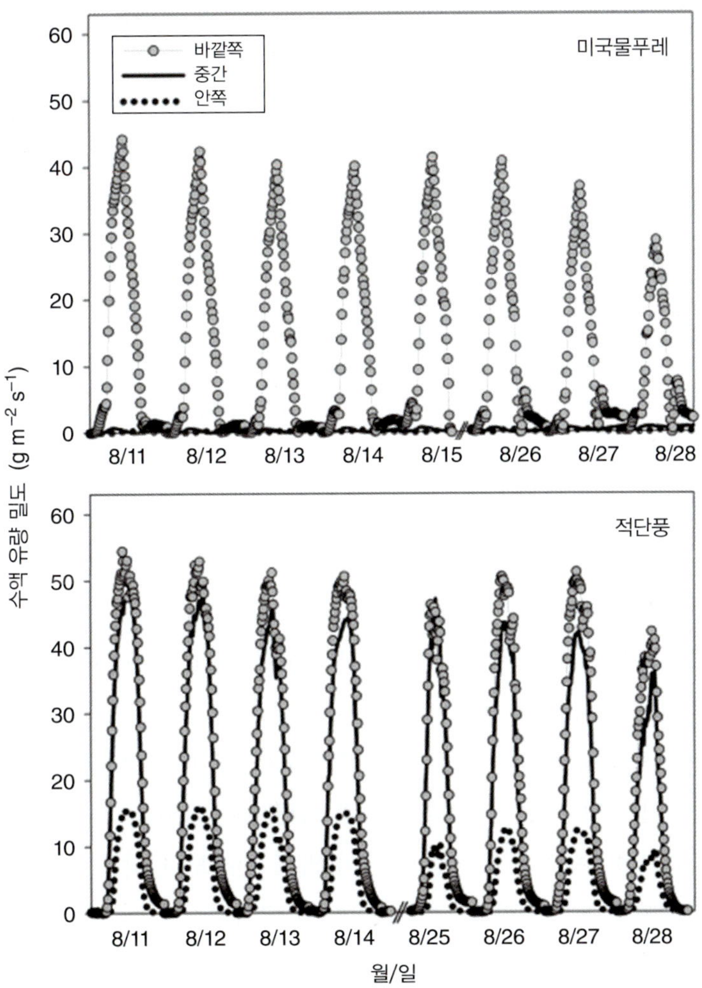

그림 2.34 폭이 넓은 변재를 가진 두 피자식물(변재 폭이 11cm인 35년생 적단풍/*Acer rubrum*과, 변재 폭이 9cm인 30년생 미국물푸레/*Fraxinus americana*)의 서로 다른 방사방향 깊이에서 측정된 수액 이동(공식적으로는 유량밀도[流量密度, flux density]로 표현하며, 단위는 물 g/m^2,초로 표시함). 각 종의 **안쪽**(inner) 깊이는 심재-변재 경계의 1cm 이내 변재를 나타내고, **바깥쪽**(outer) 깊이는 변재의 가장 바깥쪽 1cm를 나타내며, **중간**은 둘 사이 등거리이다. 출처: Spicer(2005). Elsevier의 허락을 받아 전재.

있는데, 물푸레나무는 변재의 바깥 1cm만 사용하는데 비해 단풍나무는 여전히 변재의 10cm에 걸쳐 일부 물을 통도하고 있다. 이와 달리, 나자식물은 40년 이상 동안 자신의 가도관을 매우 안전하게 유지할 수 있다. 그러나 물의 운반에 영향을 줄 수 있는 환경적인 여건(예: 가뭄과 동결 온도)의 다양성 때문에, 2, 3종에 한정된 비교는 종 간 및 개체 간 변이를 분명하게 보여주지 못할 가능성이 있다.

심재

물을 통도하지 않고 살아있는 세포가 거의 없거나 전혀 없는 목부를 심재(心材, heartwood)라고 부른다. 이처럼 대부분이 죽어 있고 중심에 위치한 나이 들어 변화된 목재는 해당 교목의 일상 활동에서의 역할은 없을 수도 있지만, 그럼에도 불구하고 해당 교목의 발달과 성숙에는 필수적인 구성요소이다. 또한 심재는 자신의 미적 특성과 향상된 내구성으로 인해 상업적으로 판매되는 목재의 대부분을 차지하기 때문에 많은 종에서 상업적으로 중요하다.

서로 다른 수많은 심재 유형이 확인되어 왔다. **규칙적 심재**(regular heartwood)를 가진 수종에서는, 심재 발달이 변재 발달과 보조를 맞추기 때문에 일관된 색상, 가끔 변재보다 더 어두운색을 보여주는 심재 중심의 주변에 균일한 변재 띠가 만들어진다(그림 2.32). 심재는 형성되면서 화학적으로 변화되기 때문에 일반적으로 부후에 대해 매우 잘 견딘다. 단풍나무류(*Acer*), 자작나무류(*Betula*), 너도밤나무류(*Fagus*), 물푸레나무류(*Fraxinus*), 올리브류(*Olea*)에 속하는 일부 종과 같은 **불규칙 심재**(irregular heartwood)를 만드는 종에서는, 심재가 편심으로 위치하고, 가끔은 매우 불규칙한 형태를 가지고 있으며(예: 구름 모양이나 별 모양), 빈번하게 색의 농도가 다양한 띠를 가지고 있다. 불규칙 심재의 다양한 하위 범주도 언급되어 왔는데, 예를 들면 **숙재**(熟材, ripewood)는 너도밤나무(*Fagus sylvatica*)에서 흔히 볼 수 있는 것처럼 색깔이 밝고 변재보다 낮은 수분함량을 가진다. 이것은 규칙적 심재보다 화학적으로 그렇게 많이 변화되지 않기 때문에 규칙적 심재보다 내구성이 훨씬 낮고 더 빠르게 부후되는 경향이 있는데, 특히 통기가 더 잘 되게 되면 그러하다(Lonsdale 2013a). 어떤 종에서는, 심재로의 변화가 너무 미미하여 변재와의 구별이 매우 어렵다. 이들은 대부분 상처에 반응하거나 극한적인 기온에 의해 유발된 것과 같은 다른 유형의 피해에 반응하는 경우에 한해 심재를 생산할 수 있는 것으로 보이기 때문에, **지연된 심재**(delayed heartwood) 수종이라고 부를 수 있다. 이러한 유형의 반응이 보이는 경우, 빈번하게 불연속적이고 반드시 나이테를 따라가지 않기 때문에 **위심재**(僞心材, false heartwood)라고 부를 수도 있을 것이다.

교목은 수십 년(수백 년까지도)에 걸쳐 3차원의 살아 있는 유조직 망을 유지하는 것이 에너지 측면에서 값비싼 것이기 때문에 심재는 성목(成木, mature tree)의 근본적인 특징이다. 양호한 경제성은 일단 수분 통도를 유지하고 탄수화물을 저장하기에 충분한 목부가 생산되고 나면, 오래된 세포의 유지관리를 위한 잠재적인 자원을 현재의 생산, 생식과 방어적인 수요로 돌리는 데 힘쓰는 것을 의미한다. 따라서 우리는 안쪽(오래된) 변재가 심재로 노쇠하는 것을 보는데, 이는 일상생활을 위해 더 이상 필요하지 않는 내부 목재를 '탈락시키는 것'(shedding)으로, 탄소 획득에 더 이상 긍정적인 기여를 하지 못하는 가지를 잃는 것과 비슷하다. 이러한 과정은 규칙적 심재를 만드는 종에서는 꽤 급격할 수 있지만 불규칙한 형태의 심재를 발달시키는 종에서는 매우 점진적일 수 있다. 나아가 심재 형성에서 발생하는 변형은, 늙은 세포가 시들어서 죽는 것이 아니라 이들을 의도적으로 죽이는, 세포예정사의 의도적인 이행(移行, transition)이다. 심재는 더 이상 수분을 통도하고, 물질을 저장하거나 합성하는 기능은 없지만, 구조적인 역할은 여전히 가지고 있는데, 이는 줄기의 바깥 부위에 있는 목재가 가장 큰 물리적인 부하를 감당해야 하기 때문에 좁은 변재를 가진 종에서는 특히 그러하다.

심재 형성은 변재와 심재 사이 전이대(轉移帶, transition zone)에서 일어난다. 규칙적 심재 수종에서는, 페놀화합물과 같은 이차 대사산물(代謝產物, metabolite – 일차 대사산물의 제품과는 완전히 다른 화합물로 종종 **심재 추출물**/heartwood extractive이라고 부른다)이 유조직에서 합성되고, 때로는 인접한 세포의 벽에 침전될 뿐만 아니라 세포 내강을 채우기도 한다. 일부 종의 심재가 부후에 훨씬 저항적이고 목재 작업자에게 매력적으로 보이는 독특한 색깔과 냄새를 제공하는 것은 이들 화합물의 부가적인 서비스다. 나자식물에서는, 함수량(含水量, water content)도 변재보다 낮지만, 피자식물에서는 변이가 매우 크고 종에 따라 다르다. 일반적으로 심재는 여름에 형성되기 시작하고 초가을에 최대에 이른 후 겨울에는 중단된다(Kampe & Magel 2013).

도관요소와 가도관이 물 운반을 중단함에 따라, 이들은 여러 가지 서로 다른 기제(機制, mechanisms)를 통해 막히게 된다. 벽공은 폐쇄되고/거나 자신의 막 내에 침전된 이차 대사산물을 가지게 되어 효과적으로 이들을 밀폐한다. 어떤 종에서는, 종축이나 방사 유조직에서 형성된 **겔**(gel, 종종 검/gum이라고 부름)이 벽공을 통해 도관의 내강으로 분비된다. 달리 말하면, 도관 내강으로 비어져 나온 유세포의 생성물에 의해 주로 방사

(a) (b)

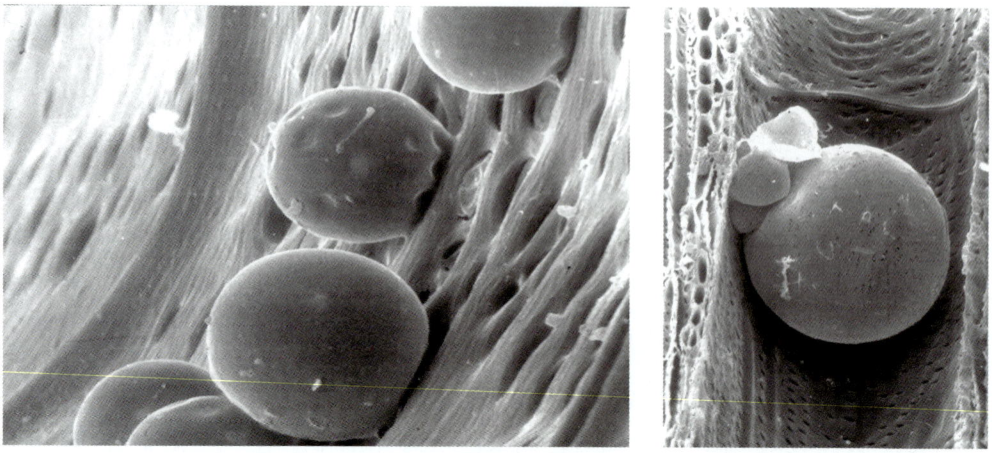

그림 2.35 참나무(*Quercus*) 목부의 전자현미경 사진. (a) 벽공을 통해 도관으로 확장된 전충체가 유세포로부터의 풍선 같은 생성물처럼 보인다. (b) 전충체 형성이 완료되고 나면 세포 내강은 완전히 막힌다.
출처: Schwarze 등(2000). Springer의 허락을 받아 전재.

유조직에서 **전충체**(塡充體, tyloses)가 형성된다(그림 2.35). 대부분의 도관에 대해, 효과적인 폐쇄를 형성하기 위해서는 다양한 전충체의 결합이 필요하다. 어떤 종이 전충체와 겔 중 어느 것을 사용하는가는 도관과 도관의 벽공 크기에 의해 결정되는 것으로 보인다. 넓은 도관과 직경이 큰 벽공을 가진 종은 좁은 도관과 직경이 작은 벽공을 가진 종보다 전충체를 가질 가능성이 더 높다(Bonsen & Kučera 1990; De Micco 등 2016). 목부의 다양성이 그러하듯이 이러한 경향에도 많은 예외가 발생한다. 대체로 세계 목재의 약 17%에서 전충체가 일반적이고(Wheeler 등 2007) 온대지방의 많은 종에서 형성되는 것으로 알려져 있다.[6] 일부 종에서 발견되는 검과 수지도(樹脂道, resin canal)도 비슷하게 폐쇄되는데, 이 경우 이 관의 안을 바르고 있는 상피세포(上皮細胞, epithelial cell)로부터 형성되는 타일로소이드(tylosoid)에 의한다.

---

6 전충체는 다음 속의 많은 종에서 발견될 수 있다: 카리아(*Carya*), 밤나무(*Castanea*), 모밀잣밤나무(*Castanopsis*), 개오동나무(*Catalpa*), 팽나무(*Celtis*), 계수나무(*Cercidiphyllum*), 코림비아(*Corymbia*), 유칼립투스(*Eucalyptus*), 너도밤나무(*Fagus*), 고무나무(*Ficus*), 물푸레나무(*Fraxinus*), 가래나무(*Jugans*), 돌참나무(*Lithocarpus*), 목련(*Magnolia*), 뽕나무(*Morus*), 오동나무(*Paulownia*), 피스타치오(*Pistacia*), 버즘나무(*Platanus*), 참나무(*Quercus*), 옻나무(*Rhus*), 아까시나무(*Robinia*), 딱총나무(*Sambucus*), 사사프라스(*Sassafras*), 느릅나무(*Ulmus*). 참고 자료: InsideWood database(2004 이후, Wheeler 2011).

변재와 심재 – 전정 작업을 위한 고려

극한적인 기후나 전정(剪定, pruning)의 결과와 같은 기계적인 손상은 항상 엽면적의 상실과 줄기에서의 상당한 기능장애로 이어지기 때문에 해당 교목에 심각할 수 있다. 어떤 심재도 아직 발달하지 않은 가는 가지에 대한 작은 전정 상처는 항상 큰 전정 상처보다 더 낫다. 작은 상처라도 유관속폐색으로 인해 물 운반의 붕괴(수리 기능장애)를 유발할 수 있지만, 해당 상처와 관련된 살아 있는 세포의 비율이 상대적으로 높아 절단면에 걸쳐 어떤 형태의 적극적인 방어가 가능하게 만든다. 또한 이는 새로운 생장에 의해 유합되어야 하는 상처 면적이 줄어든다. 반대로 심재(변재도 마찬가지로)를 노출시키는 전정 상처는 큰 목부 부위를 수리 기능장애에 노출시키고 심재에서는 살아 있는 세포가 거의 없기 때문에 상처에 대한 반응에 한계가 있다. 따라서 해당 교목은 적극적으로 방어하기보다 타고난 부후에 대한 저항성(제9장 참조)에 훨씬 더 많이 의존하게 된다. 이에 따라 숙재(ripewood)를 가진 종(예: 유럽서어나무/*Carpinus betulus*와 너도밤나무/*Fagus sylvatica*)은 이들 심재가 내구성이 약하기 때문에 특히 큰 상처에 취약하다(Lonsdale 2013a). 또한 큰 전정 상처는 완전히 아무는데 더 긴 시간이 필요하여 부후 곰팡이가 정착할 수 있는 부위가 장기간 남아 있게 된다. 이러한 요소들은 수관 내 전정 지점을 결정할 때, 특히 성숙하고 노쇠한 교목인 경우 고려해야 한다. 하나의 굵은 가지를 제거하는 것보다 일련의 작은 가지를 제거하는 것이(교목의 건강 관점에서) 항상 좋다(제3장의 교목 전정도 참조).

2.14 목재 설계에서의 상충

수많은 서로 다른 종에서 교목의 습관은 햇빛을 더 많이 차지할 수 있도록 진화해왔다. 목질의 줄기(woody stem)는 주변 식물 위에 잎을 펼치는 데 필요한 구조적인 지지를 제공함으로써 궁극적으로 해당 교목의 생활형(生活形, life-form)이 더욱 경쟁적이 되도록 만든다. 따라서 교목은 환경적인 여건이 허용하는 대부분의 육상 생물군계(生物群界, biome)에 있는 식생 중에서 지배적인 형태가 되었다.

목질의 줄기는 여러 가지 기능을 가지고 있다: 잎이 햇빛을 받을 수 있도록 지지하고; 이들 잎으로 물을 위로 통도하고; 탄수화물, 방어용 화합물과 물과 같은 다양한 화

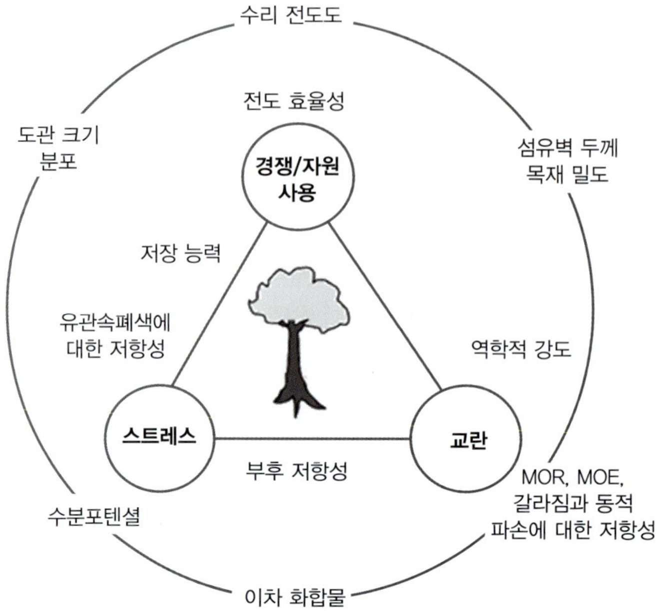

그림 2.36 주요 생태적 구동력(경쟁력, 스트레스와 교란에 대한 저항성) 사이의 상충. 이들에 대처하기 위해 중요한 목재 특성은 삼각형 주위에 표시되어 있고, 바깥 원은 이들 목재 특성과 관련된 핵심 목재 속성을 나타낸다. 파괴계수(破壞係數, MOR/modulus of rupture)와 탄성계수(彈性係數, MOE/modulus of elasticity)는 목재의 역학적 강도를 측정하는 데 널리 사용된다. 출처: Chave 등(2009). John Wiley and Sons의 허락을 받아 전재.

합물을 저장한다. 교목에서 목질의 골격을 발달시키는 것은 세 가지 주요 요소에 의해 주도된다: 경쟁력, 스트레스(가뭄과 같은)에 대한 저항성, 그리고 바람, 눈, 얼음에 의해 유발된 교란에 대한 저항성. 개별 목질의 줄기는 '목재 경제성 스펙트럼' 상충(相衝, trade-off) 삼각형으로 나타낼 수 있는 이들 주요 구동력(驅動力, driving force) 사이의 실용적인 타협을 나타낸다(그림 2.36).

경쟁력(競爭力, competitiveness)은 적어도 부분적으로 생장속도에 의해 지배를 받기 때문에 수액이 필요한 장소와 시점에 빠르게 전달될 수 있도록 고도로 효과적인 물 운반 시스템(그림 2.36의 통도 효율성)을 확보하는 것이 선결조건이다. 관상요소의 내강 면적을 극대화하고 수액 흐름에 대한 저항을 최소화하면 이를 달성할 수 있다. 그러나 사소한 교란(예: 가벼운 바람)이 줄기 파손을 유발하면 고도로 효율적인 수리 시스템을 가지는 것이 가치가 없게 된다. 마찬가지로 구조적인 완결을 유지하기 위해 모든 수리적 효율성을 희생시키는 교목은 위쪽이 잘려나가 햇빛을 차지하기 위한 전쟁에서 패배할 가능성이 높다. 그림 2.36의 오른쪽 편에서 볼 수 있듯이, 수액을 통도할 수 있는 능력과 목재 강도 사이에 균형을 맞추어야 한다.

건조하거나 스트레스가 많은 환경에서 자라는 교목은, 염류성 지역에서 자라는 교목처럼 스트레스가 많은 환경의 교목은, 물의 공급이 부족하면 자신의 수리 전도성과 가스 폐쇄(유관속폐색)로 인한 목부 기능상실에 저항하는 능력을 유지하는데 더 큰 비중을 둘 것이다. 바람이 많은 지역이나 불안정한 경사에 있는 교목은 반대로 구조적 강도에 더 중점을 둘 것이다. 강화된 스트레스 저항성은 더 느린 생장으로 이어지는 상충을 의미한다. 교목 종들은 자신의 생애에 걸쳐 당면하는 환경적인 여건에 대한 적합성을 극대화하는 방법으로 자신의 생존이 이어지도록 적응함으로써 수백 년 동안 이러한 긴장을 해결해 왔다. 이러한 상충의 본질을 이해함으로써 어떤 종의 생태적 성과의 기저를 이루는 핵심적인 이유의 일부를 볼 수 있다(즉, 해당 종이 특정한 환경 내에서 경쟁에 얼마나 효과적인지). 나아가 이러한 관찰은 향후의 기후 변화와/나 관리되는 경관에 의해 제기되는 도전에 대한 해당 종의 생장을 예상하는 데 도움이 된다.

상충과 물의 이동

도관의 구조와 배치는 목부의 수리 성능, 아마 전체 교목에, 근본적인 영향을 미친다.

수리 전도도(水理傳導度, hydraulic conductivity)는 주로 천공판(穿孔板, perforation plate)과 벽공(壁孔, pit)에 의해 영향을 받는다. 천공판에 걸친 구멍이 꽤 큰 것처럼 보일 수 있지만(앞쪽 그림 2.27 참조), 원형 또는 막대형 구멍은 셀룰로오스 가닥에 의해 연결되어 있어서 구멍의 폭은 0.02μm 미만에 불과하다. 이들 가닥은 기포가 도관 요소 사이를 뛰어넘지 않도록 막는 데 도움을 주지만(이에 따라 -15MPa로 떨어짐) 또한 물의 흐름을 지연시킬 것이다. 나자식물에서, 가도관의 길이가 1.5~5mm가 되고 이들이 벽공에 의해 연결되어 있으면, 수고 100m의 미송(*Pseudotsuga menziesii*)인 경우 물은 20,000개 이상의 벽공을 여행해야 할 것이다. 따라서 이들 벽공이 총 목부 수리 저항성(水理抵抗性, hydraulic resistance)의 50%를 초과한다는 사실은 놀랄 일이 아닐 것이다(Choat 등 2008).

복합 천공판(複合穿孔板, compound perforation plate)이 실제로 흐름에 대한 저항성을 높인다는 것은 분명하지만(그물 필터가 수채의 배수를 얼마나 늦추는지를 생각해보라), 이들은 다른 역할도 있다. 기포는 동결로 인해 용액으로부터 가스가 방출되는 겨울에 형성된다(동결로 유발된 공동 참조). 이들 기포는 천공판의 미세한 가로장(bar)에 의해 갇히게 되어, 기포들이 도관을 따라 위로 올라가서 봄에 재용해되기 어려운 하나의 커다란 기포를 형성하는 것을 막는다. 이들은 또한 도관 요소의 격벽(隔壁, end wall)에 어느 정도의 강성(剛性, rigidity)을 추가하여 음의 장력(압축) 하에서 붕괴되는 것을 방지하는 데 도움을 준다. 가로장의 수는 단순천공판(單純穿孔板, simple perforation plate)으로 갈수록 감소한다. 이에 따라 일부 종(예: 때죽나무/*Styrax* 속 중에서)은 물의 이동을 돕기 위해 춘재에는 단순 천공판을 가지고 있지만, 추재에는 목재를 강화시키고 운반 시스템의 안정성을 향상시키기 위해 계단상천공판(scalariform perforation plate)을 발달시킨다.

도관 길이는 목부 성능의 많은 부분에 중요한 영향을 미친다. 천공판이 수리 경로에 저항을 나타내기 때문에, 긴 도관을 가진 종은 짧은 도관을 가진 종보다 수액 흐름에 대한 저항이 더 낮다(다른 요소가 모두 동일하다면). 그러나 짧은 도관 요소에서는, 수주(水柱/물기둥, water column)의 끊김으로 인해 유발된 수리 기능장애(공동현상)는 더 국지적이고 보다 쉽게 회복된다(Holbrook & Zweiniecki 1999).

목부 해부학적 구조의 극히 사소한 변형처럼 보이는 것도 성능에 영향을 미치는 것으로 나타났다. 예를 들면, 일부 종에서 작은 나선형 두둑이나 홈(나선형 깎음)이 가장 안쪽 이차벽(S_3)의 내강 표면에 보이는 데, 이는 자신의 표면적을 넓히기 위한 것이다. 이를 통해 표면의 습윤성(濕潤性, wettability)을 높임으로써 공동현상(空洞現象, cavitation)에 의해 유발된 기포를 예방하고 제거하는 데 모두 도움이 되는데, 이는 또한 S_3층에 대한 나선형 조각이 추운 서식지와 건조한 서식지에 더 흔한 이유를 설명하는 데 도움이 된다(Carlquist 2012).

무엇보다도 물 이동 속도는 목부 내 내강의 크기에 의해 좌우된다. 폭이 넓은 배관이 좁은 배관보다 물을 더 빨리 이동시킨다는 것과 같은 이치로, 현미경 척도를 기준으로 도관이나 가도관 내강의 직경은 목부의 통도 특성에 엄청난 차이를 가져온다. 하겐-푸아죄유 공식(Hagen-Poiseuille equation)에 의하면 원통형 관의 수리 전도도(水理傳導度, hydraulic conductancy)는 반지름의 네제곱의 비율로 증가하기 때문에(Reiner 1960), 관의 폭이 배가 되면 16배의 물을 운반할 수 있게 된다. 이러한 결과는 주로 물과 관의 벽 사이 마찰이 줄어들어 발생하는데, 넓은 관은 상대적으로 더 적은 양의 물과 접촉함으로써 마찰이 줄어들고 이로 인해 더 빨리 흐르게 된다. 이에 따라, 진화를 통해 내강 직경의 일부 사소한 증가도 관상요소의 수와 주어진 속도에서 물을 통도하는 데 필요한 목재의 양에 엄청난 영향을 미친다. 이는 속도에도 영향을 미치는데, 유럽낙엽송(*Larix decidua*)의 좁은 가도관에서는 수액이 시간당 10cm 속도로 움직이는 데 비해, 환공재인 미국물푸레(*Fraxinus americana*)에서는 수액이 시간당 125cm의 속도로 움직인다.

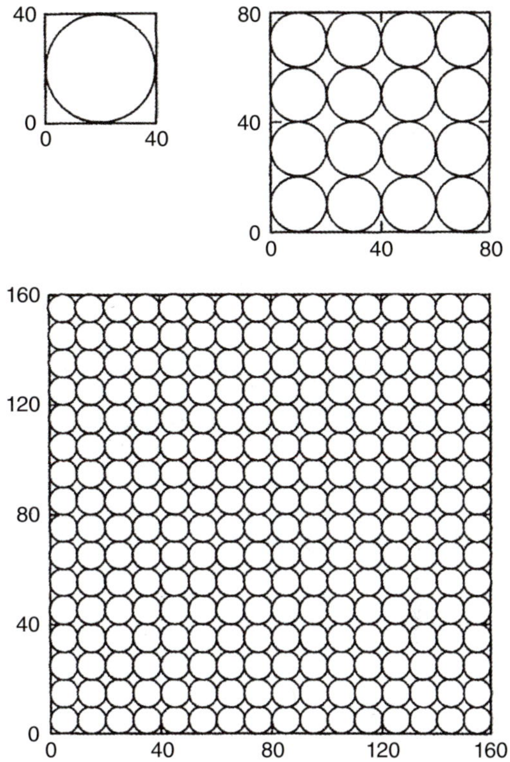

그림 2.37 하겐-푸아죄유 공식이 원통형 수로의 수리 전도도에 미치는 영향. 물의 흐름은 넓은 관을 통해 훨씬 더 빨리 흐르기 때문에, 이들 세 집단의 관은 모두 단위 시간당 동일한 양의 물을 통도한다.
출처: Tyree & Zimmermann (2002). Springer의 허락을 받아 전재.

이러한 관계를 그대로 적용하면, 폭 40μm 도관 하나는 폭 20μm 도관 16개 또는 폭 10μm 도관 256개와 동일한 물을 통도한다(그림 2.37). 나아가 어떤 목재 내에 이들 세 가지 도관이 모두 같은 면적으로 존재한다면, 가장 작은 도관(10μm)은 통도하는 물의 0.4%, 중간 도관(20μm)은 5.9%, 가장 큰 도관(40μm)은 93.8%를 각각 통도할 것이다(Tyree & Zimmermann 2002). 실제로는 천공판이나 벽공에 의해 야기되는 저항이 동반된 수많은 벽공을 가진 세포벽의 내부 구조로 인해 이러한 관계가 교목 내부에서 꼭 그대로 적용될 수는 없지만, 내강 직경의 증대로 인한 이점은 여전히 상당하다. 이를 좀 더 자세히 설명하기 위해, 자신의 줄기를 통해 동일한 부피의 물을 이동해야 하는 매우 대조적인 도관 크기를 가지고 있는 두 '모델 교목'을 상상해보라. 상대적으로 가는 도관(직경 50μm)을 가진 교목은 굵은 도관(250μm)을 가진 교목에 비해 625배나 많은 도관이 필요할 것이다. 이것이 도관 길이의 차이와 결합되면, 같은 부피의 물(수액)을 이동시키는 데 필요한 도관의 수 차이는 몇 자릿수로 바뀔 수 있다. 그러나 관로가 손상되거나 기능을 상실하게 되는 경우에는, 상실된 도관이 줄기의 수리 전도도에서 차지하는 중요성은 좁은 도관을 가진 교목보다 굵은 도관을 가진 교목에서 몇 배 더 클 것이다. 더구나 넓은 관은 폐색될 위험도 더 크다. 따라서 수리 전도도와 안전성 사이의 균형이 이루어져야 한다.

이러한 효율성-안전성 상충의 본질을 좀 더 이해하기 위해서는, 관로가 가스로 채워지는(폐색되는) 공동현성(空洞現像, cavitation)으로 알려진 핵심 기제를 고려하는 것이 중요하다. 공동현상은 세 가지 상황의 결과로 발생할 수 있다: 동결·융해 주기(freeze-thaw cycle), 수분 결핍(水分缺乏, water deficit – 가뭄으로 인한), 목부에 대한 물리적 손상. 폐색된 목부는 해당 교목을 구조적으로 지지하는 데 여전히 중요하지만, 폐색된 모든 관은 해당 교목의 뿌리와 수관 사이의 중요한 수리 전도도를 떨어뜨린다.

동결로 인한 공동현상

목부 내 수액이 동결되면, 용액 내 일상적으로 존재하는 기체가 빠져나와 거품을 형성한다. 이후 수액이 녹아 해당 교목이 물을 목부 위로 끌어올릴 때 부압(負壓, negative pressure) 하에 놓임에 따라, 이들 거품이 유관속 폐색을 유발할 수 있다. 작은 거품은 부압이 너무 커지기 전에 다시 녹을 수 있지만, 큰 거품은 영구적인 유관속 폐색으로 이어질 수 있다. 따라서 이러한 현상이 발생할 가능성은 관로 직경과 밀접하게 관련이 있다(Davis 등 1999; Pitterman & Sperry 2003). 관로 직경이 커짐에 따라 내부에 형성될 수 있는 예상되는 거품의 크기도 커지기 때문에 해동되면 폐색될 가능성도 높아진다.

관로 크기와 동결·융해로 인한 폐색에 대한 감수성 사이의 관계는 David 등(1999)에 의해 훌륭하게 입증되었는데, 이들은 폭넓은 관로 직경을 가진 12종의 줄기 토막을 동결했다. 부압(-0.5MPa)[7]은 새로이 해동된 줄기의 원심력(遠心力, centrifugal force)에 의해 발생된다. 평균 관로 직경이 30μm 미만인 종은 전도도 손실을 거의 보이지 않았지만, 평균 관로 직경이 40μm을 초과하는 종에서는 동결 사상의 결과로 자신의 전도도를 대부분 상실하였다(그림 2.38).

좁은 관로는 동결로 유발된 폐색으로 인한 전도도의 심각한 손실을 피할 수 있게 하

7 압력은 일반적으로 파스칼(Pa)로 측정되고, 살아 있는 물체에서는 보통 백만 파스칼(MPa)을 사용한다. 0.1MPa는 1바(bar) 또는 1기압과 같다. 압력은 보통 플러스 부호(+)를 가지는데, 따라서 만약 흡입(suction – 대기압 아래로 내려가는)을 한다면, 마이너스 부후(-)가 주어진다. 마이너스 숫자가 클수록 더 큰 흡입이 적용되기 때문에, -1MPa는 -0.5MPa보다 더 큰 흡입이다.

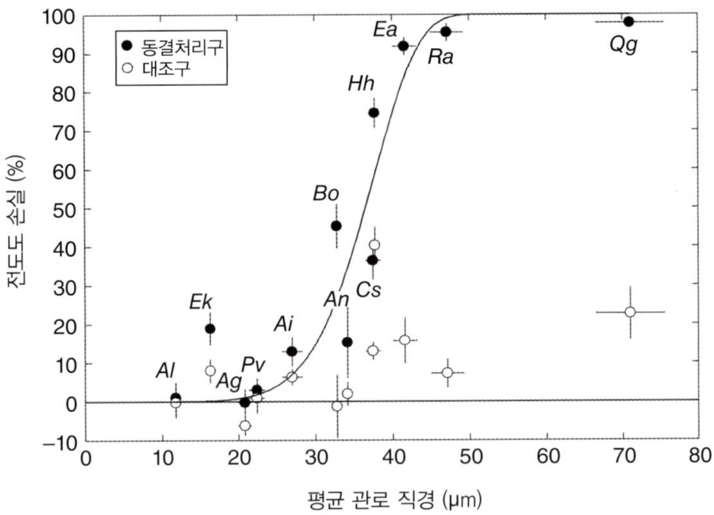

그림 2.38 평균 관로 직경에 대해 표시된 동결/융해 처리구 줄기(●)와 대조구 줄기(○)의 전도도 손실 비율. −0.5MPa의 적당한 부압을 유도하기 위해 줄기를 원심분리기에서 돌렸다(Ag: *Acer grandidentatum*/큰거치단풍, Ai: *Alnus incana*/회색오리나무, Al: *Abies lasiocarpa*/아고산전나무, An: *Acer negundo*/네군도단풍, Bo: *Betula occidentalis*/물자작나무, Cs: *Cornus sericea*/노랑말채나무, Ea: *Elaeagnus angustifolia*/러시아올리브, Ek: *Euonymus kiautschovicus*/벌사철나무, Hh: *Hedera helix*/아이비, Pv: *Prunus virginiana*/초크베리, Qg: *Quercus gambelii*/감벨참나무, Ra: *Rhus aromatica*/아로마옻나무).
출처: Davis 등(1999). Botanical Society of America의 허락을 받아 전재.

기 때문에, 이러한 관로는 자연적으로 추운 지역과 높은 고도에서 발견되는 종에서 더 자주 발생한다(Sperry 등 1994). 실제로, 세계의 보다 적합한 환경의 많은 곳에서 피자식물이 우점함에도 불구하고, 좁은 가도관을 가진 구과식물은 이러한 열악한 환경에서 높은 경쟁력을 유지하고 있다. 환공재의 춘재에서 발견된 것과 같은 큰 도관을 가진 종(그림 2.38의 러시아올리브/*Elaeagnus angustifolia*, 감벨참나무/*Quercus gambelii*, 아로마옻나무/*Rhus aromatica* 참조)은 이들 도관이 첫 동결·융해 주기 중에 가스로 채워짐에 따라 전도도를 거의 모두 잃었으며, 좁은 추재 도관(종에 따라 가도관을 포함할 수도 있음)만이 자신의 통도 능력을 유지했다. 이에 따라 환공성 교목은 다음 해 봄에 잎이 나오기 전에 새로운 춘재를 만들어야 하며, 이처럼 새로운 목재 테 하나로만 수관이 사용하는 물의 대부분을 올려 보낸다. 이 새로운 목부는 전년 생장기 때 저장된 탄수화물로부터 생산되어야 한다. 이는 이른 봄에 환공성 종의 줄기에 저장된 탄수화물의 현저한 감소를 가져와(Barbarous 등 2003; Hoch 등 2003) 이웃하고 있는 산공재 종보다 그 해 잎을 늦게 펼침으로써 생장기 지속 기간이 줄어드는 경향이 있다. 이러한 수리 효율성과 동결 사태를 통한 수리 기능 보전 사이의 근본적인 상충의 결합 효과를 반영하여, 매우 낮은 기온을 경험하지 못하는 온대지역에서는 도관 직경이 더 큰 경향을 보인다(Baas 등 2004).

좁은 도관을 가진 종은 봄이 되면서 더 적은 폐색된 도관을 가지며, 양(+)의 줄기(와/나 뿌리) 압력을 이용하여, 폐색된 도관을 다시 채울 수 있다. 관로를 재충전하는 이점은 새로운 목부가 발달하기 전에 수리 전도가 재개될 수 있어서 생장이 더 오랜 기간 동안 일어날 수 있고 저장된 탄수화물을 새로운 기능성 목부를 발달시키는 데 사용할 필요가 없다. 목부 내 양의 압력을 만들 수 있는 능력을 가진 교목(예: 단풍나무/*Acer*, 오리나무/*Alnus*, 자작나무/*Betula*, 가래나무/*Juglans* 속에 속하는 많은 종)은 초봄에 상처(전정)를 받으면 '수액이 흐르는'(bleed) 경향이 있다. 대부분의 경우, 이는 해당 교목에 실질적인 문제라기보다, 줄기를 따라 흘러내리는 수액이 보기에 좋지 않게 되는데, 특히 양분이 많은 수액을 검게 바꾸는 다양한 미생물이 여기에 정착할 경우 더욱 그러하다.

가뭄으로 인한 공동현상

수관에 의한 물 수요가 뿌리로부터의 수분 공급을 초과하는 경우, 물기둥 내의 장력이 더욱더 마이너스가 된다(더 큰 흡입). 이 장력이 특정한 문턱값(threshold)을 지나가면, 물로 채워진 관로의 바깥으로부터의 기포가 안으로 끌여 당겨져 **가스 침투**(gas seeding)[8]가 발생한다. 이것이 물기둥의 단절을 유발하여 가스로 채워지는 폐색을 창출한다. 관로벽을 통한 가스의 주된 진입경로는 벽공을 통하기 때문에, 이러한 기제를 통한 공동현상에 대한 종의 감수성을 결정하는 가장 큰 요소는 바로 벽공막의 구조, 벽공 복합체의 형태, 관로 세포벽에 걸친 벽공의 분포이다(Hacke 등 2006; Sperry 등 2006; Choat 등 2008). 예를 들면 피자식물에서는, 벽공막의 두께가 엄청나게 다양하고(70~1900nm) 이에 따라 막 내 소공의 크기도 다양하여(10~225nm) 이 둘이 해당 종의 가스 침투에 대한 감수성에 영향을 미친다(Lens 등 2013). 즉 막이 얇고 구멍이 크면 가스를 막아내는 저항성이 약하게 된다. 회화나무(*Styphnolobium japonicum*, 이전의 *Sophora japonica*)와 같은 일부 종은 이차세포벽으로부터 벽공막으로의 외향생장(外向生長, outgrowth)을 가지고 있다. 이들 '착의 벽공'(着衣壁孔, vestured pit)(그림 2.39c)은 장력 하에서 벽공막의 이반을

8 이는 가끔 공기 침투(air-seeding)라고 부르지만, 여러 가지 종류의 가스로 구성된 공기라기보다 종종 주로 이산화탄소로 이루어지기 때문에 이러한 과정을 가스 침투(gas-seeding)이라고 부르는 것이 더 정확하다.

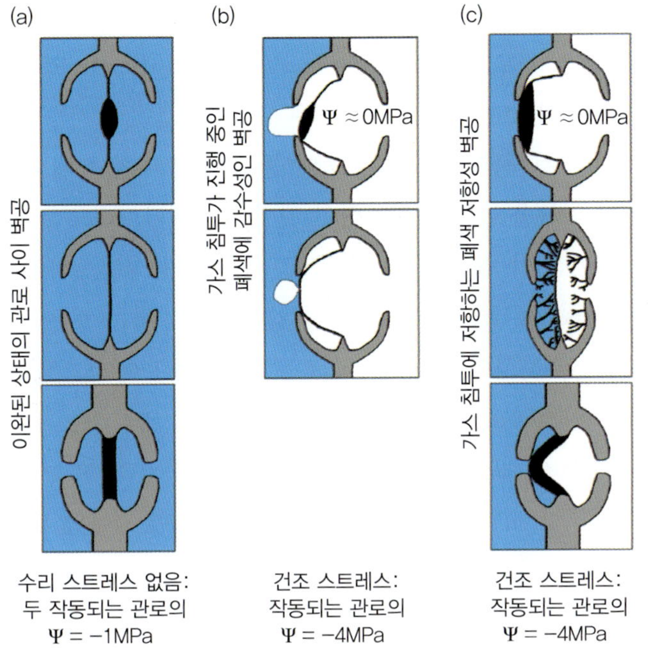

식물 생물학의 현재 견해

그림 2.39 가스 침투와 폐색을 조절하는 데 도움이 되는 목부 세포 사이 벽공 내부의 적응. (a) 맨 위 칸은 원절-주연부 벽공막을 가진 나자식물의 유연벽공을 보여준다. 중간과 아래 칸은 피자식물의 보다 동질적인 벽공막을 보여준다. 흡입이 양쪽에 대해 동일하기 때문에(−1MPa로 나타냄) 수리 스트레스가 없는 이완된 상태에 있다. (b) 장기간 지속된 가뭄이 물로 채워진 왼쪽 관로와 공기로 채워져 폐색된 오른쪽 관로 사이의 압력 차이를 증대시켜, 벽공막의 굴절을 유발한다. 결정적인 압력 차이에서, 공기가 물로 채워진 관로 속으로 빨려 들어감에 따라 가스 침투가 발생한다. (c) 그러나 벽공 설계에서의 다양한 설계는 (b)에서와 같은 동일한 압력 차이에서 가스 침투를 막을 수 있다. (상단) 나자식물의 벽공구 직경에 비해 중앙 원절의 크기가 커서 더 잘 봉쇄된다. (중간) 벽공막이 늘어날 수 있는 것을 제한하는 벽공 안쪽의 **피복(被覆**, vesture)의 생장. (아래) 피자식물의 줄어든 구멍을 가진 더 두꺼운 벽공막.
출처: Lens 등(2013). Elsevier의 허락을 받아 전재.

제한함으로써 가스 침투를 줄이는 것을 보여주었다(Choat 등 2004). 가스 침투를 줄여주는 역할을 하는 다른 적응도 그림 2.39에서 보여준다. 이들은 물의 흐름을 방해하는 역할을 할 수도 있지만, 벽공 구조의 변이는 수액 통도의 효율성과 수리 경로의 안전성 사이의 중요한 상충을 나타낸다.

일반적으로 시간의 경과에 따른 진화적인 변화는 교목이 자신의 자연 서식지 내에서 경험하는 수분 부족의 전형적인 수준에 잘 순응된 해당 종의 공동현상 저항성으로 나타난다. 가스 침투에 대한 종의 저항성을 수량화하는 표준적인 방법은 전도도 50% 손실이 발생했을 때의 수분포텐셜(Ψ_{50})[9]을 계산하는 것이다. Ψ_{50}의 엄청난 차이는 매우 낮은 저항성(사막포플러/*Populus euphratica*의 −0.07MPa; Hukin 등 2005)으로부터 매우 높은 저항성(서호주 원산인 말리소나무/*Callitris tuberculata*의 −18.8MPa; Larter 등 2015)에 이르는 교목에서 발견되었다. 말리소나무가 이처럼 낮은 수분포텐셜에서 기능을 할 수 있다는 것은 대단한 것인데, 이는 가뭄이 지속되는 동안 물 운반에 대한 절대적인 물리적 한계에서도 일부 가도관이 기능을 유지할 가능성이 있기 때문이다(Larter 등 2015). 목본식물이 자라는 서식지의 주어진 범위를 볼 때, 줄어드는 수분 가용성(水分可用性, water availability)에 대한 종-반응(species-response)의 커다란 차이를 발견하는 것은 놀랄 일이 아닐 것이다. 그러나 지구적인 분석에 의하면(Choat 등 2012) 목본식물(교목, 관목, 덩굴식물)의 70%가 오히려 좁은 안전역(安全域, safety margin)(현장에서 관찰되는 최소 수분포텐셜[Ψ_{min}]과 Ψ_{50} 사이 1MPa 미만) 이내에서 작동된다는 것을 보여주었다. 이는 보다 습한 지역에 사는 교목도 현재 건조한 지역에서 자라는 교목만큼 건조한 기후에 대한 위험에 노출되어 있다는 것을 의미한다.[9]

감수성 곡선(感受性曲線, vulnerability curve)은 일반적으로 토양 수분량의 감소로 인한 줄기의 건조(기술적으로는 줄기의 수분포텐셜 하락)와 유관속 폐색으로 인한 줄기 내 전도도(傳導度, conductivity) 손실 사이의 관계를 설명한다(그림 2.40). 이들 곡선은 어떤 종이 좁은 범위의 수분포텐셜(낮은 안전계수)에서 빠르게 전도도를 상실하는지와 훨씬 넓은 범위의 토양 수분(높은 안전계수)에서 전도도를 상실하는 종을 보여주는데 매우 유용하다. 분명히, 높은 안전계수를 가진 종이 물이 부족한 기간 동안 공동현상 위험이 낮을 것이다. 밀접하게 관련이 있는 종 내에서도, 감수성 곡선은 중습(中濕, mesic – 습한)으로부터 건조(乾燥, xeric – 건조한)에 이르기까지 폭넓은 범위의 서식지에 걸쳐 다를 수 있다. 예를 들면, 유럽 참나무의 경우, 영국참나무(*Quercus robur*)와 피레네참나무(*Quercus pyrenaica*)는 좁은 범위의 수분포텐셜에 빠르게 전도도를 상실하여 매우 가파른 감수성 곡선을 보이는 반면, 켈메스참나무(*Quercus coccifera*)와 호랑가시참나무(*Quercus ilex*)는 훨씬 점진적인 전도도 손실을 보인다. 이에 비해, 다우니참나무(*Q. pubescens*), 포르투갈참나무(*Q. faginea*), 코르크참나무(*Q. suber*)는 반응이 중간이었다(그림 2.40a). 이들의 수리 시스템의 안전성은 건기의 지속기간에 밀접하게 관련이 있다는 것은 놀랄 일이 아닐 것이다(그림 2.40b).

9 그리스 알파벳 psi(Ψ, 프사이)는 수분포텐셜(water potential)을 나타내기 위해 사용된다. 엄밀하게 말해서, 이것은 물의 위치에너지(potential energy)를 나타내는 단위지만, 흡입의 단위로 생각하는 것이 더 쉽다. 이는 또한 식물이 경험하는 수분 스트레스의 정도를 측정하기 위해 사용된다.

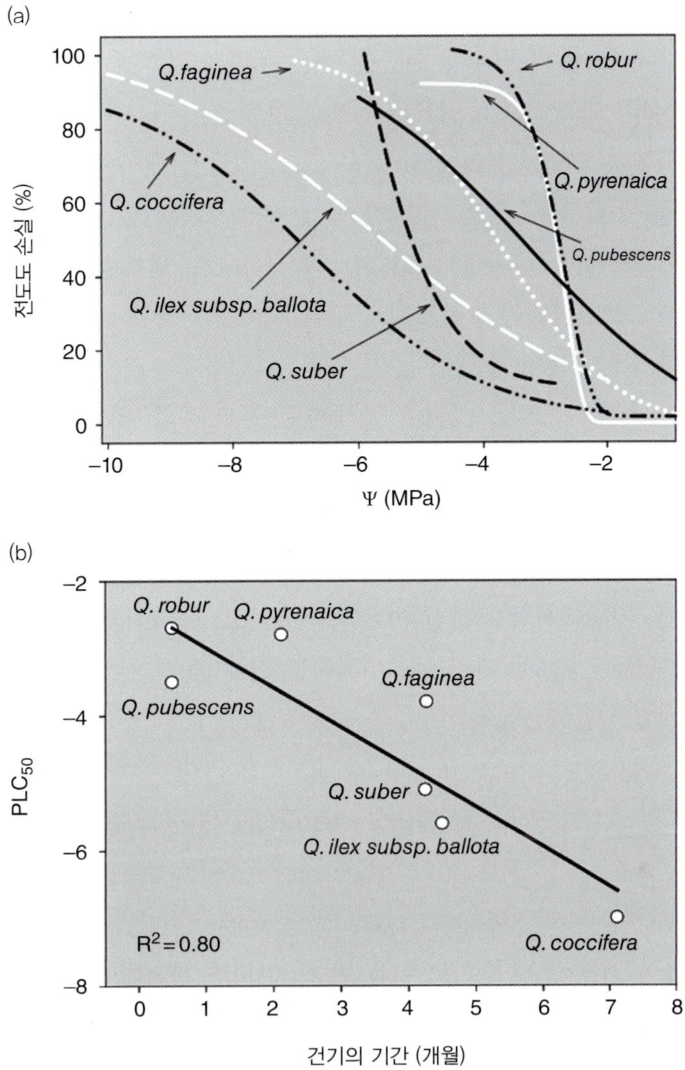

그림 2.40 서로 다른 서식지에 사는 여러 유럽 참나무의 가뭄으로 인한 공동현상에 대한 감수성. (a)는 전도도 손실을 수분포텐셜(Ψ)에 대응하여 표시하고, (b)는 건기 기간과 수리 전도도 50% 손실(PLC_{50})이 발생하는 수분포텐셜 사이의 관계를 표시한다. (a) 다음으로부터 재구성: 다우니참나무/*Q. pubescens*–Tognetti 등(1998); 영국참나무/*Q. robur* & 코르크참나무/*Q. suber*–Tyree & Cochard(1996); 켈메스참나무/*Q. coccifera*–Vilgrosa 등(2003); 발로타참나무/*Q. ilex* subsp. *ballota*–Corcuera 등(2005); 포르투갈참나무/*Q. faginea*–Esteso-Martinez 등(2006); 피레네참나무/*Q. pyrenaica*–Corcuera 등(2006).
출처: Vilagrosa 등(2012). Springer의 허락을 받아 전재.

그러므로 목부의 구조는 특정한 환경 스트레스에 대처하기 위해 어떤 전략을 사용했는가에 관해 많은 정보를 제공한다. 환공재 종은 계절성 기후에 전문가이다. 이들은 늦봄과 여름 동안 매우 경쟁적으로 만드는 매우 효율적인 춘재 도관을 가지고 있지만, 공동현상이 발생하면 전도도 손실이 상당할 수 있다. 이로 인해 수차례 동결·융해 사건이 발생하는 겨울철 동안 봄에 잎이 나오기 전에 수리 기반시설(水理基盤施設, hydraulic infrastructure)의 재건(再建, re-build – 새로운 춘재 나이테)이 필요할 가능성이 높다. 일반적으로 보다 좁고 보다 균일하게 분포된 도관을 보이는 산공재 종은 동결 상황에 더 큰 저항성을 가지고 살아가는데, 이들은 봄에 일찍 잎의 전개를 용이하게 할 수 있는 겨울 직후에 가동되는 수리 시스템을 가지고 있기 때문에 그 해의 더 이른 시기에 생장을 시작할 수 있다. 이러한 구조는 생장기를 확대시키고 어느 한 도관의 폐색 중요성을 줄여주는데, 이는 개별 도관이 전체 줄기 수리 전도도에서 차지하는 비율이 낮기 때문이다. 나자식물은 좁은 가도관 때문에 동결 상황에 매우 저항적인 목부를 가지고 있다. 이것이 이들에게 추운 지방에서의 독특한 이점을 제공하고, 구과식물이 여전히 아한대(亞寒帶, boreal)와 고산(高山, alpine) 환경에서 우점하는 이유 중 하나이다.

2.15 교목 각 부위로의 물 이동 – 유관속 영역구분

도관과/이나 가도관의 수리 망(水理網, hydraulic networks)은 다음 둘 중 하나일 수 있다: 잘 통합되어, 물이 전체 교목 주위로 이동 가능; 아니면 분할되어, 뿌리 시스템의 어떤 한 부분으로부터의 수액흐름은 해당 목부의 분리된 '영역'(領域, sector)으로 제한. **유관속 영역구분**(維管束領域區分, vascular sectorality)은 고도로 통합된 것으로부터 고도로 영역화되어 있는 것에 이르기까지 매우 연속적인 스펙트럼이다. 개별 종의 상대적인 상태는 도관 집단화와 같은 형질(形質, trait) 묶음(빈틈이 없는 집단이 물을 자체 내에 유지하는 경향이 있다), 도관 크기와 도관 간 벽공 연결(벽공 연결이 클수록 관 사이로 물이 더 많이 이동할 것이다), 종축 통로의 비틀림(관이 많이 비틀릴수록 벽공에 의해 연결될 수 있는 다른 관의 수가 더 많아진다) 등에 의해 결정된다는 것을 인식하는 것이 중요하다. 이러한 수리 망은 줄기 위로 연결되는 수액 통로에 강하게 영향을 주어 궁극적으로는 뿌리 시스템의 분리된 부분이 수관의 특정한 부분 또는 더 넓은 부위로 공급할 것인가를 결정하기 때문에 생태적으로 중요하다. 참나무류(*Quercus* spp.)와 느릅나무류(*Fraxinus* spp.)를 포함한 영역화된 종은 시간적으로 가변적인 기후에 최선일 수 있지만, 통합된 종은 공간적으로는 가변적이지만 시간적으로는 예측 가능한 환경에 더 경쟁적일 수 있다(Ellmore 등 2006). 예를 들면, 고도로 영역화된 종(많은 환공재 종)은 종종 생장기 동안 매우 가변적인 수분 가용성을 경험하기 쉬운 건조(乾燥, xeric/dry)한 지역을 우점한다. 이들의 큰 춘재 도관은 봄에 수분 가용성이 높은 기간을 활용하면서, 춘재와 추재 도관 사이의 제한적인 통합이나 통합의 부재가, 환경적인 여건이나 병원균으로 인해 폐색이 발생하는 경우, 폐색의 확산 가능성을 제한하도록 한다. 보다 통합된 종(예: 많은 산공재 종)은 고도로 교란되고, 습하거나 하층 여건(공간적으로 산재된 자원 환경)에 더 잘 적응할 가능성이 있다. 예를 들어, 토양이 침수되어 뿌리가 산소에 접근하는 것을 제한하고 있으면 일부 뿌리가 다른 뿌리보다 물을 더 잘 흡수할 수 있을 것이다. 이때 흡수된 물을 교목 전반으로 공유하면 전체 구조가 생존할 가능성이 높아진다. 물론 이 전략의 잠재적인 한계는 목재의 기능상실이 항상 쉽게 억제되는 것은 아니라는 것이다. 이 영역구분은 교목 내부 다른 과정에도 작동된다. 예를 들면, 하층에서의 햇빛 여건은 임관(林冠, forest canopy)의 틈(gap)과 어떤 한 순간 개별 수관의 작은 부위에만 도달하는 광반(光斑, sun fleck)에 의해 좌우된다. 보다 통합된 종은 작은 조각 광원(光源, light source)으로 생산된 설탕을 공유함으로써 해당 교목의 궁핍한 부위가 부유한 부위에게 자원을 의지할 수 있기 때문에 이러한 환경에 잘 대처한다(Zanne 등 2006). 교목이 나이 들어감에 따라, 목부 내 영역구분은 현저하게 분명해져서 줄기가 준독립적인 기능 단위로의 분할이 시작될 수도 있다(Lonsdale 2013b; 제9장 David Lonsdale의 고목과 노숙목에 관한 전문가 논단 참조).

유관속 영역구분에 관한 현실적인 암시는 많이 있다. 고도로 영역화된 종에서는, 뿌리 시스템의 한 부분이 손상되거나 자원이 고갈되면 수관의 특정 부위에 영향을 미칠 가능성이 있다. 영향의 명확한 특징은 줄어든 생장과 잎의 미성숙 낙엽으로부터 가지의 고사에 이르기까지 다양할 수 있다. 더구나 수관으로 확산시키기 위해 증산류(蒸散流, transpiration stream)에 의존하는 비료와 농약과 같은 수목건강관리 제품도 유관속 영역구분에 의해 영향을 받을 수 있다. 목부 구조를 고려하지 않은 뿌리 적시기, 토양 주입이나 수간 주사를 통한 적용은 수관에 대한 부분적인 처치가 될 위험이 있으며, 적시는(뿌리 전개) 면적이나 주입 부위를 늘리면 일반적으로 이러한 위험을 줄일 수 있다.

인용문헌

Aloni, R. (2010) The induction of vascular tissue by auxin. In: Davies, P.J. (ed.) *Plant Hormones: Biosynthesis, Signal Transduction, Action!* 3rd edition. Springer, Berlin, Germany, pp. 485–518.

Baas, P., Ewers, F.W., Davis, S.D. and Wheeler, E.A. (2004) Evolution of xylem physiology. In: Hemsley, A.R. and Poole, I. (eds) *The Evolution of Plant Physiology: From Whole Plants to Ecosystems.* Elsevier, Academic Press, Amsterdam, The Netherlands, pp. 273–295.

Bailey, I.W. (1923) The cambium and its derivative tissues. *American Journal of Botany,* 10: 499–509.

Barbaroux, C., Bréda, N. and Dufrêne, E. (2003) Distribution of above-ground and below-ground carbohydrate reserves in adult trees of two contrasting broad-leaved species (*Quercus petraea* and *Fagus sylvatica*). *New Phytologist,* 157: 605–615.

Beck, C.B. (2010) *An Introduction to Plant Structure and Development: Plant Anatomy for the Twenty-first Century,* 2nd edition. Cambridge University Press, Cambridge, UK.

Bonsen, K.J.M. and Kučera, L.J. (1990) Vessel occlusions in plants: Morphological, functional and evolutionary aspects. *IAWA Bulletin,* 11: 393–399.

Brodersen, C. and McElrone, A. (2013) Maintenance of xylem network transport capacity: A review of embolism repair in vascular plants. *Frontiers in Plant Science,* 4: 1–11.

Brown, C.L., McAlpine, R.G. and Kormanik, P.P. (1967) Apical dominance and form in woody plants: A reappraisal. *American Journal of Botany,* 54: 153–162.

Carlquist, S. (2001) *Comparative Wood Anatomy,* 2nd edition. Springer, Heidelberg, Germany.

Carlquist, S. (2012) How wood evolves: A new synthesis. *Botany,* 90: 901–940.

Chapotin, S.M., Razanomeharizaka, J.H. and Holbrook, N.M. (2006) A biomechanical perspective on the role of large stem volume and high water content in baobab trees (*Adansonia* spp.; Bombacaceae). *American Journal of Botany,* 93: 1251–1264.

Chave, J., Coomes, D., Jansen, S., Lewis, S.L., Swenson, N.G. and Zanne, A.E. (2009) Towards a worldwide wood economics spectrum. *Ecology Letters,* 12: 351–366.

Choat, B., Cobb, A. and Jansen, S. (2008) Structure and function of bordered pits: New discoveries and impacts on whole plant hydraulic function. *New Phytologist,* 177: 608–626.

Choat, B., Jansen, S., Brodribb, T.J., Cochard, H., Delzon, S., Bhaskar, R., *et al.* (2012) Global convergence in the vulnerability of forests to drought. *Nature,* 491: 752–755.

Choat, B., Jansen, S., Zwieniecki, M.A., Smets, E. and Holbrook, N.M. (2004) Changes in pit membrane porosity due to deflection and stretching: the role of vestured pits. *Journal of Experimental Botany,* 55: 1569–1575.

Cline, M.G. (1991) Apical dominance. *The Botanical Review,* 57: 318–358.

Cline, M.G. (2000) Execution of the auxin replacement apical dominance experiment in temperate woody species. *American Journal of Botany,* 87: 182–190.

Corcuera, L., Camarero, J.J., Sisó, S. and Gil-Pelegrin, E. (2006) Radial-growth and wood-anatomical changes in overaged *Quercus pyrenaica* coppice stands: Functional responses in a new Mediterranean landscape. *Trees,* 20: 91–98.

Corcuera, L., Morales, F., Abadia, A. and Gil-Pelegrin, E. (2005) Seasonal changes in photosynthesis and photoprotection in a *Quercus ilex* subsp *ballota* woodland located in its upper altitudinal extreme in the Iberian Peninsula. *Tree Physiology,* 25: 599–608.

Crawley, M.J. (1994) Life history and environment. In: Crawley, M.J. (ed.) *Plant Ecology*, 2nd edition. Blackwell Science, Oxford, UK, pp. 73–131.
Critchfield, W.B. (1971) Shoot growth and heterophylly in *Acer*. *Journal of the Arnold Arboretum*, 52: 248–266.
Davis, S.D., Sperry, J.S. and Hacke, U.G. (1999) The relationship between xylem conduit diameter and cavitation caused by freezing. *American Journal of Botany*, 86: 1367–1372.
del Tredici, P. (2001) Sprouting in temperate trees: a morphological and ecological review. *Botanical Review*, 67: 121–140.
Di Micco, V., Balzano, A., Wheeler, E.A. and Baas, P. (2016) Tyloses and gums: A review of structure, function, and occurrence of vessel occulsions. *IAWA Journal*, 37: 186–205.
Ellmore, G.S., Zanne, A.E. and Orians, C.M. (2006) Comparative sectorality in temperate hardwoods: hydraulics and xylem anatomy. *Botanical Journal of the Linnean Society*, 150: 61–71.
Esau, K. (1960) *Anatomy of Seed Plants*. John Wiley, New York, USA.
Esteso-Martínez. J., Camarero, J.J. and Gil-Pelegrin, E. (2006) Competitive effects of herbs on *Quercus faginea* seedlings inferred from vulnerability curves and spatial-pattern analyses in a Mediterranean stand (Iberian System, northeast Spain). *Ecoscience*, 13: 378–387.
Evert, R.F. (2006) *Esau's Plant Anatomy: Meristems, Cells, and Tissues of the Plant Body: Their Structure, Function, and Development*, 3rd edition. John Wiley, New York, USA.
Feild, T.S., Brodribb, T. and Holbrook, N.M. (2002) Hardly a relict: Freezing and the evolution of vesselless wood in Winteraceae. *Evolution*, 56: 464–478.
Fink, V.S. 1980. Anatomische Untersuchungen über das Vorkommen von Sproß- und Wurzelanlagen im Stammbereich von Laub- und Nadelbäumen. I. Proventive Anlagen. *Allgemeine Forst und Jagdzeitung*, 151: 160–180.
Fromm, J. (2013) Xylem development in trees: From cambial divisions to mature wood cells. In: Fromm, J. (ed.) *Cellular Aspects of Wood Formation*. Plant Cell Monographs 20, Springer, Berlin, Germany, pp. 3–39.
Groover, A. (2016) Gravitropisms and reactions woods of forest trees: Evolution, functions and mechanisms. *New Phytologist*, 211: 790–802.
Hacke, U.G., Sperry, J.S., Wheeler, J.K. and Castro, L. (2006) Scaling of angiosperm xylem structure with safety and efficiency. *Tree Physiology*, 26: 689–701.
Hillis, W.E. (1987) *Heartwood and Tree Exudates*. Springer, Berlin, Germany.
Hoch, G., Richter, A. and Körner, C. (2003) Non-structural carbon compounds in temperate forest trees. *Plant Cell and Environment*, 26: 1067–1081.
Holbrook, N.M. and Zwieniecki, M.A. (1999) Xylem refilling under tension. Do we need a miracle? *Plant Physiology*, 120: 7–10.
Hukin, D., Cochard, H., Dreyer, E., Le Thiec, D. and Bogeat-Triboulot, M.B. (2005) Cavitation vulnerability in roots and shoots: does *Populus euphratica* Oliv., a poplar from arid areas of central Asia, differ from other poplar species? *Journal of Experimental Botany*, 56: 2003–2010.
Jacobsen, A.L., Pratt, R.B., Tobin, M.F., Hacke, U.G. and Ewers, F.W. (2012) A global analysis of xylem vessel length in woody plants. *American Journal of Botany*, 99: 1583–1591.
Jansen, S., Sano, Y., Choat, B., Rabaey, D., Lens, F. and Dute, R.R. (2007) Pit membranes in tracheary elements of Rosaceae and related families: new records of tori and pseudotori. *American Journal of Botany*, 94: 503–514.

Kampe, A. and Magel, E. (2013) New insights into heartwood and heartwood formation. In: Fromm, J. (ed.). *Cellular Aspects of Wood Formation*. Plant Cell Monographs 20, Springer, Berlin, Germany, pp. 3–39.

Kikuzawa, K. and Lechowicz, M.J. (2011) *Ecology of Leaf Longevity*. Springer, Berlin, Germany.

Langenfeld-Heyser, R., Schella, B., Buschmann, K. and Speck, F. (1996) Microautoradiographic detection of CO_2 fixation in lenticel chlorenchyma of young *Fraxinus excelsior* L. stems in early spring. *Trees*, 10: 255–260.

Larter, M., Brodribb, T.J., Pfautsch, S., Burlett, R., Cochard, H. and Delzon, S. (2015) Extreme aridity pushes trees to their physical limits. *Plant Physiology*, 168: 804–807.

Lautner, S., Zollfrank, C. and Fromm, J. (2012) Microfibril angle distribution of poplar tension wood. *IAWA Journal*, 33: 431–439.

Lens, F., Tixier, A., Cochard, H., Sperry, J.S., Jansen, S. and Herbette, S. (2013) Embolism resistance as a key mechanism to understand adaptive plant strategies. *Current Opinion in Plant Biology*, 16: 287–292.

Lonsdale, D. (2013a) *Ancient and Other Veteran Trees: Further Guidance on Management*. The Tree Council, London, UK.

Lonsdale, D. (2013b) The recognition of functional units as an aid to tree management, with particular reference to veteran trees. *Arboricultural Journal*, 35: 188–201.

Meier, A.R., Saunders, M.R. and Michler, C.H. (2012) Epicormic buds in trees: A review of bud establishment, development and dormancy release. *Tree Physiology*, 32: 565–584.

Morris, H., Brodersen, C., Schwarze, F.W. and Jansen, S. (2016a) The parenchyma of secondary xylem and its critical role in tree defense against fungal decay in relation to the CODIT model. *Frontiers in Plant Science*, 7: 1–18.

Morris, H., Plavcová, L., Cvecko, P., Fichtler, E., Gillingham, M.A., Martínez-Cabrera, H.I., *et al.* (2016b) A global analysis of parenchyma tissue fractions in secondary xylem of seed plants. *New Phytologist*, 209: 1553–1565.

Niklas, K.J. (1999) A mechanical perspective on foliage leaf form and function. *New Phytologist*, 143: 19–31.

Ohtani, J., Saitoh, Y., Wu, J., Fukazawa, K. and qun Xiao, S. (1992) Perforation plates in *Knema furfuracea* (Myristicaceae). *IAWA Journal*, 13: 301–306.

Paula, S., Naulin, P.I., Arce, C., Galaz, C. and Pausas, J.G. (2016) Lignotubers in Mediterranean basin plants. *Plant Ecology*, 217: 661–676.

Pfanz, H., Aschan, G., Langenfeld-Heyser, R., Wittmann, C. and Loose, M. (2002) Ecology and ecophysiology of tree stems: Corticular and wood photosynthesis. *Naturwissenschaften*, 89: 147–162.

Pitterman, J. and Sperry, J. (2003) Tracheid diameter is the key trait determining the extent of freezing-induced embolism in conifers. *Tree Physiology*, 23: 907–914.

Plavcová, L. and Jansen, S. (2015) The role of xylem parenchyma in the storage and utilization of non-structural carbohydrates. In: Hacke, U. (ed.) *Functional and Ecological Xylem Anatomy*. Springer, Berlin, Germany, pp. 209–234.

Pollet, C. (2010) *Bark: An Intimate Look at the World's Trees*. Frances Lincoln, London, UK.

Rathgeber, C.B.K., Rossi, S. and Bontemps, J.D. (2011) Cambial activity related to tree size in a mature silver-fir plantation. *Annals of Botany*, 108: 429–438.

Reiner, M. (1960) *Deformation, Strain and Flow: An Elementary Introduction to Theology*. Lewis, London, UK.

Schoch, W., Heller, I., Schweingruber, F.H. and Kienast, F. (2004) *Wood Anatomy of Central European Species*. Available from www.woodanatomy.ch (accessed 22 June 2017).

Schwarze, F.W.M.R. (2007) Wood decay under the microscope. *Fungal Biology Reviews*, 2: 133–170.

Schwarze, F.W.M.R., Engels, J. and Mattheck, C. (2000) *Fungal Strategies of Decay in Trees*. Springer, Berlin, Germany.

Schweingruber, F.H., Börner, A. and Schulze, E.D. (2011) *Atlas of Stem Anatomy in Herbs, Shrubs and Trees; Volume 1*. Springer, Berlin, Germany.

Schweingruber, F.H., Börner, A. and Schulze, E.D. (2013) *Atlas of Stem Anatomy in Herbs, Shrubs and Trees; Volume 2*. Springer, Berlin, Germany.

Sillet, S.C. and Van Pelt, R. (2007) Trunk reiteration promotes epiphytes and water storage in an old-growth redwood forest canopy. *Ecological Monographs*, 77: 335–359.

Sperry, J.S., Hacke, U.G. and Pittermann, J. (2006) Size and function in conifer tracheids and angiosperm vessels. *American Journal of Botany*, 93: 1490–1500.

Sperry, J.S., Nichols, K.L., Sullivan, J.E.M. and Eastlack, S.E. (1994) Xylem embolism in ring-porous, diffuse-porous and coniferous trees of northern Utah and interior Alaska. *Ecology*, 75: 1736–1752.

Spicer, R. (2005) Senescence in secondary xylem: Heartwood formation and an active developmental program. In: Holbrook, N.M. and Zwieniecki, M.A. (eds) *Vascular Transport in Plants*. Elsevier, Amsterdam, The Netherlands, pp. 457–475.

Spicer, R. (2014) Symplasmic networks in secondary vascular tissues: Parenchyma distribution and activity supporting long distance transport. *Journal of Experimental Botany*, 65: 1829–1848.

Spicer, R. (2016) Variation in angiosperm wood structure and its physiological and evolutionary significance. In: Groover, A.T. and Cronk, Q.C.B. (eds) *Comparative and Evolutionary Genomics of Angiosperm Trees, Plant Genetics and Genomics: Crops and Models*, Springer, Berlin, Germany, pp. 1–42.

Spicer, R. and Groover, A. (2010) Evolution of development of vascular cambia and secondary growth. *New Phytologist*, 186: 577–592.

Spicer, R. and Holbrook, N.M. (2005) Within-stem oxygen concentration and sapflow in four temperate tree species: Does long-lived xylem parenchyma experience hypoxia? *Plant Cell Environment*, 28: 192–201.

Sterck, F. (2005) Woody tree architecture. *Annual Plant Reviews, Plant Architecture and its Manipulation*, 17: 209–237.

Thomas, P.A. (2014) *Trees: Their Natural History*, 2nd edition. Cambridge University Press, Cambridge, UK.

Thomas, P.A. (2016) Biological Flora of the British Isles: *Fraxinus excelsior*. *Journal of Ecology*, 104: 1158–1209.

Tng, D.Y.P., Williamson, G.J., Jordan, G.J. and Bowman, D.M.J.S. (2012) Giant eucalypts: Globally unique fire-adapted rain-forest trees? *New Phytologist*, 196: 1001–1014.

Tognetti, R., Longobucco, A. and Raschi, A. (1998) Vulnerability of xylem to embolism in relation to plant hydraulic resistance in *Quercus pubescens* and *Quercus ilex* co-occurring in a Mediterranean coppice stand in central Italy. *New Phytologist*, 139: 437–447.

Tyree, M.T. and Cochard, H. (1996) Summer and winter embolism in oaks: Impact on water relations. *Annals of Forest Science*, 53: 173–180.

Tyree, M.T. and Zimmermann, M.H. (2002) *Xylem Structure and the Ascent of Sap*, 2nd edition. Springer, Berlin, Germany.

Vaucher, H. (2003) *Tree Bark: A Color Guide*. Timber Press, Portland, USA.

Vilagrosa, A., Bellot, J., Vallejo, V.R. and Gil-Pelegrín, E. (2003) Cavitation, stomatal conductance, and leaf dieback in seedlings of two co-occurring Mediterranean shrubs during an intense drought. *Journal of Experimental Botany*, 54: 2015–2024.

Vilagrosa, A., Chirino, E., Peguero-Pina, J.J., Barigah, T.S., Cochard, H. and Gil-Pelegrín, E. (2012) Xylem cavitation and embolism in plants living in water-limited environments. In: Aroca, R. (ed.). *Plant Responses to Drought Stress*. Springer, Berlin, Germany, pp. 63–109.

Ward, H.M. (1904) *Trees, Volume 1: Buds and Twigs*. Cambridge Biological Series, Cambridge University Press, Cambridge, UK.

Ward, H.M. (1909) *Trees, Volume 5: Form and Habit*. Cambridge Biological Series, Cambridge University Press, Cambridge, UK.

Wheeler, E.A. (2011) InsideWood: A web resource for hardwood anatomy. *IAWA Journal*, 32: 199–211.

Wheeler, E.A., Baas, P. and Rodgers, S. (2007) Variations in dicot wood anatomy: A global analysis based on the Insidewood database. *IAWA Journal*, 28: 229–258.

Wilson, B.F. (2000) Apical control of branch growth and angle in woody plants. *American Journal of Botany*, 87: 601–607.

Zanne, A.E., Sweeney, K., Sharma, M. and Orians, C.M. (2006) Patterns and consequences of differential vascular sectoriality in 18 temperate tree and shrub species. *Functional Ecology*, 20: 200–206.

Zimmerman, M.H. and Brown, C.L. (1971) *Trees: Structure and Function*. Springer, New York, USA.

3장

잎과 수관

잎(leaf)과 교목의 수관(樹冠, crown)을 구성하는 잎의 복합체는 햇빛을 가로채는 근본적인 임무를 가진다. 그러나 잎은 광합성(光合成, photosynthesis)을 하기 위해 물도 공급받아야 하고 대기에 있는 이산화탄소(二酸化炭素, carbon dioxide/CO_2)에도 접근해야 한다. 수분 흡수를 위한 구동력은 잎으로부터의 증발(증산/蒸散, transpiration; 제6장 참조)이기 때문에, 광합성을 위한 물을 공급하기 위해서는 잎에 있는 구멍(기공/氣孔, stoma)으로부터 수분을 잃는 것은 피할 수 없다. 이러한 시스템은 물이 풍부하면 열린 기공이 대기로부터 잎 속으로의 CO_2 확산을 허용하기 때문에 매우 효과적으로 작동한다. 그러나 교목 내부에 수분 부족 현상이 전개되기 시작하면, 근본적인 도전에 노출된다. 광합성을 위한 탄소 공급은 필수적으로 상당한 수분 손실이 동반된다. 즉 식물은 '탄소를 고정하기 위해 수분을 잃어야' 한다. 물의 가용량이 줄어들게 되면 잎은 (다양한 수리 및 화학적 신호의 도움으로) 광합성을 유지하기 위해 탈수(脫水, dehydration) 위험을 무릅쓸 것인지, 아니면 물을 절약하기 위해 기공을 닫음으로써 CO_2 공급을 제한할 것인지를 결정해야 한다. 이 가장 오래된 숙제는 완벽하게 해결될 수 없지만, 폭넓은 대조적인 환경에서 교목이 살 수 있게 하는 타협에 이르게 되었다.

'수분 손실, 탄소 획득'(water-loss, carbon-gain) 타협에 더하여, 잎은 극복해야 하는 또 다른 도전이 있다. 계절성 기후는 일 년 내내 잎에 높은 관련성이 있는 기온과 햇빛의 뚜렷한 변화를 만들어낸다. 대부분 교목의 경우, 광합성은 20~35℃ 사이에서 가장 잘 이루어지지만, 광합성을 가동하는 데 필요한 햇빛은 잎의 온도를 쉽게 주변 기온보다 10~20℃ 높게 밀어 올릴 수 있어서, 추운 기간 동안에는 자산이 되지만 더운 기간 동안에는 부채가 된다. 물리적 설계를 통해서든 생리적인 과정을 통해서든, 잎은 자신을 서늘하게 유지하거나 적어도 과열을 방지할 수 있어야 한다. 다른 극단적인 상황에서는, 잎이 동결 온도에서 생존해야 한다면 특별한 수단을 사용할 필요가 있다(제10장 참조). 사실 많은 교목은 잎을 떨어뜨리는 방법으로 극한 기온에 대처함으로써 이 문제를 회피하는데, 이들은 환경적인 제약이 가장 큰 기간 동안 간단하게 자신의 잎을 잃는다. 고위도 지역에서는, 추운 겨울과 관련이 있지만, 저위도 지역에서는 계절성 기후로 인한 더위와 건조한 기간(여름 낙엽성 또는 가뭄 낙엽성)과 관련이 있다.

햇빛을 최대로 가로채기 위해 잎을 노출시키는 것과 햇빛에 대한 경쟁적인 우위를 유지하기 위해 키를 키우는 것은 교목이 '풀어야' 하는 일습의 역학적인 문제를 창출한다. 바람에 의해 유발되는 측면 힘(항력/抗力, drag force라고 부른다)은, 일부 교목의 거대한 크기에도 불구하고, 중력에 의해 유발되는 하향 힘보다 훨씬 큰 문제를 제기한다.

수관을 구성하는 잎에 작용하는 바람의 힘은 전체 교목을 휘게 한다. 만약 풍하중(風荷重, wind load)에 의해 발생된 항력이 해당 교목의 지상부 구조의 구성요소 강도를 압도하게 되면, 구성요소가 잎자루(leaf petiole)나 가지든, 줄기나 뿌리든 파손될 수 있고, 심하면 해당 교목 자체도 넘어진다. 잎과 가지는 예외적인 상황에서만 생체역학적 파손이 발생할 정도로 항력을 줄일 수 있어야 한다.

그러므로 잎의 삶은 일련의 타협을 나타낸다. 이들은 햇빛을 성공적으로 가로채야 하고, 탈수를 방지하면서 광합성 부위에 물과 양분을 운반해야 하고, 자신의 교목에 대한 설탕 공급을 유지해야 하고, 온도를 조절해야 하고, 바람에 의해 유발된 항력에 대처해야 한다. 만약 이들 제약이 문제가 될 정도가 아니면, 많은 유기체들이 잎을 먹이원(food source)으로 보는 것이 또 다른 문제이다. 복잡한 문제가 많이 있는 것과 마찬가지로 해결책도 있지만, 대부분은 비용을 지불해야 한다. 시간의 흐름에 따라 주어진 환경의 가장 중요한 요구를 충족시키기 위해 적극적인 선택압(選擇壓, selection pressure)이 잎의 설계를 다듬었으며, 이로 인한 결과가 잎의 엄청난 다양성으로 나타나고 있다.

3.1 피지식물 잎

피자식물 교목은 일반적으로 햇빛을 가로채기 위해 종종 넓은 **잎몸**(葉身, leaf blade/lamina)을 생산하기 때문에 **활엽수**(闊葉樹, broadleaved tree)라고 부른다. 잎은 일반적으로 **잎자루**(葉柄, leaf stalk/petiole)를 통해, 하나씩(어긋나게, alternate), 쌍으로(마주보게, opposite), 아니면 셋 이상의 집단(바퀴살형으로, whorled)으로 줄기에 부착되어 있다. 그러나 일부 잎은 잎자루가 없어서 **자루가 없는**(無柄, sessile)이라고 부른다. 잎자루의 기부에는, **턱잎**(托葉, stipule)으로 알려진 외향생장(외견상으로는 작은 잎과 비슷함)이 있을 수도 있다. 이들은 어떤 특정한 목적이 없는 것으로 보이지만, 튤립나무(*Liriodendron tulipifera*)에서와 같이 일부 종에서는 팽창하는 액아(腋芽, axillary bud)를 보호하는 데 도움이 되는 것 같다. 다른 종(예: 아까시나무/*Robinia pseudoacacia*)에서는, 턱잎이 목질의 가시로 발단하기 때문에 턱잎의 보호 역할은 더 확대된다.

잎은 모두 동일한 근본적인 목적을 가지고 있지만, 이들은 엄청나게 다양한 크기와 형태로 나온다. 이들은 나누어지지 않으면 **단엽**(單葉, simple leaf)이 되거나(그림 3.1) 여러 개의 작은 잎이 하나의 잎을 이루고 있으면 **복엽**(複葉, compound leaves)이 될 수도(그림 3.2) 있다. 복엽은 다시 모든 소엽(小葉, leaflet)이 동일한 지점에서 발생하는(예: 칠엽수류/*Aesculus*) **장상**(掌狀, palmate 또는 손가락형/digitate)이나 많은 소엽이 공통의 엽축(葉軸, rachis)에 부착되어 있는(예: 가죽나무류/*Ailanthus*, 그림 3.2) **우상**(羽狀, pinnate)으로 나뉜다. 우상복엽은 다시 겹우상(bipinnate) 복엽으로 세분된다(예: 두릅나무류/*Aralia*와 켄터키커피나무류/*Gymnocladus*). 피자식물 교목 가운데에는 잎이 짧은 것은 산너도밤나무(*Fuscospora cliffortioides*)와 같이 10mm 내외로부터(그림 3.3) 긴 것은 일부 야자수에서 발견되는 몇 미터의 비교적 거대한 잎사귀에 이르기까지(그림 3.4) 다양한 경향이 있다. 사실, 아프리카 열대지방에 자생하는 라피아야자(*Raphia farinifera*)와 같은 일부 야자수는 길이가 20m에 달하는 잎을 가질 수 있다. 항력 문제가 심각하여 큰 잎은 바람에 대한 저항을 줄이기 위해 갈라지는 경향이 있다. 대부분의 경우, 이는 이들이 복엽이라는 것을 의미하지만, 부채파초(*Ravenala madagascariensis*)와 같은 일부 종은 바람에 쉽게 찢어지는 전연엽(全緣葉, entire leaf)을 키워서 어떠한 엽면적 감축도 없이 매우 효과적으로 항력을 줄이는 '복엽'을 창출한다(그림 3.5). 이러한 과정은 **태터링**(tattering – 갈가리 찢어짐)으로 알려져 있다.

매우 덥고 건조한 환경에서는, 높은 기온과 광도(光度, light intensity), 수분 공급의 제

그림 3.1 단엽: (a) 두충(*Eucommia ulmoides*), (b) 오바타노각(*Stewartia ovata*), (c) 줄무늬단풍(*Acer pensylvanicum*), (d) 튤립나무(*Liriodendron tulipifera*).

그림 3.2 복엽: (a) 오하이오칠엽수(*Aesculus glabra*)의 장상엽, (b) 가죽나무(*Ailanthus altissima*)의 우상복엽. 우상복엽은 엽축이라고 부르는 소엽 사이를 이어주는 잎자루를 가지고 있다.

그림 3.3 (a) 수목한계선에서 보이는 뉴질랜드 자생의 산너도밤나무(*Fuscospora cliffortioides*). (b) 길이가 약 7~10mm인 소엽을 보여주는 아래 가지의 근접사진.

그림 3.4 (a) 남동 마다가스카르의 생트 루스(Sainte Luce) 주변 숲에서 발견된 거대한 잎을 가진 진기한 마다가스카르야자(*Beccariophoenix madagascariensis*). (b) 잎 하나의 길이가 약 6~7m. 그림의 아래쪽을 향한 엽축에 있는 도마뱀붙이를 주목하라. 다른 야자수는 더 큰 잎을 가질 수도 있다.

한(아카시아/acacia에서 본 바와 같이)에 대처하기 위해 잎이 작고 두꺼운 잎(소형엽/小型葉, microphyll)으로 축소될 수도 있다. 어떤 교목은 자신의 잎을 더 작게 줄이기도 한다. 호주와 아시아의 목마황류(*Casuarina* spp.)는 건조지에 전문화된 수목의 수관을 구성하는 변형

그림 3.5 남동 마다가스카르의 부채파초(*Ravenala madagascariensis*). 수관의 중심에 있는 어린 잎(앞쪽에 있는 어린 개체에 있는)은 덜 찢어진 반면, 오래된 잎은 바람의 영향으로 점진적으로 찢어진다. 찢어지는 과정은 엽면적의 실질적인 감소 없이 항력을 줄이는 효과적인 방법을 제공한다.

(a)

(b)

그림 3.6 (a) 광합성을 하는 줄기를 보여주는 호주 퀸즐랜드 Noosa Heads 국립공원의 목마황(*Casuarina equisetifolia*). (b) 이 종의 아주 작은 잎은 이들 변형된 줄기의 마디에서 형성된 노란색 띠처럼 보일 수 있다.

된 녹색 줄기를 둘러싸는 미세한 비늘잎(인엽/鱗葉, scale leaf)을 가지고 있다(그림 3.6).

잎 형태의 변이는 식물학자들이 잎의 모든 사소한 세부까지 기술하기 위해 방대한 용어를 찾아내도록 이끌었다. 이에는 전반적인 형태로부터 줄기에 배열되어 있는 방법, 끝과 기부의 모양, 가장자리의 특징, 엽맥의 망, 엽모(葉毛, leaf hair)의 미세구조까지 매우 다양하다. 이들 모든 특징은 개별 종을 동정하는데 도움을 준다. 그러나 일부 종은 잎 하나만으로는 서로 구분하기가 극도로 어려워, 교목을 확실하게 동정하기에 앞서 꽃, 열매, 수피, 수관형과 같은 다른 특징을 살펴볼 필요가 있다. 따라서 전문적인 교과서가 종종, 특히 매우 자세히 도해되어 있는 경우, 동정을 위한 보조 자료로 매우 소중하다.

피자식물 잎의 해부학적 구조

표피 세포(表皮細胞, epidermal cell) 층은 잎의 바깥 표면을 덮고 있어서 내부 잎 조직(엽육/葉肉, mesophyll)을 탈수로부터 보호하는 방수(하지만 여전히 가스는 투과할 수 있는) 층을 제공한다. 각피질(角皮質, cutin)의 대부분을 구성하는 왁스층(waxy layer)은 상표피(上表皮, upper epidermis) 세포에서 분비되어 잎의 탈수에 대한 추가적인 저항성을 부여하는 **각피**(角皮, cuticle)를 형성한다(그림 3.7). 이 각피의 두께는 잎이 발달한 주변 미기후에 따라 매우 다양할 수 있다. 그늘에서 자란 잎은, 그늘진 환경에서는 수분 손실이 매우

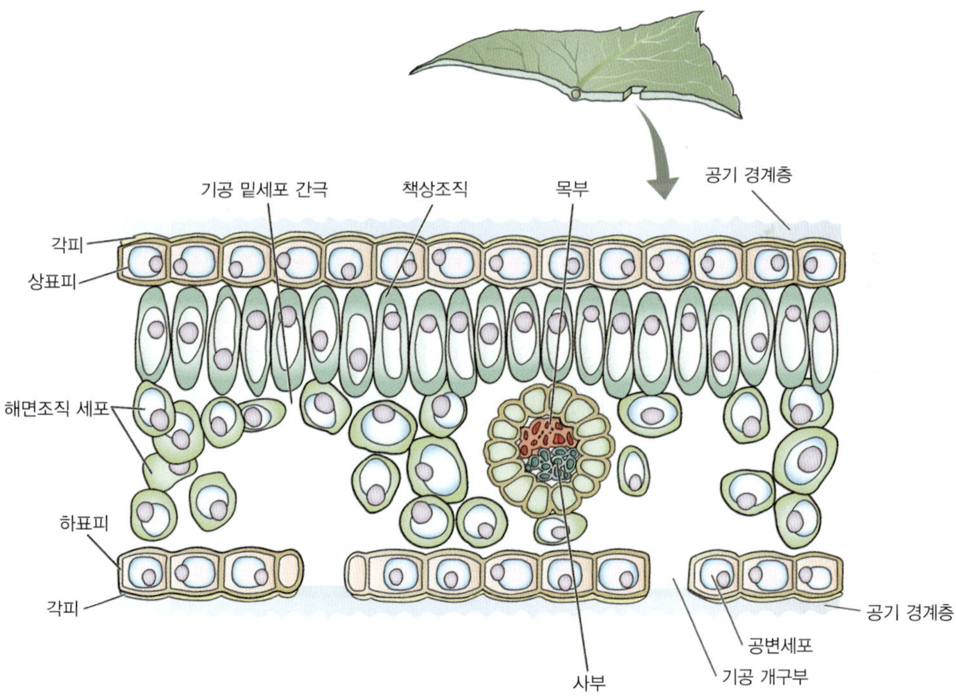

그림 3.7 단면으로 나타낸 쌍자엽식물의 잎. 출처: Taiz & Zeiger(2010) 재구성. Oxford University Press의 허락을 받아 전재.

낮기 때문에, 두께가 대략 1μm으로 매우 얇은 각피를 가지는 경향이 있다. 반면 직사일광(直射日光, direct sunlight)에 노출된 잎은 고광도 환경에 대처하는 것을 돕기 위해 두께가 약 15μm에 이르는 훨씬 두꺼운 각피를 가지는 경향이 있다.

상표피와 하표피(下表皮, lower epidermis) 둘 다 기공(氣孔, stomata)을 가질 수도 있다. 기공은 기공 개구부(stomatal pore)의 개폐를 통제하여 가스 교환(gas exchange)과 잎의 수분손실을 조절하는 두 공변세포(孔邊細胞, guard cell)에 의해 둘러싸여 있다. 기공을 통해 광합성에 사용되는 대부분의 이산화탄소가 잎 속으로 확산되고, 증산작용(蒸散作用, transpiration)에 의해 잃는 수분이 바깥으로 확산된다. 온대 피자식물 교목에서는, 기공의 길이가 17~50μm 사이이고 밀도는 mm^2당 100~600개 사이이다(Pallardy 2008). 보통은 낮은 기공 밀도를 가진 종은 큰 기공을 가지고 있고, 반대의 경우도 마찬가지다. 크기와 빈도는 같은 속에 속하는 종 사이에서도 크게 차이가 날 수 있다. 대부분의 피자식물 교목은 직사일광 하에서의 수분손실을 줄이기 위해 위쪽 표면에 상대적으로 매우 적은 기공 또는 전혀 기공을 가지고 있지 않다. 그러나 버드나무류(*Salix*)와 사시나무류(*Populus*)에 속하는 많은 종은 위쪽과 아래쪽 표면 모두에 기공을 가지고 있다. 이렇게 양쪽에 모두 기공을 가지고 있더라도 대부분의 기공은 여전히 하표피에서 발견된다.

잎의 내부인 엽육(葉肉, mesophyll)은 주로 두 가지 독특한 조직 구역을 형성하는 유세포로 구성된다(그림 3.7). **책상조직**(柵狀組織, palisade mesophyll)은 수많은 엽록체(葉綠體, chloroplast – 광합성을 위해 필수적인 엽록소를 내포하고 있는 세포기관)를 가진 길게 늘어선 원주세포(圓柱細胞, columnar cell)로 구성되어 있다. 단단하게 묶인 이 세포들은 잎의 위쪽 부위에서 발견되고 상표피에 직각으로 배열되어 있다. 고광도 환경에서, 책상조직은 햇빛의 포획을 극대화하기 위해 2~3개 층의 두께가 될 수도 있다. 많은 유칼리나무류(*Eucalyptus* spp.)를 포함한 일부 교목은 잎의 위와 아래 부위에 책상조직을 가지고 있다. 이렇게 하면 열부하(熱負荷, heat load)와 수분손실을 줄이기 위해 자신의 잎을 수직으로 잡고 있을 수 있으면서도 여전히 잎의 양쪽에서 광합성을 할 수 있게 된다. **해면조직**(海綿組織, spongy mesophyll)은 책상조직 바로 아래에 위치하고 있고 형태가 훨씬 불규칙하다. 이런 형태는 세포 사이에 수많은 공간을 창출하여 효과적인 가스 교환을 가능하게 한다.

잎으로 물과 무기염류(無機鹽類, minerals)를 운반하고 잎으로부터 탄수화물(炭水化物, carbohydrate)을 밖으로 운반하도록 설계된 엽맥(葉脈,vein)의 망이 엽육 안에 내장되어 있다. 엽맥의 위쪽 부분은 잎의 세포에 물, 무기염류, 기타 화학적 신호를 전달하는 목부(木部, xylem)로 구성되어 있다. 엽맥의 아랫부분은 사부(篩部, phloem)로 구성되어 있고, 주로 잎으로부터 해당 식물의 다른 부위로 탄수화물을 반출하는 역할을 하지만, 잎 내에서의 탄수화물 재분배에도 관여하고 있다.

3.2 나자식물 잎

여건이 좋은 열대와 아열대 환경 하에서는, 나한송류(*Podocarpus*), 아가티스류(*Agathis*), 은행나무(*Ginkgo*), 아라우카리아류(*Araucaria*)와 같은 나자식물이 꽤 넓은 잎을 가지지만, 소나무과(Pinaceae)에서는 바늘 같은 잎이 전형적이고, 측백나무과(Cupressaceae)에서는 비늘 같은 잎이 전형적이다(그림 3.8). 피자식물 잎과 비교하면, 나자식물 잎은 크기가 훨씬 작고 대부분 좀 더 억센 느낌인 경향이 있다. 이처럼 구조적인 단단함은, 적어도 부분적으로는, 이들 잎이 해당 교목에 몇 년 동안 견딜 수 있도록 만드는 보호 조직의 결과이며, 종종 지구상 몇몇 가장 도전적인 환경에 노출되기도 한다. 따라서 대부분은 연중 잎을 유지하는데(즉, 상록), 이는 또한 구과식물이 많이 분포하는 고온 건조지역과 매우 추운 환경의 전형적인 특징인 짧은 생장기에 잘 적응할 수 있게 한다. 낙엽성이나 반낙엽성 구과식물(글립토스트로부스류/*Glyptostrobus*, 낙엽송류/*Larix*, 메타세쿼이아/*Metasequois*, 황금낙엽송류/*Pseudolarix*, 낙우송류/*Taxodium*)은 보호조직을 발달시키지 않음으로써 에너지를 절약하는 방식의 다른 전략을 가지고 있기 때문에 보다 부드러운 질감의 잎을 가지는 경향이 있다. 이러한 습관의 변화 이유는 상록성과 낙엽성 잎에서 고찰될 것이다.

바늘 잎(needle-like leaf)은 나자식물에서 흔하다(그림 3.8c,d). 전나무류(*Abies*)와 가문비나무류(*Picea*)의 침엽은, 종에 따라 정밀한 잎차례(엽서/葉序, phyllotaxy)가 크게 다르지만, 대부분의 나자식물 교목과 비슷한 방법으로 줄기를 따라 질서 정연하게 배열되어 있다. 가문비나무류에서는, 침엽의 기부 맨 아래에 침엽의 가스 교환과 수분 공급을 조절하는데 도움을 주는 커다란 액포(液胞, vacuole)를 가진 세포를 내포하고 있는 솟아오른 기부(엽침/葉枕, *pulvini*)을 진화시켰다. 이들 엽침은 얼었을 때 잎의 유연성을 높여주기도 하기 때문에 무거운 눈 하중 하에서도 잎은 쉽게 부러지지 않는다(Debreczy & Rácz 2001). 소나무류(*Pinus*) 침엽을 자세히 살펴보면, 이들은 실제로 극히 왜화된 줄기에 말단의 다발(terminal cluster)로 붙어있고 기부가 엽초(葉鞘, needle sheath)에 싸여있는데,

그림 3.8 나자식물의 잎은 다양한 형태로 나타난다. (a) 번야파인(*Araucaria bidwillii*)과 (b) 나한송(*Podocarpus macrophyllus*)은 상대적으로 넓고 납작한 입을 가진다. 나한송의 새로운 어린잎은 오래된 잎보다 훨씬 밝은 녹색임에 유의하라. (c) 구주소나무(*Pinus sylvestris*)와 (d) 캐나다솔송(*Tsuga canadensis*)은 침엽을 가진다. (e) 자이언트세쿼이아(*Sequoiadendron giganteum*)와 (f) 나한백(*Thujopsis dolabrata*)은 비늘잎을 가진다.

이러한 배열을 **속생**(束生, fascicle)이라고 부른다. 일엽송(*Pinus monophylla*)은 그 이름이 시사하는 바와 같이 다발당 하나의 침엽만(몇몇 예외도 있지만)을 가짐으로써 이러한 경향에 반기를 들지만, 완전한 단위는 다발 내에 두 개, 세 개, 또는 다섯 개의 침엽을 가지는 경향이 있다. 개잎갈나무(*Cedrus*), 낙엽송(*Larix*), 황금낙엽송(*Pseudolarix*)과 같은 속의 잔가지에는, 호생의 단엽인 침엽 배열을 가지고 1년을 생장한 다음 침엽 다발이 매우 조밀한 나선(윤생체/whorl)을 가진 나이든 잔가지를 형성함으로써 침엽 배열이 로제트 모양이 된다.

구과식물 속 중 거의 절반과 구과식물 종의 1/5이 비늘잎(인엽/鱗葉, scale-like leaves)을 가진다(그림 3.8e,f). 비늘잎은 변이가 크지만 이들을 구분해서 부르는 것은 종종 매우 어렵다. 이들은 길이가 약 1~10mm로 다양하며 각 비늘은 일반적으로 폭보다 더 길다. 수지 발진(resin blister), 갓 으깬 잔가지의 색깔과 냄새와 같은 크기, 형태, 특성이 종 간의 차이를 확인하는 데 도움이 된다.

일부 나자식물(셀러리소나무류/*Phyllocladus*와 금송류/*Sciadopitys*)에서는, 진짜 잎이 크게 축소되어, 잎처럼 생긴 납작한 줄기인 엽상경(葉狀莖, cladode)이 광합성을 수행한다. 다른 기형을 가진 종으로는 수명이 짧은 줄기에 달린 작은 단엽을 가진 글립토스트로부스(*Glyptostrobus*), 메타세쿼이아(*Metasequoia*), 낙우송(*Taxodium*)이 있다. 이들 잎은 종종 추위나 수분 스트레스에 반응하여 떨어지기 때문에 외견상으로는 우상의 복엽처럼 보이게 된다.

나자식물 잎의 해부학적 구조

나자식물 잎의 해부학적 구조는 피자식물의 구조와 다르지만, 이들은 공통적인 특징을 가지고 있다. 많은 나자식물에서, 침엽의 강도는 표피 아래에 있는 리그닌이 풍부한 **피하후막세포**(皮下厚膜細胞, hypodermal sclerenchyma cell) 층에 좌우된다(그림 3.9). 이들은 표피의 깊이를 효과적으로 증대시켜서 외부 환경으로부터 어느 정도 보호되는 함몰된 기공(sunken stomata)을 만든다(특히 소나무류에서). 이러한 구조는 수분 손실에 대한 저항성을 높여주고 예민한 기공을 손상되지 않도록 보호하는 데 도움을 준다. 침엽의 내부에는, 목부와 사부가 유관속(維管束, vascular bundle) 안으로 그리고 유관속으로부터의 물질 이동을 조절하는 데 도움을 주는 가도관과 유조직으로 이루어진 **이입조직**(移入組織, transfusion tissue)에 의해 둘러싸여 있다. 많은 종은 상처 난 부위로 수지(樹脂, resin)를

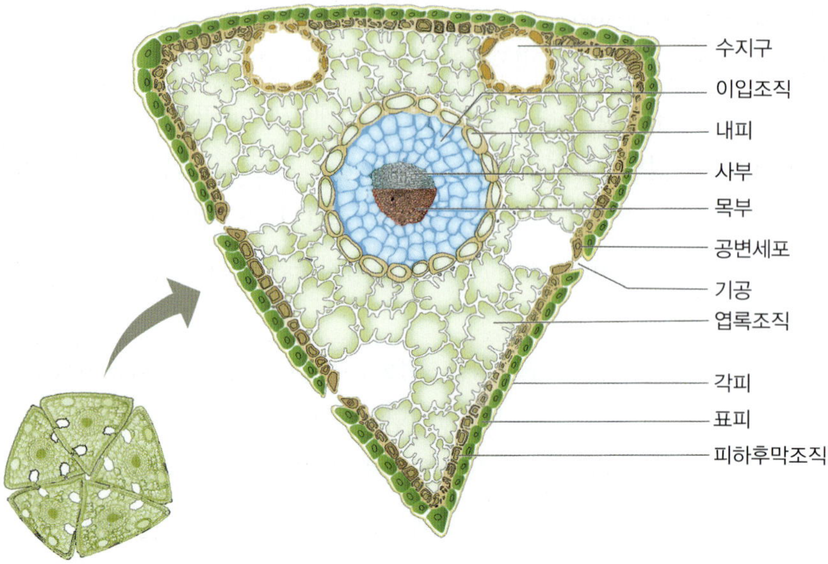

그림 3.9 스트로브잣나무(*Pinus strobus*)에서 따온 전형적인 소나무 침엽의 단면. 이 오엽의 소나무에서, 삼각형 단면은 그림의 아래 왼쪽에서 보여주는 바와 같이 눈으로부터 나오는 원래 침엽 원통의 조각을 나타낸다.
출처: Kramer & Kozlowski(1979) 재구성. Elsevier의 허락을 받아 전재.

운반하는 데 도움을 주는 특화된 수지구(樹脂溝, resin duct)도 가지고 있다. 소나무류에서는, 엽육(葉肉, mesophyll)이 피자식물에서처럼 형성되지 않는다. 이는 깊이 감싸져 있는 세포벽으로 인해 구름 같은 모습을 하고 있는 엽록소를 함유하고 있는 유세포(柔細胞, parenchyma cell – **엽록조직**/chlorenchyma)로 이루어져 있다(그림 3.9). 이는 소나무 잎이 대부분의 활엽수에서처럼 위쪽 표면을 통해 빛을 가로채도록 설계된 것이 아니라 모든 잎 표면으로부터 빛을 흡수한다는 사실과 관련이 있는 것으로 보인다. 그러나 전나무류, 아라우카리아류, 다크리디움류(*Dacrydium*), 은행나무, 나한송류, 미송류(*Pseudotsuga*), 세코이아류, 주목류, 비자나무류(*Torreya*), 솔송나무류(*Tsuga*)와 같이 편평한 잎을 가진 속에서는, 엽육조직이 피자식물처럼 책상조직과 해면조직으로 구분되어 있다.

3.3 유엽

많은 교목 종이 잎의 **이형성**(二形性, dimorphism)을 보여준다: 유엽(幼葉, juvenile leaf)과 성엽(成葉, adult leaf) 간의 뚜렷한 차이. 어린 가지(상처에 반응하여 형성되는 새로운 잠아지가 유엽을 가질 수 있기 때문에 반드시 어린 수목일 필요는 없다)에서 발생하는 잎은 성숙한 줄기에서 나온 잎과 완전히 다른 형태를 가진다. 이따금 이러한 변화가 매우 점진적이어서 중간 엽형(葉型, leaf form)을 거치는 경우도 있지만(**배적동형**/胚的同形, homoblastic), 다른 종에서는 뚜렷한 과도기적 형태 없이 급격하게 변한다(**배적이형**/胚的異形, heteroblastic)(Pallardy 2008). 인엽의 나자식물 대부분은 자신의 생애 초기에 보다 그늘진 환경에서 경쟁하는 데 도움을 줄 수 있도록 더 넓은 광합성 면적을 제공하기 위해 침엽과 같은 유엽을 가진다. 사실, 스스로 그늘진 환경에 있다는 것을 아는 성숙한 인엽의 교목에서도 유엽이 나타날 수도 있다. 그러나 확대된 엽면적은 해당 교목의 수분 결핍에 취약성을 높여주기 때문에, 환경적인 여건이 갑자기 변할 경우 불리한 점이 될 수 있는데(Debreczy & Rácz 2011), 해당 교목이 크고 전광 하에 있을 때 확실히 나타날 수 있을 것이다. 많은 피자식물 교목도 매우 대비되는 유엽과 성엽을 가진다. 예를 들면, 몇몇 사시나무류(사막사시나무/*P. euphratica*, 타나강사시나무/*P. ilicifolia*, 멕시코사시나무/*P. mexicana*, 흰수피사시나무/*P. monticola*)가 배적이형 잎의 발달을 보이는데, 약 10년 미만의 줄기에 달린 잎이 더 오래된 줄기에 달린 잎과 비교해서 엽맥의 분포 상태(venation)와 형태에서 뚜렷한 차이를 보인다(Eckenwalder 1980). 유칼리나무류(*Eucalyptus*)에 속하는 종도 일반적으로 잎자루가 없고(sessile) 성엽보다 훨씬 둥근 매우 뚜렷한 유엽(화초 재배자가 좋아하는; 그림 3.10)을 형성한다(Wrigley & Fagg 2010). 이러한 차이는 충분히 현저하지 않다고 주장이라도 하는 것처럼, 뉴질랜드 원산인 라우카우아(*Raukaua edgerleyi*)와 카마히(*Weinmannia racemosa*) 같은 일부 종은 유엽은 복엽이지만 성엽은 단엽을 가지고 있다(Dawson & Lucas 2011).

그림 3.10 유칼리나무(*Eucalyptus*)류의 유엽(a)과 성엽(b).

3.4 양엽과 음엽

대교목의 수관과 삼림지대(森林地帶, woodland)에는, 일부 잎이 그늘진 환경에서 자라는 것은 불가피하다. 교목은 높거나 낮은 광 수준에서 생존할 수 있는 다양한 적응 수단을 가지고 있는데(제7장 참조), 아마 가장 중요한 것이 양엽(陽葉, sun leaf)과 음엽(陰葉, shade leaf)일 것이다. 음엽은 비교 대상인 양엽보다 더 얇고 더 큰 표면적을 가지는 경향이 있다(그림 3.11). 예를 들면, 너도밤나무(*Fagus sylvatica*)의 경우, 음엽이 양엽에 비해 두께가 약 50% 더 얇고 면적이 60% 정도 더 넓다(Larcher 2003). 두께에서의 대부분 차이는 양엽이 더 높은 광도를 최대한 활용할 수 있도록 도와주기 위해 2~3개 층의 책상조직을 가지고 있기 때문이며(그림 3.12; 그림 3.7도 참조), 표피와 각피도 더 두꺼운 경향이 있다. 추가적인 책상조직은 엽면적 단위당 더 많은 엽록체로 이어지기 때문에 양엽에서 더 높은 광합성 속도를 나타내게 된다. 이의 당연한 결과는 호흡(呼吸, respiration)이 더 높고 이에 따라 광보상점(光補償點, light compensation point – 광합성에 의한 CO_2 고정과 호흡에 의한 CO_2 생산이 동일한 광 수준)도 더 높아진다는 것으로, 광 수준이 하락하면 불리하게 된다. 그러나 양엽은 고광도 환경에 적응해 있기 때문에, 광포화점(光飽和點, light saturation point – 햇빛이 더 이상 광합성을 제한하지 않는 수준)도 더 높다(Lambers 등 2008).

잎이 갈라진 경우, 양엽은 음엽보다 더 깊이 갈라지는 경향이 있다. 이는 바깥 잎이 더 깊이 있는 안쪽 잎에 과도한 그늘을 만들지 않도록 수관을 통한 햇빛 통과를 증대시

표 3.11 음엽과 양엽은 크기에서 현저하게 다를 수 있다. 여기서, 호랑가시참나무(*Quercus ilex*)의 양엽(왼쪽)과 음엽(오른쪽)의 상대적인 크기를 보여준다.

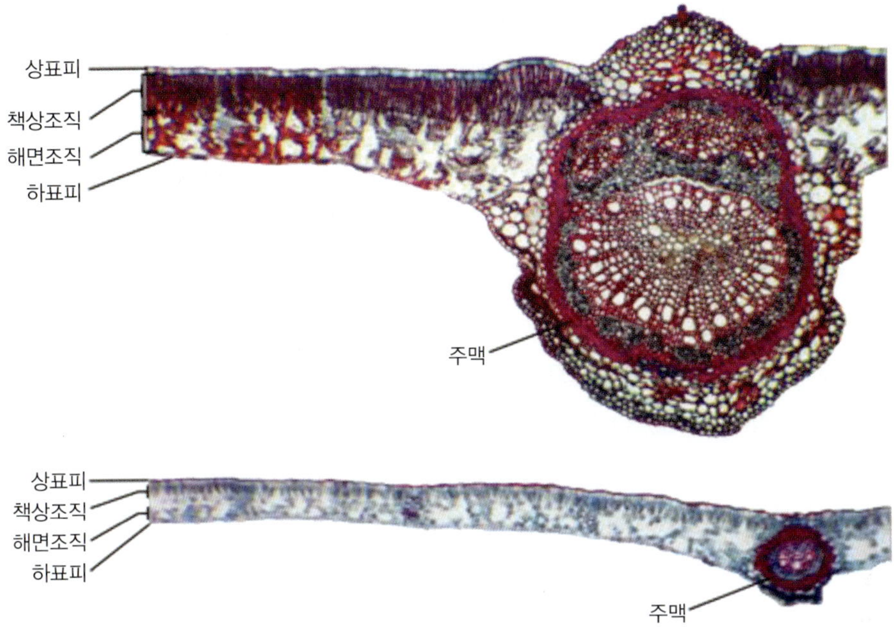

그림 3.12 너도밤나무(*Fagus sylvatica*)에서 채취한 양엽(위)과 음엽(아래)의 일부 단면. 양엽은 더 두꺼운 표피층, 두 층의 조밀하게 채워진 책상조직 세포, 더 깊은 해면조직 층, 목부와 사부를 감싸고 있는 주맥을 가지고 있다. 음엽은 더 얇은 표피층, 한 층뿐인 책상조직, 더 얇은 해면조직 층, 더 작은 주맥을 가지고 있다. 상대적인 크기도 보여준다.

키고, 양엽이 과열되지 않도록 하기 위한 필요성과도 관련이 있다. 대부분의 수분 증발이 잎의 가장자리에서 발생하고 결각이 가장자리의 길이를 증대시키기 때문에, 더 깊은 결각이 보다 효과적으로 열을 분산시킴으로써 더 낮은 평균과 최고 기온을 보이는 것으로 나타났다(Vogel 2012). 따라서 잎의 형태와 크기의 상대적으로 단순한 변형만으로도 자기 차광(自己遮光, self-shading)과 잎의 과열을 줄임으로써 전체 수관의 전반적인 광합성 효율을 향상시킬 수 있다.

대부분의 교목은 수관 전반에 걸쳐 대비되는 햇빛 환경을 최대로 활용하는 양엽과 음엽을 모두 가지고 있다. 따라서 더 그늘진 교목이 더 많은 음엽을 가지는 경향이 있는 것은 놀랄 일이 아니다. 극단적인 경우를 생각하면, 임관 아래에서 발견되는 경우와 같이 그늘이 심한 여건에서는 교목이 음엽만을 가질 수 있다. 반대로 고광도 환경에서는, 일부 수종에서 양엽만 생산할 수 있다. 이러한 현상은 해당 교목의 수관 내부 가장 깊은 잎에도 많은 빛이 도달하는 매우 개방된 수관을 가진 교목에서 발견된다(구주물푸레/*Fraxinus excelsior*에서처럼).

전체 교목 수준에서는 교목을 **다층**(多層, multilayer) 종과 **단층**(單層, monolayer) 종으로 나눌 수 있다(Horn 1971). 다층 교목은 양엽과 음엽으로 구성되는 경향이 있어서 고광도 환경에서 최고의 상태가 된다. 광도(光度, light intensity)가 높아짐에 따라 상단 잎은 바로 자신의 광포화점에 도달하여 자신의 광합성 속도를 증대시킬 수 없을 것이다. 그러나 수관 속으로 침투하는 추가 햇빛은 여전히 전반적인 광합성 증가로 이어질 것이다. 또 다른 극한 상황인 저광도 환경(일반적으로 전광의 25% 미만)의 경우, 교목은 단층으로 된 잎을 가지고 운용할 수 있고, 이는 자가 그늘을 줄여서 각 잎이 가능한 한 많은 빛에 노출되도록 한다. 단층의 교목으로는 일반적으로 우림(雨林, rain forest)의 그늘이 깊은 틈새에 사는 개척수종(그림 3.13)과 흐린 날이 많은 환경이나 그늘이 깊은 위치에서 자라는 열대림의 임관 아래 교목 등이 있다. 버즘단풍나무(*Acer pseudoplatanus*)처럼 일부 온대지방 교목도 단층 수관을 가진다.

자신들이 자라는 햇빛 환경에 대해 잎이 효과적으로 설계된다는 사실은 햇빛 환경에

그림 3.13 온두라스 열대 운무림(雲霧林, cloud forest)의 틈새에서 자라고 있는 단층 교목인 트럼펫나무(*Cecropia peltata*). 그늘에서 자라고 있어서, 자가 그늘을 줄이고 이들이 받는 빛의 양을 극대화하기 위해 단층으로 배열되어 있다.

대한 갑작스런 변화가 문제가 될 수 있다는 것을 의미한다. 양엽이 갑자기 저광도 여건으로 떨어질 가능성은 드물지만, 교목이 농장에서 매우 그늘진 부지로 이식되면 가능하다. 보다 흔한 경우는 인접 교목이나 독립 교목의 외곽 수관인 상층이 제거되는 것이다. 이는 교목 수관이 급격하게 축소되거나 과도하게 절단된 생울타리인 경우에 특히 문제가 된다. 이러한 갑작스런 광도 증가는 지금까지의 음엽이 쉽게 엽소(葉燒, leaf scorch)나 생리적인 피해로 이어질 수 있다. 내부 음엽의 제거는 잔여 음엽이 여전히 양엽에 의해 그늘져 있기 때문에 해당 교목에 대한 문제는 크지 않을 것이다. 사실 교목은 일반적으로 크게 영향을 받지 않는다. 수고 6~7m 양벚나무(*Prunus avium*)를 이용한 연구에서, 위쪽의 가지 윤생체 다섯 개를 제외한 모든 가지를 전정함으로써 해당 교목 수관의 아래쪽 22%를 제거한 결과 수고생장에 영향이 없었고 이듬해에 직경생장이 4% 감소하는데 그쳤다. 위쪽의 가지 윤생체 셋을 제외한 모든 가지를 전정함으로써 해당 교목 수관의 50%를 제거한 결과 총 수관고에는 영향이 없었고 직경생장이 첫 해에 5%, 그 다음 해에 9% 감소하는데 그쳤다(Springmann 등 2011). 그러므로 주로 음엽을 달고 있는 아래쪽 가지의 제거는, 만약 양엽을 가진 위쪽 가지가 그대로 있고 충분한 햇빛을 받으면, 생장에 매우 제한적인 영향만을 미치는 것으로 보인다. 그러나 음엽이 특별히 생산적이 아닐지 모르지만, 이들은 하층에서 자라는 잠재적인 경쟁자의 실생묘가 사용할 수 있는 빛의 양을 줄여줌으로써 삼림지대 여건에 있는 교목에게 도움이 될 가능성이 있다(Margalef 1997). 이들은 해당 교목의 안정성(安定性, stability)에도 도움이 될 수 있다. 수관 내 가지의 움직임은 감쇄(減殺, damping)라고 알려진 과정을 통해 바람 에너지(wind energy)를 소멸시키는 데 도움을 준다. 이렇게 해당 교목에 전가된 바람 에너지를 줄여줌으로써 안쪽 가지는 교목의 안정성을 향상시키는 데 중요한 역할을 할 수 있다(James 등 2006; Biomechanical Design of Tree Crowns/교목 수관의 생체역학적 설계 참조). 따라서 상대적으로 생산성이 낮은 잎과 가지도 경쟁 식물에게 가용한 햇빛 자원을 줄여주거나 해당 교목의 생체역학적 통합성을 높여주는 중요한 역할을 할 수도 있으므로, 광합성 관점에서만이 아니라 전반적인 관점에서 수관을 고려하는 것이 중요하다.

3.5 잎의 배열

음엽조차도 더 큰 수관 내부나 임관(林冠, forest canopy) 아래의 저광도에서는 자기 차광

그림 3.14 편평하고 중첩되지 않게 가지에 붙어 있는 잎(평면배열/planar array)은 그늘진 환경에서 자라는 교목에서 종종 관찰될 수 있다. 하층에서 자라는 이 설탕단풍나무(*Acer saccharum*)는 잎의 정밀한 분포가 어떻게 자기차광을 최소화하고 수광단면을 극대화하는가를 실제로 보여준다.

이 위협이다. 이 때문에 하층에서 자라는 교목이 종종 자기차광을 최소화하고 수광단면(受光斷面, light interception)을 극대화하는 중첩되지 않은 편평한 층(non-overlapping layer)으로 펼쳐진 가지에 잎을 달고 있다(그림 3.14). 특히 단풍나무속(*Acer*)과 너도밤나무속(*Fagus*)에 속하는 많은 종이 이러한 모습을 잘 보여준다.

줄기를 따라 나선형의 잎 배열(**잎차례**/葉序, phyllotaxy)은 서로 바로 위에서 연속되는 잎이 발생하는 것을 방지한다. 줄기의 길이를 따라 내려다보면 항상 각 잎이 서로 다른 방향을 향하고 있는 것을 확인할 수 있다(그림 3.15). 장지(長枝, long shoot)와 단지(短枝, spur, short shoot) 활용을 비롯하여(일부 종에서) 연속되는 잎 사이 줄기의 거리(절간 길이/internode length)를 조절하는 것도 자기차광을 줄이는 데 도움을 줄 수 있다. 잎자루 길이도 잎이 중첩되는 것을 방지하기 위해 조절될 수 있고, 일부 종(예: 유럽사시나무/*Populus tremula*와 북미사시나무/*P. tremuloides*)은 납작한 잎자루가 여과되지 않은 햇빛 조각(**광반**/光斑, sun fleck)이 자신의 안쪽 잎에 도달할 수 있도록 잎이 펄럭이는 것을 용이하게 한다. 이들의 발전적인 특징의 결합된 효과가 고도로 조직화되고 효율적인 햇빛 가로챔으로 이어진다.

이와 달리, 효율적인 양엽을 이용함에도 불구하고 수관 상단의 높은 광도는 이들 잎에 과도하여, 역설적이게도 광합성의 감소로 이어져서(**광저해**/光沮害, photoinhbition) 해당 잎과 수관 규모에서 광합성의 효율이 하락한다. 이러한 상황 하에서, 잎의 각도를 조절하여 일부 햇빛을 흩뜨리거나 잎의 자기차광을 조장하는 것이 실제로 전체 수관의 광합성 산물을 증대시킬 수 있다(Cescatti & Niinemets 2004). 실제로 일부 유칼리나무 숲

(a) (b) (c) (d)

그림 3.15 자기차광을 줄이는 데 도움을 주기 위해 잎이 줄기 주위에 나선형으로 배열되어 있다: (a) 미국참나무(*Quercus alba*), (b) 미국풍나무(*Liquidambar styraciflua*), (c) 방크시아(*Banksia serrata*), (d) 몽키퍼즐트리(*Araucaria araucana*).

은 복사부하(輻射負荷, radiation load)를 줄이기 위해 자신의 잎을 수직으로 달고 있기 때문에 '그늘이 없는 숲'으로 알려져 있는데(그림 3.16), 이는 이들 잎을 더 서늘하게 유지하는 이점도 있다.

3.6 복엽

복엽(複葉, compound leaves)을 가진 교목(그림 3.2)은 서로 다른 다양한 환경, 특히 건조지역(乾燥地域, arid region)과 계절성 우림에서 번성하지만, 온대지방의 일부 서식지에서도 흔하다. 단일의 복엽과 잔가지에 붙어 있는 일련의 개별 단엽은 매우 비슷하게 보일

그림 3.16 일부 유칼리나무 숲은 복사부하를 줄이기 위해 자신의 잎을 수직으로 달고 있기 때문에 때로는 '그늘이 없는 숲'으로 알려져 있다. 웨스턴오스트레일리아주 Leeuwin–Naturaliste 국립공원의 카리나무(*Eucalyptus diversicolor*) 숲에서 보여주는 바와 같이, 이렇게 하면 이들 교목 아래 환경은 매우 밝게 보일 수 있다는 것을 의미한다.

수 있는데, 그렇다면 일부 서식지에서 복엽의 분명한 특징은 무엇인가? 대답은 복엽이 **엽축**(葉軸, rachis)이라고 불리는 낙엽성 잔가지에 배열된 소엽(小葉, leaflet)으로 구성되어 있다는 사실과 관련이 있는 것 같다.

이들 일회성 가지는 수많은 대비되는 환경에서의 식물 생장 결과에 상당한 차이를 가져올 수 있다. 계절적인 가뭄이 발생하는 경향이 있는 지역에서는, 물을 보전하는 데 도움이 되는 것은 모두 중요할 것이다. 잎이 떨어지고 나면, 가장 가는 가지는 부피 대비 표면적 비율이 높기 때문에, 여전히 상당한 양의 물을 증산할 수 있다. 복엽을 가진 교목에서는, 엽축도 떨어뜨리기 때문에 이러한 추가적인 수분손실에 대한 취약성을 완화시킬 수 있다. 이것이 수분 부족에 대처하는 유일한 전략인데, 이처럼 도전적인 환경에서는 작은 차이가 커다란 결과를 가져올 수 있다. 적어도 부분적으로 이러한 이유 때문에, 바오밥나무(*Adansonia digitata*), 가시미모사류(*Vachellia* spp.), 산호나무류(*Erythrina* spp.)가 종종 아프리카 사바나에서 발견된다. 북아메리카의 비슷한 가뭄이 나타나는 지역에서 발견되는 교목으로는 사막아이언우드(*Olneya tesota*), 파킨소니아류(*Parkinsonia* spp.), 프로소피스류(*Prosopis* spp.) 등의 콩과식물이 있다.

서늘하고 습도가 높은 기후에서는, 복엽이 또 다른 편익을 제공한다. 엽축은 주로 팽압(膨壓, turgor pressure)과 소량의 섬유질 조직에 의해 지지되기 때문에 같은 크기의 가지에 비해 키우는 데 경제적이다. 즉 엽축은 목질의 재료를 훨씬 적게 투자하고도 엽면적을 증대시킨다. 일반적으로 어린 녹색의 줄기를 가지고 있기 때문에, 녹색의 엽축은 광합성을 통해 적어도 자신을 형성하는 비용의 일부를 벌충하기도 할 것이다. 이러한 활용을 가장 잘 보여주는 사례는 북아메리카의 동부 낙엽수림에서 볼 수 있다. 가시두릅나무(*Aralia spinosa*)는 이회우상(二回羽狀, bipinnate)의 복엽을 가지고 있는데, 이 복엽을 이용하여 광범위한 가지 요구를 피한다. 이에 비해, 같이 발생하는 교목인 꽃산딸나무(*Cornus florida*)는 단엽을 가지고 있어서, 같은 엽면적을 부양하기 위해 가시두릅나무보다 7~15배의 목재를 더 투자한다(White 1984). 모든 비교가 이처럼 현저하지는 않지만, 복엽은 빠른 수직생장을 위해 사용될 수 있는 에너지를 보전하는 데 도움을 준다(Givnish 1978). 빠른 기회 생장(機會生長, opportunistic growth)이 유리한 범람원(汎濫原, floodplain) 삼림과 같은 고도로 교란된 서식지에는 물푸레나무류(*Fraxinus* spp.)와 네군도단풍(*Acer negundo*)과 같은 복엽을 가진 교목이 많이 있다. 숲틈(forest gap) 정착종과 초기 천이 수종인 가죽나무(*Alianthus altissima*), 두릅나무(*Aralia elata*), 켄터키커피나무(*Gymnocladus dioica*), 아까시나무(*Robina pseudoacacia*), 그리고 물푸레나무류(*Fraxinus* spp.) 중 일부, 마가목류(*Sorbus* spp.)와 옻나무류(*Rhus* spp.)(그림 3.17) 중 많은 종이 이러한 전략의 좋은 예이다.

빨리 자라는 것이 유리한 서식지에서는 복엽이 반복해서 나타나는 것이 교목의 전략이지만, 빠른 생장이 반드시 복엽을 가진 교목의 보존으로 이어지는 것은 아니라는 것을 지적하는 것이 중요하다.

3.7 상록성 잎과 낙엽성 잎

잎은 교목에게 매우 귀중하다. 잎의 불가피한 탈락이 자신의 구축, 유지관리, 방어에 소요된 비용을 갚기도 전에 발생하지 않도록 하기 위해 구축, 발생과 수명이 통제되어야 한다(Chabot & Hicks 1982). 이를 달성하는 것은 쉬운 일이 아닌데, 이는 결빙 온도, 수분 결핍, 무기 양분을 용탈할 수 있는 큰비(豪雨, heavy rain), 초식동물(草食動物, herbivores), 인접한 교목과의 경쟁, 또는 이들의 어떤 형태의 결합 등에 의한 피해가 발생할

그림 3.17 뉴욕주 이타카(Ithaca) 삼림지대 가장자리의 틈새에 정착한 티피나옻나무(*Rhus typhina*). 이는 단엽을 가진 가지가 아닌 복엽을 활용하여 투자를 줄임으로써 틈새를 침범하기에 적합하게 진화된 복엽을 가진 교목의 좋은 사례이다.

수 있기 때문이다. 만약 잎이 이러한 위험을 피하지 못하면, 이들에 견딜 수 있도록 구축되어야 한다. 이러한 이유 때문에, 교목이 만드는 잎의 유형은 자신이 자라는 환경과 밀접하게 연관되어 있다.

모든 환경에 효과적일 수 있는 개별 잎과 수관 설계는 불가능하기 때문에, 폭넓은 **잎 전략**(foliar strategy)이 있다. 아마 잎의 특성 중에서 가장 눈에 띄는 차이는 교목에 붙어 있는 잎의 존속기간과 관련이 있을 것이다. **상록성**(常綠性, evergreen) 교목은 해당 연도를 통해 적어도 일부 잎을 보유하고 있고, 대부분의 구과식물(이에 대한 주목할 만한 예외는 글립토스트로부스/*Glyptostrogus*, 낙엽송/*Larix*, 메타세쿼이아/*Metasequoia*, 황금낙엽송/*Pseudolarix*, 낙우송/*Taxodium*에 속하는 종들이다), 폭넓게 다양한 온대기후와 지중해성 기후에서 자라는 종(호랑가시참나무/*Quercus ilex*와 같이; 그림 3.18), 대부분의 열대성 교목이 여기에 속한다. **낙엽성**(落葉性, deciduous) 교목은 그 해의 일부 기간 동안 잎이 없으며, 계절성 기후에서 자라는 대부분의 종이 여기에 속한다. 이러한 일반적인 특성에도 불구하고, 실제로는 표 3.1에서 보여주는 바와 같이, 상록과 낙엽의 스펙트럼이 특정한 환경적 제약에 반응하여 발달함으로써 서로 다른 폭넓은 성질을 나타낸다.

'상록'과 '낙엽'의 정의는 개별 가지보다는 전체 수관의 모습에 기반을 둔다(낙엽시기

그림 3.18 유럽과 중앙아시아의 온대기후에서 자라는 상록활엽수인 호랑가시참나무. 이 종은 현재 유럽 전역에 폭넓게 식재되고 있다.

가 다른 이형낙엽/heteroptosis 종은 예외로 하고; 표 3.1 참조). 개별 잎이 얼마나 오래 사는가(**잎 수명**/leaf longevity)와 얼마나 자주 대체 되는가(**잎 회전**/leaf turnover)가 이들 정의에 중요하다. 겨울 녹색(winter-green – 겨울에 잎이 녹색)의 낙엽수에 부착된 일부 잎은 2~3개월밖에 존속하지 못하는 데 비해, 극단적인 경우 몽키퍼즐트리(*Araucaria araucana*)나 브리스콜소나무(*Pinus longaeva*)와 같은 나자식물은 20~30년 동안 존속할 수 있는 잎을 가지고 있다. 잎의 수명은 종 간의 변이와 마찬가지로 동일한 교목 내에서도 다를 수 있는데, 수관의 상단 가장자리에 있는 보다 활동적인 잎은 그늘진 위치에 있는 잎보다 자주 대체된다.

상록성 잎과 낙엽성 잎의 가치

낙엽성 잎(落葉性葉, decidous leaf)은 광범위한 종에서 진화되었기 때문에 이들은 자신의 장점을 가지고 있는 것이 틀림없다. 잎의 높은 질소 함량과 얇고 넓은 몸체는 잎 단위 무게당 높은 수준의 광합성을 용이하게 한다. 그러나 일 년 내내 살아남기 위해 더 강인한 잎을 요구하는 춥고, 건조하거나 양분이 결핍된 여건에서는 이러한 장점이 훼손될 수도 있다. 연중 불리한 시기 동안 잎을 잃는 것은 이 기간 동안 잎의 유지비용을 없애고, 수분 손실(증산작용)을 줄이고, 뿌리 활동 요구를 경감시킴으로써 이러한 문제를 극복한다. 뿌리로의 물 흡수가 에너지를 요구하지는 않지만, 어떤 형태로든 뿌리 활동의 감소는 에너지를 보존하는 데 도움이 된다.

상록성 잎(常綠性葉, evergreen leaf)은 적어도 낙엽성 잎보다 매년 더 긴 기간에 걸쳐

표 3.1 상록성과 낙엽성 교목의 변이

잎의 습성	정의
상록성의 세분	
잎 교체	그 해 안에 교체되는 잎. 잎 수명은 1년보다 짧지만 수관 내에는 항상 살아 있는 잎이 있다.
준상록	새로운 잎이 나오고 난 직후에 오래된 잎이 떨어진다. 잎 수명은 기본적으로 1년이고, 잎이 없는 기간은 분명하지 않거나 매우 짧다.
단기(brevi-) 낙엽성	얼마간의 잎이 그 해의 일부 기간 중에 떨어지지만, 수관의 50% 이상은 절대 떨어지지 않기 때문에 해당 교목이 상록성인 것처럼 보인다.
준낙엽	그 해 중 어떤 시기에 잎의 50% 이상을 잃지만, 절대로 수관을 완전히 드러내지는 않는다.
이형낙엽 (heteroptosis)	불리한 기간 동안 교목의 일부 가지는 완전히 잎이 없는 상태가 되지만, 다른 가지는 일 년 내내 잎을 유지하고 있다.
낙엽성의 세분	
여름 녹색	잎은 가을에 떨어져서 겨울 동안 수관은 완전히 벌거벗는다. 이는 온대지방의 전형적인 낙엽성이다.
겨울 녹색	잎 출현은 여름의 끝에 발생하여 겨울 동안 유지된 후 여름이 시작되면 진다. 교목 수관은 여름 동안 알몸이다. 이는 지중해성기후에서 전형적이다.
가뭄 낙엽성	건기 내내 잎을 떨어뜨린다. 이러한 습성은 뚜렷한 계절적인 건기를 가진 열대림에서 흔하다.
봄 단명형	잎이 초봄에 출현하여 여름에 진다. 이러한 습성은 일반적으로 초본식물에서 발견되지만, 북아메리카 남동부 원산의 관목인 실바티카칠엽수(*Aesculus sylvatica*)에서 기록되었다.

출처: Kikuzawa & Lechowicz(2011). Springer의 허락을 받아 전재.

광합성을 할 수 있을 가능성이 있다. 한온대(寒溫帶, cold-temperate), 아한대(亞寒帶, boreal), 타이가(taiga) 생태계에서는 생장기가 매우 짧지만, 상록성 잎은 새로운 잎을 키우기 위해 필요한 귀중한 시간을 낭비하지 않고 여건이 허락하는 즉시 광합성을 시작할 수 있는 장점이 있다. 이는 또한 서양호랑가시나무(*Ilex aquifolium*)와 같은 온대지방의 하층 수목에서도 중요한데, 단기 낙엽성(brevideciduous)인 이 수목은 위에 있는 낙엽성 교목이 잎을 키워서 임관을 폐쇄하기 전인 봄에 매우 일찍 광합성을 시작할 수 있다. 동일한 현상이 가을에도 일어나는데, 이때 상록성 종은 낙엽성 교목이 잎을 떨어뜨린 후 오랫동안 광합성을 지속할 수 있다. 이러한 생산적인 봄과 가을의 '어깨 기간'(shoulder period)이 없으면, 이들은 해당 서식지에서 경쟁하고 생존할 가능성이 낮을 것이다. 온화한 겨울을 가진 온대지방에서는, 겨울철에 한 동안의 따뜻한 기간 중에 광합성도 가능하다. 상대적으로 추운 날씨인 경우에도, 넓은 잎(침엽과 인엽은 다소 낮은 정도로)을 햇빛이 주위 기온보다 약 10~20℃ 높게 데울 수 있어서 뿌리가 물을 공급할 수 있는 경우 광합성을 하기에 어려움이 없는 여건을 제공한다(Vogel 2009).

일반적으로, 상록성 잎은 몇 년 동안 생존한 후 떨어지기 때문에 이들 잎은 낮은 회전율과 긴 수명을 가진다. 이는 잎 구축을 위해 투자한 자본적인 '탄소 비용'(carbon cost)의 상환이 단 일 년이 아닌 몇 년에 걸쳐 분산될 수 있다는 것을 의미한다(Givnish 2002). 예를 들면, 4년 동안 생존하는 잎인 경우 해당 잎이 순 '탄소 이익'(carbon profit)이 되기 위해서는 매년 탄소 구축 비용의 약 1/4 이상만 고정하면 된다. 그러므로 이들은 한 생장기에 구축 비용을 상환하고 탄소 이익을 실현해야 하는 낙엽성 잎보다 더 긴 기간에 걸쳐 해당 잎의 초기 '탄소 비용'을 상환하는 여유를 가질 수 있다. 이는 낙엽성 잎에 비해 소위 잎 생산에 대한 '(탄소)상각 비용'(amortized cost)이 더 낮다는 것을 의미한다.

대부분의 열대성 환경에서, 교목은 따뜻한 기온, 높은 강우와 변이가 거의 없는 일장(햇빛)이 연중 광합성을 하는데 유리하기 때문에 상록성인 경향이 있다. 이러한 이상적인 생장 여건에서는, 전체 수관의 동시적인 잎 상실은 그 이점을 찾아볼 수 없다. 또한 상록성은 토양 양분이 부족하거나(북부 침엽수림과 같이) 이를 두고 경쟁이 치열하여 확보하기 어려운 지역에서(열대림에서처럼) 자라는 경향이 있다. 다행히도, 상록성은 새 잎에 대한 영양소 투자를 몇 년에 걸쳐 회수할 수 있기 때문에 영양소를 교체하는 상각비용이 낮다. 나아가 상록성은 잎 단위 무게당 영양소 농도가 낮은 경향이 있는데(Reich 등 1997), 이는 더욱 개별 잎에 대한 영양소 투자를 줄여준다. 교목의 영양소 재흡수(營養素再吸收, nutrient resorption)는 약 50% 정도 되기 때문에, 질소와 인의 약 절반만이(건조된 잎 조직 그램당 영양소 밀리그램으로 측정됨) 잎이 떨어지기 전에 모수(母樹, parent plant)로 되돌아간다(Aerts 1996; 더 자세한 내용은 제8장 영양소 순환 참조). 그러나 이 수치는 종에 따라 부지에 따라 분명히 차이가 있다. 예를 들면, 유럽사시나무(*Populus tremula*)는 잎이 노화되는 동안 질소와 인의 60%를 회수한다는 것을 보여주었다(Keskitalo 등 2005). 이러한 방식으로 회수되지 못한 영양소는 모두 새로운 잎이 생산될 때 대체되어야 한다. 척박한 토양에서는, 뿌리 생산에 추가적인 비용을 투자해야 하는 상황에서 새로운 잎을 만들기 위해 더 많은 영양소 확보까지 요구받게 된다. 이 때문에 상록성은 영양소가 부족한 부지에서 경쟁하는 데 이점을 가진다. 수명이 짧은 낙엽성 잎은 해당 잎이 한 생장기에 수지가 맞도록(profitable)하기 위해 요구되는 높은 광합성 능력을 지원하기 위해서는 더 높은 수준의 질소와 인이 필요하기 때문에, 실제로 상록성의 이점은 커진다. 따라서 낮은 잎 영양소 농도와 긴 잎 수명을 가진 종이 영양소가 낮은 환경에서 잘 자라는 경향이 있다(Craine 2009).

수명이 긴 상록성 잎은 더욱 단단하게 구축될 필요가 있다. 북방 침엽수림(boreal forest), 온대와 지중해 지역에서는 이들이 지속되는 피해를 입지 않고 주기적인 서리와/나 수분 결핍에도 생존해야 한다(Chabot & Hicks 1982). 이는 엽면적 단위당 높은 잎 질량(leaf mass)(일반적으로 **엽면적비**[葉面積比, SLA/specific leaf area – m^2/kg], 또는 면적당 잎 질량[LMA, leaf mass per area – kg/m^2]으로 측정된다)을 가진 상록성 잎으로 이어진다. 이처럼 단단한 잎은, 특히 이들이 효과적인 화학적 방어물질도 가지는 경향이 있어서, 초식동물들에게 덜 매력적이도록 만들고, 상대적으로 낮은 영양소 수준 때문에 질이 좋지 않은 먹이가 된다. 그런데 상황이 좋지 않은 생장기에 대체 먹이 원이 거의 없을 때에는 중대한 문제가 된다.

비록 잎의 질김(toughness)을 높이고 화학적 방어물질을 준비하는 것이 개별 잎의 구축비용을 증대시키지만, 상록성과 낙엽성 잎의 실제 비용 차이는 일반적으로 10% 미만이다. 이는 주로 상록성 잎은 일반적으로 잎을 단단하게 만드는 데 많은 비용이 들어가는 작은 잎인데 비해, 낙엽성 잎은 넓고 편평한 잎몸을 구축하기 위해 거의 같은 에너지를 지출하기 때문이다.

녹나무(*Cinnamomum camphora*), 태산목(*Magnolia grandiflora*), 캘리포니아가시나무(*Quercus agrifolia*), 코르크참나무(*Q. suber*)와 같은 잎을 교체하는 교목은(그림 3.19) 상록수에 적합한 환경과 낙엽수에 적합한 환경 사이 지역을 점유하는 경향이 있다. 이들은, 적어도 표면적으로는, 잎을 1년 이상 유지하는 종보다 큰 이점이 없는 것처럼 보인다. 그러나 척박한 토양에서는 낮은 영양소로 인해 광합성이 제한을 받는데, 이러한 유형은 생장기 중 서로 다른 잎 습성 간 광합성에 의해 생산되는 설탕 양의 차이를 줄여준다. 매우 유리한 열대성 환경과 계절적인 건기 지역 사이, 상대적으로 척박한 토양, 오르내리는 토양 수분과 지속적으로 알맞은 기온을 가진 일부 지역에서는 일정 형태의 잎을 교체하거나 준 상록성 습성이 유리하다.

그림 3.19 스페인 안달루시아(Andalucia)에서 자라는 코르크참나무(*Quercus suber*)는 한 세트의 잎을 떨어뜨리고 즉시 다음 세트의 잎을 키우는 잎을 교체하는 교목이다(표 3.1). 상업적인 가치가 있는 주 수간의 코르크질 수피가 제거되었다.

생장이 어려운 기간이 있는 계절성 기후에서는 낙엽성 잎이 유리하다. 주기적으로 건조한 아열대림에서는 교목이 습윤계절(濕潤季節, wet season) 동안 잎을 분출하고 건기 내내 물이 부족하게 되면 잎을 떨어뜨리는 '우기 녹색'(rain-green)이 되는 경향이 있다. 토양 비옥도가 상대적으로 높은 주기적으로 추운 환경에서는, 매년 잎을 교체하는 데 필요한 영양소가 풍부하기 때문에 낙엽성 활엽수가 유리하다. 그러므로 온난/한냉이든 습윤/건조든 고도로 계절적인 환경에서는, 유리한 기간 동안에만 잎이 생산적이기 때문에 낙엽성 습성이 유리한 경향이 있다. 서로 다른 잎 습성의 적응 유의성(adaptive significance)에 관한 훌륭한 평론이 Givnish(2002)에 의해 발표되었다.

3.8 잎의 생물계절학

생물계절학(生物季節學, phenology)은, 새로운 잎이 봄에 언제 나오는지 또는 꽃이 언제

피는지와 같은, 기후와 관련하여 자연적으로 되풀이되는 생활사(生活史, life history) 사건의 시기를 연구하는 학문이다(Larcher 2003). 잎의 출현과, 개화와 낙엽과 같은 다른 생물계절적 사건을 자세히 관찰하는 것도 기후의 어떠한 변화를 평가할 때 도움이 될 수 있다. 사실 생물계절적 사건과 기후 간 관계에 대한 통찰은 전 세계 농부들의 전통적인 지혜의 많은 부분에 정보를 제공했다.

온대 환경에서는, 따뜻한 봄 기온이 낙엽성 교목의 잎 출현에 대한 주된 방아쇠 역할을 한다. 아직 정밀한 생리적 기제(機制, mechanism)에 대한 이해는 불충분하지만, 대부분의 온대 종이 기온에 매우 민감하고 가끔 일장(日長, day length)과도 상호작용을 한다는 것은 분명한데, 구주물푸레(*Fraxinus excelsior*)와 같은 일부 종은 거의 전부 기온에 반응하고, 너도밤나무(*Fagus sylvatica*)와 같은 종은 일장에 더 많이 반응한다. 기온과 일장에 대한 대비되는 반응은 관찰된 연도별 잎 출현의 변이를 설명한다(Lechowicz 1984). 또한 이는 서로 다른 종이 기후변화에 반응하는 방식에 영향을 주는 주된 요소이다. 잎 출현에 대한 통제는 잎이 가능하면 일찍 발생하여 잎이 서리에 의해 피해를 입을 가능성을 최소화하기 위해서다. 조기 출현은 하층 종에게 특히 중요한데, 이들은 임관이 폐쇄되기 전에 고광도 여건에서 높은 생산성을 누릴 수 있고 그늘진 날이 많은 여름 내내 자신들을 유지하기 위해서는 이 기간을 활용해야 하기 때문이다(그림 3.20). 설탕단풍나무(*Acer saccharum*)와 같은 상층 종의 어린 나무들도 봄 늦게 임관이 폐쇄되기 전에 늘어난 가용한 햇빛을 활용하기 위해 자신의 위에 있는 임관 교목보다 항상 1~2주 먼저 잎

(a) (b)

그림 3.20 이른 잎 출현은 하층 종에게 유리하다. (a) 상층 교목이 잎을 전개하기 전에 잎을 전개하면 하층 종에게는 이른 봄에 광합성을 하기에 훨씬 쉽다. 이 방풍대(防風帶, shelter belt)에서는 서양산사나무(*Crataegus monogyna*)가 하층을 우점하고 있다. (b) 여름이 되면, 임관이 폐쇄되어 하층에 그늘을 지우고 광합성을 효과적으로 할 수 있는 능력을 떨어뜨린다.

을 생산한다(Augspurger & Bartlett 2003; Kwit 등 2010).

온대 교목의 잎 출현 시기에 영향을 미치는 기온 요소는 두 가지이다: 겨울의 충분한 저온(低溫, chilling)과 봄의 따뜻한 기온. 휴면을 타파하기 위해서는, 대부분의 온대지방 낙엽수는 반드시 충족해야 하는 저온요구도(低溫要求度, chilling requirement)가 있다. 문턱온도(-溫度, threshold temperature)는 종에 따라 다르지만, 12℃를 넘는 온도는 냉각에 기여하지 못하고 그렇다고 결빙이 필요한 것은 아니다. 6℃가 최적의 냉각 기온으로 보이며 0~10℃가 가장 중요한 범위이다(Polgar & Primack 2011). 만약 대부분의 교목이 자신들의 저온요구도가 충족되기 전에 따뜻한 여건 하에 놓이게 되면, 봄 생장 시작을 매우 주저할 것이다. 이러한 기제가 한겨울에 일시적으로 따뜻한 기간 동안 교목이 봄 생장으로 돌입하는 것을 막기 때문에, 이는 일리가 있다. 저온요구도가 충족되고 나면, 열에너지 축적은 잎 출현 시기에서 중요한 요소가 된다. 이는 종종 **촉성요구도**(促成要求度, forcing requirement) 또는 **열 시간**(thermal time)이라고 부르고, **도일**(度日, degree day)로 수량화한다: 도일은 생장을 위한 최소 문턱온도를 나타내는 임계온도(臨界溫度, critical temperature) 문턱값을 넘는 시간이 누적된 측정치이다. 그러나 열 시간을 계산하는 데는 다양한 접근이 있기 때문에 서로 다른 연구 결과를 해석할 때에는 주의가 필요하다(유용한 고찰은 Jones 2014 참조). 자세한 촉성 요구도는 강한 유전적 통제 하에 있기 때문에, 바꾸기 어렵고 어떤 종이 다른 종보다 왜 봄에 더 천천히 생장을 시작하는가를 설명하는 데 도움이 된다.

결정적으로, 잎은 더 긴 저온 기간이 주어지면 더 빨리 출현한다. 예를 들어, 그림 3.21은 느릅나무류(*Ulmus* spp.)의 경우, 눈이 트기 위한 열 시간은 저온 일(chill day) 수가 증가함에 따라 줄어드는 것을 보여준다. 달리 말하면, 추운 겨울은 온난한 겨울보다 잎 출현을 촉발하기 위한 봄 가온을 덜 요구하지만, 교목은 저온이 불충분하더라도 결국은 생장을 시작할 것이라는 것도 보여준다. 이는 만약 충분한 저온 냉각 없이 매우 온난한 겨울을 보낸다면(높은 저온요구도를 가진 너도밤나무는 영국에서 지금 경험하고 있다) 일부 종은 누적된 봄의 온기가 휴면을 극복하기에 충분한 경우에만 생장을 시작할 것이다. 이는 이른 봄 생장의 희생을 초래한다. 36개 수종에 대한 연구에서, 저온 냉각의 부족은 발아(發芽, budburst)의 상당한 지연과 이들 종의 발아 순서에 상당한 변화로 이어졌다(Laube 등 2014). 이러한 겨울과 봄 기온의 상호작용은, 만약 봄 서리에 피해를 받지 않는다면, 낮은 저온요구도를 가진 종에게 유리할 가능성이 있기 때문에 중요한 의미를 가지고 있다.

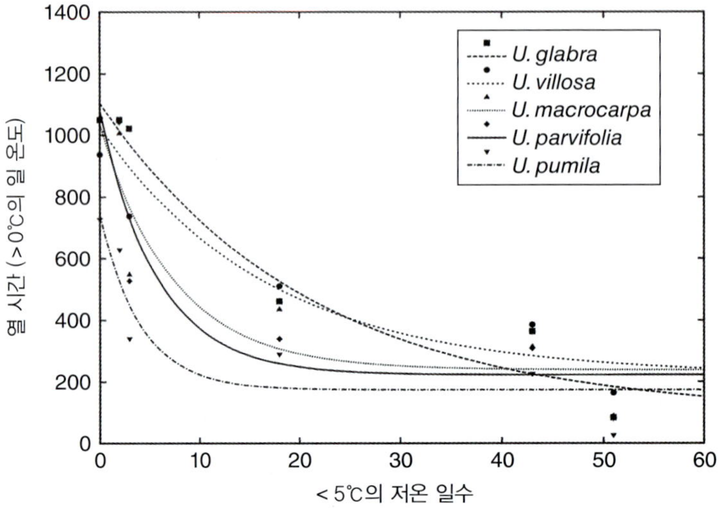

그림 3.21 발아를 위한 열 시간(thermal time)은 5℃ 미만의 평균기온을 가진 날에 더 많이 노출되면 감소한다. 저온 냉각이 증가함에 따라, 눈은 자신의 개방을 촉발하는 봄 열을 덜 요구하지만, 이들 느릅나무들이 관련이 있다는 사실에도 불구하고 열 시간, 저온 일수, 발아 사이의 정확한 상관관계는 매우 다양하다.
출처: Ghelardini 등 (2010). Oxford University Press의 허락을 받아 전재.

일부 종에서는, 일장(식물은 실제로는 밤 시간 길이를 측정하고 있기 때문에 보다 정확하게는 '광주기'[光周期, photoperiod]라고 부른다)이 잎 출현을 조절하는 데 중요한 역할을 한다. 이들 종에서는, 광주기 감수성이 겨울철 이상적인 난파(暖波, warm spell)에 속는 것을 방지하는 추가적인 기제이다. 숲 안에서는 기온 신호가 덜 믿을 만해서 그런지(즉, 숲은 인접한 개방된 땅의 극한 기온을 반영하지 못한다) 교목의 임관 아래서 자라는 종은 광주기가 큰 역할을 하지 못하는 초기 천이수종보다 광주기에 더 민감한 것 같다(Basler & Körner 2012).

이에 따라 기온과 광주기의 상호작용이 온대지방 교목을 세 가지 광범위한 유형으로 나눈다:

1) 낮은 겨울철 저온 요구와 따뜻한 봄 기온(촉성 요구)을 요구하는 종;
2) 저온 요구와 촉성 요구를 가진 종;
3) 저온 요구, 촉성 요구, 광주기 요구를 가진 종(Polgar & Primack 2013).

첫 범주는 보다 따뜻한 기후에서 자라는 종이 해당되고, 둘째 범주는 온대지방 교목에 가장 광범위하게 분포하고 있으며, 세 번째 범주는 다른 교목의 임관 아래에서 자라는 천이의 가장 후기 수종이 해당된다.

반면, 가을 낙엽은 주로, 기온에 반응하는 풍나무류(*Liquidambar* spp.)와 같은 몇몇 수종을 제외하고, 일장에 의해 조절된다. 이의 이유는 온대지방 교목은 결빙 상황에 의해 중단되기 전에 겨울을 준비해야 하고, 이렇게 함으로써 잎이 떨어지기 전에 계획에 따라 잎으로부터 영양소를 질서 있게 재흡수할 수 있기 때문이다(보다 자세한 내용은 제8장 참조). 따라서 교목은 겨울이 닥치기 전에 겨울이 다가오고 있다는 경고를 느낄 필요가 있는데, 광주기가 가장 믿을 만한 신호이다. 미루나무(*Populus deltoides*)의 내한성(耐寒性, cold hardiness)을 통제하는 유전자가 저온을 경험하기 전에 단일(短日, short day)에 의해 켜질 것임에 틀림없다(Park 등 2008). 이러한 사실은 가로등 가까이에서 자라는 교목에서 쉽게 볼 수 있는데(그림 3.22), 인공적으로 더 긴 낮(실제로는 더 짧은 밤인데)을 가지는 잎은 훨씬 더 긴 기간 동안 잎을 유지한다. 그러나 기온도 당연히 역할을 하는데, 이는

그림 3.22 이 노르웨이단풍(*Acer platanoides*) 잎의 대부분은 가을의 짧아진 일장에 반응하여 떨어졌지만, 왼쪽 가로등 바로 주위의 잎들은 여전히 장일을 경험하고 있어서 더 오래 달려 있다.

기온이 겨울 준비의 속도를 바꾸기 때문이다. 즉, 가을이 따뜻하면 교목은 자신이 취해야 하는 대책을 주저하고 생장기를 최대한 활용하기 위해 조금 더 생장을 유지하기 때문에 생장기가 더 길어진다. 이는 특히 무한생장(無限生長, indeterminate growth)에 의해 발생된 어린잎에서 두드러진다(제2장).

여기서 잎의 탈락이나 **탈리**(脫離, abscission)는, 단순히 잎이 죽거나 떨어져나가는 것이 아닌, 해당 교목의 에너지를 쓰는 계획적인 과정이라는 사실을 지적할 필요가 있다. 부러진 가지를 보면 쉽게 이를 증명할 수 있는데, 잎이 시들어서 죽었지만 따내기에는 대단히 힘들다. 일단 잎의 유용한 구성요소가 해당 교목으로 재흡수되고 나면, 잎의 기부에 탈리대(脫離帶/떨켜층, abscission zone)가 형성된다(그림 3.23). 이는 수피에 있는 것과 비슷한 리그닌이 없는 코르크질 세포의 층으로 구성된다. 식물 호르몬(대부분 에틸렌과 옥신)의 통제 하에서, 이들 세포는 서로의 접촉을 느슨하게 하여 결국에는 코르크 조직 간의 분열로 잎이 떨어진다. 이후 가지에 남은 코르크질 세포는 잎이 떨어지면서 남긴 상처(엽흔/葉痕, leaf scar)를 감쌈으로써, 이를 수분 손실과 병해충의 침입으로부터 효과적으로 밀폐한다.

생물계절학 지식은 기후변화가 관리되는 경관과 자연경관 모두에 무슨 일이 있어날 것인가를 예측하기 위해 노력하는 데 유용할 수 있다. 시간이 지남에 따라, 잎 출현 시

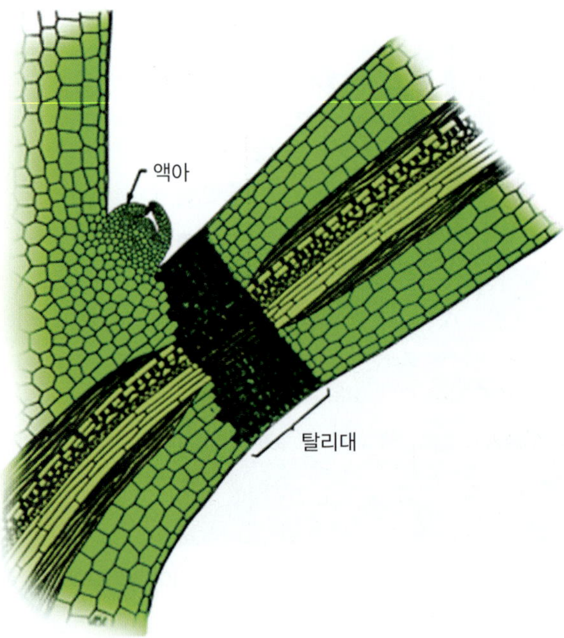

그림 3.23 잎의 기부에 형성된 탈리대.
출처: Weier 등(1982). Thomas Rost의 허락을 받아 전재.

기의 변동이 종의 자연 분포범위의 확장이나 축소로 이어질 수도 있다. 예를 들면, 겨울철 저온이 거의 필요 없는 종은 봄에 점진적으로 더 일찍 잎이 나와 더 잘 자람으로써, 엄격한 저온 요구를 가진 종을 경쟁에서 이길 수도 있다. 저온 요구를 충족시키지 못해 발아가 지연되면 생장기가 더 짧아진다.

3.9 교목 수관

우리는 나무를 생각할 때, 가끔 키가 큰 우아한 거인의 이미지를 떠올리지만, '햇빛을 향한 경주'(race for light)에서는 달려야 하는 궁극적인 거리는 경쟁자가 정한다. 성공적인 교목의 목표는 높게 자라는 것 자체가 아니라 인접하고 있는 교목보다 더 높게 자라는 것이다(King 1990). 물론 높이 자라는 것에 대한 대안은 저광도 여건에서 생존하는 길을 찾는 것이다. 세계의 거인 교목은, 만약 자신의 이웃과 보조를 맞추기 위해 노력하지 않는다면, 절대로 그렇게 크게 자라지 않는다. 높게 자라서 최대량의 햇빛을 잡기 위해 잎을 내어 유지하는 것은 목질의 골격이 필요하다. 중력과 바람으로부터의 힘이 목질의 골조에 작용하기 때문에 충분한 지지를 제공하기 위해서는 상당한 양의 생물량(生物量, biomass)이 헌신해야 한다. 물과 영양소 자원이 이 골조를 통해 잎으로 운반되어야 하고, 광범위한 유관속 시스템(목부와 사부)이 필요하다. 줄기와 가지의 더 큰 골조는 구축하는 데 효율성이 점점 떨어지기 때문에 이는 교목에게 문제를 일으킨다. 수직적인 높이는 햇빛을 포획하는 데 이점을 제공하지만, 잎을 붙잡고 이들의 기능을 유지하는 데 요구되는 구조적인 지지와 통도 경로를 확보하기 위해 불균형적으로 비용을 사용하게 된다. 반면, 키가 작은 교목은 지지와 통도 경로의 길이를 위해 필요한 투자는 줄일 수 있지만 키가 더 큰 이웃에 의한 과도한 그늘에 피해를 입게 된다. 이처럼 상반되는 요구는 각 수관이 항상 타협의 산물임을 의미한다(Valladares & Niinemets 2007).

수관 설계에서의 이러한 타협은 공식에 환경적인 스트레스가 추가되면 더욱 복잡하게 된다. 고도의 역학적 스트레스를 가진 환경에 적응한 종은 스트레스가 낮은 환경에서는 경쟁력이 떨어지는 경향이 있고, 반면 스트레스가 낮은 서식지에 적응한 종은 역학적으로 스트레스가 큰 부지에서 성공적이지 못한 경향이 있다(Givnish 1995). 이러한 개념은 캐나다 로키산맥(Canadian Rocky Mountains)의 눈사태 경로 내부와 주변의 목본식물 분포에 관한 연구에서 아주 잘 설명되어 있다. Johnson(1987)은 짧고 관목성 줄기를 가진 난장이자작(*Betula glandulosa*)과 회색버드나무(*Salix glauca*)는 잘려나가지 않고 지면으로 휘어질 수 있었지만, 줄기가 더 크고 더 굵은 엥겔만가문비(*Picea engelmannii*)와 롯지폴소나무(*Pinus contorta*)는 더 강함에도 불구하고 덜 유연하여 눈사태 때 잘려나갔다. 그러나 눈사태가 없으면, 약 15~20년 안에 가문비와 소나무는 이들 자작나무와 버드나무를 덮을 수 있었다. 이에 따라, 자작나무와 버드나무는 높고 가파른 눈사태 경로를 우점한 데 비해, 가문비나무와 소나무는 완만한 경사와 눈사태 발생이 적은 주변의 낮은 고도 지역을 우점하였다. 그러므로 역학적인 안전과 햇빛에 대한 경쟁력 사이의 균형이 모든 주어진 환경 내에서의 종의 성공을 결정하는데 매우 중요할 수 있다.

교목이 생장하고 있는 환경은 이러한 햇빛에 대한 접근 확보와 더 큰 목질 골격을 키우는 비용 사이의 타협에 영향을 미친다. 어떤 교목은 자신의 이웃 위로 자라기 위해 일부러 애쓰지도 않는다. 어떤 숲에서든, 특정 교목 종은 자라서 임관(林冠, forest canopy)을 형성하는 데 비해 다른 종은 하층 교목의 뚜렷한 층(層, strata)을 형성한다. 햇빛이 교목 임관으로 어떻게 침투하는가를 관찰한 Terbough(1985)가 이들 교목이 어떻게 충분한 햇빛을 얻을 수 있는가에 대한 핵심적인 통찰을 제시했다. 태양이 하늘을 가로질러 움직임에 따라, 임관의 틈(gap)은 햇빛이 넓은 각도에 걸쳐 임상(林床, forest floor)에 침투하도록 하는데, 이 각도는 낮 동안의 태양 경로에 걸쳐 임관의 상단 아래에 햇빛의 삼각형 지역을 만든다(그림 3.24). 만약 태양이 낮 동안 이들 '햇빛 삼각형'(light triangle)을 탐조등(探照燈, search light)처럼 쓸고 지나간다고 상상하면, 이들 삼각형 중 하나에 있는 더 큰 교목이 더 작은 교목보다 햇빛을 더 오래 받는다는 것을 볼 수 있을 것이다. 그러나 임관에 다수의 틈이 있고 햇빛 삼각형이 겹치는 경우에는, 작은 교목도 하루에 여러 번(어떤 특정한 지역에 햇빛을 공급하는 틈의 수에 따라), 비록 그때마다 짧은 시간일지라도, 직사광선을 받을 수도 있다. 임관에서의 이러한 복잡한 틈이 만드는 결과는 지면 가까이에는 보다 공간적으로 균질의 햇빛이고(그림 3.24의 균질한 햇빛 장/light field), 주된 수관 바로 아래에는 보다 가변적인 햇빛이다(그림 3.24의 이질의 햇빛 장). 이러한 이론적인 분석은 어떤 전문적인 종이 낮은 균질한 햇빛 장의 상한까지 자란 후 더 이상 자라지 않을 것이라고 예언할 수 있다. 왜냐하면 이 지점 위로 자라는 것은 해당 교목 수관의 적어도 일부가 계속 그늘져 있어서 이러한 조직의 구축과 유지관리 비용을 보상하기에 충분한 햇빛을 받지 못하기 때문이다. 이것이 일부 삼림 종은 제한이 없는 햇빛을 받고 있음에도 불구하고 특정 수고까지만 자라는 이유를 설명하는 데 도움을 주는데, 이들 종의 생태적인 유산이 수고의 상한을 강제함으로써 해당 종의 수

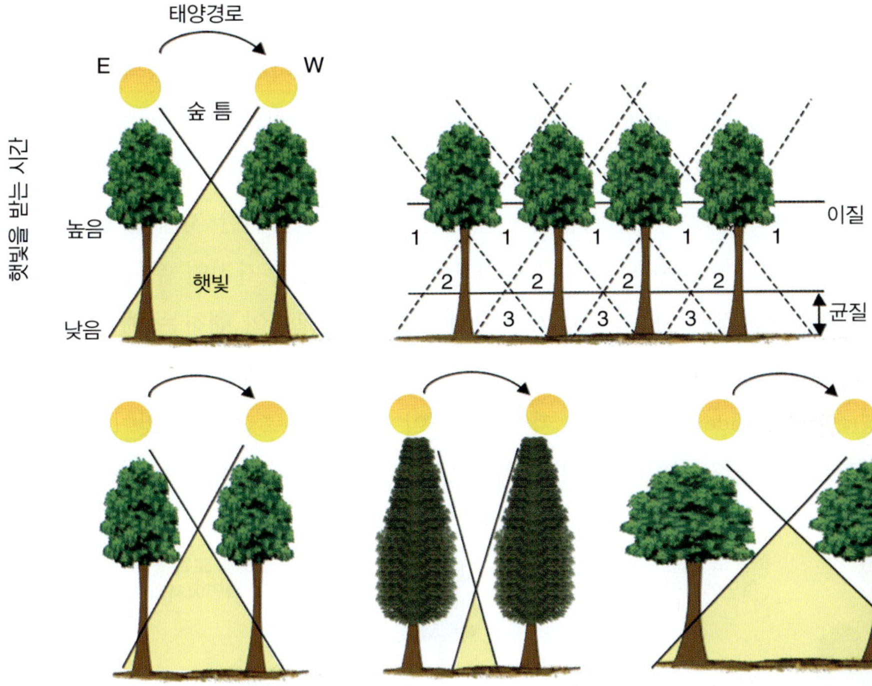

그림 3.24 임관의 틈은 햇빛이 지면의 '햇빛 삼각형'에 직접 도달하도록 한다(위 왼쪽). 교목이 하나의 삼각형 안에서 경험하는 햇빛이 비치는 시간은 지면에서 수관으로 가면서 증가한다. 그러나 햇빛이 하나 이상의 틈을 통과한다고 가정하면, 하나, 둘, 셋 또는 그 이상의 인근 틈(숫자로 나타냄)에 의해 영향을 받는 하층 지역을 가지는 보다 복잡한 패턴이 발견된다(위 오른쪽). 몇 개의 원뿔이 겹치면 균질한 햇빛 장이 만들어진다. 교목 사이 거리와 이들 교목 수관의 형태가 하층의 직접 햇빛 지속시간을 결정한다(아래 그림). 원추형 수관은 햇빛이 하층에 거의 도달하지 못하도록 하는 데 비해, 편평하고 넓은 수관은 그 반대이다. 출처: Terborgh(1992) 재구성 Valladares(2007). Informa plc의 사업부인 Taylor and Francis Group, LLC의 허락을 받아 전재.

직 생장 능력을 조절한다. 이러한 예언은 북아메리카의 성숙한 온대림(다른 온대지방에서도 적용될 것이다)에서 사실인 것으로 확인되었으나, 열대림은 이처럼 햇빛을 충분히 받기 위한 단순한 해결방안으로 설명하기에는 너무 복잡한 것 같다(Terbough 1992). 이러한 생각에 대한 지지는 목본식물의 키가 2.5m 내외이거나 25m 내외인 경향임을 보여주는 약 1,700 목본식물의 지구적 분석에서도 찾아볼 수 있다(Scheffer 등 2014). 수관의 형태와 깊이도 지면에 도달하는 햇빛 삼각형의 범위에 영향을 미칠 수 있다. 낮은 위도에서 발견되는 전형적인 얕고 둥근 수관은 고위도의 한대 환경에서 발견되는 깊고 원추형 수관보다 틈을 통해 더 많은 햇빛을 통과시킨다(그림 3.24). 이것이 한대림 하층의 생물다양성(生物多樣性, biodiversity)이 빈약하고 열대성 하층이 풍부한 이유를 설명하는 데 도움을 줄 수도 있다(Valladares & Niinemets 2007). 고위도에서의 낮은 태양각(太陽角,

solar angle)도 이러한 효과에 영향을 미칠 가능성이 있다.

경사에서 자라는 하층 교목의 경우, 최대량의 햇빛을 받기 위한 방정식은 더 복잡하다. 임관 아래 햇빛 기울기(light gradient)는 경사와 평행하게 흐르기 때문에 생장에 가장 효과적인 방향은 지면에 직각일 때이다(그림 3.25). 이로 인해 자연적으로 하층 교목은 기울어지게 되고, 이는 다시 기울어진 수간을 안정시키기 위한 지지 물질에 대한 추가적인 투자가 필요하게 된다. 즉 수직에서 벗어난 수간은 추가적인 부하가 걸리기 때문에 더 강해질 필요가 있다. 경사면의 하층에서 자라는 교목이 취하는 해결 방안은 경사에 대해 수직이나 직각으로 자라는 것이 아니라, 그림 3.25에서 보는 바와 같이 자신의 내음성(耐陰性, shade tolerance)에 따라 둘 사이 어디쯤으로 자라는 것이다(Alexander 1997). 가로로 불규칙한 햇빛 기울기에 대처하는 대안으로는 내리막 쪽에 더 많은 가지

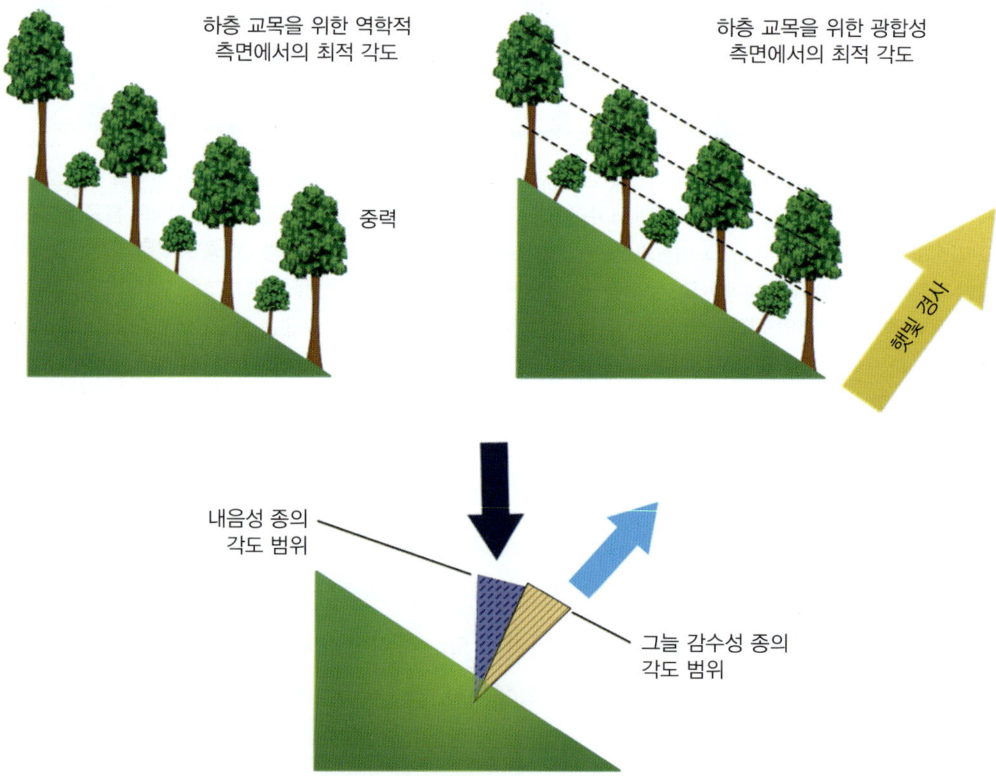

그림 3.25 경사지에 자라는 하층 교목은 역학적으로 최적인 수직으로 자랄 것인지(위 왼쪽), 아니면 광합성 측면에서 최적의 생장 각도인 지면으로부터 상충 임관으로 인해 발생하는 햇빛 기울기에 따라 아래로 기울어진 수간으로 자랄 것인지(위 오른쪽)의 선택에 당면한다. 자신의 햇빛 요구도와 내음성에 따라, 아래 그림에서 보는 바와 같이 개별 종은 두 범주의 수간 각도를 나타낼 것으로 예상된다. 출처: Valladares(2007). Informa plc의 사업부인 Taylor and Francis Group, LLC의 허락을 받아 전재.

가 있는 비대칭적인 수관을 만드는 것이다(Sumida 등 2002; Matsuzaki 등 2006). 이 해결 방안으로 인해 전체 수관의 방향을 바꿀 필요는 없지만, 여전히 더 길어진 가지가 부러지지 않도록 보호하기 위해 이상재(異常材, reaction wood)를 포함한 추가적인 구축비용이 필요할 것이다.

키가 큰 교목은 햇빛을 받기 위해 보다 효과적으로 경쟁하는데, 이들도 더 큰 구조적인 생물량을 유지하기 위해 더 많은 빛을 필요로 한다. 높게 자라면 해당 교목이 더 많은 햇빛을 가로챌 수 있지만, 햇빛에 도달하는 데 들어가는 추가 비용보다 얻는 것이 더 많아야 한다. 또한 생장을 위해서는 충분한 햇빛을 받는 것이 중요한 요소지만, 교목의 수고는 양분과 물을 두고 다른 식생과의 경쟁과 강풍과 지반의 불안정성과 같은 환경 요소에 의해 제한을 받는다.

교목 수관의 형태

교목의 수관은 수고보다 훨씬 많이 구분된다. 종종 특정 종은 수형의 형태와 세부 요소들로 동정할 수 있다. 그도 그럴 것이 수관의 형태는 종 간에 변이가 매우 클 수 있고, 종 내에서도 환경 기울기(environmental gradient)에 걸쳐 다를 수도 있다. 숲 내에서는, 수관의 형태가 대개 자신이 채울 수 있는 공간과 신초 발달의 유전적 통제에 의해 결정된다. 이와는 달리 개방된 상황에서는, 경쟁하는 식생에 의해 거의 방해를 받지 않기 때문에 이의 진짜 형태를 나타낼 가능성이 높다. 수관 형태에 관한 지식은 수관형이 경관 내 교목의 용도(예: 그늘, 바람 차단, 심미적 영향 등)에 미치는 영향이 크기 때문에, 특정 식재부지에 적합한 교목을 선정할 때 중요하다. 수관형은 해당 부지의 향후 관리에도 크게 영향을 미친다. 도로 바로 옆에 넓게 퍼지는 참나무를 식재하는 것은 현명하지 못할 것이다.

교목 수관의 자연적인 형태 변이는 일반적으로 가능한 한 더 많은 햇빛을 '가로채기' 위한 전략적 차이를 반영한다. 가장 효과적인 수관은 모든 잎이 광합성을 효과적으로 하기에 충분한 햇빛을 받도록 하는 것이다. 복잡한 교목 수관에서는, 엄청나게 많은 잎 숫자뿐만 아니라 햇빛의 일일 및 계절적 패턴의 변화 때문에 이것을 달성하는 것은 사실상 불가능하다. 매우 복잡한 열대림 임관의 경우, Hallé 등(1978)이 수행한 교목 형태에 관한 독창적인 연구에서 약 25가지 다른 건축적인 교목 형태를 확인하였다. 이는 햇빛 포획과 수관 구조 사이의 근본적인 상충관계는 상대적으로 2, 3가지 방법만으로 해결될 수 있다는 것을 의미한다. 그러므로 수관 형태가 종종 해당 교목이 발견되는 환경과 연관되어 있기 때문에 수관 형태에 대한 어느 정도의 일반화를 가능하게 한다.

피라미드 또는 원뿔형(conical shape)을 가진 구과식물은 한대림 수관을 우점한다. 이러한 형태는 상대적으로 짧고 유연한 가지를 가짐으로써 눈을 쉽게 떨어뜨리는 데 도움이 된다. 그러나 훨씬 더 중요한 것은, 이러한 수관 형태는 북쪽 고위도의 생장기 대부분에 해당하는 현상으로 태양이 하늘의 낮은 각도에 있는 동안 더 많은 햇빛을 가로채는 것을 용이하게 한다. 또한 이러한 수관이 임분에 발생하면 햇빛은 수관 내 아래를 향해 분산되는 경향이 있어서(그림 3.26) 고위도에서 햇빛을 가로채는데 매우 효과적인 시스템이 된다(Walker & Kenkel 2000). 이것이 항공사진에서 침엽수림은 잎의 색깔이 나타내는 것보다 훨씬 더 어둡게 보이는 주된 이유인데, 이는 침엽수림이 빛을 거의 반사하지 않기 때문이다. 이처럼 방사에너지의 효과적인 흡수는 수관 내부 온도를 5~10℃까지 높여주기도 한다. 추운 환경에서 이것이 효과적인 생장기 기간을 연장시킬 수 있기 때문에 특히 귀중하다(Smith & Carter 1988). 이들의 상록성 잎 습성(낙엽송류/*Larix* spp. 예외)과 동결-융해 공동현상에 대한 더 큰 저항성과 같은 다른 요소도 이

그림 3.26 한대 침엽수림의 원추형은 이들 교목으로 하여금 태양이 하늘에서 낮을 때 햇빛을 가로채는 것을 도와주고, 잎의 특성은 햇빛 포획을 극대화 할 수 있도록 햇빛이 수관 내 깊이 산란되는데 도움을 준다.
출처: Thomas(2014). Cambridge University Press의 허락을 받아 전재.

지역에서의 구과식물 우점에 기여한다. 이러한 원뿔형은 훨씬 남쪽의 덥고 건조한 지역에서 자라는 구과식물에서도 발견된다. 이 환경에서는 이러한 형태가 태양이 머리 위에 있을 때 가장 적은 햇빛을 받도록 도와줌으로써, 잎의 가열을 줄여주어 해당 교목이 시원한 상태를 유지하기 위해 증산을 하는 데 필요한 물의 양을 줄여주는 데 도움을 준다.

저위도에서는, 태양이 훨씬 높은 각도로 하늘을 통과하기 때문에 편평한 상단을 가진 교목이 햇빛을 가로채는 데 보다 효과적이 된다(Kuuluvainen 1992). 이는 또한 다른 편익도 있을 수 있다. 날개단면(aerofoil) 형태를 창출함으로써, 바람이 수관을 관통하기보다 수관의 아래와 위로 통과하는 경향이 있어서, 잎들은 건조시키는 바람으로부터 서로를 보호할 수 있고 자신의 줄기에 그늘을 제공할 수 있다. 이 경우, 냉각은 대부분 아래 수관의 시원한 공기를 끌어당기는 더운 공기의 상방향 대류에 의해 이루어진다. 우산소나무(*Pinus pinea*)와 같은 많은 지중해성 교목과 가시미모사류(*Vachellia* spp.)(그림 3.27)와 같은 사바나 교목이 이러한 수관형을 가진다. 아프리카 사바나에서는, 대부분의 배고픈 초식동물의 키 위에 잎을 유지할 수 있는 이점도 있다. 그럼에도 불구하고 지중해와 사바나 환경에는 다른 수관형도 있어서 모든 종이 이러한 전략을 채택하고 있는 것은 아니다.

온대환경에 의해 주도되는 중위도에서는, 보다 둥근 수관이 전형적이다. 이처럼 습한 환경의 흐린 하늘은 더운 기후의 맑은 하늘에서와 같이 한 점원(點源, point source)으로부터 비추는 햇빛이 아니라 전체 하늘로부터 산란광(散亂光, scattered light)을 만든다.

(a) (b)

그림 3.27 (a) 케냐 마사이마라 국립보호구역(Maasai Mara National Reserve)에 있는 사바나 가시미모사(*Vachellia* sp.)의 비행기 날개형. 이 수관형은 건조한 바람의 영향을 줄이고 줄기에 그늘을 만드는 데 도움을 주며, 대부분의 초식동물이 귀중한 잎에 닿지 못하도록 거리를 유지한다. (b) 다른 교목이 거의 보이지 않은 가운데 멀리 동일한 교목이 보인다. 당연히 기린은 여전히 잎에 닿을 수 있지만 이들은 자신의 얼굴에 묻은 꽃가루로 이 교목의 수분을 도와주기 때문에 일부 잎을 잃는 것은 싼 대가이다.

그림 3.28 왕립식물원 Kew Garden의 공지에서 자란 밤나무잎참나무(*Quercus castaneifolia*). 이렇게 거대한 잎의 둥근 지붕은 흐린 하늘로부터의 산란광을 매우 효과적으로 포획한다.

구름이 많은 온대지방에서는 커다란 잎의 둥근 지붕(그림 3.28)이, 태양이 가끔 나오더라도, 햇빛을 보다 효과적으로 포획한다.

교목 수관 내 가지의 역할

식물이 처음 진화할 때에는, 키가 조금만 커져도 햇빛 포획에서 성공을 보장하는 충분한 이점이 있었고 이는 리그닌(lignin)으로 보강된 조직을 이용하면 가능하였다. 그러나 이는 오랜 기간 지속되지 못하였고, 화석 증거에 의하면 370백만 년 전부터 아르케오프테리스(*Archaeopteris*–고사리 모양 잎을 가진 교목)와 같은 원나자식물(原裸子植物, progymnosperm)이 다년생 가지를 가진 수관을 만드는 첫 '교목'(喬木, tree)이었음을 보여준다(Meyer-Berthaud 등 1999). 이후 많은 식물 집단에서 가지를 형성하는 수관은 더 많은 햇빛을 가로채고 주위 식물과 경쟁하는 수단으로 진화되었다. 적어도 햇빛을 포획하는 관

그림 3.29 호주 빅토리아주 셔브룩포리스트(Sherbrooke Forest)의 키아테아(*Cyathea* sp.)와 같은 교목고사리는 매우 단순한 단일 줄기에 매달린 가지가 없는 수관을 가지고 있다. 이처럼 원시적인 형태에도 불구하고 이들은 많은 숲 생태계에서 하층의 중요한 부분으로 남아 있다.

점에서, 가지를 형성하는 것은 수관 설계에서 가장 중요한 혁신 중 하나였다. 수많은 교목이 복잡한 가지 형성을 하지 않고(예: 야자수/palm tree와 교목고사리/tree fern, 그림 3.29) 성공적으로 존속하고 있는 것은 분명하지만, 가지 형성은 보다 최근에 진화된 교목의 필수불가결한 특징으로 유지되고 있다.

가지 형성은 줄기 시스템의 생장점(정단분열조직/apical meristem)의 수를 늘리고, 한 정단분열조직에 대한 손상으로 인한 영향을 줄여준다. 야자수와 교목고사리의 단일 수관에 있는 정단분열조직에 대한 손상은 전체 식물에 대해 큰 재앙일 수 있다. 가지가 있는 수관을 가진 교목은 성공적인 생장을 위해 개별 생장점에 대한 의존도가 낮기 때문에 하나 또는 2~3개의 정단분열조직에 대한 손상으로부터 정상적으로 회복할 것이다. 그러나 이는 교목 가지의 진화적 발달을 야기하는 보다 효과적인 햇빛 포획으로부터 얻는 광합성 상의 이점이었을 수 있지만, 식물 설계의 수많은 측면과 마찬가지로 상충이 발생한다. 더 큰 수관의 이점은 추가적인 지지가 요구되는 불이익이 따른다.

교목 수관의 생체역학적 설계

교목은 많은 경우 지면 위에 수십 미터에 달하는 수관을 지탱하기 위해 폭넓은 수간과 굵은 가지를 발달시킨다. 이들 모든 목재 자재는 무게가 수천 킬로그램에 달할 수 있지만, 목재는 압축보다 인장에서 약 2배 정도 강함에도 불구하고, 압축에 저항하는 능력은 여전히 교목에 가해지는 중력 부하를 훨씬 초과한다. 목재 밀도가 물의 절반(0.5g/cm³ 또는 500kg/m³)[1]이라고 가정하면, 목재는 제곱미터당 약 50메가파스칼(megapascal) 또는 50메가뉴턴(meganewton)의 압축 강도(壓縮强度, compressive strength)를 가진다. 이는 교목이 자신의 무게에 의해 스스로 으스러지는 위험에 처하기 전에, 초살(梢殺, taper)을 감안하지 않더라도, 높이 약 10km에 도달할 수 있다는 것을 의미한다(Vogel 2012). 교목은 단순히 중력의 부하 하에서 자기 자신의 무게에 견딜 수 있는 자신의 한계 가까이까지 자라지는 않는다.

훨씬 더 중대한 파손 위험은 **오일러좌굴**(-挫屈, Euler buckling)에서 비롯된다. 이는 교목에 가해진 부하가 수간(기둥)이 수직으로부터 벗어나게 하여 일정 임계한도(臨界限度, critical limit)를 넘어서 휘어질 때 발생하는데, 이렇게 되면 파손은 어떠한 추가적인 하향력(下向力, downward force) 없이도 발생할 수 있다(Niklas & Spatz 2014). 이는 여러분이 마른 스파게티 한 가닥의 아래 끝을 식탁 위에 수직이 되도록 잡은 다음 위쪽 끝에 하향력을 가하면 쉽게 예증될 수 있는데, 일단 스파게티가 특정 지점을 벗어나서 휘어지면 매우 쉽게 부러질 것이다. 만약 오일러좌굴을 교목에 적용하면, 보다 현실적인 최대 수고를 예상할 수 있다.[2] 교목이 유연성이 없는 땅에 뿌리를 내리고 있고, 교목의 상단은 자유롭게 움직일 수 있고, 부하력(負荷力, load force)은 수간의 상단을 향해 집중되고, 횡단면의 형태는 초살이 없는 원통형이고, 목재 밀도와 강성(剛性, stiffness)은 평균값을 적용한다는 몇 가지 가정을 설정하면, 이론적인 교목의 수고 한계는 약 115m가 된다(Vogel 2012). 이는 훨씬 현실적인 한계로 보인다. 그러나 줄기 초살과 기둥을 따라 보다 균등한 부하와 같은 요소들이 이러한 교목의 이론적인 최대 수고를 높일 것이다. 그러므로 대부분의 교목에서 수고는 강풍에서의 좌굴에 대해 상당한 안전여유(安全餘裕, safety margin)를 가지는 방식으로 수간 직경에 따라 변화한다(Niklas & Spatz 2014). 개방

---

1 목재는 실제로 밀도가 0.1g/cm³로부터 약 1.4g/cm³(즉, 물보다 더 밀도가 높아 일부 목재는 실제로 가라앉는다)에 이르기까지 굉장히 다양하다.

2 오일러 좌굴의 수학에 대한 자세한 설명은 Vogel(2012)이나 Niklas & Spatz(2014)을 참고하라.

된 공간에서 자란 교목의 경우처럼 햇빛에 대한 경쟁이 낮고 수고를 높이는 것이 큰 이점이 없으면, 교목은 종종 자신의 이론적인 좌굴 수고 한계의 약 25%까지만 자란다(McMahon 1975). 숲 환경에서, 햇빛 포획에서 수고의 이점이 크고 교목이 바람으로부터 보호되고 있는 경우에는, 안전여유는 더 작아지게 된다. 말레이시아의 열대 저지대 숲에서는, 91개 서로 다른 종의 수고가 자신들의 이론적인 좌굴 높이에 근접하는 것으로 평가되었다. 평균적으로 이들 숲의 교목들은 자신의 이론적인 좌굴 높이의 65%에 도달했으며 일부 교목은 88%에 이르렀는데, 이는 보호되고 있는 환경에서는 교목이 생체역학적 한계 가까이까지 자란다는 것을 나타낸다(King 등 2009).

중력(重力, gravity)은 일단 교목이 넘어지면 압도적으로 지배적인 힘이지만, 수고 면에서 대부분의 교목이 자신의 생체역학적 한계 가까이까지 자라지 않기 때문에, 중력이 키 큰 교목이 넘어지는 것을 주도할 가능성은 거의 없다. 교목에 작용하는 보다 중요한 힘은 바람에 의해 제공된다. 교목이 어떻게 반응하는가를 살펴볼 때, 교목(그리고 이의 가지)을 외팔보(cantilever beam)(즉, 한 쪽 끝만 부착되어 있는 보)로 생각하는 것이 훨씬 도움이 될 것이다. 교목 수관은, 자신의 가지, 잎, 열매의 무게에 의해 부하가 걸리지만, 수관을 끌어당기는 풍하측(風下側, lee ward – 바람이 불어가는 쪽)의 바람에 의해 유발되는 **항력**(抗力, drag)이 작용하고 있는 가장 중요한 힘이다. 항력(수관을 관통하여 움직이는 바람에 의해 유발되는)과 수간의 긴 **지레팔**(lever arm/effort arm이라고도 함)의 결합이 지면으로부터 교목을 비틀기 위해 작용하는 커다란 **회전 모멘트**(turning moment/torque)를 일으킨다.

회전 모멘트는 지면과 부착되어 있는 지점(지렛대가 가장 긴 곳)에서 가장 크기 때문에 교목은 자신 수간의 위쪽 어떤 지점에서 부러지기보다 지면에서 잡고 있는 것이 실패할 가능성이 더 높다. 사실 부후가 없는 상태에서의 재앙적인 수간 파손은 드문데, 발생한다면, 일반적으로 고속의 돌풍과 관련이 있다. 교목이 땅에 서 있지 못하는 것은 어떤 이유에서든(이는 가끔 부후와 관련되어 있다) 자신의 뿌리가 파손되었거나 토양 자체가 교목을 통해 전달되는 힘에 견딜 수 있는 충분한 강도를 가지고 있지 못하기 때문일 가능성이 매우 높다. 그러므로 땅에 자신을 고정시킬 수 있는 교목의 능력은 수관을 직립으로 유지하는 데 결정적이다(교목이 이를 어떻게 성취하는가에 대한 보다 자세한 내용은 제4장을 참고하라).

가지도 외팔보처럼 작동하기 때문에, 수관의 생체역학적으로 가장 취약한 부위는 두 줄기 사이의 접합부위에서 발견된다. 이는 부분적으로 가지의 무게, 특히 매우 수평적인 가지에 눈이나 얼음에 의해 부하가 걸리기 때문일 수도 있지만, 대부분의 경우 가지의 '돛 면적'(sail area)에 작용하는 바람에 의해 유발되는 항력 때문이다. 전체 교목에서와 마찬가지로, 이들 힘은 가지(지레팔)가 길어짐에 따라 이의 잠재력(潛在力, potency)을 증가시킨다. 지렛대가 길어지거나 지렛대에 적용되는 힘이 더 클수록 줄기 기부에서의 회전 모멘트는 더 커진다(Niklas & Spatz 2014). 기부에서 가지를 파손시키기 위해 작용하는 중력에 의해 발생하는 힘은 매우 직립(지면과 평행한 지렛대의 길이가 짧은 경우)의 가지에서는 상대적으로 크지 않을 수 있지만, 더 긴 지렛대를 만드는 보다 수평적인 가지에서는 심각하게 된다. 반면 보다 직립의 가지는 바람에 의한 더 큰 힘과 싸워야 할 수도 있다. 왜냐하면 이들이 더 높게 자라면 바람에 더 많이 노출되고(더 많은 항력) 더 긴 지레팔을 가지기 때문이다. 어떤 경우든, 줄기와 가지 사이(또는 동일세력 줄기/co-dominant stem 사이)의 접합부위(연결부위)는 생체역학적으로 튼튼하면서 잎으로 그리고 잎으로부터 수액을 운반할 수 있어야 한다.

그렇다면 교목은 어떻게 자신의 수관을 생체역학적으로 안전하게 지킬 수 있을까? 간단하게 말하면, 이들이 반응할 수 있는 범위는 항력을 줄이거나 생체역학적 취약성의 핵심 포인트를 보강하는 것이다. 결정적으로 이러한 반응은 자극을 필요로 하기 때문에 교목이 역학적인 스트레스를 경험하지 않으면 나타나지 않을 것이다. 우리가 운동을 통해 근육을 발달시킬 수 있듯이 교목도 꼭 같은 방법으로 자신의 '신체'(body)를 강화하고자 한다면 '운동'(exercise)이 필요하다. 따라서 보호를 받는 숲의 중간에서 자란 교목이 주변 교목이 제거되어 갑자기 풍하중(風荷重, wind loading)에 노출되면 아주 가벼운 바람에도 넘어진다. 마찬가지로 여느 때와 다른 방향에서 불어오는 강풍이 주풍 방향으로부터 불어오는 강풍보다 더 큰 피해를 줄 수 있다. 가지도 강한 부착을 형성하기 위해서는 역학적인 자극이 요구되며, 이러한 자극이 없으면 약한 연결부위가 매우 빈번하게 형성된다(전문가 논단 3.1 참조).

교목은 굵은 수간과 선천적으로 단단한 골격지(骨格枝, scaffold branch)를 보유함으로서 안정성을 확보하지만, 더 가는 가지와 잔가지는 훨씬 유연한데 이는 너무 가늘어서 목재의 자재 특성에 주된 변화가 일어나지 않았기 때문이다. 이러한 유연성은 대부분의 잎을 달고 있는 수관의 바깥 가지가 수간으로 전달되는 항력을 줄일 수 있도록 바람에 휘고 수관의 형태를 일시적으로 변형시킬 수 있다는 것을 의미한다(Niklas 1992). 풍동(風洞, wind tunnel)을 이용한 실험에 의하면, 강풍에 노출된 수고 5m 소나무가 이러한 **수관 재배치**(crown reconfiguration)를 통해 해당 수관이 경직되어 있을 때에 비해 항력을

1/3 이하로 감소시킬 수 있다는 것을 보여주었다. 피자식물 교목은 이 점에 있어서 구과식물보다 더 잘 해낼 수 있다(Ennos 2016). 개방되고 노출된 상황에서 자라는데 특화된 선구 교목(先驅喬木, pioneer tree)은, 이들이 종종 매우 유연한 가지를 가지고 있기 때문에, 이러한 일시적인 수관 형태의 변화를 특히 더 잘 일으킨다. 은자작나무(*Betula pendula*)와 다우니자작(*B. pubsescens*)과 같은 종을 보면 강한 바람에 휘어지고 자신의 수형을 고쳐 만든다.

교목 수관의 전반적인 재편성에 더하여, 잎도 바람에 일시적으로 변형되어 항력을 줄여준다. 이들은 적어도 네 가지 독특한 방식으로 변형된다(Vogel 2009, 2012). 단엽으로 보다 고립된 잎은 원뿔 형태로 말릴 수 있는데, 잎의 아래쪽이 원뿔의 바깥을 형성한다(그림 3.30a). 잎의 집단은 종종 아래 잎이 줄기의 위쪽 잎을 누름으로써 단체로 원뿔을 형성한다(그림 3.30b). 여러 개의 개별 소엽을 가진 우상엽(羽狀葉, pinnate leaf)은 각 소엽이 다음 소엽을 누름으로써 가늘고 긴 원통을 형성하는 경향이 있다(그림 3.30c). 같은 방식으로, 가지를 따라 붙어 있는 단엽은 가지에 서로 평행하게 접힘으로써 원통과

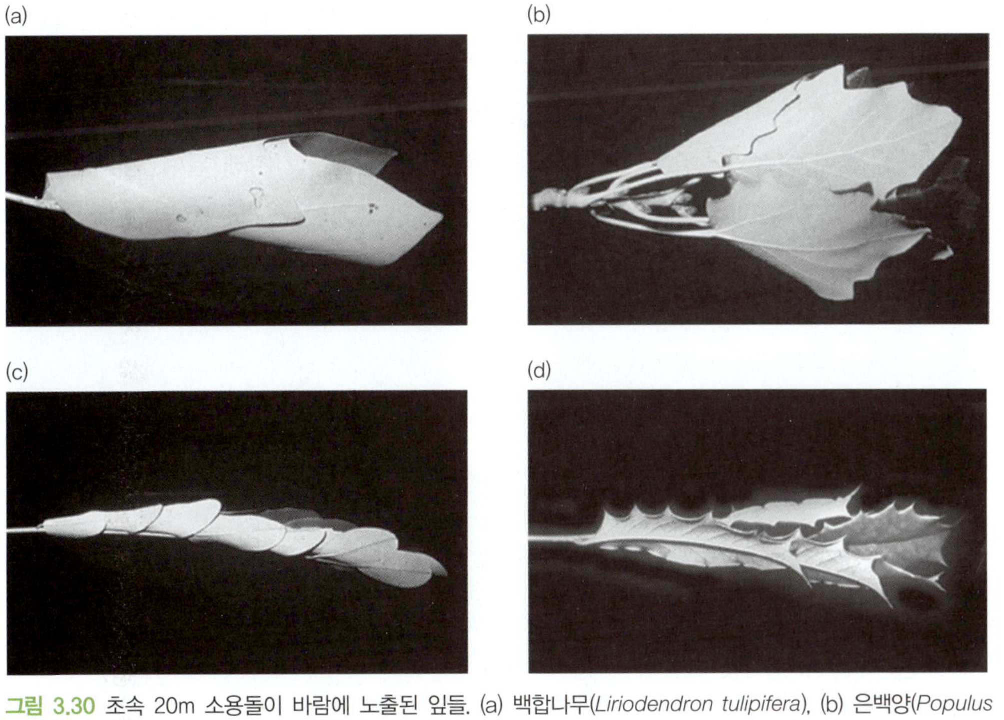

그림 3.30 초속 20m 소용돌이 바람에 노출된 잎들. (a) 백합나무(*Liriodendron tulipifera*), (b) 은백양(*Populus alba*), (c) 아까시나무(*Robinia pseudoacacia*), (d) 미국호랑가시(*Ilex opaca*).
출처: Vogel(2009). John Wiley and Sons의 허락을 받아 전재.

같은 배열을 형성한다(그림 3.30d). 매우 복잡하지만 흥미로운 일련의 향후 연구는 이러한 잎의 변형이 전체 교목의 풍하중을 얼마나 줄여주는가를 확인하는 것이 될 것이다. 폭넓은 과(科, family)의 잎이 항력을 줄이기 위해 변형된다는 사실은 이렇게 하는 것이 해당 교목 전체에 유익하다는 것을 의미한다.

교목 수관 형태의 영구적인 변화는 수관이 한쪽 방향으로부터 지속적으로 강한 바람을 경험하면 발생한다. 풍상측(風上側, windward) 가지에 대한 일관된 압박, 눈(bud)에 대한 바람의 탈수 효과, 바람에 실려 오는 입자의 충격 등으로 인해 수관이 바람으로부터 멀리 발달하는 **플래깅**(flagging - 한쪽으로 치우친 생장 패턴)으로 알려진 생장 반응이 나타나게 된다(그림 3.31). 이는 엽면적을 유지하면서도 항력을 줄여준다. 이의 극단적인 사례가 북극권과 산비탈의 교목한계선(喬木限界線, tree line) 가까이에서 자라는 교목이 거의 바닥에 붙은 형태로 발견되는 것이다. 바람이 많은 곳에서는 역학적인 파손에 대한 안전여유를 높이기 위해, 교목도 **접촉형태형성**(接觸形態形成, thigmomorphogenesis)이라고 알려진 과정을 통해 자신의 생장을 바꾼다. Thigmomorphogenesis는 그리스어의 touch(접촉)을 의미하는 thigmo, shape(형태)를 의미하는 morphê, creation(창조)를 의미하는 genesis를 합성한 것으로, 교목의 경우에는, 대부분 바람의 '접촉'(touch)과 관련이 있다(Telewski 1995). 개방 공간에서 자라는 교목과 교목 집단의 풍상측 가장자리에서 자라는 교목의 경우, 바람에 대한 노출로 인해, 보호되는 교목에 비해, 더 굵은 구조 뿌리, 증대된 줄기 초살과 줄어든 수고를 가진 더 굵은 수간을 가지게 된다. 이러한 키의 변화는 작은 교목 집단에서 특히 뚜렷한데, 최종적인 결과는 전체 집단의 형태가 보다

(a) (b)

그림 3.31 바람에 의해 변형된 수관. 이는 (a) 영국 모어캠만(Morecambe Bay)을 내려다보는 해안 부지의 서양산사(*Crataegus monogyna*)와 (b) 프랑스 코르시카(Corsica)의 노출된 산에서 발견된 너도밤나무(*Fagus sylvatica*)에서 보여주는 바와 같이 교목에 작용하는 항력을 줄여준다.

공기역학적 형태를 취하는 것이다.

접촉형태형성은 해당 교목 내 잠재적인 생체역학적 취약성을 보강하는 생장과도 관련이 있다. 가장 두드러지게는, 수간의 기부에 추가적인 목재와 근원 생성으로 이어진다. 만약 교목이 어떠한 수관 움직임도 경험하지 못하면, 이러한 적응 생장(適應成長, adaptive growth)은 일어나지 않아서 해당 교목은 파손에 취약한 상태를 유지하게 된다. 따라서 새로이 식재된 교목은 수관의 움직임을 허용하여 보강하는 생장을 자극할 수 있도록 줄기의 아래 지점(해당 교목 수고의 1/3 지점보다 아래)에서 지지하는 것이 중요하다. 너무 높은 지점에서 지지되어온 교목은 줄기 초살이 크게 떨어져 스스로를 완전히 지지하지 못할 수도 있다. 나아가 양호한 줄기 초살을 가지고 있지 않은 교목은 농장에서 과도하게 지지되어 와서 구조적으로 경성의 경관 교목으로 자라지 못할 가능성이 크기 때문에 구매하지 않는 것이 중요하다. 적응 생장은 공동이나 부후 부위 주위의 추가 목재와 약한 줄기 연결주위의 보강과도 관련이 있다. 이는 이상재(異常材, reaction wood – 다음 항 참조)로 알려진 특별한 유형의 목재와 관련이 있거나 단순히 추가적인 생장일 수도 있다. 교목의 경우, 이러한 반응이 수관의 생체역학적 통합성을 유지하는 데 도움을 주지만, 우리에게 이러한 변형은 교목 구조 내 취약한 지점을 확인하고자 할 때 매우 유익할 수 있다. 경험이 많은 교목위험 평가자는 교목이 자라고 있는 장소와 관련하여 해당 교목에 가해지는 위험을 평가하는 데 도움이 되는 이러한 가시적인 증상을 활용할 것이다.

지면과의 부착지점 보강과 마찬가지로, 교목이 수관 내 줄기 연결부위(합류점)가 가능한 한 튼튼하도록 이들이 할 수 있는 모든 일을 할 것이라고 생각하는 것도 당연하다. 이는 생체역학적 관점에서 매우 효과적인 교목 연결 부위 내 변형으로 이어진다. 서양개암나무(*Corylus avellana*)의 분기(分岐, bifurcation/fork) 강도를 평가한 결과 분기의 중간 1/5 밀도가 인접 줄기 목재보다 ~20% 정도 밖에 높지 않았지만 분기 강도의 약 1/3 정도를 담당하고 있는 것으로 나타났다(Slater & Ennos 2013). 두꺼운 세포벽을 가진 섬유 및 유조직과 결합되어 있는 수적으로 작고 길이가 짧고 더 많이 구부러진 도관(導管, vessel)이 적어도 이러한 목재 밀도의 증가를 부분적으로 설명해준다. 또한 연결부위 정점에 있는 도관의 굴곡(屈曲, tortuosity)은 줄기로부터 가지로 들어가는 조직을 맞물리게 하는 역할을 한다(그림 3.32와 3.33). 이는 인접하는 줄기 사이의 가장 강한 평면(축 방향)에 적어도 일부 섬유를 정렬시킨다(Slater 등 2014). 이러한 소용돌이형 나무결(whorled grain)이 광범위한 종의 가지 연결부위 상단에서 발견된다는 사실은 가지 부착의 생체역

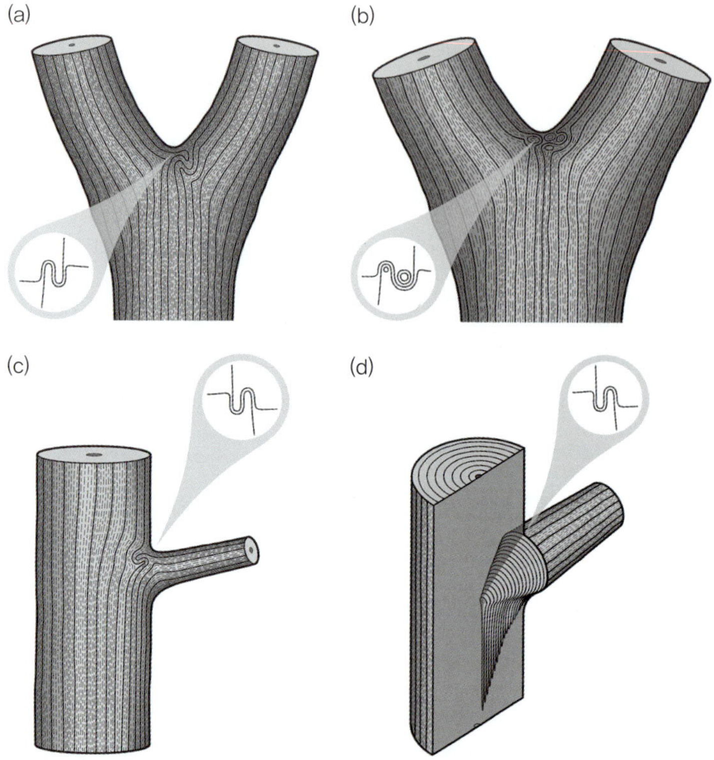

그림 3.32 교목의 줄기 연결부위 정점에서 발견된 맞물린 나무결의 도해 묘사. (a,b) 분기 내부 맞물린 나무결의 발달을 보여준다(그림 3.35도 참조). (c,d) 가지와 줄기 부착지점에 형성되는 맞물린 나무결을 나타낸다.
출처: Duncan Slater 제공.

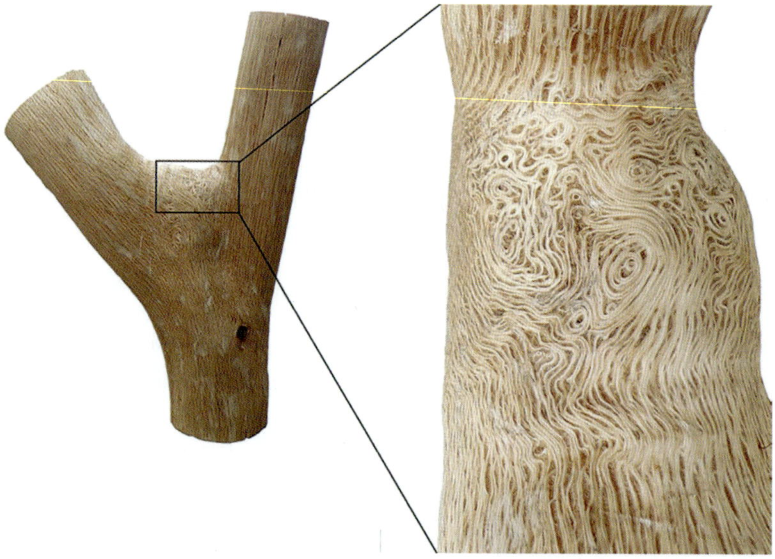

그림 3.33 가지 연결부위 정단의 소용돌이 나무결은 가지 부착에서 중요한 생체역학적 역할을 하는 것으로 나타났다. 나무결을 쉽게 볼 수 있도록 표본으로부터 수피를 제거하였다.

학적 강도에서 이의 폭넓은 중요성을 확인시켜준다. 이처럼 맞물리는 소용돌이형 나무결이 매몰된 수피(included bark – 연결부위 안쪽에 끼어 있는 수피) 개입으로 인해 형성되지 못하는 경우, 가지 부착은 약 25%의 강도를 상실하여 이 부위를 역학적인 파손에 취약하게 만든다(Slater & Ennos 2015). 수피 매몰된(bark-included) 가지 연결부위의 중요성에 관해서는 Slater가 전문가 논단 3.1에서 더 자세히 다룬다.

가지 연결부위의 변형은 어느 정도의 강도만 제공할 수 있다. 따라서 수간과 가지의 연결부위가 가지에 가해진 힘에 저항하기에 충분할 정도로 강하지 못할 시점이 온다. 많은 고무나무류(*Ficus* spp.)는 이러한 문제를 해결할 방안을 고안해냈다. 이들은 보조 수간을 형성하기 위해 가지로부터 아래로 자라는 기근(氣根, aerial root)을 만들어낸다(그림 3.34). 이들은 자연적인 지지대 역할을 하여 해당 수관의 광범위한 측면 생장을 가능

그림 3.34 벵갈고무나무(*Ficus benghalensis*)는 측지로부터 아래로 자라는 기근을 가지고 있고 이 기근이 자연적인 지지대 역할을 하여 수관을 매우 넓게 펼치는 것을 용이하게 한다. 이 사진은 호주 브리즈번 시립식물원(Brisbane City Botanical Garden)에서 자라는 상대적으로 작은 표본목이지만, 인도 캘커타(Calcutta)의 왕립식물원(Royal Botanical Garden)에서 자라는 챔피언 수목은 1.3헥타르를 덮고 있고 이들 기근에 의해 형성된 2,800개의 보조 수간을 가지고 있다.

하게 한다. 열대나 아열대 지방의 도시 환경에서는 이들의 풍부한 기근으로 이와 같이 끝없이 확대될 것으로 보이는 수관을 관리하는 것은 매우 큰 도전이 될 수 있지만, 홍콩과 같은 도시에서는 이들이 '장소감'(場所感, sense of place)에 엄청난 보탬이 된다.

전문가 논단 3.1 수피 매몰된 가지 연결부위와 교목의 자연 교정(bracing).

Duncan R. Slater

식물은 다양한 요인의 결과에 따라 자신의 생장과 형태를 적응시킨다. 역학적인 자극으로부터 식물 형태를 적응시키는 과정은 접촉형태형성으로 알려져 있다(Jaffe 1973; Braam & Davis 1990; Jaffe & Forbes 1993; Telewski 2006).

가지 연결부위에 형성된 목재 내부에서 충분한 역학적 강도를 제공할 수 있는지 여부는 두 가지 핵심적인 해부학적 특징 중 적어도 하나의 적절한 발달에 의해 결정된다. 여기서는 목본의 관목과 교목의 수피 매몰 연결부위의 형성에 대한 상황을 설명하기 위해 이들 두 해부학적 특징을 간단하게 살펴볼 예정이다.

추가적인 역학적 지지를 제공할 수 있는 가지 연결부위의 해부학적 특징은 연결 지점에서 가는 가지가 굵은 가지나 줄기 속으로 박혀 있는(포매/包埋, embedding) 것이다. 천천히 자라고 직경이 가는 가지의 기부가 다른 부위 조직 속으로 완전히 포매되어 있으면 이들 포매된 조직을 일반적으로 '옹이'(knot)라고 부른다. 포매 정도가 높아지면 가지 연결부위에 상당한 역학적 지지를 제공하지만(Kane 등 2008), 이러한 해부학적 특징은 연결부위를 형성하는 두 가지의 직경이 거의 같으면 일반적으로 존재하지 않는다.

지지를 제공하는 또 다른 해부학적 특징은 가지 연결부위의 겨드랑이 안에 위치한 지피융기선(枝皮隆起線, BBR/branch bark ridge) 아래에 형성된 특화된 목재이다. 이 지점에서는, 일반적으로 맞물리는 나무결 패턴을 가진 밀도가 높은 목재가 형성되고(Slater 등 2014), 겨드랑이에서의 이러한 목재 결 배열의 혼화는 일반적으로 BBR을 형성하는 수피 표면에 대한 가시적인 주름살 형태로 밖으로 나타난다(그림 EB3.1). 교목의 지상부에 일반적으로 형성되는 연결부위의 정점에서 가지를 결합시켜주는 것은 바로 혼화된 목재 결 배열을 가진 이들의 조밀하고 맞물리는 조직이다. 일반적으로 이들 맞물리는 목부 조직은 동일세력 가지 연결부위에서 잘 발달하고, 가는 가지가 굵은 줄기와 결합되어 있으면 덜 발달하는데, 이는 후자의 연결부위는 가지 조직 포매에 의해 어느 정도 지지가 제공되기 때문이다. 옹이가 동일세력 가지 연결부위에 존재하지 않는 것과 마찬가지로, 매우 가는 가지가 매우 굵은 줄기에 결합되어 있으면 이러한 특화된 맞물린 목재가 없거나 거의 없을 수도 있는데, 이는 옹이가 이처럼 가는 가지에 대해 필요한 모든 역학적인 지지를 제공하기 때문이다.

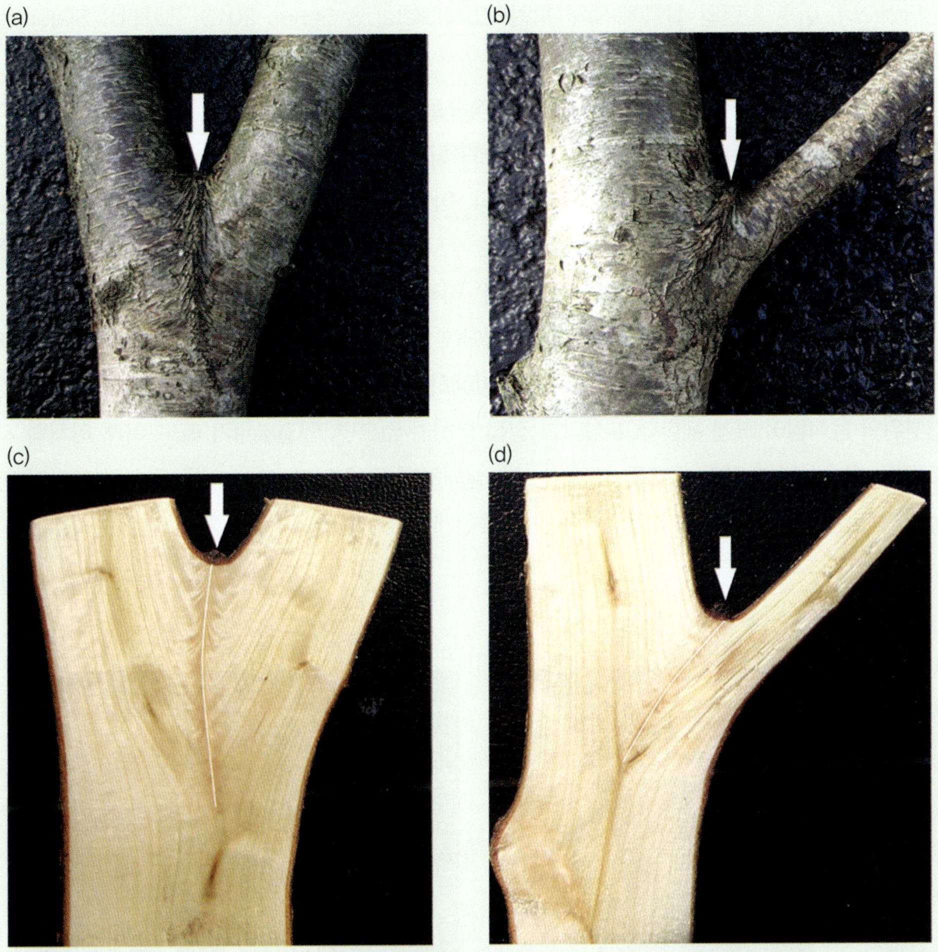

그림 EB3.1 가지 연결부위의 핵심 특징은 지피융기선(BBR/branch bark ridge)이다. (a) 은자작나무(*Betula pendula*)의 동일세력 가지 연결부위로, 흰색 화살표가 BBR의 정점을 가리킨다. (b) 같은 교목에서 형성된 가지/줄기 연결부위로, 흰색 화살표가 덜 뚜렷한 BBR의 존재를 가리킨다. (c) 가지 연결부위 a의 절개 사진으로 흰색 화살표가 BBR의 정점을 가리킨다. 가는 흰색 선이 BBR 아래 중앙에 형성된 혼화된 나무결 배열의 조밀한 목재 조직 가운데에서 아래로 흐른다. (d) 가지/줄기 연결부위 b의 절개 사진으로 흰색 화살표가 BBR의 정점을 가리킨다. 가는 흰색 선이 가지와 줄기의 겨드랑이에 분명한 조밀하고 맞물린 목재조직의 가운데에서 아래로 흐른다. 이러한 연결부위는 굵은 가지 속으로 옹이로 포매된 가는 가지의 기부에서도 존재하는데, 이는 동일세력 연결부위와 달리 이 연결부위에 어느 정도 역학적 지지를 제공한다.

그림 EB3.1은 BBR 아래 형성된 특화된 목재는 동일세력 가지 연결부위와 전형적인 가지/줄기 연결부위 둘 다에 존재하지만, 옹이나 가는 가지로부터 굵은 가지나 줄기로 포매된 조직도 가지고 있는 것은 가지/줄기 연결부위 뿐이다.

이러한 가지 연결부위에 관한 해부학적 모델은 Slater & Harbinson(2010)에 의해 처음 제안되었으며, 이후 일련의 실험에 의해 확인되었다(Slater & Ennos 2013, 2015b; Slater 등 2014).

교목의 가지 연결부위 생장과 발달은 부분적으로 정적 부하(靜的負荷, static loading-예: 가지의 무게와 모멘트에 의해)와 동적 부하(動的負荷, dynamic loading-예: 바람에 의해 유발된 가지의 움직임) 모두에 반응하여 발생한다. 이들 역학적 자극은 적절하게 강한 가지 연결부위를 형성하는 데 결정적이다. 이는 두 어린 가지를 BBR 아래 형성되는 목재에 결합시키는 주된 역학적인 역할을 분리함으로써 발생한다. 이러한 역할 분담은 어린 가지 연결부위에 있는 모든 다른 변재가 비교적 정상적으로 형성되어 수액을 효과적으로 통도할 수 있게 해준다(Gartner 1995). 그러나 이러한 역할 분담은 발생하는 두 가지가 상대적으로 직립하여 가지 연결부위의 움직임이 크게 제한되고 상당한 정적 부하가 없으면, 연결부위가 BBR 아래 이처럼 서로 맞물리는 상당한 양의 목부를 형성하는 데 실패하게 될 것이다. 대신 이들 특화된 조직이 형성되지 않은 상태에서 수피가 연결부위 안에 묻히게 될 것이다(그림 EB3.2).

그림 EB3.2 남미너도밤나무(*Lophozonia alpina*)에 형성된 수피 매몰된 연결부위. 수피 이음매(흰색 화살표)는 BBR 아래에 맞물리는 결 패턴을 가진 조밀한 목재가 형성되는 바로 그곳에 있다. 이 경우, 연결부위에 BBR 및 이와 관련된 목질 조직이 전혀 없어서 이를 크게 약화시킨다. (b) 구주물푸레(*Fraxinus excelsior*) 수피 매몰 연결부위의 파손. 가지 연결 부위 내부의 수피 존재는 광범위한 교목 종에서 가지와 굵은 줄기 파손의 공통적인 원인이다.

수피 매몰의 약화 효과

매몰된 수피가 존재하는 상태로 가지 연결부위가 형성되면 이것이 연결부위를 역학적으로 약화시키는 것은 불가피하다. 수목관리전문가(arboriculturist/arborist)는 이러한 유형의 가지 연결이 발달함에 따라 파손될 가능성이 높아지고 수피 연결이 막히게 되기 때문에 병해충의 접근을 허용할 수 있다고 훈련을 받는다.

Smiley(2003)는, 정적 당김 실험(static pulling test)을 사용한 결과, 적단풍(*Acer rubrum*)의 가지 연결부위에 수피가 매몰되면 이 연결부위가 정상적인 가지 연결부위 강도와 비교할 때 평균 20% 약화되는 것으로 나타났는데, 연결부위의 강도는 상당한 변이가 발견되었다. Slater & Ennos(2015a)는 서양개암나무(*Corylus avellana*)에서 비슷한 강도 하락을 확인했으며, 상대적인 굵기와 연결부위 안쪽에서 형성되는 수피의 흔적 위치를 이용하여 강한 수피 매몰 연결부위와 약한 부위를 구별할 수 있었다(그림 EB3.3).

그러나 보다 근본적인 질문을 할 필요가 있다: 왜 이러한 현상이 발생하는가? 도대체 이러한

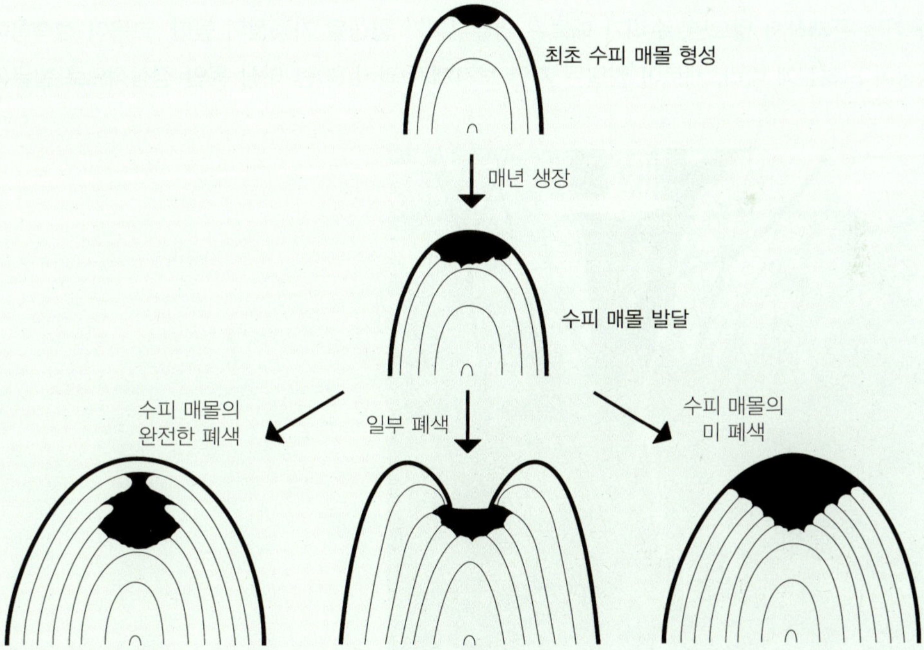

그림 EB3.3 서양개암나무(*Corylus avellana*) 가지 연결부위에 대한 정적 당김 실험과 찢어진 표면 분석에 의하면, 약한 연결부위는 가지 연결부위의 상단에 큰 면적의 수피가 자리 잡고 있는 곳이고(아래 오른쪽), 다른 형태(포매된 수피와 컵 결합)는 이 보다 유의하게 강한 것으로 나타났다.

출처: Slater & Ennos(2015a). ISA(International Society of Arboriculture)의 허락을 받아 전재.

가지 연결부위를 정적으로 잡고 있는 것과 BBR 아래에서 형성되는 중요한 결합 목재가 생장하도록 자극하는 것을 막고 있는 것은 무엇인가? 나는 이러한 의문에 설득력 있는 대답을 발견했다 - 가지는 다른 가지, 줄기, 또는 자신이 자라는 환경에 있는 다른 물체와 접촉하거나 이들에 의지하는 것은 피할 수 없고 이로 인해 이처럼 수피가 매몰된 약한 가지 연결부위가 대부분 형성된다.

교목의 자연 보강

교목 수관의 '자연 보강재'(natural brace)는 해당 교목 수관 아래에서 형성된 가지 연결부위에서의 움직임을 제한하거나 완전히 방지하는 역할을 하는 물리적인 특성이다. 자연적으로 발생하는 가장 흔한 보강재는 교목 수관의 위쪽에 있는 두 가지의 정적인 접촉으로, 이러한 가지의 상호작용은 해당 교목이나 관목의 아래쪽에서 형성된 가지 연결부위를 보강하는 역할을 한다(그림 EB3.4).

만약 어린 교목에서 연결부위로부터 발생하는 둘 이상의 가지가 이러한 방식으로 정적으로 잡혀 있고 이들 가지가 거의 수직으로 자라고 있어서 아래의 가지 연결부위에 걸쳐 중력 부하가 거의 존재하지 않으면, 수피가 매몰된 연결부위가 형성될 가능성이 높다. 교목이 성숙하여 생장이 느려짐에 따라, 새로이 발달된 자연 보강재가 과거 30년 이상 동안 정상적으로 발달되

그림 EB3.4 교목의 위쪽에서 형성된 자연 보강재(위쪽 흰색 화살표)로 인해 준성숙의 인카나오리나무(*Alnus incana*)에 형성된 수피가 매몰된 연결부위(아래 흰색 화살표).

어온 연결부위에 수피 매몰 형성을 유발하기 위해서는 훨씬 더 오랜 시간이 걸린다. 대부분의 경우, 이들 약한 연결부위는 교목이 어릴 때 형성되는데, 어린 교목은 자신의 수관 아래쪽에 작은 내부 측지를 가지고 있고, 이들 작은 가지들 중 적어도 하나가 연결부위를 가로질러 다른 가지나 줄기와 접촉하여 이와 융합하거나 얽히게 됨으로써 이를 보강한다.

'자연 보강재' 다른 유형

2016년 영국 랭커스터(Lancaster) 부근에서 수행한 현장 연구에서 자연 보강이 해당 교목 아래쪽의 수피가 매몰된 연결부위 존재와 매우 관련이 깊다는 것이 확인되었다(연계율 93%). 또한 이 연구는 교목의 수관에서 발생할 수 있는 '자연 보강재'의 광범위한 차이도 확인하였는데, 이들의 서로 다른 형태와 보강재로서의 장수 가능성을 기준으로 9개 범주로 나누었다(Salter 2016).

발견된 자연 보강재의 가장 흔한 형태는 동일 교목 내의 가지가 움직임을 제한하는 것으로, 가지를 가로지르고 얽히고 융합된 형태이다(그림 EB3.5).

자연 보강재와 이와 관련된 수피 매몰된 가지 연결부위가 어린 교목에서 하나 이상의 가는 측지에 의해 형성되는 경우, 해당 교목이 더 발달하고 자신의 낮은 측지에 그늘을 만들게 됨에 따라 이들 보강 가지가 고사되고 뒤이은 부후로 인해 약한 수피 매몰 연결부위를 수십 년 동안 경험한 적이 없는 움직임에 노출시킬 수 있다. 비슷한 방식으로, 보강재 역할을 하는 가는 측지

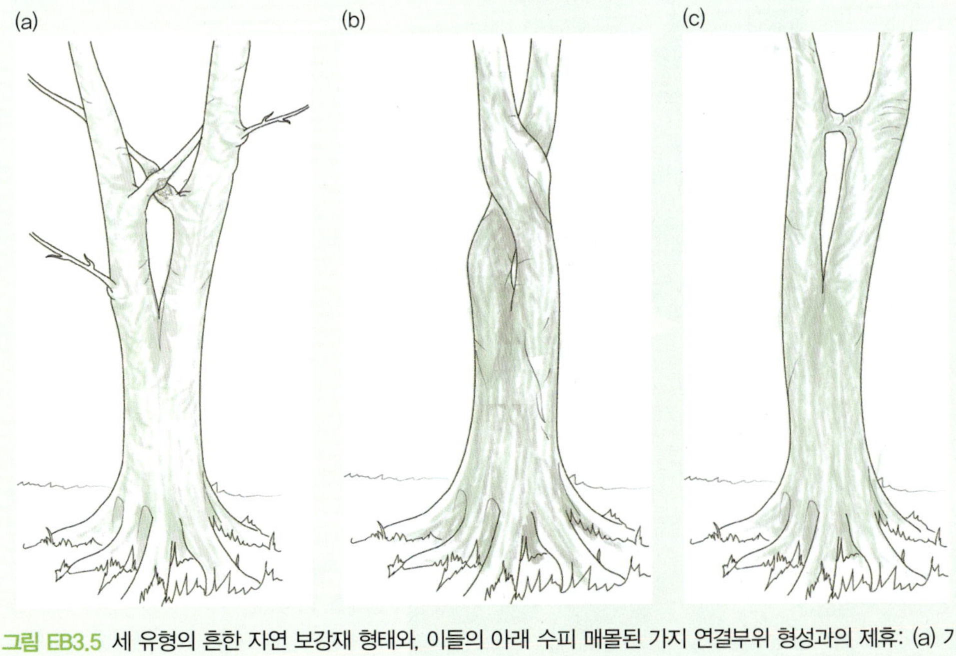

그림 EB3.5 세 유형의 흔한 자연 보강재 형태와, 이들의 아래 수피 매몰된 가지 연결부위 형성과의 제휴: (a) 가로지르는 가지; (b) 얽히는 가지; (c) 융합된 가지.

가 해당 교목이 자람에 따라 보강재의 생장률이 보강되고 있는 줄기의 생장에 추월당하기 때문에 효과적인 보강재가 되는 데 실패할 수도 있다. 이러한 관찰은 수피 매몰 연결부위의 파손이 왜 해당 교목 생장의 준성숙 단계에 특히 빈번하게 발생하는가를 설명해주는데, 이때에는 수관이 빠르게 확대되어 천천히 자라는 측지가 빠르게 그늘 아래에 들어가기 때문인데, 특히 자작나무(*Betula* spp.), 단풍나무(*Acer* spp.), 버드나무(*Salix* spp.)와 같은 속에 속하는 종에서 흔하다.

움직임에 노출된 이러한 수피 매몰된 가지의 연결부위 파손은 피할 수 없다. 자연 보강재를 상실하거나 효과가 없게 된 경우에는, 가지 연결부위가 이러한 새로운 움직임에 반응하여 스스로 조정할 것이다. 움직임에 노출된 후 첫 생장기 동안에, 매몰된 수피의 이음매 기부에 불룩하고 조밀한 목재를 형성하기 시작하는데, 여기가 연결부위에 가장 큰 긴장을 유발하고 있고 유관속 형성층이 연결부위에 걸쳐 있기 때문에 이렇게 높아진 긴장에 반응할 수 있다(그림 EB3.6). 이러한 부풂은 가지 연결부위가 적절한 휨강도와 비틀림 강도로 회복할 수 있도록 발달하는데, 이를 위해서는 이러한 회복과정이 완료될 때까지 연결부위 파손이 발생하지 않아야 한다.

수목관리 실무에 대한 시사점

수목관리 산업 지침에서는 오래 동안 가로지르는 가지와 마찰하는 가지를 교목의 수관에서 잘

그림 EB3.6 준성숙 너도밤나무(*Fagus sylvatica*) 수피 매몰 가지의 솟아오른 연결부위(화살표). 이 연결부위 위에서 자연 보강재를 형성하던 가지가 오래전에 죽고 그 후에 움직임에 노출되었기 때문에 연결부위가 부풀어 올랐다.

라버리도록 하고 있는데, 이는 이들이 언급할 필요가 있는 결함이라고 생각되었기 때문이다(BSI 2010). 우리의 연구에 의하면 만약 이들 가로지르는 가지가 연결부위를 '고정'(lock-up)하는 역할을 하여 연결부위가 역학적인 부하를 거의 또는 전혀 경험하지 못하게 한다면, 이러한 결함은 본질적으로 수피 매몰된 가지 연결부위의 형성과 연계되어 있다는 것을 강조한다. 따라서 가로지르는 가지와 수피 매몰 연결부위를 분리해서 취급해야 하는 독립적인 결함으로 생각하지 않는 것이 좋다. 우리 연구에서 발견된 두 결함 사이의 매우 강한 관련성은 수목관리자들이 자신의 관리 하에 있는 교목의 전정 요구를 평가할 때 이들 가지 대 가지의 상호작용을 고려하여 보다 종합적으로 수행할 필요가 있다는 것을 의미한다.

어린 교목에서는, 교목의 구조 전정(構造剪定, formative pruning)을 통한 조기 개입이 가로지르는 가지나 얽히는 줄기를 방지한다면 수피 매몰 연결부위의 발생을 방지할 수 있다는 것은 분명하다(Gilman 2012). 그러나 자연 보강재가 오랫동안 자리를 차지하고 있어서 대형 교목의 수피 매몰 연결부위와 연계되어 있는 경우, 수목관리자는 이러한 결합을 고려하여, 미리 계획하지 않은 방식으로 자연 보강재를 제거하여 수피 매몰 연결부위를 자신도 모르는 사이에 오랫동안 경험하지 못했던 동적 움직임에 내몰지 않도록 할 필요가 있다(그림 EB3.7).

그림 EB3.7 (a) 측지가 해당 교목의 두 주된 줄기 사이 연결부위를 가로질러 걸쳐 있는 검은오리나무(*Alnus glutinosa*). 아래 흰색 화살표는 작은 부풂이 존재하는 수피 패몰 연결부위를 가리키고 있고, 위 흰색 화살표는 자연 보강재를 가리킨다. (b) 다른 줄기와 마찰하는 가지의 솟아오른 부위는 오랫동안 그 위치에 있었다는 것을 나타낸다. 이 마찰하는 가지를 잘라버리는 것은, 비록 현재의 산업 지침이 이러한 행위를 권장하고 있지만, 매우 바보스러울 수 있는데, 이는 이러한 작업이 수피 매몰 연결부위를 파손시키고 해당 교목의 나머지 절반도 다음 강풍 사태가 발생하면 넘어질 수 있기 때문이다.

이상재

교목의 수관이 발달함에 따라, 가지는 햇빛을 향해 움직여 광합성을 극대화하거나(굴광성/屈光性, heliotrophy) 수직 생장을 회복하여 생체역학적 긴장을 낮출(굴중성/屈重性, gravitrophy) 수 있도록 자신의 생장 방향을 조정할 수 있다. 측지가 발달함에 따라, 더 굵어지고 무거워져서 처지고, 잎은 아래로 내려감에 따라 주위를 둘러싸고 있는 위에 있는 잎의 그늘 속으로 들어간다. 그러므로 수관 내 가지의 조정은 잎을 광합성을 하기에 효과적인 위치로 유지하기 위해 필요하다. 이러한 조정 능력이 없으면, 교목은 매우 다양한 교란에 취약해지고 동적인 환경에 반응할 수 있는 능력에 제한이 따를 것이다. 그러므로 유관속 형성층은, 새로운 세포를 생산함과 동시에, 환경적인 신호를 감지하고 해당 교목에 걸쳐 높은 역학적 스트레스를 경험하는 위치에 자신이 생산하는 목재의 양을 추가하고 세포의 구조를 변경할 수 있다. 이 **이상재**(異常材, reaction wood)는 압축력(壓軸力, compressive force)이나 인장력(引張力, tensile force)에 저항하는 특화된 목재 구조를 가지고 있고, 생장 방향을 조정하거나 생체역학적으로 취약한 부위를 보강할 필요가 있는 곳에서만 생산된다. 이상재가 있는 줄기는 한 쪽에 더 많은 목재가 쌓이기 때문에 가끔 비대칭이다. 이는 줄기의 외형도 특정한 방향으로의 휨에 저항하는 데 도움을 주는 타원형의 수간과 가지를 만드는 이점이 있다. 나자식물의 압축 측면과 피자식물의 인장 측면에서의 차이가 가장 두드러지기 때문에, 이상재를 각각 **압축이상재**(壓縮異常材, compression wood)와 **인장이상재**(引張異常材, tension wood)라고 부른다. 예를 들면, 강한 주풍이 교목을 수직 생장으로부터 벗어나 휘게 하는 경우, 나자식물 교목은 줄기의 풍하측(압축)에 버팀벽(buttress)을 모색하는 데(그림 3.35) 비해, 피자식물 교목은 줄기의 풍상측(인장)을 보강할 것이다. 같은 방식으로, 나자식물은 기울어진 줄기의 아래쪽에 압축이상재를 생산하고 피자식물은 위쪽이 인장이상재를 생산하는 경향이 있다.

이상재가 '정상적'(normal) 목재에 대비되는 것으로 생각할 수 있는데, 이는 이상재가 어떤 점에서는 정상적이지 않다는 것을 암시한다. 이상재가 교목의 발달에 필수적이고 모든 성목에서 발견되기 때문에 이는 분명히 사실이 아니다. 그러므로 두 유형의 목재를 비교할 필요가 있을 때에는, **비이상재**(비반응재, non-reaction wood)와 **이상재**(반응재, reaction wood)라는 용어를 사용하는 것이 더 낫다.

압축이상재는 일반적으로 어두워서 가끔 갈색이나 적갈색을 띤다. 압축이상재 내 나이테는 일반적으로 비반응재의 나이테보다 더 넓다. 이는, 그림 3.35에서 보는 바와 같

그림 3.35 이상재. 여기서는 나자식물의 압축이상재가 이 줄기의 아래쪽에 더 어두운 부분으로 보인다. 만약 이것이 피자식물 줄기였으면, 인장이상재가 줄기의 위쪽 부분에 있을 것이다. 위 왼쪽에 삽입된 사진은 이러한 이상재가 때로는 수직 생장을 위해 수관의 방향을 재설정해야 할 때 필요하다는 것을 보여준다.
출처: Schweingruber 등(2006). Springer의 허락을 받아 전재.

이, 수(髓, pith – 줄기의 해부학적 중심)가 중심을 벗어나서 압축이상재가 발달하는 반대편 가까이에서 발견되는 결과를 가져온다. 압축이상재는 거의 항상 비반응재보다 밀도가 더 높은데, 이는 압축이상재의 가도관이 비반응재보다 더 두꺼운 세포벽(약 40% 더 많은 리그닌 함유)을 가지고 있고 약간 더 둥글기 때문이다.

인장이상재에서는, 더 넓은 나이테가 인장이상재 쪽에 발생하지만 색깔의 변화는 훨씬 덜 분명하다. 도관은 일반적으로 밀도가 낮고 더 작은 내강을 가지고 있으며, 섬유가 목재의 더 높은 비율을 구성한다. 많은 피자식물 종에서, 섬유세포벽 구조의 변형을 볼 수 있다. 예를 들면, 셀룰로오스가 풍부한 젤라틴 층(gelatinous layer/G layer)(밤나무류/*Castanea*, 너도밤나무류/*Fagus*, 사시나무류/*Populus*, 참나무류/*Quercus* spp.와 같은)의 추가나 다층구조(polylaminate structure)로. 그러나 이러한 변형은, 존재하더라도 광범위한 분류학적 집단에 걸쳐 일정하지 않다(Ruelle 2014).

이상재를 이용한다는 것은 확실히 줄기를 부축하거나(압축이상재의 경우) 당기는 밧줄처럼 작용하여(인장이상재의 경우) 줄기의 방향을 미세조정할 수 있는 시스템을 가지고 있다는 것을 의미한다. 이는 주변 환경이 변하거나 환경을 달리 경험함에 따라 수관이 효과적인 방식으로 반응하도록 도와주어 수관의 전반적인 안정성을 높여준다.

비록 이상재가 살아 있는 교목의 생체역학적 통합성을 위해 필수적인 것은 분명하지만, 일단 목재용으로 수확되고 나면 바람직하지 못한 특성을 많이 가지고 있다. 수축, 뒤틀림, 취성(脆性, brittleness), 무름(weakness) 등은 모두 같은 종의 비반응재보다 반응재/이상재에서 더 두드러진 것으로 보고되어 왔다. 그러므로 목재 생산자들은 빈번하게 수간에서 이상재 생산을 최소화하기 위해 노력한다.

3.10 자연현상으로서의 가지 탈락

수관이 확장됨에 따라, 일부 가지가 덜 생산적이 되어 자신의 유효 수명(有效壽命, useful life)이 끝나게 되는 것은 피할 수 없다. 이는 일반적으로 가지가 위의 새로운 생장에 의해 또는 주변 교목으로 인해 과도하게 그늘져서 생산성이 떨어져 탄소의 순 수출자가 아닌 순 수입자가 되는 경우에 나타난다. 대부분의 교목은 비생산적인 잎뿐만 아니라 비생산적인 가지 전체도 **떨어뜨릴**(abscise) 능력을 가지고 있다. 가지(다른 식물 부위도)의 탈리(脫離, abscission)는, 탄소 부담을 제거함과 동시에, 분해자(分解者, decomposer)가 구성성분을 분해하여 영양소를 재순환할 수 있도록 한다. 또한 사시나무류와 버드나무류와 같은 수변 교목에서는, 가지 상실이 이들의 영양생식(營養生殖, vegetative reproduction) 전략의 중요한 부분이 될 수도 있는데, 떨어져 나온 가지는 모수에 인접한 토양에 떨어지거나 더 아래쪽 강둑의 토양에 도착하게 되면 뿌리를 내릴 수 있기 때문이다(Braatne 등 1996).

적극적인 작은 가지의 떨어뜨림이나 **탈리** 과정은 때로는 논문에서 호환적으로 사용되는 두 용어에 의해 커버된다. 기술적으로는, 적어도 부분적으로, 녹색 잎을 가진 가지의 상실은 **낙지**(落枝, cladoptosis)라고 부르고, 잎이 없으면 **자연 전정**(natural pruning)이라고 부른다. 이러한 구분은 문제가 발생하는데, '자연 전정'('자가 전정/self-pruning'이라고도 함)은 적극적 또는 계획적인 가지 떨어뜨림과 소극적인 가지의 죽음과 썩어 떨어짐 모두를 포함하고 있고, 어떤 경우에는 자연스러운 모습을 창출하기 위해 사람이 교목을 조심스럽게 전정하는 것을 의미하기 위해 사용하기도 한다.

녹색 잎을 가진 가지를 떨어뜨리는 낙지는 침엽 대신 짧은 줄기를 떨어뜨리는 많은 침엽수(예: 아라우카리아류/*Araucaria*, 향삼나무류/*Calocedrus*, 편백나무류/*Chamaecyparis*, 수송류/*Glyptostrobus*, 향나무류/*Juniperus*, 눈물방울삼나무류/*Libocedrus*, 메타세쿼이아류/*Metasequoia*, 소나무류/*Pinus*, 세쿼이아류/*Sequoia*, 낙우송류/*Taxodium*, 서양측백나무류/*Thuja*)에서 특히 중요하지만, 이는 비생산적인 줄기를 제거하기 위한 수단으로 일부 피자식물 교목(예: 사시나무류/*Populus*, 참나무류/*Quercus*, 버드나무류/*Salix*)에서도 일어난다(그림 3.36). 낙지는 자연적인 수관 발달의 일부일 뿐만 아니라 환경적인 스트레스 기간 중에 증가하는 경향이 있어서 관심을 가진 종에 낙지가 비정상적인 수준으로 발생하면 교목의 건강이 좋지 못하다는 것을 나타내는 중요한 지표가 될 수 있다. 의도적인 작업인 자연 전정은 직경이 약 5cm까지(예외적으로 10cm까지)의 가는 가지를 떨어뜨리기 위해 사용된다.

낙지든 자연 전정이든 직경이 가는 가지를 떨어뜨리는 과정에는 동일한 기제(機制, mechanism)가 관여한다. 원 줄기에 부착된 지점인 가지 기부 내부에는, 잎이 떨어지기 전에 잎에 있었던 것처럼, 주로 유세포(柔細胞, parenchyma cell)로 구성된 탈리대가 있다. 일반적으로 뚜렷한 가지 깃(branch collar – 가지의 기부에서 솟아오른)을 가진 교목에서는, 펙틴이 풍부한 중엽층(中葉層, middle lamella)과 세포벽의 부분들을 분해할 수 있는

그림 3.36 영국참나무(*Quercus robur*)의 낙지. (a) 이 노거수의 기부 주변에 녹색 잎을 가진 잔가지가 흩어져 있다. (b) 낙지의 증거는 원 부착 지점에서의 깨끗한 탈리대를 통해 확인된다.

효소(酵素, enzyme)를 분비하는 탈리대 내부의 분리층(分離層, separation layer)이 가지 탈락을 돕는다. 이것이 줄기로부터 가지의 분리를 가능하게 하고 상대적으로 매끈한 가지 흔적을 남긴다. 분명한 가지 깃이 없는 종에서는, 일반적으로 분리층이 또렷하지는 않지만 분리가 일어나기에 탈리층(脫離層, abscission layer)의 세포가 충분할 정도로 약화된다(Addicott 1991). 이러한 가지 탈락의 결과는 가지 부착 지점에서의 깨끗한 상처로 나타나고, 이는 이어지는 줄기 생장에 의해 빠르게 아물 수 있게 된다. 이러한 방식에 의한 가는 가지 탈락은 단풍나무류(*Acer*), 물푸레나무류(*Fraxinus*), 호두나무류(*Juglans*), 사시나무류(*Populus*), 참나무류(*Quercus*), 버드나무류(*Salix*)와 같은 폭넓은 교목의 특징이다(Pallardy 2008).

가지가 굵어짐에 따라 탈리대는 가지 탈락에서의 역할이 줄어든다. 그럼에도 불구하고 밀생한 임분 내 교목의 낮은 가지와 큰 수관의 내부 가지는 여전히 떨어질 수 있다. 이 경우, 죽음을 향한 상대적으로 느리지만 점진적인 가지의 노화에 의해 자연 전정이 진행되는데, 이는 탄소 기아(炭素飢餓, carbon starvation) 때문인 것으로 추정된다. 이러한 과정 중에는, 가지 기부가 가끔 종에 따라 키노(kinos – 열대교목에서 나오는 붉은색 수지), 수지(樹脂, resins), 검(gums), 전충체(塡充體, tyloses) 등으로 채워진다(Fink 1999). 이러한 과정은, 앞서 설명한 가지 연결부위에 대한 해부학적 변형(더 높은 목재 밀도, 더 큰 도관 굴곡, 더 많은 도관 종말)과 결합하여, 대부분의 특수한 부후 곰팡이를 제외한 모든 곰팡이가 줄기에 정착하는 것을 억제하는 **가지보호지대**(branch protection zone) 형성으로 이어진다. 이들 죽은 가지는 부생균(腐生菌, saprotrophic fungus)에 의해 가지보호지대까지 점진적으로 썩어서 결국에는 더 이상 자신의 무게를 지탱할 수 없거나 충돌 또는 바람이 불면 떨어진다. 이러한 상황에서는 가지 터기(stub)가 교목에 남아서 상처 유합을 지연시킬 수 있다. 이러한 문제에 대처하기 위해 많은 유칼리나무(*Eucalyptus*)를 포함한 일부 종은 상처에 인접하여 자라는 새로운 목재의 힘으로 2~3년에 걸쳐 이 가지 터기를 밀어낼 수 있는데, 이를 통해 상처를 더 빨리 유합한다(Addicott 1982). 유칼리나무에 속하는 종을 작업 대상으로 하는 수목관리자들은 죽은 가지 터기를 밀어내는 이들의 능력을 인지하게 될 것인데, 따라서 등반할 때 이를 딛고 서는 것은 좋은 생각이 아니다.

교목이 가지를 탈리시키고, 가지보호지대를 형성하고, 자연적으로 가지를 떨어뜨리는 능력은 종에 따라 변이가 매우 크게 나타난다. 종이 다르면 다양한 과정에 에너지를 어떻게 배분할 것인가에 대해 다른 '선택'을 한다. 어떤 교목은 방어에 더 많이 투자하여 오래 사는 데 비해, 다른 교목은 빠른 생장에 우선을 둔다. 그럼에도 불구하고 이러한 가지 탈리와 탈락의 자연 과정에 관한 이해는 교목 전정에 대한 우리의 접근에 많은 기여를 해왔다.

3.11 교목 전정

자연은 어느 정도 유전적 특질에 의해 제한을 받지만, 지속적으로 변화하는 자연 여건에 반응할 수 있는 능력을 가진 매우 효과적인 교목 수관을 진화시켜왔다. 더 많은 햇빛에 대한 유혹과 이를 안전하게 포획하기 위해 필요한 투자 사이의 긴장은 해결되었다. 즉 타협이 이루어졌다. 환경적인 지위를 탐색하고 이를 위해 투쟁하고, 아무리 사소하더라도 주위보다 우위를 확보하기 위한 혁신이 시도되고 시험되어 왔다. 각 세대는 자신의 유전자를 다음 세대로 전달하는 기회를 가질 수 있도록 엄청나게 오랜 시간에 걸쳐 체계, 해부학적 구조, 생리, 생물계절현상을 연마해왔다. 그러므로 교목 수관 설계에 개입해야 한다는 주장은 잘못된 것처럼 보일 수도 있다. 하지만 교목 전정(剪定, pruning)은, 특히 관리되고 있는 경관에서 교목 수관의 관리를 위해 중요한 작업이다.

교목을 전정하는 것은 전정 작업에 앞서 주의 깊게 고려해야 하는 일련의 생물학적 영향(그림 3.37에 나열되어 있음)이 있다는 것을 인식하는 것이 중요하다. 이들 영향의 대부분은 교목 건강에 불리하게 작용하고 해당 교목에 해로운 영향의 연속이 된다. 아마 전정의 가장 분명한 영향은 수관의 엽면적 감소가 될 것이다. 이는 거의 확실하게 탄소고정(炭素固定, carbon fixation), 그리고 광합성과 관련된 다른 산물의 감소로 이어진다. 동시에, 전정으로 유발된 상처는 광합성이 감소된 바로 그 시점에 회복과 방어를 위해 배분되는 탄소를 증가시킨다. 줄기를 절단하면, 특히 수분 결핍 상태에 있을 경우, 빠르게 목부 내 공동현상(空洞現像, cavitation)을 유발할 것이고, 이는 다시 뿌리와 수관 사이의 수리통로(水理通路, hydraulic pathway)를 제한함으로써 더 큰 수분 스트레스로 이어질 수도 있다. 변재와 심재의 노출은 병원균에 의한 감염 가능성을 높일 수 있고 절단에 의해 가해진 생리적 스트레스는 종종 해당 교목의 병해충에 대한 취약성을 더욱 높일 것이다. 해당 부지로부터 제거되는 줄기와 잎 생물량(biomass)의 상실은 재순환과 결과적으로, 해당 교목이 흡수하기 위해 가용한 영양소의 양을 감소시킨다. 전정, 특히 죽은 가지 제거는 다른 종에 대한 서식지 상실로도 이어질 수 있고, 이는 더 넓은 생태계 과정(生態系過程, ecosystem process)에 대한 시사점을 가지고 있다. 교목은 우리의 도움 없이 필요

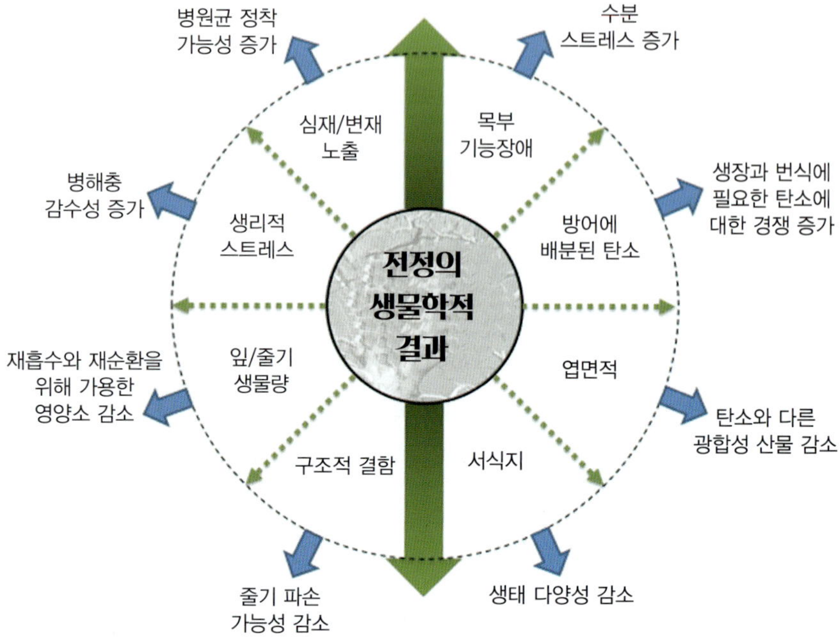

그림 3.37 전정의 생물학적 결과. 안쪽 원은 중요한 주된 결과의 일부를 나타내고, 바깥 원은 가능한 이차결과를 나타낸다. 그림의 아래쪽 부분은 전정의 결과로 감소할 가능성이 있는 특성을 나타내고, 그림의 위쪽 부분은 증가할 가능성이 있는 특성을 나타낸다.

이상인 가지를 떨어뜨리는 능력이 있고 전정은 수많은 유해한 결과를 가져온다는 사실을 고려할 때, 교목을 전정하지 않는 것을 유효한 관리 방안으로 고려해야 한다.

그러나 이 모든 것을 지적했음에도 불구하고, 구조적 결함을 제거하는 것이 이로 인한 줄기 파손을 줄이는 데 도움이 될 수 있고 나아가 앞으로 오랫동안 교목 수관의 통합을 보전하는 데 도움이 된다는 것을 언급하는 것이 중요하다. 따라서 수관 발달의 초기 단계에서의 조형이나 구조 전정(構造剪定, formative/structural pruning)은 모든 수관 관리전략의 중심 요소가 되어야 한다.

도시 환경과 다른 관리되는 경관에서는, 교목을 전정해야 하는 수많은 합리적인 이유가 있다. 교목 수관 내 결함은 부분적인 교목 파손으로 이어질 수 있기 때문에, 교목을 전정해야 하는 가장 강력한 이유는 앞으로의 생체역학적 결함을 줄여서 교목의 장수를 조장하는 데 도움을 주는 구조를 만드는 것이다. 그러나 교목 위험을 줄이고, 기반 시설을 위한 여유공간을 제공하고, 교목 수관이 햇빛에 미치는 영향을 줄이고, 아름다움을 향상시키는 것은 모두 도시 교목을 전정하는 정당한 이유이다. 핵심 목적과 관상수에 사용되는 대안적인 전정 실무의 장단점은 표 3.2에 개략적으로 나열되어 있다. 국가표준, 실무 지침, 시방서 등이 모든 수목관리 작업(예를 들면 표 3.3 참조)을 위한 건전한 처방을 창출하기 위해 사용되어야 하고, 모든 관련 법령과 매뉴얼도 준수해야 한다. 여기에는 위험 평가, 장비 적합성, 개인 훈련, 교목 보호와 서식지(또는 야생동물) 보전과 관련된 법령도 포함될 수 있다.

표 3.2 관상수의 중요한 전정 작업 요약

전정 작업	핵심 목표	장점	단점
안전/위험 관리	• 정해진 굵기의 죽은 목재 제거 • 금가고 쪼개진 가지 제거 • 약한 가지 연결부위를 가진 가지의 제거 또는 억제(인접 가지의 자연적인 우세를 도와주기 위해 다른 가지를 축소)	• 인명이나 재산에 피해를 주는 가지의 파손 위험 감축 • 종종 엽면적에 대한 최소한의 영향으로 달성할 수 있음	• 잠재적인 야생동물 서식지 제거
구조 전정 (두목작업이나 가지엮기와 같은 특별한 목적을 위한 조형전정은 제외)	• 중대한 생체역학적 결함이 없는 성목으로 자랄 수 있는 여건 창출 • 약한 가지 연결부위를 가진 가지의 제거 또는 억제 • 바람직하지 않은 생장 패턴을 가진 가지의 제거 또는 억제 • 마찰하는 가지 제거 • 바람직한 수관고 구축	• 안정적인 수관 발달을 위한 여건 제공 • 향후 전정 요구 감축 • 생체역학적 결함 제거	• 전정 상처가 미생물의 잠재적인 감염 장소를 제공 • 엽면적 상실이 일시적으로 광합성을 감소시킴
수관 솎기	• 수관 전반에 걸쳐 균등한 밀도를 창출하면서 엽면적의 일정한(<30%) 비율 제거	• 교목 수관에 의해 드리우는 그늘 제거 • 유지되는 가지에 대한 풍압 감축 • 전정 상처가 작은 경향이 있어서 빠르게 아물 것임	• 남은 수관의 빈 공간을 새로운 생장이 빠르게 채우기 때문에 이점이 일시적인 경향이 있음 • 전정 상처가 미생물의 잠재적인 감염 장소를 제공

(계속)

표 3.2 (계속)

전정 작업	핵심 목표	장점	단점
수관 높이기	• 살아 있는 수관의 85% 이상을 유지하면서 주어진 지표면으로부터 정해진 수직의 여유공간을 창출하기 위해 가지 제거	• 기반시설, 통행(보행자와 차량), 시선으로부터 여유공간 제공	• 해당 높이기가 높은 곳의 측지를 제거하여 달성될 수 없으면, 주된 수간에 상처를 만듦 • 전정 상처가 미생물의 잠재적인 감염 장소를 제공
수관 축소 (전체 수관 또는 선택된 부분)	• 누적적으로 살아 있는 수관의 <30%가 제거되는 일정한 양의 가지와 줄기 길이 감축 • 원래 형태에 비례하여 해당 교목의 수관이 차지하고 있는 공간의 크기 축소	• 엽면적과 길이 축소를 통해 교목에 가해지는 생체역학적 스트레스 경감 • 좁은 공간에 교목을 유지할 수 있음 • 전체 수관에 충격을 주지 않고(선택적 축소에 한함) 구조물과의 바람직한 여유공간 제공	• 수관의 바깥 부분에 대부분의 잎을 달고 있는 교목 종에서는, 가지 길이의 작은 축소도 잎을 달고 있는 구조의 상당한 비율이 제거되는 결과로 이어질 수 있음 • 수피가 얇은 종은 피소 피해를 입을 수 있음
수관 청소	• 수관 전반의 죽고, 병들고, 부러진 가지 제거 • 맹아지의 선택적인 제거 또는 축소 • 수관으로부터 이물질, 기생식물(예: 겨우살이) 제거	• 안전하고 깨끗한 수관 창출 • 적은 양의 광합성 면적만 제거 • 일반적으로 작은 전정 상처를 남김	• 전정 상처가 미생물의 잠재적인 감염 장소를 제공 • 잠재적인 야생동물 서식지 제거

주의: 다른 교목 관리 목적에 의해 요구되는 경우, 전정 작업이 결합될 수도 있다.

전정 작업

20세기 대부분에 걸쳐, 최종 절단이 원 줄기에 매우 가까이 그리고 평행하게 되도록 교목을 전정하는 것이 흔히 있는 일이었다. 이러한 **평절**(平切, flush cut)(그림 3.38)은 하나같이 남은 줄기에 상당한 피해를 유발하였고 모든 가지보호지대를 제거하였다. 일련의 줄기 절개를 통해, 미국 산림청의 Alex Shigo는 평절이 전정 상처와 관련된 목재 변색

표 3.3 수목관리 작업에 관한 국가표준이나 작업규칙의 중요한 사례(Johnston & Hiron 2014)

국가	표준
호주	AS 4373 – Pruning of Amenity Trees AS 4970 – Protection of Trees on Development Sites
영국	BS 3998 – Tree Work Recommendations BS 5837 – Trees in Relation to Design, Demolition and Construction – Recommendations BS 8545 – Trees: From nursery to independence in the landscape – Recommendations
체코	SPPK A02 002 – Řez stromů – Tree pruning
독일	DIN 18320 – German construction contract procedures (VOB) – Part C: General technical specifications in construction contracts (ATV) – Landscape works DIN 18919 – Vegetation engineering/management in landscaping: development and maintenance of green spaces DIN 18920 – Vegetation engineering/management in landscaping; protection of trees, plant populations and vegetation areas during construction ZTV – Baumpflege – Additional technical contractual terms and guidelines for tree care
뉴질랜드	Approved Code of Practice for Safety and Health in Arboriculture
미국	ANSI A300 – for Tree Care Operations – Tree, Shrub and other woody plant management ANSI Z133 – Safety requirements for Arboricultural Operations

출처: Dixon & Aldous(2014). Springer의 허락을 받아 전재.

과 부후를 증대시킨다는 것을 입증할 수 있었다. 이는 변색과 부후가 덜 되는 자연적으로 떨어진 가지와 관련된 목재와 대비되었다. 이러한 매우 교훈적인 연구 결과는 가지탈리에 의해 유발된 자연 전정을 흉내 낸 최종 절단을 요구하는 기술인 **자연표적전정**(natural target pruning)(Shigo 1989)의 권고였다(그림 3.39). 결정적으로, 이 절단은 가지의 기부를 존중하고 남은 줄기 조직에 어떠한 실질적인 상처도 유발하지 않는다. 이에 따라 해당 교목이 스스로 치유할 수 있는 최선의 기회를 기질 수 있다(그림 3.40).

자연표적전정 기술의 추가적인 권고는 상처의 유합을 방해할 뿐만 아니라 남겨진 줄기 속으로 부후 곰팡이가 들어가는 잠재적인 입구에서 은신처를 제공할 수도 있는 너무 길게 남아 있는 가지 끝을 제거하는 것이다. 따라서 최종 절단은 남겨질 줄기조직은 모두 보호하면서 가능한 한 가지조직을 많이 제거해야 한다. 교목 전정 기술에서의 이러한 수정에 대한 Alex Shigo의 주장은 20세기 후반부 동안 전정의 최적실무를 변화시켜

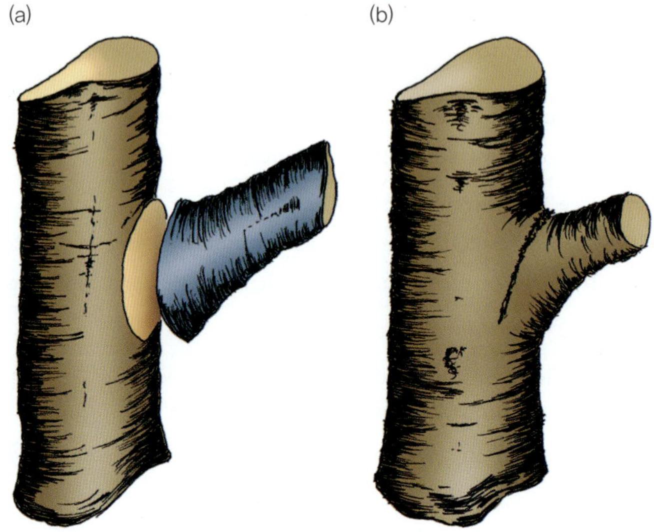

그림 3.38 평절과 가지터기 절단(stub cut)과 같은 그릇된 전정 작업은 피해야 한다. (a) 평절은 가지 깃과 지피융기선을 제거하기 때문에 제거되는 가지의 크기에 비해 큰 상처를 남긴다. 이는 남겨지는 줄기에 상당한 피해를 초래한다. (b) 가지터기 절단은 미생물이 쉽게 정착할 수 있는 과도한 가지를 남긴다. 또한 이 터기는 향후의 관리 문제로 이어질 수 있는 잠아지를 발생시킬 가능성이 있다. 출처: Gilman(2012)에서 재구성, Keith Sacre 그림.

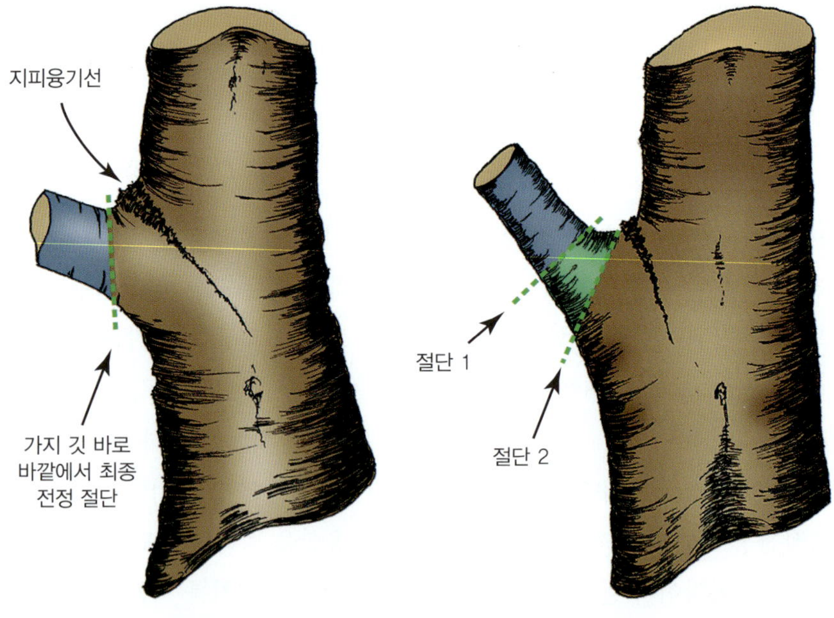

그림 3.39 가지 깃(branch collar)이 있는 가지와 없는 가지에 대한 올바른 제거절단 위치. 가지 깃이 있으면(왼쪽) 최종 전정 절단은 깃 바로 바깥에서 완료되어야 한다. 만약 가시적인 가지 깃이 없고 지피융기선만 존재하면(오른쪽), 최종 절단은 절단 1과 절단 2 사이에서 해야 한다. 절단 1은 절단의 표면을 최소화하여 이어지는 부후를 줄이는 이점이 있지만, 절단 2는 일부 가지터기의 고사 가능성을 줄여준다. 절단 2보다 줄기에 더 가까이 절단되어서는 안 된다. 출처: Gilman(2012)에서 재구성, Keith Sacre 그림.

그림 3.40 자연표적전정은 상처와 관련된 목재 변색과 부후의 발달을 제한하는 데 도움이 될 수 있다. 여기서 올바르게 전정된 사과나무(*Malus* sp.)는 전정 절단이 이루어진 지 3년 후에 매우 제한된 부위에 대한 변색만을 보여준다. 또한 상처 위를 덮기(유합) 위한 새로운 목재의 생장이 상처 가장자리 주위에서 시작되었다는 것에 유의하라.

이제 자연표적전정 개념이 여러 나라의 교목 전정에 관한 국가표준에 확고하게 뿌리를 내리고 있다(표 3.3).

줄기를 제거하는 것은 아무리 올바르게 수행해도 교목에게는 해가 되기 때문에, 전정은 조심스럽게 고려되어야 하고 여러 가지 일반적인 원리를 따라야 한다:

- 제거되는 식물체의 양은 전정 목적을 달성하기 위해 요구되는 최소량인 것이 좋다.
- 가능하다면 항상, 전정 절단은 상처 내 노출되는 심재(또는 비통도 목부)가 없도록 해당 교목에서 직경이 가는 부위에 대해 이루어지는 것이 좋다. 이는 목부 내 적극적인 반응이 일어나도록 하여 상처 유합에 필요한 시간을 단축시킨다. 가는 직경의 전정 절단이 넓은 면적의 이차 목부를, 종종 심재를 포함한, 노출시키는 소수의 굵은 직경의 전정 절단보다 선호된다.
- 어린 교목의 구조 전정이 항상 성목의 교정전정(矯正剪定, remedial pruning)보다 선호되는데, 이는 상대적으로 가는 직경의 전정 상처가 빠른 생장에 의해 신속하게 유합될 수 있기 때문이다. 이러한 구조 전정은 양호한 가지 구조 구축을 보장함으로써 장래 전정 요구도 줄여준다.
- 수분 결핍이 있는 것으로 알려져 있거나 의심이 되는 기간 중에는 고도의 도관 폐색으로 인해 유발된 광범위한 목부 기능 장애가 발생할 가능성이 높기 때문에 가

능하면 전정을 피하는 것이 좋다.

- 최종 제거 절단은 가능하면 작게, 그리고 국가적인 전정표준(표 3.3)이나 입증된 전정 참고서(Gilman 2012; Brown & Kirkham 2017)에 설명된 자연표적전정 기술(그림 3.39)에 따라 수행하는 것이 좋다. 올바른 전정 위치 바깥에서의 가지터기 절단과 인접한 줄기 조직을 손상시키는 평절은 피해야 한다(그림 3.41).
- 줄기를 줄일 필요가 있는 경우에는, 절단은 제거되는 부분 직경의 1/3보다 큰 가지 연결부위 바로 위에서 이루어지는 것이 좋다(그림 3.41).
- 유지되는 줄기 조직을 손상시키고 노출되는 목부 면적을 확대시키는 평절은, 노숙화(老熟化, veteranisation – 노거수의 특징을 가진 교목 창출)를 목적으로 곰팡이 정착을 촉진시키기 위한 특수한 전정 작업의 일부가 아니면, 피하는 것이 좋다.
- 가지터기를 남기게 되는 절간(節間, internode) 절단(가지 연결부위 사이 절단)은, 두목(頭木, pollard) 형성과 같은 특별한 전정 목적을 위해 바람직한 경우가 아니면, 사용하지 않는 것이 좋다. 가지터기 절단과 절간 절단은 종종 '정상적'인 측지 형성에 비해 취약하게 부착된 잠아지를 자극할 수 있다.

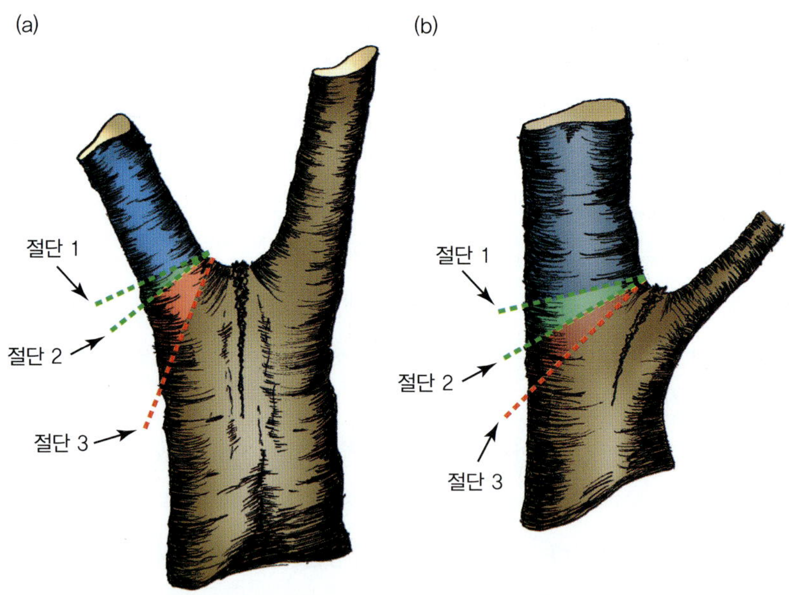

그림 3.41 (a) 같은 굵기(동일세력) 또는 (b) 남겨지는 가지보다 더 큰 가지를 제거할(축소절단) 때에는 절단 2가 좋다. 지피융기선에 거의 평행하게 절단하면(절단 3) 지지하는 목재가 너무 얇고 절단 면적이 필요 이상으로 크기 때문에 연결부위가 약하게 된다. 가끔 형성층이 절단 부위 아래로 고사하지 않으면 절단 1에 반응하여 부후가 덜 발달하기 때문에, 절단 2에 대해 안전한 대안이 된다. 남겨지는 측지는 적어도 전정 절단되는 직경의 1/3이 되는 것이 좋다. 출처: Gilman(2012). Keith Sacre 그림.

- 주지나 모지에 가까이 자라는 가지를 부착지점에서 제거하는 것은 목부 기능장애의 연계 가능성과 줄기 내부 부후를 줄이기 위해 피하는 것이 좋다.

3.12 교목 수관 지지

교목은 생체역학적 결함이 해당 교목의 구조적인 통합을 위협하는 방식으로 발달할 수도 있다. 예를 들면, 가지 연결부위 내부에 매몰된 수피나 가지가 만나는 곳에 미세한 균열 등 생체역학적 결함이 존재하여 교목 파손이 인명과 재산에 피해를 유발할 가능성이 있으면, 이는 적합한 자격이 있고 경험이 많은 수목관리전문가로부터 전문적인 위험평가를 받는 것이 교목 소유자의 법적인 의무일 수 있다. 보충적인 수관 지지는 일반적으로 가지(연결부위) 파손에 의한 위험이 전정이나 피해 대상물 관리를 통해 완화될 수 없는 경우에 대안으로 고려된다. 이는 또한 전체 수관의 보전이 바람직할 때에도 적절할 수 있다. 이러한 여건 하에서, 수관 지지는 **탄력적 줄당김**(flexible bracing), **단단한 줄당김**(rigid bracing), **지지대**(propping)나 **당김줄**(guying)을 통해 제공될 수 있다.

탄력적 줄당김은 구조적인 파손 가능성을 줄이기 위해 교목의 수관 내부에 조립되는 케이블, 밧줄 또는 벨트로 구성된 시스템을 사용한다. 이 시스템 자재가 1900년대 초 이후로 진화를 계속하면서 거의 100년 동안 교목 수관을 안정시키기 위해 사용되어왔다(Le Sueur 1934). 역사적으로 가지에 침입 방식으로 강철 케이블을 부착하기 위해 아이 볼트(eye-bolt)를 사용해왔다. 그러나 침입성 시스템이 부후를 유발할 수 있다는 인식으로 인해(Stobbe 등 2000) 교목 가지에 비침입성 줄당김을 광범위하게 채택하게 되었다. 이 시스템은 합성섬유 밧줄이나 강철 케이블을 제자리에 잡고 있고 있을 수 있는 특정 형태의 벨트를 사용한다. 밧줄을 사용하는 경우, 가지 연결부위에서의 적응 생장을 자극하고 해당 시스템에 대한 첨두부하(尖頭負荷, peak load)를 줄이는 데 도움을 주도록 움직임을 허용하기 위해 에너지 흡수재를 결합시킬 수도 있다. 일반적으로 부착 지점은 약한 가지 연결부위로부터 끝까지 거리의 약 2/3 지점이 되는 것이 좋고, 지지는 줄당김에 가해지는 힘을 견디기에 충분히 강한 줄기에 부착하는 것이 좋다(그림 3.42). 지지하는 줄당김의 정확한 배치는 결합의 특성, 기존의 수관 체계, 해당 시스템에 대한 잠재적 부하 등에 따라 다를 것이다(그림 3.43). 가끔 BS 3998과 ZTV – Baumpflege(표 3.3)와 같은 수목관리 표준은 수관 줄당김 설치에 관한 추가적인 지침을 제공한다.

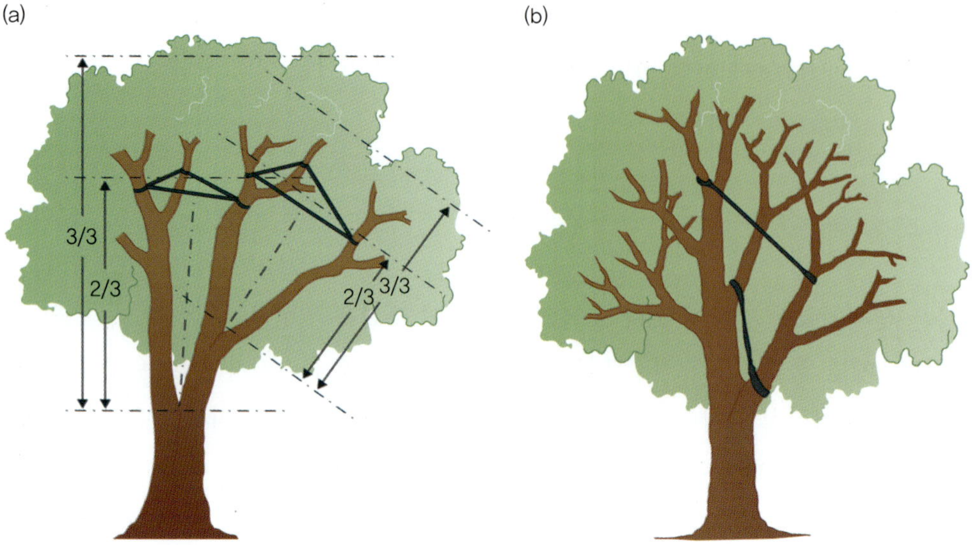

그림 3.42 교목에 대한 줄당김. (a) 비침입성 탄력적 줄당김은 결합 부위로부터 가지 끝까지 가지 길이의 약 2/3 지점에 설치하는 것이 좋다. 이들은 그림에서 보는 바와 같이 정적 또는 줄당김 시스템 내부 줄기의 움직임을 허용하도록 에너지 흡수재를 포함하는 동적일 수도 있다. (b) 테더링(tethering) 시스템을 사용하여 가지 기부에 추가적인 지지 시스템을 설치할 수 있다. 만약 이런 방식의 지지 시스템을 설치한다면 이는 전문적인 수목관리자가 수행해야 한다. 출처: FLL(2007)에서 전재.

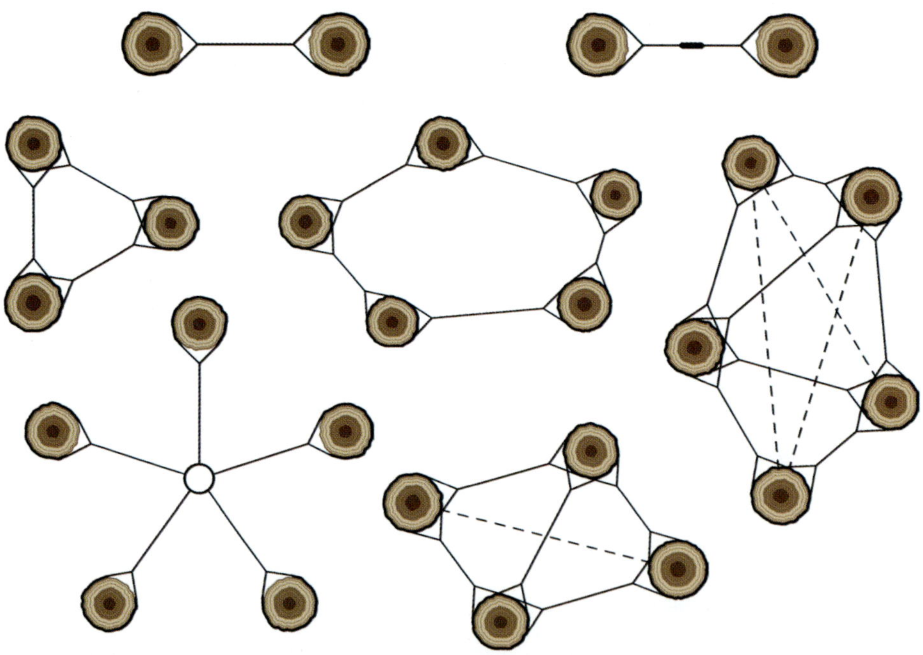

그림 3.43 교목에 대한 비침입성 줄당김의 가능한 배치. 줄은 위 오른쪽 그림에서 보여주는 바와 같이 결합된 에너지 흡수재를 가지고 있을 수도 있다. 출처: FLL(2007)에서 전재.

인접 줄기(또는 가지)의 독자적인 움직임을 방지하는 것이 필요할 경우에는 때로는 약한 구조에 대한 단단한 줄당김이 적절할 수도 있다. 이는 일반적으로 와셔(washer)와 너트(nut)에 의해 제자리에 고정되는 침입성 강철 봉을 설치한다.

뿌리가 불안정한 경우에는 줄당김에 대한 대안으로 지지대나 주된 줄기에 당김줄을 사용하여 지면으로부터 줄기나 가지를 지지하는 것이다. 커다란 문화적 가치를 가진 어떤 교목은 해당 교목 주변에 설치된 정밀한 지지 시스템으로 성공적으로 지지되었다(그림 3.44). 가장 적절한 자재와 배치에 대한 의사결정은 종종 복잡하기 때문에, 항상 전문 수목관리 작업자에 의해 수행되는 것이 좋다.

그림 3.44 홍콩 카오룽(Kowloon)의 400년 된 대만고무나무(*Ficus microcarpa*)에 사용된 주문 제작된 지지 시스템. 수직의 강철 기둥에 고정된 케이블이 수관을 지지한다. 다음으로, 파일 위에 탑재된 단단한 강철 구조물은 무거운 구조가 교목의 뿌리를 손상시키지 않도록 한다. 이처럼 철저한(그리고 비싼) 접근은 사실 문화적 또는 역사적 중요성이 높은 교목에 대해서만 적용 가능하다.

인용문헌

Addicott, F.T. (1982) *Abscission*. University of California Press, Berkeley, USA.

Addicott, F.T. (1991) Abscission: Shedding of parts. In: Raghavendra, R.S. (ed.) *Physiology of Trees*. John Wiley and Sons, New York, USA, pp. 273–300.

Aerts, R. (1996) Nutrient resorption from senescing leaves of perennials: Are there general patterns? *Journal of Ecology*, 84: 597–608.

Alexander, R.M. (1997) Leaning trees on a sloping ground. *Nature*, 386: 327–329.

Augspurger, C.K. and Bartlett, E.A. (2003) Differences in leaf phenology between juvenile and adult trees in a temperate deciduous forest. *Tree Physiology*, 23: 517–525.

Basler, D. and Körner, C. (2012) Photoperiod sensitivity of bud burst in 14 temperate forest tree species. *Agricultural and Forest Meteorology*, 165: 73–81.

Braam, J. and Davis, R.W. (1990) Rain-, wind- and touch-induced expression of calmodulin and calmodulin-related genes in *Arabidopsis*. *Cell*, 60: 357–364.

Braatne, J.H., Rood, S.B. and Heilman, P.E. (1996) Life history, ecology, and conservation of riparian cottonwoods in North America. In: Stettler, R.F., Bradshaw, H.D. Jr., Heilman, P.E. and Hinckley, T.M. (eds) *Biology of Populus and its Implications for Management and Conservation*. NRC Research Press, Ottawa, Canada, pp. 57–85.

Brown, G.E. and Kirkham, T. (2017) *Essential Pruning Techniques: Trees, Shrubs and Conifers*. Timber Press, Portland, Oregon, USA. p. 408.

BSI (2010) *BS3998: Tree work – Recommendations*. British Standards Institution, London, UK.

Cescatti, A. and Niinemets, U. (2004) Leaf to landscape. In: Smith, W.K., Vogelmann, T.C. and Critchley, C. (eds) *Photosynthetic Adaptation; Chloroplast to Landscape*. Springer, Berlin, Germany, pp. 42–85.

Chabot, B.F. and Hicks, D.J. (1982) The ecology of leaf life spans. *Annual Review Ecology and Systematics*, 13: 229–259.

Craine, J.M. (2009) *Resource Strategies of Wild Plants*. Princeton University Press. Princeton, USA.

Dawson, J. and Lucas, R. (2011) *New Zealand's Native Trees*. Craig Potton Publishing, Nelson, New Zealand.

Debreczy, Z. and Rácz, I. (2011) *Conifers Around the World; Conifers of Temperate Zones and Adjacent Regions*, Volume 1. DendroPress, Budapest, Hungary.

Dixon, G. & Aldous, D. (2014) *Horticulture: Plants for People and Places*, Volume 2. Springer, Berlin, Germany, pp. 693–711.

Eckenwalder, J.E. (1980) Foliar heteromorphism in *Populus* (Salicaceae), a source of confusion in the taxonomy of Tertiary leaf remains. *Systematic Botany*, 5: 366–383.

Ennos, A.R. (2016) *Trees: A Complete Guide to Their Biology and Structure*. Comstock Publishing, New York, USA.

Fink, S. (1999) *Pathological and Regenerative Plant Anatomy*. Gebruder Borntraeger Verlagsbuchhandlung, Stuttgart, Germany.

FLL (Forschungsgesellschaft Landschaftsentwicklung Landschaftsbau e. V.) (2007) *ZTV Baumpflege: Additional Technical Contractual Terms and Guidelines for Tree Care*. FLL, Bonn, Germany.

Gartner, B.L. (1995) Patterns of xylem variation within a tree and their hydraulic and mechanical consequences. In: Gartner, B.L. (ed.) *Plant Stems; Physiological and Functional Morphology*. Academic Press, New York, USA, pp. 125–149.

Ghelardini, L., Santini, A., Black-Samuelsson, S., Myking, T. and Falusi, M. (2010) Bud dormancy release in elm (*Ulmus* spp.) clones: A case study of photoperiod and temperature responses. *Tree Physiology*, 30: 264–274.

Gilman, E.F. (2012) *An Illustrated Guide to Pruning*, 3rd edition. Delmar Cengage Learning, New York, USA.

Givnish, T.J. (1978) On the adaptive significance of compound leaves, with special reference to tropical trees. In: Tomlison, P.B. and Zimmermann, M.H. (eds) *Tropical Trees as Living Systems. Proceedings of the Fourth Cabot Symposium*. Cambridge University Press, Cambridge, UK, pp. 351–380.

Givnish, T.J. (1995) Plant stems: Biomechanical adaptation for energy capture and influence of species distributions. In: Gartner, B.L. (ed.) *Plant Stems: Physiology and Functional Morphology*. Academic Press, San Diego, USA, pp. 3–49.

Givnish, T.J. (2002) Adaptive significance of evergreen vs. deciduous leaves: Solving the triple paradox. *Silva Fennica*, 36: 703–743.
Hallé, F., Oldeman, R.A.A. and Tomlinson, P.B. (1978) *Tropical Trees and Forests: An architectural Analysis*. Springer, Berlin, Germany.
Horn, H.S. (1971) *The Adaptive Geometry of Trees*. Princeton University Press, Princeton, USA.
Ishii, R. and Higashi, M. (1997) Tree coexistence on a slope: an adaptive significance of trunk inclination. *Proceedings of the Royal Society of London Series B: Biological Sciences*, 264: 133–139.
Jaffe, M.J. (1973) Thigmomorphogenesis: The response of plant growth and development to mechanical stimulation. *Planta*, 114: 143–157.
Jaffe, M.J. and Forbes, S. (1993) Thigmomorphogenesis: The effect of mechanical perturbation on plants. *Plant Growth Regulation*, 12: 313–324.
James, K.R., Haritos, N. and Ades, P.K. (2006) Mechanical stability of trees under dynamic loads. *American Journal of Botany*, 93: 1522–1530.
Johnson, E.A. (1987) The relative importance of snow avalanche disturbance and thinning on canopy plant populations. *Ecology*, 68: 43–53.
Johnston, M. and Hirons, A.D. (2014) Urban trees. In: Dixon, G. and Aldous, D. (eds) *Horticulture: Plants for People and Places*, Volume 2. Springer, Berlin, Germany, pp. 693–711.
Jones, H.G. (2014) *Plants and Microclimate: A Quantitative Approach to Environmental Plant Physiology*, 3rd edition. Cambridge University Press, Cambridge, UK.
Kane, B., Farrell, R., Zedaker, S.M., Loferski, J.R. and Smith, D.W. (2008) Failure mode and prediction of the strength of branch attachments. *Arboriculture and Urban Forestry*, 34: 308–316.
Keskitalo, J., Bergquist, G., Gardeström, P. and Jansson, S. (2005) A cellular timetable of autumn senescence. *Plant Physiology*, 139: 1635–1648.
Kikuzawa, K. and Lechowicz, M.J. (2011) *Ecology of Leaf Longevity*. Springer, Berlin, Germany.
King, D.A. (1990) The adaptive significance of tree height. *The American Naturalist*, 135: 809–829.
King, D.A., Davies, S.J., Tan, S. and Noor, N.S.M. (2009) Trees approach gravitational limits to height in tall lowland forests of Malaysia. *Functional Ecology*, 23: 284–291.
Kramer, P.J. and Kozlowski, T.T. (1979) *Physiology of Woody Plants*. Academic Press, New York, USA.
Kuuluvainen, T. (1992) Tree architectures adapted to different light utilization: Is there a basis for latitudinal gradients? *Oikos*, 65: 275–284.
Kwit, M.C., Rigg, L.S. and Goldblum, D. (2010) Sugar maple seedling carbon assimilation at the northern limit of its range: The importance of seasonal light. *Canadian Journal of Forest Research*, 40: 385–393.
Lambers, H., Chaplin, F.S. III and Pons, T.L. (2008) *Plant Physiological Ecology*, 2nd edition. Springer, Berlin, Germany.
Larcher, W. (2003) *Physiological Plant Ecology: Ecophysiology and Stress Physiology of Functional Groups*, 4th edition. Springer, Berlin, Germany.
Laube, J., Sparks, T.H., Estrella, N., Höfler, J., Ankers, D.P. and Menzel, A. (2014) Chilling outweighs photoperiod in preventing precocious spring development. *Global Change Biology*, 20: 170–182.

Le Sueur, A.D.C. (1934) *The Care and Repair of Ornamental Trees in Garden, Park and Street*. Country Life, London, UK.
Lechowicz, M.J. (1984) Why do temperate deciduous trees leaf out at different times? Adaptation and ecology of forest communities. *The American Naturalist*, 124: 821–842.
Margalef, R. (1997) *Our Biosphere*. Excellence in Ecology, Book 10. Ecology Institute, Oldendorf/Luhe, Germany.
Matsuzaki, J. Masumori, M. and Tange, T. (2006) Stem phototropism of trees: A possible significant factor in determining stem inclination on forest slopes. *Annals of Botany*, 98: 573–581.
McMahon, T. (1975) The mechanical design of trees. *Scientific American*, 233: 92–102.
Meyer-Berthaud, B., Scheckler, S.E. and Wendt, J. (1999) *Archaeopteris* is the earliest known modern tree. *Nature*, 398: 700–701.
Niklas, K.J. (1992) *Plant Biomechanics: An Engineering Approach to Plant Form and Function*. University of Chicago Press, Chicago, USA.
Niklas, K.J. and Spatz, H.-C. (2014) *Plant Physics*. Chicago University Press, Chicago, USA.
Pallardy, S.G. (2008) *Physiology of Woody Plants*, 3rd edition. Academic Press, London, UK.
Park, S., Keathley, D.E. and Han, K.-H. (2008) Transcriptional profiles of the annual growth cycle in *Populus deltoides*. *Tree Physiology*, 28: 321–329.
Polgar, C.A. and Primack, R.B. (2011) Leaf-out phenology of temperate woody plants: From trees to ecosystems. *New Phytologist*, 191: 926–941.
Polgar, C.A. and Primack, R.B. (2013) Leaf-out phenology of temperate forests. *Biodiversity Science*, 21: 111–116.
Reich, P.B., Walters, M.B. and Ellsworth, D.S. (1997) From tropics to tundra: Global convergence in plant functioning. *Proceedings of the National Academy of Science*, 94: 13730–13734.
Ruelle, J. (2014) Morphology, anatomy and ultrastructure of reaction wood. In: Gardiner, B., Barnett, J., Saranpää, P. and Gril, J. (eds) *The Biology of Reaction Wood*. Springer, Berlin, Germany, pp. 13–35.
Scheffer, M., Vergnon, R., Cornelissen, J.H.C., Hantson, S., Holmgren, M., van Nes, E.H., *et al.* (2014) Why trees and shrubs but rarely trubs? *Trends in Ecology and Evolution*, 29: 433–434.
Schweingruber, F.H., Börner, A. and Schulze, E.D. (2006) *Atlas of Woody Plant Stems: Evolution, Structure, and Environmental Modifications*. Springer Science & Business Media, Berlin, Germany.
Shigo, A.L. (1989) *Tree Pruning*. Shigo and Trees Associates, Durham, USA.
Slater, D. (2016) *Assessment of Tree Forks: Assessment of Junctions for Risk Management*. Arboricultural Association, Stroud, UK.
Slater, D. and Ennos, A.R. (2013) Determining the mechanical properties of hazel forks by testing their component parts. *Trees*, 27: 1515–1524.
Slater, D. and Ennos, A.R. (2015a) The level of occlusion of included bark affects the strength of bifurcations in hazel (*Corylus avellana* L.). *Journal of Arboriculture and Urban Forestry*, 41: 194–207.
Slater, D. and Ennos, A.R. (2015b) Interlocking wood grain patterns provide improved wood strength properties in forks of hazel (*Corylus avellana* L.). *Arboricultural Journal*, 37: 21–32.
Slater, D. and Ennos, A.R. (2016) An assessment of the ability of bifurcations of hazel

(*Corylus avellana* L.) to remodel in response to bracing, drilling and splitting. *Journal of Arboriculture and Urban Forestry*, 42: 355–370.
Slater, D. and Harbinson, C.J. (2010) Towards a new model for branch attachment. *Arboricultural Journal*, 33: 95–105.
Slater, D., Bradley, R.S., Withers, P.J. and Ennos, A.R. (2014) The anatomy and grain pattern in forks of hazel (*Corylus avellana* L.) and other tree species. *Trees*, 28: 1437–1448.
Slater. D and Ennos, A.R. (2015) The level of occlusion of included bark affects the strength of bifurcations in hazel (*Corylus avellana* L.). *Arboriculture and Urban Forestry*, 41: 194–207.
Smiley, E.T. (2003) Does included bark reduce the strength of co-dominant stems? *Journal of Arboriculture*, 29: 104–106.
Smith, W.K. and Carter, G.A. (1988) Shoot structural effects on needle temperatures and photosynthesis in conifers. *American Journal of Botany*, 75: 496–500.
Springmann, S., Rogers, R. and Spiecker, H. (2011) Impact of artificial pruning on growth and secondary shoot development of wild cherry (*Prunus avium* L.). *Forest Ecology and Management*, 261: 764–769.
Stobbe, H., Dujesiefken, D. and Schröder, K. (2000) Tree crown stabilization with the double belt system Osnabrück. *Journal of Arboriculture*, 26: 270–274.
Sumida, A., Terazawa, I., Togashi, A. and Komiyama, A. (2002) Spatial arrangement of branches in relation to slope and neighbourhood competition. *Annals of Botany*, 89: 301–310.
Taiz, L. and Zeiger, E. (2010) *Plant Physiology*, 5th edition. Sinauer Associates, Sunderland, USA.
Telewski, F.W. (1995) Wind-induced physiological and developmental responses in trees. In: Coutts, M.P. and Grace, J. (eds) *Wind and Trees*. Cambridge University Press, Cambridge, UK, pp. 237–263.
Telewski, F.W. (2006) A unified hypothesis of mechanoperception in plants. *American Journal of Botany*, 93: 1466–1476.
Terborgh, J. (1985) The vertical component of plant species diversity in temperate and tropical forests. *American Naturalist*, 126: 760–776.
Terbough, J. (1992) *Diversity and the Tropical Forest*. Scientific American Library, New York, USA.
Thomas, P.A. (2014) *Trees: Their Natural History*, 2nd edition. Cambridge University Press, Cambridge, UK.
Valladares, F. and Niinemets, U. (2007) The architecture of plant crowns. From design rules to light capture performance. In: Pugnaire, F.I. and Valladares, F. (eds) *Functional Plant Ecology*, 2nd edition. CRC Press, Boca Raton, USA, pp. 101–149.
Vogel, S. (2009) Leaves in the lowest and highest winds: Temperature, force, shape. *New Phytologist*, 183: 13–26.
Vogel, S. (2012) *The Life of a Leaf*. University of Chicago Press, Chicago, USA.
Walker, D.J. and Kenkel, N.C. (2000) The adaptive geometry of boreal conifers. *Community Ecology*, 1: 13–23.
White, J. (1984) Plant metamerism. In: Dirzo, R. and Sarukhán, J. (eds) *Perspectives on Plant Population Ecology*. Sinauer, Sunderland, USA, pp. 176–185.
Wrigley, J. and Fagg, M. (2010) *Eucalypts: A Celebration*. Allen and Unwin, Sydney, Australia.

4장

교목 뿌리

교목의 '숨겨진 가지'인 뿌리(root)는 교목의 발달과 영속을 위해 필수적이다. 이들은 물과 영양소 흡수의 주된 수단이고, 해당 교목의 안정성은 고착을 제공하는 뿌리의 능력에 달렸다. 뿌리는 내부의 유전적 통제에 반응하여 생장하지만, 자신의 환경에도 반응함으로써 이들이 토양 내 자원이 풍부한 '부위'(patch)를 찾아다니도록 한다. 결정적으로, 이러한 토양 환경과 뿌리 사이의 상호작용은 종 내 그리고 종 사이 모두에서 매우 다양한 공간적 배치(체계)로 나타난다. 유의한 변이가 뿌리의 정밀한 해부 구조에서 존재하지만(이는 뿌리 동정 목적에 유용할 수 있다), 뿌리의 기본적인 구조는 동일하다. 이는 상자 4.1에 간단하게 기술되어 있다.

자원의 흡수와 역학적 지지가 뿌리의 주된 기능이지만, 이들은 다른 수많은 서비스도 제공한다. 뿌리는 물, 영양소, 탄수화물, 호르몬이 향기부성(向基部性, basipetal - 뿌리 끝으로부터 줄기를 향해)으로, 향정단성(向頂端性, acropetal - 줄기로부터 뿌리 끝을 향해)으로, 그리고 뿌리 시스템(root system)의 한 부위로부터 다른 부위로 이동하는 필수적인 관로(管路, conduit)이다. 뿌리는 광합성에 의한 탄소 생산이 생장과 유지관리 요구를 초과하는 풍요로운 시기에는 잉여 탄수화물에 대한 저장 기관으로서의 역할을 한다. 교목 발달을 조절하는 데 도움이 되는 화합물(化合物, compound)이 뿌리에서 생산된 후 해당 교목을 통해 운반되어 줄기에 작용한다. 뿌리는 토양 pH와 경쟁 식생을 이용하거나 손

상자 4.1 뿌리의 해부학적 구조

뿌리는 모두 동일한 기본 구조를 가지고 있다. 뿌리의 피부인 표피(表皮, epidermis)는 피층(皮層, cortex) 바깥에 놓여있다. 피층은 세포가 서로 단단하게 결합되어 '안쪽 피부'(inner skin)인 **내피**(內皮, endodermis)를 형성하는 가장 안쪽 층을 제외하고 느슨하게 연결된 세포의 층으로 구성되어 있다. 이 안쪽 피부는 세포가 접촉하는 곳에 코르크성 물질(수베린/suberin)로 채워진 카스파리띠(Casparian strip)를 형성함으로써 더욱 불투성이 된다. 물은 피층의 세포 사이를 통과할 수 있지만, 뿌리의 중심으로 들어가기 위해서는 내피 세포를 통과해야 한다. 교목은 이러한 방식으로 물이 뿌리로 들어오는 것을 통제할 수 있다.

내피 바로 아래에는 내초(內鞘, pericycle)라고 불리는 또 다른 세포 층이 있는데, 이는 내피를 통과해서 밖으로 새로운 측면 뿌리를 돋아나게 하는 역할을 한다. 뿌리의 중심은 뿌리의 배관인 유관속 조직(維管束組織, vascular tissue–중심을 차지하고 있는 물을 통도하는 목부로 구성되어 있고, 때로는 유관속주[維管束株, vascular cylinder] 또는 중심주[中心柱, stele]라고도 불림)과 바깥 둘레를 차지하고 있는 설탕을 통도하는 사부를 내포하고 있다. 그림 4.1과 6.5도 뿌리의 해부학적 구조를 설명하는데 도움이 될 것이다.

상시키는 방식으로 뿌리전개 환경의 다른 측면을 변화시킬 수 있는 화학물질도 생산한다. 또한 대부분의 뿌리 시스템은 **근권 동물원**(rhizosphere zoo–'rhiza'는 그리스어로 뿌리임)이라고 불리는 구역 내에 곰팡이와 다른 제휴된 일단의 미생물에 대한 서식지로서의 역할을 한다(Buée 등 2009).

뿌리가 지표면 아래에 있어서 대부분이 보이지 않음에도 불구하고, 교목 관리를 추구하는 사람들은 교목 뿌리가 어떻게 발달하고 교목 발달에서 이들의 역할이 무엇인가에 대한 이해를 가져야 한다. 교목에서 건강이 좋지 않음을 나타내는 많은 징후는 약화되거나 손상된 뿌리 시스템 때문일 수 있다. 반대로 뿌리의 기능과 건강을 향상시키기 위한 개입은 일반적으로 해당 교목 수관 상태의 향상으로 이어질 수 있다.

4.1 뿌리 생장과 발달

모든 지하 기관은 씨앗으로부터 나오는 **유근**(幼根, radicle–첫 뿌리)에서 처음 발달되는 **근단분열조직**(根端分裂組織, RAM/root apical meristem)에서 비롯된다. 이 RAM은 두 방향의 방사 세포 줄을 만드는 **분열지연중심부**(分裂遲延中心部, quiescent center) 주변에 위치한다(그림 4.1). 안쪽에 있는 세포들은 유관속 조직(維管束組織, vascular tissue), 피층과 표피를 포함한 주된 뿌리 조직으로 발달하고, 바깥쪽으로 생산된 세포는 **근관**(根冠/뿌리골무, root cap)을 형성한다. 이 근관은 뿌리가 토양을 밀고 통과하는 과정에서 뿌리를 연마입자로부터 보호할 수 있지만, 일부 짧은 측생의 세근(細根, fine root)는 뚜렷한 근관이 없을 수도 있다. 측근(側根, lateral root)은 뿌리를 따라 조금 뒤쪽의 중심주(中心柱, stele)에서 비롯되는데, 정확하게는 이 장소가 해당 교목의 유전적 기질, 그리고 교목과 토양 환경과의 상호작용에 의해 결정될 가능성이 있다. 몇 차례 이어지는 세포 분열은 피층 내 바깥 세포층을 통과해서 자라는 **측근 원기**(側根原基, lateral root primordium)를 발생시킨다. 뒤이은 분화(分化, differentiation)는 휴면(줄기 시스템의 예비적인 잠아에 해당) 상태를 유지하거나 새로운 측근으로 출현하여 계속 자라는 새로운 RAM을 만든다. 대용량의 토양을 개척하기 위해서는, 모근(母根, parent root) 주위에 수많은 방향으로 나올 수 있도록 측근이 나선형 순서로 발생해야 한다. 이는 신초가 햇빛을 효과적으로 포획하기 위해 가끔 나선형 패턴(잎차례/phyllotaxy)으로 자라는 방식과 비슷하다. 그러나 뿌리는 새로운 측근을 생산하는데 덜 체계적인 접근을 하는 경향이 있다.

정상적인 측근 발달에 더하여, 뿌리의 죽음, 손상, 굴절에 반응하여 분기(分岐, branching)가 일어나기도 한다(그림 4.2). 새로운 뿌리는 상처 바로 뒤에서나 상처와 관련된 유상조직(癒傷組織, callus)으로부터 발생할 수도 있다. 이들 새로운 뿌리는 **즉시 반복**(immediate reiteration)이라고 알려진 과정에 의해 뿌리 발달의 유년 패턴을 복사하는 경향이 있다. 그림 4.2이 보여주는 바와 같이, 새로운 뿌리는 원 뿌리와 같은 방향으로 생장을 계속하는 경향이 있는데(**굴외성**/exotrophy으로 알려진 과정), 이에 따라 뿌리가 새로운 토양 속으로 확장을 지속하게 된다. 굴외성은 농장에서의 뿌리 생장과도 관련이 있는데, 이로 인해 뿌리 전정을 통해 조밀한 뿌리 시스템을 발달시킬 수 있다. 그러나 용기에서 자라거나 용기화된 교목에서는, 이식 후에도 계속 맴돌며 자라는 용기에 꽉 찬(pot-bound) 뿌리가 될 수 있다. 따라서 뿌리가 용기의 안쪽 벽 둘레를 맴도는 것을 방지(적어도 지연)하는 용기(포트)를 선호하는 것이 좋다. 이러한 뿌리 결함은 식재할 때 교정하는 것도 중요하다.

뿌리 생장의 당연한 결과는 천천히 움직이는 잔물결과 같이 해당 뿌리 시스템의 가장 활발한 부위가 줄기로부터 멀리 바깥으로 향하는 것이다. 초기 세근의 죽음은 오래된 굵은 뿌리의 숙주 역할만 하는 수간 가까이 토양을 기름지게 유지하는데, 굵은 뿌리

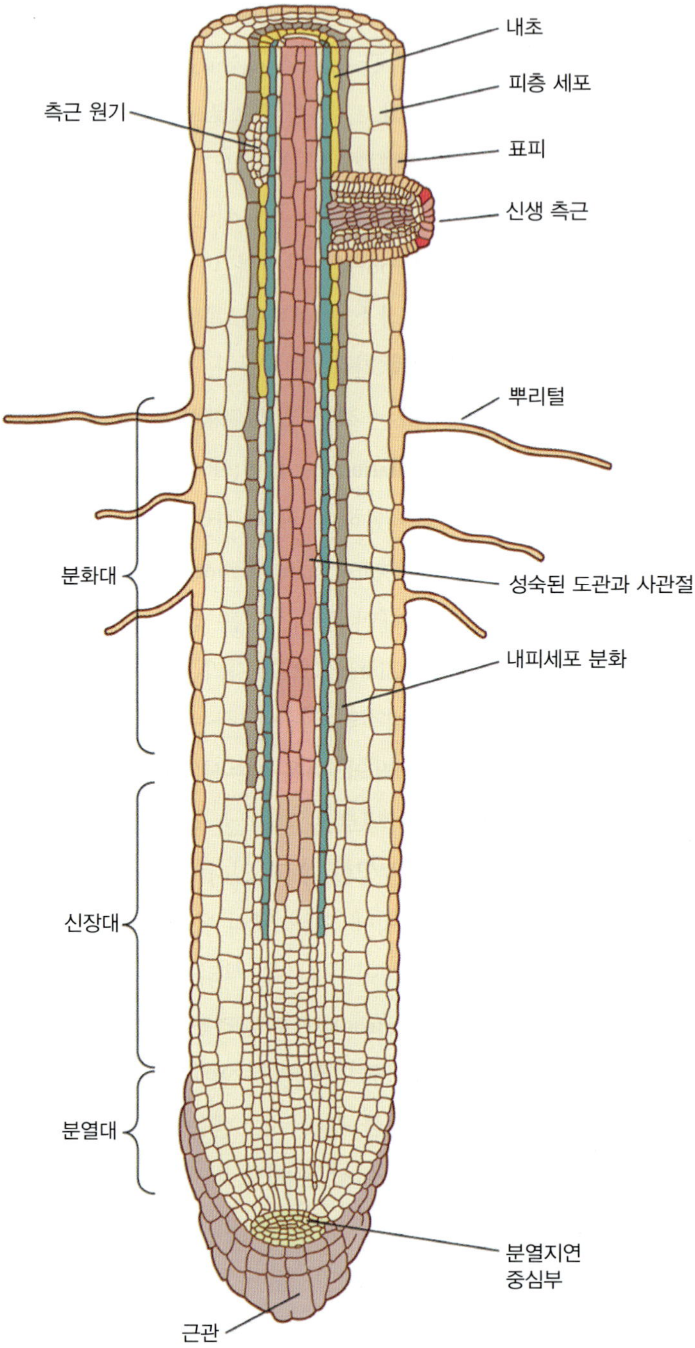

그림 4.1 뿌리의 정단 부분. 출처: Taiz & Zeiger(2010). Oxford University Press의 허락을 받아 전재.

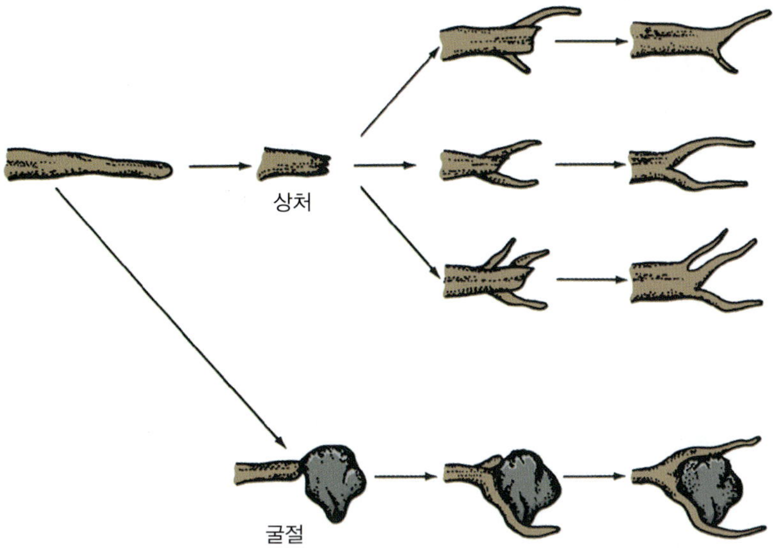

그림 4.2 상처나 물체 주위 굴절 후의 뿌리 발달. 출처: Wilson(1984). The Growing Tree에서 전재. 저작권(1984): University of Massachusetts Press.

는 물과 영양소를 흡수하는 능력이 제한적이다. 여기에 접근하기 위해, 수간의 기부 부위(하배축/下胚軸, hypocotyl)와 오래된 굵은 뿌리는 **지연 반복**(delayed reiteration)이라고 알려진 과정을 이용하여 수간에 근접한 토양 지역을 메우기 위한 새로운 뿌리를 생산하는데, 처음에 조성된 뿌리 시스템은 활발하게 흡수하는 뿌리가 거의 남아 있지 않다. 적단풍(*Acer rubrum*)에 대한 자세한 연구에서 이러한 유형의 성장을 묘사하는 뿌리 시스템 발달의 3단계를 확인하였다(그림 4.3):

1) 실생묘 뿌리 시스템의 발달
2) 가장 먼 부위에서 고도로 분기된 '뿌리 선풍기'(root fan – 대부분 가는 뿌리)를 가진 성긴 뿌리 시스템의 팽창
3) 최초의 굵은 뿌리 시스템 생장의 감속과 줄기 가까이 부정근 발달(Lyford & Wilson 1964).

많은 온대지방 교목 뿌리 시스템이 비슷한 발달 패턴을 따를 가능성이 높다.

적단풍에서는, 직경 2mm까지의 굵은 직경의 뿌리 끝(정단분열조직이나 RAM을 내포하고 있는)은 굵은 목질의 뿌리를 생산한 반면, 직경이 1mm 이하인 뿌리 끝은 가는 비목질의 뿌리를 생산하였다(Lyford & Wilson 1964). 비슷하게 루브라참나무(*Quercus rubra*)에

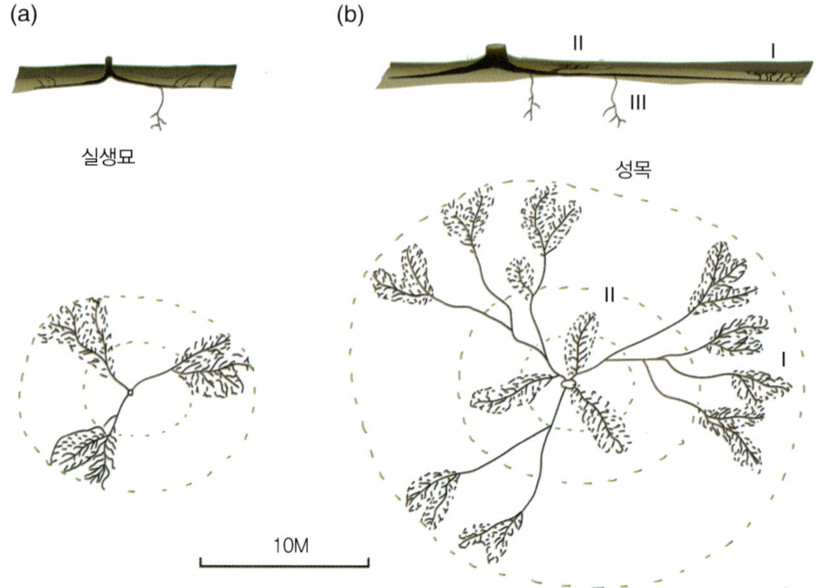

그림 4.3 적단풍의 뿌리 발달. (a) 성긴 뿌리 시스템을 발달시키는 어린 부분으로부터 자라는 뿌리 선풍기. (b) 해당 교목 기부 가까이 토양의 재점유: I, 목질화된 뿌리의 어린 부위로부터 자라는 뿌리 선풍기가 교목으로부터 몇 m 거리까지 확장되었다; II, 부정근에서 발생한 뿌리 선풍기는 근원 부위에서 최근에야 발생했으며, 이제 교목의 기부 근처 지역을 점유하고 있다; III, 수직근이 아래를 향해 토양 속으로 침투한다. 출처: Lyford & Wilson(1964). Harvard University의 Harvard Forest 허락을 받아 전제.

서도, 직경이 1~4mm인 굵은 뿌리 끝은 굵은 뿌리로 발달한 반면, 1mm 미만의 뿌리 끝은 세근으로 발달하였다. 직경 0.2mm 뿌리로부터 수집한 가는 말단 부위에서는, 주목할 만하게도 대부분에 해당하는 1,230개의 뿌리 끝에서 균근(菌根, mycorrhizal)을 형성하고 있는 것으로 나타났다(Lyford 1980).

어린뿌리가 발달함에 따라, 이들 조직은 시간이 흐르면서 나이 들고 성숙하면 정단 지역이 백색 지대(white zone), 축합형 탄닌 지대(condensed tannin/CT zone), 코르크 지대(cork zone)로 불리는 세 개의 뚜렷한 지대로 구분된다(Kumar 등 2007). 뿌리의 가장 어린 부분은 희게 보이고, 살아 있는 피층, 풍부한 비코르크질 세포를 가진 내피(이들은 물의 통과를 허용하기 때문에 때로는 '통과'세포[passage cell]라고 불린다), 유관속 조직을 가지고 있는 중앙의 중심주를 내포하고 있다. 뿌리가 성숙함에 따라, 축합형 탄닌(이들은 비가수분해성/non-hydrolysable 탄닌으로, 플라반/flavan의 축합에 의해 형성된 중합체 집단)이 중앙의 중심주 바깥 모든 세포의 벽에 침전됨으로써, 뿌리가 쉽게 볼 수 있는 갈색을 띠게 된다. 피층 내 세포는 이 시점에 죽고(또는 죽어가고) 통과 세포는 감소하기 때문에,

뿌리의 이 부위를 따라 흡수되는 물이 줄어든다. 코르크 지대는 이차 유관속 조직과 성숙한 코르크 세포의 완전한 고리를 가진 이차생장(二次生長, secondary growth)의 시작을 나타낸다. 비록 CT 지대와 코르크 지대 사이의 윤곽이 내부 해부학적 구조에서는 분명하지만, 밖에서는 백색 지대와 CT 지대 사이의 대비에 비해 쉽게 구분할 수 없다. 이에 따라 과거의 연구는 종종 어린뿌리를 두 지대로, 즉 수베린화 안 된거나 수베린화된, 또는 백색이나 갈색으로 분류하였다. 이들 뿌리 지대의 자세한 정의와 무관하게, 일부 자원이 CT 지대와 코르크 지대를 통해 흡수될 수도 있지만, 뿌리의 정단에 가장 가까운 백색 지대가 물과 영양소 흡착에 가장 효과적인 것으로 보인다(Danjon 등 2013).

뿌리는 줄기나 다른 식물 부위로부터 발생할 수도 있는데, 이 경우 이들 뿌리를 **부정근**(不定根, adventitious root)이라고 부른다. 영양 번식(營養繁植, vegetative propagation)을 하는 모든 교목은 부정근을 생산하는 줄기 조직의 능력에 의존한다. 사시나무류(*Populus* spp.)와 버드나무류(*Salix* spp.)와 같이 범람원(氾濫原, flood plain)에서 자라는 교목에서는, 탈락된 줄기가 하류 강둑에 뿌리를 내리는 것이 새로운 땅을 차지하는 중요한 전략이다. 또한 부정근을 생산할 수 있는 능력은 홍수 후 미사침적(微砂沈積, silt deposition)에 의해 유발되는 토양 높이의 갑작스런 변화에 대처하기 위해서도 필수적이다. 나아가 야자수와 다른 수목형 단자엽식물에서는 줄기 기부로부터의 부정근 발달이 뿌리 시스템을 생산하는 주된 방식이다.

4.2 뿌리 시스템

다년생의 성숙한 교목은 늘어나는 수관의 요구와 함께 존속하고 확대되는 뿌리를 필요로 하기 때문에 교목의 뿌리 시스템(root system)은 일년생 식물의 뿌리 시스템과 현저하게 다르다. 이러한 교목의 뿌리 시스템은 수명이 짧은 **세근**(細根, fine root)의 그물망을 지지하는 오래 살고 목질의 굵은 뿌리(동의어 - 구조 뿌리/structural root)로 구성된 뼈대를 통해 달성된다. 어느 정도 자의적인 면이 있지만, 굵은 뿌리와 세근의 구분은 대체로 직경 2mm를 기준으로 하는데, 일부 연구는 세근을 직경 0.5mm와 5mm 사이 어디로 분류한다. 세근은 종에 따라 변이가 매우 클 수 있다(그림 4.4). 어떤 종은, 세근이 천천히 그리고 제한된 신장을 보이고, 가지를 많이 치고, 이차생장에 의해 굵어지지 않는다. 다른 종은, 세근이 이차생장을 할 수 있는 능력을 가지고 있고 이를 위해 빠른 신장

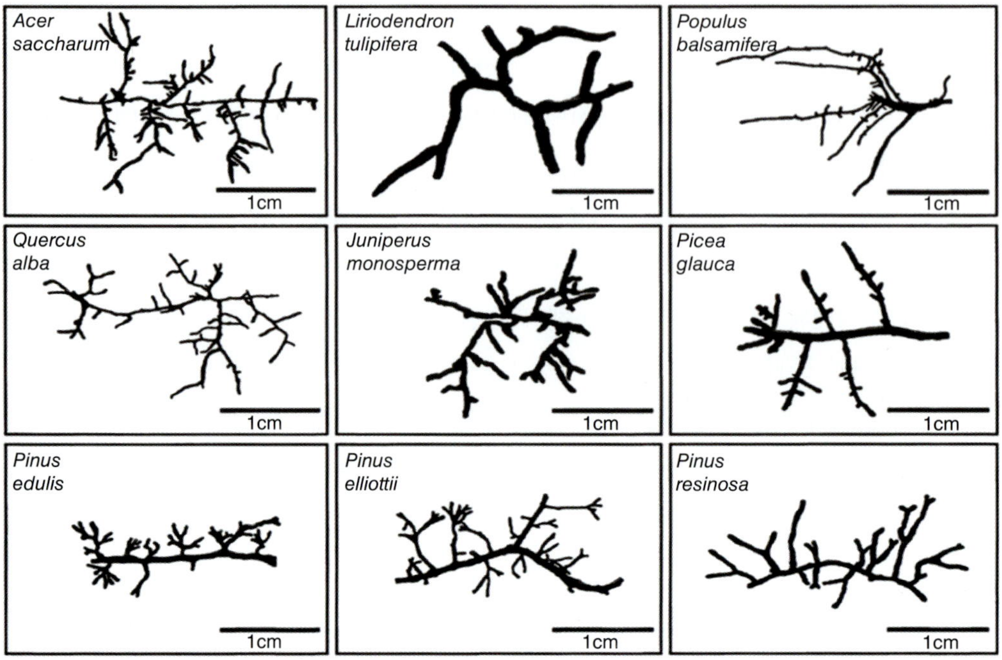

그림 4.4 9개 북미 교목 종의 세근 시스템 분기 사례. 이들은 흙을 완전히 씻어낸 세근 시스템의 온전한 조각으로, 이들 이미지는 평판스캐너(flat-bed scanner)에서 디지털화한 후 흑백으로 변환되었다. 수목 명: 설탕단풍나무(*Acer saccharum*), 백합나무(*Liriodendron tulipifera*), 발삼포플러(*Populus balsamifera*), 미국참나무(*Quercus alba*), 원백과(*Juniperus monosperma*), 화이트가문비(*Picea glauca*), 미국잣나무(*Pinus edulis*), 슬래쉬소나무(*Pinus elliottii*), 레지노사소나무(*Pinus resinosa*). 출처: Pregitzer 등(2002). John Wiley and Sons의 허락을 받아 전재.

을 한다. 굵은 뿌리와 세근 사이에는 기능에서 일부 중첩이 있지만, 주된 역할은 다르다. 가늘고 하위 등급의 뿌리는 매우 높은 **비근장**(比根長, SRL/specific root length – m/g), 즉 단위 무게당 높은 표면적을 가지고 있어서 물과 영양소를 흡수하는 데 주도적인 역할을 한다. 12개 온대 교목 종의 세근을 평가한 결과, 백합나무(*Liriodendron tulipifera*)의 ~9m/g으로부터 피그넛히코리(*Carya glabra*)의 ~90m/g에 이르기까지 다양한 것으로 나타났다(McCormack 등 2012). 더 높은 등급의 세근(일반적으로 4등급과 5등급)은 대부분 통도(운반), 고착(固着, anchorage), 탄수화물 저장에 관여하였으며, 어느 정도의 물도 흡수할 수 있을 것이다(그림 4.5).

세근과 굵은 뿌리의 대조적인 역할은 같은 뿌리 시스템 내 개별 뿌리의 서로 다른 기대수명(期待壽命, life expectancy)으로 이어진다. 굵은 뿌리는 일반적으로 직경이 증가하여(이차생장을 통해) 물을 통도할 수 있는 능력, 생체역학적 성능, 부후에 대한 저항력을

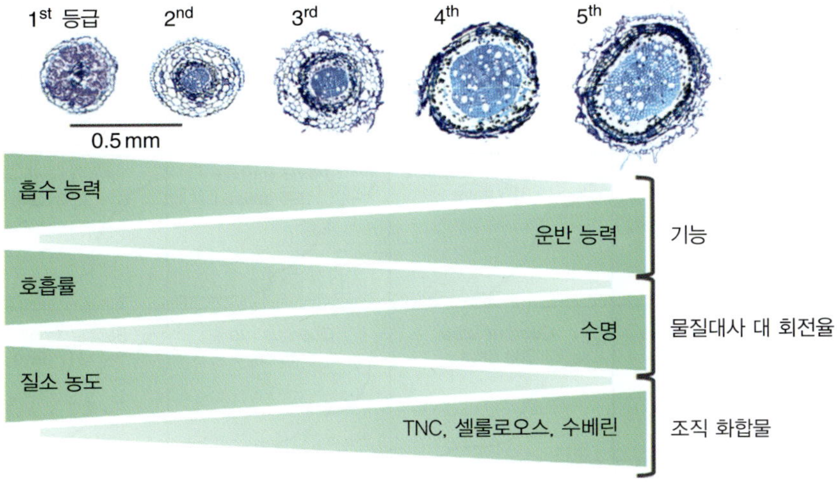

그림 4.5 노르웨이단풍(*Acer platanoides*)의 뿌리 횡단면으로, 뿌리 직경 증가의 전형적인 패턴, 그리고 뿌리 등급의 증가와 함께 이차(목질) 발달을 보여주고 있다. 1등급과 2등급 뿌리는 이차 발달이 거의 없거나 전혀 없고, 1등급에서 3등급까지의 뿌리는 아직 온전한 뿌리 피층세포를 가지고 있고, 4등급과 5등급 뿌리는 피층을 모두 상실하고 대신 이차목부를 가지고 있다. 삼각형은 뿌리 등급 증가에 따른 뿌리 기능(흡수와 운반 능력), 뿌리 특성(뿌리 그램당 호흡률, 수명, 총 비구조성 탄수화물[TNC/total non-structural carbohydrate], 기타 조직의 화합물)을 단순화한 패턴을 보여준다. 뿌리 기능은 특성과 종에 따라 선형으로 변화하지 않을 수도 있다. 조직 화합물(셀룰로오스, 수베린, 페놀 함량을 포함하여)의 많은 특성은 이들이 뿌리 기능에 중요한 것으로 인식되어 있음에도 불구하고 충분히 연구되지 않고 있으며, 뿌리 등급에 따른 뿌리 기능의 패턴은 종에 따라 변이가 클 수 있다.
출처: McCormack 등(2015). John Wiley and Sons의 허락을 받아 전재.

향상시킨다. 이에 따라 이들은 수년, 수십 년, 수백 년까지도 존속할 수도 있다. 이와 달리 매우 동적인 세근 시스템은, 특히 가장 가는 낮은 등급의 뿌리는, 자원이 풍부한 구역에서는 자원이 고갈될 때까지 빠르게 증식하며 고갈되면 뿌리는 빠르게 죽는 데 비해, 뿌리 시스템의 어느 곳에서는 다른 세근이 자라고 있을 것이다. 이러한 **세근 회전**(fine root turnover)으로 개별 뿌리 수명이 2~3일 정도가 될 수 있다. 온대 교목에서, 세근의 중앙(中央, median) 수명은 미국사시나무(*Populus tremuloides*)의 95일에서 미국참나무(*Quercus alba*)의 336일에 이르기까지 다양한 것으로 나타났다. 이는 매우 상이한 세근 생존율(生存率, survivorship) 곡선으로 나타나다(그림 4.6). 예를 들면, 사시나무에서는 세근의 30%가 200일 이상 생존한 데 비해 미국참나무에서는 세근의 80%가 200일 이상 생존하였다(McCormack 등 2012). 또한 일부 더 높은 등급의 세근이 몇 년 동안 존속하는 경우도 있었는데, 특히 수분 가용성과 토양 온도의 계절적인 차이가 현저하지 않은 지역에서 그러하였다.

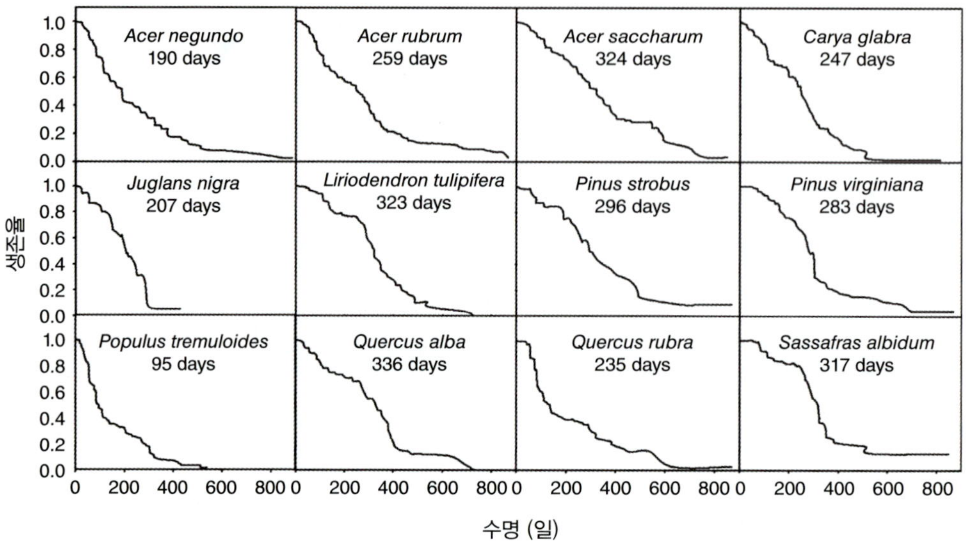

그림 4.6 미국 펜실베이니아 중부에서 함께 자라는 12개 온대 수종의 세근 생존율 곡선. 전체 세근에 대한 비율로서의 생존율은 800일(2년 이상)이 넘는다는 것을 보여준다. 뿌리 중앙 수명(일수)이 각 종별로 제시되어 있다. 이들 종은 다음과 같다: 네군도단풍(*Acer negundo*), 적단풍(*A. rubrum*), 설탕단풍나무(*A. saccharum*), 피그넛히코리(*Carya glabra*), 흑호두나무(*Juglans nigra*), 백합나무(*Liriodendron tulipifera*), 스트로브잣나무(*Pinus strobus*), 버지니아소나무(*P. virginiana*), 미국사시나무(*Populus tremuloides*), 미국참나무(*Quercus alba*), 루브라참나무(*Q. rubra*), 사사프라스(*Sassafras albidum*). 출처: McCormack 등(2012). John Wiley and Sons의 허락을 받아 전재.

4.3 이차 뿌리 생장

굵은 뿌리와 높은 등급의 세근은 지속되는 이차생장(二次生長, secondary growth)에 의해 안정성이 더 높아지고 물을 더 잘 통도할 수 있다. 이 과정은 줄기의 이차생장과 매우 유사하여(제2장 참조), 일차 목부와 일차 사부 조직 사이에 유관속 형성층(維管束形成層, vascular cambium)이 연속적인 물결 모양 선으로 형성되기 시작하면 개시된다(그림 4.7). 유관속 형성층은, 뿌리가 성숙해감에 따라 시간이 경과하면서 편심(偏心, eccentric)이 될 수도 있지만, 초기에는 단면을 보면 점진적으로 보다 원형에 이르게 된다. 새로이 형성된 유관속 형성층은 안쪽으로 이차목부와 바깥쪽으로 이차사부의 연속적인 층을 형성할 수 있다. 유관속 형성층이 형성된 직후에 내초 세포의 일부는 코르크형성층(cork cambium)으로 분화되어 바깥쪽에 코르크질 세포로 된 층(코르크조직/phellem)과 안쪽으로 코르크피층(phelloderm)이라고 불리는 몇 개의 세포를 생산한다(그림 4.7). 이들 세 층(코르크형성층, 코르크조직, 코르크피층)을 합쳐서 기술적으로 주피(周皮, periderm)라고

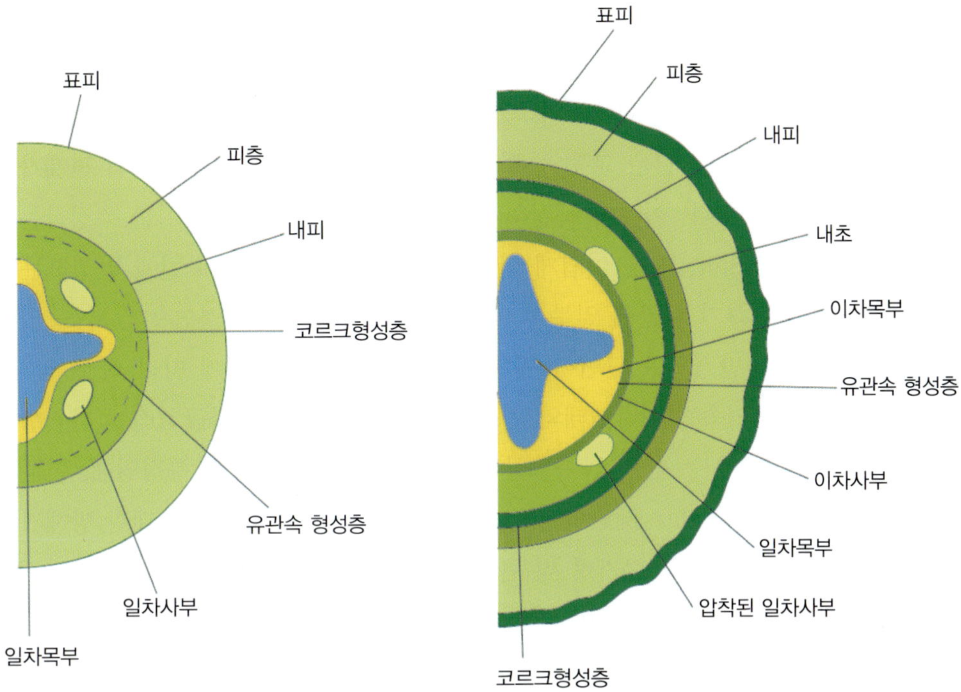

그림 4.7 유관속 형성층의 발달과 이차목부와 이차사부의 생산을 보여주는 목질화된 뿌리의 이차생장.
출처: Beck(2010). Cambridge University Press의 허락을 받아 전재.

부르며, 이는 줄기 시스템에서 수피 형성과 동일하다. 두 형성층이 형성되고 코르크 세포가 형성되기 시작하고 나면, 내피가 있는 피층은 점점 늘어지고 쪼개져서 결국에는 없어진다. 이어지는 뿌리 내부의 이차생장은 줄기의 이차생장과 비슷한 방식으로 진행되겠지만, 목재 해부 구조는 줄기와 꼭 같지는 않을 수도 있다. 예를 들면, 환공재 줄기가 반드시 자신의 뿌리에 환공성 도관 분포를 가질 필요는 없다.

계절성 기후에서는, 뿌리의 이차생장은 먼(보다 말단) 뿌리 쪽으로 확산되기에 앞서 줄기의 기부에 있는 굵은 뿌리에서 시작된다. 더 먼 뿌리보다 수간 기부 주위에서 생장이 더 오래 진행되기 때문에, 수간의 기부 주위에 **급속초살지대**(ZRT, zone of rapid taper)가 발달한다. 지표면 바로 아래의 이러한 목질 물질의 점진적인 추가는 줄기의 기부에서 평탄하지 않은 표면과/이나 솟아오른 지역을 만든다. 교목 발달의 정상적인 특성임에도 불구하고, 이러한 과정은 도시 기반시설에 문제를 유발할 수 있다. 뿌리가 충분한 토양 용량을 가지지 못하고 견고한 경관시설이 줄기에 근접해 있는 곳에서는, 이러한 문제가 가끔 더욱 심화된다. 이러한 잠재적인 충돌 발생 위험을 줄이기 위해서는, 견고한 기반시설에 교목을 조성하는 책임자는 교목 발달을 예상하고 가능하면 기회를 잡아 토양 용량을 늘려야 한다.

뿌리에서의 이차생장은, 줄기에서와 꼭 같이, 뚜렷한 나이테(횡단면에서 보이는)를 만든다. 그러나 이들 고리는 같은 교목의 줄기가 보여주는 나이테 패턴과 거의 관계가 없거나 전혀 없을 수도 있다. 이것이 목질의 뿌리를 사용하여 교목의 나이를 추정하는 것을, 불가능하지는 않지만, 매우 어렵게 만든다. 뿌리에서는, 뿌리 주변에 발생하는 형성층 활동의 변이가 크기 때문에 일부 나이테가 보이지 않을(또는 '불연속적') 수도 있다. 어린 굵은 뿌리는 일반적으로 단면이 원형이지만, 나이가 들어감에 따라 목부 침착이 점차 고르지 못해 불연속적인 나이테와 편심형태가 되고, 가끔은 불규칙적인 타원형 횡단면이 된다(그림 4.8). 이는 특히 급속초살지대에서 수평적인 뿌리의 특징인데, 이는 토양이 뿌리 생장을 물리적으로 제한할 가능성이 높은 아래쪽보다 생장에 대한 방해가 거의 없는 뿌리 위쪽에서 직경 증가가 더 큰 경향이 있기 때문이다. 이처럼 변화된 생장은 주어진 목질 자재의 투자로 휨에 대한 저항을 극대화하는 이점도 있다. 예를 들면, 시트카가문비(*Picea sitchensis*)에서는, 'T형 보'(T-beam) 발달이 주풍의 풍하측(바람이 불어가는 쪽) 뿌리에 흔한데, 이는 이러한 형태가 압축력(壓軸力, compressive force)에 대한 저항성이 높기 때문이다. 풍상측에는 'I형 보'(I-beam)가 자주 형성되는데, 이는 이런 형태가 수직적인 휨에 저항하는 데 보다 효과적이기 때문이다(그림 4.8)(Coutts 등 1999). I형 보와 T형 보 배열은 중간 형태와 마찬가지로 많은 종에서 관찰될 수 있는데, 이러한 유형의 변형이 널리 보급되어 있는 것 같다.

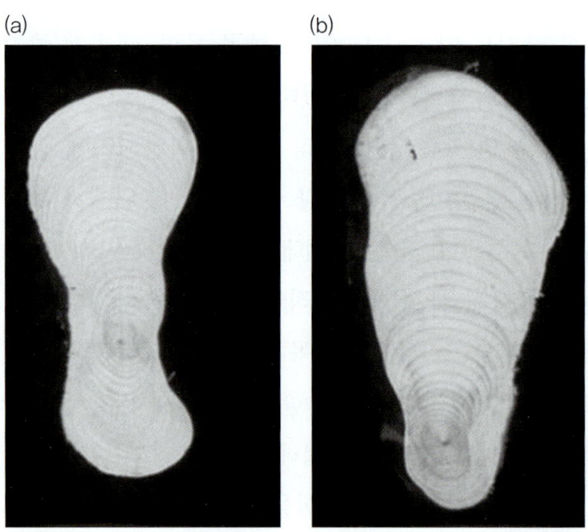

그림 4.8 시트카가문비 구조뿌리의 단면. (a) 해당 교목의 주풍 측에 잘 발달된 'I형 보'; (b) 해당 교목의 풍하측에 보다 특징적인 'T형 보'. 출처: Coutts 등(1999). Springer의 허락을 받아 전재.

4.4 뿌리 체계

다섯 가지 핵심 과정이 뿌리 체계를 결정한다: 새로운 생장점의 생산, 분기(分岐, branching), 뿌리 신장, 방사(이차) 뿌리 생장, 뿌리 죽음.

발아할 때에는, 유근(幼根, juvenile root – radicle)이 종피(種皮, seed coat)를 뚫고 최초의 진정한 뿌리로 발달한다(제5장 참조). 일반적으로 유근은 **직근**(直根, taproot)으로 발달한 다음 가지를 쳐서 다수의 측근을 생산하는데, 이들 중 약 8~12개가 살아남아 이후 목질의 뼈대로 발달한다. 이들은 신장하고, 확장하고, 분기하고, 때로는 서로 교차하여 접목되면서 성숙한 뿌리 시스템을 형성한다. 직근의 위쪽 부분에서 발생한 뿌리는 **측근**(側根, lateral root)과 **사근**(斜根, oblique root)(때로는 수평근, 심장근, 또는 경사근/slope runner으로 불림)으로 발달하는 경향이 있다. 직근의 아래쪽 부위에서 발생한 뿌리는 굴지성이 강해 수직적으로 내려가는 경향이 있어서 **곁 직근**(side taproot)을 형성한다. 유사하게, 하향으로 자라는 **수직근**(垂直根, sinker root)도 측근을 발달시킬 수 있다. 많은 종에서, 최초의 직근은 교목이 성숙함에 따라 죽어 들어가서 광범위하게 분기된 측근 시스템을 남긴다. 이어지는 분기, 신장, 몇 등급(7등급까지)의 측근 발달은 대규모 토양 용량(土壤容量, soil volume)의 개척으로 이어지는데, 이는 어린 교목에서도 가능하다. 예를 들면, 3년생 자두나무의 뿌리가 $50m^3$ 이상의 토양을 차지하고 있는 것으로 확인되었다(Vercambre 등 2003). 모든 형태의 뿌리가 모든 뿌리 시스템에서 발견되는 것은 아니지만, 그림 4.9는 성목 뿌리 시스템의 전형적인 특징을 보여준다.

토양은 공간적으로 그리고 시간이 경과함에 따라 변하는 복잡한 배지(培地, medium)이기 때문에, 동일한 종 내에서조차도 교목 뿌리의 삼차원적 체계는 개체 간에 크게 다를 수 있다. 예를 들면, 물리적인 장애물(예: 돌, 목질의 파편, 지하의 도시 기반시설), 토양 배수, 불투수층(경반층)의 존재, 유독성 지역, 토양 답압의 다양성, 무기질 자원에 대한 접근성, 근권 경쟁 등 이들이 모두 해당 교목 뿌리 시스템의 최종 체계에 영향을 미친다. 또한 대부분의 교목 생산 시스템이 뿌리 체계를 크게 변형시키고 식재 기술도 이후의 뿌리 발달에 영향을 미칠 수 있다.

그러나 환경에 의해 유발된 이러한 다양성 하에서도, 서로 다른 종은 특징적인 체계를 가지는 경향이 있다. 유럽의 교목 종에 대한 뿌리 굴착에 기반을 둔 증거는(Kostler 등 1968; Kutschera & Lichtenegger 2002) 성숙한 온대지방 교목에 대해 네 가지 기본적인 유형의 뿌리 체계를 제시한다(그림 4.10):

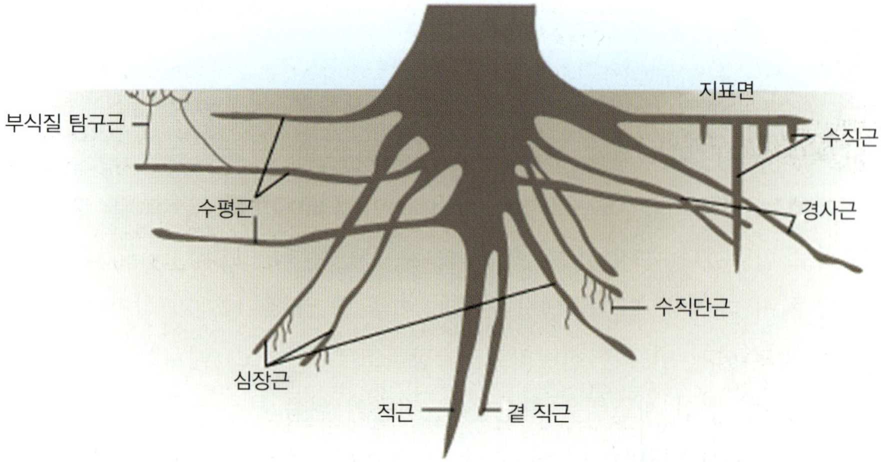

그림 4.9 유럽의 몇몇 학교에서 사용하고 있는 이름을 붙인 교목 뿌리 시스템의 단면. 모든 뿌리 시스템에 이들 특징이 모두 존재하지는 않는다는 것에 유의하라. 출처: Persson(2002). Taylor and Francis Group LLC Books의 허락을 받아 전재.

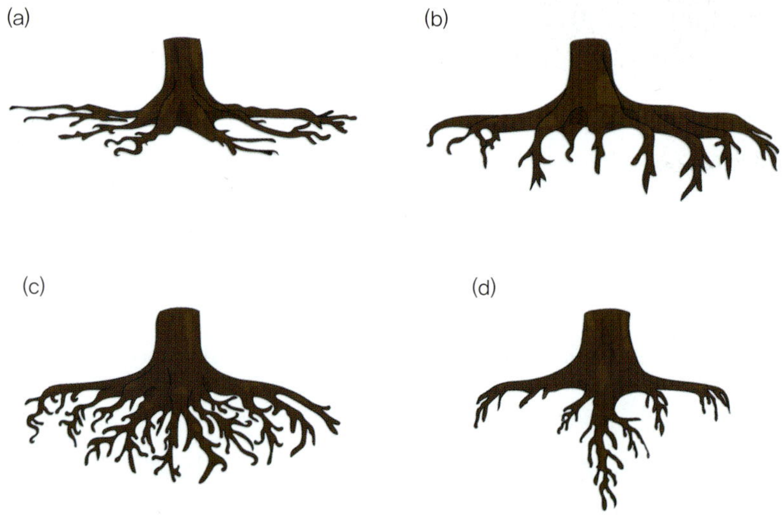

그림 4.10 온대지방 교목에서 발견되는 네 가지 주된 교목 뿌리 유형: (a) 판상근 시스템, (b) 수직근 시스템, (c) 심장근 시스템, (d) 직근 시스템.

a. **판상근**(plate root) **시스템**은 토양 표면 아래 상대적으로 일정한 깊이에서 자라는 측근이 주도하는 것으로, 전나무류(*Abies* spp.) 가문비나무류(*Picea* spp.), 너도밤나무류(*Fagus* spp.)에서 발견된다.

그림 4.11 카우리소나무(*Agathis australis*)는 수직근 시스템의 한 예인데, 뉴질랜드 노스랜드(Northland)의 마타코헤 카우리 박물관(Matakohe Kauri Museum) 밖에 전시된 이들의 잔존물인 이 오래된 카우리 뿌리 판에서 볼 수 있다.

b. **수직근**(sinker root) **시스템**은 세로의 수직근을 발달시키는 측근 판을 가지고 있고, 직근(taproot)은 존속할 수도 있고 없을 수도 있다. 이들은 일부 참나무류(*Quercus* spp.), 남부너도밤나무류(*Lophozonia* spp.)와 아가티스류(*Agathis* spp.)에서 발견된다(그림 4.11).

c. **심장근**(heart root) **시스템**은 보다 치밀한 뿌리 전개 구조를 유발하는 경사근과 측근에 더하여 중앙의 복잡한 수직근을 펼치는 것으로, 자작나무류(*Betula* spp.), 낙엽송류(*Larix* spp.), 참나무류(*Quercus* spp.), 피나무류(*Tilia* spp.)에서 발견된다.

d. **직근**(tap root) **시스템**은 얕은 측근 판을 발달시키는 것에 더하여 완고하게 적극적으로 굴지성 뿌리를 유지하는 것으로, 지중해성 기후 출신의 많은 참나무류(*Quercus* spp.)와 소나무류(*Pinus* spp.)에서 발견된다.

4.5 뿌리 고착

교목에서 발견되는 서로 다른 뿌리 시스템은 교목이 토양에 뿌리를 내리는 방식에서 수많은 변이를 만들어 낸다. 모든 교목은, 적어도 어느 정도, 자신을 토양에 잡아두기 위해 자신의 무게에 의존하고, 성목이 되면 안전성(강성/stiffness)을 제공하는 자신의 수간 직경에 의존한다. 자신을 얼마나 토양에 잘 부착할 수 있는가와는 관계없이 기부가 넓고 단단할수록 해당 교목은 더 안정적이다. 또한 뿌리가 빈번하게 단일 교목의 뿌리 시스템 내에서 그리고 잠재적으로 이웃하는 교목 간에 서로 빈번하게 융합되어 단단하고 맞물리는 시스템을 형성한다. 판상근 시스템을 가진 교목에서는, 맞물리는 뿌리가 단단한 **뿌리 판**(root plate)을 창출한다. 뿌리 판을 가진 교목의 고착(固着, anchorage)은 측근의 인장강도(引張强度, tensile strength) 및 강성과 함께 뿌리 판을 땅속으로 밀어 넣는 해당 교목의 무게에 의존한다. 휨 응력(-應力, bending stress)이 해당 교목의 풍하측 뿌리에 가장 심각하게 느껴지기 때문에, 뿌리 강성은 특히 여기서 중요하고 휨에 매우 저항적인 편심적 뿌리 형태에 의해 도움을 받는다(그림 4.8). 강성은 추가적인 목재보다는 형태에 의해 창출되기 때문에 이는 교목 안정성을 높이는 매우 효과적인 방법이다. 많은 방식에서, 이들 뿌리 판은 와인 잔의 바닥과 같다. 교목이 쓰러지기 위해서는, 와인 잔이 자신의 무게가 편평한 바닥의 가장자리(축) 위로 들렸을 때에만 넘어지는 것과 마찬가지로, 해당 교목이 단단한 뿌리 판의 가장자리 주위의 축까지 들려야 한다. 이렇게 되기 위해서는 장력 하의 일부 뿌리 파손, 해당 교목의 무게를 극복하기에 충분한 힘, 일반적으로 풍하측 수간 가까이에서 해당 교목이 경첩에 의해 넘어지도록 하는 뿌리 판 내부의 파손 등이 관여해야 한다. 이러한 현상은, 좁은 바닥을 가진 와인 잔이 밀어 넘어뜨리기에 훨씬 쉬운 것과 마찬가지로, 교목을 회전시키는 데 필요한 힘을 효과적으로 줄여준다.

수직근(sinker root)을 가진 교목은 생산된 **뿌리 틀**(root cage)이 많은 양의 토양을 잡고 있고, 이는 교목을 넘어뜨리기 위해 들어 올리는 데 필요한 교목의 무게를 더해주는 추가적인 이점이 있다. 또한 수직근은 토양으로부터 위로 뽑히는 것에 강하게 저항한다(Ennos 2016). 이를 활용하면 여전히 교목에 양호한 고착을 제공하면서도 뿌리 틀의 확장을 줄일 수 있다. 이의 가치는 특히 많은 열대 교목에서 볼 수 있는데, 해당 교목의 안정성을 크게 악화시키지 않으면서 수간의 1m 이내에서 측근이 절단될 수 있다(예를 들면, 일부 도로공사 계획에서 일어나는 것과 같이)(Ghani 등 2009).

심장근(heart root) 시스템(그림 4.10b)은 뿌리 분(root ball)과 비슷한 형태를 하고 있어서, 해당 교목이 바람에 밀리면 절구관절(-關節, ball and socket joint – 절구처럼 오목한 관절)처럼 토양에서 회전하는 경향이 있다. 이 경우, 교목을 잡고 있는 것은 뿌리의 강도가 아니라 뿌리 분의 무게와 토양의 강도이다. 토양이 젖어서 토양 강도가 현저하게 떨어지면, 이러한 유형의 뿌리 시스템을 가진 교목은 습한 토양에서 엄청난 모습으로 넘어지는 경향이 있다.

대규모의 직근(taproot)을 가진 교목은 울타리 기둥처럼 서 있다. 수관이 바람에 흔들림에 따라, 수간의 기부가 중심점(中心點, pivot point)이 되어 직근은 수관이 흔들리는 반대 방향으로 밀린다. 실제로 교목을 서 있도록 하는 것은 뿌리의 강성과 토양의 저항이다. 이런 유형의 뿌리 시스템은 아직 광범위한 측근 시스템을 발달시키지 못한 어린 교목에서 흔하지만, 소나무류(*Pinus* spp.)와 같은 일부 성목에서도 발견된다.

일부 열대 교목, 특히 자신의 수관을 임관(林冠, forest canopy) 위에 유지하는 돌출(emergent) 종은 직립으로 서 있기 위해 추가적인 전략을 개발하였다. **판근**(板根, buttress root)은 수간의 낮은 부위로부터 아래와 바깥으로 뻗는다(그림 4.12a). 이들의 생장은 측근 상단에 집중되는 역학적 스트레스(바람에 의해 유발된)에 의해 자극을 받은 것으로 보인다(Ennos 1995). 바람 응력(-應力, wind stress)에 보다 정확하게 초점을 맞추어야 하는 경우, 가장 크게 스트레스를 받는 부위를 보강하기 위해 해당 교목은 추가적인 목질의 물질을 배치함으로써 시간이 지남에 따라 아래쪽 수간의 역학적인 안전을 크게 높이는 구조가 만들어진다. 그러나 높은 건물의 압축 하중(壓縮荷重, compressive load)을 견디기 위해 사용되는 건축적인 버팀벽(buttress)과 달리, 뿌리의 버팀벽 두께가 얇은 것은 이들이 압축 하에서 쉽게 뒤틀릴 수 있다는 것을 의미한다. 그러므로 이들은 주로 힘을 수관으로부터 뿌리 판으로 전달하는 당김줄(guy rope) 역할을 하여 줄기/뿌리 연결부위에서의 스트레스를 줄여주어야 한다(Vogel 2012). 비록 판근이 수간의 크기를 키우지 않고 고착을 향상시키는 매우 효과적인 방법을 제시하지만, 어떤 종은 훨씬 적은 목질 물질의 투자로 같은 특성을 달성해 내는 것으로 보인다(그림 4.12b). 측근으로부터 위로 자라는 버팀벽을 발달시키는 대신 수간의 기부로부터 기근(氣根, aerial root)을 키우는 방법으로, 우아파카류(*Uapaca* spp.)는 단단한 버팀벽을 만들지 않고 수간의 아래 부위를 보강하는 당김줄을 발달시켰다. 모든 열대 교목과 모든 돌출 열대 교목조차도 판근을 형성하는 것은 아니라는 것에 유의할 필요가 있다. 버팀벽을 형성하지 않은 교목들은 위에 설명한 다른 형태의 고착에 의존할 것이다.

(a) (b)

그림 4.12 (a) 태국 카오속(Khao Sok) 국립공원의 돌출 종에 형성된 커다란 판근. (b) 마다가스카르 생트 루스(Sainte Luce) 근처 해안림에서 자라는 어린 우아파카(*Uapaca* sp.)의 아래 줄기에 형성된 특별한 지주근(支柱根, stilt root).

4.6 뿌리 시스템의 범위

뿌리 시스템의 수직과 수평 범위는 깊은 지하수에 접근함으로써 많은 양의 물을 흡수하여 건조를 피할 수 있는 능력과 함께 다른 식물과 인공 환경(人工環境, built environment)에 대한 영향을 확인하는 데 도움이 되기 때문에 교목을 관리하는 사람들이 관심을 가진다. 이는 다시 어떤 교목이 어디에서 자랄 수 있는지, 그리고 변화하는 기후에 대처하는 이들의 능력에 큰 영향을 끼칠 수 있다.

대부분의 교목 뿌리는 무게로 측정하든 길이로 측정하든 토양의 위쪽 부위에서 나타난다. 산소와 무기 영양소는 토양 표면에 가까울수록 보다 쉽게 가용하고, 빗물을 포획하기 위해서도 상대적으로 얕은 뿌리 시스템을 선호한다. 대부분의 교목에서, 토양의 위쪽 50cm 안에 뿌리 생물량의 80~90%가 모여 있고 위쪽 1m 안에 90~99%가 모여 있다(그림 4.13). 그러나 뿌리 전개 깊이는 변이가 크다. 온대지방 교목에서는, 깊이가

그림 4.13 토양 깊이에 따른 뿌리 생물량의 누적 구성비. 이 자료는 온대 낙엽수, 온대 침엽수, 열대 낙엽수, 열대 상록수, 열대 사바나의 교목 전반에 대한 평균이다.
출처: Jackson 등(1996). Springer의 허락을 받아 전재.

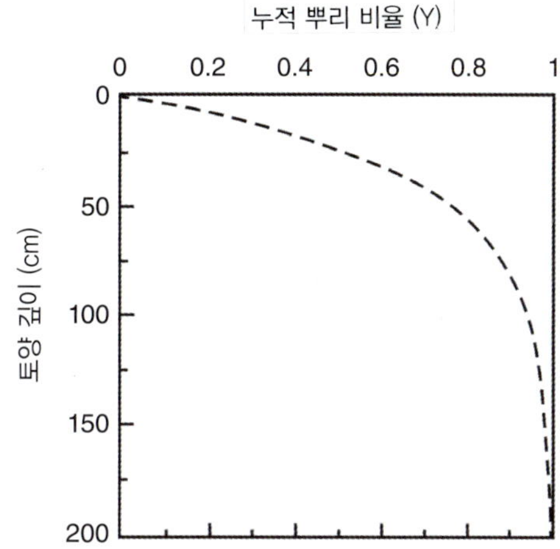

침엽수에서는 범위가 2~8m, 낙엽수에서는 2~4m 정도가 된다. 지구적으로 보면, 특히 건조한 환경인 경우 뿌리가 예외적으로 토양의 깊은 곳에서 발견되었다(그림 4.14). 지중해성 교목, 특히 참나무류(*Quercus* spp.)와 유칼리나무류(*Eucalyptus* spp.)는 종종 특별히 깊은 뿌리를 가지고 있는 것으로 생각되는데, 이는 아마 이들이 장기간 비가 오지 않은 시기를 경험하여 생존을 위해 깊은 토양에 있는 물에 접근해야 하기 때문일 것이다. 그러나 현재의 기록은 나탈고무나무(*Ficus matalensis*)가 가지고 있는데, 이 나무의 뿌리는 남아프리카공화국 음푸말랑가(Mpumalanga) 에코동굴(Echo Caves)의 무려 120m 깊이에

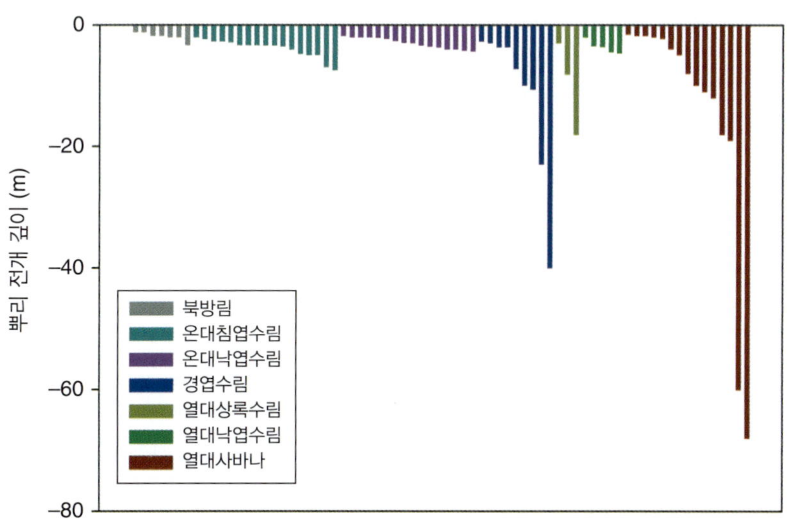

그림 4.14 서로 다른 유형의 숲에 있는 교목의 최대 뿌리 전개 깊이. 출처: Canadell 등(1996)의 자료.

서 발견되었다. 특별히 깊은 뿌리로 유명한 다른 종으로는 칼라하리(Kalahari) 사막 아래 68m에 위치한 뿌리가 발견된 양치기나무(*Boscia albitrunca*), 아프리카의 낙타가시아카시아(*Vachellia erioloba*)와 북아메리카의 메스키트(*Prosopis juliflora*)가 모두 지하 50m에서 뿌리가 발견되었다. 대부분의 뿌리는 이런 깊이까지 내려가지 않는데, 이는 간단하게 말해서 뿌리가 뚫고 자라기에는 토양이나 바위가 너무 치밀하고 충분한 산소가 없기 때문이다. 그럼에도 불구하고, 매우 깊은 뿌리가 존재하는 것과 같은 도전이 주어진다면, 적절한 토양 여건(충분한 시간과 함께) 하에서는 다른 많은 종들도 이러한 깊이에 도달할 수 있을 것이다.

수간에서 나온 교목의 측근 범위는 손이나 공기 장비로 뿌리를 조심스럽게 굴착하면 쉽게 볼 수 있다. 그러나 대부분의 교목 뿌리는 대개 수관 폭의 2~2.5배까지 뻗어 있다. 키가 크고 상대적으로 원추형 교목인 경우, 이는 대략 해당 교목의 키와 동일하다. 이를 객관화하기 위해 성숙한 적단풍(*Acer rubrum*)과 루브라참나무(*Quercus rubra*)가 같이 자라는 곳을 조사한 결과, 측근이 줄기로부터 약 20m 정도 뻗어 있었다(그림 4.15).

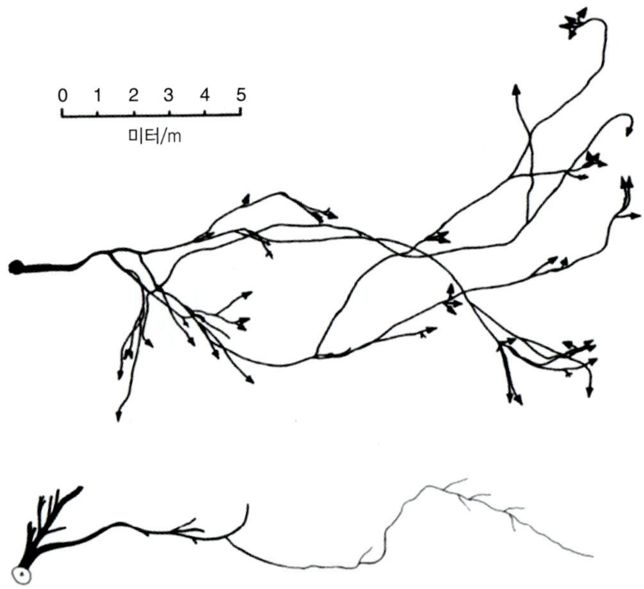

그림 4.15 매사추세츠주 Havard Forest의 같은 지역에서 자라는 적단풍(*Acer rubrum*)과 (위) 루브라참나무(*Quercus rubra*)의 (아래) 굴취된 측근의 축소 사진. 두 교목의 나이는 약 60년이다. 적단풍 뿌리는 토양 위쪽 10cm에서 발견된 반면 루브라참나무 뿌리는 깊이 범위가 5~50cm인 평균 30cm에서 발견되었는데, 이는 이들 종 간의 경쟁을 제한하는 뿌리 전개 깊이에 대한 종의 선호를 보여준다. 화살표는 뿌리 끝이 발견되지 않아서 이들 뿌리가 보이는 것보다 어느 정도 더 멀리 지속된다는 것을 나타낸다. 출처: (위) Lyford(1965). 하버드대학교 Harvard Forest의 허락을 받아 전재. (아래) Lyford & Wilson(1980). 하버드대학교 Harvard Forest의 허락을 받아 전재.

일반적으로 교목이 뿌리를 전개하는 최대 거리는 20~30m 범위인 것으로 나타났지만, 일부 속(예: 아카시아/*Acacia*, 바오밥/*Adansonia*, 호두나무/*Juglans*, 메트로시데로스/*Metrosideros*, 사시나무/*Populus*, 참나무/*Quercus*, 자이언트세쿼이아/*Sequoiadendron*, 느릅나무/*Ulmus*)은 분명히 길이 30m를 초과하는 측근을 키울 수 있다(Stone & Kalisz 1991). 사실 그랜디디에르바오밥(*Adansonia grandidieri*)(그림 10.12 참조)은 수간으로부터 50m 길이의 측근을 가지고 있는 것으로 확인되었다. 이는 건조한 환경에서 생존을 위해 중요한 전략인 가능하면 많은 빗물을 포획하는 데 도움이 된다(Petignat & Jasper 2015). 뿌리가 자라는 궁극적인 거리는 유전적으로 조절되겠지만, 뿌리가 얼마나 멀리 뻗을 것인가를 결정하는 데는 토양 여건도 매우 중요한 것 같다.

4.7 뿌리는 언제 자라는가?

일찍이 기원전 300년에, 레스보스(Lesbos)의 테오프라스토스(Theophrastos)는 봄에 뿌리가 가끔 줄기에 앞서 자라기 시작한다는 것을 관측하였다. 이어지는 연구는 계절성 기후에서 자라는 대부분의 종에 대해 이러한 주장을 뒷받침하였는데, 이는 새로운 세근이 수관 발달을 위한 물과 영양소를 획득할 필요가 있기 때문이다(그림 4.16). 그럼에도 불구하고 교목에서 뿌리 생장을 측정하는 것은 매우 어렵다. 뿌리 시스템의 서로 다른 부위는 서로 다른 시간에 생장을 시작하고 중지할 수도 있고, 같은 종 내에서도 다른 교목은 이들의 뿌리 생장 시기에서 변이를 보인다. 또한 서로 다른 부지와 다른 연도 간의 뿌리 생장 시점이 다르다. 이러한 복잡성에도 불구하고, 몇 가지 유형의 뿌리 발달을 추출하는 것이 가능하였다. 자원 가용성의 계절성이 강한 경우, 토양이 너무 건조하기 전인 초여름에서 한여름에 뿌리 발달이 **집중된**(concentrated) 패턴이 나타난다. 몇 차례 유리한 환경 여건이 나타나는 경우에는, **이정점**(二頂點, bimodal) 패턴의 뿌리 발달이 전형적이다. 매우 일정한 환경 여건을 가진 지역에서는, 뿌리 생장은 보다 고르게 분포되거나 다중 주기로 배열될 수도 있다(그림 4.17). McCormack 등(2014)은 12개 온대지방 수종에 대해 3년에 걸친 연구 결과 초여름에서 한여름에 뿌리 생산이 집중되는 패턴이 가장 빈번하다는 것을 발견하였다(그림 4.18).

뿌리 생장도 어느 정도는 줄기 시스템 발달에 의존할 수도 있다. 만약 충분한 세근이 겨울에 생존하지 못하면, 잎이 전개되기 전에 새로운 뿌리가 필요할 것이다. 이 경우

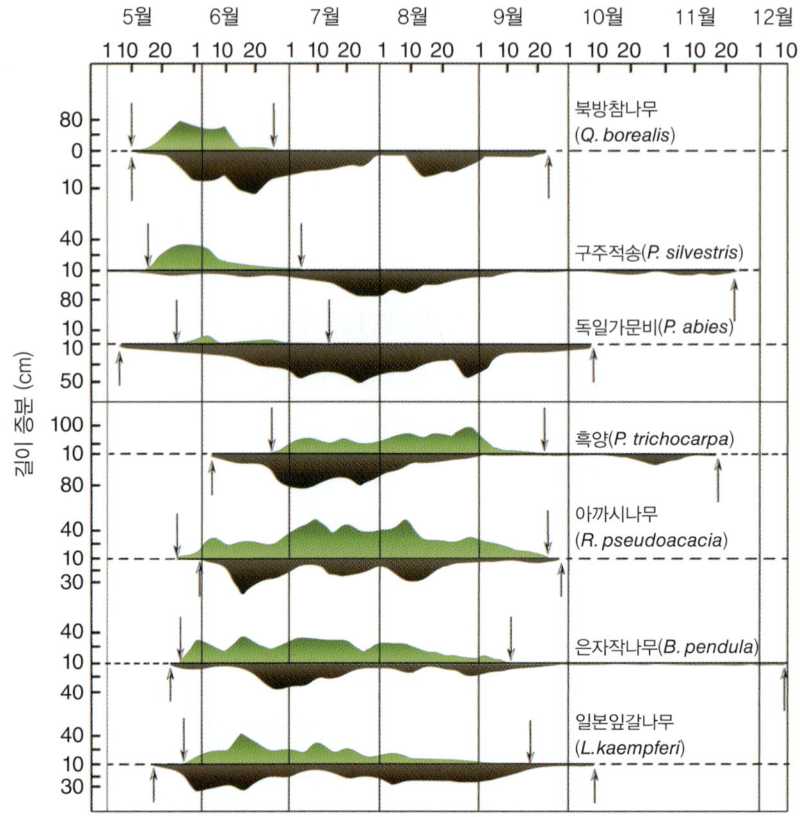

그림 4.16 온대지방 교목 종 내에서는 계절별 뿌리 발달(갈색)이 줄기 발달(녹색)에 앞서 시작되는 경향이 있다. 여기서는 줄기와 뿌리 생장의 계절적 변이가 몇 종의 삼림 교목에서 나타난다. 생장의 계절적 시작과 중지는 화살표로 표시되어 있다. 출처: Lyr & Hoffmann(1967). Elsevier의 허락을 받아 전재.

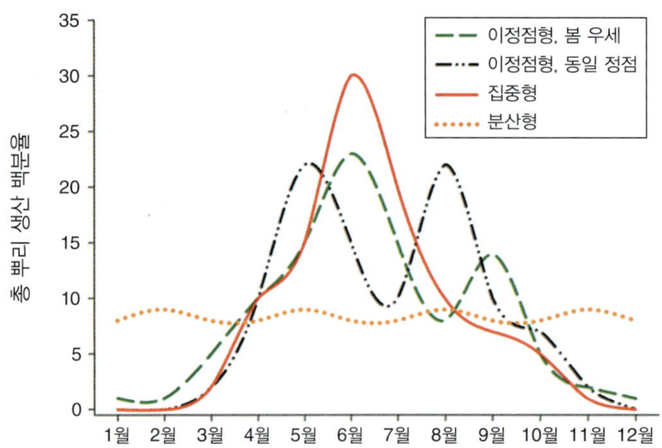

그림 4.17 북반구 온대지방의 뿌리 생장 패턴. 출처: McCormack 등 (2014). John Wiley and Sons의 허락을 받아 전재.

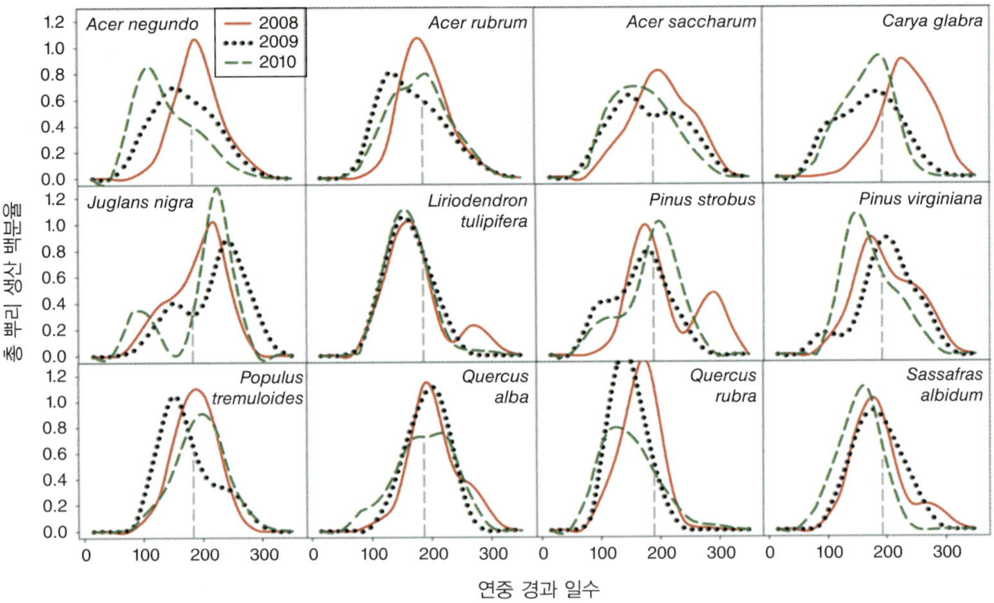

그림 4.18 미국 펜실베이니아 중부의 12개 온대 수종에 대한 2008~2010년 동안의 뿌리 생장 패턴. 참고로 7월 1일을 나타내기 위해 수직의 회색 선을 넣었다. 출처: McCormack 등(2014). John Wiley and Sons의 허락을 받아 전재.

뿌리 발달의 핵심적인 시기는 토양이 ~5℃까지 상승한 이후이면서 잎이 나오기 전이 된다(그림 4.19). 이 시점 이후가 되면 물, 영양소, 탄수화물에 대해 줄기와 강하게 경쟁할 수 있기 때문에 줄기가 빠르게 생장하는 동안에는(특히 줄기가 고정 생장을 하는 수종) 뿌리 생산이 감소될 수 있다. 계절성 토양 수분 결핍은 빈번하게 여름 동안 뿌리 생장을 더디게 하거나 중단되지만 토양 수분이 재충전되면 뿌리 생장이 종종 재개되는데, 줄기는 크게 생장하지 않고 토양은 따뜻한 상태를 유지한다. 뿌리 신장 속도는 하루에 2~3mm에서 80mm까지 종에 따라 매우 다양하다.

대개 뿌리 발달 시점은 줄기 발달과 분리되는데, 만약 핵심 요소가 충족되면 연중 거의 언제나 일어날 수 있다. 줄기 시스템으로부터의 내부의 신호 전달(信號傳達, signalling)(먹이 공급과 호르몬에 의해)이 중요한 역할을 하지만 토양 환경도 결정적이다. 온대지방 교목에서는, 뿌리 생장은 토양 온도 >5℃에서 시작된다(그림 4.19). 일반적으로 뿌리 신장은 5℃ 이상에서 증가하고 토양 수분이 적절하면 토양 온도 20℃ 부근까지 지속된다.

통기(通氣, aeration)가 좋은 토양도 뿌리 발달에 중요하다. 뿌리와 건강한 뿌리를 위해 기여하는 균근과 같은 많은 다른 토양 유기체는 모두 양호한 산소 공급을 필요로 한

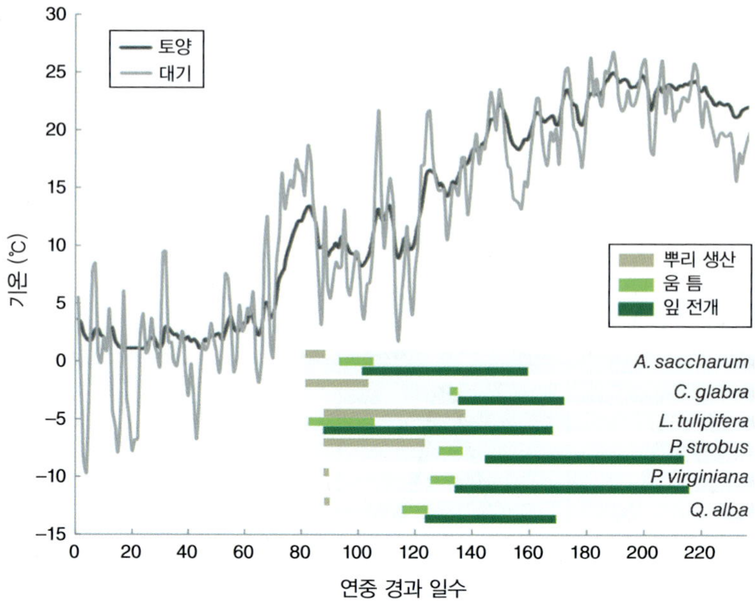

그림 4.19 미국 펜실베이니아 중부에 있는 Russel E. Larson 농업연구센터에서 기록된 깊이 20cm에서의 토양 온도(어두운 회색선)와 대기 온도(밝은 회색선)로, 2012년 지상-지하 생장기이다. 생장기는 6개 온대 수종에 대해 보고되었고, 다음과 같은 시기가 포함되었다: 첫 뿌리 생산으로부터 뿌리 생산 절정까지의 기간(갈색 막대); 눈이 트는 시점(밝은 녹색 막대), 활발한 잎 전개 기간(어두운 녹색 막대). *A. saccharum*(설탕단풍나무), *C. glabra*(피그넛히코리), *L. tulipifera*(백합나무), *P. Strobus*(스트로브잣나무), *P. virginiana*(버지니아소나무), *Q. alba*(미국참나무).
출처: McCormack 등(2015). Springer의 허락을 받아 전재.

다. 그러나 뿌리 생장이 완전히 멈추기 위해서는 산소 수준이 매우 낮아야 한다. 뿌리는 가끔 산소 농도 10% 미만(대기 중에는 21%인 데 비해)에서도 계속 자라고, 산소 농도가 <3%에 이르러야 중단된다.

침수(浸水, waterlogging), 토양 답압(踏壓, compaction), 포장은 모두 토양과 대기 사이의 기체 이동(기체 유동/gas flux)을 현저하게 떨어뜨릴 수 있다. 확산을 통해 기체를 운반하는 토양의 능력을 설명하는 유용한 방법은 상대기체확산계수(相對氣體擴散係數, relative gas-diffusion coefficient)이다(Gliński & Stępniewski 1985). 이는 대기와 비교하여 토양을 통한 기체 흐름의 용이성을 0~1 척도로 수치화한다. 예를 들어 토양 기체확산계수 0.2는 토양의 기체 유동이 대기 중 기체 유동의 20%에 해당한다는 것을 의미한다.

독일 카셀(Kassel)의 도시 교목에 관한 연구에서, Weltecke & Gaertig(2012)는 지표 특성과 토양 통기성의 관련성을 설명할 수 있었다. 폐쇄된 지표면은 토양 기체확산계수를 0.05 미만까지 낮추었는 데 비해, 보다 '자연적'인 지표면은 삼림 환경과 맞먹는 0.20

이상의 토양 기체확산계수를 보였다. 이러한 토양 통기성 측정치는, 그림 4.20에서 보여주는 바와 같이 세근 발달에, 특히 연구한 상위 토양층(0~15cm)에서, 영향을 준 것으로 나타났다(Weltecke & Gaertig 2012). 이 연구는 건강한 뿌리 발달이 대기와 자유롭게 기체를 교환할 수 있는 통기가 양호한 토양에 의해 결정된다는 관찰을 뒷받침한다. 경성의 경관에서는, 토양 통기성을 향상시키는 설계 특성이 항상 뿌리 전개 환경을 향상시킬 것이다. 그러므로 가능하면 항상 설계와 시방서를 통해 토양 통기를 향상시킬 수 있

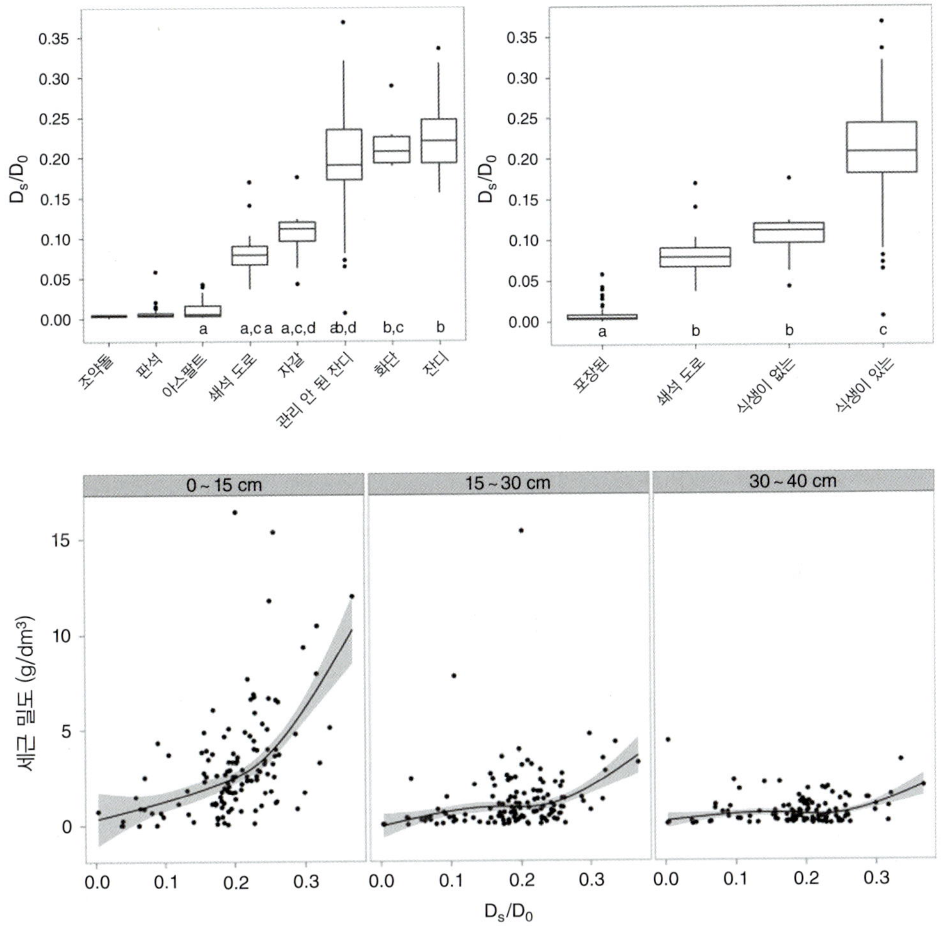

그림 4.20 (위) 몇몇 도시 토양 피복의 기체확산계수(D_S/D_0로 표시됨). 오른쪽 편에는 토양 피복 유형이 네 가지로 분류되어 있다. 같은 글자로 표시된 평균은 95% 확률에서 유의하게 다르지 않다. 네모 상자의 아래쪽과 위쪽은 각각 25번째와 75번째 백분위 수이고, 상자의 중간 가까이 있는 선은 50번째 중앙값이다. 상하 수직선의 끝은 상자로부터 1.5배 사분범위를 나타내고, 이상치(outlier)는 점으로 표시되어 있다. (아래) 토양 세 깊이에서의 세근 밀도와 상대기체확산 사이의 상관관계. 흑색 선과 음영 처리된 부위는 자료에서 핵심 경향을 나타낸다.

출처: Weltecke & Gaertig(2012). Elsevier의 허락을 받아 전재.

는 기회를 가지는 것이 좋다. 여기에는 다공성 표면의 사용, 토양 답압을 방지하기 위한 기술의 결집을 포함한 여러 가지 전략이 있다. 그러나 양호한 뿌리 전개 환경은 균형을 유지해야 한다는 것을 명심하는 것이 중요하다. 통기가 가장 잘되는 토양은 배수도 가장 막힘이 없어 빠르게 건조하기 쉽다. 따라서 토양과 대기 간 최고 수준의 기체 교환을 추구하는 과정에서 수분 결핍을 악화시키지 않는 것이 중요하다.

4.8 토양 답압

뿌리 생장에 직접 또는 간접적으로 영향을 미치는 수많은 변수가 토양 답압(土壤踏壓, soil compaction), 보다 정확하게는 과도한 답압 때문에 발생한다. 토양 답압은 식수조림(植樹造林, forest plantation), 수목원, 도시 공원과 가로에 만연되어 있다. 대부분의 답압 원천은 인간에 기인하며, 가끔 차량과/이나 보행자 통행과 관련이 있다. 그러나 뿌리층(root zone) 위에 인간의 활동이 없거나 아주 적은 자연 여건 하에서 조차도 여전히 동물들이 토양 입단을 더 높은 부피밀도(-密度, bulk density – 상자 4.2의 정의 참조)로 압축하기에 충분한 표면 압력을 가할 수도 있다. 답압에 대한 토양의 회복력(回復力, resilience)은 토양 입자와 이들의 입단 간 응집력(凝集力, cohesive force)에 영향을 미치는 다양한 화학적(예: pH, 양이온교환용량/CEC) 물리적(예: 토성, 유기물 함량, 함수량) 성질에 의해 결정된다. 일단 외적인 힘이 이들 내재된 응집력을 압도하면 부피밀도의 변화가 발생한다.

상자 4.2 토양에 관한 설명

토양은 물과 영양소를 제공하고 수목 고착을 위한 기판으로서의 역할을 함으로써 교목 생장과 발달에 불가결한 배지를 제공한다(Kozlowski 등 1991). 토양은 돌 또는 점토나 모래(일반적으로 토양 부피의 45%)와 같은 **무기질 토양**(無機質土壤, mineral soil), 그리고 유기물(일반적으로 5%지만 변이가 매우 큼)로 된 혼합물이다. 이들은 **토양 입자**(土壤粒子, soil particle)를 형성하고, 이들이 서로 응집하여 **입단**(粒團, aggregate)이 될 수 있다. 토양 입자 사이 공간(공극/孔隙, pore)은 물이나 기체가 차지하는데, 합쳐서 일반적으로 토양 부피의 50%를 구성하며 그 비율은 다양하다(Brady & Weil 2016).

무기질 입자와 유기물(有機物, organic matter)의 상대적인 양은, 만약 엄격한 과학적 합의를 준수한다면, 부피 밀도(bulk density – 특정 부피의 무게가 얼마인가)에 영향을 미치는데, 이는 일반적으로 토양 입방센티미터당 그램(g/cm^3) 또는 입방미터당 킬로그램(kg/m^3)이라는 단위로 측정된다. 유기물은 매우 가벼워서 이를 높이면 부피 밀도를 낮춘다. 부피밀도는 토양 입자를 더 빽빽하게 압착시키는 답압에 의해 증가할 수 있다. 답압은 물과 기체를 보유할 수 있는 능력을 희생하게 되고, 물리적으로 뿌리가 토양을 통해 자라는 것을 더욱 어렵게 만든다.

토성(土性, soil texture)은 구성하고 있는 토양 입자 면에서 토양의 외관과 촉감을 나타낸다. 사질토양(沙質土壤, sandy soil)은 대개 직경 0.2에서 2mm 사이의 큰 입자를 가지고 있는데 비해 점질토양(粘質土壤, clay soil)은 직경 0.002mm 미만의 매우 작은 입자로 구성된다.

토양의 산도(酸度, acidity)는 pH로 측정되는데, 가끔 매우 잘못 이해되고 있다. pH에 따라 영양소의 유효도가 달라지기 때문에 pH가 중요하며, 다양한 생리적 이유 때문에, 대부분의 식물은 자신이 대처할 수 있는 산도의 범위를 가지는데, 산성을 좋아하는 진달래속 식물은 알칼리성 토양에 적응하지 못한다는 것은 잘 알려져 있다. pH는 무기질 구성요소(예: 백악[白堊, chalk]과 석회석은 강한 알칼리성이다)뿐만 아니라 유기물의 양과 유형에 의해서도 영향을 받는다. 유기물은 분해됨에 따라 토양으로 유기산(有機酸, organic acid)을 방출하며, 일부 교목종에서 나온 폐기물은 다른 종보다 더 많은 산을 방출한다. 또한 빗물이 그 속에 녹아 있는 이산화탄소를 가지고 있고 이것이 탄산(炭酸, carbonic acid)을 생산하기 때문에 토양은 산성화되는 경향이 있다. 화학 참고서는 0(극산성)으로부터 14(극알칼리성)까지 연속되고, pH 7은 화학적으로 중성이라는 pH 척도에 대해 기술한다. 그러나 다른 전문가 집단은 토양 pH라는 용어를 약간 다르게 사용하는 경향이 있다. 생태학자의 경우, 화학적 중립에서 산성 쪽인 pH 5.0~6.5를 **중성 토양**(中性土壤, neutral soil)으로 보는 경향이 있다. pH 5.0 이하만 **산성**으로 얘기하고 pH 6.5 이상을 **알칼리성**이라고 말한다. 농학자의 경우, 토양은 pH 6.5~7.5이면 중성, pH 6.5 아래면 산성, pH 7.5를 넘으면 알칼리성이라고 생각하는 경향이 있다. 그러므로 토양 산도를 논의하고 산성, 알칼리성, 중성과 같은 용어를 사용할 때에는 실제로 측정된 pH를 같이 언급하도록 주의를 기울여야 한다.

토양의 또 다른 중요한 부분은 이들이 보유하고 있는 영양소(營養素, nutrient)이다. 식물이 필요로 하는 대부분의 영양소는 **양이온**(陽-, cation)으로, 칼슘, 마그네슘, 칼륨, 나트륨과 같은 양으로 하전된(charged) 원소들이다. 이들 영양소를 잡고 있고 이들을 식물 뿌리와 교환할 수 있는 토양의 능력을 **양이온교환용량**(陽-交換容量, cation exchange capacity)이라고 부른다. 이는 일반적으로 토양 내 점토 입자에 의해 형성된다. 높은 양이온교환용량은 토양이 순조롭게 이들 원소를 잡고 있고 상대적으로 쉽게 이를 교목의 뿌리로 전달할 수 있다는 것을 의미한다.

토양학자들은 질감, 수문학적, 구조적, 화학적, 생물적 범주에 따라 토양을 분류한다. 역사적으로 각국은 다소 다른 토양 분류 방법을 가지고 있었지만, 토양 분류에 관한 합의에 도달하기 위한 노력을 기울이고 있고, 넓은 지역에 대해서는 비교가능 토양 지도를 구할 수 있다(예: Jones 등 2005 참조).

답압의 정도를 평가하기 위해서는 다양한 방법이 사용될 수 있다. 보다 자세한 점검이 필요할 수도 있는 지역을 빠르게 가려내기 위해 국지적인 침수(지표나 지표 바로 아래에서)나 토양 공극률(土壤孔隙率, soil porosity)의 가시적인 감소와 관련된 반질반질한 토양 표면과 같은 시각적 지표를 사용할 수 있다. 넓은 지역에 대해서는, 도랑이나 일련의 도랑에 노출된 수직의 토양 단면(土壤斷面, soil profile)을 조사하는 것이 토양 답압을 확인하는 효과적인 방법이다. 대공극(大孔隙, macropore – 토양 입자 사이가 75μm보다 큰 공극이나 틈)이 거의 없는 매우 조밀한 지역은 답압되었을 가능성이 높고, 반질반질한 표면은 이를 나타낸다. 비교를 위해 높은 지표 하중을 경험하지 않은 것으로 생각되는 인접 지역을 관찰하는 것이 유용할 수 있다.

과중한 통행 부하(通行負荷, traffic load) 하에서는, 뿌리를 제한하는 토양 답압이 깊이 약 1m까지 존재할 수도 있지만 일반적으로 가장 높은 토양 답압은 뿌리 발달에 결정적인 지역인 토양의 상부 30cm에서 발견된다. 관입계(貫入計, penetrometer)나 부피밀도 시험을 위한 토양 시료 채취를 이용한 수량적인 자료 수집이 유익할 수 있지만, 이들 자료는 매우 불연속적인 토양의 양을 평가하는 데 비해 토양 답압은 수평과 수직으로 모두 짧은 거리에 걸쳐 변이가 클 수 있기 때문에, 이들 자료 또한 잘못된 정보를 제공할 수도 있다. 의미 있는 답압 평가를 확보하기 위해서는 넓은 면적에 걸친 많은 시료가 필요한데, 이렇게 해도 더 깊은 토양은 접근하기 어렵기 때문에 토양 답압의 수직적 변이는 평가가 불충분할 수 있다. 그러나 부피 밀도나 토양 강도(土壤剛度, soil strength) 자료를 이용한 답압의 수치화는 문제의 규모를 보여주고 향후 관리를 지시하는 데 도움을 줄 수 있다. 한 그루의 성목과 관련된 지역에 걸친 자료 수집은 교목 집단이나 삼림지대에 대한 비슷한 자료 수집보다 훨씬 실행하기 쉽다.

토양 답압은 교목 뿌리 발달을 매우 빠르게 제한하게 될 수 있다. 같은 지역 위로 일련의 차량이 통과한 후에 측정된 토양 부피밀도에 대한 단순한 평가 결과, 처음 네 번의 통행이 가장 큰 부피밀도의 변화를 나타내었으며, 이어진 통행은 줄어든 영향을 보여 피해가 이미 일어난 것으로 나타났다(그림 4.21). 이는 토양 답압 발달의 전형적인 패턴이다. 답압에 대한 해당 토양 고유의 저항성을 초월하는 타이어, 장비, 건설 자재, 보행인, 발굽 등으로부터의 표면 압력은 즉시 토양 부피밀도를 높인다. 따라서 토양 답압을 방지하는 것이 교목 뿌리 발달에 적합한 토양 환경을 유지관리하는 데 핵심이다.

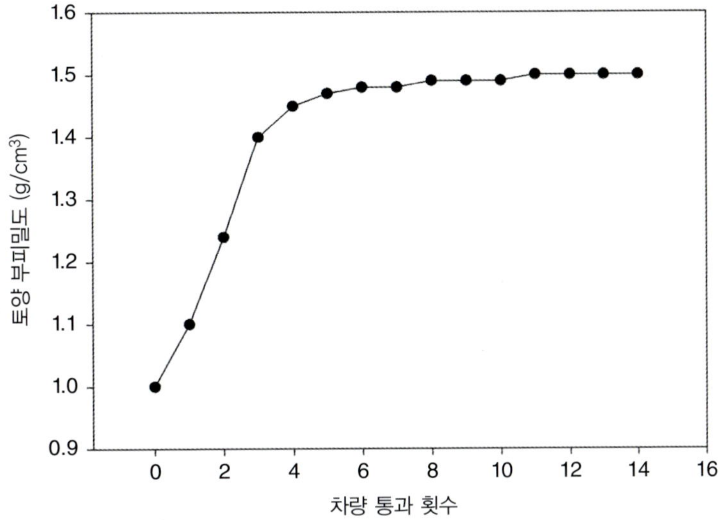

그림 4.21 일련의 픽업트럭에 의한 통행 후 토양 부피밀도의 증가. 대부분의 부피밀도 증가는 처음 네 번의 통과에 의해 발생하고, 그 이후의 증가는 최대 토양 부피밀도에 도달할 때까지 보다 완만하다. Glynn Percival이 제공한 자료를 기반으로 작성.

뿌리 발달에 대한 토양 저항

교목 뿌리는 토양 입자를 밀고 통과하기 위해 힘이 필요하기 때문에 자신의 생장에 대해 역학적인 저항에 부닥친다. 이는 뿌리의 공간적 분포와 물과 영양소의 흡수를 위해 가용한 토양 부피에 크게 영향을 미칠 수 있다. 두 가지 독립적인 변수가 뿌리 침투에 대한 토양의 저항을 설명하는 데 중요하다: 토양 강도(土壤强度, soil strength)와 토양 부피밀도(-密度, bulk density). 토양 강도는 뿌리 신장(-伸張, root elongation)에 대한 역학적 저항(抵抗, impedance)을 말하며, 토양을 통과하기 위해 요구되는 힘이다. 일반적으로 이것은 강철 원뿔이 토양 속으로 밀려들어가기 위해 요구되는 힘을 측정하는 관입계(penetrometer)에 의해 평가된다(그림 4.22). 뿌리 끝에서 윤활성 점액의 분비와 같은 다양한 뿌리의 생물학적 특성으로 인해, 관입계에 의해 기록되는 토양 강도는 같은 토양에서의 뿌리가 경험하는 것보다 2~8배 더 높은 경향이 있다(Whalley & Bengough 2013). 그러나 이는 여전히 뿌리가 경험하는 토양 강도에 대한 비례이기 때문에 이는 평가가 필요한 중요한 변수로 남아 있다. 2MPa(2메가파스칼 = 20bar)를 초과하는 관입계 수치를 기록하는 토양은 뿌리 신장을 심각하게 제한할 수 있는 것으로 널리 수용되고 있다. 뿌

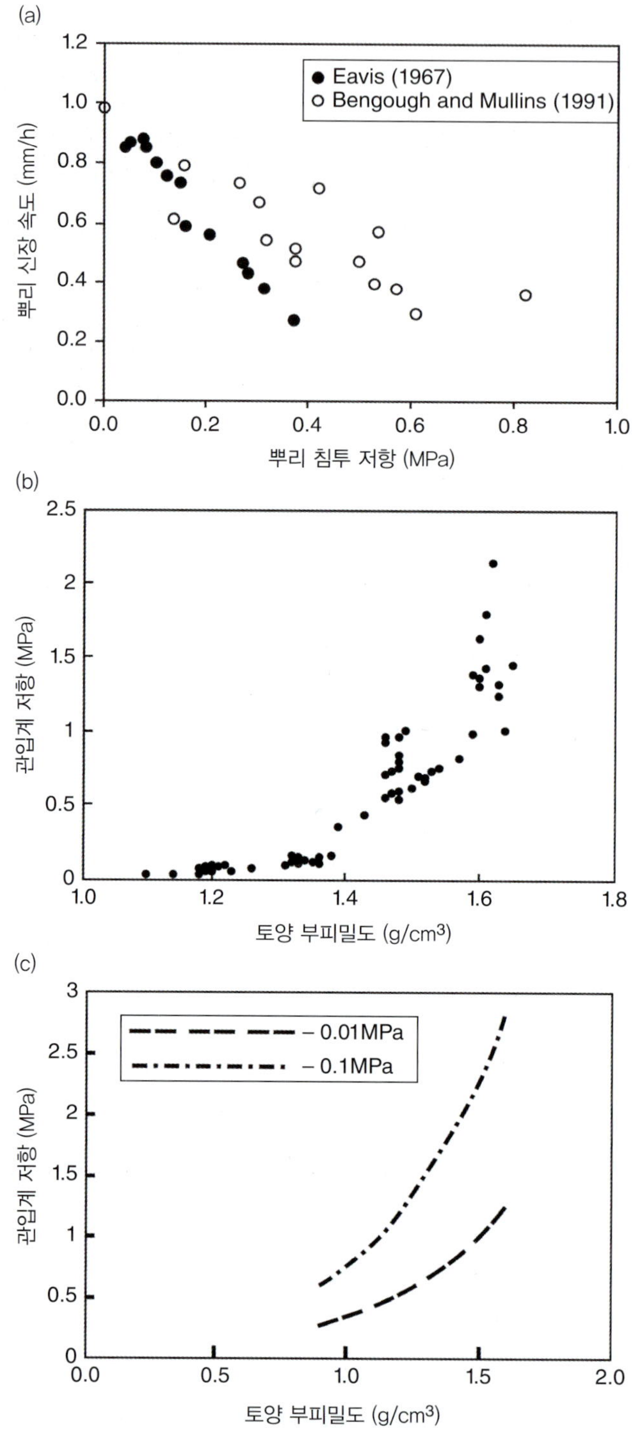

그림 4.22 (a) 완두콩(검은 원)과 옥수수(속이 빈 원)에서 뿌리 신장속도는 뿌리 침투 저항이 증가함에 따라 감소한다. 관입계 저항이 뿌리 침투 저항보다 2~8배 더 큰 것에 유의하는 것이 좋다. (b) 관입계 저항을 토양 부피 밀도와 연계하여 도표에 표시하였다. 관입계 저항이 더 높은 부피밀도 값(여기서는 >1.4g/cm^3)에서 점점 부피밀도에 민감하게 된다. (c) −0.01과 −0.1MPa의 두 기질포텐셜(基質−, matric potential−수분 수준)에서의 토양의 관입계 저항이 토양 부피밀도와 연계하여 도표에 표시하였다. 출처: (a) Eavis(1967). Springer의 허락을 받아 전재. (b) Whalley(2005). Elsevier의 허락을 받아 전재. (c) Whalley(2013). Taylor and Francis Group LLC Books의 허락을 받아 전재.

리 신장속도는 2MPa 미만인 토양에서 직선형으로 감소하는 것을 보여주었기 때문에 이를 문턱 값(threshold value)으로 취급하지 않는 것이 좋다(그림 4.22a).

부피밀도(g/cm^3) 기준으로 측정된 토양 답압은 일반적으로 토양 강도와 곡선적인 상관관계를 나타낸다. 상대적으로 낮은 부피밀도(1.4g/cm^3 미만까지)에서는, 부피밀도가 증가함에 따라 토양 강도는 완만하게 증가할 뿐이다. 그러나 부피밀도가 증가함에 따라 토양 강도가 토양 답압에 점점 민감하게 되어 부피 밀도의 작은 변화가 토양 강도에 유의한 영향을 미칠 수 있고(그림 4.22b), 이는 결과적으로 뿌리 신장에 큰 영향을 미치게 된다. 이 관계의 정확한 결과는 토양 유형과 토양이 물을 얼마나 함유하고 있는가에 따라 다를 것이다(그림 4.22c). 건조한 토양의 토양 강도는 습한 여건보다 토양 부피 밀도의 변화에 의해 더 쉽게 영향을 받는다. 따라서 토양 강도의 정확한 평가는 매우 복잡한데, 이는 토양 부피 밀도와 함수량(含水量, water content)이 같은 성목에서조차도 뿌리 폭에 걸쳐 변이가 클 수 있기 때문이다.

종에 따라 답압된 토양을 극복하고 자랄 수 있는 능력에서 차이가 크지만, 일반적인 지침은, 대부분의 뿌리는 세립질 토성(細粒質土性, fine textured soils – 높은 점토 함량)에서는 1.4~1.6g/cm^{3}보다, 그리고 보다 조립질 토성(粗粒質土壤, coarse textured soil – 높은 모래 함량)에서는 1.7g/cm^{3}보다 큰 부피 밀도의 습한 토양을 침투할 수 없다. 이들 값이 건조한 토양에서는 더 낮을 것이다.

직접적으로 뿌리 생장을 방해하는 것에 더하여, 토양 답압은 교목 발달을 제한할 수도 있는 다른 여러 변수에도 작용한다. 토양 입단(土壤粒團, soil aggregate)이 부서짐에 따라, 공극 공간(토양 내 액체와 기체를 위한 부피)이 줄어든다. 이렇게 되면 일차적으로 가스 확산이 느려져서 토양 내 통기가 둔화되기 때문에 뿌리와 토양 유기체에 해롭게 된다. 토양 산소가 지상으로부터의 확산에 의해 쉽게 치환되지 못하면 저산소(低酸素, hypoxic) 상태가 발달하게 된다. 영양소 흡수가 에너지 소비를 수반하는 활동적인 과정이기 때문에, 저산소 상태는 영양소 흡수를 감소시킨다. 이는 균근 곰팡이와 다른 토양 유기체의 붕괴(또는 상실)를 동반함으로써 영양소의 극심한 부족을 유발하여 어떤 유형이든 영양 결핍을 악화시키게 된다. 나아가 자원이 풍부한 토양 부위도 만약 토양 답압이 이들 지역으로의 뿌리 생장을 물리적으로 제한하면 해당 교목에게 가용하지 못할 수도 있다. 토양 구조 변경도 수력학적 성질을 크게 변화시켜 토양을 통한 물의 이동을 감소시킴으로써 수분 결핍과 침수를 둘 다 유발할 수 있다. 답압된 지표 속으로의 불량한 침투로 인해 유발된 늘어난 지표 유출은 토양 수분의 재충전(再充塡, recharge)을 제한

(a)

(b)

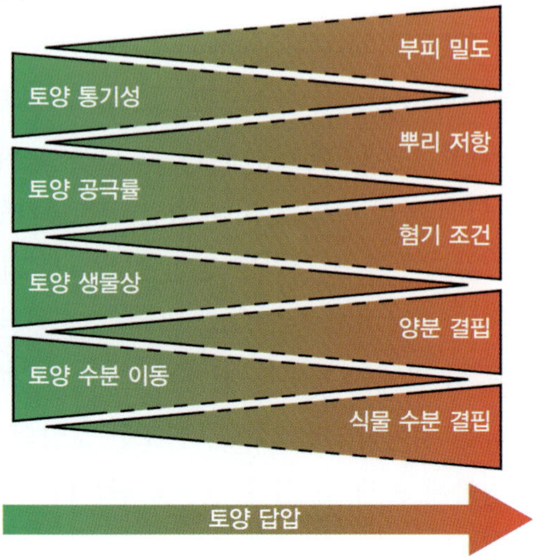

그림 4.23 (a) 삼림지역 옆을 지나가는 공사 통행에 의해 유발된 토양 답압. (b) 토양 답압에 의해 변형된 토양 특성. 늘어나거나 줄어드는 밴드의 폭은 토양 답압이 표시된 토양 성질에 미치는 영향을 나타낸다. 점선은 추세가 비선형일 가능성이 높다는 것을 가리킨다. 출처: Hirons & Percival(2012). Licensed Open Government Licence v3.0, http://www.nationalarchives.gov.uk/doc/open-government-licence/version/3/.

하고, 아울러 이와 관련된 침식은 귀중한 토양을 제거하고 영양소 용탈을 가속화시킨다. 그러므로 줄어든 교목 생장 성과는 뿌리의 직접적인 역학적 저항, 또는 여러 가지 생물적인 관련 변수(關聯變數, relevant variable)를 통한 간접적인 과정이 원인일 수도 있다(그림 4.23). 마찬가지로 토양 답압의 개선이 다양한 기제를 통해 교목 생장을 향상시킬 수도 있다. 그러므로 병든 교목에서 대부분의 눈에 띄는 병징(病徵, symptom)(양분결핍과 같은)은 궁극적인 원인을 가리키지 않을 수도 있다. 대부분의 경우 토양 답압이나 뿌리 층 내에 다른 문제가 수관으로 자원을 공급하는 뿌리의 능력을 제한하는 경우에는, 수관의 상태가 쇠락하는 것이 뚜렷해진다(그림 4.24). 그러므로 수관 상태의 쇠락을 확인할 수 있는 경우, 최선의 관리 전략에 대한 결정을 하기 전에 뿌리 층의 상태를 평가하는 것이 매우 중요하다.

토양 답압 관리

교목의 뿌리가 도시 기반시설이나 경성 경관에 근접한 경우, 답압으로부터 보호되는 낮은 부피 밀도의 토양을 준비하는 것이 새로운 교목의 조성이나 기존 교목의 생존을 위

(a) (b)

그림 4.24 토양 답압이 유럽삼색너도밤나무(*Fagus sylvatica* 'Purpurea')의 수관에 미치는 영향. (a)는 주차장을 확장하는 동안 토양 답압으로부터 보호된 데 비해, (b)는 심각한 토양 답압에 노출되어 뿌리 시스템에 피해를 입게 됨으로써 수관의 심각한 쇠락을 경험하고 있다. 출처: Duncan Slater 제공.

해 필수적일 수 있다. 단연코 가장 싸고 가장 효과적인 토양 답압관리의 형태는 예방이다. 이는 일정한 지역을 울타리로 두르거나, 해당 부지에 대한 차량 접근을 제한하기 위해 물리적인 장애물(볼라드와 같은)을 설치하거나, 통행로를 상처 입기 쉬운 뿌리 층으로부터 멀리 재조정하는 것을 의미한다. 답압이 종종 보행 통행에 의해 유발되는 공원과 정원에서는, 교목 아래 잔디를 길게 유지하거나 (보다 더 좋은 것은) 멀칭(mulching)을 함으로써 미묘하게 사람의 행동에 영향을 미쳐 이들이 뿌리 층 위로 걸어가지 않도록 할 수 있다. 그러나 사람들이 교목 뿌리 층 위로 걸어 다니는 것을 배제하는 것이 적절하지 않거나 바람직하지 않을 수도 있다. 예를 들면, 민감한 삼림지대에서는 목판 길(board walk)을 이용하면 뿌리 환경에 대한 영향을 줄이면서 방문객들이 해당 삼림을 즐기는 것을 허용할 수 있다(그림 4.25).

토양 답압이 이미 문제인 곳에서는, 두 가지 방안이 있다: 더 이상 악화되는 것을 방지하고 자연적으로 회복되도록 방치하거나, 해당 토양을 물리적으로 개량. 답압의 범위와 깊이가 중요한 고려사항인 것은 분명하지만, 해당 토양의 자연적인 회복은 수십 년은 아니더라고 여러 해가 요구될 가능성이 높다. 겨울철의 동결·융해주기(凍結融解週期,

그림 4.25 뉴질랜드 와이포우아 숲(Waipoua Forest)은 목판 길을 사용하여 사람들이 숲을 경험하도록 허용하면서도 토양 답압을 방지한다.

freeze-thaw cycle)는 답압된 층을 허무는 데 상당한 역할을 할 수 있다. 그러나 이들은 서릿발(ground frost)이 발생하지 않는 따뜻한 기후에서는 절대로 발생하지 않을 것이다. 지렁이와 다른 토양 대형동물상(大型動物相, macro-fauna)과 함께 식물 뿌리는 답압된 토양을 점진적으로 파괴하여 부피 밀도를 낮추고 수분 침투를 향상시킨다. 그러므로 접근을 제한하고 자연적인 회복을 유도하는 정원이나 공원 부지의 **자연화**(自然化, naturalization)가 일부 상황에 유용할 수 있지만, 교목 쇠락이 토양 구조 회복보다 더 빠르게 일어날 수도 있다. 따라서 귀중한 교목을 도와주기 위해서는 보다 선제적인 처치를 고려하는 것이 좋다.

자연 삼림에서는, 낮은 부피 밀도, 양호한 통기, 생물적으로 활발한 토양, 풍부한 유기물 등이 교목의 세근에 대한 완벽한 숙주이다. 이것이 우리가 모든 교목 뿌리 관리계획에서 가능하면 자연 삼림에 가깝게 모방하기 위해 지향해야 하는 것이다.

멀칭

교목 기부 주위의 토양 답압을 개선하는 데 도움을 주기 위해 사용할 수 있는 단순하고 저비용의 처치가 멀칭(mulching)이다. 이것은 생물적 활동을 촉진하고 사람들이 교목 뿌리 부근에서 걸어다는 것을 억제하는 이중 효과를 가지고 있다(멀칭에 관한 보다 자세한 정보는 제5장에서 확인할 수 있다).

이완

뿌리 환경이 실제로 또는 잠재적으로 답압될 증거가 있는 경우에는, 토양 강도와 부피 밀도를 줄이는 것을 모든 교목 건강관리 프로그램의 근본적인 목표로 삼는 것이 좋다. 아직 식재되지 않은 부지나 교목 뿌리가 아직 발달되지 않은 곳에서는, 손 도구나 농사용 장비를 이용한 경운이 대규모 토양의 부피 밀도를 줄일 수 있다. 그러나 답압이 기존 뿌리 층 내에서 발생한 경우에는, 기계적인 경운이 뿌리를 손상시켜서 물과 영양소 흡수 능력이 떨어진 상태에서 병원균에 취약하도록 방치하기 때문에 훨씬 더 위험하게 된다.

뿌리가 존재하는 경우, 사용할 수 있는 최선의 방법은 뿌리 시스템을 크게 손상시키지 않으면서 해당 토양을 부수는 것이다. 공기분사시스템(空氣噴射-, air injection system)과 압축공기 토양 굴착(壓縮空氣掘鑿, compressed air soil-excavation) 도구를 포함하여 **공기 도구**(air tool)를 사용하는 것이 토양 이완(土壤弛緩, soil decompaction)을 위해 특히 유용하다. 공기분사시스템(예: VOGT Geo-Injector)은 답압된 토양을 부수어서 토양 통기성을 향상시키기 위해 사용될 수 있다. 어떤 도구는 새로이 만든 틈 속으로 과립(顆粒, granule)이나 액체를 주입할 수도 있다(그림 4.26a). 이런 방법을 사용하면, 상대적으로 빨리 매우 넓은 면적의 토양 구조(그리고 비옥도)를 향상시킬 수 있다. 답압된 토양 구조의 광범위한 변경은 Arb-Ex, Air Lance, Air Spade, Soil Pick 또는 Supersonic Air Knife와 같은 공기 도구를 사용한 **공기 경운**(空氣耕耘, air cultivation)에 의해 달성될 수 있다. 이러한 도구는 기존의 굵은 뿌리에 대한 교란은 최소화하면서 깊이 약 30cm까지의 토양을 부술 수 있다. 이들은 답압된 토양 속으로 공기를 빠른 속도(약 500m/s)로 분사하여 이를 부순다(그림 4.26b). 굵은 뿌리와 같은 공기가 통하지 않는 모든 물체는 기류에 의해 그대로 유지되는데, 이의 결과는 보존된 뿌리 시스템 주위의 부피 밀도가 이

그림 4.26 (a) 토양 통기성은 토양 속으로 압축 공기를 주입함으로써 답압된 토양을 부수는 VOGT GeoInjector와 같은 특수 장비를 사용하여 향상시킬 수 있는데, 이때 과립 물질이나 액체를 같이 주입할 수도 있다. (b) Air Spade(사진)와 같은 공기 도구를 사용한 뿌리 층 주위의 공기 경운은 답압된 토양을 파괴하고 뿌리 층 안으로 유기물을 혼합할 수 있다. 출처: (b) Glynn Percival 제공.

전보다 훨씬 낮은 일반적으로 약 1.2g/cm^{3}가 된다.

토양 굴착 공기 도구는 몇 가지 방법으로 사용될 수 있다. **방사상 멀칭**(radial mulching)은 바퀴살처럼 줄기의 기부로부터 방사상으로 뻗어나가는 일련의 도랑(일반적으로 대략 폭 20cm 깊이 30cm)을 만들기 위해 공기 도구를 사용한다(그림 4.27a). 일단 토양이 파괴되면 제거한 후(손 도구나 토양 진공청소기를 사용하여) 굴착된 도랑은 멀칭 자재(mulch)나 유기 퇴비와 혼합한 토양으로 되메우기를 한다. 다음으로 가능하면 낙수선(落水線, drip line) 바깥까지 멀칭 자재를 이용한 피복을 적용할 수 있다. 되메우기된 도랑은 인근 굵은 뿌리로부터 빠른 세근 발달을 조장하는 비옥하고 이완된 통로를 제공한다. 이것은 교목의 뿌리가 가끔 오래된 굵은 뿌리가 부후하면서 남겨진 유기물이 풍부한 낮은 부피 밀도를 따라 자라는 것처럼 산림 여건을 모방하는 것이다.

방사상 멀칭의 단점은 도랑으로부터 토양을 추출하고 토양을 혼합하여 되메우기를 해야 하는 노력이 필요하다는 것이며, 이는 육체노동이고 비용이 많이 들 수 있다는 것이다. 비록 탈수 위험을 줄이기 위해 습한 마직물로 노출된 뿌리 위를 덮어주지만, 도랑에 노출된 뿌리가 말라 죽을 가능성도 있다. 따라서 심각하게 답압된 교목 뿌리 층에 대해서는, 가능하면 **공기 경운**이 선호된다(그림 4.27b). 공기 경운은 먼저 해당 교목 기부 주위와 낙수선 내 넓은 구획의 토양을 공기 도구로 파괴한다. 그 다음 경운된 지표면에 멀칭 자재와 필요한 모든 영양보충제(비료)를 첨가하고, 공기 도구를 사용하여 이 토양과 섞어준다. 마지막으로 위에 언급한 바와 같이 멀칭 자재로 위를 덮어주면 된다. 일련의 방사상 도랑보다, 공기 경운이 세근 발달에 필요한 이상적인 기반을 제공하는 비옥하고 낮은 부피 밀도의 토양을 더 넓고 서로 연결된 부피로 제공한다.

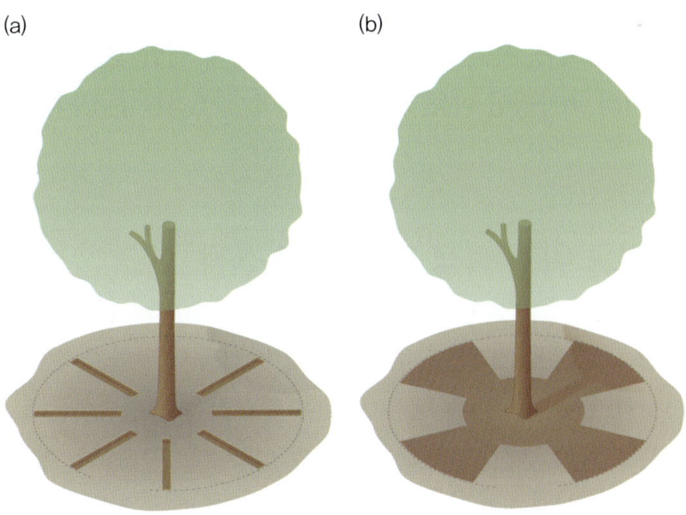

그림 4.27 (a) 공기 도구로 일련의 도랑을 파고 멀칭 자재나 다른 유기물로 혼합된 토양으로 되메우는 방사상 멀칭. (b) 공기 경운은 넓은 면적을 이완시킬 수 있는데, 일반적으로 낙수선까지 연장되고 몇 개의 구획으로 된 줄기 전체를 둘러싼 지역이다.

방사상 멀칭과 공기 경운 모두 해당 지표면에 다른 식생이 없으면 가장 쉽게 완수할 수 있다. 이러한 작업을 성공적으로 수행하기 위해서는 준비작업이 필요할 수 있는데, 이러한 준비 작업은 다른 관리 목적과 충돌하지 않아야 한다. 토양이 건조하면 공기의 흐름이 토양을 너무 쉽게 날려 보낼 수 있는데, 이를 방지하기 위해 해당 지역을 물로 적셔줄 필요도 있다.

빠른 공기 속도와 불가피하게 주위로 튀는 토양 입자를 감안하면, 공기 도구를 사용하는 동안 뿌리에 대한 일부 손상이 발생하는 것은 피할 수 없는 일이다(Kosola 등 2007). 연약한 세근이 이러한 힘에 견디지 못할 것이라는 것은 직감적으로 알 수 있고, 이것이 이 기술의 단점으로 고려되어야 한다. 그러나 세근의 자연적인 회전은 일반적으로 빠르기 때문에(이 장의 앞쪽 뿌리 시스템 참조) 세근의 상실이 뿌리 시스템을 불가역적으로 손상시키는 것이 아니라 세근의 죽음을 가속화시킬 뿐이라고 볼 수 있다. 뿌리 시스템의 거의 대부분이 손상되지 않고 기능을 유지하고 있기 때문에 새로운 세근이 빠르게 출현하여 개량된 토양 속에서 증식할 것이다. 그러므로 한편으로는 이러한 작업이 세근 손상을 가져온다는 것을 인식할 필요가 있지만, 뿌리가 뻗을 수 있는 부피 밀도가 낮은 토양의 현저한 증가에 의한 효과가 이러한 기술에 의해 유발된 사소한 피해보다 훨씬 크다. 세근에 대한 피해는 공기 도구를 늦가을에 사용함으로써 최소화할 수 있는데, 이때에는 세근이 어떻든 죽어갈 가능성이 있고 수관으로부터의 물 수요가 낮다. 또한 공기 도구의 사용은 최소로 유지하는 것이 좋은데, 이를 토양 부피 밀도를 낮추기에 충분할 정도로만 사용하는 것이다. 한 뿌리 층 지역에 대한 과도한 공기 도구 사용은 토양 이완으로부터의 추가적인 이득 없이 불필요하게 뿌리를 손상시킬 수도 있다.

4.9 교목 뿌리를 위한 적정 토양 부피 추정

교목 뿌리를 위한 토양(뿌리 전개) 부피를 늘리는 방법을 고려하기 전에, 교목이 성숙기에 도달하고 번성하기 위해 얼마나 많은 토양이 필요한가를 평가하는 노력을 하는 것이 중요하다. 토양은 교목에 대한 고착을 제공하고 영양소를 공급하는 능력이 필수적이지만, 가장 빈번하게 제한 요소가 되는 것은 교목에 충분한 물을 공급할 수 있는 토양의 능력이다. 그러므로 생장기 내내 교목의 물 수요를 충족시키기 위해 필요한 토양 부피(soil volume)가 해당 교목이 요구하는 토양 부피를 결정한다. 일반적으로 만약 이 부피가 충족되면, 토양에 의해 제공하는 영양소와 고착력 기준과 같은 다른 서비스도 충족될 것이다. 여기에 대한 예외는 과도한 사질토양과/이나 과도하게 용탈된 토양에서 나타날 수 있다.

얼마나 많은 토양이 필요한지를 산출하는 것을 어렵게 만드는 것은 서로 다른 기후에서 자라는 서로 다른 크기와 종의 개별 교목이 요구하는 물의 양의 변이가 크기 때문이다. 또한 토양이 다르면 물을 공급할 수 있는 능력(**수분방출특성**/water release characteristics – 제6장 참조)에도 상당한 차이가 존재한다.

자연 삼림에서 자라는 교목에 의한 물이용(water use)에 많은 관심이 집중되었는데, 이는 교목의 물이용이 강에 대한 물 공급을 조절하고, 기후에 대한 영향과 함께 기후변화가 교목의 자연 분포에 가하는 위협에 영향을 미치기 때문이다. 북아메리카 온대 낙엽수림에서의 대규모 실험에 의하면 성목이 하루에 40에서 340리터 사이의 물을 사용하는 것으로 나타났다. 가장 많은 물을 사용하는 세 가지 종은 직경 45cm의 백합나무(*Liriodendron tulipifera*)(340L/일), 직경 38cm의 히코리나무(*Carya* sp.)(250L/일), 직경 48cm의 미국참나무(*Quercus alba*)(90L/일)였다(Wullschleger & Hanson 2003). 35개 속에 속하는 67종에 대한 광범위한 조사에 의하면 이들 중 90%에서 평균 수고 20m 내외의 성목인 경우 최대 일일 물 사용이 10에서 200L/일 사이인 것으로 나타났다(Wullschleger 등 1998). 그러므로 뿌리 시스템과 토양이 물을 공급할 수 있으면 거대 교목은 하루에 수백 리터의 물을 사용할 수 있다는 것은 확실하다.

그렇다면 어린 조경수는 얼마나 많은 물을 사용할까? 매우 유익한 연구가 Richard Beeson에 의해 플로리다에서 수행되었는데, 그는 하루 동안 용기의 무게 변화(1g = 물 1mL)를 평가하여 교목의 물 사용을 측정하는 라이시미터(lysimeter)라고 알려진 일련의 계기를 사용하였다(Beeson 2011a,b와 전문가 논단 4.1 참조). 이 연구는 적단풍(*Acer rubrum*)(1m 높이에서 직경 12~14cm)은 생장기 동안 하루에 100L(~30갤런)까지 사용하였는데, 이는 엽면적(葉面積, leaf area)과 지역적인 기상상태에 따라 변이가 매우 컸다(그림 4.28a). 태산목(*Magnolia grandiflora*)과 참느릅나무(*Ulmus parvifolia*)와 같은 다른 활엽수는 유사한 발달 단계에서 비슷한 양의 물을 사용했지만, 침엽수인 슬래쉬소나무(*Pinus elliottii*)는 하루에 약 절반의 물을 사용하였다(그림 4.28b~d). 이들 자료는 교목 물 사용의 중요한 특성 중 일부를 보여준다. 첫째, 엽면적이 전체 교목 물 사용을 강하게 조절한다. 그림 4.28에 나와 있는 두 낙엽성 종은 잎이 없으면 하루에 약 10L를 사용했는데, 잎이 나오고 난 후에는 일일 물 사용이 2~3주 이내에 하루에 약 100L까지 증가하였다.

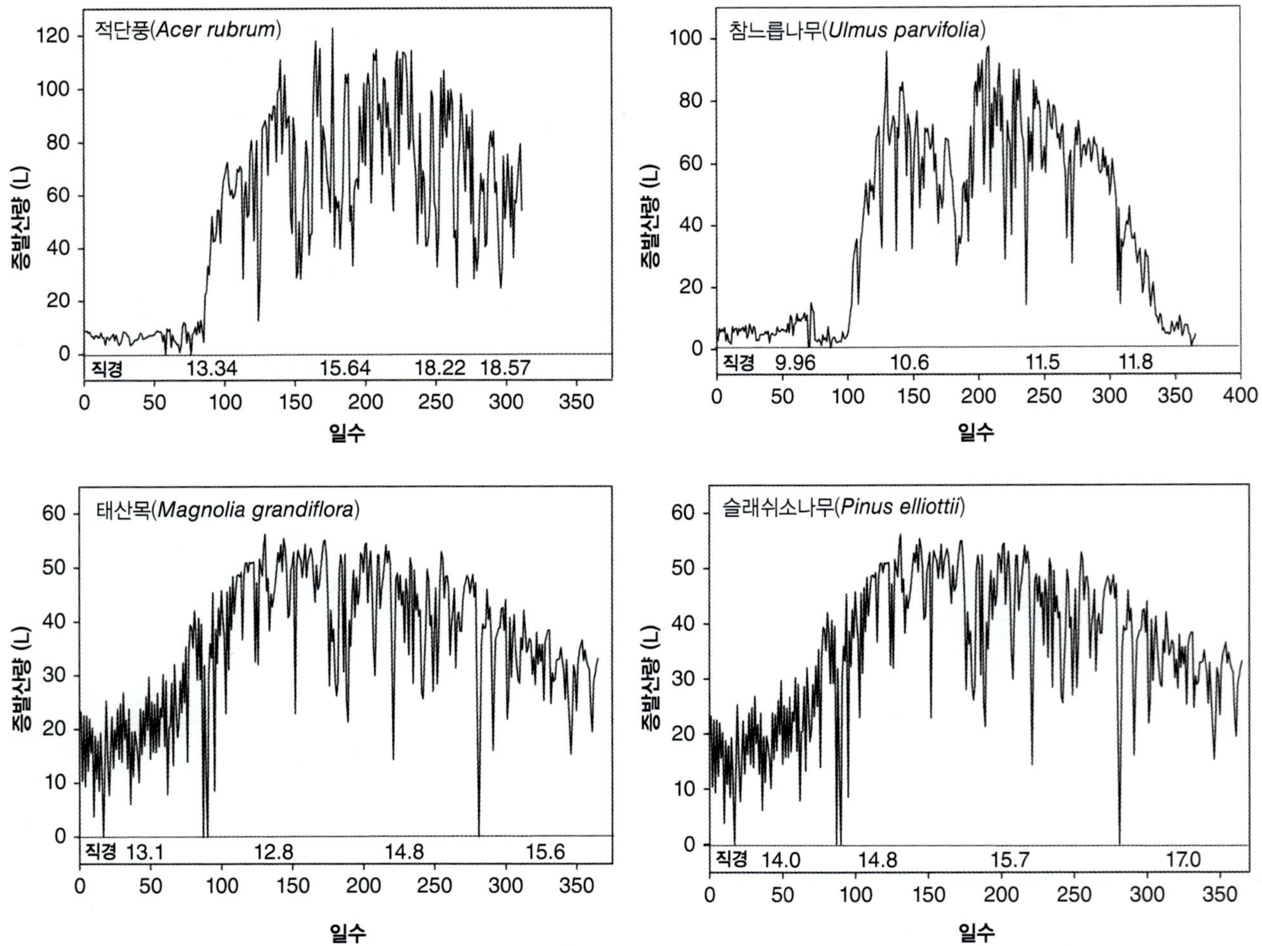

그림 4.28 플로리다대학교에 있는 조경수의 물 사용에 관한 프로젝트의 일환으로 라이시미터(lysimeter)에서 자란 적단풍, 참느릅나무, 태산목, 슬래쉬소나무의 일당 물 사용(단위 리터). 축에 표시된 눈금이 다름에 유의하라. **직경**은 지표면에서의 직경으로 단위는 cm이다. 이 연구에 관한 보다 자세한 내용은 전문가 논단 4.1을 참고하라. 출처: Richard Beeson 제공.

둘째, 교목 물 사용의 뚜렷한 차이는 미기후 변화와 종에 따라 발생할 수 있다. 셋째, 교목 물 사용의 계절적인 추세로 봄에 빠르게 증가하여 초여름에 최대가 되고 잎이 나이 들고 노화함에 따라 늦여름에는 감소한다(Beeson 2011a).

또한 이들 자료는 식재 후에 가능하면 빨리 바깥 토양에 잘 연결된 뿌리 시스템이 왜 그렇게 중요한가를 보여준다. 만약 뿌리 시스템이 뿌리나 토양과 관련된 문제 때문에 자리를 잡지 못하게 되면, 물 공급이 증산 수요를 충족시키지 못함에 따라 수분 결핍이 빠르게 나타날 수도 있다. 이것이 종종 최근에 이식된 교목의 이식 충격과 교목 죽음에서 가장 큰 표면적인 요소이다. 따라서 고품질의 식물 자재를 제공하고 뿌리 전개 환경이 물의 가용성을 제한하지 않도록 모든 노력을 다하는 것이 좋다(제6장 참조).

교목이 요구하는 물의 양은 종, 발달 단계(계절과 성숙도), 발달 이력, 기후, 미기후(햇빛, 습도, 풍속, 기온), 개별 교목과 토양 건조 주기 사이의 상호작용 등에 따라 차이가 있기 때문에, 향후 교목의 물 사용을 정확하게 추정하는 것은 매우 복잡하다. 이로 인해 일반적으로 필요한 토양 부피의 예측이 다소 추측성이 된다. 그럼에도 불구하고, 조경수에 대한 적절한 토양 부피 예측은 교목을 조성하거나 교목이 그 안에서 자라야 하는 기반시설을 설계하는 사람들에게는 귀중하다.

전문가 논단 4.1 조경수의 물 소비

Richard C. Beeson Jr.

그늘, 강우 관리, 소음 감축과 탄소 격리에 대한 자신의 능력을 확보하기 위해, 교목은 뿌리를 내린 토양 부피 안에 생장과 증산을 위해 흡수할 수 있는 충분한 물을 가지고 있어야 한다. 뿌리 전개 부피가 거의 영향을 받지 않은 개방 지역에서는 교목 뿌리가 종종 수관 폭의 세 배까지 연장되어 있고, 직립형(원뿔) 품종에서는 수관 직경 대비 뿌리 판 직경의 비율이 더 클 수 있다. 이러한 곳에서는, 추가적인 물이 거의 필요 없다. 그러나 제한된 토양 부피가 자연적인 뿌리 발달을 방해하는 도시와 교외지역에서는, 양호한 수관의 질을 확보하기 위해서 가끔 보충적인 관수가 필요하다.

연구자들은 수액의 흐름을 다양한 방법으로 측정하는 것으로부터 저울에서 교목의 무게를 측정하기까지 여러 가지 방법으로 교목의 물 사용을 측정해왔다. 대부분은 몇 시간에서 몇 주 범위의 교목 물 사용에 대한 짧은 스냅사진(snapshot)이었다. 이들 대부분의 보고는 일당 부피 기준의 교목 증산이었는데, 이들은 부지나 종 간의 비교를 위해 필요한 태양 복사, 증기압차(蒸氣壓差, vapor pressure deficit), 또는 교목 크기와 같은 배후 정보는 거의 없었다. 따라서 교

그림 EB4.1 용기에 식재된 교목으로부터의 수분 손실을 측정하기 위해 사용된 대형 현가(공중에 매달린) 라이시미터.
출처: Richard Beeson 제공.

목의 물 소비를 예측할 수 있는 강력한 모델을 개발하기에는 불충분한 정보였다. 교목 농장에 대한 지방 정부의 물 배분 제한에 대응하여, 필자는 2001에 실생묘나 삽목묘로부터 지상에서의 최소 수간 직경 13cm(또는 6년생 중 더 큰 것)까지의 교목 물 사용을 수량화하는 작업을 시작했다. 2016년까지 필자는 대형 라이시미터(lysimeter) 계량을 사용하여 9개 도시 숲 종에 대한 교목 물 사용을 수량화했다.

라이시미터는 토양–식물 시스템의 수분함량 변화를 수량화하기 위해 사용된 계량기이다. 여기서 수행된 연구에서 필자는 정확성을 위해 23kg 하중계(荷重計, load cell)와 27L 용기를 사용한 삼각대 지지 라이시미터로 출발했다. 2년차에 선발된 교목은 각각 95L 용기에 이식되어 9개의 대형 현가(懸架, suspension) 라이시미터에 위치시켰다(그림 EB4.1). 각 삼각형 바구니 무게는 136kg이었고, 341kg 하중계 정상에 매달았다. 150%의 작업용량을 가지고 있어서, 각 라이시미터는 1,534kg까지 ±250g의 정확도로 측정할 수 있었다. 수종별로 3회 반복하였다. 종합적인 결과는 단순 일차방정식[4.1]을 사용하여 잎이 있을 때 9개 종 모두의 물 사용을 쉽고 정확하게 추정할 수 있다는 것을 입증하였다:

$$\text{일일 교목 } ET_A = \text{면적} \times ET_0 \times \text{종 특정계수} \quad [4.1]$$

ET_A는 라이시미터의 실제 증발산(蒸發散, evapotranspiration)이다. 이는 지표면으로부터의 물의 증발과, 잎과 수피의 피목으로부터의 증산으로 구성된다. 면적은 교목 수간의 횡단면 면적이다. 세 면적 측정치(지상 15 또는 30cm의 특정 위치, 그리고 첫 주지의 솟아오른 부위 아래나 DBH를 기준으로)는 어린 교목의 크기에 대한 ET_A를 비례적으로 측정하기 위해 사용될 수 있다. 네 번째 측정치도 사용될 수 있는데, 이는 직사각형의 수평으로 투영된 수관 면적을 기준으로 하는데, 두 직각 방향의 폭을 측정하여 계산된다. 중교목과 대교목, 특히 환공성 종의 경우, 투영된 수관 면적은 수관이 풍부하면 수간 면적보다 더 정확할 가능성이 있다. ET_0는 기준 증발산으로 UN-FAO 56 모델을 사용하여 전날의 기후자료로부터 매일 계산하였다. 이는 증발산을 유발하는 잎과 토양이 가로챈 힘의 측정치이다. 이들 종으로부터의 결과는 경관 관수를 위한 미국농생물공학회 S623 표준(American Society of Agricultural and Biological Engineers/ASABE S623 Standard)에 대한 기준으로 제공되었는데, 2015년 수용되었다. 이 표준의 목적은 경관에 적용되는 물의 양을 건강한 생장을 위해 요구되는 수준으로 줄이는 것이다.

다른 곳에서 제공된 도표를 살펴보면(그림 4.28) 낙엽수와 상록수 사이에 뚜렷한 차이를 보인다. 봄에 낙엽수(단풍나무와 느릅나무)의 눈이 트면서 ET_A의 증가가 매우 빠르게 나타난다. 만약 가용 토양수분이 비례하여 증가하지 않으면, 줄기 생장과 엽면적 증가가 지연될 것이다. 겨울 동안에도 토양이 동결되어 있지 않으면 상당한 증산이 있었는데, 이는 피목으로부터 발생했을 가능성이 높다. 잎이 나오기 전에 일어나는 단풍나무의 개화는 잎이 없는 가지에 비해 일일 수분 손실을 배로 늘렸다. 가을에는 ET_A가 봄에 빠르게 상승하는 것과 대조적으로 천천히 하락하였다. 잎의 색깔이 바뀌고 있음에도 불구하고 기공은 여전히 기능을 하고 있어서 마지막 잎이 떨어질 때까지 교목은 계속 증산을 한다. 이와 달리, 소나무와 태산목과 같은 두 상록수종의 ET_A는 봄에 훨씬 점진적으로 증가하여 전반적인 엽면적의 증가로 인해 봄의 시작 때보다 더 높은 수준의 ET_A에서 그 해를 마무리하였다.

폭넓은 일일 ET_A는 주로 태양 복사(太陽輻射, solar radiation)의 일일 변이에 의해 유발된다. 태양 복사는 일반적으로 잎의 수분을 증발시키고 기공을 통해 대기로 내보내도록 하는 에너지의 약 90%를 차지한다. 이의 대부분은 잎 주위 공기의 수증기 농도가 상대적으로 낮은 데 비해 잎의 높은 수증기로 인한 가파른 경사 때문이다. 이러한 경사는 봄과 가을에 보다 현저한데, 이때는 밤의 대기온도는 서늘한 데 비해 일반적으로 낮은 상대적으로 따뜻하여 대기 중의 수증기 농도가 낮기 때문이다. 증산을 견인하는 다른 요소로는 잎을 가로질러 움직이는 공기의 속도이다. 빨라진 기류가 잎 주위 경계층의 정체된 공기를 줄여주고 이는 다시 물 분자가 잎 주위의 움직이는 공기에 도달하기 위해 통과해야 하는 거리를 줄여준다.

상록수의 경우, 증산(ET_0)과 교목 크기 간의 상관관계는, 줄기가 나오는 동안 높은 값으로 이탈하는 것을 제외하고는, 일반적으로 연중 일정하다. 그러나 낙엽수의 경우, 이 관계가 낙엽이 시작한 직후에 떨어져서 봄에 첫 잎이 나와서 완전히 확대될 때까지 다시 증가하지 않는다. 이러한 현상은 적단풍과 참느릅나무 모두에 대한 도표에서 볼 수 있다(그림 4.28). 도시 교목을 관리하는 사람들은 봄에 ET_A의 빠른 증가를, 특히 봄이 건조하거나 기온이 높고 습도가 낮다면, 잘 알고 있는 것이 좋다. 이 연구가 플로리다 중부에서 수행되었지만, ET_A을 구동하는 열역학적 구동력(thermodynamic driving force)은 보편적이다. 이 연구 기간 중에 나타난 10.5~14시간인 날보다 더 짧거나 더 긴 날은 ET_A 기간을 연장하거나 단축시키면 된다. 태양각(太陽角, sun angle)과 대기 중 수분의 증기압(蒸氣壓, vapor pressure)과 같은 ET_A를 구동하는 에너지 수준의 차이도 ET_A를 조절하지만, 이들은 ET_0에 의해 설명된다. 주된 요소는 대기의 증기압차(蒸氣壓差, VPD/vapor pressure deficit)이다. 어떤 교목 종은 비등수화(非等水化, anisohydric－기공을 여닫지 않은)여서 일반적으로 VPD에 무반응이다. 이들 종은 목부의 수분포텐셜이 매우 큰 음수가 될 때까지 기공을 거의 조절하지 않는다. 버지니아참나무(*Quercus virginiana*)의 경우, −4.5MPa이 된 이후까지 기공을 완전히 닫지 않는다. 그러나 대부분의 온대지방 종은 등수화(等水化, isohydric)여서 이들 종의 기공은 VPD의 사소한 감소에도 민감하다. 대부분은 －1.5MPa에서 기공을 닫거나 거의 닫는다. 따라서 높은 VPD(더 큰 음수) 하에서는 ET_A가 공식에 의해 예측된 것보다 더 작을 것이다.

다소 불만족스럽지만, 좀 더 개략적인 가정을 함으로써(계산을 단순화할 필요가 있음) 조경수가 요구하는 토양 부피를 어느 정도 근사치로 예측할 수 있을 것이다. 필요한 정보에는 가용 토양수분의 백분율, 대상 성목의 대략적인 일일 수분 요구량, 토양 수분 재충전(再充塡, recharge)의 빈도 등이 있다. 토양의 유효수분(有效水分, available water)은 포장용수량(圃場容水量, field capacity－자유롭게 배수되었을 때 토양이 보유할 수 있는 최대량)과 교목이 토양으로부터 더 이상 물을 추출할 수 없는 지점(영구위조점/permanent wilting point 또는 팽압상실점/turgor loss point) 간 차이에 의해 결정된다. 이는 토양수분방출특성(土壤水分放出特性, soil water release characteristics)과 교목 종 간의 상관관계에 따라 다르지만, 일반적으로 토양 부피의 10~20%에 상당할 것이다(제6장 참조). 일일 물 요구량은 해당 교목의 엽면적, 종, 해당 교목이 증발산을 통해 얼마나 많은 물을 잃는지에 따라 다를 것이다. 과도하게 그늘지거나 경쟁 교목에 의해 제약을 받지 않은 최대한의 수관을 가진 성숙한 조경 교목은 일반적으로 삼림지대에 있는 비슷한 교목보다 더 많은

표 4.1 10~20% 범위의 토양 유효수분을 기준으로 정해진 양의 물을 공급하기 위해 요구되는 토양 부피. 이는 14일 동안 비가 오지 않고 뿌리가 전체 토양 부피를 차지하고 있다고 가정한다.

유효 수분 (%)	매일 주어진 양(L)의 물을 교목에 전달하기 위해 필요한 토양 부피(m^3) (최대 토양수분 재충전 기간 = 14일)					
	50L	100L	200L	300L	400L	500L
10	7.0	14.0	28.0	42.0	56.0	70.0
11	6.4	12.7	25.5	38.2	50.9	63.6
12	5.8	11.7	23.3	35.0	46.7	58.3
13	5.4	10.8	21.5	32.3	43.1	53.8
14	5.0	10.0	20.0	30.0	40.0	50.0
15	4.7	9.3	18.7	28.0	37.3	46.7
16	4.4	8.8	17.5	26.3	35.0	43.8
17	4.1	8.2	16.5	24.7	32.9	41.2
18	3.9	7.8	15.6	23.3	31.1	38.9
19	3.7	7.4	14.7	22.1	29.5	36.8
20	3.5	7.0	14.0	21.0	28.0	35.0

물을 필요로 할 것이다. 여름철 토양 수분이 14일 동안 비에 의해 재충전되지 않는다고 가정하면, 토양수의 14%가 해당 교목에 가용한 경우 14일 동안 하루에 200L의 물이 필요한 교목은 20m^3의 토양이 있어야 한다. 그러나 동일한 교목이라도 토양 수분의 10%가 가용하면 28m^3의 토양이, 20%가 가용하면 14m^3의 토양이 필요로 할 것이다(표 4.1). 이는 뿌리 시스템이 전체 토양 부피에 걸쳐 발달되어 있고, 14일 동안 매일 동일한 속도로 물의 증산을 계속한다는 가정이다(이들 두 가정은 현실에서 발생할 가능성이 낮다). 만약 토양 재충전 사건이 보다 빈번하면, 토양 부피는 감소할 수도 있고, 덜 빈번하면 토양 부피는 늘어나야 할 것이다.

토양 부피를 구체화하기 위해 성목 수관 투영면적(해당 교목 낙수선/drip line 아래 면적, 그림 4.29)의 추정치를 사용하는 것은 보다 직선적일 수 있다. 온대기후의 일반적인 추정치는 수관 투영 면적 1m^2당 0.6m^3의 토양이 권고된다.

교목이 요구하는 토양의 부피에 영향을 미치는 변수가 많기 때문에, 가끔 도시 식재 구덩이에 대해 명시된 1m^3의 '표준' 토양은 경관에 상당한 기여를 목적으로 하는 대교목에는 분명히 완전히 부적절하다. 물을 공급하기 위한 적절한 토양 부피와 다양한 뿌리 전개 환경의 현실 사이 괴리는 도시 교목의 부진한 생장에 대한 주된 원인이고, 수분 결

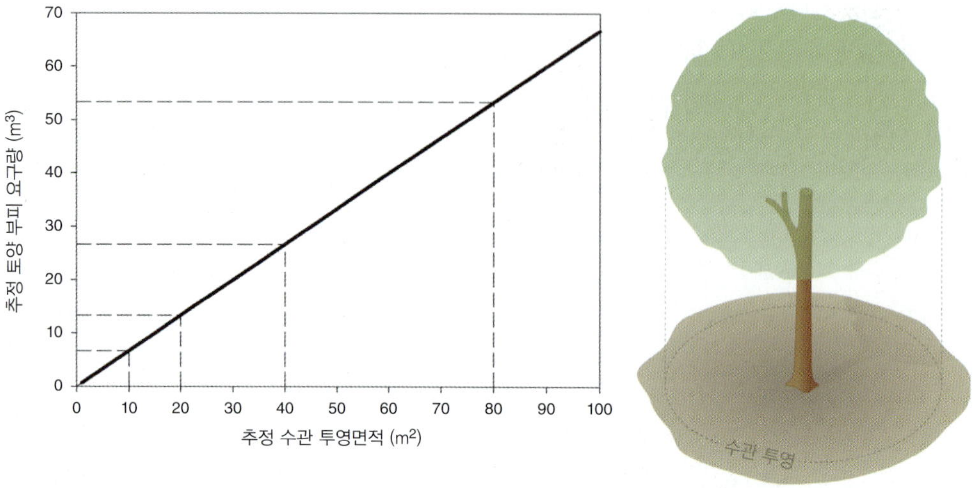

그림 4.29 수관의 가장자리(또는 낙수선) 안쪽 지역인 성목의 수관 투영면적에 근거한 교목이 필요로 하는 추정 토양 부피. 이는 하나의 지침으로만 사용하는 것이 좋고, 보다 직립의 원추형 품종에 대한 토양 부피 요구량을 추정할 때에는 특히 주의해야 한다.

핍에 대한 교목 반응이 교목 활착에 왜 이렇게 중요한 역할을 하는가를 강조한다(제6장 참조). 교목에게 가용한 토양의 양은 생존뿐만 아니라 생장에도 영향을 미친다. 많은 용기 기반 실험의 개관에서, 용기 크기를 배로 늘릴 때마다 평균적으로, 환경이나 생장 여건의 어떤 변화 없이도, 식물 무게를 43%나 증대시켰다. 대부분의 경우, 작은 용기에서의 줄어든 생장은 광합성 감소가 원인이었다. 이 발견들을 조금 확대해 보면, 조경수의 뿌리 전개 부피가 교목 크기에 엄청난 영향을 미칠 수 있다는 것은 명확하다. 예를 들면, 그림 4.30은 주차장 내외에 자라는 동일한 종을 보여주고 있다. 더 큰 토양 부피에 접근할 수 있는 포장 가장자리 주위의 교목은 주차장 가운데 보다 제한된 토양 부피에 접근하는 교목보다 더 크다. 교목은 생존만이 아닌 잘 자라기 위해 적절한 토양 부피가 필요하다.

자연 환경, 특히 산비탈이나 바위가 많은 여건에서 자라는 교목은 으레 제한된 토양 부피와 싸워야 한다. 많은 교목은 이처럼 척박한 환경에 적응하지 못하고 빨리 죽는 반면, 어떤 교목은 외견상 미미한 토양 부피에 생존할 수 있는 남다른 능력을 가지고 있다(그림 4.31). 다른 여건이 동일하다면, 이들은 도시 환경에서 분명히 잘 살아갈 것이다.

그림 4.30 뿌리 전개 환경이 독일 겔젠키르헨(Gelsenkirchen)의 주차장에서 자라는 교목에 미치는 영향. 가운데 식재된 교목은 최소한의 토양 부피를 가지고 있는데 비해, 주차장 가장자리 주위의 교목은 보다 광범위한 토양 부피를 공유하고 있어서 더 크게 자랐다. 출처: Johan Östberg 제공.

(a)

(b)

그림 4.31 매우 적은 양의 토양에서 자라는 교목: (a) 프랑스 코르시카(Corsica)의 산비탈에서 자라는 코르시카소나무(*Pinus nigra* subsp. *laricio*). (b) 호주 노던 테리토리(Northern Territory) 와타르카 국립공원(Watarrka National Park)의 엄청나게 척박한 여건에서 자라고 있는 유칼리나무(*Eucalyptus* spp.).

4.10 도시 환경에서 토양 부피 키우기

도시 환경에서는 토양 부피를 극대화할 수 있는 기회를 찾아보고 가능하면 이를 포착하는 것이 좋다. 지하 환경에 대한 세심한 설계로부터 특수 제품 사용에 이르기까지 다양한 방법을 사용할 수 있다. 이들 제품은 부교 시스템과 구조적 생장 배지 또는 상자 시스템(crate system)으로 폭넓게 분류된다(TDAG 2014).

부교 시스템(raft system)은 기존 뿌리 시스템의 상단에 얹혀서 아래 토양이 답압되지 않도록 수직적인 부하가 발생하지 않도록 설계된다. 이는 추가적인 토양으로 채워질 수 있는 깊은(~150mm) 플라스틱 타일 또는 세척된 과립형 자재로 채워지는 벌집모양의 칸막이된 매트리스(*CCS/cellular confinement system*[**성긴 격자 시스템**] 또는 **지오셀**/geocell로도 알려짐)로 구성된다. 이들 '부교'는 지표 공사를 시작하기 전에 토목섬유로 덮는다. 이 시스템은 다른 시스템에서 발견되는 빈 공간이나 구조적인 성질이 없기 때문에 이의 주된 가치는 토양 부피를 확대하는 것이 아닌 기존의 뿌리 전개 환경에 대한 추가 답압을 제한하는 것이다.

구조적 생장 배지(構造的生長培地, structural growing media)는 답압에 저항할 수 있는, 즉 부하에 견딜 수 있도록 설계된 인공적인 기질(基質, substrate)이기 때문에 뿌리 발달을 물리적으로 제한하지 않는 환경을 제공할 수 있다. 이 배지는 다양한 기질로 구성될 수 있지만, 세 가지 주된 범주로 나누는 경향이 있다: 모래 기반 기질(일명 tree soil), 중간크기 골재 기질, 호박돌 골격 기질(스톡홀름/Stockholm 시스템으로도 알려짐; Emgrén 등 2009). 사실, 동일한 식재상(床, bed)에도 다른 크기의 내하용(load-bearing) 골재가 자주 사용되기 때문에 이는 느슨한 범주이다. **모래 기반 기질**(sand-based substrate)은 무게 기준으로 약 90%의 모래(0.2~2mm 크기의 입자), 4~5%의 유기물, 3~5%의 점토(<2μm 크기의 입자)를 포함하고 있다. 모래 성분은 물과 양분 보존을 위해 필요한 유기물과 점토를 유지하는 내하 기반을 제공한다. 보도와 자전거 도로 아래와 같이 상대적으로 낮은 지표 부하가 예상되는 곳에서는, 이들 'tree soil'이 뿌리 발달과 크지 않은 지표면 부하가 양립할 수 있게 하는 역할을 제공할 수 있다. **중간크기 골재 기질**(medium-sized aggregate substrate)은 크기가 25~100mm인 각진 돌로 된 기반을 사용하는데, 이는 유기물과 점토질의 '토양' 요소를 보유하고 있다. **호박돌 골격 기질**(large stone skeleton substrate)은 직경이 100~150mm인 더 큰 돌을 기반으로 사용한다. 물을 이용하여 양질의 토양과/이나 바이오차(biochar)를 돌멩이 기반 내 큰 공간 속으로 씻어 내린다. 세척된 더 작은

(60~90mm) 화강암(花崗岩, granite)의 지지층(支持層, bearing layer)을 호박돌 기반 위에 덮은 후 도로 표면을 포장하기 전에 토목섬유 층을 깔아준다. 이들 층에는 종종 기질을 통한 기체 교환이 가능하도록 수직적인 통기 통로가 삽입된다(그림 4.32).

구조적 생장 배지가 토양 답압을 견디고 양호한 통기성을 제공한다는 면에서는 뿌리 발달에 유익하지만, 여러 가지 잠재적인 한계가 있는 것만은 사실이다. 정확하게 명시되지 않으면, 모래 기반과 중간크기 골재 기질은 종종 폭이 넓은 입자 크기(粒子–, particle size)의 자재가 공급된다. 이로 인해 가는 자재가 토양 공극을 막히게 하여 통기와 배수를 악화시킨다. 그러므로 이러한 문제를 예방하기 위해 매우 구체적이고 좁은 범위의 입자 크기를 사용하는 것이 필수적이다. 중간크기와 더 큰 돌로 된 기질의 경우, 내하 기반 내 양호한 빈 공간을 확보하기 위해서는 각진 골재가 매우 중요하다. 표면 부하를 견디기 위해 필요한 모래와 돌멩이의 비율이 높으면, 이들로 구성된 기질은 빠르게 건조되고 영양소가 쉽게 용탈된다. 이렇게 되면 교목은, 특히 성숙하여 자신의 수관이 더

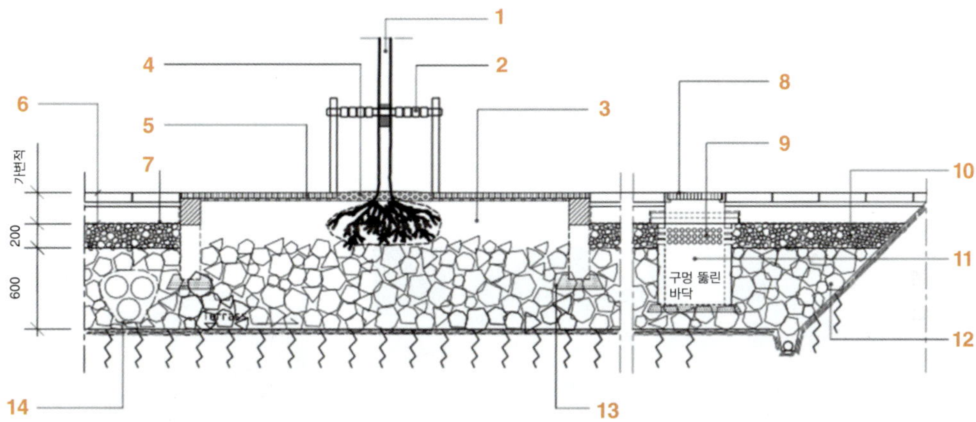

1. 크기 20~25cm의 새 교목
2. 교목 지지용 결속
3. 식재 토양
4. 깊이 50mm 두께 4~8mm 격자 내 분쇄된 돌
5. 표면 격자 1400×2800mm
6. 표면 포장용 상부구조
7. 토목섬유
8. 빗물 덮개, 배수로 설치를 위해 움푹 들어간
9. 통기된 지지층 높이에 설치된 공기구멍
10. 통기된 지지층
11. 공기와 물 공급
12. 식재 토양이 혼합된 분쇄된 돌로 된 구조적 토양
13. 각 구조적 토양 수준에 있는 비료
14. 토목섬유로 보호되고 자갈로 싸인 구조적 토양 내 배관

그림 4.32 새로운 식재를 위한 호박돌 골격 기질 설치의 단면. 출처: Embrén 등(2009). 2014년 Trees and Design Action Trust의 허락을 받아 전재.

많은 물을 필요로 하기 시작함에 따라, 물과 영양 결핍 피해를 입기 쉽다. 이러한 부지에 적합한 종의 범위를 넓히기 위해서는, 식재 상에 종합관수시스템(Integrating irrigation system)과 빗물집수시스템(rainwater harvesting system)을 추가하여 물 공급을 보완하는 것이 필요하다. 또한 세근의 순환이 뿌리 층에 일부 유기물을 공급할 수도 있지만, 구조적 생장 배지에 사용되는 점토와 유기물은 양이 작아 중장기적으로 토양 영양상태가 악화될 수 있기 때문에 영양 보충도 필요할 가능성이 있다. 영양소 용탈로 인한 영향에 대처하기 위해, 이러한 조제된 생장 기질에 영양소 보존에 도움을 주는 바이오차를 사용하고 있다. 이러한 구조적 생장 배지에 대한 잠재적인 한계에도 불구하고, 적어도 일부 종은 이러한 여건에 잘 대처할 수 있다는 좋은 증거가 있다. 예를 들면, Grabosky & Bassuk(2016)은 '구조적 토양'에서 자라는 늪지백참나무(*Quercus bicolor*)와 버들참나무(*Quercus phellos*)의 생장 성과가 17년에 걸쳐 인근 잔디밭에 식재된 교목에 필적한다는 것을 발견하였다. 더구나 스톡홀름에서는, 성실한 교목 관리와 연계된 호박돌 골격 기질이 뛰어난 교목 활착률을 달성하기 위해 사용되었다(Embrén 등 2009).

토양 답압을 방지하는 또 다른 방법으로 RootSpace™, StrataCell™, Silva Cell, Tree Box High-Performance, TreeBunker™와 같은 상자 기반 시스템(crate-based system)이 사용되고 있다. 이들은 토양 답압을 방지하는 내하 능력을 제공하는 플라스틱이나 콘크

(a) (b)

그림 4.33 상자 시스템은 교목에게 뿌리가 뻗을 수 있는 다량의 답압되지 않은 토양을 제공하도록 설계되었는데, 위 사진은 RootSpace™ 시스템이다. 상자 자체가 부하를 지탱하기 때문에 안에 있는 토양은 답압되지 않은 상태를 유지한다. (a) 포장된 표면 아래에 사용되고 있는 상자의 상상도. (b) RootSpace™ 상자.
출처: GreenBlue Urban의 허락을 받아 전재.

리트로 만든 모듈식 '구조성 격자'(structural cell)를 사용한다(그림 4.33). 구조적 생장 배지와 비교해보면, 상자 시스템은 훨씬 더 많은 양질의 토양을 가지고 있는데, 상자 부피의 약 90%를 고품질 토양으로 채울 수 있다. 이는 도시 경관에 훨씬 더 많은 토양을 설계할 수 있고 교목에게 장기간에 걸쳐 이들의 생장을 지원할 수 있는 토양 부피를 제공할 수 있다는 것을 의미한다. 지하에서의 제약이 빈번하게 도시 환경에서의 교목 생장에 가장 큰 한계로 작용하기 때문에, 이런 유형의 뿌리 층 기술은 도시 기반시설과 교목을 결합할 수 있는 능력에 큰 진전을 의미한다. 이런 시스템은 홍수를 줄이는 지속가능한 도시배수시스템(SUDS/sustainable urban drainage system)에서도 사용되어 왔다. 세심하게 설계하면 이들 시스템이 공익시설 배관과 케이블과 같은 다른 지하 기반시설과도 공존할 수 있게 한다.

그림 4.34는 답압된 토양, 구조적 생장 배지 위에 놓인 포장된 부지나 상자 시스템과 비슷한 지지된 포장에서의 교목 생장성과에 대한 실험을 보여준다. 지지된 포장이 분명히 교목 생장에 최고의 환경을 제공하였다(Smiley 등 2006). 이는 상자 시스템 내 높은 양질의 토양 비율에 의해 창출된 더 큰 물과 영양소 유효도 때문일 가능성이 높다. 이에 비해, 구조적 생장 배지에 식재된 몇 그루의 교목은 식재 후 8년 후에 교체될 필요가 있었다.

위에 언급한 각 시스템은 장단점이 있기 때문에, 특정 환경에서는 적절하지만 다른 상황에서는 부적절할 수도 있다. 그러므로 식재 계획을 위해 부교 시스템, 구조적 생장 배지 시스템, 또는 상자 시스템을 활용하기 전에, 전문가의 조언을 구하는 것이 필수적이다. 이들의 설치에는 해당 부지의 공학적 요구조건을 충족시키면서 지하 공간에서의 다른 이해관계자들과의 잠재적인 충돌을 최소화하는 고품질의 뿌리 전개 환경을 제공하기 위한 전문적인 식견과 견실한 계획이 필요할 것이다.

그림 4.34 미국 노스캐롤라이나(North Carolina)주 샬럿(Charlotte)에 있는 Bartlett Tree Experts 연구소의 Urban Tree Plaza 시험장. 본문에서 고찰된 상자 기반 시스템을 모방한 지지된 포장시스템에서 자라는 교목이 구조적 토양(Stalite와 Gravel)이나 답압된 토양(Compacted)에서 자라는 교목을 능가하였다. 아래 사진에서 'New'는 처음 식재된 교목이 이전에 죽어서 대체되었음을 나타낸다. 출처: Thomas Smiley 제공.

인용문헌

Beck, C.B. (2010) *An Introduction to Plant Structure and Development: Plant Anatomy for the Twenty-first Century*, 2nd edition. Cambridge University Press, Cambridge, UK.

Beeson, R.C. (2011a) Evapotranspiration of woody landscape plants. In: Gerosa, G. (ed.) *Evapotranspiration: From Measurements to Agricultural and Environmental Applications*. InTech, Rijeka, Croatia, pp. 347–370.

Beeson, R.C. (2011b) Weighing lysimeter systems for quantifying water use and studies of controlled water stress for crops grown in low bulk density substrates. *Agricultural Water Management*, 98: 967–976.

Bengough, A.G. and Mullins, C.E. (1991) Penetrometer resistance, root penetration resistance and root elongation rate in two sandy loam soils. *Plant and Soil*, 131: 59–66.

Brady, N.C. and Weil, R.R. (2016) *The Nature and Properties of Soils*, 15th edition. Pearson Education, Prentice Hall, New York, USA.

Buée, M. Boer, W.D. and Martin, F. (2009) The rhizosphere zoo: An overview of plant-associated communities of microorganisms, including phages, bacteria, archaea, and fungi, and of some of their structuring factors. *Plant and Soil*, 321: 189–212.

Canadell, J., Jackson, R.B., Ehleringer, J.R., Mooney, H.A., Sala, O.E. and Schulze, E.-D. (1996) Maximum rooting depth of vegetation types at the global scale. *Oecologia*, 108: 583–595.

Coutts, M.P., Nielsen, C.C.N. and Nicoll, B.C. (1999) The development of symmetry, rigidity and anchorage in the structural root system of conifers. *Plant and Soil*, 217: 1–15.

Danjon, F., Stokes, A. and Bakker, M.R. (2013) Root systems of woody plants. In: Eshel, A. and Beeckman, T. (eds) *Plant Roots: The Hidden Half*, 4th edition. CRC Press, Boca Raton, USA, pp. 29–26.

Eavis, B.W. (1967) *Mechanical Impedance to Root Growth*. Agricultural Engineering Symposium, Paper 4/F/ 39, 1–11, Silsoe, UK.

Embrén, B., Alvem, M.B., Stål, O. and Orvesten, A. (2009) *Planting Beds in the City of Stockholm: A Handbook*. City of Stockholm, Sweden.

Ennos, A.R. (1995) Development of buttresses in rainforest trees: The influence of mechanical stress. In: Coutts, M.P. and Grace, J. (eds) *Wind and Trees*. Cambridge University Press, Cambridge, UK, pp. 293–301.

Ennos, A.R. (2016) *Trees: A Complete Guide to Their Biology and Structure*. Cornell University Press, Ithaca, USA.

Ghani, M.A., Stokes, A. and Fourcaud, T. (2009) The effect of root architecture and root loss through trenching on the anchorage of tropical urban trees (*Eugenia grandis* Wight). *Trees*, 23: 197–209.

Gliński, J. and Stępniewski, W. (1985) *Soil Aeration and Its Role for Plants*. CRC Press, Boca Raton, USA.

Grabosky, J. and Bassuk, N. (2016) Seventeen years' growth of street trees in structural soil compared with a tree lawn in New York City. *Urban Forestry and Urban Greening*, 16: 103–109.

Hirons, A.D. and Percival, G.C. (2012) Fundamentals of tree establishment. In: Johnston, M. and Percival, G.C. (eds) *Trees People and the Built Environment: Proceedings of the Urban Trees Research Conference, 13–14 April 2011*. Forestry Commission, Edinburgh, UK, pp. 51–62.

Jackson, R.B., Canadell, J., Ehleringer, J.R., Mooney, H.A., Sala, O.E. and Schulze, E.D. (1996) A global analysis of root distributions for terrestrial biomes. *Oecologia*, 108: 389–411.

Jones, A., Montanarella, L. and Jones, R. (2005) *Soil Atlas of Europe*. European Commission, Brussels, Belgium.

Kosola, S., Workmaster, B.A.A., Busse, J.S. and Gilman, J.H. (2007) Sampling damage to tree fine roots: Comparing air excavation and hydropneumatic elutriation. *Hortscience*, 42: 728–731.

Köstler, J., Brückner, E. and Bibelriether, H. (1968) *Die Wurzeln der Waldbäume. Untersuchungen zur Morphologie der Waldbäume in Mitteleuropa*. Paul Parey, Hamburg, Germany.

Kozlowski, T.T., Kramer, P.J. and Pallardy, S.G. (1991) *The Physiological Ecology of Woody Plants*, Academic Press, San Diego, USA.

Kumar, P., Hallgren, S.W., Enstone, D.E. and Peterson, C.A. (2007) Root anatomy of *Pinus taeda L.*: Seasonal and environmental effects on development in seedlings. *Trees*, 21: 693–706.

Kutschera, L. and Lichtenegger, E. (2002) Wurzelatlas mitteleuropäischer Waldbäume und Sträucher. Leopold Stocker Verlag. Graz, Austria.

Lindsey, P. and Bassuk, N. (1991) Specifying soil volumes to meet the water needs of mature urban street trees and trees in containers. *Journal of Arboriculture*, 17: 141–148.

Lyford, W.H. (1980) *Development of the root system of northern red oak (*Quercus rubra *L.)* Harvard Forest Paper No. 21. Harvard University, Petersham, USA.

Lyford, W.H. and Wilson, B.F. (1964) *Development of the root system of* Acer rubrum *L.* Harvard Forest Paper No. 10. Harvard University, Petersham, USA.

Lyr, H. and Hoffmann, G. (1967) Growth rates and growth periodicity of tree roots. *International Review of Forestry Research*, 2: 181–236.

McCormack, L.M., Adams, T.S., Smithwick, E.A. and Eissenstat, D.M. (2012) Predicting fine root lifespan from plant functional traits in temperate trees. *New Phytologist*, 195: 823–831.

McCormack, M.L., Adams, T.S., Smithwick, E.A. and Eissenstat, D.M. (2014) Variability in root production, phenology, and turnover rate among 12 temperate tree species. *Ecology*, 95: 2224–2235.

McCormack, M.L., Dickie, I.A., Eissenstat, D.M., Fahey, T.J., Fernandez, C.W., Guo, D., *et al.* (2015) Redefining fine roots improves understanding of below-ground contributions to terrestrial biosphere processes. *New Phytologist*, 207: 505–518.

Persson, H.A. (2002) Root systems of arboreal plants. In: Waisel, Y., Eshel, A. and Kafkafi, U. *Plant Roots: The Hidden Half*, 3rd edition. Marcel Dekker, New York, USA, pp. 287–313.

Petignat, A. and Jasper, L. (2015) *Baobabs of the World: The Upside-down Trees of Madagascar, Africa and Australia*. Struik Nature, Penguin Random House South Africa, Cape Town, South Africa.

Poorter, H., Bühler, J., van Dusschoten, D., Climent, J. and Postma, J.A. (2012) Pot size matters: A meta-analysis of the effects of rooting volume on plant growth. *Functional Plant Biology*, 39: 839–850.

Pregitzer, K.S., DeForest, J.L., Burton, A.J., Allen, M.F., Ruess, R.W. and Hendrick, R.L. (2002) Fine root architecture of nine North American trees. *Ecological Monographs*, 72: 293–309.

Smiley, E.T., Calfee, L., Fraedrich, B.R. and Smiley, E.J. (2006) Comparison of structural and non-compacted soils for trees surrounded by pavement. *Arboriculture and Urban Forestry*, 32: 164–169.

Stone, E.L. and Kalisz, P.J. (1991) On the maximum extent of tree roots. *Forest Ecology and Management*, 46: 59–102.

Taiz, L. and Zeiger, E. (2010) *Plant Physiology*, 5th edition. Sinauer Associates, Sunderland, MA, USA.

TDAG (2014) *Trees in Hard Landscapes: A Guide for Delivery*. Trees and Design Action Group.

Vercambre, G., Pagès, L., Doussan, C. and Habib, R. (2003) Architectural analysis and synthesis of the plum tree root system in an orchard using a quantitative modelling approach. *Plant and Soil*, 251: 1–11.

Vogel, S. (2012) *The Life of a Leaf*. University of Chicago Press, Chicago, USA.

Weltecke, K. and Gaertig, T. (2012) Influence of soil aeration on rooting and growth of the Beuys-trees in Kassel, Germany. *Urban Forestry and Urban Greening*, 11: 329–338.

Whalley, W.R. and Bengough, A.G. (2013) Soil mechanical resistance and root growth and function. In: Eshel, A. and Beeckman, T. (eds) *Plant Roots: The Hidden Half*, 4th edition. CRC Press, Boca Raton, USA, pp. 29–26.

Whalley, W.R., Leeds-Harrison, P.B., Clark, L.J. and Gowing, D.J.G. (2005) Use of effective stress to predict the penetrometer resistance of unsaturated soils. *Soil Tillage Research*, 84: 18–27.

Wilson, B.F. (1984) *The Growing Tree*. University of Massachusetts Press. Massachusetts, USA.

Wullschleger, S.D. and Hanson, P.J. (2003) Sensitivity of sapling and mature-tree water use to altered precipitation regimes. In: Hanson, P.J. and Wullschleger, S.D. (eds) *North American Temperate Deciduous Forest Responses to Changing Precipitation Regimes*. Springer, Berlin, Germany, pp. 121–139.

Wullschleger, S.D., Meinzer, F.C. and Vertessy, R.A. (1998) A review of whole-plant water use studies in tree. *Tree Physiology*, 18: 499–512.

5장

교목의 다음 세대: 씨앗에서 식재까지

5.1 꽃, 씨앗, 열매

정의에 의하면, 모든 피자식물('현화식물'/顯花植物, flowering plant)은 꽃을 피울 수 있다. 나자식물(그림 5.1)은 꽃이 없는데, 이들은 수구과(male cone)와 암구과(female cone)(공식적으로 **구과**/strobilus라고 부름)를 가진다. 두 경우 모두, 꽃과 구과는 다음 세대를 창출하는 데 필요한 씨앗을 생산할 수 있다.

일단 나자식물에서 수구과와 암구과가 발생하면, 수분(受粉, pollination)과 함께 씨앗 생산이 시작된다. 일반적으로 수구과에서 생산된 꽃가루(花粉, pollen)가 바람에 의해 암구과에 전달된다. 일단 암구과에 도달하면, 꽃가루가 암구과의 인편(鱗片, scale) 사이를 미끄러져 내려가거나 꽃가루가 끈적끈적한 수분액(受粉液, pollination drop)에 내려앉으면 수분액이 구과 인편의 기부로 재흡수되면서 꽃가루를 구과 속으로 더 깊이 당기게 된다. 이렇게 하여 꽃가루를 자란(雌卵, female egg – 또는 배주/胚珠, ovule)에 가깝게 전달한다. 이후 꽃가루는 발아하여 배주를 향해 자라서 침투함으로써 수정시키게 된다. 수정이 되고 나면, 배주는 씨앗으로 자란다. 구과식물에서는, 일반적으로 암구과의 각 인편에 두 개의 씨앗이 있다.

피자식물의 종자 생산은 비슷하지만 다소 복잡한 과정을 거친다. 수분을 하는 동안,

(a) (b)

그림 5.1 (a) 수술(stamen-각각은 수술대에 달린 꽃가루로 구성됨)의 고리를 둘러싸고 있는 꽃잎(화판/花瓣, petal)으로 이루어진 노각나무(*Stewartia pseudocamellia*)의 전형적인 피자식물 꽃. 중심에 있는 것이 심피인데, 밑바닥에 씨방(씨앗이 될 배주를 포함하고 있음)과 암술대, 그 위에 꽃가루를 받는 부분인 주두가 있다. (b) 미국솔송나무(*Tsuga heterophylla*)의 암구과. 나자식물은 꽃이 없지만 수구과와 암구과(구과라고 부름)를 이용하여 씨앗을 생산한다.

꽃밥(葯, anther)에서 나온 꽃가루는 주두(柱頭/암술머리, stigma)라고 불리는 암 심피(心皮, female carpel)의 상단에 내려앉는다(그림 5.1). 주두는 일반적으로 같은 종에서 나온 꽃가루에 꼭 맞는 미세한 굴곡을 가지고 있다. 내려앉은 꽃가루가 주두와 밀접한 접촉을 통해 받는 생화학적 신호는 이 꽃가루의 발아를 유발하여 암술대(花柱, style)를 통과하여 아래로 자라 배주에 도달하고 이를 수정시킨다. 이는 나자식물에서 일어나는 것과 매우 흡사하지만, 꽃가루 생장이 두 구과 인편 사이의 개방된 공기가 아닌 심피 안에서 일어난다. 또 다른 차이는 피자식물에서는 씨앗이 어미의 심피 조직으로 이루어진 열매(fruit) 안에 싸여 있게 되는 데 비해 나자식물은 씨앗이 노출되어 있다.

일단 씨앗이 배출되어 적절한 양의 물과 열(그리고 때로는 햇빛)이 주어지는 알맞은 자리에 도달하면, 그 씨앗은 발아하고 생존하여 새로운 교목으로 자라게 될 것이다. 이는 다시 꽃을 피우고 새로운 씨앗을 생산함으로써 교목의 새로운 세대와 해당 종의 영구 보존을 보장하게 된다.

씨앗은 새로운 교목을 생산할 뿐만 아니라 몇 가지 다른 중요한 역할도 한다. 성숙한 교목은 한 장소에 고정되어 있기 때문에, 씨앗은 교목으로 하여금 새로운 지역을 침범하여 경관에 걸쳐 확산될 수 있게 하는 주된 기제(機制, mechanism)이다. 삼림지대에 새로운 서식지가 열리거나 틈이 나타나면 이 방법을 이용하여 자리를 잘 잡은 씨앗이 그 기회를 활용할 수 있다. 또한 씨앗은 집단 내의 유전적 변이(遺傳的變異, genetic variation)

를 일으키는 또 다른 역할을 한다. 대부분의 경우(예외는 아래 참조), 씨앗은 양 부모의 산물로 둘 모두의 유전물질(遺傳物質, genetic material)을 가지고 있어서 새로운 유전자 결합을 창출한다.

정상적인 식물 세포는 유명한 이중 나선(二重螺旋, double helix)으로 뒤틀린 DNA로 구성된 **염색체**(染色體, chromosome)를 포함하고 있다. 각 세포는 일반적으로 두 쌍의 염색체(2n 또는 이배체[二倍體, diploid]라고 부름)를 가지고 있다. 식물의 생식세포(生殖細胞, reproductive cell)가 형성될 때에는, 각 화분립(花粉粒, pollen grain)과 배주가 한 쌍의 염색체(반수체/haploid, 1n)를 갖도록 염색체가 분리되고, 수정이 되면 이들은 합쳐져 정상적인 두 쌍의 염색체를 만든다. 그러나 꽃가루와 배주가 형성될 때 염색체 일부의 교환을 허용하는 다른 과정(**재조합**[再組合, recombination] 또는 염색체 교차[染色體交叉, chromosomal crossover]라고 부름)이 발생한다. 결과적으로 양 부모의 후손은 모두 각 부모로부터 받은 한 쌍의 염색체를 가지고 있지만 두 부모 누구와도 크게 다를 수 있다. 이 때문에 모두 같은 모수(母樹, mother tree)로부터 나온 것임에도 불구하고 한 줌의 씨앗이 발아할 때 잎의 형태, 잎의 생장 속도와 색깔 등이 다를 수 있다. 또한 내건성, 토양으로부터 영양소를 흡수할 수 있는 능력, 공해에 대한 감수성과 같은 육안으로 볼 수 없는 차이도 있을 수 있다. 교목을 관리하는 사람들에게는 이것이 양날의 칼일 수 있다. 만약 새로운 교목의 획일성을 원한다면, 유전적으로 동일한 일습의 교목을 생산할 수 있는 삽목(揷木, cutting)이나 유사한 영양번식을 활용하는 것이 좋으며, 이렇게 하면 보다 비슷한 방식으로 자랄 가능성이 높다. 그러나 수 세대에 걸쳐 식물 육종가들이 발견한 바와 같이, 실생묘(實生苗, seedling)에서 발현된 변이는 엄청난 범위의 새로운 다양성을 만들어낼 수 있다. 교목 종에 있어서는, 이러한 변이가 진화의 기초이기 때문에 중요하다. 서식지와 기후가 끊임없이 변하기 때문에, 새로운 여건에 더 잘 적응하여 새로운 적응성을 가진 많은 씨앗을 생산함으로써 유전적으로 새로운 개체가 번성할 것이다. 현재 환경에 가장 적합한 개체의 **자연선택**(自然選擇, natural selection)이 종 내의 점진적인 변화와 결국에는 새로운 종의 발생으로 이어진다. 새로운 적응인 이 선택의 진상은 다른 지역에서 자라는 같은 종 내에서 볼 수 있다. 예를 들면, 유럽의 추운 지방(폴란드처럼)의 너도밤나무(*Fagus sylvatica*)는 서유럽에서 자란 개체들보다 서리에 대한 내성이 더 강하도록 진화되었다(Kreyling 등 2014). 우리는 육종할 때 이들 새로운 변종을 활용할 수 있다. 좋은 예로 적갈색너도밤나무(*Fagus sylvatica* 'Atropunicea' 또는 'Purpurea')가 있다. 매우 낮은 비율의 실생묘가 자연적으로 약간 자줏빛 색깔의 잎을 가지고 있는데,

이들 실생묘를 씨앗을 생산할 때까지 키워 가장 강한 자주색을 나타내는 실생묘를 선발하면, 우리는 야생에서 발견되는 것이 아닌 인위적으로 '선발된' 보다 적갈색 너도밤나무를 얻게 된다.

피자식물과 나자식물의 차이는 전자는 씨앗이 완전히 에워싸인 열매를 생산하는데 비해, 구과식물(毬果植物, conifers)은 구과 안에 '나출된 씨앗'(naked seed)을 생산한다. 따라서 성숙한 암구과의 인편을 휘면 씨앗을 볼 수 있는데, 씨앗이 완전히 싸여 있지 않다. 이들 구과는 씨앗이 성숙할 때까지 간직하고 있다가 인편이 열리면 이들을 방출한다. 어떤 나자식물은 향나무류(*Juniperus* spp.)의 장과(漿果, berry)처럼 보이는 열매 같은 구과를 생산하지만 이들은 아직 나출된 씨앗을 가진 어린 구과일 뿐이다.

이는 '왜 피자식물은 열매(씨앗을 감싸고 있는)를 갖는가?'라는 위문을 제기하게 한다. 대답은 양면적이다. 먼저, 열매는 씨앗이 발달하는 동안 씨앗이 먹히지 않도록 보호한다. 이는 견과의 단단한 목질의 껍질에 의해 제공되는 것과 같은 물리적 보호가 될 수 있고(나자식물에서는 구과가 같은 역할을 한다), 아니면 단단하고 시큼하고 녹색의 사과 안에 두는 것처럼 먹기에 불편하게 함으로써 씨앗을 보호할 수 있다. 열매의 두 번째 목적은 종종 씨앗을 전파하는 데 도움이 된다. 씨앗 발달을 보호하는 단단하고 시큼하고 녹색의 사과는 동물이 열매를 먹기 위해 따가도록 더 부드럽고 달콤하게 바뀌는데, 이 과정에서 모수로부터 더 멀리 씨앗을 떨어뜨리게 된다. 사과의 색깔은 녹색으로부터 보다 매력적인 어떤 것으로 변함으로써 동물 전파자들에게 이제 맛이 좋다는 신호를 보낸다. 그러나 열매가 항상 씨앗 전파에 도움이 되는 것은 아니다. 견과의 경우, 단단한 목질의 껍질은 씨앗이 이동하는 데 도움을 주지 못하고 단순히 이를 보호할 뿐이다.

5.2 꽃과 수분의 변이

교목의 꽃은 매우 다른 형태와 크기로 나타난다. 꽃 유형의 가장 기본적인 구분은 수분 방법에 기반을 둔다. 동물, 주로 곤충에 의해 수분이 되는 교목에서는, 꽃의 구성요소가 다른 식물과 거의 같다(그림 5.1). 꽃의 꽃잎(petal)은 곤충에게 꽃이 어디에 있는가를 광고하고, 때로는 곤충이 꽃의 적절한 위치에 앉아 꽃가루를 묻혀 전달할 수 있도록 세심하게 만들어져 있다. 이 곤충에 대한 보상은 꿀(nectar)의 형태로 이루어지는데, 꿀은 때로는 꽃가루매개자(花粉媒介者, pollinator)의 소화를 도와주는 아미노산과 같은 다른 물질을 가지고 있는 설탕 용액이다. 이는 식물 입장에서는 자신의 꽃가루매개자들을 돌보는 것이 이들이 살아남아서 수분을 수행하도록 하기 때문에 이타성(利他性, altruism)이 아니다. 벌과 일부 나비와 같은 꽃가루매개자들은 꽃가루를 먹기도 한다. 꽃가루 손실이 교목에는 역효과로 보일 수도 있지만, 섭취되는 양은 식물이 생산하는 것에 비하면 매우 적기 때문에 이는 치러야 할 작은 대가이다.

개개의 꽃은 꽃가루를 매개하는 곤충에게 매우 매력적일 수 있지만, 대교목의 경우 양호한 수분을 확보하기 위해서는 넓은 지역으로부터 충분한 매개 곤충을 유인하는 것이 종종 문제가 된다. 이 문제는 많은 교목들이 잎이 나오기 전에 꽃을 피우거나, 여러 개의 작은 꽃을 합하여 꽃차례(花序, inflorescence)를 만들거나(그림 5.2a), 전체 교목을 하나의 커다란 가시적인 신호로 사용하는 방법(그림 5.2b)으로 해결하고 있다.

반대로 많은 온대 교목들은 풍매 식물(風媒植物, wind pollinated plant)이기 때문에 매우 하찮은 꽃을 피운다(그림 5.3a). 이 경우, 꽃받침은 거의 없는 형태를 취하고, 꽃은 나출된 암수 부위만으로 구성된다. 자작나무류(*Betula* spp.)나 버드나무류(*Salix* spp.)와 같은 일부 교목은 미상(尾狀, catkin – 글자 그대로 '어린 고양이'인데, 이는 새끼 고양이의 꼬리를 닮았기 때문임)에 같이 모여 있는 분리된 수꽃과 암꽃을 가지고 있다(그림 5.3b).

우리는 동물이 암컷인지 수컷인지에 대해서는 꽤 익숙해 있지만, 식물은 이러한 약속에 대한 예고가 거의 없다. 기본적인 꽃은 암컷과 수컷 부위를 모두(꽃가루를 생산하는

(a)

(b)

그림 5.2 (a) 옻나무(*Rhus typhina*) 개개의 작은 꽃은 거의 보이지 않지만 조밀한 화서로 집단화되면(두상화/頭狀花, flower head) 시각적으로 보다 멀리서부터 매개 곤충을 유인할 수 있다. (b) 열대 남/중앙아메리카 원산이고 아열대지역에서 가로수로도 사용되는 분홍트럼펫나무(*Tabebuia heptaphylla*)는 꽃의 가시성을 높이기 위해 잎이 나오기 전에 꽃을 피운다. 한 그루의 교목에 피어 있는 수많은 꽃은 매개하는 벌을 매우 넓은 지역으로부터 끌어들이는 매우 두드러진 시각적 신호로서의 역할을 한다.

(a) (b)

그림 5.3 (a) 바람에 의해 매개되는 구주물푸레(*Fraxinus excelsior*)의 수꽃. 꽃받침은 꽃 기부 주위의 돌출된 모양으로 줄어들었고, 보이는 부분은 벌어지지 않은 수꽃의 꽃밥 덩어리이다. (b) 유럽새우나무(*Ostrya carpinifolia*)의 수꽃 꽃차례. 미상 꽃차례의 개별 작은 인편은 갈색의 포(苞, bract)에서 끝나는 매우 짧은 가지이고, 그 뒤에 수술만으로 이루어진 수꽃의 집단이 숨어 있다. 암꽃 꽃차례는 비슷하게 보이지만 암꽃으로부터 암술머리와 암술대가 꽃가루를 잡기 위해 포 주위로 비어져 나와 있다.

수술과 씨방을 가지고 있는 심피) 가지고 있다. 이러한 꽃을 **양성화**(兩性花, hermaphrodite flower) 또는 **완전화**(完全花, perfect flower)라고 부른다. 많은 교목 특히 크고 바람에 의해 매개되는 경우, 암꽃과 수꽃의 단성화(單性花, unisexual flower) 또는 **불완전화**(不完全花, imperfect flower)로 성(性, sex)이 분리된다. 수꽃의 경우, 중앙의 심피가 완전히 없거나 위축된 상태로 기능이 없는 흔적으로 남아 있고, 암꽃에는 수술이 똑같이 크게 축소되거나 없다. 이처럼 세 가지 기본적인 꽃 유형(양성화, 수꽃, 암꽃)이 있지만, 교목 전체를 살펴보면 이들 세 꽃 유형이 여러 다른 배열로 발생할 수 있기 때문에 사태가 더 복잡하게 된다. 벚나무와 같은 일부 교목은 단순한 양성화가 전체 교목을 덮고 있어서 꽤 간단하다. 많은 교목, 특히 바람이 매개하는 경우에는, 가끔 수꽃은 해당 교목의 아래쪽에 모여 있고 암꽃은 상단 가까이에 모여 있어서 분리된 암꽃과 수꽃을 가지고 있다. 수관 전반에 걸쳐 수꽃과 암꽃을 분리하는 것은 두 가지 장점이 있는데, 꽃가루는 수직으로 교목의 위로 올라가는 것은 극히 드물기 때문에 자신의 꽃에 의한 수분을 방지하는 데 도움이 되고, 암꽃이 위에 있다는 것은 씨앗이 해당 교목의 상단에서 생산된다는 것을 의미하는데 이는 새나 다른 동물에 의해 또는 바람에 날려서 확산된다면 바람에 의해 더 쉽게 접근할 수 있게 만든다. 그러나 한 교목에 세 가지 꽃 유형의 어떠한 결합도 가능하다. 구주물푸레(*Fraxinus excelsior*)가 좋은 사례인데, 어떤 개체는 모두 수꽃인 반면 다른 것은 모두 암꽃일 수 있고, 또는 대부분 하나의 성이지만 다른 성을 가진 가지도 있을 수 있고, 이들 단성화가 양성화와 자유롭게 섞여 있을 수도 있다(Tal 2011). 식물의 성은 많은 동물에서처럼 유전적으로 고정된 것이 아니기 때문에, 교목은 해마다 바뀔 수 있어서 수나무가 암나무가 될 수도 있고 양성으로 된 꽃을 가질 수도 있다.

어떤 교목은 좀 더 단순하여 완전히 암나무나 수나무로 남아 있다. **자웅이주**(雌雄異株, dioecious) 교목(같은 교목에 암꽃과 수꽃을 모두 가진 교목[**자웅동주**/雌雄同株, monoecious]과 대조적으로)은 피자식물일수도 나자식물일수도 있는데, 많은 열대 교목을 포함하여 약 15%의 단풍나무류(*Acer* spp.), 대부분의 감탕나무류(*Ilex* spp.), 향나무류(*Juniperus* spp.), 사시나무류(*Populus* spp.), 버드나무류(*Salix* spp.), 주목류(*Taxus* spp.)가 여기에 속한다. 교목의 성을 아는 것은 실용적일 수 있는데, 만약 많은 열매로 인한 쓰레기를 원하지 않으면 식재 계획에 수나무를 우선적으로 선택할 수 있기 때문이다. 예를 들면, 은행나무(*Ginkgo biloba*) 암나무는 부패한 버터나 구토물의 역한 냄새가 나는 열매를 가지고 있어서 수나무가 선호되는 경향이 있다. 그러나 평소에는 하나의 성만을 가진 교목을 살 때에는 주의할 필요가 있는데, 이들은 시간이 지남에 따라 변할 수 있기 때문이다. 예를 들면, 직립의 파스티기아타 유럽주목(*Taxus baccata* 'Fastigiata')은 모두 하나의 암 주목으로부터 삽목으로 전해지고 있어서 모두 암나무인데, 예외적으로 전환되어 이제 수나무가 된 몇 그루가 있다. 비슷하게 보통은 수나무인 세로티나 이태리포플러(*Populus* x *euroamericana* 'Serotina' – 동일한 방법으로 생산)가 이제 암나무 개체를 가지게 되었다.

씨앗과 열매는 일반적으로 꽃가루보다 생산하는 데 더 많은 비용이 들기 때문에, 암꽃의 생식 비용이 수꽃보다 더 높은데, 예외적으로 바람에 의해 매개되는 질소가 풍부한 꽃가루를 엄청나게 많이 생산하는 일부 교목의 경우에는 이 비용이 거의 동일할 수 있다. 이것이 수나무가 암나무보다 왜 더 빨리 자라서 최종 크기가 더 크게 되고 고사율이 더 낮은 경향이 있는지를 잘 설명하는 데 도움이 되며(Barrett & Hough 2013), 이는 식재 계획을 수립할 때 명심해야 할 사항이다.

5.3 모든 씨앗이 수분을 필요로 하는 것은 아니다

영양생식(營養生殖, vegetative reproduction)은 부모와 유전적으로 동일한 개체를 생산하는 데 비해, 씨앗을 사용하는 유성생식(有性生殖, sexual reproduction)은 유전적으로 혼합된 새로운 개체를 생산한다. 그러나 씨앗이 꽃가루를 사용하지 않고 형성된다면 완전히 유전적으로 동일한 씨앗을 생산할 수 있다. 이러한 **무수정생식**(無受精生殖, apomixis) 과정에서는 모든 유전자(즉 두 쌍의 염색체)가 어머니로부터 오기 때문에 자식은 유전적으로 어머니와 동일할 것이다. 사과나무류(*Malus*), 마가목류(*Sorbus*), 산사나무류(*Crataegus*), 채진목류(*Amelanchier*)를 포함한 많은 장미과(薔薇科, Rosaceae) 식물이 무수정생식을 한다. 엄밀히 말하면, 사과나무류를 제외한 모두는 물리적으로 씨앗 생산을 자극하기 위해 꽃가루가 존재할 필요가 있지만 꽃가루에 의한 수정(受精, fertilization)이 없기 때문에 유전물질은 여전히 어머니로부터 나온다. 최종적인 결론은 야생에서 개체의 집단은 만약 이들이 같은 어머니로부터 생겨났으면 매우 비슷하게 보이겠지만, 다른 어머니로부터 생겨난 멀리 있는 같은 종의 집단과는 다소 다를 것이다. 이처럼 서로 다른 영양계들을 같은 종의 변이체로만 생각할 것인지 아니면 **미세종**(微細種, microspecies)으로 구분할 것인지는 여러분의 관점에 달렸다. 경관 설계 관점에서 보면, 이러한 영양계의 다양성은 어떤 점에서는 가끔 교목의 호감을 향상시키기 위해 선택할 수 있는 교목 특징이 있다는 것을 의미하는데, 예를 들면 특히 풍부한 개화, 강렬한 단풍, 직립으로 가지를 뻗는 습성 등이다. 이들 영양계가 상업적으로 활용할 수 있는지 여부는 다른 문제다.

어떤 식물은 한 단계 더 나아가 **단위 결실**(單爲結實, parthenocarpy)이어서 수분 없이 열매를 생산하지만, 이 경우 씨앗도 없다. 자작나무류(*Betula* spp.), 단풍나무류(*Acer* spp.), 느릅나무류(*Ulmus* spp.), 감탕나무류(*Ilex* spp.)와 같은 피자식물과, 전나무류(*Abies* spp.)와 향나무류(*Juniperus* spp.)와 같은 구과식물을 포함한 광범위한 온대지방 교목이 씨앗이 없는 열매를 생산한다. 이들 열매는 가끔 정상보다 약간 작지만, 단위 결실 지식은 네이블 오렌지(navel orange)와 사쯔마 귤(satsuma)과 같은 씨 없는 다양한 열매를 생산하는 데 활용되어 왔다. 단위 결실은 모든 교목에서 발생하지 않는데, 예를 들어 참나무류(*Quercus* spp.)에서는, 수정된 씨앗이 없으면 도토리가 발달하지 않는데, 이는 열매 생장을 자극하기 위해서는 수정된 씨앗에서 생산되는 호르몬이 필요하기 때문이다. 이는 쓸모없는 열매를 키우기 위해 낭비되는 에너지가 없기 때문에 양호한 진화적 분별력이다.

모든 교목이 열매와 씨앗을 생산할 수 있음에도 불구하고 이들은 항상 그렇게 하지 않는다는 것을 명심하는 것이 좋다. 어떤 경우에는, 이것이 불량한 수분 때문이다. 이는 충분히 가까운 곳에 같은 종의 다른 개체가 없거나 해당 종의 특정한 변종이 필요하기 때문일 수 있다. 이의 좋은 사례가 사과 **재배종**(栽培種, cultivar – 'cultivated varieties'의 축약형)이다. 인간이 만든 이들의 많은 변종은 자가불화합성(自家不和合性, self-incompatibility)으로, 이들은 스스로 수분할 수 없고 타가수분(他家受粉, cross-pollination)을 위해 인근에 다른 변종을 필요로 한다. 예를 들면, 'Granny Smith'는 'Golden Delicious'에 의해 수분될 때 가장 많은 열매를 맺지만, 일반적으로 대부분의 재배종은 개화 시기가 겹치면 서로 수분을 시켜줄 것이다(Ramírez & Davenport 2013). 어떤 교목은 꽃을 전혀 피우지 않거나 꽃을 피우지만 씨앗과 열매를 생산하지 않는다. 이러한 현상은 다른 기후에 도입된 교목, 일반적으로 이들이 자연적으로 자란 곳보다 서늘한 여건에서 키운 교목에서 흔하다. 예를 들면, 회화나무(*Styphnolobium japonicum*)는 중국 원산이지만 이러한 이름에도 불구하고 유럽에서 널리 키우고 있다. 런던에서는 정기적으로 꽃을 피우지만 북부 영국, 특히 여름이 시원하고 그늘지면 꽃을 피우지 않을 수도 있다. 비슷하게, 서남아시아 출신인 자귀나무(*Albizia julibrissin*)는 남부 영국의 더운 여름에는 분방한 색깔을 나타내지만 북부 영국의 서늘한 여름에는 꽃을 피울 가능성이 훨씬 낮다. 비슷한 방식으로, 작은잎피나무(*Tilia cordata*)는 이제 영국에서 드물게 씨앗을 맺지만, 기후가 상당히 따뜻했던 5000년 전에는 정상적으로 씨앗을 맺었다(Pigott & Huntley 1981).

5.4 생식의 대가

생장하는 교목은 이들이 토양으로부터 흡수한 질소와 같은 영양소이든 광합성을 통해 생산한 탄수화물(炭水化物, carbohydrate)이든 자신에게 가용한 자원은 제한되어 있다. 이렇게 제한되어 있기 때문에 이들의 사용은 세심하게 예산을 편성해야 한다. 이들 예산에서 가장 제한적인 것은 일반적으로 탄수화물이기 때문에, **탄소 예산**(炭素豫算, carbon budget)이 가장 중요하다. 탄소는 잎과 어린 가지에서 광합성에 의해 생산되는 탄수화물의 형태로 **공급원** 기관(供給源器官, source organ)에 의해 '고정'(固定, fix)된다(제3장 참조). 이후 탄소는 뿌리와 생식기관과 같은 **수용부** 기관(受容部器官, sink organ)으로 운반되어 사용된다. 어느 수용부가 얼마를 가질 것인가를 조절하는 통제(**자원의 분배**/partitioning of resources)에 대해서는 여전히 이해가 부족하지만(Génard 등 2008), 이는 수용부의 수량과 위치, 수용부의 힘(수용부가 가지고 있는 견인력의 크기), 얼마나 많은 탄소가 저장되어 있는가, 탄소가 운반될 수 있는 속도에 달렸다.

우리가 잘 알기로는 꽃과 열매에 탄소를 투입하는 것은 해당 교목에게는 대가를 치른다는 것을 의미하기 때문에, 씨앗을 잘 맺는 해에는 일반적으로 해당 교목의 생장이 느려진다. 이는 수고 생장의 감소로 나타나지만, 보다 일반적으로는 나이테 폭의 감소를 보인다. 예를 들면, 너도밤나무(*Fagus sylvatica*)의 경우, 씨앗을 가장 많이 생산한 해에는 나이테 폭이 20% 더 작을 수 있고(Hacket-Pain 등 2015), 구주소나무(*Pinus sylvestris*)에서는 구과의 평균 부하가 생장한 목재의 양을 약 10~15% 감소시킨다(Dick 등 1990). 이러한 생장 감소의 일부는 열매, 구과, 씨앗이 강력한 수용부로서의 역할을 하여 다른 수용부로부터 탄소를 끌어오기 때문이다. 더구나 풍부한 꽃과 열매를 단 해에는, 새로운 가지가 더 짧고, 더 많은 눈이 죽고(Ishihara & Kikuzawa 2009), 잎 자체가 더 작기(Innes 1992) 때문에 교목의 총 엽면적이 더 작을 수 있고, 따라서 공급원에 의해 생산되는 탄소의 양도 감소된다. 또한 꽃과 열매가 잎을 대체하는 물리적인 문제가 있어서 공급원의 크기를 더욱 감소시킨다. 한 사례로, 롯지폴소나무(*Pinus contorta*)의 경우 가지 끝에 달린 암구과는 대체되는 침엽이 거의 없는 반면, 수구과는 가지에 붙은 침엽의 수를 27~50%까지 감소시켰다(Dick 등 1990). 꽃과 열매는 욕심 많은 수용부만은 아니어서 가끔은 스스로의 비용에 도움을 준다. 사과나무 꽃의 녹색 꽃눈 비늘(꽃받침/sepal)은 자신의 탄수화물 운영비용의 15~33%까지 생산할 수 있다. 비슷하게, 열매의 녹색 부위도 광합성을 할 수 있어서 자신의 비용 일부를 생산하는데, 가시참나무(*Quercus macrocarpa*) 녹색 도토리의 2.3%로부터 노르웨이단풍(*Acer platanoides*) 녹색 시과(翅果, samara) 날개의 65%에 이르기까지 범위가 넓다(Bazzaz 등 1979). 열매 옆의 잎 또한 생산성이 높아 자신의 광합성 속도를 100%까지 높이는데, 이는 아마 근접한 강력한 수용부가 가파른 탄수화물 기울기를 만들어 이들 잎에 의한 추가적인 생산을 촉발하기 때문인 것으로 보인다. 마지막으로, 적어도 일부 교목에서는, 과중한 씨앗 생산의 비용 일부가 이전 연도(들)의 잉여에서 저장된 탄수화물로 충당된다. 이러한 **탄소 저장**(炭素貯藏, carbon reserve)은 생장기 초기에 특히 중요할 수 있는데, 이 시기에는 해당 교목을 둘러싸고 있는 많은 수용부(꽃 생장뿐만 아니라 목재, 줄기와 잎 생산)에 공급되는 탄수화물이 너무 부족할 수 있기 때문이다(Campioli 등 2011). 따라서 너도밤나무(*Fagus sylvatica*)의 경우, 연간 생장 목재의 약 10~20%가 저장된 탄수화물로부터 지원을 받는다(Skomarkova 등 2006).

위에서는 탄소를 집중적으로 다루었지만 개화가 영양소 배분도 변경할 수 있다는 것을 지적할 필요가 있다. 예를 들면, Alla 등(2012)은 몇 종의 지중해 참나무에서 씨앗을 달고 있는 줄기의 잎에서 질소의 양이 더 낮은데, 이는 열매가 보다 강력한 수용부라서 경쟁에서 해당 가지의 나머지 부위를 앞서기 때문이라고 지적하였다.

생식은 값비싼 일이기 때문에, 대부분의 교목은 성숙할 때까지 꽃 생산의 시작을 늦춘다. 따라서 유형기에서 성숙 생장 단계로의 변화는 일반적으로 개화의 증가로 정의된다. 그 단계에 언제 도달하는가는 부분적으로 교목의 유형에 따라 다르다. 생존을 위해서는 새로운 지역을 침입해야 하는 자작나무류(*Betula*), 사시나무류(*Populus*), 버드나무류(*Salix*), 그리고 일부 소나무류(*Pinus*)와 같은 개척종(開拓種, pioneer species)은 최초 10년 정도 이내에 씨앗을 생산한다. 더 깊은 그늘에서 자라는 다른 종들은 개화에 앞서 임관에서 스스로 자리를 잡기 위해 크게 자라는데 더 많은 투자를 하여 50~60년 후에 꽃과 씨앗을 생산할 정도일 것이다.

꽃 생산 전의 대기 시간을 줄이는 방법은 삽목(cutting - 뿌리를 내리게 하든지 접목에 사용하든지)을 활용하는 것인데, 삽목은 종종 이들이 절단된 식물의 오래된 나이에 대한 '기억'(memory)을 가지고 있다. 따라서 삽목은 더 천천히 자라고 더 적은 수의 가지를 만들고 훨씬 어린 나이에 꽃을 피우고 씨앗을 맺는 경향이 있다. 이는 식재 직후에 양호한 꽃 전개를 위해 꽤 유용할 수 있어서, 실제로 벚나무는 접목 후 1~2년 만에 첫 꽃을 생산할 것이다.

생식 비용에 대한 마지막 논평은 생장점(生長點, growing point) 상실과 관련된 것이다. 꽃만을 생산하는 눈은 개화와 결실이 종료되면 죽어서 앞으로 영양생장을 위해 재사용될 수 없다. 이는 특히 단풍나무류(*Acer*), 칠엽수류(*Aesculus*), 층층나무류(*Cornus*), 목련류(*Magnolia*)에 속하는 종들에 중요한데, 이들은 열매가 가지의 끝에 달리기 때문에 거기에 새로운 영양아(營養芽, vegetative bud)가 형성될 수 없다(그림 5.4). 일단 이들이 꽃을 피우기에 충분한 나이가 되면, 다음해에는 줄기가 측아를 통해서만 생장을 지속할 수 있는데, 이는 가지의 형태를 변화시켜 해당 교목의 전반적인 형태에 큰 영향을 줄 수 있다.

5.5 관련된 수치들

일반적으로 모든 꽃이 열매를 맺는 것은 아니라는 것이다. 이에 대한 공통적인 이유는 꽃이 전부 수분이 되는 것은 아니기 때문이다. 수분율(受粉率, pollination rate)은 기후, 수분매개자의 유효성(또는 풍매화에게는 바람이 얼마나 강한지), 근처에 꽃가루를 제공할

그림 5.4 가시칠엽수(*Aesculus hippocastanum*)의 가지. 정단의 생장점은 일단 꽃을 피우고 열매를 맺으면 죽기 때문에, 다음해 생장은 뒤에 있는 눈(a)에서 시작하고 이전에 꽃과 열매가 있었던 곳에 분기(分岐, fork) (b)를 남긴다. 이는 오래된 교목의 가지에서 뚜렷히 분기된 모습을 보여준다.
출처: Thomas(2014). Cambridge University Press의 허락을 받아 전재.

수 있는 동종의 교목이 얼마나 많이 있는지에 따라 다양할 것이다. 예를 들면, 북아메리카에 흔한 삼림교목인 화이트가문비(*Picea glauca*)의 경우, 10그루 미만인 지역의 수분율이 100그루를 초과하는 지역보다 38% 낮았다(Gärtner 등 2011). 전반적으로 소나무류(*Pinus* spp.)에서는 꽃의 75%가 수분되어 높은 수분율을 보이는 반면, 열대성 카폭나무(*Ceiba pentandra*)는 1000개 중 1개 미만이 수분되어 매우 낮은 수분율을 보인다. 그러나 이는 소수의 열매가 생산되는 물음에 대한 완전한 답이 되지 못하는데, 많은 경우 떨어지는 것은 수분이 안 된 꽃이 아니라 발육이 부진한 어린 열매이기 때문이다. 이러한 현상은 자원부족으로 설명할 수 있는데, 이들 어린 열매를 유지할 수 있는 에너지가 충분하지 못하기 때문이다. 이 경우, 절반은 굶주리고, 가장 작거나, 집단의 맨 끝에 있거나, 곤충에 의해 공격을 받은 씨앗을 가지고 있는 열매는 가을에 잎이 지는 것과 같은 방식으로 활발하게 떨어진다(제3장 참조). 좋은 사례가 사과의 '조기 낙과'(June drop)인데, 교목이 과잉의 작은 사과를 의도적으로 떨어뜨린다.

자작나무류(*Betula*), 버드나무류(*Salix*), 느릅나무류(*Ulmus*)와 같은 많은 교목은 다소 일정한 수의 씨앗을 생산하는데, 생장기 상황에 따라 작은 변이는 있다. 다른 교목들은 한 해에 많은 수의 씨앗과 열매를 생산한 다음 이후 1년 이상 동안 생산량이 크게 줄어든다. 이러한 **해거리**(masting) 행동은 많은 구과식물과 너도밤나무(*Fagus sylvatica*), 영국참나무(*Quercus robur*)와 같은 큰 씨앗을 맺는 피자식물에서 보인다. 이들 두 교목은 각각 3~4년과 2~3년마다 씨앗을 많이 맺는 돌출된 해를 나타낸다. 이러한 해걸이의 숨은 이유는 매우 많은 수의 씨앗을 생산하기 위해서는 몇 년에 걸쳐 저장해야 하는 상당한 양의 에너지를 필요로 하기 때문일 것이다. 이는 여전히 다음과 같은 의문을 제기한다: 왜 다소 작은 수의 씨앗을 해마다 일정하게 생산하지 않는가? 저변에 깔린 이유는 **포식자 포만**(捕食者飽滿, predator satiation)으로 보인다. 도토리와 같은 큰 씨앗은 초식성 동물이 널리 찾아다니기 때문에 만약 이들 교목이 매년 비슷한 수를 생산하면 대부분의 씨앗이 먹혀버릴 것이다. 많은 수량을 간헐적으로 생산함으로써, 도토리가 다람쥐, 새, 기타 씨앗을 먹는 동물이 소비할 수 있는 것보다 많아서 일부가 살아남아 발아하게 된다. 즉, 이 씨앗의 포식자들은 곧 물릴 정도가 되어 모두를 먹어치울 수 없다. 더구나 그 사이에는 매우 적은 수의 도토리가 생산되어 먹이 부족으로 씨앗 포식자 개체수가 감소할 가능성이 있기 때문에, 다음의 돌출되는 해가 되면 이들 포식자는 씨앗을 모두 먹어치울 가능성이 낮아질 것이다.

교목의 씨앗은 비목질의 식물에 비해 일반적으로 상당히 크다. 난초(蘭草, orchid)류에 속하는 가장 작은 씨앗은 하나의 무게가 2μg 미만으로 먼지 알갱이 같다. 바람에 날리는 씨앗은 더 크지만 여전히 새로운 교란된 지역으로 쉽게 확산되기에 충분할 정도로 가볍다(예: 구주사시나무/*Populus tremula*, 125μg). 이와 달리, 일반적으로 삼림지대에서 자라는 교목은 구주물푸레(*Fraxinus excelsior*)의 0.07g으로부터 영국참나무(*Quercus robur*)의 3.5g에 이르기까지 보다 무거운 씨앗을 맺는 경향이 있다. 그렇다면 왜 교목의 씨앗은 이렇게 큰가? 교목 설계의 여러 측면과 마찬가지로, 씨앗의 크기는 씨앗이 발아하여 자라기에 적합한 장소를 찾을 기회를 가능하면 많이 만드는 것과 각 씨앗에게 먹이와 양분을 공급함으로써 최선의 출발을 제공하는 것 사이의 타협이다. 공지에 침투하는 개척종은 발아하여 자라기에 적합한 장소를 찾을 기회를 높이기 위해 당연히 작은 씨앗을 많이 생산하는 경향이 있다. 보다 근접된 환경인 삼림지대에서 자라는 교목은 반대되는 환경에 있어서, 실생묘가 생을 시작할 때 도움을 주기 위해 더 큰 씨앗을 생산한다. 씨앗이 제공하는 많은 먹이는 어린뿌리가 위쪽의 낙엽층을 관통하여 아래로 빠르게 자라도록 하는데, 이는 낙엽층이 매우 빨리 마를 수 있어서 지체하면 실생묘가 탈수될 수 있기 때문이다. 또한 먹이 공급은 자신의 광합성을 통해 자급해야 할 때가 되기 전에 가능하면 줄기가 크게 자랄 수 있게 한다. 이로써 해당 실생묘는 그렇지 않으면 햇빛을 두고 경쟁해야 하는 대부분의 다른 임상 식생 위로 자라게 된다.

씨앗 크기는 종 내에서 꽤 일정한 경향이 있고, 씨앗의 수량은 크기보다 훨씬 변이가 큰데, 이는 특정한 환경에서 성공하기 위해 크기가 정교하게 조율되었기 때문에 놀랄 일이 아니다. 그러나 극한적인 여건 하에서는, 씨앗 크기가 다양할 것이다. 예를 들면, 캘리포니아의 건조한 여건에서 자라는 아몬드(*Prunus dulcis*)의 경우, 인공 수분(人工授粉, hand pollination)을 하면 꽃의 50%가 씨앗을 맺지만 크기가 작은 씨앗(0.8g)을 생산하는 데 비해, 곤충의 접근을 막도록 해당 교목을 우리 안에 가둠으로써 수분이 막힌 꽃의 경우 꽃의 5%만이 씨앗을 생산했는데, 그 무게는 1.6g으로 두 배였다(Klein 등 2015). 이는 마치 해당 교목이 각 씨앗에 탄수화물을 배분하는데 씨앗의 수가 작으면 개별 씨앗은 먹이를 더 많은 차지하는 것과 같다.

5.6 도시경관에서의 개화와 결실

최근 도시 교목의 수많은 편익에 관해 엄청나게 많이 기술되고 있으며, 때로는 이들 편익을 **생태계 서비스**(ecosystem service – 생태계가 제공하는 우리가 유용하다고 생각하는 것들) 측면에서 언급한다(Roy 등 2012; Derkzen 등 2015; Duinker 등 2015; Janhäll 2015; Mullaney 등 2015; Norton 등 2015; Pitman 등 2015; Wolf & Robbins 2015). 그러나 우리가 해롭거나 덜 유용한 것으로 확인된 도시 교목의 생태계 **폐해**(弊害, disservice)도 있다(von Döhrena & Haase 2015; Lyytimäki 2017).

이 절의 주제와 관련하여, 많은 교목이 자신의 매력적인 꽃으로 인해 도시 지역에 식재되었다. 벚나무류(*Prunus* 변종)가 두드러진 사례이다(그림 5.5). 꽃은 이들의 미적인 가치와 함께 야생동물 특히 곤충에게 직접 이용될 수 있다. 생물다양성(生物多樣性, biodiversity)을 보호하는 것이 그 자체로 내재적 가치가 있지만, 꽃가루 매개 곤충의 장려가 창가의 화단, 정원, 주말 농장에 있는 도시 작물의 생산에도 도움을 줌으로써 사람에게 편익을 제공한다. 수분은 우리가 당연하다고 여기는 매우 중요한 생태계 서비스이다. 이의 중요성을 보여주는 한 가지 사례로, 2012년 미국에서 적절한 수분을 확보하기 위해 작물에 벌통을 갖다놓는 수분 서비스에 346백만 달러 이상을 지출하였다(Bond 등 2014). 또한 주변의 시골지역보다 더 따뜻한 도시열섬(都市熱-, urban heat island) 효과 때문에 도시에 있는 교목이 더 빨리 꽃을 피울 수도 있다는 것을 명심할 필요도 있다. 한

그림 5.5 벚나무는 경관에 매력적인 영향을 줄 수 있다. 이 경우, 겹벚나무(*Prunus* 'Kanzan')가 일본 아오모리현 히로사키(Hirosaki) 공원의 다소 너저분한 길거리 시장을 시야에서 대부분 가려준다.

국의 경우, 교목과 개나리(*Forsythia koreana*)와 같은 관목의 개화가 시골지역 대비 기온이 1℃ 올라갈 때마다 9일까지 당겨질 수 있다(Jeong 등 2011). 이것이 대수롭지 않게 보일 수도 있지만, 실제로 자신의 출퇴근길에 봄의 첫 신호를 보는 통근자에게는 상당한 정신적인 격려가 될 수 있다. 봄을 앞당기는 것은 단순히 온기뿐만 아니다. 예를 들면, 이태리 플로렌스(Florence)의 유럽피나무(*Tilia* x *europaea*) 개화가 뿌리를 덮고 있는 불투수성 표면이 10% 늘어날 때마다 수분 스트레스와 높아진 뿌리 온도의 결합효과 때문에 1.4일 더 빨라진다는 것을 발견하였다(Massetti 등 2015).

Belaire 등(2014)은 시카고의 새모이 통이 없는 곳에서는 열매나 장과(漿果, berry)를 맺는 교목이 토종 새의 풍부도(豐富度, richness)에 매우 긍정적인 영향을 미친다는 것을 발견한 것처럼 열매도 야생동물에게 비슷한 긍정적인 편익을 준다. 열매를 맺는 교목을 식재하는 것이 정원에 있는 새에게 먹이를 주는 것보다 훨씬 유익하다. 또한 열매는 이의 사용을 장려하는 방식으로 키워지면 인간에게 직접적인 편익을 준다(이에 관해서는 뒤의 '교목 작물'에서 살펴본다).

물론 꽃이 피는 교목의 부정적인 효과도 있다. 떨어진 많은 꽃잎으로 인한 쓰레기 더미(예: 벚나무), 배수로 막힘, 뭉개진 꽃이 상점과 건물 안으로 유입 등에 대한 불만이 있을 수 있다. 여기에 더해 꽃가루가 알레르기(allergy)나 천식(喘息, asthma)을 유발하고,

꽃이 방출하는 휘발성 유기화합물(VOC, volatile organic compounds)은 오염을 악화시킬 수 있다. 예를 들면, 선버스트 미국주엽나무(*Gleditsia triacanthos* 'Sunburst')의 완두콩처럼 생긴 꽃은 잎보다 거의 4.5배에 달하는 모노테르펜(monoterpene)을 방출하는 것으로 확인되었다(Baghi 등 2012). 모노테르펜이 적은 양이면 인간의 건강에 좋지만 많으면 오존(ozone)을 포함한 오염물질을 만드는 데 기여한다. 유럽밤나무(*Castanea sativa*)의 수꽃처럼 어떤 꽃은 현저하게 자극적이고 불쾌할 수 있다.

열매도 비슷하게 골칫거리(nuisance)가 될 수 있다. 흔히 문제를 유발하는 사례로는 눈 속을 포함하여 여기저기 나뒹구는 사시나무류(*Populus* spp.)와 버드나무류(*Salix* spp.)의 가벼운 솜털 같은 씨앗, 은행나무(*Ginkgo biloba*) 열매의 썩은 버터 냄새, 도토리와 밤과 같은 대형 목질 열매로 인한 물리적인 낙상 위험 등이 있다. 마로니에 열매를 모으는 막대기를 가지고 노는 어린이들에 의해 유발된 문제 때문에 사람들이 장엄한 가시칠엽수(*Aesculus hippocastanum*) 표본목을 베어버리는 사고가 많이 있었다(대개 과거의 일로, 지금은?). 또한 떨어지는 열매에 어린이나 부모가 맞으면 소송 문제가 될 수 있기 때문에, 학교 운동장에 있는 배나무가 잘려나가는 것과 같은 과수의 문제도 있었다. 어떤 지역에서는, 곰이 먹이로 열매를 찾아 도시 지역으로 내려오는 다소 극단적인 문제도 발생한다(Lewis 등 2015)!

도시 지역에서 열매를 맺는 교목의 또 다른 문제는 해결하기 어려운 실생묘 문제이다. 이들은 자유롭게 크는 교목(free tree)이지만, 매우 어릴 때 옮기지 않으면 실생묘에 대한 피해와 파종상에 심각한 교란을 유발하지 않고는 이식하기 어려울 수 있다. 유럽과 다른 온대지방의 경우, 일부 단풍나무류(*Acer* spp.), 가죽나무(*Ailanthus altissima*), 구주물푸레(*Fraxinus excelsior*), 그리고 이와 유사한 종은 다산의 씨앗 생산자로 접근하기 어려운 곳에서 실생묘가 자라서 이들이 너무 크게 되면 문제를 유발할 수 있다. 이들이 접근하기 쉬운 곳에 있더라도 여전히 제거하는데 시간과 돈이 들어간다(그림 5.6).

꽃과 씨앗 생산은 해당 교목 자신에게도 문제가 될 수 있다. 꽃은 영양소와 탄수화물의 중요한 '수용부'(sink)일 수 있다. 이는 교목을 스트레스 하에 놓이게 할 수 있고, 도전적인 도시 여건으로 인해 시달려서 이미 생리적으로 과로 상태인 교목에게는 추가적인 스트레스가 될 수 있다. 죽기 전에 번식을 위한 마지막 시도를 하는 것처럼 스트레스 하에 있는 교목이 종종 너무 과하게 개화와 결실을 하기 때문에 이러한 상태는 악화될 수 있다. 이는 물론 교목을 벼랑 끝으로 '몰아' 죽음을 앞당길 수도 있다.

그림 5.6 영국 킬(Keele) 근처 제방의 상단에 다량으로 자라는 구주물푸레(*Fraxinus excelsior*) 실생묘와 스코틀랜드느릅나무(*Ulmus glagra*)의 흡지. 해당 지역 의회는 운전자들의 시선을 가리는 것을 피하기 위해 매년 여름 실생묘를 반복적으로 잘라내고 있다. 돈이 많이 드는 과정이다.

5.7 교목 작물

우리가 먹는 대부분의 열매와 견과는 목본식물에서 나오고 수천 년 동안 재배되어 왔다. 이는 전통적으로 시골지역의 과수원에서 이루어져 왔지만 지정된 도시과수원이나 공원과 지역사회의 과수를 이용하는 **도시 식량 임업**(urban food forestry)으로 분류된 도시 지역에서의 과일 생산에 대한 요구가 증가하고 있다. 미국 버몬트주 벌링턴(Burlington – 인구 약 42,000명)에서는, 사과나무(*Malus domestica*)를 공적으로 접근 가능한 오픈스페이스에 심으면 전체 도시 주민에 대한 권장 최소 과일 섭취량을 충족시키기에 충분한 과일을 생산할 수 있는 것으로 계산되었다(Clark & Nicholas 2013). 이들은 또한 키울 수 있는 과수 70종을 확인했으며, 이중 30종은 '매우 적합한' 것으로 나타났다. 과일을 오염시키는 오염물질(汚染物質, pollutants)의 문제가 있을 수 있으나, 대부분의 연구에서 이는 권장소비기준(勸奬消費基準, recommended levels of consumption) 이하인 것으로 확인되었다. 예를 들면, 카드뮴(cadmium)과 납(lead) 같은 중금속(重金屬, heavy metals)이 독일 베를린에서 키운 과일에서 발견되었지만, 그 수준은 대부분의 상업적으

(a) (b)

그림 5.7 과수의 가지를 정지하기 위한 시스템. (a) 부채꼴과 (b) 격자시렁. 이들은 교목을 작게 유지하고, 공간을 최대한 활용하고(벽이나 틀에 단단히 묶어둠으로써), 접근하기 쉬운 최대의 과일생산을 조장하는 장점이 있다. 사진: 리버풀(Liverpool)의 Croxteth Hall.

로 판매되는 과일보다 낮았다(von Hoffen & Säumel 2014). 더구나 차량통행으로부터 멀리 떨어진 공원과 과수원에서 자라는 교목은 이러한 문제가 크게 줄어들어 이들 과일은 먹기에 완벽하게 안전할 가능성이 높다.

과일을 얻기 위해 키우는 교목은 과일이 자라는 측지를 조장하고 과일을 쉽게 딸 수 있도록 과수를 낮게 유지하기 위해 종종 강하게 전정된다. 이는 격자시렁(espalier)으로 정지(整枝, train)된 교목에서는 극심하게 이루어지는데, 이 경우 가지는 벽에 기대어 수평으로 자라거나, 주 수간이 비스듬히 정지된 격자시렁이나 다른 틀, 또는 부채꼴에서 자라도록 정지된다(그림 5.7). 여기서 수평에 가까운 가지는 수직에 가까운 가지보다 더 많은 과일을 생산한다.

과수는 과일이 아닌 씨앗을 얻기 위해 키울 수도 있다. 채종원(採種園, seed orchard)은 일반적으로 사용하기에 충분한 양의 산림 수종 씨앗을 생산하기 위해 활용된다.

5.8 영양생식

대부분의 피자식물과 일부 구과식물은 지표면 바로 아래나 바로 위의 수간의 기부에서 새로운 줄기(제2장 기부맹아/basal sprout 참조)를 돋아나게 할 수 있다. 어린 교목(직경이 15cm 미만일 때)이 일반적으로 이를 더 잘 만들고, 대부분의 교목은 이러한 능력을 점진적으로 상실하여 직경이 30cm를 초과하게 되면 많은 기부맹아를 생산할 수 있는 종이 거의 없다. 대부분의 종은 지상부가 피해를 입거나 쇠약해졌을 경우에만 맹아를 발생시키지만, 몇몇 교목은 건강한 교목에서도 기부맹아를 생산할 것이다. 따라서 서양개암나무(*Corylus avellana*)는 지하에서 나온 나이가 모두 다른 많은 맹아로 된 관목처럼 되는 경향이 있는데(그림 5.8), 이를 자가 맹아갱신(自家萌芽更新, self-coppicing)이라고 불러왔다. 유럽피나무(*Tilia* x *europaea*)와 같은 교목은 건강한 표본목을 둘러싸고 있는 기부맹아의 커다란 자락으로 쉽게 확인된다. 이들 맹아는 여러 방식으로 기존 수관을 보충하거나, 해당 교목이 잘려나가거나 쓰러지면 바로 이전의 수관을 대체하는데, 새로운 교목이 발생하지는 않기 때문에 이를 생식으로 받아들이는 것이 타당하지 않을 수도 있다. 그러나 맹아생장은 정상적인 단일 수간을 성년이 될 때까지 존속할 수 있는 여러 줄기로 대체함으로써 다른 '형태'의 교목을 생산하는 것은 부인할 수 없다. 주 수간 상실 후의 맹아 재발(resprouting)도 해당 교목이 재생을 통해 존속할 수 있게 한다. 씨앗 생산이 드문 일부 지역에서는, 맹아 재발이 개체가 씨앗에 의해 번식하기에 충분히 긴 시간 동안 기다릴 수 있게 할 수도 있다(de Lucena 등 2015). 그러나 다음과 같이 주의를

(a)

(b)

그림 5.8 (a) 울타리 밖으로 자라는 정원의 서양개암나무. (b) 이 교목의 수관이 손상되지 않고 건강함에도 불구하고 기부에는 나이가 다른 많은 줄기가 있다. 이는 서양개암나무에서 흔한 현상이며 '자가 맹아갱신'이라고 불린다.

당부한다: 만약 새로운 맹아를 조장하기 위해 교목을 지면을 향해 짧게 절단하는 경우, 가능하면 지면에 가까이에서 절단하는 것이 좋다. 이렇게 하면 가능하면 낮은 곳에서 맹아가 나오도록 조장하여 이들이 그루터기에 보다 단단하게 부착될 수 있게 하고, 원줄기의 심재부후에 대한 감수성을 낮추고, 자신의 새로운 부정근 시스템을 발달시킬 가능성이 높아진다(del Tredici 2001).

씨앗 없이 자연적으로 새로운 교목을 생산하는 가장 기본적인 방식은 떨어지거나 부러진 교목의 가지가 스스로 적합한 땅에 착지하여 뿌리를 내려서 완전한 새로운 교목을 생산하도록 하는 것이다. 이러한 번식으로 유명한 종은 특히 사시나무류(*Populus* spp.)와 버드나무류(*Salix* spp.)의 경우, 탈락된 가지가 살아 있는 눈을 보유하고 있고, 해당 가지로부터 질소와 인이 해당 교목으로 거의 다시 흡수되지 않는다. Dewitt & Reid(1992)는 하나의 사례로 캐나다 앨버타(Alberta)의 발삼포플러(*Populus balsamifera*)를 든다: 평균 연령 6.7년 길이 20.4cm의 가지가 잎이 떨어지기 전인 10월에 탈락되는데, 이들은 살아 있는 눈을 가지고 있기 때문에 강을 따라 펼쳐진 진흙에 박혀 새로운 교목을 생산할 수 있다. 사시나무류와 버드나무류는 자웅이주(雌雄異株, dioecious)이기 때문에, 이러한 영양생식(營養生殖, vegetative reproduction)이 특정 강을 따라 늘어선 교목이 대부분 암나무가 아니면 수나무인 경향을 띠는 이유를 설명하는 데 도움이 된다.

새로운 교목은 뿌리로부터의 맹아(**근맹아**, sucker)로부터 발생할 수도 있다(제2장 참조). 이들 맹아는 수십 년 동안 뿌리에 존속하는 저장된 **부가** 눈(additional bud)이나 새로이 자란 **회복** 눈(reparative bud)으로부터 발생할 수 있다. 어떤 교목(예: 미국풍나무/*Liquidambar styraciflua*)은 부가 눈만 사용하고, 다른 교목(예: 미국너도밤나무/*Fagus grandifolia*)은 회복 눈만 사용하고, 많은 종(예: 미국사시나무/*Populus tremuloides*)은 둘 다 사용할 수 있다(del Tredici 2001). 어떤 형태의 눈을 사용하든, 새로운 줄기는 처음에는 기존의 뿌리 시스템에 의존하지만 자신의 부정근을 생산하여 당연히 모수와 동일한 유전적 기질을 가진 분리된 개체가 될 수 있을 것이다. 이러한 방식으로 비슷하게 생긴 **영양계**(營養系, clone)가 무수정(無受精, apomictic) 씨앗에 의한 것과 같은 방식으로 축적된다. 햇빛이 강한 곳에서 자라는 일부 교목은 건강함에도 불구하고 자신의 생애 내내 근맹아를 발생시킬 가능성이 높고(물푸레잎굴피/*Pterocarya fraxinifolia*), 침입종인 가죽나무(*Ailanthus altissima*)는 전형적인 경우이다. 그러나 대부분의 교목은 보통 지상부가 피해를 입거나 병이 든 경우, 또는 해당 교목을 둘러싼 환경의 급격한 변화로 이들 뿌리 눈을 통제하는 정아우세(頂芽優勢, apical dominance)가 약화되는 경우에만 근맹아를 발생시킬 것이다. 근맹아는 주된 목질의 뿌리를 따라 어디서든 나타날 수 있다. 한 사례로, 아끼는 잔디에 2~3주 동안에 걸쳐 나타난 10여 개의 '줄기'를 조사한 결과 아까시나무(*Robinia pseudoacacia*)의 근맹아인 것으로 나타났는데, 이들은 가장 먼 근맹아로부터 거의 20m나 떨어진 곳에서 넘어진 교목으로부터 발생한 것이었다. 이들 교목은 그 집의 건너편에 있었다는 사실이 몇 가지 우려를 유발했는데, 이전에는 이러한 근맹아가 나타나지 않았기 때문이다. 그럼에도 불구하고, 개울, 도랑 또는 삼림으로 된 통로와 같은 뿌리 확산을 중단시키는 것이 모두 이들 경계를 넘어선 근맹아 발생을 막을 수 있을 것이다(Jarni 등 2015).

또한 아래 가지가 휘어져 땅속으로 밀려들어 가면 새로운 교목이 땅 위로부터 시작될 수도 있다. 이러한 현상은 구과식물에서 특별히 흔한데, 특히 이끼로 인해 가지의 아래쪽이 과도하게 자라거나 일본의 나한백(*Thujopsis dolabrata*)에서 발생하는 것과 같이 폭설이 가지를 휘게 하고 오랜 기간 동안 누르고 있는 습한 토양에서 발생한다(Hitsuma 등 2015). 이러한 현상은 아래에 무거운 가지를 가지고 있는 너도밤나무(*Fagus sylvatica*)와 유럽밤나무(*Castanea sativa*)와 같은 피자식물에서도 일어날 수 있다(그림 5.9). 아래쪽

그림 5.9 땅에 닿아 부정근을 발생시킨 아래 가지(오른쪽)를 가진 잔디에서 자라는 성숙한 유럽밤나무(*Castanea sativa*). 가지 끝은 이제 독립적인 교목이 되었다. 둘은 공통의 뿌리 시스템으로 연결되어 있을 수도 있지만 완전히 분리되어 독립적인 교목이 될 가능성도 있다.

(a) (b)

그림 5.10 (a) 넘어졌지만 살아 있는 뿌리와 연결을 유지하고 있는 미국피나무(*Tilia americana*). 햇빛이 강한 쪽에 눈을 가진 측지가 새로운 주지로서의 역할을 이어받았고, 땅속으로 밀려들어간 가지는 이제 뿌리를 내려 새로운 교목처럼 자라고 있다. 이러한 방식으로 모두 모수와 유전적으로 동일한 새로운 교목이 뒤얽힌 영양계가 자라고 있다. (b) 그림의 왼쪽에서 출발한 가지는 뿌리가 내렸음이 분명한데, 그 이유는 해당 가지 자체가 첫 새 줄기에 가까울수록 훨씬 더 굵고, 두 새 줄기 사이가 훨씬 더 굵기 때문이다.

에서는 부정근이 발생하고, 가지가 위로 휘어 새로운 수관을 형성하거나 원 가지의 측지가 이 같이 발전할 수 있다. 이러한 현상이 발생한 가장 명확한 증거는 가지가 원 수간으로부터 먼 곳이 더 굵어지는 것이다(그림 5.10). 새로운 교목은 처음에는 모수의 뿌리 시스템에 연결되어 있고 그렇게 머물 수 있지만, 동시에 두 뿌리 시스템 간의 연결 부위가 끊어져서 새로운 줄기가 실질적으로 독립된 교목이 된다. 교목이 넘어졌지만 일부 뿌리 연결이 유지되는 경우에도 같은 현상이 발생할 수 있는데, 땅속으로 단단하게 밀려들어간 가지가 뿌리를 내려 새롭지만 연결된 교목의 덤불을 만들 수 있다(그림 5.10).

5.9 교목 재배

씨앗과 원산지

씨앗은 공급자로부터 받을 수도 있고 교목으로부터 직접 채집할 수도 있다. 만약 채집했다면, 식재 전에 신선한 과육은 제거하는 것이 중요한데, 왜냐하면 과육이 종종 발아를 지연시키거나 방해할 수 있기 때문이다(Gosling[2007]이 좋은 실무적인 조언을 해준다).

종자를 채집하는 것의 장점은 성목이 어떻게 생겼는가를 볼 수 있는 것으로, 이는 새로운 교목이 생의 후반에 어떻게 보일 것인가에 대한 지표를 제시하기 때문이다(하지만 이 장의 앞부분에서 언급한 씨앗의 유전적 다양성을 참고하라). 자생종(自生種, native species)을 식재할 때에는 산지(産地, provenance - 해당 종자의 지리적 원산지) 문제가 있다. 어떤 식재 계획은 지역이나 적어도 국내산지 출신의 교목을 요구하기 때문에 씨앗을 살 때에 마찬가지로 산지를 확인한다. 영국 제도(英國諸島, British Isle)에 자생하는 많은 교목 종의 씨앗이 과거에는 가끔 유럽 대륙에서 채집되어 '자생'(native)으로 판매되었다. 산지 문제는 종자를 직접 채집한 경우에도 적용될 수 있는데, 모수의 원래 기원이 일반적으로 알려져 있지 않고 대부분의 유럽 국가들은 수세기 동안 자생 교목을 수입했기 때문이다.

산지가 중요한 이유는, 지역적인 야생동물은 지역적인 교목과 살아가는데 더 잘 적응되어 있다는 국가 식재표준(Hubert & Cottrell[2007] 참조, 이는 온라인으로 쉽게 구할 수 있음)에 의해 널리 인식되어 있기 때문이다. 예를 들면, 영국으로 도입된 서양산사(*Crataegus monogyna*)는 자생지 출신보다 5주까지 일찍 개화할 수 있어서 산사나무 개화에 맞추어 후손을 생산하는 곤충과 새는 이른 개화로 인해 위협을 받을 수도 있다(Jones 등 2001). 더욱이 지역 출신의 보다 촘촘하게 채워진 가지와 조밀한 가시는 둥지를 트는 새에게 더 나은 보호를 제공한다. 때로는 지역 출신 교목을 심는 것이 좋다고 얘기하는데, 이는 이들이 수천 년의 진화를 통한 연마로 자신의 환경에 가장 잘 적응했기 때문이다. 기후가 지속적으로 변함에 따라, 1300~1850년 사이 소빙하기(小氷河期, Little Ice Age)에 정착된 참나무에서 채취한 씨앗은 헝가리에서 채취한 것보다 현재 기후에 더 잘 적응한다. 사실 다른 지역 출신의 교목을 사용하는 것이 지역 개체군의 유전적 다양성을 높이는 데 도움이 된다는데 대해 논쟁이 있을 수 있는데, 개체군이 진화할 수 있는(그리고 이에 따라 변화하는 기후에 생존할 수 있는) 속도는 이의 유전적 다양성에 비례하기 때문에(Mather 1973), 산지 외 교목 식재를 통해 새로운 종을 도입하는 것은 매우 유익할 수도 있다. Sackville Hamilton(2001)이 '다른 산지 씨앗의 제한된 도입은 자연선택에 의해 "시험되는" 새로운 [유전적 결합/genetic combination]을 만들어 낼 수 있다'라고 말한 것처럼, 이는 가장 강하고 가장 적합한 교목이 생존하는 삼림 환경에서는 괜찮지만 죽은 교목이 문제가 되는 정형적인 식재에서는 바람직하지 않다. 그러므로 식재 부지 기후와 여건에 가장 적합한 교목 산지를 선택하는 데는 논쟁이 있다. 사실, 교목은 주어진 수명이 있기 때문에, 지금 심는 씨앗의 공급원은 기후 변화로 인해 점점 더 중요해지고 있다. 금세기 후반에는 유럽의 일부가 기온과 강수량에서 현저한 변화를 보일 것으로 예측되고 있기 때문에(그림 5.11), 우리가 다음 몇 세기에 걸쳐 교목이 생존하기를 기대한다면 씨앗을 어디에서 확보해야 하는가에 대한 어려운 결정을 해야 할 것이다. 이러한 결정은 종종 부합되는 기후 지역과 가장 적합한 산지로부터 교목을 선정하는 것에 기반을 두어야 한다. 예를 들면, 스코틀랜드 중부지역의 기온이 2100년에는 3에서 3.5℃ 정도 상승할 것으로 예상되면(그림 5.11) 우리는 현재 이런 기후를 가진 프랑스 북부에서 채집한 씨앗을 사용하여 식재하는 것이 좋을 것이다. 이러한 방식으로, 스코틀랜드에서 기온이 상승했을 때에는 자란 교목이 이미 따듯해진 여건에 적응되어 있을 것이다. 이는 당연히 해결해야 할 어떤 형태의 생태적인 문제가 있을 것이고 이에 대한 유전적인 정답은 없다(Vander Mijnsbruggea 등 2010). 미래의 기후 변화에 대응하기 위해 유전적 다양성을 유지하고, 야생동물에 도움을 주기 위한 천연갱신(天然更新, natural regeneration)을 촉진하고, 현재의 개체군과 함께 산지의 포트폴리오(portfolio)를 채택하고, 보다 남쪽 산지 출신의 교목을 식재하는 것이 당연히 중요할 것이다(Hubert & Cottrell 2007).

산지를 고려하는 한편, 우리는 현지에서 씨앗을 채집한 다음 이를 다른 나라에 보내서 다시 수입하기 전에 실생묘로 키우는 것도 언급하는 것이 좋다. 따라서 우리는 '현지'(現地, local) 출신 교목을 심을 수 있게 되지만, 유일한 큰 위험은 병해충도 같이 유입된다는 것이다. 따라서 국제무역으로 인한 이러한 위협을 최소화하기 위해 강력한 생물보안(生物保安, biosecurity)을 시행하는 것이 중요하다. 하나의 사례로, *Hymenoscyphus fraxineus*(자낭균류 – 처음에는 무성단계인 *Chalara fraxinea*로 알려짐) 곰팡이에 의해 유발된 물푸레나무가지마름병은, 일부 포자가 바람에 의해 도착했을 가능성도 있지만, 유럽 대륙의 농장에서 수입된 묘목과 함께 영국제도로 들어왔을 가능성이 가장 높다. 이 병은 현재 스칸디나비아로부터 프랑스와 이태리에 걸쳐 약 2백만km^2에서 발생하고 있으며 감염된 지역 내 물푸레나무 교목의 90%까지를 죽이고 있다(Thomas 2016).

씨앗 저장

씨앗은 일반적으로 저장 수명을 늘리기 위해 저장 전에 건조된다. 건조 저항성(乾燥抵抗性, desiccation-tolerant)이 있는 씨앗(orthodox라고 함)은 쉽게 저장되어 함수량이 5%나 2%까지 건조되어 5℃에서 저장되면 50년까지 자신의 발아력(發芽力, viability)을 유지할 것이다(Kozlowski & Pallardy 2002). 대부분의 온대지방 교목의 씨앗은 건조저항적이며

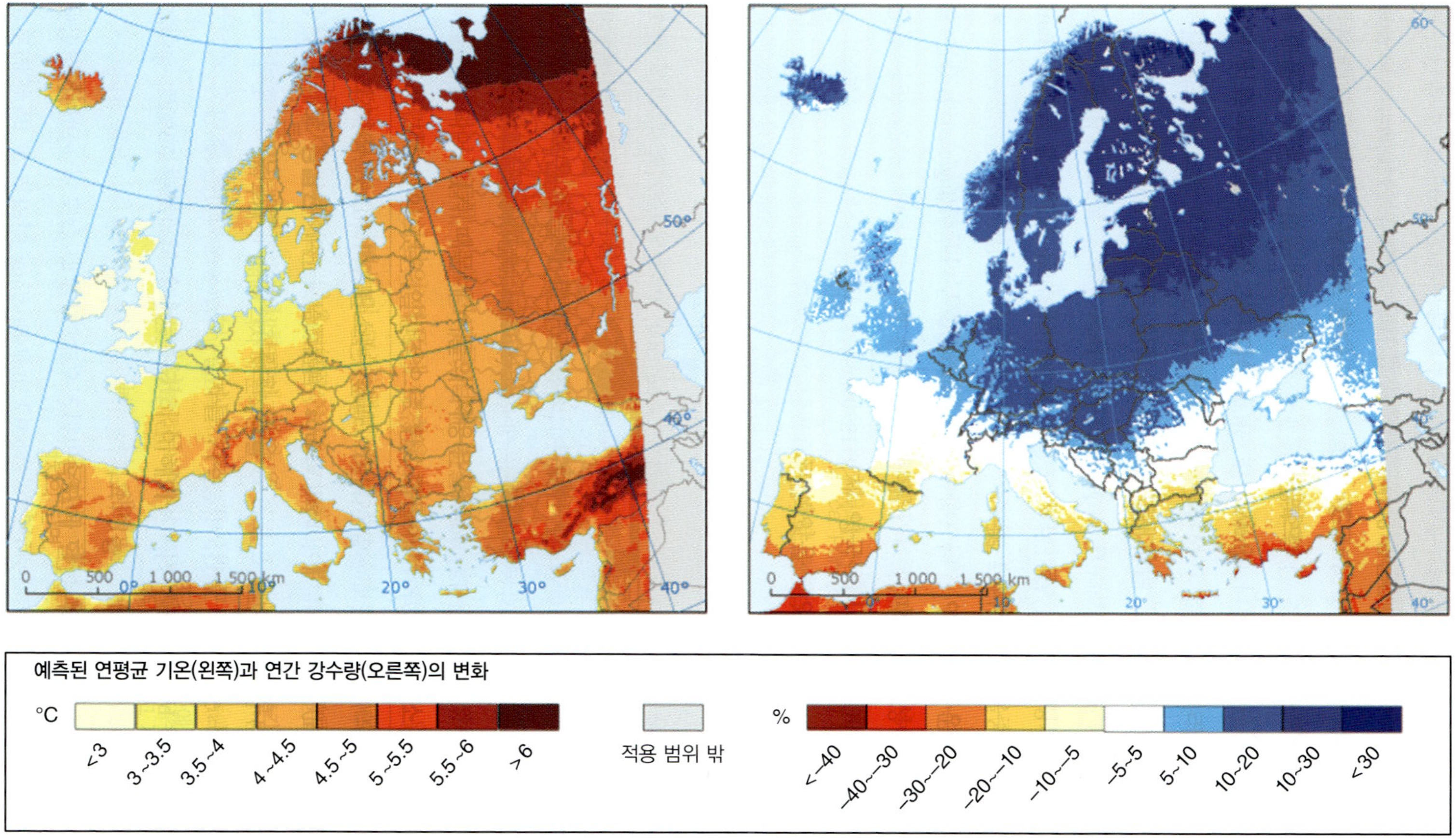

그림 5.11 기후 변화는 다음 세기에 걸쳐 유럽의 여러 지역에 심각한 영향을 미칠 수도 있다. 여기서 예측된 변화는 다중모델 앙상블(MME, multi-model ensemble)의 평균에 근거하여 1971~2000과 비교한 2071~2100에 대한 것이다. 색으로 표시된 모든 변화는 통계적으로 유의하다. EURO-CORDEX 앙상블의 개별 모델이나 소규모 지역에 대한 고해상도 모델은 다른 결과를 나타낼 수도 있다. 출처: European Environment Agency.

(표 5.1), 오리나무류(*Alnus*), 자작나무류(*Betula*), 물푸레나무류(*Fraxinus*), 버즘나무류(*Platanus*), 벚나무류(*Prunus*) 등의 피자식물과, 낙엽송류(*Larix*), 소나무류(*Pinus*), 미송류(*Pseudotsuga*), 솔송나무류(*Tsuga*) 등의 나자식물이 여기에 속한다(Bonner 1990).

그러나 일부 종의 씨앗은 건조 감수성(乾燥感受性, desiccation-sensitive)이어서 수명이 짧고(**난저장성**/recalcitrant), 말리거나 몇 주나 몇 달 동안 저장하면 빠르게 발아력을 상실한다. 따라서 이들은 채집하는 즉시 식재하는 것이 가장 좋다. 이에 속하는 종은 단풍나무류(*Acer*), 칠엽수류(*Aesculus*), 밤나무류(*Castanea*), 개암나무류(*Corylus*), 너도밤나무류(*Fagus*), 호두나무류(*Juglans*), 참나무류(*Quercus*) 등이며, 열대 교목도 일정한 기후로 인해 씨앗이 땅에 떨어지는 즉시 발아할 수 있기 때문에 63%가 여기에 속한다(Khurana & Singh 2001). 사실 씨앗이 전적으로 건조저항성이거나 난저장성인 경우는 드물고, 카리아류(*Carya*), 개암나무류(*Corylus*), 너도밤나무류(*Fagus*), 호두나무류(*Juglans*)와 같은 일부 종은, 조심스럽게 건조시켜 짧은 기간 동안 저장할 수 있기 때문에, 중간 또는 **준건조저항성**(準乾燥抵抗性, suborthodox)이다(Bonner 1990).

씨앗 휴면

씨앗은 매우 단순한 물체이다. 보호용 종피(種皮, seed coat) 안쪽에 줄기와 뿌리의 초기 단계(beginning)를 가진 어린 식물인 **배아**(胚芽, embryo)와 먹이 공급이 있다. 먹이는 배아 주위에 **배젖**(endosperm)이라고 불리는 조직에 저장되어 있지만, 대부분의 교목에서는, 이것이 배아의 **떡잎**(cotyledons) 속으로 빠르게 흡수된다.

씨앗(특히 표준적 씨앗)은 **휴면**(休眠, dormant) 상태에 있을 수도 있는데, 즉 이들은 적절한 발아 전 여건을 경험할 때까지 발아하지 않을 것이다. 많은 온대 및 북부지방 교목은 낮은 정도의 휴면을 보여(때로는 **얕은 휴면**/shallow dormancy이라고 불림; 표 5.1) 식재되면 바로 발아하지만, 때로는 휴면이 타파되면 더 빠르고, 더 완전하고, 더 일률적인 발아를 보여줄 것이다. 휴면이 강하면(또는 깊으면), 적절한 처리가 없는 경우 휴면이 발아를 거의 방해할 수 있다. 예를 들면, 미송(*Pseudotsuga menziesii*) 씨앗은 휴면이 제거된 후 20℃에서의 발아율을 보면 처리하지 않은 경우 5~7%에서 처리하면 73%로 높아졌다(Taylor 등 1993).

그림 5.12에서 보여주는 바와 같이, 휴면은 일반적으로 기온과 습도의 어떠한 결합에 의해 타파된다. 어떤 경우에는, 씨앗이 후숙(後熟, after-ripening)이라고 불리는 건조한

표 5.1 서로 다른 저장 용이성(표준적, 중간, 난저장성)과 휴면 정도를 가진 종. 모든 '경실'(硬實, hard seed; 본문 참조)은 표준적이다.

휴면 유형	저장 용이성		
	표준적	중간	난저장성
단단한	양골담초(*Cytisus scoparius*) 금사슬나무(*Laburnum anagyroides*) 아까시나무(*Robinia pseudoacacia*) 가시양골담초류(*Ulex* spp.)		
얕은	대부분의 구과식물 오리나무류(*Alnus* spp.) 자작나무류(*Betula* spp.)	많은 전나무류(*Abies* spp.) 북미향삼나무(*Calocedrus decurrens*) 개잎갈나무류(*Cedrus* spp.) 미국편백(*Chamaecyparis lawsoniana*) 자이언트측백(*Thuja plicata*)	가시칠엽수(*Aesculus hippocastanum*) 몽키퍼즐나무(*Araucaria araucana*) 유럽밤나무(*Castanea sativa*) 사시나무류(*Populus* spp.) 버드나무류(*Salix* spp.)
깊은	대부분의 활엽수 유럽향나무(*Juniperus communis*) 마케도니아잣나무(*Pinus peuce*) 유럽주목(*Taxus baccata*)	노르웨이단풍(*Acer platanoides*) 너도밤나무(*Fagus sylvatica*) 월계수(*Laurus nobilis*)	버즘단풍나무(*Acer pseudoplatanus*)

출처: Gosling(2007).

온기(20~35℃)를 경험할 필요가 있거나 습한 온기(고온층적처리/高溫層積處理, warm stratification)가 필요하다. 온대지방에서는, 휴면을 **저온층적처리**(低溫層積處理, cold stratification – 수주일 또는 수개월 동안 서늘하고[보통 1~15℃ 사이] 습한 상태의 기간)로 타파한다. 이는 씨앗이 늦가을의 따뜻한 시기가 아닌 봄에 발아하도록 한다. 저온층적처리는 이들을 가을에 파종하여 겨울 여건에 노출시키거나 씨앗을 습한 모래나 유기물과 섞은 다음 밀봉된 플라스틱 자루에 넣어 냉장고에 보관함으로써 인위적으로 충족시킬 수 있다. 그러나 층적처리를 수행하기 전에 종이 어떤 종류의 층적처리를 요구하는가를 점검해야 한다. 만약 잘못된 여건이 제공되면 휴면이 더 깊어져서(이차휴면/secondary dormancy를 포함하여) 향후 타파하기 더 어렵게 만들 수도 있다. 다행히도, 대부분의 종에 대한 층화처리 요구는 잘 알려져 있어서, Dirr & Heuser(2006), Dirr(2009), Kock 등(2008)의 참고

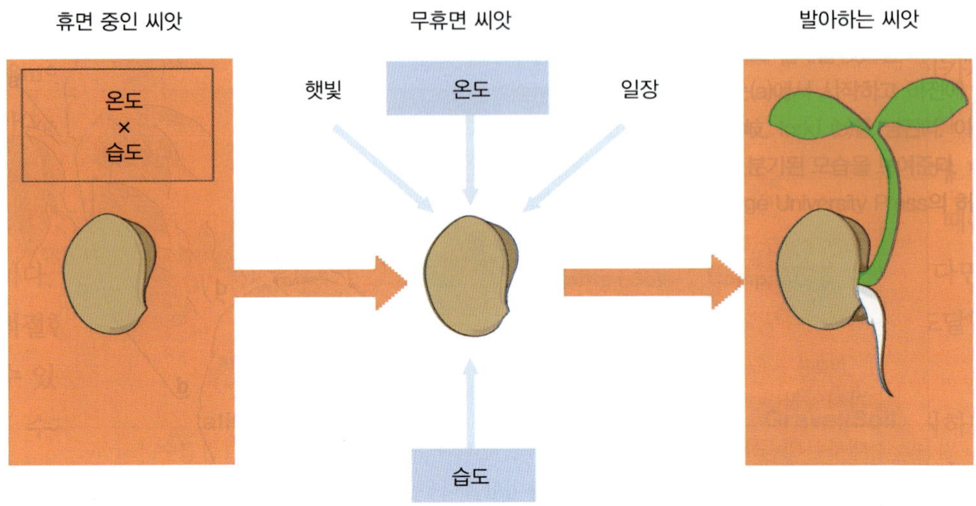

그림 5.12 씨앗의 휴면 타파와 발아를 조절하는 주된 요소. 씨앗은 무휴면으로 바로 발아할 준비가 되어 있을 수도 있고, 휴면을 타파하기 위해서는 적절한 온도와 습도의 결합이 필요할 수도 있다. 발아를 위한 온도 요구가 휴면 타파를 위해 필요한 온도와 크게 다를 수도 있지만, 발아를 위해서는 여전히 온도와 습도가 핵심 요소이다.
출처: Walck 등(2011). John Wiley and Sons의 허락을 받아 전재.

서적과 인터넷을 통해서 확인할 수 있다. 의심스러우면, 씨앗을 몇 개 뿌려서 이들 씨앗이 생각하고 있는 층적처리 전에 휴면 상태에 있었는가를 확인하는 것이 가장 좋다.

단단한(hard) 씨앗을 가진 아까시나무(*Robinia pseudoacacia*), 켄터키커피나무(*Gymnocladus dioica*), 그리고 박태기나무류(*Cercis*), 주엽나무류(*Gleditsia*), 나도싸리류(*Laburnum*)에 속하는 종과 같은 콩과(Fabaceae) 씨앗에서 휴면의 특수한 경우를 볼 수 있다(표 5.1). 이들은 생리적 휴면이 없지만 물이 씨앗으로 들어가는 것을 단단한 종피가 막아 발아를 중단시킨다. 결국에는 층적처리가 단단한 껍질을 약화시켜 발아가 가능하게 하지만 시간이 너무 오래 걸릴 수 있다. 자연 상태에서, 종피는 일반적으로 마모, 열, 또는 동물의 소화기관을 통과함으로써 갈라지게 된다. 절단, 사포질(sandpapering), 물리적인 종피 파괴, 산을 이용한 용해 등을 통해 자연적인 종피 파괴를 흉내 냄으로써 인공적으로 발아를 가속화시킬 수도 있다.

마지막으로, 어떤 씨앗은 씨앗이 떨어졌을 때 배아가 너무 미성숙하여 발아할 수 없기 때문에 휴면한다. 구주물푸레(*Fraxinus excelsior*)와 서양호랑가시나무(*Ilex aquifolium*) 씨앗이 이 범주에 속한다. 가을에 떨어졌을 때 이들 중 5% 미만의 작은 수가 이듬해 봄에 발아하고 나머지는 해당 교목으로부터 떨어진 지 18개월 후인 그 다음 봄까지 기다릴 것이다. 이들과 같은 경우에는, 장기간의 층적처리가 유일한 해결책이다.

발아

휴면에서와 마찬가지로, 발아(發芽, germination)를 제어하는 주된 요소는 온도(溫度, temperature)와 습도(濕度, moisture)이다. 모든 교목 종은 자신의 원산지 기후에 영향을 받는 최적의 발아 온도를 가지고 있다. 대부분의 경우, 기후 변화로 온도가 더욱 중요해질 수도 있지만(Dürr 등 2015), 수용가능한 온도 범위는 넓으며, 예외적으로 춥거나 더운 경우에만 중요해진다(특정 종에 대한 이들 한계를 확인하는데 인터넷 검색이 도움이 된다). 마찬가지로 습도도 중요한데, 요구 수준은 씨앗이 내용물을 수화시키고 종피를 터트리기 위해 **흡수**(吸水, imbibe)하고, 출현하는 뿌리와 줄기가 살아 있는 상태를 유지하기에 충분한 정도이다. 이 문턱값 이상에서는, 수분 가용성(水分可用性, water availability)의 정확한 정도는 결정적이지 않고, 이는 발아의 총 숫자보다 속도와 균일성에 영향을 미칠 가능성이 훨씬 높다. 몇몇 종에서, 햇빛도 발아를 위해 필요하다. 일장(日長, day length)이 소수의 종에서 중요한데, 예를 들면 작은 씨앗을 맺는 자작나무(*Betula pubescens*)는 오래전부터 햇빛이 4시간일 때보다 20시간일 때 더 잘 발아하는 것으로 알려져 있는데(Black & Wareing 1955), 이는 자연 환경에서 그 씨앗이 그 해의 적절한 시점에 발아하도록 도움을 준다. 햇빛을 필요로 하는 대부분의 씨앗의 경우, 실질적인 양이 중요하지는 않다. 작은 씨앗은 발아를 촉발하기 위해 어떤 정도의 햇빛에 어떤 정도의 노출을 요구할 가능성이 높은데(Milberg 등 2000), 이는 이들이 발아를 위해 지표면이나 지표면에 근접하여 있어야 하기 때문이며, 그렇지 않으면 어린 실생묘는 지표면에 도달하기에 충분한 에너지를 비축하고 있지 못할 수도 있다. 햇빛이 없으면, 이들은 발아하지 않거나(**광휴면**/光休眠, photodormancy이라고 부름), 더 빈번하게는 발아가 느려지고 불규칙하게 된다. 얼마나 작은 양의 햇빛이 필요한가를 보여주기 위한 Black & Wareing(1955)의 실험에서 자작나무의 발아는 씨앗이 물을 흡수한 다음 햇빛에 2분만 노출되어도 크게 향상되는 것으로 나타났다. 필요한 광 수준도 일반적으로 이어지는 생장에서 필요한 것보다 훨씬 낮아서(자작나무는 전광/full sunlight의 3%만 필요), 온실의 약한 광으로도 충분하다. 이의 중요성은 농장에서 광을 필요로 하는 종의 씨앗은 항상 토양의 표면에 파종하는 것이 좋다는 것이다. 그러나 대부분의 큰 씨앗은 발아를 위해 햇빛을 필요로 하지 않기 때문에, 이들이 토양 수분과 더 잘 접촉할 수 있는 토양 속에 안전하게 묻을 수 있다.

따뜻하고 습한 기본적인 요소 외에도, 발아는 다른 요구가 거의 없는 매우 자립적이어서 대부분의 씨앗이 접시 안의 흡수지(吸收紙, absorbent paper)에서 발아할 수 있다. 씨앗은 발아를 위해 필요한 충분한 영양소를 가지고 있으며, 구조와 생식을 포함한 훨씬 많은 기질이 필요한 것은 이어지는 생장과 생존단계이다. 그러나 실험적으로 높은 이산화탄소 수준에서 자란 교목으로부터 채취한 씨앗이 현재 수분에서 자란 씨앗보다 발아가 평균 55% 증가한 것으로 나타났는데, 이는 해당 씨앗이 더 잘 자랐기 때문인 것으로 추정된다(Marty & BassiriRad 2014).

실생묘

씨앗이 발아하면, 처음 나오는 것이 중력에 이끌려 수분 공급을 확보하기 위해 아래로 자라는 어린 뿌리(**배뿌리**/radicle)이다. 어린 줄기가 어떻게 나오는가는 발아의 유형에 따라 다르다. 작은 씨앗을 많이 맺는 종(소나무류, 개잎갈나무류, 유칼리나무류, 목련류, 단풍나무류, 물푸레나무류를 포함하여)의 경우, 그림 5.13(a)에서 보는 바와 같이, 발아는 떡잎이 종피로부터 빠져나와 땅 위로 서는 **지상성**(地上性, epigeal)이다. 새순이 나옴에 따라 떡잎 아래 줄기(**하배축**/下胚軸, hypocotyl)가 신장하고 떡잎 아래로 휘어져 토양으로부터 떡잎을 보호하기 위해 기부에서 떡잎을 당기는 효과를 가져오는 **정단 갈고리**(apical hook)를 만든다. 일단 떡잎이 지상으로 나오면 펼쳐져 녹색으로 바뀌어 광합성을 시작한다. 어린 줄기가 떡잎 위로 자라서 일반적으로 1~3개월 후에 떡잎으로부터 이어받을 첫 본

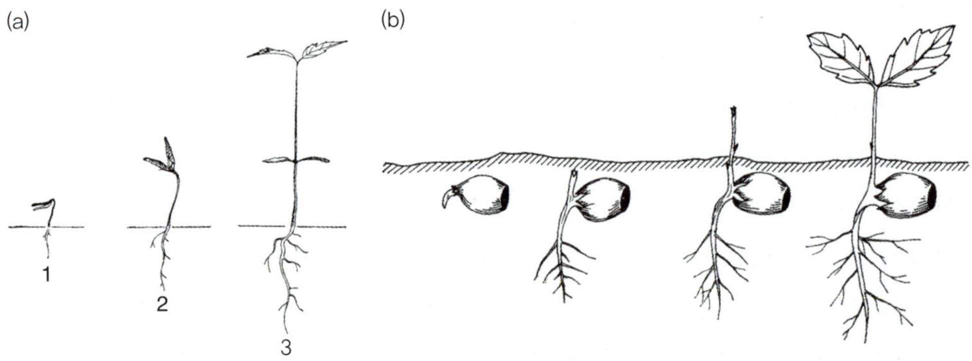

그림 5.13 발아는 (a) 지상성(epigeal)이거나 (b) 지하성(hypogeal)일 수 있다. 지상성 발아에서는, 떡잎이 지표면 위로 들어올려지고, 종피에서 빠져나오면 녹색으로 변해 광합성을 한다. 지하성 발아에서는, 떡잎이 토양 표면 또는 아래에 있는 종피 안에 남아 있다. 출처: Kozlowski & Pallardy(1997). Elsevier의 허락을 받아 전재.

엽(本葉, true leaf)을 생산하는데, 이때가 되면 떡잎은 시들어 떨어진다. 떡잎은 형태가 가끔 타원형이나 끈처럼 생겼고, 전형적인 잎 형태는 첫 본엽과 함께 나타난다.

큰 씨앗(칠엽수류/*Aesculus*, 참나무류/*Quercus*, 호두나무류/*Juglans*, 밤나무류/*Castanea*, 많은 벚나류/*Prunus*에 속하는 종)의 경우, **지하성**(地下性, hypogeal)으로 떡잎이 종피 안에서 땅속에 묻힌 채로 있다. 이 경우, 떡잎 위의 순(**상배축**/上胚軸, epicotyl)이 갈고리를 형성하면서 나오고, 광합성은 첫 본엽이 생산되어야 시작될 수 있다(그림 5.13b). 지상발아(地上發芽, epigeal germination)를 하는 실생묘가 광합성을 하는 떡잎으로 먼저 출발하기 때문에 유리한 것처럼 보인다. 지하발아에서는, 이러한 이점을 상실하지만, 영양이 풍부한 떡잎이 피해를 입지 않도록 종피 내부에 보관하고, 가끔은 이들이 포식자들의 먹이가 될 확률이 낮은 지하에 간직하는 이점이 있다.

실생묘가 가지는 떡잎의 수는 식물의 유형에 따라 다르다. 피자식물에서는, 단자엽식물(單子葉植物, monocotyledon – 예: 야자수)과 쌍자엽식물(雙子葉植物, dicotyledon)의 두 큰 집단으로 나눌 수 있고, 이들은 용어에서 보는 바와 같이 각각 떡잎을 하나(mono) 또는 둘(di)을 가지고 있다. 나자식물은 일반적으로 더 많이 가지고 있는데, 소나무의 경우, 일반적으로 8개지만 20개 이상을 가질 수 있다.

뿌리가 발달함에 따라, 어떤 종(카리아류/*Carya*, 호두나무류/*Juglans*, 소나무류/*Pinus*, 참나무류/*Quercus*와 같은)은 당근처럼 아래로 자라는 직근(直根, taproot)를 만든다(그림 5.14). 다른 종(단풍나무류/*Acer*, 물푸레나무류/*Fraxinus*, 가문비나무류/*Picea*, 버드나무류/*Salix*와 같은)은 직근이 없고 섬유질 뿌리 시스템을 가진다. 직근은 마침내 지표면 아래 1~2m를 침투하여 주로 먹이를 저장하고 매우 빨리 토양 속으로 일부 세근을 만드는 방법으로 어린 교목이 건기에 물을 흡수하도록 도와주는 데 사용된다. 이이서 어떤 뿌리 시스템을 발달시키는가는 제4장에서 다루고 있다.

뿌리의 무게는 어린 가지와 잎(수간 제외)의 무게와 거의 같은 상태를 유지하는 경향이 있어서, 뿌리/줄기 비율(root to shoot ratio)은 거의 일정하고 1에 가깝게 유지된다. 그러나 뉴잉글랜드 교목을 살펴본 Bazzaz & Miao(1993)의 전통적인 연구에 의하면, 적단풍(*Acer rubrum*)은 1.7(줄기보다 뿌리가 더 무거운)에 달하는 뿌리/줄기 비율을 보인 반면, 미국물푸레나무(*Fraxinus americana*)는 0.7(줄기보다 뿌리가 더 가벼운) 정도로 낮은 것으로 나타났다. 종 내 비율도 영양 수준에 따라 다를 수 있는데, 영양이 높으면 더 낮은 뿌리 비율로 이어진다(Ågren & Franklin 2003).

(a) (b)

그림 5.14 많은 교목 종처럼, 호두나무(*Juglans regia*)는 발아 후에 직근을 만든다. 두 경우 모두, 토양 높이에서 실생묘를 잡고 있다. (a) 1년생 실생묘의 뿌리 발달을 보여주는데, 화살표가 다람쥐에 의해 묻힌 씨앗(호두)의 잔해를 가리킨다. 이 경우, 본엽이 땅 위로 나오기 전에 약 10cm 수직으로 자라야 함에 유의하라. (b) 약간 더 발달된 직근을 가진 2년생 호두나무 실생묘를 보여준다.

5.10 교목 정착 - 생산에서 경관까지

인류는 수천 년 동안 살아 있는 교목을 이식하는 일을 해왔다. 디르 엘 바흐리(Deir el-Bahri)에 있는 이집트의 부조(浮彫, relief)는 18왕조(BC 1550~1292) 하트셉수트(Hatshepsut) 여왕에 의해 결성된 원정대가 훈향목(薰香木, incense tree)(주로 유향류/*Boswellia* spp.와 몰약류/*Commiphors* spp.)을 아프리카의 뿔(Horn of Africa - 소말리아, 에티오피아 지역) 지역에서 이집트로 이식하는 것을 묘사하고 있다(Dixon 1969). 이는 이들 교목을 이집트에 정착시킴으로써, 자신들의 매장 의식에 보다 안전한(그리고 보다 값싼) 향의 공급이 가능하도록 하는데 목적이 있었을 것이다. 또한 수천 년 전에 사과나무가 원산지인 카자흐스탄(Kazakhstan)의 산에서 비단길(Silk Road)을 따라 서쪽으로 이동하여 유럽으로 전해진 증거도 있다. 교역이 씨앗이나 살아 있는 식물로 이루어진 경우에는 가끔 분명하지 않지만, 다른 교목 작물도 틀림없이 세계의 주된 교역로(交易路, trade route)를 따라 나아갔을 것이다.

관상용 교목의 이동은 식물 수집가들이 공원과 정원을 위한 가용한 식물 자재 범위가 풍성하기를 원함에 따라 18, 19, 20세기에 빠르게 확산되었다(Ignatieva 2012). 수백 종과 품종이 이제 농장에서 재배되고 있고 비슷한 기후를 가진 지역에 걸쳐 공유되고 있다. 예를 들면, 온대 유럽에서는 농장에서 구할 수 있는 많은 종이 북아메리카, 남아프리카, 아시아 또는 호주의 온대지역 원산이다. 적절하게 사용하면 이러한 식물 자재의 국제화는 상당한 미적인 가치와 폭넓은 생태계 서비스를 전달하는 다양한 경관으로 이어질 수 있다. 하나의 사례로, Mitchell(1974)은 공원과 정원들을 살펴보면 영국제도 원산인 35개 정도의 교목에 더하여 또 다른 700 이상의 종과 품종을 쉽게 발견할 수 있다고 주장하였다. 식물원과 수목원을 포함하면 영국제도에서 자라는 교목 종의 수는 1700이 넘는다.

교목을 재배하고 이식하는 오랜 역사에도 불구하고, 도시 환경에서의 이식 실패율은 첫 2~3 생육기 동안 빈번하게 30~70%를 나타낸다(Gilbertson & Bradshaw 1985; Britt & Johnston 2008; Roman 등 2014). 이처럼 높은 어린 교목의 고사율은 용납할 수 없는 것으로 생각되어야 하며, 교목을 정착시키는 최적실무를 준수하는 것에 대한 중요성을 강조해야 한다. 교목을 식재하는 것에 관한 종합적인 지침은 Watson & Himelick(2013)에서 확인할 수 있지만 일부 핵심적인 고려사항을 지금부터 고찰한다.

5.11 교목 정착의 추진력

모든 서식지나 경관에서의 교목 정착은 **발달 추진력**(developmental momentum)이라고 불릴 수 있는 것에 크게 도움을 받는다. 만약 어린 교목이 충분한 자원에 접근할 수 있는 양질의 뿌리 시스템을 가지고 있으면, 잎의 전개와 신초 생장이 상대적으로 쉽게 이루어진다. 이 뿌리 시스템이 물과 영양소 자원의 공급을 유지할 수 있으면, 해당 교목 수관은 빠르게 발달할 것이다. 이는 나아가 전체 교목의 탄소 흡수를 증대시키고 향후 발달을 확보하는 데 도움을 준다. 그러나 이식 작업 중 뿌리 손실, 새로운 부지의 불량한 토양과/이나 새로운 부지에서의 토양과 결부된 뿌리 피해는 발달 추진력을 심각하게 감소시킬 것이다. 만약 뿌리 시스템이 물을 충분하게 공급하지 못하면, 잎이 확대되지 못하고 줄어든 엽면적으로 인해 탄소 흡수도 감소할 것이다. 만약 교목의 물 수요(증산 작용 수요)가 뿌리로부터의 물 공급을 초과하면, 수분 결핍이 축적되어 이들은 수리 전도도(水理傳導度, hydraulic conductivity)를 상실할 가능성이 있고(제2장 참조), 이는 수분 부족의 소용돌이와 수관의 탄소 고정 감소로 이어져 발달 추진력을 상실하고 교목 생장이 심각하게 억제될 것이다. 수분 결핍 영향의 일부는 빈번한 관수로 최소화될 수 있지만, 이를 적극적으로 관리하지 못하면 교목 쇠락은 불가피하다. 매우 어린 교목에서는, 뿌리 시스템 질에서의 차이가, 그림 5.15의 어린 다비드단풍(*Acer davidii*) 묘목이 보여주는 바와 같이, 해당 교목의 수관 구축 능력에서 큰 차이를 보일 수 있다. 경관에 교목을

그림 5.15 씨앗에서 발아되어 0.5L 용기에서 3L 에어포트(air-pot)로 옮겨 심은 두 그루의 다비드단풍(*Acer dividii*) 실생묘. 왼쪽 실생묘는 이식 당시에 크기는 훨씬 작았지만(사진에 보이는 크기의 약 절반) 잘 발달된 뿌리 시스템을 가진 상태에서 생육기를 시작했다. 오른쪽 실생묘는 이식 당시에 둘 중 키가 더 컸으나 매우 불량한 뿌리 시스템을 가지고 출발했다. 생육기 시작 3개월 후 잘 발달된 뿌리 시스템을 가진 실생묘(왼쪽)는 자신의 잎을 충분히 전개할 수 있어서 수고가 약 30cm로 자랐다. 잎들이 크고 잘 형성되어서 앞으로의 생장을 지원하게 될 효과적인 광합성을 가능하게 한다: 이것이 발달 추진력이다. 반대로, 불량한 뿌리 시스템을 가진 실생묘(오른쪽)는 자신의 잎을 충분히 전개하지 못하여 엽면적의 심각한 감소와 무시할 정도의 신초 신장으로 이어졌다. 두 실생묘는 주기적으로 관수되었고 접근 가능한 토양의 양도 동일하다. 이 사진은 불량한 품질의 수리 시스템이 이어지는 교목 발달에 영향을 미칠 수 있음을 보여준다.

식재한 직후의 사후관리는 잘 정착된 교목을 확보하는 데 마찬가지로 중요할 수 있다. 이는 그림 5.16의 두 쌍의 영국참나무(*Quercus robur*) 간의 생장 대비를 통해 잘 보여주고 있다. 정착하는 동안 수분 공급이 잘 된 교목들은 추가적인 관수가 중단된 이후에도 발달 추진력이 유지되었다. 일단 양질의 뿌리 시스템이 정착되고 나면, 해당 교목의 생장을 위한 장기적인 능력은 크게 안정된다. 식재 직후에 뿌리 시스템이 정착하는 데 실패하는 경우, 이후 몇 년 또는 수십 년 동안 느린 생장과 쇠락을 종종 눈으로 확인할 수 있다. 이러한 상태를 넓게는 **이식 스트레스**(transplant stress) 또는 **이식 충격**(transplant shock)라고 부른다.

양호한 발달 추진력은 네 가지 요소에 달렸다: **수종 선택, 교목 품질, 뿌리 전개 환경,**

(a) (b)

그림 5.16 교목 정착의 추진력은 수십 년 동안 지속될 수 있다. 이들 늘어선 영국참나무(*Quercus robur*)들은 1991년 Alnarp에 있는 Swedish University of Agricultural Sciences(SLU) 옆 도로변을 따라 식재되었다. 이들 교목의 절반은 대학의 관할 하에 있었고, 절반은 지방 정부의 관할 하에 있었다. (a) 대학 부지에 속한 교목들은 정착 단계 동안 관수를 잘 해주어 경관에 상당한 기여를 하고 있다. (b) 지방 정부 부지에 속한 교목들은 정착 단계에 방치되어, 여전히 생존하고 있지만, 크기가 훨씬 작고 경관에 미미한 기여만 하고 있다. 이들은 초기에 관리된 교목의 상태와 동일한 수준을 회복할 가능성은 극히 낮다. 출처: Henrik Sjöman 제공.

수목관리 작업. 이들 요소 중 어느 하나라도 고려하지 못하면 경관 내 해당 교목의 생장성과가 부진하여 조기 고사로 이어질 수도 있다(Hirons & Percival 2012). 이 요소들은 누가 교목 식재를 계획하고 수행하든 그 사람의 통제 하에 있어야 한다. 물론 해당 교목의 사후관리도 매우 중요하다는 것을 지적할 필요가 있다. 지속적인 관리와 반달리즘 억제와 같은 사회적인 요소가 장기 생존을 결정하는 데 도움이 된다는 증거도 있다(Ko 등 2015). 그러나 여기서는 생물학적 관점에서 중요한 교목 정착 요소에 초점을 맞춘다.

5.12 수종 선택

식재 부지의 제약이 식재할 수종을 선택할 때 고려할 가장 중요한 요소들이다(그림 5.17): 해당 교목이 향후 요구하는 공간이 다른 기반시설(지상과 지하)과 어떻게 상호작용할 것인가; 토양 상태; 물과 영양소 유효성의 정도; 수목 가용성과 예산과 같은 현실적인 고려. 또한 최근 나타난 병해충에 대한 교목의 감수성과 침입성이 될 가능성과 같은 생물적 제약을 고려하는 것도 중요하다.

풍성한 개화나 현란한 단풍에 기반을 두어 교목을 선택하려는 경향이 있는데, 여러모로 보다 미적인 이러한 측면은 해당 식재 부지에 존재하는 물리적 여건(**생태생리학적 요소**/ecophysiological factor – 그림 5.17)에 견딜 수 있는 교목을 선택하는 것에 비해 부차적이어야 한다. 많은 온대지방에서 가장 중요한 것은 해당 교목의 내한성(耐寒性, cold-hardiness)이지만, 수분 결핍(가뭄)에 대한 내성과 같은, 특히 토양 부피가 제한되는 곳에서는, 다른 특성도 마찬가지로 중요할 수 있다. 종은 식재부지의 기후에 적합한 것을 대상으로 선택해야 한다. 이는 해당 수종이 식재 부지의 자생종이라는 뜻이 아니라, 이의 자연적인 범위가 비슷한 범위를 가지는 것이 좋다는 것을 의미한다. 기후뿐만 아니라 해당 교목의 자연 서식지도 일치시키기 위해 노력하는 것도 보람 있는 일이다. 예를 들면 포장된 도시 환경은 얕은 토양, 노출된 위치, 낮은 습도 등을 가진 따뜻한 산비탈과 어느 정도 비슷할 것이다. 이러한 여건에서 자연적으로 발견되는 교목이 포장된 부지에 식재할 수 있는 뛰어난 후보가 되는 경우가 있다(Sjöman 2012; Sjöman 등 2012). 독특한 수목 특성을 살펴보는 것도 도전적인 도시 부지에 대한 종의 잠재력을 확인할 때 매우 유용할 수 있다. 예를 들면, 건조한 도시 부지에 내성이 있는 종을 확인하는데 잎의 팽압 상실(제6장 참조)이 유용하다(Sjöman 등 2015). 침수 내성도 홍수가 발생하기

그림 5.17 세 가지 주된 여과장치를 사용하여 도시 환경에 부적합한 종을 걸러내는 과정(자세한 내용은 본문 참조). 이는 특정 식재부지에 적합한 교목의 잠재적인 목록을 다듬는 데 도움이 된다.

쉽거나 지속가능한 도시 배수계획의 일환으로 주기적으로 범람하도록 설계된 부지에 대한 수종선정을 할 때에도 마찬가지로 유용하다. 교목이 개방된 여건에 적응된 개척종인지 아니면 습하고 그늘진 여건에 더 잘 적응된 종인지에 따라 개방된 가로(街路,

street) 환경에서 잘 자랄 것인지 아니면 대규모 조밀한 식재 계획에서 잘 자랄 것인지가 결정된다. 내음성(耐陰性, shade-tolerant) 교목을 억지로 포장된 가로 환경에 식재하면 성공할 가능성이 희박할 것이다.

일단 이들 부지 제약과 생태생리적 요소를 활용하여 부적합한 종을 걸러냈다면, 형태, 크기, 색상, 개화와 같은 미적이고 '기능적 속성'(functional attribute)을 사용하여 적합한 교목의 최종 풀(pool)을 마무리할 수 있다(그림 5.17). 핵심적인 메시지는 여러분이 원하는 경관을 결정하기 전에 해당 교목의 생장을 보장하는 것이다(전문가 논단 5.1도 참조).

전문가 논단 5.1 도시 환경에 적합한 교목 선택 – 자연으로부터 배우기

Henrik Sjöman

교목은 도시 경관의 중요한 구성요소가 된다. 자연적이고 우아한 교목의 형태는 크기가 다른 인간과 건물/가로 사이의 건축적 전이를 제공하고, 도시에 식재된 교목은 나이가 들어감에 따라 그 사회의 번영과 성취의 거울 역할을 한다. 미화(美化, beautification)는 전통적으로 도시에 교목을 식재하는 데 대한 주된 논쟁거리가 되어왔지만, 최근 몇십 년 동안 교목이 도시지역 생활의 질에 제공하는 수많은 편익적 효과를 제시하는 수많은 보고서가 발표되었다. 교목은 도시열섬 강도를 낮추는 데 도움을 줌으로써(King & Davis 2007) 건물을 냉각시키기 위한 에너지 수요를 감소시킨다(Akbari 등 2001). 도시 교목은 빗물의 유출을 줄일 수 있기 때문에 홍수와 이로 인한 재산과 기반시설에 대한 피해를 줄여준다(McPherson 등 1997). 이들은 소음 여과기 역할을 하고, 분진, 이산화탄소, 오존, 기타 차량 통행과 산업활동으로부터 나오는 대기 오염물질을 포획함으로써 공기를 정화한다(Nowak 등 2006). 또한 도시 교목은 주거지역과 상업지역에 있는 녹색 공간의 중요한 요소이기 때문에 도시민을 위한 휴양에서도 중요한 역할을 한다(Tyrväinen 등 2007). 그러나 이러한 미적, 사회적, 미기후적 개선은 도시교목 집단이 생존해 있을 때에만 가능하다. 그러므로 교목 선택이 지속가능한 도시 숲을 창출하는 데 가장 중요한 요소 중 하나이며, 이를 통해 건전한 도시 환경이 창출된다. 오늘날 도시 교목을 선택하는데 두 가지 도전에 직면한다:

1) 적절한 부지와 기능에 맞는 적절한 교목을 선택하는 것에 관한 믿을 만한 지침 개발
2) 보다 광범위한 교목 종의 목록 사용

도시 교목의 다양성 부족

세계에 걸친 광범위한 교목 현황조사를 통해, 북반구의 많은 도시에서 소수의 교목 종과 속이

지배하고 있다는 사실이 분명해졌다. 예를 들면, 미국 뉴욕주에서는 노르웨이단풍(*Acer platanoides*)이 총 가로수의 20% 이상을 차지하고 있고; 핀란드 헬싱키에서는 유럽피나무(*Tilia* x *europaea*)가 총 가로수의 44%를 차지하고 있고, 중국 베이징에서는 회화나무(*Styphnolobium japonicum*)가 총 도시 교목의 25%를 구성하고 있다(Yang 등 2005; Sjöman 등 2010; Cowett & Bassuk 2014). 이처럼 빈약한 다양성은 만약 우점종에 심각한 병해충이 발생하는 경우 심각한 위험이 된다. 사실 이러한 사태는 이미 일어났다: *Ophiostoma novo-ulmi*에 의해 유발된 느릅나무시듦병(Dutch elm disease)은 대규모 느릅나무류(*Ulmus* spp.) 개체군을 가진 유럽과 북아메리카의 많은 도시에 심각한 결과를 가져왔다. 오늘날 느릅나무시듦병의 후유증은 여전히 가시적이어서, 어떤 도시 지역은 제거된 느릅나무가 대체되지 않아 대형의 성숙한 교목이 없다. 이러한 교목 집단의 상당 부분 상실은 오래되고 대형의 교목과 관련된 많은 생태서비스 관점에서 커다란 차질이고, 적합한 종이 대체용으로 사용되더라도 새로운 교목이 이전의 느릅나무를 대체하기까지는 오랜 시간이 걸릴 것이다. 당면하고 있는 위협으로부터 도시 교목 집단을 보호하는 최선의 방법은 단연코 종과 속의 다양성을 가능한 한 폭넓게 사용하는 것이다. 이처럼 높은 다양성은 전체 도시를 통하여 고르게 분포되도록 권고한다. 오늘날, 이는 주로 종, 속, 과에 대한 높고 지속가능한 다양성을 가지고 있는 도시 공원, 수목원 또는 식물원에서 볼 수 있다.

종 다양성의 최소 수준에 관한 권고는 다양성을 높이는 데 중요하지만, 다양성에 급급한 나머지 근본적인 고려사항이 간과될 수 있다. 해당 지역에 대한 적합성이 검정되지 않은 새로운 종과 유전자형(遺傳子型, genotype)을 단순하게 지시하는 것은 올바른 방향이 아닌데, 스트레스가 큰 도시 서식지에 대한 종의 적응성과 장수가 수종 선택에서 높은 비중을 차지해야 하기 때문이다. 서투르거나 그릇된 선택은 교목의 수명을 단축시키고 고사한 교목은 제거되거나 대체되어야 하기 때문에 궁극적으로는 비용을 증대시킨다. 그러므로 다른 서식지와 기후에서 자랄 수 있는 교목 능력에 관한 지식은 매우 중요하다.

적지에 적수를 선택하는 지침

교목 종을 선택할 때의 의도는 일반적으로 이들이 해당 부지에 오랜 기간, 아마 100년 넘게, 버틸 수 있도록 하는 것이기 때문에, 특정 부지와 기후에 가장 적합한 식물 자재를 선택하는 것이 중요하다. 많은 생태서비스는 교목의 크기와 함께 증가한다는 지식을 기반으로, 해당 부지에서 성숙에 도달할 수 있는 교목 종을 선택하는 데 우선을 두어야 한다. 도시 환경에 적합한 교목의 선택 지침에 관한 논문을 검토해보면, 많은 정보가 견고한 과학적 실험이 아닌 저자 자신의 경험과 생각에 기반을 두고 있다는 것이 분명하다. 이로 인해 한 저자는 특정 종을 건조한 환경에 대한 저항성이 매우 높은 것으로 언급하고 있는 데 비해, 다른 저자는 동일한 종을 수분을 필요로 하고 가뭄에 민감하다고 평가하는 등 다양한 기술로 이어진다(Sjöman 등 2015). 이러한 혼란은 배타적으로 수집되어 이들 교목에 대한 경험이 부족한 희소하거나 비전통적인 종에서 보다 흔하다. 그러나 이러한 희귀종이 자신의 자연적인 서식지에서 어떻게 자라는지에 관한 지식은 이들이 자연환경과는 다른 도시 서식지와 기후에 어떻게 견딜 것인가, 그리고 자원을 두고 성공적으로 경쟁하기 위해 이들이 개발할 속성에 관해 귀중한 지침을 줄 수 있다.

생태적 조화

근대 수목관리학의 아버지인 Alex Shigo(1991)는 도시 교목의 이용과 유지관리에 관해 다음과 같이 말했다: '우리는 먼저 교목이 자신의 자연적인 부지에서 자라는 것을 이해해야 한다. 자연적인 부지에서 자라는 것으로 교목을 이해하지 않고 도시 교목을 취급하고자 하는 것은 바탕선 없이 y축만으로 자료의 곡선을 그리는 것과 같다!'

부지에 대한 적합성(fitness for site)에 따라 수목을 선택하면 집중적인 부지관리 요구를 줄여 준다(Dunnet 2004). 어떤 종은 다양한 환경 여건에 광범위한 유연성과 내성을 발전시킨 반면, 다른 종은 특정 서식지 유형에 특화되었다. 비슷한 환경적인 제약을 공유하는 서식지 출신의 식물들은 공통적인 속성이나 특징을 공유하는 경향이 있어서, 이들 종을 도시 환경에 활용하면 이들을 충분히 활용할 수 있다. 예를 들면, 얇고 바위가 많은 토양층을 가진 가파르고 남향의 산비탈이나 따뜻하고 건조한 대초원지대(steppe) 환경은 동일한 방식으로 식물을 진화시키는 독특한 서식지 유형을 보여준다(Sjöman 등 2010). 따라서 건조한 도시 부지에 내성을 가진 종과 유전자형을 찾을 때에는, 다른 서식지에 있는 종의 생태적 전략과 성과에 관한 정보가 귀중한 지침을 줄 수 있다(그림 EB5.1).

종의(그리고 유전자형의) 생태적 유산을 반영하는 데 실패하면, 해당 교목이 이들 서식지에서 성공적으로 자라는 데 도움을 주는 자연 서식지와 속성들이 도시 경관에서는 불량한 활력으로 자랄 가능성을 높여준다.

천이 – 자연으로부터의 가르침

천이(遷移, succession)의 개념은 시간이 경과함에 따라 한 장소에서의 종의 분포 변화를 나타내는 단순화된 용어라고 설명할 수 있다(Picket 등 2013). 오늘날 이 개념이 도시 교목을 선정하는 과정에서 활용되는 경우는 드물지만, 해당 종의 천이적 지위는 교목 정착과 가끔 해당 교목의 장기 생장과 생존을 결정하는 초기의 발달을 보장하는 데 매우 중요할 수 있다. 콘크리트 기초 위에 건설된 도시 광장이나 마당은 성숙한 숲 환경과 유사성이 거의 없다. 그러므로 천이의 후기 단계인 숲에 나타나는 종은 천이의 아주 초기 단계와 여건이 닮은 따뜻한 광장이나 에워싸인 마당에서 정착하기는 훨씬 어려울 것이다. 마찬가지로 좁고 짙게 그늘진 도시 협곡에 개

그림 EB5.1 도시환경에서 자랄 수 있는 교목의 능력을 평가할 때, 이의 자연적인 배경이나 생태적 유산이 귀중한 지침을 줄 수 있다. 얕고 바위가 많은 토양층을 가진 가파르고 남향의 산비탈에서 자라는 교목은 이들을 이러한 유형의 여건에 견딜 수 있게 하는 속성을 개발했다. 이러한 생장 환경은 포장된 도시 부지와 비슷하기 때문에 이들 종/유전자형이 습한 강의 계곡 출신 교목보다 더 나은 선택인데, 습한 계곡 환경은 공원 환경과 더 많은 공통점을 가진다. 출처: Henrik Sjöman 제공.

척수종을 식재하면 이들 교목을 천이 후기의 내음성 종이 선호하는 광 수준(light level)에 노출시킬 것이다. 계획하고 있는 부지의 천이 단계를 확인하기 위한 노력은 이러한 여건에 적응하기 위해 자연적으로 개발된 전략을 보유한 식물 자재를 찾는 데 도움을 줄 수 있다. 또한 필요한 초기 유지관리 수단을 예측하는 데에도 도움이 될 수 있다.

더구나 도시 광장과 같은 포장된 도시 환경은 자연에서는 천이의 초기 단계인 제한된 토양 부피를 가진 따뜻한 산비탈에서 볼 수 있다. 이는 유럽흑송(*Pinus nigra*), 페트라참나무(*Quercus petraea*), 모감주나무(*Koelreuteria paniculata*), 마하레브벚나무(*Prunus mahaleb*), 러시아올리브(*Elaeagnus angustifolia*), 만나물푸레(*Fraxinus ornus*)와 같은 종이 적합하다는 것을 의미하는데, 왜냐하면 이들이 자연적으로 비슷한 여건에서 발생하여 이러한 여건에 적응하기 위한 전략을 개발했기 때문이다. 그러나 식재 부지가 석력토양(structural soil – 인조 자갈토양)을 이용하여 뿌리 전개 환경을 개선하여 '개량'(improve)되었다면, 해당 부지는, 자연적인 잔자갈 경사지처럼, 산소에 대한 양호한 접근과 물과 양분 자원을 보유할 수 있는 상대적으로 큰 토양 부피를 제공하는 뿌리 전개 여건을 보유하게 될 것이다. 수많은 종이 이런 유형의 자연환경에서 자라서 매우 양호한 장기적인 발달을 보여준다. 만약 도시 식재 부지가 햇빛에 완전히 노출되어 있으면, 증발산(蒸發散, evapotranspiration)이 높은 개방되고 노출된 부지에 적응할 수 있는 개척수종이 가장 적합하다. 여기에 속하는 종으로는 이태리오리나무(*Alnus cordata*), 헝가리참나무(*Quercus frainetto*), 스웨덴팥배나무(*Sorbus intermedia*), 산벚나무(*Prunus sargentii*), 느티나무(*Zelkova serrata*), 캄페스트레단풍(*Acer campestre*), 개회나무(*Syringa reticulata*), 은행나무(*Ginkgo biloba*), 남팽나무(*Celtis australis*) 등이 있다. 도시 광장 식재부지가 하루의 일부 동안 주변 건물에 의해 그늘이 지면, 잔자갈 경사지에 자연적으로 발생하는 천이 후기 종이 보다 적합할 수도 있다. 그늘진 여건은 더 서늘하고 낮은 증발산을 가진 보다 습한 부지를 창출하기 때문에, 이러한 토양 여건과 낮은 광질(光質, light quality)에 적응할 수 있는 새우나무류(*Ostrya* spp.), 서어나무류(*Carpinus* spp.), 느릅나무류(*Ulmus* spp.), 은색피나무(*Tilia tomentosa*)가 여기에 적합할 것이다. 비옥한 공원 부지에 대해서도 천이를 고려하는 것이 중요하다. 방풍림 조성이 필요할 수도 있는 개방된 부지에는 서늘하고 비옥한 삼림 출신의 개척수종이 빠른 정착을 용이하게 하는 발달 전략을 가지고 있기 때문에 선택될 수 있다. 여기에 속하는 종으로는 은단풍(*Acer saccharinum*), 사시나무류(*Populus* spp.), 버드나무류(*Salix* spp.), 은자작나무(*Betula pendula*), 오리나무류(*Alnus* spp.), 러시아올리브(*Elaeagnus angustifolia*) 등이 있다. 이미 정착된 교목이 공원에 존재하는 경우, 이들의 성숙한 수관이 미세 환경 여건을 변경시켜 해당 부지의 햇빛과 습도 수준에 영향을 미친다. 이러한 식재 위치는 삼림 천이의 후기 단계를 나타내며, 선호되는 종으로는 미국솔송나무(*Tsuga heterophylla*), 전나무류(*Abies* spp.), 버즘단풍나무(*Acer pseudoplatanus*), 작은잎피나무(*Tilia cordata*), 너도밤나무류(*Fagus* spp.), 주목류(*Taxus* spp.), 자이언트측백(*Thuja plicata*) 등이 있다.

천이는 식물이 적응해야 하는 여건을 창출하는 자연적인 과정이다. 그러므로 식재할 때 이러한 생태적 과정이 고려되지 않으면, 해당 종은 준비되지 않은 상황으로 억지로 내몰릴 가능성이 높다. 가끔 이는 중요한 생태서비스를 제공하는데 제한적인 능력을 가진 불량한 교목으로 이어진다.

미래 경관

모든 식재설계는 어느 정도 바람직한 것(예술적 또는 창의적인 상상)과 가능한 것(과학적 현실) 사이의 절충일 수밖에 없다(Dunnet 2004). 경계를 장비로 밀어낼 수 있더라도, 이는 지속가능하지 않은 상당한 환경적인 비용(예: 지속적인 관리비용)이 발생하기도 한다. 생태적인 정보를 기반으로 한 식재의 가장 큰 장점은 부지 변경을 상대적으로 거의 하지 않고 충분히 창조적인 경관을 달성할 수 있다는 것이다. 도시 환경에서 장기적으로 지속가능한 교목 식재에 성공하기 위해서는, 이들 교목이 도시 서식지에서 잘 생장할 수 있는 생물학적 생태학적 능력을 더 잘 이해하는 것이 필요하며, 이러한 이해는 이들이 자연환경에서 어떻게 자라는가를 평가함으로써 얻을 수 있다.

교목의 자연 서식지에 대한 지식은 전통성이 낮은 교목 종을 식재용으로 제시할 때 특히 중요한데, 이는 이들 종에 대한 도시환경에서의 장기적인 경험이 부족할 때 귀중한 지침을 제시하기 때문이다.

5.13 교목 품질

교목 식재의 성공은 고품질의 농장재배 수목과 강하게 연결되어 있다. 식재 부지와 마찬가지로 운반 중의 교목 취급도 최종 수목 품질에 영향을 미칠 것이다. 생산과 취급 중의 견실한 생물보안(生物保安, biosecurity) 절차는 식재용 농장 수목이 경관에 새로운 병해충을 도입하지 않도록 보장하기 위해 점점 중요해지고 있다.

교목 품질은 교목 농장 간에 차이가 매우 클 수 있기 때문에, 농장이 고품질의 교목을 지속적으로 공급하지 못하는 것을 방지하기 위해 필요한 경우, 교목을 구매하는 사람들은 농장을 평가할 필요도 있다. 고품질의 교목이 조달되고 이의 품질이 식재 부지까지 유지될 수 있도록 보장하기 위해 농장과 식재 시공자에게 분명하고 확실하고 명료한 지침을 제공할 수 있는 견실한 시방서(示方書, specification)를 작성해야 한다. 표 5.2는 견실한 식재 시방서의 기초로 사용될 수 있는 지침을 제공한다.

수많은 농장 생산 실무가 교목의 정착에 영향을 미칠 수 있다. 가장 중요한 것은 뿌리 시스템을 준비하는 것일 것이다. 교목의 뿌리는 자원이 풍부한 지역을 개척하고 안정성을 확보하기 위해 자연스럽게 새로운 토양 부피를 개척하기 위해 노력한다. 따라서 이는 뿌리 시스템이 빠르게 너무 광범위하게 확대되기 때문에 그 상태로 쉽게 이식하기 어려운 상태가 된다는 것을 의미한다. 이 때문에, 노지에서 자란 교목은 치밀한 뿌리 시스템이 형성되도록 농장 내에서 주기적으로 이식하든지 아니면 뿌리를 잘라주어야 한다.

농장 생산

농장에서 경관으로 옮겨심는 과정에서의 뿌리 손실은 초기 교목 죽음의 주요 핵심 동인이다. 그러므로 이식할 때 해당 교목과 함께 동반되는 세근의 면적을 극대화하는 실무

표 5.2 작업계약과 작업 방법을 설명하기 위한 견실한 식재 시방서를 작성하기 위해 사용될 수 있는 핵심 요소와 범주. Johnston & Hirons(2014)에서 전재.

시방서 요소	시방서 범주
식재 전 교목 특징	• 종/변종 유형에 충실한 표본 • 접목 적합성(필요한 경우) • 양호한 활력이 동반된 건강함 • 병해충이나 무생물적 스트레스 없음 • 상처 없음 • 양호한 줄기 초살도로 스스로 지지 가능 • 줄기/가지의 전이 높이(예: 가지가 없는 줄기 높이 180cm) • 튼튼한 가지 부착과 수관 구조 • 양호한 전정 상처 유합 • 수관 대칭성 • 충분한 크기의 근분 • 뿌리층의 4분면 모두를 포함하는 다양한 뿌리 전개 방향 • 양호한 뿌리 분배 • 10:1 이상의 근분 직경/수간 직경(지상 15cm에서) 비율을 가진 광범위한 섬유질 뿌리 시스템 • 뿌리 결함(예: 옥죄는 뿌리) 없음
식재 구덩이와 뿌리층	• 근분 직경의 2~3배 크기의 식재 구덩이 • 규정된 표준(예: BS 3882)을 충족하는 반입된 토양 • 식재 구덩이와 뿌리층에서 낮은 토양 부피 밀도(예: ~1.2g/cm^3) 유지 • 식재되는 종의 성목에 적합한 잠재적인 뿌리 전개 부피(토양)
교목 취급	• 운반은 식물 조직이 건조되지 않도록 지붕이 있는 차량으로만 수행하는 것이 좋다. • 줄기는 마모되지 않도록 보호되는 것이 좋다. • 근분은 건조되지 않도록 해야 한다.
식재 작업	• 마포, 철사 바구니, 기타 용기는 근분에서 제거하여 올바르게 처분 • 줄기/뿌리 전이대(근원)에서 식재된 교목 • 해당 수목의 기부 주변에서 근분 직경의 2~3배 지역을 토양 부피 밀도가 1.2g/cm^3 미만이 되도록 경운 • 직립이고 지상이나 지하의 기술을 이용하여 지지되는(필요한 경우) 교목; 목재 말뚝이나 난간이 줄기와 직접 접촉하지 않도록 하는 것이 좋다.
구조 전정	• 자연표적전정 방법을 사용하여 손상된 가지 제거(제3장 참조) • 마찰하고 가로지르는 가지 제거 • 경쟁하는 줄기 억제

표 5.2 작업계약과 작업 방법을 설명하기 위한 견실한 식재 시방서를 작성하기 위해 사용될 수 있는 핵심 요소와 범주. Johnston & Hirons(2014)에서 전재. (계속)

시방서 요소	시방서 범주
사후관리	• 깊이 5~10cm와 규정된 폭으로 멀칭. 줄기는 멀칭 자재로 묻히지 않고 노출됨 • 규정된 멀칭 자재 보충 일정 • 지역 토양 변이(기질/matric 포텐셜 기준)에 근거한 관수 일정 • 가능한 한 낮은 곳에 그리고 해당 교목 수고의 1/3보다 높지 않은 곳에 위치한 지주목 • 식재 부지에 대한 잠재적인 위협을 충족시키기 위한 규정된 교목 보호 • 평가와/나 제거에 대한 정해진 시한을 가진 교목 보호와 지지

출처: Dixon & Aldous(2004). Springer의 허락을 받아 전재.

와 방법이 고품질의 관상수를 생산하는 데 필수적이다.

실생묘는 파종상(播種床, sedbed)에서 자람에 따라, 결국에는 이들의 최종 식재지 또는 새로운 상이나 용기로 이식할 필요가 있을 것이다. 임업에서는, 대부분의 실생묘가 나근(裸根, bare-root)으로 반출되는데, 이는 운반하기 쉽고 비용이 덜 들고, 많은 수량을 취급할 수 있기 때문이다. 적은 수량에서도 나근묘가 싸지만 휴면기 중에 식재를 해야 하기 때문에 식재 시기가 훨씬 짧은 불리한 점이 있다. 실생묘는 1+0 또는 2+0묘(반출되기 전에 실생묘 상에서 1년이나 2년 동안 키움)로 키우지만, 많은 경우 파종상에서 다른 상으로 이식되어 추가로 1년을 보낸 1+1 또는 2+1묘로 키운다. 2년 이상 된 실생묘는 이식하기 전에 종종 지하 단근(undercut)을 실시하는데, 이는 지하 15~20cm에서 직근(直根, taproot)을 포함한 모든 뿌리를 절단하는 것이다. 이는 종종 증가된 측근 생장과 이식에 더 잘 대처할 수 있는 보다 치밀하고 섬유질의 뿌리 시스템을 유발한다. 그러나 교목이 농장의 상에서 오랫동안 자라면, 뿌리가 자연적으로 새로운 토양 부피를 개발하기 위해 바깥으로 확대될 것이다. 이는 일반적으로 뿌리 시스템이 빠르게 너무 넓어져서 그대로 이식되기 어렵다는 것을 의미한다. 따라서 **노지에서 자란**(field grown) 교목은 치밀한 뿌리 시스템이 형성되도록 농장 내에서 주기적으로 이식하거나 뿌리를 잘라 주어야 한다(그림 5.18). 이러한 조치에도 불구하고, 나근묘는 이식하는 동안 자신의 세근 대부분을 잃을 수 있기 때문에(Watson & Himelick 1982), 잎이 무성한 수관으로부터의 높은 수분 요구가 발생하기 전에 새로운 세근을 키울 수 있는 시간을 주기 위해 이들을 휴면기 초기에 식재하는 것이 중요하다.

그림 5.18 치밀한 뿌리 시스템을 창출해야 한다면 농장에서 단근과 주기적인 이식이 필수적이다. 단근을 하지 않으면 구매할 때 대부분의 뿌리 시스템이 노지에 남겨질 수 있다([a] 위와 중간). 주기적으로 단근을 하면 식재지로 운반되기 전에 마포와 철사 바구니(rootballed/UK, balled and burlapped/USA)로 감싸질 수 있는([b] 오른쪽) 치밀한 뿌리 시스템([a] 아래)을 창출할 수 있다. 출처: (a) Keith Sacre 제공

취급의 용이함과 훨씬 긴 식재기간을 확보하기 위해 교목은 가끔 용기에서 키우거나(container-grown) 용기화(containerized - 반출 전 마지막 해 쯤 용기로 이식)한다. 용기에서 키운 교목은, 충분한 사후관리를 해준다면, 거의 언제나 식재될 수 있지만, 몇 가지 불리한 점 때문에 영향을 받을 수 있다. 교목을 용기에서 너무 오랜 기간 키우면 **뿌리가 꽉 차게**(root-bound) 된다. 이러한 경우에는, 용기의 가장자리에 닿은 뿌리가 옆으로 휘어 용기를 맴돌기 시작하는 현상도 흔하다. 만약 식재하기 전에 이러한 뿌리를 제거하지 않으면 이들 **맴돌거나**(circling) **옥죄는 뿌리**(girdling root)는 수간 생장을 제한하고 뿌리

가 바깥을 향해 자라지 못해 건강한 뿌리 시스템을 발달시키지 못하게 되어 생장하는 교목에 심각한 문제를 유발한다(그림 5.19). 뿌리 전정 작업은 뿌리 결함의 영향을 줄이는데 도움을 줄 수 있지만(Gilman 2012), 처음에 고품질의 뿌리 시스템을 가진 교목을 구입하는 것이 훨씬 낫다. 맴도는 뿌리를 줄이는 방법은 여러 가지가 있다. 옛날부터 뿌리가 용기의 측면에 닿으면 뿌리를 죽이도록 황산구리(copper sulfate) 층을 용기의 안쪽에 발랐지만, 적합한 용기 설계를 사용하는 것이 훨씬 환경적으로 지속가능한 방법이다. 예를 들면 Air-Pot®는 측면과 바닥에 구멍이 뚫려 있어서 가장 바깥 뿌리를 건조시켜 '공기 전정'(air-prune)을 하게 된다(그림 5.20). 이 용기는 뿌리 결함을 크게 줄여주고 뿌리 시스템의 질을 향상시킨다(Amoroso 등 2010; Gilman 등 2010; Mariotti 등 2015). 일반적으로 공기 전정된 뿌리 시스템은 보다 섬유질이고, 너무 오랫동안 용기에 방치하지 않으면, 옥죄는 뿌리가 거의 없다(그림 5.21).

그러나 산란광(散亂光, scattered light) 통과를 허용하는 흰 직물 용기(예: Barcham Light Pots™)를 사용하는 것과 같은 또 다른 방법도 옥죄는 뿌리를 줄여주는 것으로 나타났다(Grimshaw & Bayton 2010). 종이 기반 번식 셀(cell – 예: Jiffy® 또는 Ellepot)도 실생묘의 공기 전정을 용이하게 하고 노지나 더 큰 용기에서 키우기 위한 잘 발달된 어린 뿌리 시스템을 확보하기 위해 설계되었다(그림 5.22). 교목을 키우기 위해 사용되는 용기의 유형과 관계없이 용기에서 키운 모든 교목은, 전문적인 용기도 뿌리 결함이 발달하는 것을 무한정 지연시키지 못하기 때문에, '저장수명'(shelf-life)을 부여하는 것이 좋다. 뿌리 시스템 결함은 식재 이후에도 지속되기 때문에 뿌리 결함의 부재를 요구하는 교목 규격이 불량한 품질의 뿌리 시스템을 가진 교목에 대한 유용한 안전장치가 된다.

용기에서 키우거나 용기화된 교목의 또 다른 잠재적인 문제는 이들 교목이 식재되었을 때 많은 뿌리가 좁은 공간에 집중되어 있기 때문에 주기적으로 관수를 하지 않으면 건조와 뿌리 죽음이 발생할 가능성이 높다. 그러나 용기의 형태와 크기는 해당 교목 식재 이후의 생장과 생존에 차이를 가져올 수 있다. 용기에서 키운 우산소나무(*Pinus pinea*)에 대한 연구에 의하면 실생묘의 수고와 줄기 직경은 용기 부피가 123에서 400cm^{3}으로 증가함에 따라 커졌다. 흥미롭게도 직근을 뻗는 종의 경우, 실생묘 생장을 가장 차이나게 하는 것은 용기의 깊이가 아니라 직경이었다(Dominguez-Lerena 등 2006). 그러나 코르크참나무(*Quercus suber*)와 같이 건조한 지역 출신의 교목은 18cm 깊이 용기보다 30cm 깊이 용기에서 키우면 더 잘 자란다. 식재되었을 때 더 긴 직근이 이들로 하여금 더 빨리 더 깊은 토양 수분에 도달할 수 있게 하여 이들의 생존에 도움을 준다(Chirino

그림 5.19 (a~c) 일단 뿌리가 용기의 측면 벽에 닿으면, 방향을 바꾸어 맴돌기 시작한다. (d) 이에 따라 심각한 뿌리 결함이 발생할 수 있다. 이들은 해당 교목의 향후 안정성을 훼손하고 뿌리 발달을 방해한다. 출처: Keith Sacre 제공.

(a) (b)

그림 5.20 Air-Pots®. 이 용기에서 자란 교목은 일반 용기의 안쪽 둘레로 자라는 맴도는 뿌리로 인해 피해를 입지 않는다. (a) Air-Pot®에서 자라는 물오리나무(*Alnus hirsuta*)와 (b) '공기 전정'되는 측근의 근접 사진.

(a) (b)

그림 5.21 Air-Pot®를 사용하여 용기화되어 생산된 메타세콰이아(*Metasequoia glyptostroboides*)(검은 관은 관수 배관임). 이 용기는 중대한 결함이 없는 섬유질 뿌리 시스템을 창출한다. 사진: 영국 Stair의 Stairway Trees 제공.

등 2008). 물론 상업적으로는, 항상 건강한 교목을 생산하는 것과 더 많은 흙을 가진 더 큰 용기, 그리고 더 비싼 운반비용 사이의 타협이 있을 것이다.

수많은 농장 실무가 이들이 생산하는 교목의 품질에 영향을 미친다. 농장에서 높은 밀도로 식재하면 줄기의 초살을 낮추어 해당 교목이 자립할 수 있는 능력을 떨어뜨릴

(a) (b)

그림 5.22 Air-Pot® 번식 판과(a) Jiffy® 종이 번식 용기에서(b) 키운 때죽나무(*Styrax japonicus*)의 어린 뿌리 시스템. 두 사진에서, 이들 뿌리 시스템은 더 큰 용기나 농장 상에서 키운 것과 같이 결함이 없는 이상적인 뿌리 시스템을 보여주기 위해 물로 씻어냈다.

수 있다(제2장 참조). 그늘도 수관발달을 위축시켜 해당 교목의 광합성 능력을 떨어뜨림으로써 이식 성공률을 낮춘다(sellmer & Kuhns 2007). 전정이 해당 교목의 품질을 향상시킬 수도 하락시킬 수도 있기 때문에, 구매에 앞서 교목의 수관이 어떤 모습이어야 하는가에 대한 분명한 생각을 가지고 있는 것이 중요하다. 수관의 균형과 튼튼한 가지 연결 부위를 가진 잘 구축된 가지 골격이 향후 수관 발달에 중요하다.

농장과 식재 부지 사이에서의 교목 취급도 해당 교목의 차후 품질에 중대한 영향을 미칠 수 있다. 우수한 교목이 식재지로의 운반 도중에 심각하게 손상될 가능성도 얼마든지 존재한다. 노출된 뿌리, 눈 또는 잎은 개방된 차량의 뒤쪽에서 빠르게 탈수되기 때문에, 교목을 운반할 때에는 항상 지붕이 닫힌 차량을 이용하는 것이 좋다. 기타 문제는 줄기 벗겨짐이나 뿌리 건조에 의해 발생할 수 있다. 그러므로 식재 계획에 대한 시방서를 작성할 때에는 농장 묘목의 품질과 교목 취급 절차 모두를 고려하는 것이 중요하다.

5.14 뿌리 전개 환경

도시 경관의 토양은 일반적으로 고도로 교란되어 있고 변이가 크고 비옥도가 낮다고 생각된다(Craul 1999). 그러나 Pouyat 등(2010)은 전체 도시 경관을 살펴본 결과 크게 교란되지 않았거나 비옥도가 높은 토양도 도시지역에서 발견될 수 있다는 것을 확인하였다. 예를 들면, 많은 공원과 정원은 교목에게 우수한 토양 여건을 제공한다. 이러한 토질의 다양성은 교목 조성과 관련된 사람들이 토양 여건이 교목 발달에 어떻게 영향을 미칠 수 있는가에 대해 이해하고 있어야 한다는 것을 의미한다.

토양 답압의 범위는 뿌리 발달에 특히 중요하고, 제4장에서 고찰한 바와 같이, 이를 완화하기 위한 조치가 취해지지 않으면 교목의 활력과 생존까지도 쉽게 제한할 수 있다. 또한 교목이 필요로 하는 토양 부피(soil volume)도 매우 중요하다(제4장 참조). 절대적인 토양 요구량을 둘러싼 불확실성에도 불구하고, 도시 환경에서 자주 확인되는 토양 부피가 부적절하다는 것은 분명하다. 그러므로 어떤 식재 계획에서든 적용되는 일반적인 원칙은 교목에 가용한 답압되지 않은 토양을 극대화하는 것이어야 한다.

대규모 토목공사의 대상이 되는 식재부지의 경우, 굴착되는 표토는 모두 별도로 잘 모아두었다가 마지막 경관조성에 사용하는 것이 좋다(Urban 2008). 그러나 어떤 여건에서는 식재 부지에 토양을 반입할 필요가 있을 수도 있다. 이러한 경우, 뿌리 전개 환경을 조성할 때 어느 정도 품질관리를 할 수 있도록 해당 토양의 물리적 및 화학적 성질, 유기물 함량과 함께 수용 가능한 오염 수준에 관한 지침을 포함하는 토양 시방서(土壤示方書, soil specification)를 제공하는 것이 유용하다. 해당 토양이 생물적으로 건강하다는 것을 보장하는 것도 매우 가치 있는 일이지만, 토양 내 생물적 상호작용은 본래 고도로 역동적인 점을 감안하면, 이를 수량화하는 것은 매우 어렵다. 현실적으로는 식재 후에 양호한 멀칭(mulching) 층을 부설하면 토양 건강을 양호하게 발달시키도록 도움을 주는데 유용할 것이다. 토양 여건이 식물 생장에 미치는 영향에 관한 더 자세한 정보는 Gregory & Nortcliff(2013)에서 확인할 수 있다.

멀칭의 편익으로는 토양 온도(土壤溫度, soil temperature)와 토양수분(土壤水分, soil moisture)의 변동을 완화시키고; 잡초를 억제하고; 토양의 양분을 높이고; 호우로 인한 토양 침식(土壤侵蝕, soil erosion)을 방지하고; pH와 양이온교환용량(陽-交換容量, CEC/cation exchange capacity)을 교목에 유리하도록 조절하고(제4장 참조); 식물 병을 억제하고; 토양의 생물적 활동을 조장하는 것 등이 있다. 멀칭 자재(mulch)가 토양 건강에 필

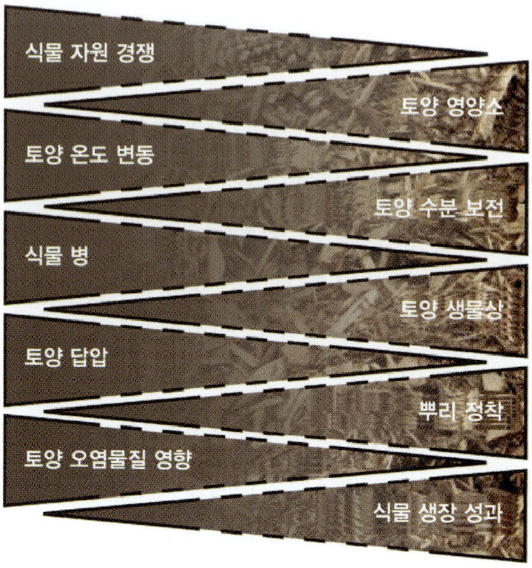

그림 5.23 뿌리 층에 양질의 멀칭 자재를 공급했을 때의 기대 효과. 삼각형은 유기질 멀칭 자재의 추가로 각 요소의 일반적인 경향이 증가하거나 감소하는 것을 나타낸다. 점선의 가장자리는 관계가 반드시 선형은 아니지만 '진행 방향'을 나타낸다. 출처: Hirons & Percival(2012). Open Government Licence v3.0 하의 인가된 공공부분 정보에 수록. http://www.nationalarchives.gov.uk/doc/open-government-licence/version/3/and

수적인 유기체의 복잡한 집단을 보유하고 있는 근권(根圈, rhizosphere)에 영향을 미치기 때문에 부분적으로 토양의 생물적 활동을 지원할 수 있다(Buée 등 2009). 멀칭 자재는 농약(農藥, pesticide)과 중금속(重金屬, heavy metal)에서 유래한 것과 같은 토양 오염물질의 영향을 줄일 수도 있다. 이들 요소의 복합적인 효과가 식물의 성과를 높인다는 것은 놀랄 일이 아니다(그림 5.23). 또한 멀칭 자재는 교목 수간에 대한 기계적인 피해를 예방하는 데 도움을 주고 해빙염(解氷鹽, de-icing salt)이 뿌리 전개 구역으로 스며드는 것을 방지하는 완충제 역할을 할 수 있다(Chalker-Scott 2007). 경관 멀칭 자재는 무기물(부순 돌, 부순 벽돌, 자갈, 폴리에틸렌 필름)일 수도, 유기물(잘게 썬 낙엽, 수피, 소나무 낙엽, 재활용 팰릿 또는 이들의 혼합물)일 수도 있다. 무기 멀칭 자재는 잡초와의 경쟁을 낮추는데 일부 가치가 있는 데 비해, 유기 멀칭 자재는 더 폭넓은 편익을 제공하여 가능한 경우 어린 교목에 선호된다. 조각낸 목재(목부/Xylem)로만 된 멀칭 자재는 어린 교목에 가용한 질소의 양을 감소시킬 수 있다는 일부 증거가 있는데, 이는 목재의 질소 함량이 낮아서 목재를 분해하는 미생물이 자기가 필요한 질소를 토양으로부터 발굴함으로써 해당 교목이 흡수할 수 있는 양이 줄어들기 때문이다. 이러한 효과는 일부 수피와 낙엽을 멀칭 자재에 첨가하여 질소 수준을 높여줌으로써 완화시킬 수 있다(Jackson 등 2009).

멀칭 자재는 종종 여러 종을 혼합하여 만들기도 하지만, 하나의 종에서 만든 '순수한'(pure) 멀칭 자재가 일반적으로 사용되는 '혼합된'(mixed) 멀칭 자재보다 유리할 수 있다는 증거가 늘어나고 있다. Percival 등(2009)은 순수한 멀칭 자재 적용이 갈라사과나무(*Malus* 'Gala')와 서양배나무(*Pyrus communis*)를 포함한 노지에서 키운 과수의 생장과 수확량을 유의하게 증대시켰다는 것을 발견했다. 이식 감수성 종(너도밤나무)을 용기화한 후의 생장과 생존율도 적절한 순수 멀칭 자재를 사용하면 크게 높일 수 있었다. 흥미롭게도 적용되는 교목과 같은 종으로 순수 멀칭 자재를 만들 필요는 없었다. 서양산사(*Crataegus monogyna*)와 양벚나무(*Prunus avium*)로 된 멀칭 자재가 은자작나무(*Betula pendula*), 호랑가시참나무(*Quercus ilex*), 영국참나무(*Quercus robur*)로 된 것보다 견실하게 양호하였으며, 다음으로 너도밤나무(*Fagus sylvatica*)가 그 뒤를 이었다(Percival 등 2009). 일부 순수 멀칭 자재가 왜 다른 것보다 더 나은지는 아직 완전히 밝혀지지 않았지만, 해당 멀칭 자재의 설탕 함량, 다른 멀칭 자재에서 나오는 타감물질(他感物質, allelochemicals – 식물 방어를 위해 사용되는 유독성 화합물), 토양 유기체의 변화, 또는 이들 셋의 결합과 연관되어 있을 가능성이 높다. 관리 실무의 사소한 조절만으로도 멀칭 자재의 긍정적인 효과를 높일 수 있기 때문에 추가적인 조사가 필요하다.

멀칭 자재는 낙수선(落水線, drip line)으로부터 수간에 이르기까지 5~10cm 깊이로 적용하는 것이 좋다. 이것이 어려우면, 적어도 소교목은 0.3m, 중교목은 1m, 대교목은 3m의 반경으로 멀칭 자재를 적용하는 것이 좋다. 멀칭 자재는 수간에 붙여 부설하지 않는 것이 좋은데, 이는 이들 자재가 해당 교목의 기부 주위에 병을 유발할 수 있는 수분을 유지하기 때문이다. 멀칭이 필요한 것은 뿌리이지 수간이 아니다.

5.15 수목관리 실무

종종 식재 부지에 적합한 수종을 선택하고, 농장에서 고품질의 교목을 선정하고, 양호한 뿌리 환경이 조성된 후에도, 여전히 불량한 수목관리 실무로 인해 식재된 교목이 죽을 수 있다. 모든 수목관리 절차에 관한 자세한 요구를 제공하는 프로젝트 관리와 시방서는 양호한 실무를 강요할 것이다. 시행자와 계약자는 이들 시방서를 준수해야 하고 작업 표준을 모니터링하기 위해 감리를 이용하는 것이 좋다.

뿌리가 새로이 조성된 토양에서 쉽게 발달할 수 있도록 하기 위해서는, 근분 직경의 2~3배 면적을 낮은 토양 부피 밀도(약 1.2g/cm^3)로 경운하는 것이 좋고, 식재 구덩이는 기존 근분보다 더 깊지 않은 것이 좋다. 고품질의 교목을 주문한 다음 앞서 언급된 바와 같이 올바르게 배달되어야 한다. 해당 교목을 식재 구덩이에 앉히기 전에, 표 5.2의 범주와 비교하여 평가하는 것이 좋다. 해당 교목의 수관과 줄기는 접목불친화성(接木不親和性, graft incompatibility)과 같은 결함과 수피가 벗겨진 부위나 부러진 가지와 같은 중대한 피해가 없는 것이 좋다. 위쪽 뿌리는 근분의 지표면 아래 몇 센티미터보다 더 깊이 있어서는 안 되고 근원은 분명하게 볼 수 있어야 한다. 일단 근분 포장이 제거되면, 모든 다른 중대한 뿌리 결함과 함께 근분의 1/4 이상을 맴도는 뿌리는 모두 제거하는 것이 좋다. 식재할 때 개입은 해당 교목의 장기 생존을 훼손할 수 있는 뿌리 결함을 가진 교목이 식재되지 않도록 하기 위해 필요하다.

관상수에 대한 양호한 식재 실무는 근분 직경의 2~3배에 해당하는 경운된 원형이나 사각형 구덩이를 준비하여 해당 교목 뿌리 시스템이 새로이 조성된 토양으로 발달하는데 제약을 받지 않도록 하는 것이다(그림 5.24). 이러한 뿌리와 토양이 연결되는 과정은 해당 교목이 이식 직후에 심각한 수분과 양분 제한을 회피해야 하는 경우에는 매우 중요하다. 올바른 깊이로 교목을 식재하는 것도 중요하다. 간단하게 말하면, 줄기는 지상에 위치하도록 설계되어 있고, 뿌리는 지하에 위치하도록 설계되어 있다. 만약 줄기가 묻히면 줄기 주위 수분 수준이 줄기가 부후에 취약하게 만들고, 뿌리가 노출되면 빠르게 건조되어 죽는다. 이러한 결과를 피하기 위해서는, 뿌리-줄기 전이대(종종 근원/trunk flare이라고 부른다)의 기부를 확인하여 여기가 최종 토양 물매와 높이를 맞추는 것이 중요하다. 따라서 위쪽 뿌리가 지표면 아래 몇 cm보다 더 아래에 위치하지 않는 것이 좋다. 때로는 근분 토양이 농장 작업 중에 줄기의 기부 주위로 높여지게 되기 때문에, 근분 토양의 높이를 식재 깊이에 대한 지침으로 취급하지 않는 것이 중요하다. 최종 식재 깊이를 확정하기 전에 항상 뿌리-줄기 전이대(root-stem transition zone)와 위쪽 뿌리가 어디에 있는가를 확인하라.

식재된 교목이 정착하는 동안 해당 교목을 물리적으로 지지할 수 있는 방법은 다양하다(그림 5.24). 접근 방법이 무엇이든 지지시스템은 줄기와 뿌리 생장이 자극될 수 있도록 줄기와 수관의 움직임을 허용하는 것이 좋다. 이를 위해 줄기에 대한 지지는 가능한 한 낮은 것이 좋은데 반드시 해당 교목 수고의 1/3 미만이 좋다(Appleton 등 2008). 교목 결속은 마찰을 줄일 수 있도록 넓은 띠(일반적으로 마포나 고무)를 사용하여 줄기에 대한 부하를 분산시키도록 하는 것이 좋고, 이는 줄기의 팽창을 제약해서는 안 된다. 지하 뿌리 고착 시스템은 지상의 움직임을 완전히 허용하고, 정착된 교목의 가시적인

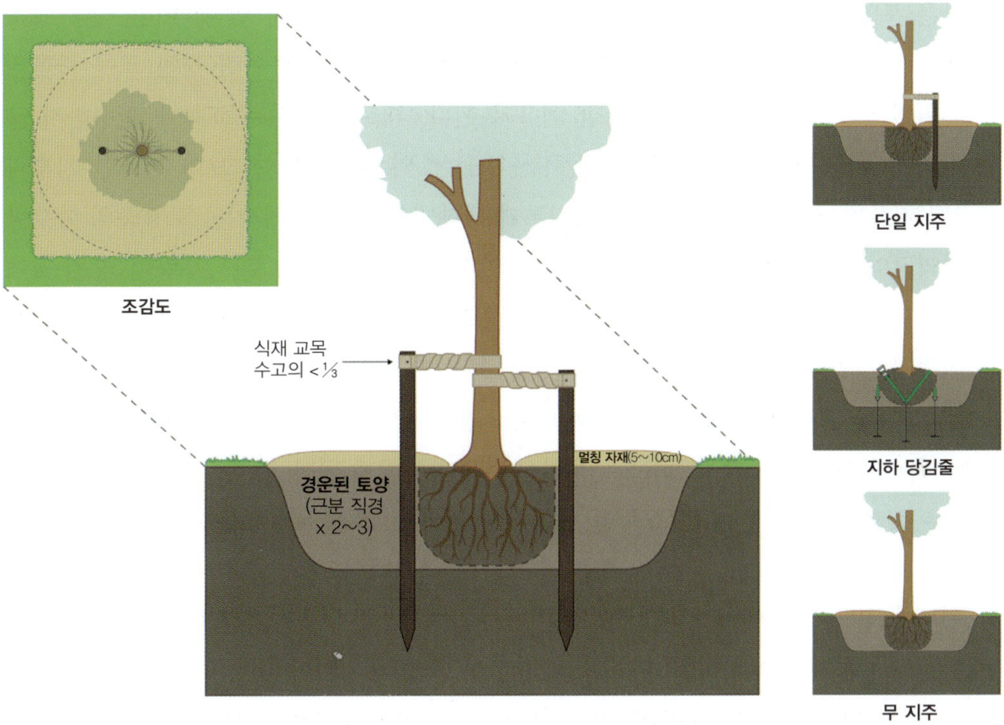

그림 5.24 표준적인 교목에 대한 식재 구덩이 설계. 원형 또는 사각형 구덩이가 좋고; 경운된 토양은 근분 크기에 비례하는 것이 좋고, 해당 교목을 올바른 깊이로 구덩이에 앉힐 수 있어야 한다. 지지가 필요한 경우, 교목의 안정을 위해 해당 교목 수고의 1/3 아래에 지주를 설치하거나 지하 당김줄을 설치하는 것을 포함하여 다양한 지주 형태를 사용할 수 있다. 멀칭 자재는 5~10cm 두께로 식재 구덩이 위에 적용하는 것이 좋다. 출처: Hirons & Percival(2012). Open Government Licence v3.0 하의 인가된 공공부분 정보에 수록. http://www.nationalarchives.gov.uk/doc/open-government-licence/version/3.

이미지를 제고하는 데 도움을 주며, 걸려넘어질 위험이 발생할 가능성을 피할 수 있다. 모든 형태의 지지는 새로운 뿌리 생장이 해당 교목을 적절하게 안정시킬 수 있게 되면 제거하는 것이 좋다. 이는 수종, 크기, 토양 유형에 따라 다를 수 있지만, 일반적으로 식재 후 2년 이내에 모든 지지를 제거할 수 있게 된다. 교목 지주와 결속은, 자주 교목의 직경 생장을 제한하고 수간에 마찰을 일으켜 피해를 유발할 수 있기 때문에, 절대로 해당 교목에 남겨두지 않도록 하는 것이 필수적이다.

이식할 때의 뿌리 상실은 교목의 수분 결핍(水分缺乏, water deficit)에 대한 관리가 가끔 필요하다는 것을 의미한다(Pallardy 2008). 정착된 교목에서는, 수분 결핍이 종종 주기적인 가뭄과 관련이 있다. 그러나 도시 환경에 새로이 식재된 교목은 뿌리 상실과 함께 작은 토양 부피, 상대적으로 불투수성 표면에 대처할 필요가 있다. 이는 해당 교목이 흡수할 수 있는 물의 양을 감소시키기 때문에, 수분 결핍이 어린 경관 교목 죽음의 주된 원인으로 자주 인용되는 중요한 이유가 된다. 새로이 식재된 교목에 관수하지 않는 지역에서는, 정착이 뿌리층에 도달하는 빗물에 의존해야 한다. 보다 건조한 기후와 포장된 지표면이나 토양 답압에 의해 침투가 방해받고 있는 곳에서는, 토양층의 함수량이 지역적인 강우로부터 사실상 분리될 수 있다. 이는 상대적으로 강우량이 많은 곳에서도 어린 교목이 수분 결핍으로 고통받을 수도 있다는 것을 의미한다. 이 경우, 식재 후 관수가 성공적인 교목 정착에 결정적일 수 있다. 이는 식재 구덩이에 관수 호스를 포함시키거나 교목 관수 주머니(이들과 다른 토양 수분 가용성 관리 방법에 관한 보다 자세한 사항은 제6장에서 확인할 수 있다)를 사용함으로써 가능하게 된다.

많은 식재 부지에서, 어린 교목은 동물이나 기계에 의해 유발되는 수간에 대한 기계적인 상처를 제한하기 위해 어떤 형태의 보호가 필요하다. 잔디가 교목을 따라 관리되고 있는 많은 도시지역에서는, 예초기와 잔디깎기 기계의 서툰 취급이 빈번하게 교목 기부에 대한 손상으로 이어진다. 이러한 유형의 손상은 예초기 보호관과 지주를 사용하면 줄일 수 있다. 그러나 가능한 경우 새로이 식재된 교목이 시공자의 부주의에 의해 피해가 발생하지 않도록 하는 조항을 계약서에 포함시키는 것이 좋다. 이렇게 되면 목표로 하는 교목 보호 수단이 계약서와 작업방법 설명서(method statement)에 명시될 수 있다. 이것도 교목 지지시스템에 해당하기 때문에, 교목이 자람에 따라 설치된 교목 보호관이 피해를 유발하지 않도록 식재 시방서 내에 교체와 제거에 관한 조건을 포함하는 것이 매우 중요하다.

교목 보호관(tree shelter 또는 tree guard – 영국에서는 Tuley tube로도 알려짐, 그림 5.25)은 초식동물의 접근을 막고, 보다 유리한 미기후(특히 고온으로부터)를 제공하고, 생장을 촉진하고, 생존율을 높여 새로이 식재된 교목에 도움을 준다. 이들의 효과를 평가하는 최초의 연구는 이를 발명한 Graham Tuley(1985)가 이식된 페트라참나무(*Quercus petraea*)를 대상으로 수행했는데, 그는 3년 후의 수고가 보호망(mesh guard – 초식동물의 접근만 막음)을 사용한 이식 교목은 45cm이고, 보호 조치가 없는 경우 27cm인 데 비해 보호관 속 교목은 142cm이었다는 것을 보여주었다. 평균 줄기 부피는 각각 37, 19, 118cm^{3}이었다. 보다 최근에는, 켄터키주 광산오염지역에 식재된 중국밤나무(*Castanea mollissima*), 미국밤나무(*C. dentata*), 두 종의 잡종 씨앗에 대한 연구에서 발아가 교목 보호관이 없는 경우에는 1~12%에 불과한 데 비해, 교목 보호관을 적용한 경우에는 77~82%로 훨씬

그림 5.25 영국에서 사슴(이들의 키를 고려)으로부터 어린 참나무를 보호하는 Tuley tube로 알려진 교목 보호관. 사슴과 더 작은 초식동물의 접근을 막는 동시에, 이들은 온실 역할도 하여 실생묘를 더 따뜻하게 유지함으로써 이들을 더 빨리 자라도록 돕는다.

높은 것으로 나타났으며(Barton 등 2015), 보호관이 없는 경우 씨앗이 설치류의 먹이가 되었다. 실생묘의 생존율도 보호관을 사용한 경우 10배 정도 높았다. 다양한 직경의 보호관이 서로 다른 수관폭을 가진 교목과 관목을 수용할 수 있으며, 높이는 주된 문제가 토끼(0.6m)인지 사슴(1.8m)인지에 따라 지정할 수 있다(Trout & Brunt 2014). 또한 보호관은 뿌리 위에 잡초가 없는 구역을 만들기 위해 사용되는 제초제로부터 교목을 보호하는 이점도 있다. 그러나 보호관을 사용하는 경우 단점도 있다. 잔디와 같은 경쟁하는 식생이 관의 안쪽에서 더 잘 자라 어린 교목을 질식시키지 않도록 주의해야 한다. 어떤 기후에서는, 관의 내부가 너무 뜨거워서 해당 교목의 과도한 수분 손실과 죽음 또는 발육장애를 유발할 수 있다. 이 경우, 흰색의 보호관이 햇빛을 반사함으로써 도움을 준다(Oliet & Jacobs 2007). 또한 보호관은 비싸고(수량이 많기 때문에), 유지관리가 필요하고, 생장을 제약하거나 보기 흉하게 되기 전에 제거되어야 한다. 올바른 보호관을 사용할 필요도 있다. 토끼 보호관으로 사슴이 교목을 먹지 못하도록 시도하는 것은 좋지 않지만, 사슴 보호관은 토끼로부터 보호할 것이다. 토끼와 작은 포유류가 수피를 갉아먹지 못하게 하고 싶으면 나선형 토끼 보호관을 사용할 수 있다. 부지와 초식동물의 종류에 따라, 식재 부지를 울타리로 둘러싸는 것이 경제적일 수도 있다(Trout & Brunt 2014).

새로이 식재된 교목의 구조 전정은 시작 초기부터 양호한 가지 구조를 형성하는 데 도움을 주어 미래의 문제를 줄일 수 있다. 이는 부러진 가지(취급 과정에서)와 때로는 다른 가지와 심각한 충돌을 보이는 가지를 제거할 필요도 있다. 그러나 가능한 한 많은 수관을 온전하게 유지하는 것이 필수적인데, 이는 엽면적 감소는 탄소 확보를 감소시켜 뿌리 발달에 필요한 에너지 자원을 감소시키기 때문이다. 추가적인 구조 전정은 일단 해당 교목이 정착되고 난 다음 필요한 경우 언제나 수행할 수 있다. 전정에 관한 일반적인 지침은 제3장에서 확인할 수 있으며, 더 자세한 지침은 Gilman(2012)과 Brown & Kirkham(2017)과 같은 표준 수목관리 참고서에서 확인할 수 있다.

인용문헌

Ågren, G.I. and Franklin, O. (2003) Root: shoot ratios, optimization and nitrogen productivity. *Annals of Botany*, 92: 795–800.

Akbari, H., Pomerantz, M. and Taha, H. (2001) Cool surfaces and shade trees to reduce energy use and improve air quality in urban areas. *Solar Energy*, 70: 295–310.

Alla, A.Q., Camarero, J.J., Maestro-Martínez, M. and Montserrat-Martí, G. (2012) Acorn production is linked to secondary growth but not to declining carbohydrate concentrations in current-year shoots of two oak species. *Trees*, 26: 841–850.

Amoroso, G., Frangim P., Piatti, R., Ferrini, F., Fini, A. and Faoro, M. (2010) Effect of container design on plant growth and root deformation of littleleaf linden and field elm. *HortScience*, 45: 1824–1829.

Appleton, B.L., Cannella, C.M., Wiseman, P.E. and Alvey, A.A. (2008) Tree stabilization: Current products and practices. *Arboriculture and Urban Forestry*, 34: 54–58.

Baghi, R. Helmig, D., Guenther, A., Duhl, T. and Daly, R. (2012) Contribution of flowering trees to urban atmospheric biogenic volatile organic compound emissions. *Biogeosciences*, 9: 3777–3785.

Barrett, S.C.H. and Hough, J. (2013) Sexual dimorphism in flowering plants. *Journal of Experimental Botany*, 63: 695–697.

Barton, C., Miller, J., Sena, K., Angel, P. and French, M. (2015) Evaluating the use of tree shelters for direct seeding of *Castanea* on a surface mine in Appalachia. *Forests*, 6: 3514–1527.

Bazzaz, F.A. and Miao, S.L. (1993) Successional status, seed size, and responses of tree seedlings to CO_2, light, and nutrients. *Ecology*, 74: 104–112.

Bazzaz, F.A., Carlson, R.W. and Harper, J.L. (1979) Contribution to reproductive effort by photosynthesis of flowers and fruits. *Nature*, 279: 554–555.

Belaire, J.A., Whelan, C.J. and Minor, E.S. (2014) Having our yards and sharing them too: the collective effects of yards on native bird species in an urban landscape. *Ecological Applications*, 24: 2132–2143.

Black, M. and Wareing, P.F. (1955) Growth studies in woody species VII. Photoperiodic control of germination in *Betula pubescens* Ehrh. *Physiologia Plantarum*, 8: 300–316.

Bond, J., Plattner, K. and Hunt, K. (2014) *Fruit and Tree Nuts Outlook: Economic Insight.* Situation and Outlook FTS-357SA, United States Department of Agriculture, Economic Research Service, Washington, DC, USA.

Bonner, F.T. (1990) Storage of seeds: Potential and limitations for germplasm conservation. *Forest Ecology and Management*, 35: 35–43.

Britt, C. and Johnston, M. (2008) *Trees in Towns II. A New Survey of Urban Trees in England and their Condition and Management.*, Department for Communities and Local Government, Wetherby, UK.

Brown, G.E. and Kirkham, T. (2017) *Essential Pruning Techniques: Trees, Shrubs and Conifers.* Timber Press, Portland, OR, USA.

Buée, M., Boer, W.D. and Martin, F. (2009) The rhizosphere zoo: An overview of plant-associated communities of microorganisms, including phages, bacteria, archaea, and fungi, and of some of their structuring factors. *Plant and Soil*, 321: 189–212.

Campioli, M., Gielen, B., Göckede, M., Papale, D., Bouriaud, O. and Granier, A. (2011) Temporal variability of the NPP-GPP ratio at seasonal and interannual time scales in a temperate beech forest. *Biogeosciences*, 8: 2481–2492.

Chalker-Scott, L. (2007) Viewpoint impact of mulches on landscape plants and the environment: A review. *Journal of Environmental Horticulture*, 25: 239–249.

Chirino, E., Vilagrosa, A., Hernández, E.I., Matos, A. and Vallejo, V.R. (2008) Effects of a deep container on morpho-functional characteristics and root colonization in *Quercus suber* L. seedlings for reforestation in Mediterranean climate. *Forest Ecology and Management*, 256: 779–785.

Clark, K.H. and Nicholas, K.A. (2013) Introducing urban food forestry: A multifunctional approach to increase food security and provide ecosystem services. *Landscape Ecology*, 28: 1649–1669.

Cowett, F.D. and Bassuk, N.L. (2014) Statewide assessment of street trees in New York State, USA. *Urban Forestry Urban Greening*, 13: 213–220.

Craul, P.J. (1999) *Urban Soils: Applications and Practices.* Wiley, New York, USA.

de Lucena, I.C., Amorim, R.S.S., de Lobo, F.A., Silva, R.B., Silva, T.A.S. and Matos, D.M.S. (2015) The effects of resource availability on sprouting: a key trait influencing the population dynamics of a tree species. *Trees*, 29: 1301–1312.

del Tredici, P. (2001) Sprouting in temperate trees: A morphological and ecological review. *Botanical Review*, 67: 121–140.

Derkzen, M.L., van Teeffelen, A.J.A. and Verburg, P.H. (2015) Quantifying urban ecosystem services based on high resolution data of urban green space: An assessment for Rotterdam, the Netherlands. *Journal of Applied Ecology*, 52: 1020–1032.

Dewit, L. and Reid, D.M. (1992) Branch abscission in balsam poplar (*Populus balsamifera*): characterization of the phenomenon and the influence of wind. *International Journal of Plant Science*, 153: 556–564.

Dick, J.McP., Leakey, R.R.B. and Jarvis, P.G. (1990) Influence of female cones on the vegetative growth of *Pinus contorta* trees. *Tree Physiology*, 6: 151–163.

Dirr, M.A and Heuser, C.W. Jr (2006) *The Reference Manual of Woody Plant Propagation:*

From Seed to Tissue Culture, 2nd edition. Timber Press, Portland, OR, USA.

Dirr, M.A (2009) *Manual of Woody Landscape Plants: Their identification, Ornamental Characteristics, Culture, Propagation and Uses*, 6th edition. Stipes Publishing L.L.C., Champaign, IL, USA.

Dixon, D.M. (1969) The transplantation of Punt incense trees in Egypt. *Journal of Egyptian Archaeology*, 55: 55–65.

Dixon, G. and Aldous, D. (eds) (2014) *Horticulture: Plants for People and Places*, Volume 2. Springer, Dordrecht, The Netherlands, pp. 693–711.

Dominguez-Lerena, S., Herrero Sierra, N., Carrasco Manzano, I., Ocaña Bueno, L., Peñuelas Rubira, J.L. and Mexal, J.G. (2006) Container characteristics influence *Pinus pinea* seedling development in the nursery and field. *Forest Ecology and Management*, 221: 63–71.

Duinker, P.N., Ordóñez, C., Steenberg, J.W.N., Miller, K.H., Toni, S.A. and Nitoslawski, S.A. (2015) Trees in Canadian cities: Indispensable life form for urban sustainability. *Sustainability*, 7: 7379–7396.

Dunnet, N. (2004) The dynamic of plant communities. In: Dunnet, N. and Hitchmough, J. (eds) *The Dynamic Landscape*. Spon Press, London, UK, pp. 97–114.

Dürr, C., Dickie, J.B., Yang, X.-Y. and Pritchard, H.W. (2015) Ranges of critical temperature and water potential values for the germination of species worldwide: Contribution to a seed trait database. *Agricultural and Forest Meteorology*, 200: 222–232.

Génard, M., Dauzat, J., Franck, N., Lescourret, F., Moitrier, N., Vaast, P., *et al.* (2008) Carbon allocation in fruit trees: from theory to modelling. *Trees*, 22: 269–282.

Gilbertson, P. and Bradshaw, A.D. (1985) Tree survival in cities: The extent and nature of the problem. *Arboricultural Journal*, 9: 131–142.

Gilman, E.F. (2012) *An Illustrated Guide to Pruning*, 3rd edition. Delmar, Cengage Learning, NY, USA.

Gilman, E.F., Harchick, C. and Paz, M. (2010) Effect of container type on root form and growth of red maple. *Journal of Environmental Horticulture*, 28: 1–7.

Gómez-Muñoz, V.M., Porta-Gándara, M.A. and Fernández, J.L. (2010) Effect of treeshades in urban planning in hot-arid climatic regions. *Landscape and Urban Planning*, 94: 149–157.

Gosling, P. (2007) *Raising Trees and Shrubs from Seed: Practical Guide*. Forestry Commission, Edinburgh, UK.

Gregory, P.J. and Nortcliff, S. (2013) *Soil Conditions and Plant Growth*. Wiley-Blackwell, Oxford, UK.

Grimshaw, J. and Bayton, R. (2010) *New Trees: Recent Introductions to Cultivation*. Royal Botanic Gardens, Kew, Richmond, UK.

Gärtner, S.M., Lieffers, V.J. and Macdonald, S.E. (2011) Ecology and management of natural regeneration of white spruce in the boreal forest. *Environmental Reviews*, 19: 461–478.

Hacket-Pain, A.J., Friend, A.D., Lageard, J.G.A. and Thomas, P.A. (2015) The influence of masting phenomenon on growth–climate relationships in trees: explaining the influence of previous summers' climate on ring width. *Tree Physiology*, 35: 319–330.

Hirons, A.D. and Percival, G.C. (2012) Fundamentals of tree establishment. In: Johnston, M. and Percival, G.C. (eds) *Trees People and the Built Environment: Proceedings of the Urban Trees Research Conference 13–14 April 2011*. Forestry Commission, Edinburgh, UK, pp. 51–62.

Hitsuma, G., Morisawa, T. and Yagihashi, T. (2015) Orthotropic lateral branches contribute to shade tolerance and survival of *Thujopsis dolabrata* var. *hondai* saplings by altering crown architecture and promoting layering. *Botany*, 93: 353–360.

Hubert, J. and Cottrell, J. (2007). *The Role of Forest Genetic Resources in Helping British Forests Respond to Climate Change*. Information Note 86, Forestry Commission, Edinburgh, UK.

Ignatieva, M. (2012) Plant material for urban landscapes in the era of globalization: Roots, challenges and innovative solutions. In: Richter, M. and Weiland, U. (eds) *Applied Urban Ecology: A Global Framework*. Wiley-Blackwell, Oxford, UK, pp. 139–151.

Innes, J.L. (1992) Observations on the condition of beech (*Fagus sylvatica* L.) in Britain in 1990. *Forestry*, 65: 35–60.

Ishihara, M.I. and Kikuzawa, K. (2009) Annual and spatial variation in shoot demography associated with masting in *Betula grossa*: comparison between mature trees and saplings. *Annals of Botany*, 104: 1195–1205.

Jackson, B.E., Wright, R.D. and Alley, M.M. (2009). Comparison of fertilizer nitrogen availability, nitrogen immobilization, substrate carbon dioxide efflux, and nutrient leaching in peat-lite, pine bark, and pine tree substrates. *HortScience*, 44: 781–790.

Janhäll, S. (2015) Review on urban vegetation and particle air pollution: Deposition and dispersion. *Atmospheric Environment*, 105: 130–137.

Jarni, K., Jakše, J. and Brus, R. (2015) Vegetative propagation: Linear barriers and somatic mutation affect the genetic structure of a *Prunus avium* L. stand. *Forestry*, 88: 612–621.

Jeong, J.-H., Ho, C.-H., Linderholm, H.W., Jeong, S.-J., Chen, D. and Choi, Y.-S. (2011) Impact of urban warming on earlier spring flowering in Korea. *International Journal of Climatology*, 31: 1488–1497.

Johnston, M. and Hirons, A. (2014) Urban trees. In: Dixon, G. and Aldous, D. (eds) *Horticulture: Plants for People and Places*, Volume 2. Springer, Dordrecht, The Netherlands, pp. 693–711.

Jones, A.T., Hayes, M.J. and Sackville Hamilton, N.R. (2001) The effect of provenance on the performance of *Crataegus monogyna* in hedges. *Journal of Applied Ecology*, 38: 952–962.

Khurana, E. and Singh, J.S. (2001) Ecology of tree seed and seedlings: Implications for tropical forest conservation and restoration. *Current Science*, 80: 748–757.

King, V.J. and Davis, C. (2007) A case study of urban heat island in the Carolinas. *Environmental Hazards*, 7: 353–359.

Klein, A.-M., Hendrix, S.D., Clough, Y., Scofield, A. and Kremen, C. (2015) Interacting effects of pollination, water and nutrients on fruit tree performance. *Plant Biology*, 17: 201–208.

Ko, Y., Lee, J.H., McPherson, E.G. and Roman, L.A. (2015) Factors affecting long-term mortality of residential shade trees: Evidence from Sacramento, California. *Urban Forestry and Urban Greening*, 14: 500–507.

Kock, H., Aird, P., Ambrose, J. and Waldon, G. (2008) *Growing Trees from Seed: A Practical Guide to Growing Native Trees, Vines and Shrubs*. Firefly Books, Buffalo, NY, USA.

Kozlowski, T.T. and Pallardy, S.G. (1997) *Growth Control in Woody Plants*. Elsevier, Amsterdam, Netherlands.

Kozlowski, T.T. and Pallardy, S.G. (2002) Acclimation and adaptive responses of woody plants to environmental stresses. *Botanical Review*, 68: 270–334.

Kreyling, J., Buhk, C., Backhaus, S., Hallinger, M., Huber, G., Huber, L., *et al.* (2014) Local adaptations to frost in marginal and central populations of the dominant forest tree

Fagus sylvatica L. as affected by temperature and extreme drought in common garden experiments. *Ecology and Evolution*, 4: 594–605.
Lewis, D.L., Baruch-Mordo, S., Wilson, K.R., Breck, S.W., Mao, J.S. and Broderick, J. (2015) Foraging ecology of black bears in urban environments: guidance for human-bear conflict mitigation. *Ecosphere*, 6: article141.
Lyytimäki, J. (2017) Disservices of urban trees. In: Ferrini, F., Van Den Bosch, C.C.K. and Fini, A. (eds.) *Routledge Handbook of Urban Forestry*. Routledge. Abingdon, UK, pp.164–176.
Mariotti, B., Maltoni, A., Jacobs, D.F. and Tani, A. (2015) Container effects on growth and biomass allocation in *Quercus robur* and *Juglans regia* seedlings. *Scandinavian Journal of Forest Research*, 30: 401–415.
Marty, C. and BassiriRad, H. (2014) Seed germination and rising atmospheric CO_2 concentration: a meta-analysis of parental and direct effects. *New Phytologist*, 202: 401–414.
Massetti, L., Petralli, M. and Orlandini, S. (2015) The effect of urban morphology on *Tilia × europaea* flowering. *Urban Forestry and Urban Greening*, 14: 187–193.
Mather, K. (1973) *Genetical Structure of Populations*. Chapman and Hall, London, UK.
McPherson, E.G., Nowak, D., Heisler, G., Grimmond, S., Souch, C., Grant, R., *et al.* (1997) Quantifying urban forest structure, function and value: The Chicago Urban Forest Climate Project. *Urban Ecosystem*, 1: 49–61.
Milberg, P., Andersson, L. and Thompson, K. (2000) Large-seeded species are less dependent on light for germination than small-seeded ones. *Seed Science Research*, 10: 99–104.
Mitchell, A. (1974) *Trees of Britain and Northern Europe*. HarperCollins, London, UK.
Mullaney, J., Lucke, T. and Trueman, S.J. (2015) A review of benefits and challenges in growing street trees in paved urban environments. *Landscape and Urban Planning*, 134: 157–166.
Norton, B.A. Coutts, A.M., Livesley, S.J., Harris, R.J., Hunter, A.M. and Williams, N.S.G. (2015) Planning for cooler cities: A framework to prioritise green infrastructure to mitigate high temperatures in urban landscapes. *Landscape and Urban Planning*, 134: 127–138.
Nowak, D., Crane, D. and Stevens, J. (2006) Air pollution removal by urban trees and shrubs in the United States. *Urban Forestry and Urban Greening*, 4: 115–123.
Oliet, J.A. and Jacobs, D.F. (2007) Microclimatic conditions and plant morpho-physiological development within a tree shelter environment during establishment of *Quercus ilex* seedlings. *Agricultural and Forest Meteorology*, 144: 58–72.
Pallardy, S.G. (2008) *Physiology of Woody Plants*, 3rd edition. Academic Press, San Diego, CA, USA.
Percival, G.C., Gklavakis, E. and Noviss, K. (2009) The influence of pure mulches on survival, growth and vitality of containerised and field planted trees. *Journal of Environmental Horticulture*, 27: 200–206.
Picket, S.T.A., Cadenasso, M.L. and Meiners, S.J. (2013) Vegetation dynamics. In: van der Maarel, E. and Franklin, J. (eds) *Vegetation Ecology*. Wiley-Blackwell, Chichester, UK, pp. 107–140.
Pigott, C.D. and Huntley, J.P. (1981) Factors controlling the distribution of *Tilia cordata* at the northern limits of its geographical range. III nature and causes of seed sterility. *New Phytologist*, 87: 817–839.

Pitman, S.D., Daniels, C.B. and Ely, M.E. (2015) Green infrastructure as life support: Urban nature and climate change. *Transactions of the Royal Society of South Australia*, 139: 97–112.

Pouyat, R.V., Szlavecz, K., Yesilonis, I.D., Groffman, P.M. and Schwarz, K. (2010) Chemical, physical and biological characteristics of urban soils. In: Aitkenhead-Peterson, J. and Volder, A. (eds) *Urban Ecosystem Ecology*. Agronomy Monograph American Society of Agronomy, Crop Science Society of America, Soil Science Society of America, Madison, WI, USA, pp. 119–152.

Ramírez, F. and Davenport, T.L. (2013) Apple pollination: A review. *Scientia Horticulturae*, 162: 188–203.

Roman, L.A., Battles, J.J. and McBride, J.R. (2014) Determinants of establishment survival for residential trees in Sacramento County, CA. *Landscape and Urban Planning*, 129: 22–31.

Roy, S., Byrne, J. and Pickering, C. (2012) A systematic quantitative review of urban tree benefits, costs, and assessment methods across cities in different climatic zones. *Urban Forestry and Urban Greening*, 11: 351–363.

Sackville Hamilton, N.R. (2001) Is local provenance important in habitat creation? A reply. *Journal of Applied Ecology*, 38: 1374–1376.

Sellmer, J.C. and Kuhns, L.J. (2007) Guide to selecting and specifying nursery stock. In: Kuser, J. (ed.) *Urban and Community Forestry in the Northeast*, 2nd edition. Springer, Dordrecht, The Netherlands, pp. 199–219

Shigo, A.L. (1991) *Modern Arboriculture*. Shigo and Trees Associates, Durham, NC, USA.

Sjöman, H. (2012) Trees for tough urban sites. Doctoral Thesis, Swedish University of Agricultural Sciences, Alnarp, Sweden.

Sjöman, H., Gunnarsson, A., Pauleit, S. and Bothmer, R. (2012) Selection approach of urban trees for inner city environments: learning from nature. *Arboriculture and Urban Forestry*, 38: 194–204.

Sjöman, H., Hirons, A.D. and Bassuk, N.L. (2015) Urban forest resilience through tree selection: Variation in drought tolerance in *Acer*. *Urban Forestry and Urban Greening*, 14: 858–865.

Sjöman, H., Nielsen, A.B. and Oprea, A. (2012a) Trees for urban environments in northern parts of Central Europe: A dendroecological study in north-east Romania and Republic of Moldavia. *Urban Ecosystem*, 15: 267–281.

Sjöman, H., Nielsen, A.B., Pauleit, S. and Olsson, M. (2010) Habitat studies identifying potential trees for urban paved environments: A case study from Qinling Mt., China. *Arboriculture and Urban Forestry*, 36: 261–271.

Sjöman, H., Östberg, J. and Bühler, O. (2012b) Diversity and distribution of the urban tree population in ten major Nordic cities. *Urban Forestry and Urban Greening*, 11: 31–39.

Skomarkova, M.V., Vaganov, E.A., Mund, M., Knohl, A., Linke, P., Boerner, A., *et al.* (2006) Inter-annual and seasonal variability of radial growth, wood density and carbon isotope ratios in tree rings of beech (*Fagus sylvatica*) growing in Germany and Italy. *Trees*, 20: 571–586.

Tal, O. (2011) Flowering phenological pattern in crowns of four temperate deciduous tree species and its reproductive implications. *Plant Biology*, 13 (Suppl. 1): 62–70.

Thomas, P.A. (2014) *Trees: Their Natural History*, 2nd edition. Cambridge University Press, Cambridge, UK.

Thomas, P.A. (2016) Biological Flora of the British Isles: *Fraxinus excelsior*. *Journal of*

Ecology, 104: 1158–1209.
Trout, R. and Brunt, A. (2014) *Protection of Trees from Mammal Damage*. BPG Note 12, Best Practice Guidance for Land Regeneration, Forest Research, Farnham, UK.
Tuley, G. (1985) The growth of young oak trees in shelters. *Forestry*, 58: 181–194.
Tyrväinen, L., Makinen, L. and Schipperijn, J. (2007) Tools for mapping social values for urban woodlands and of other green spaces. *Landscape and Urban Planning*, 79: 5–19.
Urban, J. (2008) *Up By Roots: Healthy Soils and Trees in the Built Environment*. International Society of Arboriculture, Champaign, IL, USA.
Walck, J.L., Hidayati, S.N., Dixon, K.W., Thompson, K. and Poschlod, P. (2011) Climate change and plant regeneration from seed. *Global Change Biology*, 17: 2145–2161.
Vander Mijnsbrugge, K., Bischoff, A. and Smith, B. (2010) A question of origin: Where and how to collect seed for ecological restoration. *Basic and Applied Ecology*, 11: 300–311.
Watson, G.W. and Himelick, E.B. (1982) Root distribution of nursery trees and its relationship to transplanting success. *Journal of Arboriculture*, 8: 225–229.
Watson, G.W. and Himelick, E.B. (2013) *The Practical Science of Planting Trees*. International Society of Arboriculture, Champaign, France.
Wolf, K.L. and Robbins, A.S.T. (2015) Metro nature, environmental health, and economic value. *Environmental Health Perspectives*, 123: 390–398.
von Döhrena, P. and Haase, D. (2015) Ecosystem disservices research: A review of the state of the art with a focus on cities. *Ecological Indicators*, 52: 490–497.
von Hoffen, L.P. and Säumel, I. (2014) Orchards for edible cities: Cadmium and lead content in nuts, berries, pome and stone fruits harvested within the inner city neighbourhoods in Berlin, Germany. *Ecotoxicology and Environmental Safety*, 101: 233–239.
Yang, Y., McBride, J., Zhou, J. and Sun, Z. (2005) The urban forest in Beijing and its role in air pollution reduction. *Urban Forestry and Urban Greening*, 3: 65–78.

6장

교목과 물

6.1 물은 교목 발달에 필수적이다

기온이 생장에 적합하다면, 교목을 포함한 모든 식물의 발달과 생장을 제약하는 가장 중요한 요소는 물이다. 따라서 물의 가용성은 서로 다른 환경에서 교목의 상대적인 성공을 결정하는 데 결정적으로 중요하다. 여러분이 물이 식물의 주된 구성요소일 뿐만 아니라 거의 모든 생리 과정에 관여한다고 생각하는 것은 지극히 당연하다.

비 목본식물의 조직은 70~95%가 물로 이루어져 있으며, 목재(신선할 때)도 약 50%가 물로 이루어져 있다. 세포에 있는 물은 해당 세포의 강성(剛性, stiffness – 세포 팽압/cell turgor)을 유지하고 광합성과 같은 핵심 과정을 포함한 생물학적 활동에 필요한 기질(基質, substrate)을 제공한다. 또한 이는 기체, 무기물, 기타 화합물을 세포에서 세포로, 또는 해당 교목의 서로 다른 부위 간 더 먼 거리로 운반하는 용매(溶媒, solvent) 역할을 한다. 실제로 생장은 잘 수화된 세포에 의해 확보된 정(+)의 팽압(膨壓, turgor pressure)이 세포 확장(細胞擴張, cell enlargement)을 위한 추진력을 제공하는 경우에만 일어날 수 있다.

교목 내 보유하고 있는 많은 양의 물에 추가하여, 해당 교목이 기능을 발휘하는 데에도 엄청난 양의 물을 필요로 한다. 식물은 질소, 인, 칼륨과 같은 흡수된 무기물의 거의 대부분을 새로운 조직으로 통합시키지만, 해당 교목에 들어온 물은 아주 작은 부분

(1~5%) 만이 해당 교목에 생물량(生物量, biomass)으로 간직된다. 교목에 의해 흡수된 물의 대부분은 증산작용(蒸散作用, transpiration – 식물 표면으로부터의 수분 증발)에 의해 대기로 되돌아감으로써 잃게 될 것이다. 이러한 물 사용에서의 분명한 낭비는 광합성으로 인한 불가피한 결과이다. 잎 표면에 있는 기공(氣孔, stoma)은 대기로부터 이산화탄소에 접근할 수 있도록 열려 있어야 하지만, 이렇게 함으로써 이들은 잎으로부터 상실되는 물의 통로를 제공한다. 그러나 이러한 물은 단순히 낭비로 볼 수 없는데, 물의 증발은 토양으로부터 해당 교목으로 물과 무기물을 끌어올리는 견인력(牽引力, pulling force)을 제공하기 때문이다. 여러분이 이를 어떻게 보느냐와 무관하게, 교목은 많은 양의 물을 필요로 한다(제4장 참조). 따라서 교목이 자신의 물 공급을 어떻게 유지하고 다양한 물 가용성에 어떻게 반응하는가를 이해하는 것이 교목을 관리하고 기후와 환경이 교목 성과에 어떻게 영향을 미치는가를 이해하기 위해 노력하는 모든 사람들에게 가장 중요하다.

6.2 수분포텐셜의 중요성

토양, 식물, 대기의 물 상태를 설명하기 위해 사용되는 매우 귀중하고 통합적인 개념이 **수분포텐셜**(water potential)이라는 개념이다.

상자 6.1은 수분포텐셜의 기술적인 정의를 제공하지만, 보다 간단히 말하면 수분포텐셜은 물이 더 높은 압력을 가진 곳에서 압력이 더 낮은 곳으로 움직이는 압력 차이로 생각될 수 있다. 식물에서, 이러한 움직임은 종종 흡인(吸引, suction – 장력[張力, tension] 이라고 부름)에 반응하여 일어나고, 흡인은 대기압(大氣壓, atmospheric pressure)보다 낮기

상자 6.1 수분포텐셜의 기술적인 정의

수분포텐셜은 해당 시스템의 특정 부분에 있는 물의 화학 포텐셜을 계산하여 구한다. 이는 대기압과 켈빈온도 298(~25℃)에서의 순수한 자유수와 대비된 물의 몰(mole) 당 줄(joule)로 측정되는데, 이 값은 압력 단위, 일반적으로 메가파스칼(MPa)로 변환된다. 이러한 단위의 정확한 도출은 매우 복잡한데, 관심이 있는 독자는 Kramer & Boyer(1995)나 Jones(2013)에서 종합적인 설명을 확인할 수 있다.

환산을 용이하게 하기 위해, 0.1MPa는 1바(bar)와 같고 이는 다시 대략 1기압과 같다.

때문에 음(陰, negative)의 값을 가진다. 이 경우 물은 가장 큰 흡인(즉 가장 큰 음의 압력)을 가진 곳을 향해 이동할 것이다.

대부분의 상황에서 물은 이러한 **수분포텐셜 기울기**를 따라 아래로 움직일 것이다. 그러므로 토양/식물/대기 연속계(SPAC, soil-plant-atmosphere continuum)의 서로 다른 부분 사이 수분포텐셜 차이를 평가함으로써 물이 이동할 방향을 예측할 수 있다. 예를 들면, 뿌리의 수분포텐셜(예: -0.1MPa)이 토양의 수분포텐셜(예: -0.01MPa)보다 낮으면, 물이 더 큰 음의 압력인 -0.1MPa으로 흘러서, 토양으로부터 뿌리로 물이 방출될 것이다. 줄기의 수분포텐셜(예: -1.5MPa)이 뿌리의 수분포텐셜(-0.1MPa)보다 더 낮게(더 큰 음수) 유지되는 한 물은 뿌리로부터 줄기로 이동할 것이다('뿌리로부터 줄기로의 수액 상승' 참조).

포텐셜은 그것이 어떤 종류의 포텐셜인지를 나타내는 아래 첨자와 함께 그리스 문자 프사이(Ψ)로 표시한다. 교목의 모든 부분 내부의 수분포텐셜(Ψ_w)이 종종 하나의 값으로 표시되지만, 실제로는 일련의 다른 포텐셜들로 구성되어 있다: **삼투포텐셜**(滲透-, osmotic potential; Ψ_π), **압력포텐셜**(压力-, pressure potential; Ψ_p), **중력포텐셜**(重力-, gravitational potential; Ψ_g).

삼투포텐셜은 물을 자신을 향해 흡인하는 역할을 하는 용액(溶液, solution)에 포함되어 있는 물에 녹아 있는 기질(기술적으로 용질[溶質, solute]이라고 함)의 양에 대한 측정치로서, 용질 농도가 높을수록 삼투포텐셜은 더 낮다(더 큰 음수). 압력포텐셜은 물이 내부 세포벽을 향해 세포막을 밀어서 유발되는 내부의 양의 압력, 또는 물의 증발에 의해 유발되는 장력(음의 압력)으로부터 유래된다. 중력포텐셜은 키가 큰 교목에서는 중요하지만 수고 10m마다 0.1MPa 정도만 변하기 때문에, 그렇게 키가 크지 않은 식물에서는 종종 무시된다.

토양도 자신만의 수분포텐셜을 가지고 있다. 토양에서는, **기질포텐셜**(基質-, matric potential; Ψ_m)이 토양 입자가 물을 얼마나 단단하게 잡고 있는가를 설명하고, 토양 수분포텐셜의 가장 중요한 요소이다. 기질포텐셜은 항상 음의 값을 가지는데, 이는 작용하고 있는 힘이 물을 토양 입자나 콜로이드(colloid)에 잡아두고자 하는 경향이 있기 때문이다. 전반적인 토양 수분포텐셜(기질포텐셜 더하기 다른 포텐셜의 합)은 약간 음수이거나 양수일 수도 있다.

염류토양(鹽類土壤, saline soil)에서는, 토양 용액의 삼투포텐셜이 토양의 수분포텐셜을 더욱 낮추는(더 큰 음수가 된다) 역할을 하여 뿌리가 주어진 토양 수분함량에서 물에 접근하는 것을 더욱 어렵게 만든다. 이는 토양이 건조해지고 염이 더욱 농축됨에 따라

(삼투포텐셜이 더 큰 음수가 된다) 악화된다. 일단 토양 수분포텐셜이 뿌리의 수분포텐셜보다 더 낮게 되면, 이로 인해 물이 뿌리에서 토양으로 빠져나가는 상태(역삼투/reverse osmosis)가 된다. 이는 비가 많이 오는 습한 상태에서는 큰 문제가 안 되지만, 염이 처리된 도로로부터의 물보라(또는 유출수)가 도로변을 따라 염류토양을 만들 수 있는데, 이들 염이 토양 단면을 통해 적절하게 용탈되지 않으면, 삼투 효과는 생장기 동안, 그리고 보기에는 관수가 잘 되는 여건 하에서도 수분 흡수를 심각하게 방해할 수 있다. 부정확한 비료 사용도 수분 흡수를 제한할 수 있는 낮은 삼투포텐셜을 가진 토양을 창출할 수 있다.

6.3 교목은 토양 함수량이 아닌 토양 수분포텐셜을 체험한다

토양 수분 가용성은 단순히 토양 내 물의 양에 달렸다고 생각하기 쉽다. 물론 이는 부분적으로 사실임에 틀림없다. 즉 토양이 습하면 건조할 때보다 물에 더 쉽게 접근할 수 있다. 그러나 토양은 토성, 공극 크기, 유기물 함량, 답압에서 변이가 매우 크기 때문에(제4장 참조), 토양에 따라 토양이 보유하고 있는 물의 총 부피와 물이 토양으로부터 방출되는 방식에 차이가 매우 크다.

토양이 건조해짐에 따라 물을 어떻게 방출하는가를 시각화하는 가장 좋은 방법은 토양 수분함량(일반적으로 토양 m^3당 물 m^3의 부피로, 아니면 단순히 토양 부피의 백분율로 표시함)에 대한 토양 수분포텐셜(MPa)을 **토양수분방출곡선**(土壤水分放出曲線, soil water release curve)으로 그려보는 것이다(그림 6.1a). 말라가고 있는 토양에서 물은, 종종 **영구위조점**(永久萎凋點, PWP/permanent wilting point)이라고 불리는, 어떤 최저 토양 수분포텐셜 문턱값이 될 때까지 식물에 유용할 것이다. 이는 식물의 수분포텐셜과 관련이 있는데, 잎이 자신의 **팽압상실점**(膨壓喪失點, turgor loss point; Ψ_{po})(즉, 이들이 되돌릴 수 없을 정도로 시듦)에 도달하여 회복할 수 없는 상태이다. (시든 잎을 가진 식물은 아직 **영구**위조점에 도달하지 않았기 때문에 물을 주면 회복할 수 있다는 점에 유의하라.) 농작물에서는 이 PWP가 -1.5MPa라고 널리 받아들여지고 있지만, 온대지방 교목에서는 훨씬 더 낮을 수 있고(-2.0에서 -4.0MPa 미만까지), 지중해나 다른 건조한 지역의 일부 내건성이 매우 높은 교목은 더 낮을 수 있다. 토양 수분포텐셜이 문제 수종의 팽압상실점보다 낮으면 식물은 더 이상 물에 접근할 수 없을 것이다. 그러므로 식물에 가용한 물의 양은 토양이

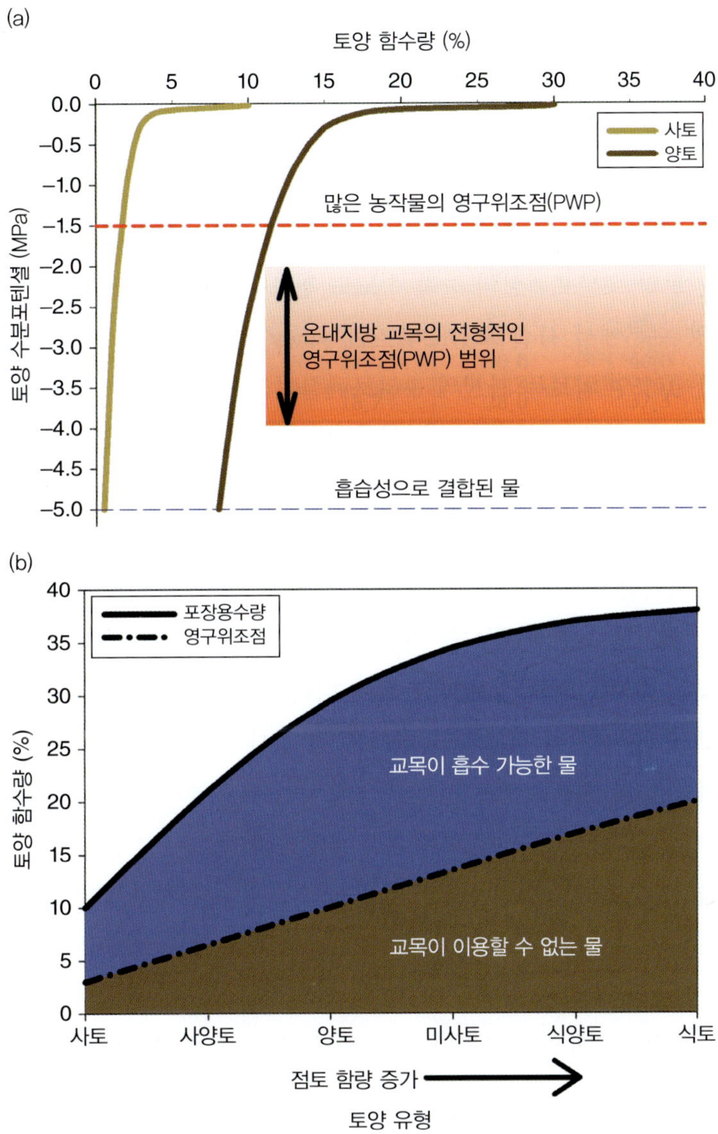

그림 6.1 (a) 사토와 양토에 대한 토양수분방출곡선으로, 토양 함수량과 토양 수분포텐셜(식물이 토양으로부터 물을 추출할 수 있는 용이성) 간의 전형적인 관계를 보여준다. 많은 농작물에 대한 팽압상실점(이보다 아래에서는 식물이 자랄 수 없음)은 −1.5MPa로 받아들여지고 있고, 많은 온대지방 교목의 경우 그 범위가 −2에서 −4MPa 사이이다. −5MPa이하의 토양 수분포텐셜에서는 물이 식물에 완전히 이용할 수 없을 정도로 단단하게 흡습성으로 토양에 결합되어 있다. (b) 토양 함수량과 토양 유형 사이의 일반적인 상관관계.

포장용수량(圃場容水量, field capacity)[1]에서 물로 가득 찼을 때와 토양에 물이 거의 없어 해당 식물이 팽압상실점에 도달했을 때 사이의 함수량(含水量, water content)과 일치한다.

두 대비되는 토양 유형을 비교해보면, 토양 함수량의 측정이 토양 수분의 가용성에 대해 다소 제한된 정보를 제공한다는 것을 쉽게 확인할 수 있다. 예를 들어 그림 6.1(a)에서, 사토(砂土, sand)의 포장요수량은 토양 함수량의 약 10%인 반면, 양토(壤土, loam)에서는 추가적인 미사, 점토, 유기물이 토양 내 보유된 수분을 30%가 약간 넘는 수준으로 증가시킨다. 토양 수분포텐셜의 하락 속도도 건조해짐에 따라 토양에 따라 차이가 있다. 10%의 토양 수분에서 사질 토양(砂質土壤, sandy soil)의 모든 수분은 식물에 가용한 반면, 토양 수분 10%인 양토는 자신의 수분포텐셜이 PWP보다 낮기 때문에 뿌리에 가용한 물이 없다. 즉 이 상태에서 양토는 식물이 전혀 분리해낼 수 없을 정도로 너무 단단하게 물을 잡고 있다. 또한 사질토양은 자기 부피의 5%만 유효수분(有效水分, available water)으로 보유할 수 있는 데 비해, 양토는 자기 부피의 15~20%를 유효수분으로 보유할 수도 있다. 이러한 특징은 교목이 요구하는 토양 부피와 교목이 강우나 관수 없이 생존할 수 있는 기간에 상당한 차이를 가져올 수 있다(이의 고찰에 관해서는 제4장 참조).

토양이 물을 방출하는 방식은 토양 유형에 따라 크게 다르기 때문에, 토양수분을 관리할 때의 첫 도전은 자신이 작업하고 있는 토양에 대한 이러한 관계를 이해하는 것이다. 수분방출곡선을 작성하는 것은 전문적인 장비가 필요하기 때문에 전문 실험실을 이용한 전문가의 분석을 구하는 것이 최선일 수 있다. 일단 수분방출곡선이 작성되면, 토양 습도 탐침을 사용하여 토양 함수량을 추정하여 토양 수분포텐셜을 예측하는 것은 상대적으로 쉬운 일이다. 그러나 자세한 수분방출곡선을 이용할 수 없는 경우에는, 보다 일반적인 토양 함수량과 토양 유형 사이의 관계가 식물이 이용할 수 있는 물의 양을 예측하고자 하는 사람들에게 정보를 제공하는 데 도움을 줄 수 있다(그림 6.1b).

6.4 토양 수분 가용성 관리

토양 수분 가용성(水分可用性, water availability) 관리에 대한 접근은 관련 상황에 따라 크게 다를 것이다. 경관 교목의 경우, 최우선 순위는 뿌리 발달에 대한 주된 물리적 제약

1 포장용수량은 토양이 포화된 후 중력의 영향으로 배수된 물을 뺀 함수량이다. 일반적으로 포장용수량의 수분포텐셜은 −0.01과 −0.03MPa 사이이다.

을 최소화할 수 있는 기회를 확보하는 것이다. 대량의 토양 부피도 답압되고 물리적으로 뿌리 발달을 제약하면 극히 제한된 가치를 가질 뿐이다(제4장 참조). 토양 답압을 완화하면 뿌리를 뻗을 토양 부피를 크게 증대시키고 이에 따라 토양 수분의 가용성도 높여줄 것이다. 같은 선상에서, 뿌리를 뻗을 수 있는 토양 부피를 보호하기 위해 토양 답압을 방지하는 것도 마찬가지로 중요할 수 있다. 뿌리 전개 환경을 설계할 수 있는 경우에는, 다른 지하 기반시설의 제약 범위 내에서 토양 부피를 극대화하는 것이 좋다(또한 제4장 참조).

어떤 상황에서는, 토양개량제(土壤改良劑, soil amendment)를 사용하여 토양의 보수력(保水力, water holding capacity)을 높일 수도 있다. 예를 들면 사질토양은 유기물과 미사 및 점토 입자를 추가함으로써 도움을 받을 수 있다. 비목본식물로 만든 **바이오차**(biochar)를 사질토양에 첨가한 결과 비슷한 효과를 얻었다는 증거가 있다(Basso 등 2012). 토양 수분 가용성을 관리하는 방법을 결정하는 중요한 다른 요소들로는 해당 부지의 크기, 교목의 수량, 해당 교목(또는 이들 수확물)의 잠재적 가치, 궁극적으로 관수를 위해 쓸 수 있는 예산 등이 있다.

최근에 식재된 조경수에서, 뿌리가 광범위하게 자랄 시간을 갖기도 전에 작은 토양 부피가 뿌리에 점령당한다는 것은 유효수분이 빠르게 고갈된다는 것을 의미한다. 그러므로 상대적으로 많은 강수량을 가진 습한 지역에서도 수분 결핍이 교목 정착에 주된 도전이다. 불투수성 표면은 강우가 토양 수분을 적절하게 충전시키지 못하면 어린 조경수가 물에 접근하는 데 대한 문제를 더욱 복잡하게 만들 것이다. 토양이 침수되지 않으면, 추가적인 관수는 거의 항상 어린 조경수에게 좋은 일이 될 것이다.

수많은 기제가 근분에 물을 공급하기 위해 사용될 수 있다. 어떤 교목 구덩이 설계에서는, 관수 배관이 식재 구덩이 속에 미리 설치될 수도 있다(그림 6.2a). 이는 단순히 물 공급원을 이 배관에 연결하여 미리 정해진 양의 물을 뿌리 환경에 공급하는 것이다. 다른 경우, 관수 주머니(watering bag)가 사용될 수 있다(그림 6.2b). 이 주머니는 지표를 따라 흘러가지 않고 아래로 스며드는데 도움을 줄 수 있도록 수 시간에 걸쳐 천천히 배출되는 약 75L의 물을 담고 있다. 이는 교목이 관수되는 빈도를 줄여줄 것이다. 고가의 교목에 대해서는, 식재되는 교목 주위 되메우는 토양에 수화겔(水和-, hydrogel)(일반적으로 고흡수성 폴리아크릴레이트/polyacrylate)이 혼합될 수도 있다. 이들이 적어도 단기적으로는 생존과 생장을 향상시킬 수 있다는 증거가 있지만(Orikiriza 등 2013), 추가적인 비용을 고려해야 한다. 보다 관리되는 경관에서는, 스프링클러(sprinkler) 시스템이 설치될

(a)

(b)

그림 6.2 (a) 교목 식재 구덩이에 설치되고 있는 관수 관. (b) 최근 식재된 덴마크 코펜하겐의 교목 주위에 배치된 관수 주머니. 이 주머니는 바닥에 오랜 시간에 걸쳐 근분과 주변 토양에 천천히 물을 배출하는 구멍이 있다. 이것은 지표 유출수를 줄이고 토양 수분을 더 깊이 충전하는 데 도움을 준다. 여기서는 Treegator® 주머니가 사용되고 있지만, 수많은 다른 상표와 도안이 가용하다.

수도 있고, 교목에 관수하기 위해 호스도 물론 사용할 수도 있다. 그러나 포화된 토양이 건조한 토양만큼이나 해당 교목에 해로울 수 있다는 것을 명심하는 것도 중요하다. 그릇되게 관리되면, 아래 방법 모두와 관련된 위험이 있다:

- 관수용 배관은 적용된 물이 주변 토양이 아닌 실제 근분에 전달되도록 전문적으로 설치되어야 한다.
- 관수 주머니는 아래 수간 주위에 높은 수준의 습도를 유발하기 때문에 줄기 주위에 장기간 놓아두어서는 안 된다(관수 주머니를 장기간 사용하면 더 넓은 토양 부피로 뿌리가 발달하는 것을 어렵게 할 수도 있다).
- 수동 관수는 과도한 표면 유출수로 이어지거나 피상적인 표면 습윤으로 이어질 수 있다.
- 타이머(timer)를 사용하는 관수 시스템은 실질적인 교목 수분 수요에 대응하지 못한다.

그림 6.3 투수성 토목섬유 장벽은 토양 증발과 중요하게도, 스웨덴 Alnarp의 Swedish University of Agriculture(SLU) 야외 포장에서의 잡초 경쟁을 낮춘다.

근분 바깥으로의 뿌리 발달을 조장하기 위해서는, 많은 양을 덜 자주 관수하는 것이 적은 양을 더 자주 관수하는 것보다 낫다. 적은 양을 빈번하게 관수하는 것은 가끔 뿌리가 토양 단면에서 더 높이 발달하도록 조장하여 관수가 중단되었을 때 이들을 토양 건조에 더 취약하게 만든다. 많은 양을 관수하면 토양 수분을 더 깊이까지 충전하여 더 큰 부피의 토양 속으로 뿌리가 발달하도록 조장한다. 이는 건기 동안 교목의 수분 결핍 영향을 지연시킬 수 있는데, 이는 교목 뿌리가 더 큰 토양 부피를 점유하고 있고 더 깊은 토양 수분은 증발이나 잔디와 같은 뿌리가 얕은 초본성 경쟁자가 흡수할 가능성이 낮기 때문이다. 토양 증발과 경쟁적인 초본 식물을 제한하기 위해 멀칭 자재나 토목섬유 장벽을 사용하는 것은, 특히 가용한 토양 수분을 관리하는 것과 관련하여, 어린 교목을 정착하고자 할 때 항상 유용하다(그림 6.3).

상업적인 작업에서는 고품질 수목이나 수익성 있는 작물 생산을 위해 교목을 관수할 필요가 있을 수도 있다. 지역적인 수자원에 대해 높아지는 압력으로 인해, 재배자가 지속가능한 물 관리 실무를 입증할 수 있는 경우에만 취수권(water abstraction right)이 주어진다. 이러한 경우에도 일부 건조한 지역에서는, 관수를 위해 가용한 물이 연중 관수하기에 불충분할 수도 있다. 관수의 정밀한 일정계획과 **부족 관수**(deficit irrigation – 교목이 증발산[2][蒸發散, evapotranspiration]에 의해 상실하는 것보다 더 작은 물을 공급) 기간은 이처럼 귀중한 자원을 보전하기 위해 필요할 수도 있다.

많은 관수 의사결정이 여전히 교목 관리자의 직관에 의존하고 있지만, 이제는 지속가능 작업을 보장하기 위해 관수 일정을 보다 자세하게 수립할 수 있는 여러 가지 방법이 있다. 이들은 일반적으로 토양 수분 감지기로부터의 피드백(feedback), 식물 수분 상태 측정치, 증발산량(蒸發散量, ET/evapotranspiration)이나 잠재 증발산량(ET_p/potential evapotranspiration)의 예측을 기반으로 한다.

상자 6.2 토양 수분 감지기의 유형

토양 수분 감지기의 두 가지 주된 유형은 부피 단위로 토양 함수량을 측정하는 것과 식물에 대한 토양 수분의 가용성(토양 수분포텐셜)을 측정하는 것이다(차이를 확인하기 위해서는 '교목은 토양 함수량이 아닌 토양 수분포텐셜을 체험한다' 참조). 중성자 감쇠(中性子減衰, neutron attenuation)와 전류의 토양 전도도(유전특성[誘電特性, dielectric property]에 근거하여)를 측정하는 시간 영역 반사측정법(時間領域反射測定法, TDR/time domain reflectometry)에 기반을 둔 감지기(感知器, sensor)가 부피 단위로 측정된 토양의 수분 함량을 예측한다. 올바르게 보정되면, 이들은 광범위한 토양 수분 함량에 걸쳐 잘 측정하며, 믿을 만하고 상대적으로 유지관리가 불필요하다. 토양수분장력계(土壤水分張力計, tensiometer)는 직접 토양 수분포텐셜을 측정하지만, 유지관리가 매우 노동집약적인 한계가 있고 좁은 범위의 토양 습도(0에서 −0.1MPa)에서만 작동한다. 다공성 매트릭스 감지기가 유전특성을 이용하여 토양 수분포텐셜을 예측하고, 토양수분장력계에 비해 정확성에서 다소 떨어지지만, 식물 가용 범위에 걸쳐 작동할 수 있다. 사용되는 감지기와 무관하게, 관수 일정에 대한 의사결정은 토양 수분포텐셜을 기준으로 하는 것이 좋은데, 이는 수분포텐셜이 뿌리에 대한 물의 가용성을 가장 정확하게 나타내기 때문이다(본문 참조).

---

2 증발산(ET, evapotranspiration)은 뿌리 위쪽 지표면으로부터의 **증발**(蒸發, evaporation)과 잎으로부터의 **증산**(蒸散, transpiration)을 포함한 총 식물 물 사용의 측정치이다. 잠재 증발산(potential evapotranspiration; ET_p)은 기온과 습도, 그리고 해당 식물의 수분 손실에 대한 저항성에 관해 알려진 것과 같은 환경적인 변수로부터 예측된다.

다양한 토양 수분 감지기가 상업적으로 가용하다(상자 6.2). 관수 의사결정에 도움을 받기 위해 이들을 사용할 때의 주된 한계는 측정되는 뿌리가 수분을 흡수하는 토양 부피에 비에 토양의 부피가 너무 작은 경향이 있다는 것이다. 토성, 배수 특성, 뿌리 흡수율(吸收率, absorption rate)의 차이로 인해 짧은 거리에 걸쳐 변동이 심한 토양 수분을 유발할 수 있어서, 몇 군데서만 표본을 추출하면 전형적이지 않은 토양 여건을 기반으로 관수 의사결정을 하는 것이 될 수 있다. 이러한 문제를 극복하기 위해 더 많은 감지기를 사용할 수 있지만, 이는 항상 시간과 비용의 제한을 받는다. 다양한 종을 키우는 교목 농장의 경우, 토양 수분을 추적하기 위해 적합한 기준 교목을 선정하는 것은 한 유형의 교목이 요구하는 것이 종이나 크기가 다른 교목과 동일하지 않기 때문에 특히 위험하다. 그럼에도 불구하고 올바르게 설치되고 보정된 토양 수분 감지기는 언제 관수하고 얼마나 많은 물을 적용해야 하는가를 평가하는 데 도움을 준다. 그림 6.4는 토양 수분 감지기를 사용하는 관수 시스템에 필요한 다양한 구성요소를 보여준다. 이 시스템은 용기화된 교목에 대한 관수 일정 수립에 사용되지만, 비슷한 접근이 더 비싼 조경수에 사

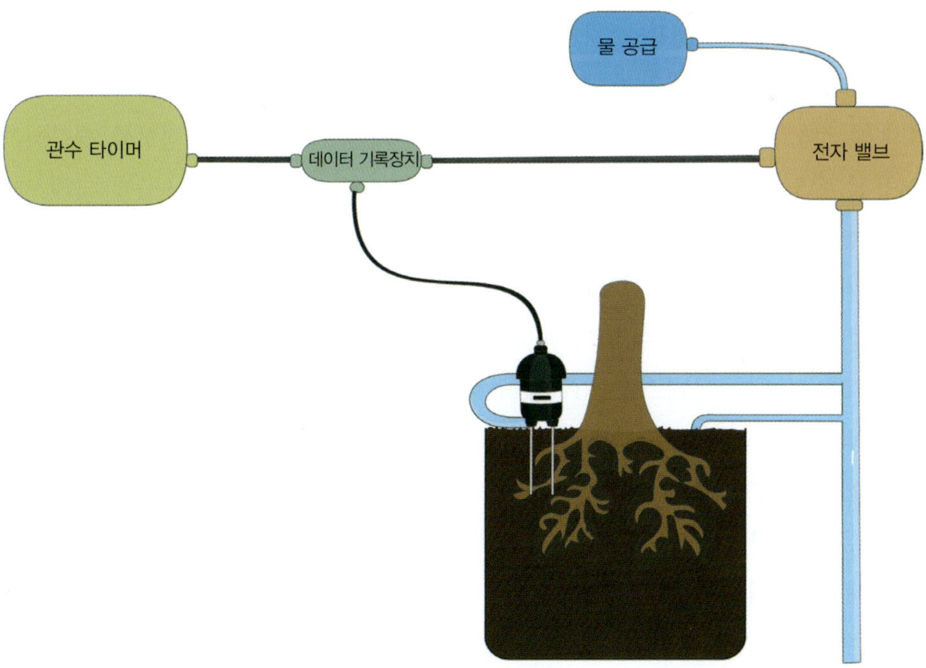

그림 6.4 토양 수분 감지기가 해당 토양의 수분 상태에 관한 정보를 데이터 기록장치에 전달한다. 이것이 관수 타이머와 전자 밸브(solenoid valve)와 결합되면, 관수 일정은 해당 교목의 요구에 바로 반응한다. 그러나 이는 하나의 뿌리 시스템으로부터의 피드백만 전달하기 때문에, 같은 관수 배관에 연결된 다른 식물의 요구를 제대로 반영하지 못할 수도 있다.

용되면 안 된다는 이유는 없다.

교목을 주의 깊게 관찰함으로써 관수 필요성을 판단할 수도 있다. 이는 단순히 시듦을 살피는 것일 수도 있고, 수분포텐셜, 기공 전도도(氣孔傳導度, stomatal conductance), 수액 흐름 또는 수관 온도를 측정하는 것일 수도 있다. 이들의 주된 단점은 모든 종이 같은 방식으로 행동하지 않는다는 것이다. 따라서 관수 작업의 일정계획을 수립하는데 적절한 **생물지표**(生物指標, bioindicator)가 사용될 수 있도록 수분 부족에 대한 특정 종의 반응을 아는 것이 중요하다. 식물을 기반으로 한 접근을 사용할 때의 일반적인 약점은 토양에 얼마나 많은 물을 추가해야 하는가에 대해 어떠한 정보도 제공되지 않는다는 것이다(Jones 2004).

어떤 계획에서는, 관수 결정을 하는데 도움을 주기 위해 **생물 센서**(biological sensor)로 다른 식물을 사용할 수도 있다. 예를 들면, 해바라기의 위조점(萎凋點, wilting point)은 믿을 만 하게 −1.5MPa로 설정되어 있다. 이는 교목 종의 위조점보다 더 높을(보다 작은 음수) 가능성이 높기 때문에 교목 가까이에 식재된 해바라기의 시듦을 해당 교목에 대한 관수가 필요할 수 있다는 조기 경고로 사용할 수 있다. 이는 이러한 토양 건조에 대한 기술수준이 낮은 대용 감지기일 뿐만 아니라 싸고 지역적인 토양 여건에 빠르게 반응하는 장점이 있다. 다양한 종이 있는 정원에서는, 건조하는 토양에 민감한 것으로 알려진 잘 정착된 식물이 해당 정원의 다른 종에 대한 관수 결정에 정보를 제공하기 위해 사용될 수도 있다. 이러한 방식으로, 지표종(指標種, indicator species)에 대해 세심한 주의를 기울이는 것이 큰 집단의 식물에 대한 의사결정을 유도하는 데 훨씬 더 효과적인 방법이 될 수 있다. 이러한 기술을 이용하면 일부 정밀성을 상실하는 것은 분명하지만, 완벽한 시스템은 있을 수 없기 때문에 이러한 유형의 접근이 싸면서도 유용하다.

관수는 표준 펜만-몬티스공식(Penman-Monteith equation)을 사용하여 ET를 계산함으로써 일정이 결정될 수도 있다(자세한 내용은 Allen 등[1999]을 참조). 적절하게 사용하면, 이러한 접근은 ET를 통해 잃어버린 것을 대체하기 위해 필요한 관수가 얼마인가에 대한 매우 유용한 정보를 얻을 수 있다. 그러나 이는 식물 자재의 획일성에 어느 정도 의존하기 때문에, 식물의 크기와 종이 매우 다양하면 정확도가 떨어질 수 있다. 따라서 이 기술은 과수원의 관수 일정수립에 가장 유용하다.

토양, 종, 교목 크기, 기후에 걸친 다양성이, 이들 요소 모두에 대한 지식이 없으면, 교목 관수에 대한 자세한 권고를 어렵게 만든다. 그러나 표 6.1은 토양 수분 가용성을 관리하는데 일부 중요한 일반적인 원칙을 제공한다.

표 6.1 교목을 위한 토양 수분 가용성을 관리할 때 중요한 원칙

원칙	고려사항
뿌리가 접근하는 토양의 부피를 극대화하라.	• 잠재적인 뿌리 전개 부피가 답압되지 않도록 보장하라. • 다른 지하 기반시설을 통과하여 '탈출 구역'(breakout zone)이나 새로운 토양 부피에 이르는 뿌리 통로 제공하라. • 장래 토양 답압을 방지하라.
가능하면 토양의 보수력을 향상시켜라.	• 극사질토양에서는, 수분 보유를 높이기 위해 미사, 점토, 유기물, 바이오차 첨가를 고려하라. • 어떤 개량제는 실제로 가용한 토양 수분을 증대시키는데, 토양 수분을 가두지 않도록 유의하라.
해당 토양의 수분 방출 특성을 이해하라.	• 해당 교목이 경험하는 것은 토양 수분포텐셜이지 토양 함수량이 아니라는 사실을 명심하라. • 토양 수분방출곡선을 얻기 위한 실험실 분석에 대한 작은 투자가 관수 일정계획 결정에 대한 확신을 크게 높일 수 있다. • 0에서 −5MPa 사이의 정확성이 가장 중요하다.
토양 증발과 다른 식생과의 경쟁을 줄여라.	• 해당 교목에 적용된 물이 증발을 통해 상실되지 않고 해당 교목에 의해 흡수되도록 보장하라. 따라서 물이 적용되는 해당 일의 시간을 고려하라. 증발 수요가 가장 높은 해당 일의 중간에 관수하는 것을 피하라. • 유기 멀칭 자재는 토양 증발을 줄여주는 것을 포함하여 많은 편익이 있다. • 토양으로부터 증발을 줄이기 위해 토목섬유를 사용할 수 있지만, 이들은 영양소를 제공하지 않고 쉽게 생분해되지 않는다. • 해당 교목 둘레(이상적으로는 낙수선까지)에는 경쟁하는 식생이 제거된 원을 유지하라.
적용되는 물이 뿌리에 닿도록 보장하라.	• 미리 설치된 관수 기반시설이, 특히 최근에 식재된 교목에 대해, 흡수하는 뿌리 위 토양을 수화시킬 수도 있다. • 많은 양의 물을 매우 빠르게 전달하기보다 해당 토양을 천천히 적셔 표면 유출을 최소화하라.
해당 교목의 수분 요구에 기반을 둔 관수 시점을 결정하라.	• 관수 작업의 시점이 교목 생리에 의해 확인되지 않으면, 비효율적인 물 사용이 예상될 수 있다. • 관수는, 임의적인 유지관리 일정이 아닌, 해당 교목의 요구에 부응하는 것이 좋다.
물의 과도한 적용을 피하라.	• 포화된 토양은 토양 산소가 가장 낮아서 특별히 적응되어 있지 않으면 교목에 큰 피해를 줄 수 있다. • 과도한 관수는 영양소의 용탈을 유발하여 해당 토양의 비옥도를 낮출 수 있다. • 물은 귀중한 자원이기 때문에 지속가능하게 사용하라.
토양 용액의 삼투포텐셜이 뿌리 흡수를 방해하지 않도록 보장하라.	• 과도한 염이나 비료 사용은 뿌리가 물을 흡수하는 것을 훨씬 어렵게 만들 수 있다. • 토양을 용탈시키는 것이 염류성 토양의 영향을 줄이는 최선의 방법이다(이를 위해 가용한 물이 있는 경우).

6.5 세근이 수분 흡수에 매우 중요하다

토양으로부터의 수분 흡수를 거의 대부분 책임지고 있는 것은 복잡하게 갈라진 세근(細根, fine root)과 이들의 뿌리털(root hair)이다. 더 굵고 목질의 뿌리도 일부 수분을 흡수할 수 있지만, 리그닌과 수베린으로 채워진 세포에 의해 유발된 수분 흡수에 대한 저항이 이를 가로막고 있다. 사실 이차생장과 코르크질로 바뀐 세포벽의 역할 중 일부는 물이 뿌리 시스템으로부터 건조한 토양으로 상실되는 것을 막는 것이다. 그러므로 물이 토양으로 누설되는 것을 방해하는 오래된 뿌리 내부 구조가 효과적인 수분 흡수와 양립할 수 없는 것은 당연하다. 이 때문에, 세근의 제거나 상실은 증산하는 수관에 물을 공급하는데 비극적인 결과를 가져올 수 있다. 따라서 세근의 보존, 보호, 촉진이 모든 교목 건강관리 프로그램의 중심에 위치하게 된다. 풍부한 유효수분을 가진 토양에서도, 교목은 여전히 수관에 공급하기에 충분한 물을 흡수할 수 있도록 충분한 뿌리 표면적(表面積, surface area)을 가져야 한다.

토양으로부터 뿌리로의 물 흡수는 낮아지는 수분포텐셜의 경사를 따라 일어난다. 낮 동안에는, 잎으로부터의 증발이 잎에서 뿌리까지 연장된 물기둥에 장력(음의 압력 또는 '흡인'/suction)을 창출한다. 토양 수분포텐셜이 뿌리의 수분포텐셜보다 높게(더 작은 음수) 유지되면, 다시 이는 뿌리의 수분포텐셜을 낮추는 역할을 하여 물이 뿌리로 끌어들여진다. 수분 흡수에 대한 이러한 기제(機制, mechanism)는 증산을 하는 교목에 가장 중요하다. 그러나 밤과 매우 낮은 증산을 하는 다른 기간 동안에도, 물은 여전히 삼투현상(滲透現像, osmosis)에 의해 뿌리로 끌어들여질 수 있다. 이러한 형태의 흡수를 유지하기 위해, 뿌리는 뿌리와 토양 사이의 수분포텐셜 경사를 유지하는 데 필요한 다양한 삼투성이 강한 기질을 생산한다. 이러한 활동적인 과정은 에너지를 사용하기 때문에 뿌리 주위에 온도가 적합할 때 통기성이 양호한 토양에서만 효율적이다. 그러므로 따뜻하고 배수가 잘 되는 토양이 차고 침수된 토양보다 이처럼 활발한 수분 흡수를 위해 더 좋은 여건을 제공한다.

목부 유조직(木部柔組織, xylem parenchyma)에 의한 이온(ion)과 설탕 같은 화합물의 활발한 생산도 물을 해당 교목의 몇 미터 위로 밀어 올릴 수 있는 근압(根壓, root pressure)의 원천인 것으로 보인다. 교목의 경우, 이러한 양(+)의 근압이 가끔 줄기 압력(stem pressure)과 결합하여 도관과/이나 가도관이 기포 없이 수액으로 가득 찬 상태로 생육기를 시작할 수 있도록 하는 데 매우 유용한 것으로 보인다. 또한 이는 뿌리로부터 수간에 있는 생장점으로 설탕을 빠르게 공급하는 방법일 수도 있다. 일부 종, 특히 단풍나무속(*Acer*), 자작나무속(*Betula*), 호두나무속(*Juglans*), 새우나무속(*Ostrya*)에 속하는 종에서는, 이러한 목부 내 양압(陽壓, positive pressure)이 절단되었을 때 줄기에 '수액 유출'을 유발한다. 따라서 봄에 이러한 교목의 전정은 피하는 것이 최선이다.

뿌리로 들어가기 위해, 물은 뿌리의 외피층(外皮層, outer cortex)을 통과하고 뿌리의 목부에 도달하기 전에 내피(內皮, endodermis)를 통과하여 이동해야 한다(그림 6.5)(뿌리

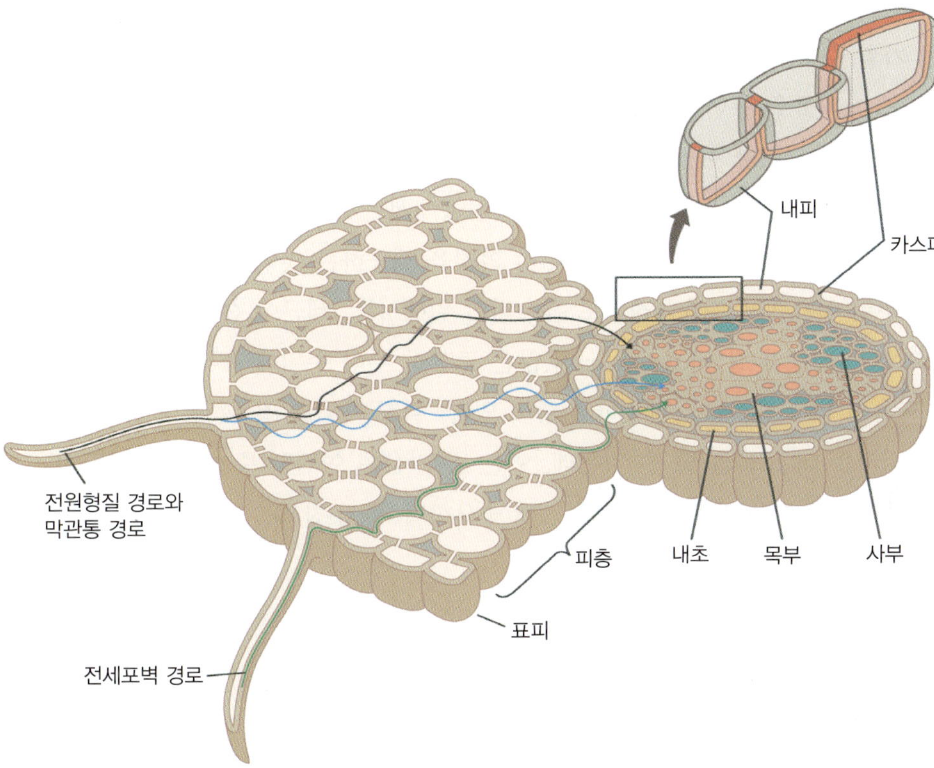

그림 6.5 뿌리에 의한 물과 영양소 흡수의 대안적인 경로. **전원형질**(symplast) 경로에서는, 물과 영양소가 원형질막을 통과하여 세포 안으로 들어가서 원형질연락사(plasmodesmata)라고 알려진 세포 사이 통로를 통해 서로 연결된 세포질(세포의 내부 표면 또는 원형질 막)을 따라 세포를 통과해서 이동한다. **전세포벽**(apoplast) 경로에서는, 물과 영양소가 내피에 도달하기 전에 세포 사이 틈을 따라 그리고 세포벽의 바깥을 따라 세포 **사이**를 이동하고, 내피에 도달하면 이 지점에서 물과 영양소는 목부에 들어가기 전에 원형질막을 통과하여 세포 속으로 들어가야 한다. **막관통** 또는 **세포관통**(transcellular) 경로라고 알려진 또 다른 길은 물이 두 인접한 세포 사이 세포벽과 함께 두 세포막을 통과해야 한다. **아쿠아포린**이라고 알려진 특화된 수로가 이 세포관통 경로를 중재한다. 물이 뿌리 피층을 어떻게 통과하느냐와 관계없이, 물은 목부로 들어가기 전에 내피를 통과해야 한다. 내피의 카스파리띠(Casparian strip)는 이 세포를 통과하지 않고는 어떤 것도 뿌리의 중심으로 들어가지 못하도록 보장하는 코르크질의 수베린화된 층이다. 뿌리는 이러한 방식으로 들어오는 모든 것을 통제한다. 출처: Taiz & Zeiger(2010). Oxford University Press의 허락을 받아 전재.

구조에 대해 보다 자세한 사항은 제4장의 앞에서 확인할 수 있다). 물이 이동하는 데는 세 가지 다른 경로가 있다: 내피에 도달하기 전에 피층의 세포 **사이**를 통과할 수 있고(**전세포벽**/apoplast 경로); 세포를 **통과**하는 길을 내거나(**전원형질**/symplast 경로); **막관통**(trans-membrane) 경로의 통과(이들 모두는 그림 6.5에 추가로 설명되어 있다). 필연적으로 이들 대안적인 경로의 상대적인 중요성은 종에 따라, 흡수 추진력의 성격, 뿌리 성숙도, 주변의 토양 환경에 따라 다소 차이가 있다. 그러나 세포의 삼투포텐셜의 적극적인 조정과 아쿠아포린(aquaporin)으로 알려진 특화된 수로(水路, water channel) 사용을 통해 고도의 통제를 가할 수 있다는 것은 분명하다. 수분 흡수를 위한 이들 대안적인 경로의 상대적인 중요성과 식물을 통한 물의 이동에 가해지는 저항을 규명하기 위한 연구는 아직도 계속되고 있다. 그러나 이들 뿌리의 수분 흡수에 관한 세부적인 의문은 과학적인 관심을 받을 가치가 있지만, 교목을 관리하는 사람들에게는 수분 흡수에 가장 큰 차이를 만드는 것은 세근을 보전하고 고품질의 뿌리 환경을 제공하는 것이다.

물이 뿌리 시스템으로 효율적으로 흡수되기 위해서는, 세근이 습한 토양과 접촉하고 있어야 한다. 배수가 잘 되고 답압되지 않은 토양이 뿌리 주위에 충분한 산소를 보장하는 데 도움이 되고, 또한 더 따뜻한 경향이 있다. 멀칭 자재를 첨가하는 것도 극한 기온을 완충시키는 데 도움을 줄 수 있는데, 이는 밤 기온이 여전히 주기적으로 5℃ 밑으로 떨어져서 뿌리 생장을 제한하는 봄에 특히 중요하다(제4장 참조).

6.6 수력학적 재분배

교목의 굵은 뿌리는 세근과 수간의 연결을 위해서 뿐만 아니라 토양 내 물의 이동과 토양으로의 물 이동을 위해서도 중요하다. 토양 수분과 수액 흐름을 세심하게 측정한 결과 교목이 다양한 수분 가용성에 반응하는 방식에 관해 어떤 흥미로운 사실을 밝혀내었다. 증산 요구가 미미하고 기공이 닫힌 밤에는 뿌리로부터 수관으로의 수액 상승이 정지된다. 이 상황에서, 뿌리 시스템의 다른 부분 사이, 그리고 수관과 뿌리 사이의 남아있는 작은 수분포텐셜 기울기가 수액 흐름을 야기할 수 있다. 이러한 **수력학적 재분배**(水力學的再分配, HR/hydraulic redistribution)(Burgess 등 1998)는 수많은 다른 형태로 일어날 수 있지만(그림 6.6), 많은 교목에서 매우 중요하다. 중요한 것은 HR이 물을 해당 교목 여기저기로 이동시킬 뿐만 아니라 다른 식생과 토양 유기체가 혜택을 볼 수 있도록 물

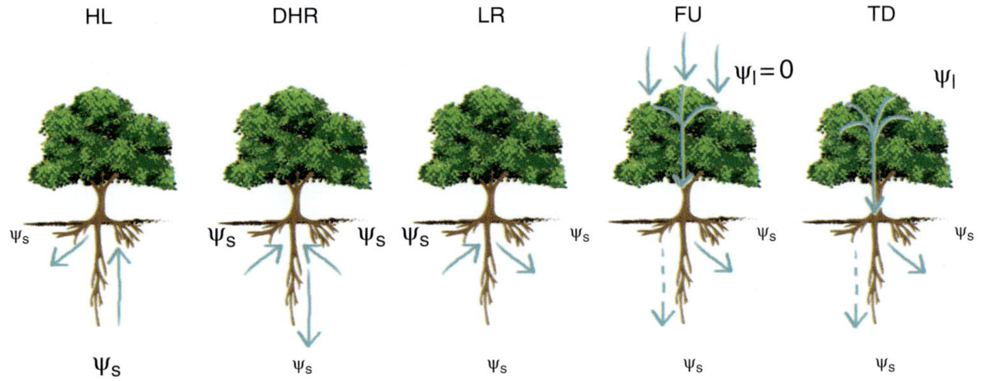

그림 6.6 교목 내 수력학적 재분배의 여러 유형. 수력학적 인양(HL)은 물을 깊은 뿌리에서 얕은 뿌리로 가져온다. 하향 수력학적 재분배(DHR)는 얕은 토양에서 깊은 뿌리로 물을 이동시킨다. 측방 재분배(LR)는 비슷한 깊이의 뿌리를 통해 수평으로 물을 이동시킨다. 엽면 흡수(FU)는 가장 습한 대기로부터 수관과 줄기를 통해 뿌리 시스템으로 물이 이동할 때 발생한다. 매우 건조한 환경에서는 조직 탈수(TD)도 일어날 수 있다. 토양과 식물의 수분포텐셜은 기호 ψ로 표시되어 있다: 기호 크기의 차이는 수분포텐셜 크기의 차이를 나타내는데, 크게 표시된 기호는 높은 수분포텐셜(즉, 더 많은 수분)을 나타낸다. 화살표는 물 이동의 방향을 나타내며, 점선의 화살표는 물 흐름의 대안적인 경로를 나타낸다. 출처: Prieto 등(2012). John Wiley and Sons의 허락을 받아 전재.

을 토양 속으로 방출할 수도 있다는 것이다.

얕은 토양층이 깊은 토양층보다 건조한 곳에서는, 물이 **수력학적 인양**(水力學的引揚, HL/hydraulic lift)이라고 불리는 과정을 통해 깊은 뿌리로부터 얕은 뿌리를 향해 위로 흐를 수 있다. 깊이는 같지만 서로 다른 수분포텐셜 하에 놓여 있는 뿌리를 통해 물이 수평으로 이동하는 곳에서는 **측방 재분배**(側方再分配, LR/lateral redistribution)(습한 지역에서 건조한 지역으로 흐르는 물)도 일어날 수도 있다. 이러한 현상은 집단의 가장자리에 위치하여 일부 뿌리 시스템은 임관 아래에서 보호되고 다른 뿌리는 개방된 환경에 있는 교목에서 자연적으로 발생할 수도 있고, 국지적인 관수로 인해 발생할 수도 있다. 비가 온(또는 관수) 다음, 깊은 토양이 얕은 토양층보다 건조하게 되면, 깊은 토양 구획의 수분 재충전을 도와주기 위해 **하향 수력학적 재분배**(**下向水力學的再分配**, DHR/downward hydraulic redistribution)가 발생할 수 있다. 토양이 실제로 재습윤을 경험하지 못하고 안개나 이슬비가 유발되는 것과 같은 매우 습한 상태에서는, 잎을 통해 물을 흡수하는 **엽면 흡수**(葉面吸收, FU/foliar uptake)가 물을 수관으로부터 줄기를 통해 뿌리로까지 아래로 이동시킬 수 있다. 장기간 지속된 수분 결핍의 끝에 모든 토양 구획이 건조하게 되면, 뿌리 시스템은 해당 교목 내부의 남은 수분에 대한 경쟁적인 수용부 역할을 하여 수관의 **조직 탈수**(組織脫水, TD/tissue dehydration)가 발생할 수 있다(Nadezhdina 등 2010).

직감적으로 알 수 있듯이, 교목이 건기 내내 습한 상태를 유지하는 깊은 토양 구획에 뿌리를 내리고 있으면, 증산 수요는 간단하게 깊은 뿌리로부터 공급될 수 있다. 그렇다면 이러한 뿌리 시스템 주위에 있는 물의 재분배로 인한 편익은 무엇인가? 이를 통해 잎은 더 깊은 뿌리보다 얕은 뿌리로부터 물을 끌어올릴 수 있게 됨으로써 수관으로 물을 흡수하는 데 대한 저항을 낮추게 된다. 두 번째로 얕은 측근은 깊은 뿌리보다 빗물을 가로채기에 훨씬 더 좋은 위치에 있기 때문에, 이를 통해 건기에도 측근을 살려둘 수 있는, 특히 세근을 건강하게 유지할 수 있는 장점이 있다(Bauerle 등 2008). 만약 이들 얕은 뿌리가 폐색으로 기능을 발휘하지 못하게 되고 토양과의 접촉을 상실하거나 죽으면, 이들은 빗물을 흡수할 수 없다. 그림 6.6에서 보는 바와 같이, HL은 주변 토양 환경으로 물을 방출하여 일어날 수도 있다. 이러한 토양 수분 증가는 토양 용액에 영양소를 용해시킴으로써 직접적으로, 또는 균근과 같은 토양 미생물의 활동을 높여줌으로써 양분유효도(養分有效度, nutrient availability)를 향상시킬 수 있다. 말할 필요도 없이, 수분 가용성과 양분유효도의 증가는 개별 교목의 생장을 향상시켜 전체 생태 공동체(生態共同體, ecological community)에 걸쳐 광범위한 영향을 미치는 연속적인 효과로 이어질 수 있다(Prieto 등 2012).

또한 비가 많이 오는 기간에는, 측근의 보전으로 교목이 하향 수력학적 재분배를 통해 깊은 토양 구획을 재충전시킬 수 있다는 것을 의미한다. 이를 통해 지표 증발과 다른 식생과의 경쟁에 덜 취약한 곳에 물을 효과적으로 가두게 된다. 이후 건기 동안에는, 수분 결핍 효과가 덜 심각하고 생육기가 연장될 수 있도록 재충전된 깊은 토양이 물을 뿌리로 방출한다. 실제로 미국 애리조나 사바나에 사는 벨벳메스키트(*Prosopis velutina*)의 경우, 이처럼 우기 동안 재충전된 심층수가 건기에 걸쳐 해당 교목의 수분 요구량 16~49%를 공급할 수 있었다(Scott 등 2008).

측방 재분배는 DHR이 할 수 있는 것과 같은 방식으로 생육기를 연장할 가능성은 낮지만, 고도로 분할된 유관속시스템을 가진 교목에서 수관이 생존하는 데 도움을 줄 수 있다(제2장 참조). 여기서 LR은, 이러한 기제가 없으면 뿌리 전개 지역의 일부에서 토양 수분 가용성이 낮아질 수 있는, 수관의 더 큰 부위에 수분 공급을 유지하는데 도움을 줄 것이다.

엽면 흡수는 토양이 건조하고 대기가 안개나 이슬비에 의해 포화되었을 때에만 일어난다. 안개의 중요성은 자연적인 캘리포니아 환경에서 자라는 레드우드(*Sequoia sempervirens*)에서 볼 수 있다. 태평양에서 발생하는 짙은 안개(fog)가 빈번하게 끼이는 동안,

엽면 흡수(수액이 뿌리 방향으로 흐른다)는 수관이 필요로 하는 수분의 5~7%를 담당한다. 그러나 잎을 통해 흡수된 물의 일부는 목부를 통한 물 운반의 높이 제한(height limit) 근처에 있는 식물 조직을 재수화(再水化, rehydration) 하는데 사용됨으로써 수관에 대한 중요한 물 공급원이 되지만, 뿌리와 토양에 대한 실질적인 물 공급원은 아닐 가능성이 있다(Burgess & Dawson 2004). 그러나 잎으로 물이 들어가지 않고도 추가적인 물을 얻을 수 있다. 포획된 안개는 잎과 줄기에서 떨어져 토양에 도달할 것이다. 레드우드 숲에서는 이것이 연간 이 숲으로 들어오는 수분의 약 1/3에 해당한다(Dawson 1998). 카나리아 제도(Canary Islands) 테네리페(Tenerife) 섬의 월계수 숲과 같은 다른 연안 환경에서는, 안개로부터 수집된 물이 강우로부터 받는 물의 20배까지 공급한다(Thomas 2014).

HR이, 특히 장기간의 가뭄을 경험하는 지역에서는, 중요한 과정임이 분명하지만, 토지 관리 전반에 걸쳐 조절하는 것은 어렵다. HR로 알려진 종을 식재하는 것이 분명히 장기적인 가치는 있겠지만, 교목에 의해 제공되는 많은 생태계 서비스와 마찬가지로, 이들의 가장 큰 기여는 이들이 성숙했을 때에만 나타난다. HR이 성숙한 뿌리 시스템에서 가장 효과적으로 발생한다는 사실은 경관에 있는 성숙한 교목을 보호하는 것이 중요하다는 것을 강조하는 것이며, 특히 HR이 지역적인 물순환(-循環, hydrological cycle)의 중요한 구성요소가 될 수 있는 물이 제한적인 환경에서 더욱 그러하다.

당연히 도시 환경에서 자라는 교목에 대한 HR의 중요성은 자연 환경에서 자라는 교목과 같은 정도로 조사하지는 않았지만, 경성 경관과 토양 답압이 침투와 배수를 변형시킴에 따라 도시 교목 하의 토양 수분 변이가 매우 심할 가능성이 있다는 점을 감안하면, 도시 교목의 뿌리는 자신의 뿌리층에 걸친 토양 수분과 토양 수분포텐셜의 변이를 겪을 것임에 틀림없다. HR은 도시 교목의 특징일 수 있고 일부 개체의 생존에 결정적일 수도 있다. 손상된 배관에서 흘러나오는 물을 이용하기 위해 어떻게 이 전략을 활용하는가는 쉽게 볼 수 있다(침수가 되지 않는다면). 따라서 불투성 표면을 가진 지역으로부터 개활지(탈출구)로 뿌리 통로(도랑)를 설계하여 향후 HR 기회를 제공하는 것이 바람직하다. 이후 이들 탈출구 지대에서 자라는 뿌리는 물과 영양소를 덜 적합한 여건에서 자라는 뿌리 시스템 부위로 이동시킴으로써 전체 교목이 훨씬 더 잘 자랄 가능성이 있다.

6.7 뿌리에서 줄기로의 수액 상승

교목 내부의 수액(樹液, sap) 상승은 수 세기 동안 과학자의 호기심을 강하게 불러일으켰다. 다름 아니라 교목은 어떻게 물을 높이 100m 이상 밀어 올릴 수 있는가? 만약 식물이 자신의 높이를 2, 3미터 정도로 관리할 수 있다면, 물의 이동을 매우 좁은 목부 도관의 모세관 상승(毛細管上昇, capillary rise)이나 근압에 의해 유발된 양(+)의 힘으로 설명할 수도 있다. 그러나 이러한 힘은 수십 미터 높이의 교목을 통한 물의 이동을 설명할 수는 없다.

현재 **응집장력설**(凝集張力說, CT/cohesion-tension theory)이라고 불리는 가설의 기원은 수백 년 전 영국의 성직자 Stephen Hales(1677~1761)가 제시한 통찰력으로 거슬러 올라갈 수 있는데, 그는 그의 저서 **식물 정역학**(Vegetable Staticks – Hales 1727)에서 '수액은 … 태양 온기의 활기찬 기복에 의해 도관의 매우 높은 곳까지 운반될 가능성이 있다'라고 주장했다. 이제 우리의 이해가 훨씬 발전되었지만, 잎으로부터의 수분 증발이 수액 상승의 추진력을 제공한다는 Hales의 주장은 기본적으로 옳았다. 지금 우리가 CT이론으로 이해하는 것을 Hales의 공적으로 인정하는 것은 너무 관대하다고 할 수 있고, 이는 일반적으로 Dixon & Joly(1895)의 업적이라고 여기지만, 많은 과학자들이 그 이후 이를 다듬는 데 관여해왔다(Brown 2013 참조). 아마 가장 완벽한 검토는 Tyree & Zimmermann(2002)에서 확인할 수 있다.

간단하게 말하면, 물은 잎의 안쪽으로부터 증발하여(증산작용) 잎 내부의 엽육 세포(葉肉細胞, mesophyll cell)에 **장력**(張力, tension – 음[陰]의 압력)을 창출한다. 달리 말하면, 잎 내부의 습한 세포와 상대적으로 건조한 바깥 공기 사이에 수분포텐셜 기울기가 발생하여 수분 손실을 유발한다. 강한 **응집력**(凝集力, cohesive force)이 물 분자를 뭉치게 하고, 물 분자와 세포벽 사이의 부착력(附着力, adhesive force)의 도움을 받아서, 장력은 물을 인접한 습한 세포로부터 건조한 세포 쪽으로 당기는 작용을 한다. 이 장력은 엽육을 통과하여 목부 속으로, 그리고 가도관과/이나 도관 내 유지되는 수액의 연속적인 기둥을 따라 아래로 쭉 전달된다. 수액 내 응집력은 잎으로부터 잃는 수분을 대체하기 위해 수액을 뿌리로부터 위로 끌어당기는 역할을 한다. 다시 이러한 행위는 뿌리 내부 물의 양을 감소시켜 수분포텐셜을 낮춤으로써 토양 수분을 뿌리 속으로 끌어당긴다. 이에 따라 물은 토양 내 낮아지는 수분포텐셜의 기울기를 따라 뿌리를 향해 아래로 이동한다(그림 6.7). 증발하는 잎의 표면으로부터 흡수하는 뿌리의 표면까지 물의 연속적인 시스

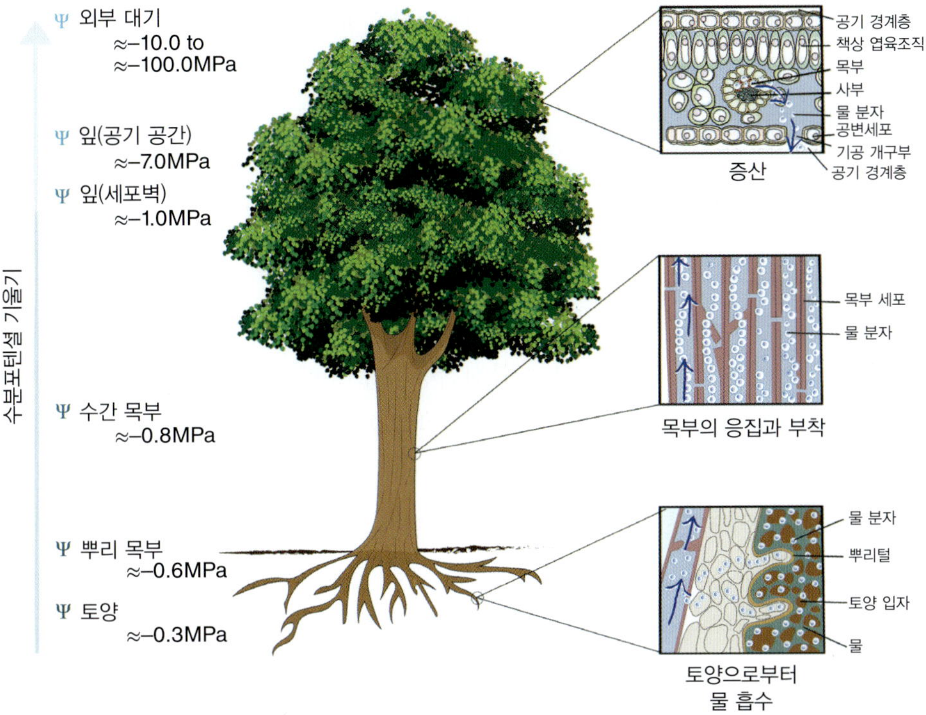

그림 6.7 수액은 수분포텐셜 기울기(Ψ)를 따라 낮은 쪽으로 교목을 통해 위로 이동한다: 값이 더 큰 음(陰)이 될수록 흡인이나 장력은 더 커진다. 물은 잎으로부터 상대적으로 건조한 대기로 상실되고, 이는 잎에서 뿌리까지 연장된 수액의 연속적인 기둥 안에 장력을 발생시켜서, 목부를 통해 물을 위로 당기는 작용을 한다. 뿌리 내부 물의 양이 감소하면(낮아진 뿌리 수분포텐셜) 수동적으로 물을 뿌리로 끌어들이고 토양 수분이 수분포텐셜 기울기의 아래쪽 뿌리를 향해 이동하도록 한다. 왼쪽에 표시된 수분포텐셜 값은 예시일 뿐이다.

템을 토양/식물/대기 연속계(SPAC/soil-plant-air continuum)라고 부른다.

수액 상승에 관한 가장 주목할 만한 것은 전체 과정이 단순히 물리학에 의존하고 있다는 것이다. 이는 가장 깊은 뿌리로부터 가장 높은 잎까지 수액을 끌어올리는데 교목으로부터 어떤 에너지도 요구하지 않는데, 만약 그렇지 않았다면 물을 높이 올리기 위한 에너지 수요가 교목이 진화하지 못하도록 했을 것이다. 수액은 잎으로부터의 수분 증발(장력 유발), 믿을 수 없는 물의 인장강도(引張强度, tensile strength)(응집으로부터), 그리고 이들 힘을 견디는 목재(목부)의 보기 드문 능력에 의해 교목 위로 당겨진다. 그러나 이것은 한계가 없는 것이 아니다. 수분 공급이 증산 수요와 보조를 맞추지 못하면 수액 내 장력이 더 커지게 되는데, 높은 장력 하에서는 결국 물기둥이 끊어지고 세포벽의 벽공(壁孔, pit)을 통해 가도관이나 도관 속으로 기체가 들어옴으로써 유관속폐색(維管束閉塞, embolism)이 발생할 것이다(제2장 참조). 유관속폐색은 잎으로의 수분 공급을 중단시킬 수 있고 이는 수력학적 파단(水力學的破斷, hydraulic failure)로 이어질 수 있기 때문에 이러한 현상이 발생하는 것을 예방하는 데 도움을 주는 수많은 기제와 적응 구조가 진화해왔다(제2장 참조).

6.8 증산작용

교목으로 올라간 수분의 95% 이상은 증산작용(蒸散作用, transpiration)을 통해 잃는다(McElrone 등 2013). 이는 물이 식물로부터 증발(蒸發, evaporation)하여 대기로 이동하는 과정이다. 이 과정이 매우 낭비적으로 보일 수도 있지만, 교목은 선택할 수 있는 대안이 거의 없다. 이산화탄소와 산소를 안팎으로 확산시키기 위해서는, 교목은 '새는 구멍이 있어야'(leaky) 하는데, 이로 인한 기본적인 부작용이 수분 상실이다. 긍정적인 측면으로는, 이러한 증산작용의 흐름이 뜨거워진 잎을 냉각시키는 데 도움을 주고 물에 녹아 있는 무기염류(無機鹽類, mineral)를 해당 교목의 생장점까지 전달하는 주된 통로 중 하나이다. 그러나 교목은 이러한 손실을 조절하는 방식을 가지고 있다.

물은 공기와 접촉하고 있는 내부 표면은 어디에서나 그리고 해당 식물의 모든 외부 표면에서 증발할 수 있지만(따라서 교목은 잎이 없을 때에도 여전히 어느 정도의 물을 잃는다; 그림 4.28 참조), 해당 식물로부터의 대부분의 수분 상실은 잎을 통해 발생한다. 물은 잎의 습한 내부 표면으로부터 증발하기 때문에, 엽육조직(葉肉組織, leaf mesophyll)의 공기 공간은 해당 식물을 둘러싸고 있는 건조한 공기에 비해 더 높은 농도의 수증기(水蒸氣, water vapor)를 내포하고 있다. 따라서 잎의 내부와 외부 공기 사이의 **증기 농도 기울기**(vapor concentration gradient)가 잎의 내부로부터 잎을 둘러싸고 있는 움직이지 않는 공기의 **경계층**(境界層, boundary layer)을 거쳐 대기 속으로 확산됨으로써 수증기의 이동을 유발한다. 잎 내부의 공기는 일반적으로 수증기로 포화되어 있고, 잎의 바깥 공기는 보다 낮은 증기를 함유하고 있는데, 이 증기 농도의 기울기 크기는 **증기압차**(蒸氣壓差, VPD/vapor pressure deficit)로 표시한다.

그러나 증기 농도 차이는 수분포텐셜의 차이로 생각하는 것이 보다 현실적이다. 이렇게 되면 이를 해당 교목 내 다른 수분포텐셜 측정치와 쉽게 비교할 수 있다(예: 줄기나 잎의 수분포텐셜). 증기압차는 상대적인 습도와 온도에 따라 다르기 때문에 이의 환산은 매우 복잡하지만(Nobel 2009 참조), 대기의 수분포텐셜 범위는 표 6.2에 표시되어 있다.

분명한 것은 가장 습한 대기를 제외하고(즉, 100%에 가까운 상대습도) 대기의 수분포텐셜은 극도로 낮아서 잎으로부터의 수분 손실을 이끌어낸다.

6.9 수분 손실에 대한 저항

증산작용은 근본적으로 증발의 과정이지만 잎은 증발에 대해 상당한 저항을 한다. 왁스가 장착된 잎의 각피는 수분 손실에 대해 가장 큰 저항을 제공한다. 이 저항은 흔히 예상하는 것처럼 각피의 두께와 정확하게 관련되어 있지 않다(Kerstiens 1996). 즉 두꺼운 각피가 수분 손실 감소로 이어지지는 않는다. 따라서 왁스의 화학적 구성이 각피의 수분 손실을 조절하는 데 주도적인 역할을 하는 것으로 보인다. 잎을 둘러싸고 있는 매우 정체된 공기인 경계층도 수분 손실에 어느 정도 저항을 제공하는데, 이는 수증기가 탈출하기 위해서는 더 확산되어야 하기 때문이다. 그러나 이는 잎의 크기와 풍속에 따라 변이가 매우 크다. 사실 잎이 경계층 효과를 높이는 조밀한 엽모(葉毛, leaf hair)를 가지고 있지 않으면, 풍속이 2m/s(7.2km/h, 4.5mph) 이상으로 높아지면 경계층 저항은 무시할 수 있을 정도가 된다. 이로 인해 노지에서 키운 교목, 노출된 장소에서 자란 교목, 도시 협곡(都市峽谷, urban canyon)에 의해 유발된 풍동(風洞, wind tunnel)에서 자라는 교목은 보다 보호되는 환경에서 자라는 교목보다 수분 손실에 대한 저항성이 낮을 가능성이 있다. 각피나 경계층 저항 모두 해당 교목의 수분 손실에 대해 어떠한 단기 조절도 제공하지 못하며, 이러한 단기 조절은 기공이 담당한다.

잎 표면에 있는 아주 작은 구멍인 기공(氣孔, stomata)은 내부 잎 환경(수분을 증발하는 표면을 포함하여)과 대기 사이의 관문 역할을 한다. 기공은 구멍의 크기를 조절하는 문과 같은 역할을 하는 두 개의 공변세포(孔邊細胞, guard cell)를 가지고 있다. 이들이 닫혀있으면 기공은 수분 손실에 대해 매우 저항적이고, 열려있으면 수분을 통도한다. 이는 **기공 전도도**(氣孔傳導度, stomatal conductance)[3]로 측정된다. 그러나 위에 언급된 바와 같이, 기공의 주된 역할은 이산화탄소가 잎 속으로 들어오도록 하는 것이다. 따라서 기공은 두 주인을 가지고 있는 것과 같다: 한 주인은 기공에게 너무 많은 물을 잃지 말라고 하

3 기공전도도는 기공을 통한 수분 손실의 측정치로, 일반적으로 엽면적 제곱미터당 초당 수분 손실 밀리몰($mmol/m^2s$)로 측정된다.

표 6.2 다른 상대습도(%) 수준과 기온(℃)에서의 대기 수분포텐셜(Ψ_{air}). 상대습도는 공기 중 포화 정도를 주어진 온도에서 최대 가능 포화의 구성비로 나타낸다. 수분포텐셜이 음의 방향으로 진행함에 따라 잎 내부로부터 물의 증발로 이어지는 힘이 더 강하다.

상대습도(%)	기온(℃) 변화에 따른 Ψ_{air} (MPa)				
	10	15	20	25	30
100	0	0	0	0	0
99.5	−0.65	−0.67	−0.68	−0.69	−0.70
99	−1.31	−1.33	−1.36	−1.38	−1.40
98	−2.64	−2.68	−2.73	−2.77	−2.81
95	−6.69	−6.81	−6.92	−7.04	−7.14
90	−13.75	−13.99	−14.22	−14.45	−14.66
80	−29.13	−29.63	−30.11	−30.61	−31.06
70	−46.56	−47.36	−48.14	−48.94	−49.65
50	−90.50	−92.04	−93.55	−95.11	−96.50
30	−157.2	−159.9	−162.5	−165.2	−167.6
10	−300.6	−305.9	−310.8	−316.0	−320.6

출처: Lambers 등(2008). Springer의 허락을 받아 전재.

고, 다른 주인은 광합성을 위해 매우 중요한 원료가 부족하지 않도록 하라고 말한다. 이들은 아슬아슬한 줄타기를 해야 하기 때문에, 이들의 개방을 조절하는 것이 복잡한 것은 당연하다.

물이 충분한 경우에는, 광합성을 위한 이산화탄소의 원활한 공급을 유지하는 이점이 잎으로부터 물을 잃는 불리한 점보다 더 크다. 증산작용의 냉각효과는 잎의 온도가 피해를 입힐 수 있는 수준에 도달하는 것을 방지하는 데 매우 중요할 수 있다. 그러므로 햇빛이 광합성을 위해 가용한 낮 동안에는 기공이 열려 있는 경향이 있다. 사소한 수분 결핍이 발생하면 이들은 과도한 수분 손실을 방지하기 위해 정오 주위에 부분적으로 닫은 후 오후에 광합성을 하기 위해 다시 연다. 광합성을 하지 않는 밤에는, 불필요한 수분 손실을 방지하기 위해 기공이 닫히는 경향이 있다(그림 6.8). 그러나 어떤 밤, 특히 따뜻하고 건조한 밤에, 여전히 수분 손실이 발생할 수도 있다. 예를 들면, 레드우드(*Sequoia sempervirens*) 수간을 통한 밤 동안의 물 흐름은 낮 흐름의 10~40%가 될 수 있다(Dawson 등 2007). 이는 실제로 낮 동안 충분한 수액 흐름을 받지 못한 해당 교목 부위에 물과 영양소를 제공하는 데 꽤 유용할 수도 있다. 밤 시간 증산작용이 일어나지

그림 6.8 토양 수분 감소(곡선 1~5)에 따른 증산작용의 일일 변화. 점선은 잠재 증발을 나타내고, 화살표는 기공의 움직임을 나타내고, 녹색지역은 증산작용이 각피를 통해서만 일어나는 경우를 보여준다. (1) 제한 없는 증산작용; (2) 한낮에 증산작용에 대한 제한; (3) 한낮에 기공을 완전히 닫음; (4) 지속적인 기공 폐쇄로 기공을 통한 증산작용 완전 중단; (5) 막 수축으로 각피 증산작용조차도 더욱 감소. 출처: Stocker(1956). Springer의 허락을 받아 전재.

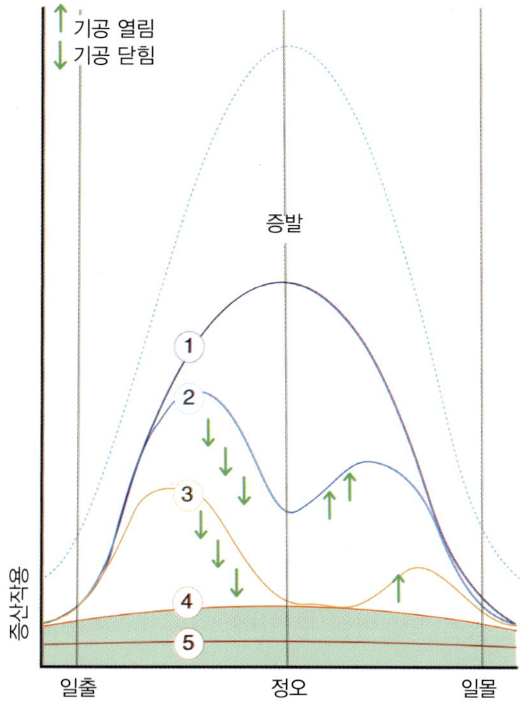

않으면, 동트기 전 줄기(또는 잎)의 수분포텐셜(Ψ_{pd})은 교목이 경험하는 토양 수분포텐셜을 추정할 수 있는 좋은 대용의 측정치가 될 수 있는데, 이는 증산작용이 없으면 이들 수분포텐셜이 균형 상태에 있기 때문이다. 그러므로 Ψ_{pd}의 하락은 해당 뿌리 시스템의 상당한 부분에 걸친 토양이 건조하고 있다는 좋은 증거가 된다.

기공의 진짜 도전은 수분 공급이 수분 수요에 보조를 맞출 수 없는 상황에서 이들 두 '주인'이 경쟁을 시작할 때 직면한다. 여기서 만약 잎의 탈수(脫水, dehydration)와 해당 교목에 대한 지속적인 피해를 피해야 한다면 막대한 수분 손실은 조절되어야 한다.

탈수가 되지 않도록 조절하기 위해서는, 기공은 탄소 획득(광합성)과 수분 손실 간에 타협을 할 수 있도록 다양한 변수에 반응하여 닫힌다. 뿌리는 물을 공급할 수 있는 자신의 능력이 약화되고 뿌리의 수분포텐셜이 떨어지고 있다는 수력학적 신호를 보낸다(Krammer & Boyer 1995). 또한 이들은 뿌리가 말라가는 토양을 경험할 때 기공 폐쇄를 조장하기 위해 뿌리에서 생산되어 수액을 통해 잎으로 운반되는 ABA(abscisic acid) 호르몬과 같은 화학적 신호를 보낸다(Davies & Zhang 1991). 그러므로 다양한 변수가 기공 개구부(氣孔開口部, stomatal aperture)에 영향을 미칠 가능성이 있지만 일반적으로 삼림 교목에서는 수력학적 요소가 주도적인 것으로 보인다(Augée 등 2000).

이를 조절하는 모든 변수 사이의 조정은 해당 교목의 **수분균형**(水分均衡, water balance)을 유지시키는 데 도움을 준다. 수분 흡수, 통도, 손실이 서로 조절될 때에만 만족스러운 수분균형이 유지될 수 있다. 사실 시간 간격에 따라 측정된 흡수와 증산 사이의 차이는 수분평형이 어떻게 잘 유지되는가에 대해 좋은 아이디어를 제공한다. 수분 흡수가 증산 요구를 충족시키지 못하면 균형은 즉시 마이너스가 될 것이다. 만약 기공이 부분적으로 닫히고 흡수 속도가 변함없이 유지되면, 균형은 회복될 수 있다.

낮 동안에는 증산으로 인한 물 공급이 수요를 충족시키기 위해 싸우기 때문에 항상 마이너스가 된다. 만약 토양에 충분한 물이 있으면 균형은 저녁이나 밤새 회복된다. 만약 토양 수분이 빗물이나 관수에 의해 재충전되지 않으면, 해당 교목의 수분균형은 밤새 완전히 회복하지 못하여 결핍이 나날이 축적된다. 불가피하게 계속해서 수분 공급이 증산 수요에 미치지 못하면 심각한 수분 결핍이 발달할 수 있다. 이렇게 되면 결국 잎은 시들고 목부에 유관속폐색이 만연하게 되어 수력학적 파단(hydraulic failure)이 교목을 죽음으로 이끌 수 있다.

종, 교목 크기, 뿌리전개 환경, 기후 등이 모두 교목이 사용하는 물의 부피에 깊은 영향을 미칠 수 있다. 이것이 교목의 물 사용 예측을 복잡하게 만들지만, 교목이 사용하는 물의 부피에 대한 이해는 삼림 수문학과 경관 교목을 지원하는 데 필요한 토양 부피와 관련된 중요한 질문에 대한 답을 하는 데 도움이 될 수 있다. 제4장에서 이에 대해 보다 자세히 고찰하였다.

인용문헌

Allen, R.G., Pereira, L.S., Raes, D. and Smith, M. (1999) *FAO Irrigation and Drainage Paper 56: Crop Evapotranspiration – Guidelines for computing crop water requirements.* Food and Agriculture Organisation, Rome, Italy.

Augé, R.M., Green, C.D., Stodola, A.J.W., Saxton, A.M., Olinick, J.B. and Evans, R.M. (2000) Correlations of stomatal conductance with hydraulic and chemical factors in several deciduous tree species in a natural habitat. *New Phytologist*, 145: 483–500.

Basso, A.S., Miguez, F.E., Laird, D.A., Horton, R. and Westgate, M. (2012) Assessing potential of biochar for increasing water-holding capacity of sandy soils. *Global Change Biology: Bioenergy*, 5: 132–143.

Bauerle, T.L., Richards, J.H., Smart, D.R. and Eissenstat, D.M. (2008) Importance of internal hydraulic redistribution for prolonging the lifespan of roots in dry soil. *Plant Cell and Environment*, 31: 177–186.

Brown, H. (2013) The theory of the rise of sap in trees: some historical and conceptual remarks. *Physics in Perspective*, 15: 320–358.

Burgess S.O., Adams M.A., Turner N.C. and Ong C.K. (1998) The redistribution of soil water by tree root systems. *Oecologia*, 115: 306–311.

Burgess, S.S.O. and Dawson, T.E. (2004) The contribution of fog to the water relations of *Sequoia sempervirens* (D. Don): foliar uptake and prevention of dehydration. *Plant, Cell and Environment*, 27: 1023–1034.

Davies, W.J. and Zhang, J.H. (1991) Root signals and the regulation of growth and development of plants in drying soil. *Annual Review of Plant Physiology and Plant Molecular Biology*, 42: 55–76.

Dawson, T.E. (1998) Fog in the California redwood forest: Ecosystem inputs and use by plants. *Oecologia*, 117: 476–485.

Dawson, T.E., Burgess, S.S.O., Tu, K.P., Oliveira, R.S., Santiago, L.S., Fisher, J.B., *et al.* (2007) Nighttime transpiration in woody plants from contrasting ecosystems. *Tree Physiology*, 27: 561–575.

Dixon, H.H. and Joly, J. (1895) On the ascent of sap. *Philosophical Transactions of the Royal Society of London*, 186: 563–576.

Hales, S. (1727) *Vegetable Staticks*. W. and J. Innys and T. Woodward. London, UK.

Jones, H.G. (2004) Irrigation scheduling: advantages and pitfalls of plant-based methods. *Journal of Experimental Botany*, 55: 2427–2436.

Jones, H.G. (2013) *Plants and Microclimate*, 3rd edition. Cambridge University Press, Cambridge, UK.

Kerstiens, G. (1996) Signalling across the divide: A wider perspective of cuticular structure-function relationships. *Trends in Plant Science*, 1: 125–129.

Kramer, P.J. and Boyer, J.S. (1995) *Water Relations of Plants and Soils*. Academic Press, New York, USA.

Lambers, H., Stuart Chaplin III, F. and Pons, T.L. (2008) *Plant Physiological Ecology*, 2nd edition. Springer, Berlin, Germany.

McElrone, A.J., Choat, B., Gambetta, G.A. and Brodersen, C.R. (2013) Water uptake and transport in vascular plants. *Nature Education Knowledge*, 4: article 6.

Nadezhdina, N., David, T.S., David, J.S., Ferreira, M.I., Dohnal, M., Tesař, M., *et al.* (2010) Trees never rest: the multiple facets of hydraulic redistribution. *Ecohydrology*, 3: 431–444.

Nobel, P.S. (2009) *Physiochemical and Environmental Plant Physiology*, 4th edition. Academic Press, San Diego, CA, USA.

Orikiriza, L.J.B., Agabam, H., Eilu, G., Kabasa, J.D., Worbs, M. and Hüttermann, A. (2013) Effects of hydrogels on tree seedling performance in temperate soils before and after water stress. *Journal of Environmental Protection*, 4: 713–721.

Prieto, I., Armas, C. and Pugnaire, F.I. (2012) Water release through plant roots: new insights into its consequences at the plant and ecosystem level. *New Phytologist*, 193: 830–841.

Scott, R.L., Cable, W.L. and Hultine, K.R. (2008) The ecohydrologic significance of hydraulic redistribution in a semiarid savanna. *Water Resources Research*, 44: article W02440.

Stocker, O. (1956) Die Abhängigkeit der transpiration von den Umweltfaktoren. In *Pflanze und Wasser/Water Relations of Plants*. Springer, Berlin, Germany, pp. 436–488.

Taiz, L. and Zeiger, E. (2010) *Plant Physiology*, 5th edition. Sinauer Associates, Sunderland, USA.

Thomas, P.A. (2014) *Trees: Their Natural History*, 2nd edition. Cambridge University

Press, Cambridge, UK.
Tyree, M.T. and Zimmermann, M.H. (2002) *Xylem Structure and the Ascent of Sap*, 2nd edition. Springer, New York, USA.

7장

교목과 탄소

식물은 **광합성**(光合成, photosynthesis) 과정을 통해 이산화탄소와 물을 결합시켜서 탄소 화합물(炭素化合物, carbon compound – 탄수화물/炭水化物, carbohydrates)을 생산하고 산소를 방출하는데 이때 햇빛으로부터의 에너지를 사용한다(그림 7.1). 이들 탄수화물에 간직된 에너지는 이후에 생장, 물질대사(物質代謝, metabolism – 해당 교목의 운영비용), 생식과 방어에 사용될 수 있다. 이 에너지는 **호흡**(呼吸, respiration)을 통해 조절되는 방식으로 방출된다. 호흡은 산소와 탄수화물을 사용하면서 이산화탄소와 물을 방출하기 때문에 광합성과 정반대이다. 광합성과 호흡에 대한 보다 자세한 내용에 관심이 있는 독자들은 Taiz 등(2014)과 Mauseth(2016)과 같은 표준적인 식물 생물학 서적을 참고하는 것이 좋다.

교목은 탄수화물을 생산하지만, 교목 생리학자들은 종종 광합성으로 **고정**되는(fixed) 탄소의 양에 관해 언급한다. 교목에 의해 고정된 탄소의 양은 자신의 유지비용(즉, 호흡)을 공제하고 난 후의 탄소 화합물 순 이득(net gain)이 된다. 광합성을 통한 이 **순 탄소동화**(純炭素同化, net carbon assimilation)가 해당 교목이 자라는 데 가장 중요하다. 만약 탄소 획득이 호흡으로 인한 탄소 손실을 초과하면 생장이 가능하다. 반면, 호흡을 통한 탄수화물 손실이 광합성으로부터의 탄소 공급을 초과하면, 생장은 저장된 탄수화물(있을 경우)을 사용하여 조달되어야 한다. 일단 이들 저장 탄수화물이 고갈되면, 더 이상

그림 7.1 햇빛은 광합성에 절대적이기 때문에 교목의 건강과 생존에 직결된다. 교목은 자신이 필요한 햇빛을 가능하면 많이 모으는 다양한 방법을 가지고 있는데, 이 장에서는 이들을 다룬다. 여기서는 햇빛이 케냐 카카메가 보존림(Kakamega Forest Reserve) 교목의 틈을 통해 들어온다.

생장이 일어날 수 없고 결국 해당 교목 내 살아 있는 조직은 모두 탄소 고갈로 죽을 것이다. 그러므로 교목 생물량(生物量, biomass)의 증가는 분명한 **양의 탄소수지**(陽-炭素收支, positive carbon balance)를 나타낸다. 또한 교목의 크기는 대기로부터 얼마나 많은 양의 탄소를 격리 또는 고정시켰는가를 평가하는 데 사용된다.

광합성에 의해 동화된 탄소는 교목 내 모든 대사 과정에 에너지를 제공함과 동시에 리그닌(lignin)과 셀룰로오스(cellulose)와 같은 핵심적인 구조 탄수화물(構造炭水化物, structural carbohydrates)의 구성요소가 된다. 종 사이에 차이가 크지만 교목 건조중량(乾燥重量, dry mass)의 약 40~60%가 탄소로 구성되어 있다(Thomas & Martin 2012). 일부 탄수화물은 균근(菌根, mycorrhizae)과 같은 다른 유기체에 제공될 것이다(제9장 참조). 해당 교목을 운영하고 건설하고 남는 탄소 화합물은 모두 나중에 사용하기 위해 저장될 것이다. 교목 조직 내 **비구조성 탄수화물**(非構造性炭水化物, NSC/non-structural carbohydrates)[1]의 비율은 미래 생장을 위해 사용될 수 있는 탄소 비축 또는 탄소 저장을 나타낸

1 비구조성 탄수화물에는 저분자 설탕(예: 포도당, 과당, 자당), 올리고당(oligosaccharides)이라고 알려진 보다 복합적인 당, 전분(starch), 당알코올(sugar alcohol – 예: 사이클리톨/cyclitol, 헥시톨/hexitol, 소르비톨/sorbitol), 지질(脂質, lipids) 등이 있다.

다(Chaplin 등 1990). 이러한 잠재적으로 가동할 수 있는 NSC 풀은 교목 내 탄소의 감소와 축적 사이의 수지를 반영하기 때문에 교목의 '연료공급'(fuelling) 상태를 나타내는 지표이다(Körner 2003).

물론 양의 탄소 수지는 형태, 구조, 생리, 계절성 등 교목의 거의 모든 면에서의 통합적인 결과이다. 뿌리는 광합성을 위한 자원을 확보해야 하고 줄기는 잎으로 그리고 잎으로부터 운반되는 물질의 안전한 통로를 제공해야 하고, 잎은 충분한 햇빛을 포획할 수 있는 위치를 차지하고 있어야 한다. 또한 잎은 이산화탄소 흡수와 수분 손실의 균형을 유지해야 한다. 이들은 환경적인 피해를 받을 위험에 노출되지 않고 생장기를 극대화할 수 있도록 자신의 출현 시기를 맞추어야 하고, 기온과 수분 가용성의 연중 변동을 견딜 수 있도록 만들어져야 한다. 그러므로 형태, 구조, 생리, 계절성의 차이는 탄소 이익을 확보하기 위해 동일한 자원을 얻는 방법이 서로 다르기 때문에 발생한다. 따라서 어떤 종은 상대적으로 척박한 부지에서 양의 탄소 획득을 달성할 수 있는데, 만약 이들이 보다 비옥한 부지에 식재되면 자원이 풍부한 부지에 적응된 식생과 효과적으로 경쟁하지 못한다. 반대로 비옥한 부지에서 자라온 종은 자신에게 부여된 환경적인 제약에 대응할 수 없기 때문에 보다 한계적인 부지에서는 종종 잘 자라지 못할 것이다.

자신의 환경에 잘 적응된 교목은 자신의 살아 있는 세포 유지에 필요한 충분한 탄소를 얻어서 밀접하게 연계된 유기체에 보내주고 미래의 요구를 위해 저장할 수 있을 것이다.

7.1 탄소는 사부를 거쳐 공급원에서 수용부로 이동한다

탄수화물(탄소)의 이동은 **공급원**(供給源, source – 공급자/supplier)으로부터 생장, 대사, 반출(搬出, export) 또는 저장과 관련된 **수용부**(受用部, sink – 사용자/user)로 일어난다. 광합성이 활발한 기간 동안에는 가장 중요한 탄소 공급원이 잎이지만, 그 외 기간에는 뿌리나 줄기 내에 저장된 탄수화물이 중요한 공급원이 된다. 전체 식물체에 걸쳐 다른 살아 있는 모든 세포와 마찬가지로 발달하는 조직이 수용부로서의 역할을 하는데, 왜냐하면 이들은 살아가고 생장하기 위해 탄소가 필요하기 때문이다.

이로 인해 수천 개의 독립적인 공급원이 해당 교목 내 경쟁하는 무수히 많은 수용부에 공급할 수 있도록 복잡한 망이 형성된다. 이들 수용부의 정확한 특징과 강도는 그

해의 시점과 특정 조직(그리고 세포)의 탄소에 대한 상대적인 요구에 달려 있다. 예를 들면, 생육기가 시작할 때에는, 뿌리가 자라기 시작함에 따라 종종 가장 강한 수용부가 되고, 나중에는 빠르게 자라는 신초와 형성층이 강한 수용부가 되고, 꽃이 피는 동안에는 생식구조(生殖構造, reproductive structure)가 중요한 수용부가 된다. 뿌리의 박테리아나 곰팡이 같은 공생 유기체(共生有機體, symbiotic organisms)도 가끔 중요한 수용부이다. 사실 방어를 위한 자원 배분 요구는 연중 내내 발생할 수 있다(Kozlowski 1992).

일반적으로 수용부에 가장 가까운 공급원은 그 특정한 조직에 공급할 것이다. 그러므로 봄에는 신초에서 발생하는 첫 잎은 뒤이어 나오는 잎에 탄소를 제공하고, 가는 가지에 있는 잎은 가지가 부착된 굵은 가지에 탄소를 기여하는 경향이 있고, 생식구조는 자신이 자라는 가지에 의해 주로 지원을 받을 것이다. 그럼에도 불구하고 필요한 때와 장소에는 탄소의 장거리 운반도 가능하다.

세포와 조직을 가로지르는 가장 짧은 거리를 제외하고, 설탕의 이동 또는 이행(移行, translocation)은 모두 사부(篩部, phloem)를 경유해 일어난다(상자 2.1 참조). 나자식물과 피자식물 모두에서, 이는 **사요소**(篩要素, sieve elements)라고 불리는 관을 통해 일어난다. 사요소로부터 설탕의 능동적인[2] 적재(積載, loading)와 하적(下積, unloading)은 인접한 **반세포**(伴細胞, companion cell)에 의해 조절된다(Beck 2010). 이러한 방식으로, 사요소-반세포 복합체가 공급원(예: 엽육)으로부터 설탕을 수집하고 운반하여 목표로 하는 수용부에서 이를 하적한다. 실제 장거리 운반은 수동적인 것으로 믿고 있지만, 이러한 이동은 사부로부터 설탕의 능동적인 적재와 하적에 의해 창출되는 공급원과 수용부 사이의 삼투 기울기에 의해 추진된다. 이것이 1927년 Ernst Munch에 의해 처음 제안된 **압력유동설**(壓力流動說, pressure flow hypothesis)이다(Mauseth 2016).

사부(때로는 내수피로도 불림)는 외수피 바로 아래에 있기 때문에 수피에 대한 손상은 사부에 대한 피해로 이어질 가능성이 매우 높다. 온전한 유관속 형성층은 이들 상처가 너무 크지 않으면 시간이 흐름에 따라 치료할 수도 있다. 그러나 줄기 표면에 생긴 큰 상처, 특히 환상박피(環狀剝皮, ring-barking - 줄기 둘레 전체에 대한 수피 제거)인 경우에는 상처가 설탕이 공급원에서 수용부로 운반되는 것을 방해할 것이다. 예를 들면, 주 수간의 환상박피는 설탕이 수관으로부터 뿌리로 이동하지 못하게 만들 것이다. 이는 뿌리가

2 생리학에서 '능동적'(active)이라 함은 해당 과정이 일어나게 하기 위해 에너지가 필요하다는 것을 의미한다. 반대로 '수동적'(passive) 과정은 해당 식물로부터 에너지 투입이 필요하지 않다.

자신의 비축한 에너지를 다 쓰고 나면 탄소 기아로 인해 죽게 되고 이러한 뿌리 아사는 해당 교목의 죽음으로 이어질 것이다.

7.2 광합성에 영향을 미치는 빛과 다른 환경적인 변수

수많은 요소가 광합성과 탄소 획득을 제한할 수 있다. 대기 중 이산화탄소는 제한되는 경우가 드물기 때문에 광합성을 조절하는 가장 중요한 요소는 햇빛, 기온, 영양소, 물이다. 여기서는, 이들 요소가 광합성에 영향을 미치는 방식에 대해서만 개관할 예정인데, 자세한 내용에 관심이 있는 독자는 Flexes 등(2012b)을 참고하기 바란다. 이들 요소 중에는, 항상 햇빛이 가장 중요하다(상자 7.1).

수많은 요소가 교목의 수관에 도달하는 빛의 비율에 영향을 미친다. 위도, 기후(특히 구름 양), 하루 중 시간, 잎에 그늘을 드리우는 인접하고 있는 식생(또는 물체) 모두가 광합성을 위해 가용한 빛의 양과 질에 영향을 미친다. 삼림환경에서는, 임관(林冠, forest canopy)이 하층에서 자라는 모든 식물에 대한 빛의 양과 질을 바꾼다. 잎이 없는 온대 낙엽수림 내에서는, 전광(全光, full sunlight)의 50~80%가 임상에 도달한다. 임관이 닫히

상자 7.1 햇빛과 광합성

우리는 보통 광합성이 햇빛에 의해 가동된다고 이해하고 있지만, 보다 자세히 말해서 **광합성 유효방사**(光合成有效放射, PAR/photosynthetically active radiation)라고 부르는 파장 400에서 700nm 사이의 태양복사(太陽輻射, solar radiation)에 의해 가동된다. 실제로, 광의 유효성은 식물 생물학자들이 광합성 광량자속밀도(光合成光量子速密度, PPFD/photosynthetic photon flux density, μmol/m^2s)로 측정하는데, 이것이 광합성에 관련된 태양복사의 양을 나타내는 좋은 측청치이기 때문이다.

엄밀히 말해서, PPFD는 제곱미터당 초당 양자의 마이크로몰(μmol *quanta*/m^2s) 단위로 식물에 도달하는 광자(光子, photon)나 양자(量子, quantum)의 수를 측정하는데, 관례상 μmol/m^2s으로 줄여서 표시한다. 혼란스럽게도, 광합성 탄소 동화 작용(光合成炭素同化作用, photosynthetic carbon assimilation)도 엽면적 제곱미터당 초당 이산화탄소 마이크로몰(μmol CO_2/m^2s)로 측정하는데, 유감스럽게도 이 또한 줄여서 μmol/m^2s로 표시한다. 따라서 주의가 필요하다!

면 이 수준이 가끔 10% 미만으로 떨어지고, 밀도가 높은 너도밤나무(*Fagus* spp.) 숲에서는 0.2~0.4%까지 낮아질 수 있다(Barnes 등 1998). 이는 개방된 공간이나 임관 내 우세한 위치에서 자라는 교목은 100% 전광(광합성 광량자속밀도/PPFD가 2000μmol/m^{2}s 이상)에서 자랄 수 있는데 비해, 일부 하층 수종은 0.25% 전광 미만(약 5μmol/m^{2}s)에서 적응해야 한다는 것을 의미한다. 숲을 통한 광투과(光透過, light transmission)는 매우 복잡하기 때문에(제3장 참조) 일반화하기는 어렵지만, 우세종(優勢種, dominant species)의 수관체계가 하층에 도달하는 빛의 양에 영향을 미칠 것이다. 바람이 강한 날에는 위쪽 가지가 움직이기 때문에 더 많은 빛이 통과할 수도 있고, 흐린 날에는 흐린 하늘이 모든 방향으로부터 빛을 방출하기 때문에 맑은 날보다 지면에 도달하는 빛의 상대적인 비율이 더 높을 것이다. 하층에서는 광질(光質, light quality)도 바뀔 수 있는데, 이는 임관에 있는 잎이 광합성에 유용한 적색광과 청색광의 대부분을 흡수하기 때문이다(Valladares 등 2012).

햇빛에 대한 교목 종의 정확한 반응은 다르지만, 모든 잎은 일정한 지점까지 햇빛이 많아지면 광합성 속도(光合成速度, photosynthetic rate)를 높인다(그림 7.2). **광반응곡선**(光反應曲線, light response curve)은 다른 광 환경에서 잎의 광합성 성과에 관해 유용한 정보를 제공한다. 광반응곡선은 세 가지 주요한 부분으로 이루어져 있다: 광합성이 빛과 선형으로 증가하는 곡선의 초기 경사, 광합성이 포화되어 빛과 함께 느려지기 시작하는 곡선 부위, 광포화되어 아무리 많은 햇빛이 주어져도 광합성이 더 이상 증가하지 않은 정체 부위. 빛이 매우 낮은 수준에서는, 잎의 호흡이 동화되는 것보다 더 빠른 속도로 탄소를 사용하기 때문에 순 광합성 속도가 음수가 되는 경향이 있다. 광 수준이 증가하기 시작함에 따라 순 광합성은 탄소 동화가 호흡 수요와 일치하는 0에 도달하게 되는데, 이를 **광보상점**(光補償點, light compensation point)이라고 부른다.

중요한 것은, 그림 7.2의 일본 온대 수종 범위에서 보여주는 보와 같이 광반응곡선이 종 사이에, 특히 천이 초기와 후기 종 사이에서 크게 다를 수 있다. 종에 관계없이 양엽(제3장 참조)은 주어진 동일한 양의 빛에서 음엽보다 더 높은 광합성 수준을 나타내지만, 이 차이는 천이 초기 종에서 더 큰 경향이 있다. 천이 초기 종은 천이 후기 종보다 광포화점(光飽和點, light saturation point)이 더 높고, 천이 중기와 숲 틈 종은 중간 위치에 있다(Koike 등 2001).

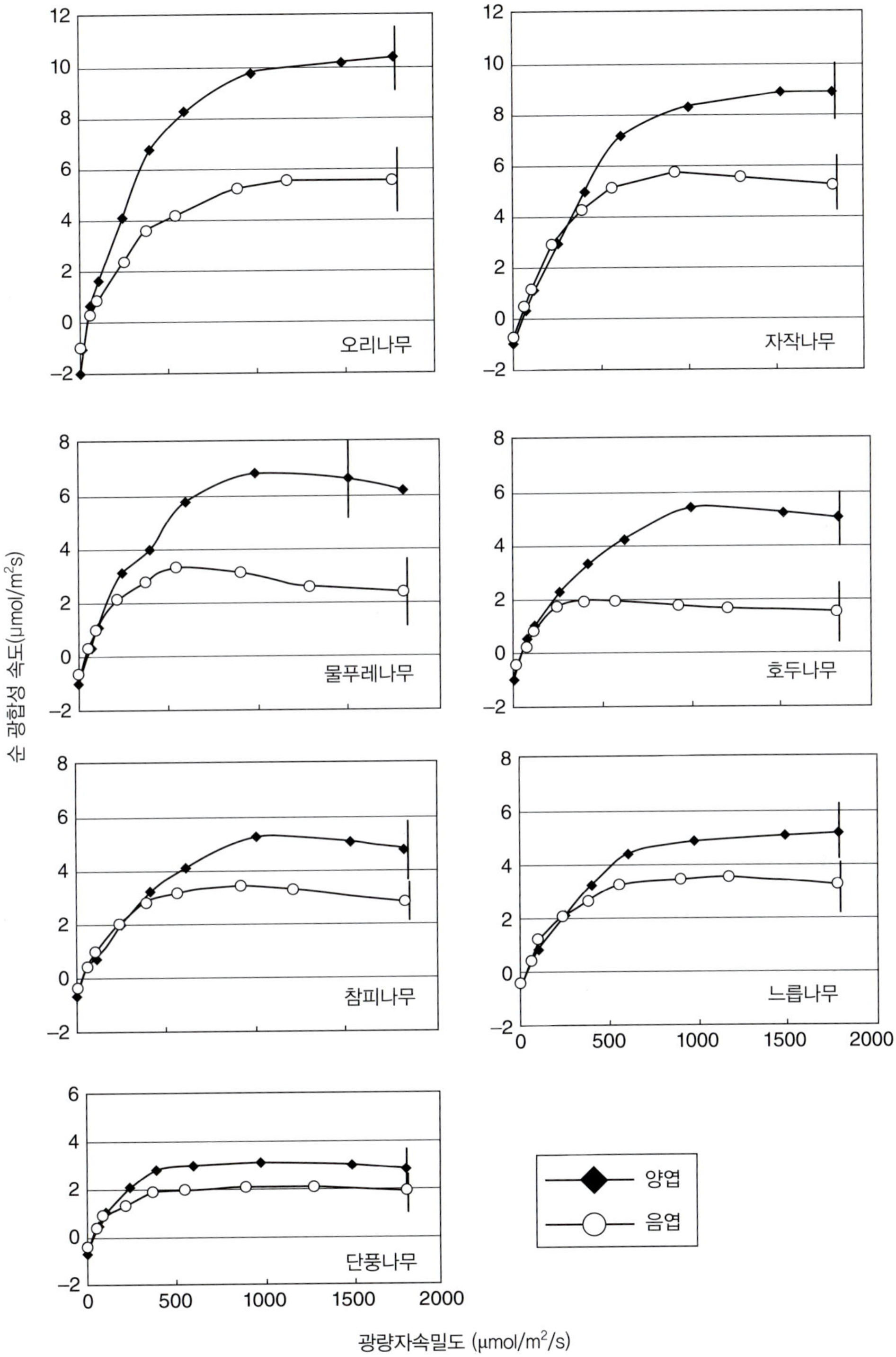

그림 7.2 일본의 온대림에서 자란 일곱 종의 임관 교목 잎에 대한 광반응곡선. 초기 천이 또는 개척 종(물오리나무/*Alnus hirsuta*와 자작나무/*Betula platyphylla* var. *japonica*)의 경우, 양엽은 대략 1000~1200μmol/m^2s에서 음엽은 800~900μmol/m^2s에서 광포화된다. 천이 후기 종(일본피나무/*Tilia japonica*와 고로쇠나무/*Acer mono*)의 경우 더 낮은 대략 400~500μmol/m^2s에서 광이 포화된다. 천이 중기 종(느릅나무/*Ulmus davidiana* var. *japonica*)과 숲 틈(gap-phase) 종(들메나무/*Fraxinus mandshurica var. japonica*와 일본호두나무/*Juglans ailanthifolia*)은 중간이다. 전광은 대략 2000μmol/m^2s이다. 고광도에서, 일부 종은 높은 광도 하에서 탄소 획득이 감소하는 것으로 나타나는 광저해(光沮害, photoinhibition) 징후를 보인다('과도한 햇빛에 대한 대응' 참조).
출처: Koike 등(2001). Oxford University Press의 허락을 받아 전재.

저광도에 대한 대응

교목은 저광도와 고광도 환경 모두에 대해 광범위한 형태적, 생리적, 생화학적 반응을 개발해왔다. 그러나 저광도에서 교목의 성과를 높이는 적응은 고광도에서 성과를 높이는 적응과 양립할 수 없다. 따라서 교목 종은 고광도 또는 저광도 환경에 특화되는 경향이 있다(Valladares & Niinenmets 2008). 달리 말하면, 내음성(耐陰性, shade tolerant) 종은 고광도에서 잘 자라지 못하는 경향이 있고, 고광도 환경에서 적응한 종은 빛이 부족한 환경에서 생존하지 못할 것이다. 예상할 수 있는 바와 같이, 어떤 종은 중간 위치를 차지하여 일정한 범위의 광 환경에 대처할 수 있지만, 이들도 짙은 그늘이나 고광도에서 잘 자랄 가능성은 낮다.

저광도에 적응한 잎은 일반적으로 얇은 엽육을 가지고 있기 때문에(제3장 참조) 엽면적 단위당 낮은 잎 질량을 가지고 있고 잎을 만드는 데 에너지가 덜 소요된다. 또한 엽록소(葉綠素, chlorophyll)는 하층 내 특정한 양의 빛을 보다 효과적으로 흡수하도록 적응되어 있고, 카르티노이드(carotenoid)와 같은 보호용 색소를 많이 만들지 않는데, 이는 그늘진 곳에서는 이 색소가 제공하는 광보호(光保護, photoprotection)가 덜 중요하기 때문이다. 이러한 적응은 다른 세포 수준의 조절과 결합하여 고광도에 적응된 잎보다 빛을 더 효과적으로 포획할 수 있는 잎이 된다(Niinemets 2007). 장기간에 걸쳐 이러한 적응의 이점은 분명하다. 다른 교목의 수관 아래에서 자라는 교목은 여전히 적은 양의 가용한 빛을 이용할 수 있어서 임관을 향해 점진적으로 나아갈 수 있고, 마침내 내음성이 있는 천이 후기 종이 숲에서 우세하게 될 수 있다(그림 7.3).

교목 수관 내부와 임관 아래에서, 광반(光斑, sun fleck)이라고 알려진 돌발적인 짧은 빛은 1초의 순간(수관이 바람에 흔들림에 따라)으로부터 몇 분(임관의 틈이 빛의 투과를 허용함에 따라)에 이르기까지 짧은 기간 동안 포화되는 광 수준을 제공할 수 있다(그림 7.4). 맑은 날에는 이들 광반이 광합성을 위해 가용한 빛의 10~80%를 차지하여 이들 잎의 활용 효율은 일일 및 계절적인 탄소 획득에 중요한 영향을 미칠 수 있다(Pearcy 2007). 매우 낮은 광 여건에서는, 기공이 열리고 광합성 과정이 반응하는 데 얼마간의 시간이 걸리는데, 광합성이 완전히 기능을 발휘하기 위해서는 종에 따라 10분에서 30분 사이의 유도기간(誘導期間, induction period)이 필요하다(Pearcy 1988). 그러나 만약 완전히 유도된 잎이 2~3분 동안 그늘진 후에 광반에 노출되면, 해당 잎은 이미 준비가 되어 있어서 몇 초 안에 최고 수준의 광합성을 회복할 수 있다. 또한 어떤 종은 빛이 비추는 기간

그림 7.3 내음성인 미국솔송나무(*Tsuga heterophylla*)는 수십 년 동안 하층의 저광도 여건에서 생존할 수 있기 때문에 임관을 향해 점진적으로 나아갈 수 있음을 보여준다.

그림 7.4 숲 하층의 햇빛 양은 매우 역동적일 수 있다. 몇 초에서 몇 분 동안 지속되는 광반이 광합성을 위해 가용한 빛의 대부분을 차지할 수 있다. 다양한 햇빛 환경은 뉴질랜드 카우리(Kauri) 숲에서 볼 수 있다.

보다 더 오랫동안 유도되어 광반이 지나간 후 짧은 기간 동안 탄소를 고정하는 작업을(광합성) 계속할 수 있는데, 이는 광반이 짧지만 자주 있는 경우 탄소 획득을 크게 높일 수 있다(Way & Pearcy 2012). 이러한 유도과정은 임관 하에서 고도로 가변적인 빛의 양을 경험하는 종에게는 극히 중요할 수 있다. 일반적으로 내음성 종은 빠른 광합성 유도를 보이고 더 오래 유도된 상태를 유지할 수 있기 때문에 고광도 종(양수/shade-intolerant species)보다 하층의 광반을 활용하는 데 더 효과적이다(Valladares 등 2012).

과도한 햇빛에 대한 대응

임관 교목과 개방된 환경에서 자라는 교목은 하층 종보다 기하급수적으로 높은 광 수준을 경험한다(2000μmol/m^2s 이상 대비 20μmol/m^2s 이하). 광합성은 특정 지점(광포화점)에 도달할 때까지 햇빛이 많을수록 증가하겠지만, 이를 초과하는 추가적인 햇빛은 더 이상 광합성의 증가로 이어지지 않는다. 이처럼 광합성으로 사용할 수 있는 수준을 초과하는 여분의 햇빛은 이 햇빛이 제공하는 모든 에너지에 대처하기 위해 싸워야 하기 때문에 잎에는 큰 문제가 될 수 있다. 이는 실제로 고광도로 인해 광합성이 감소하는 **광저해**(光沮害, photoinhibition)로 이어질 수 있다(그림 7.2).

해결책은 광합성을 최대한으로 높여 추가적인 햇빛 에너지를 소진하도록 도움을 주는 것이지만(Niinemets 2007), 다른 환경적인 제한(수분 부족과 같은)이 기공을 폐쇄하도록 작용하면, 이산화탄소에 대한 접근이 제한을 받게 되어 광합성이 느려진다. 이러한 경우, **광호흡**(光呼吸, photorespiration)이 과도한 햇빛 에너지를 처리하는 데 도움을 줄 수 있다. 이러한 빛 의존 호흡은 잎 내부의 과도한 햇빛 에너지의 일부를 소비하지만, 이러한 대응은 광합성을 통해 얻은 탄소의 일부도 소비하기 때문에 대가를 치른다. 또한 고광도 환경에 적응된 잎은 잎의 증발을 통해 열로, 그리고 특히 비올라크산틴(violaxanthin), 안테라크산틴(antheraxanthin), 제아크산틴(zeaxanthin)과 같은 크산토필(xanthophyll) 아군에 속하는 등황색(橙黃色, yellow-orange) 카로티노이드(carotinoid) 색소의 수준을 높임으로써 과도한 햇빛 에너지를 처리한다(Pearcy 2007). 이들은 잎의 일생을 통해 잎에 남아 있고, 엽록소가 파괴되어 재흡수되면 카로티노이드가 나타나면서 가을에 노란 잎이 된다.

많은 교목 종의 어린잎에서는, 주로 안토시아닌류(anthocyanins)인 붉은 색소도 잎 발달의 초기에 광보호(光保護, photoprotection) 역할을 하는 것으로 보인다(그림 7.5). 이들

(a) (b)

그림 7.5 주로 안토시아닌류인 붉은 색소는 과도한 햇빛으로부터 어린잎을 보호하는 역할을 하는 것으로 보인다. 여기 개방된 고광도 환경에서 자란 어린 (a) 구주물푸레(*Fraxinus excelsior*)와 (b) 사사나무류(*Populus* spp.)가 새로이 나오는 잎에서 붉은 색소를 보여준다.

은 광합성 기계가 준비되어 가동되는 동안 광저해 발생 가능성을 줄여주는 것으로 여겨지고(García-Plazaola & Flexas 2012), 이는 곤충으로부터 어린잎을 숨겨주는 데 도움을 줄 수도 있는데, 곤충은 파장이 긴 붉은색을 볼 수 없어서 이들 잎이 어둡게 보이거나 죽은 것으로 보일 수도 있기 때문이다(Dominy 등 2002). 잎이 성숙해지고 엽록소가 추가됨에 따라, 안토시아닌류가 파괴되면서 붉은 빛이 빠르게 사라지게 된다. 그러나 잎의 노화가 진행되는 동안, 이들은 가끔 광합성 장치의 해체와 잎 영양소의 흡수를 위한 보다 안정적인 환경을 조성하는 데 도움을 주기 위해 다시 축적하기 시작한다(Field 등 2001; Schaberg 등 2008). 다시 이들은 곤충(특히 진딧물류/aphids)이 잎에 알을 낳는 것을 방지하여 다음 해 나오는 잎이 공격당하지 않도록 하는 데 도움을 줄 수도 있다(White 2009). 보다 미적인 관점에서는, 이들 유용한 붉은 색소가 장관을 이루는 가을 단풍을 만들어낼 수도 있다.

만약 이러한 기제가 과도한 에너지를 처리하지 못하면 산소를 함유하고 있는 화학적으로 유해하게 반응하는 화합물인 활성산소종(活性酸素種, ROS/reactive oxygen species)의 생산으로 이어질 수 있다. 카로티노이드와 같은 광보호 색소가 이들 화합물의 일부를 해소할 수 있겠지만 남아 있는 것이 있으면 중요한 광합성 장치에 피해를 줄 것이다. 이러한 피해는 시간이 흐름에 따라 수리가 가능하겠지만, 어떤 형태의 비용과 광합성 효율의 일시적인 감소 없이는 불가능하다.

물론, 잎이 포획하는 햇빛의 양을 줄이면 이러한 문제를 줄일 수 있을 것이다. 잎은 스스로 늘어뜨려 각도를 조절하여 햇빛을 흘려보낼 수 있다(잘 알려진 일부 유칼리나무 숲의 특성; 그림 3.16 참조). 개별 수관에서는, 이것이 상층 잎의 손상 가능성을 줄임과 동시에 자기 피음 효과를 줄이는 데 도움을 줄 수 있는 수관 내부에 보다 바람직한 광도를 확보할 수 있게 할 수도 있다. 고광도의 교목 수관을 자세히 관찰해 보면 수관의 위쪽 가장자리 둘레에는 잎이 보다 가파른 각도로 기울어져 있고 아래에 있는 잎은 보다 수평적으로 달려 있는 것을 종종 보게 될 것이다. 잎 내부에서 포획되는 빛의 양은 색소 구성의 변화를 통해 줄일 수 있지만, 엽록체(葉綠體, chloroplast)가 서로 그늘을 지울 수 있도록 겹쳐 쌓음으로써 세포 내부에서의 엽록체 이동을 통해서도 줄일 수 있다(Valladares 등 2012). 어떤 종은 햇빛 반사를 높임으로써 결과적으로 흡수를 줄이는 엽모(葉毛, leaf hair)와 백분(白粉, epicuticular wax)과 같은 특징을 가지기도 한다(García-Plazaola & Flexas 2012).

광 환경과 내음성의 실무적인 암시

서로 다른 교목의 광 요구는 교목을 관리하는 사람들에게 두 가지 중요한 실무적인 암시를 제시한다. 첫째로, 교목의 자연적인 광 환경의 고려는 식재 위치를 고려할 때 매우 중요하다. 내음성 교목은 분명히 저광도 여건 하에서 장기적인 이점을 가지고 있지만, 이들은 전광에서 과도한 빛 에너지에 대응하기 위해 싸우고 광저해로 고통을 받을 수 있다. 그러므로 개방된 공간에 내음성이 강한 종을 식재하는 것은 이들이 단순히 이러한 고광도에서 잘 살 수 없기 때문에 종종 만족스럽지 못할 수 있다. 수집기관의 많은 학예사(學藝士, curator)들은 하층 교목을 개방된 곳으로 가져나오는 것과 관련된 문제를 검증할 것이다. 마찬가지로, 고광도 여건에 적응된 개척종을 기존 임관 아래나 건물의 짙은 그늘에 배치하는 것은 비슷하게 보람이 없을 수 있다.

둘째로, 수관의 바깥 부분을 제거하여(수관 축소) 그늘에서 자란 잎을 고광도에 노출시키는 전정(剪定, pruning)은 이들 잎에 광저해를 유발할 것이다. 따라서 수관축소는 수관 외곽으로부터 생산적인 잎을 제거함과 동시에 남아 있는 잎의 생산성을 낮출 가능성이 있다. 성엽(成葉, mature leaf)이 분명히 바뀐 광도에 적응할 수 있는 제한적인 능력(보호 색소를 늘리거나 광합성 단백질의 비율을 조정함으로써)을 가지고 있지만 대부분의 교목은 이러한 새로운 광도에 더 잘 적응한 새로운 잎을 키움으로써 새로운 광도에 실질적으로 적응할 수 있다. 이에 따라 수년 동안 자신의 잎을 유지하는 상록 수종은 전체 수관을 교체하기 위해서는 수년이 걸릴 수도 있기 때문에 광 여건의 장기적인 변화에 적응하는데 특히 어려움을 겪는 것으로 나타났다. 따라서 식재와 전정에 관한 권고를 할 때에는 교목의 건강과 생장이 우선이라면 햇빛 환경의 고려가 필수적이다.

7.3 기타 광합성에 영향을 미치는 핵심 요소 - 기온, 영양소, 물

기온(氣溫, temperature)은 광합성과 호흡 모두에 영향을 미치기 때문에 중요하다. 기온은 하루 중에도, 매일매일 사이에도, 계절에 걸쳐서도 차이가 있기 때문에 이의 영향은 매우 복잡할 수 있다. 도시 환경에서는 삼림과 마찬가지로 수관에 걸쳐 온도 기울기(temperature gradient)가 있고, 이는 노출 정도, 건물과의 근접성이나 반사하는 표면으로 인해 다양하다. 잎 하나 규모에서조차도 온도 기울기가 광합성에 영향을 미칠 수 있다. 그럼에도 불구하고 어떤 일반적인 패턴을 확인할 수 있다.

광합성의 핵심 생화학적 과정의 일부는 35~40℃ 쯤에서 가장 잘 작동하는 경향이 있지만(Dreyer 등 2001), 광합성 자체는 일반적으로 온대지방 교목의 경우 25℃ 주위에서 정점에 이른다(Warren 등 2012). 이처럼 최적 기온이 더 서늘한 이유는 기온이 올라감에 따라 호흡률(呼吸率, respiration rate)이 광합성보다 더 빠르게 증가하기 때문이다. 이는 약 25℃ 위에서는 광합성 증가에 의한 이득이 세포 호흡의 증가로 인해 잠식된다는 것을 의미한다.

물론 더 따뜻하거나 더 추운 기후에 적응된 교목은 서로 다른 최적 온도를 가진다. 북방의 한대성 교목은 광합성에 대한 더 낮은 최적 기온을 가지는 데 비해 지중해성과 (아)열대성 교목은 일반적으로 약간 더 높은 최적 기온을 가진다. 단일 종 내에서조차도 온도에 대한 적응은 다를 수 있다. 예를 들면, 플로리다에서 자란 적단풍(*Acer rubrum*)은 미네소타에서 자란 북쪽의 적단풍보다 온난한 기온(낮과 밤이 각각 33℃와 25℃)에서 더 높은 생장과 광합성을 하는 것으로 확인되었다(Weston & Bauerle 2007).

극한적인 기온은 생장을 늦출 수 있고 피해를 줄 수 있다. 약 25℃를 초과하면, 대부분 교목의 순 광합성은 감소하기 시작한다. 40℃ 근처가 되면, 온대 교목은 다양한 핵심 과정이 적절하게 작동하는 것을 멈추고 활성 산소종과 같은 피해를 주는 화합물이 풍부하게 생산되기 때문에, 자신이 광합성으로 얻는 것보다 호흡으로 더 많은 탄소를 사용하기 시작한다(따라서 탄소의 순손실을 초래한다)(Warren 등 2012).

낮은 기온은 햇빛 흡수에 영향을 미치지 않지만, 잎이 잉여 햇빛 에너지를 처리하는 능력이 떨어지기 때문에 추울 때에는 광합성 속도가 하락한다. 이는 밝지만 추운 날에는 광저해의 증가로 이어진다. 또한 저온은 잎으로부터의 설탕 반출을 낮출 수 있기 때문에 설탕의 축적이 광합성 속도를 더욱 늦출 수 있다. 그러나 짧고 서늘한 밤은 탄소 손실이 탄소 획득을 크게 초과하는 밤 시간의 호흡량을 줄여주기 때문에 해당 교목에 도움이 될 수 있다. 이로 인한 당연한 결과는 긴 따뜻한 밤은 밤 시간 호흡을 증대시켜서 가능한 전반적인 탄소 획득을 감소시키게 된다. 사실, 단단한 표면과 건물에서 방출되는 열기로 인해 밤 시간 기온이 데워지는 도시 환경에서는, 인근의 시골지역에서 자라는 교목에 비해 밤 시간 호흡이 현저하게 증가할 수도 있다.

대체로 온대 교목에서는, 5℃ 이하에서는 순 광합성이 최소화되고, 일반적으로 0℃에서는 0으로 떨어진다. 그러나 추위에 적응된 북방이나 고위도 교목의 경우, 빈번하게 0℃에서는 잎이 자신의 광합성 능력의 30%까지, 5℃에서는 50~70%까지 도달할 수 있다(Körner 2012). 햇빛은 잎을 주위 기온보다 10~20℃ 더 높게 데울 수 있기 때문에 광합성은 기온이 너무 낮다고 생각될 때에도 일어날 수 있다는 것을 명심하라(Vogel 2012). 따라서 늦가을, 겨울, 초봄 동안 맑고 여전히 낮인 시간이 하층에서 살아가는 활엽 상록수종에게 탄소 획득을 위해 중요할 수 있다(Miyazawa & Kikuzawa 2005).

교목 수관 주위 온도에 영향을 미치기 위해 할 수 있는 일은 거의 없지만(큰 노력 없이), 그럼에도 불구하고 양의 탄소 획득이 가능한 온도의 전형적인 범위에 대한 생각을 갖는 것은 중요하다. 교목을 선택할 때, 특정 재배종의 기후적인 출신을 아는 것이 매우 중요한데, 이것이 새로운 식재 위치가 자신의 생태적 출신과 크게 다를 경우 해당 교목의 광합성 성과에 영향을 미칠 수 있기 때문이다. 이것이 왜 농장을 운영하는 사람들이 자기 수목의 출신에 대한 자세한 자료를 유지해야 하는 여러 이유 중 하나이다. 불행히도 이러한 정보가 시간이 지남에 따라 분실됨으로써 다른 것 대비 어떤 특정 재배종의 기후적인 요구를 알려주는 것이 어렵게 되고 있다.

어떤 영양소가 다른 것보다 탄소 획득에 더 중요한 영향을 미치게 되는 것은 불가피하지만, 적절한 영양소도 광합성에 매우 중요하다(제8장 참조). 질소(窒素, nitrogen)는 엽록체와 광합성 효소의 주된 구성 성분이기 때문에 당연히 광합성을 위해 가장 중요한 영양소이고, 부족하면 종종 줄어든 탄소 획득으로 연결된다. 여러 다른 영양소도 광합성에 영향을 행사하지만(Morales & Warren 2012 참조), 많은 영양소의 결핍이 광합성에 영향을 미치는 것만큼 신초 발달과 엽면적을 줄임으로써(Marschner 2012) 생장에 영향을 미칠 가능성이 있다.

수분 공급이 부족하고 해당 교목이 가벼운 수분 결핍(水分缺乏, water deficit) 하에 있으면, 기공이 닫혀 잎으로부터의 수분 손실을 제한한다(제6장 참조). 이는 이산화탄소 확보를 어렵게 만들기 때문에 광합성을 제한할 수 있다. 이의 심각성은 대체로 줄어든 수분 가용성의 기간에 달렸다. 수분 결핍이 지속된 기간은, 특히 기온이 높고 햇빛이 강한 기간 동안, 증가된 광저해로 이어질 가능성이 있고 이는 순 광합성을 더욱 감소시키게 된다(Lambers 등 2008). 생육기에 걸쳐 반복적인 건기가 발생하는 경우, 비(또는 관수)가 온 다음 회복 속도는 탄소 획득에 크게 영향을 미칠 것이다. 회복은 일반적으로 수분 결핍의 지속기간에 달려 있고, 하루에서 몇 주 사이 어디쯤의 기간이 걸릴 것이다(Flexas 등 2012a). 그러므로 수분 결핍으로부터의 빠른 회복은 빈번한 건조와 재습윤 사상을 경험하는 부지에서 자라는 교목의 성과에 중요한 영향을 미칠 수 있다. 관리되고 있는 경관에서는, 양호한 토양 수분 가용성(제6장 참조)을 확보하는 것이 장기간 지속되는 줄어든 광합성 기간을 피하기 위해 매우 중요하다.

7.4 종에 따라 잎의 광합성 능력이 크게 다르다

가장 높은 잎의 순 광합성(광합성에 의한 총 탄소 흡수에서 호흡 손실을 차감) 수준을 가진 종이 주어진 어떠한 환경에서나 가장 경쟁적이어야 하지만, 그렇지는 않다. 제약이 없는 여건 하에서의 순 광합성에 대한 지구적인 평균은 엽면적 제곱미터당 초당(μmol/m^{2}s) 탄소 약 9μmol이지만(그림 7.6), 속도는 종에 따라 3에서 30μmol/m^{2}s 사이로 열 배 정도 차이가 나는 것을 보여주었고(Ceulemans & Saugier 1991), 그림 7.6에서 보여주는 것보다 더 높기도 한다.

온대 수종 내에서는, 일반적으로 낙엽성 활엽수종(평균 12μmol/m^{2}s)이 상록성 활엽수종(~11μmol/m^{2}s)과 침엽수종(~8μmol/m^{2}s)에 비해 더 높다(Warren 등 2012). 이러한 차이는 기후나 잎 형태보다 잎이 얼마나 오래 생존하는가와 관련이 있는 것 같다: 즉 잎이 오래 살수록 초당 순 광합성 속도는 더 느리다(Wright 등 2004). 잎과 관련된 구축 비용이 한 생육기 안에 쉽게 회수되지 못하는 경우, 많은 환경 요소가 잎의 장수를 가능하게 한다(제3장 참조). 일반적으로, 이는 잎의 영양소가 구조적인 지지와 보호 화합물에 배분되는 결과를 가져오고, 잎은 연중 환경적인 변이에 대응하고 초식동물에 저항하기

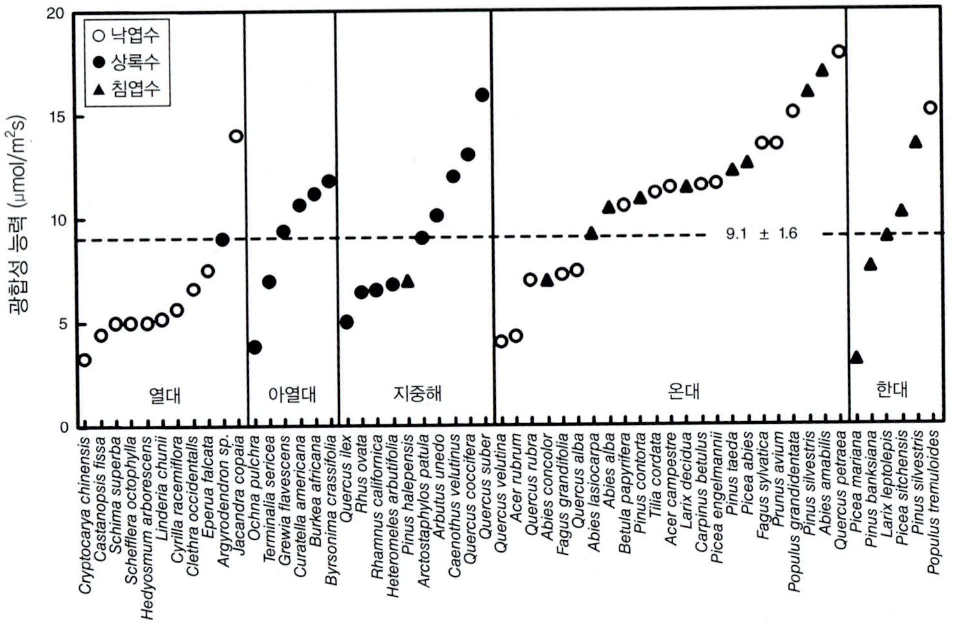

그림 7.6 서로 다른 기후대에 걸친 삼림 수종의 엽면적 제곱미터당 초당 고정된 탄소 양(광합성 능력)의 변이. 출처: Korner (2005). Springer의 허락을 받아 전재.

에 충분할 정도로 튼튼하게 된다. 이에 따라 잎 영양소의 작은 부분이 광합성에 사용될 수 있다. 이는 잎의 단위 면적당 광합성 능력 감소로 이어지고, 가끔 가혹한 환경 여건에 대응할 수 있는 능력과 함께 이산화탄소에 대한 낮아진 엽육 전도도(葉肉傳導度, mesophyll conductance)로 인해 더욱 악화된다(Niinemets & Sack 2006). 그럼에도 불구하고, 개별 잎이 오래 살고 이들을 생산하는 비용을 회수할 수 있는 기간이 길기 때문에, 이처럼 다소 줄어든 광합성 속도는 상록성의 활엽수와 침엽수에 대해 잘 작동한다.

잎의 수명이 길수록 불가피하게 엽면적이 더 많이 누적되기 때문에, 상록수종은 더 높은 엽면적 지수(葉面積指, LAI/leaf area index – 지표면적 단위당 엽면적)[3]를 가지는 경향이 있다. 이는 자신의 낮은 잎 광합성 능력을 보상하는 데 도움을 준다. 보다 개방된 수관을 가진 종이 더 높은 잎 광합성 능력을 가지는 경향이 있다. 잎의 수명, 잎의 광합성 능력, LAI 사이의 이처럼 미묘한 차이가 다양한 LAI를 가진 온대림 수종으로 구성된 임분(林分, stand)이 비슷한 연간 탄소 획득 속도를 보이는 이유를 부분적으로 설명해준

3 엽면적 지수(LAI, leaf area index)는 보통 지면 제곱미터당 엽면적 제곱미터(m^2/m^2)로 측정된다. 온대지방 교목은 평균 $6m^2/m^2$이지만, 일부 구과수목은 $10m^2/m^2$ 이상에 이를 수 있다.

다(Warren 등 2012).

적어도 온대 낙엽수에서 내음성도 광합성에 영향을 준다. 천이 초기의 내음성 교목은 일반적으로 천이 후기 내음성 수종보다 더 높은 광합성과 호흡률을 가진다. 개방되고 그늘이 없는 환경에서는 이것이 초기 천이 수종으로 하여금 더 빨리 자라서 임관 지배를 위한 경주에서 시종일관 승리할 수 있게 한다. 그러나 그늘진 환경에서는, 내음성 교목의 경우, 잎이 낮은 광보상점을 가지고 있고 상대적으로 낮은 호흡률을 가짐으로써 탄소 자원을 보존하기 때문에, 낮은 광도에서 더 높은 탄소 획득을 달성할 수 있다(Craine 2009).

내건성이 강한 종과 내건성이 약한 종의 광합성 능력에서의 차이는 구분하기가 쉽지 않다. 어떤 낮은 내부 수분포텐셜에서 생존할 수 있는 단단한 잎을 가진 어떤 내건성 종은 정상적인 여건 하에서는 이산화탄소를 흡수하는 능력이 떨어지기 때문에 줄어든 광합성 속도를 보일 수 있다(Niinemets & Sack 2006). 대신, 북아메리카 남서부 원산인 상록성 블루오크(*Quercus douglasii*)와 같은 어떤 내건성 종은 토양 수분이 제한이 없는 생육기 초기 동안 매우 높은 잎 광합성 속도(20~24μmol/m^{2}s)를 달성할 수 있다는 증거가 있다. 이는 물에 대한 접근이 극도로 제한되고 기온이 높은 생육기 후반 동안 낮은 수준의 광합성을 보상한다(Xu & Baldocchi 2003). 그러므로 수종들은 토양 수분과 온도의 일시적인 변이를 포함하여 자신의 자연 환경에 매우 잘 적응하는 것 같다. 이는 특정 교목의 자생 자연 환경에 대한 적절한 이해를 강조하는 것이며, 특히 외래종을 경관식재에 사용하는 경우에 더욱 그러하다.

7.5 큰 그림 - 수년 간에 걸친 탄소 획득

광합성을 통해 획득된 탄소(탄수화물/炭水化物, carbohydrates)는 서로 다른 개체 사이와 서로 다른 종은 물론 교목의 수관 내에서도 차이가 날 수 있다. 궁극적으로 모든 교목의 건강은 자신의 일생을 통해 매년 얼마나 많은 탄소를 고정할 수 있는가에 의해 영향을 받는다.

해마다 탄소 획득을 결정하는 가장 중요한 요소는 아마 높은 수준의 광합성이 가능한 기간일 것이다. 이는 일반적으로 생육기의 길이와 연결되어 있다. 낙엽성 교목에서는, 자신의 잎을 천천히 내거나 너무 빨리 잃으면 손해를 보기 때문에, 잎이 나오고 노화하는 시기(잎의 계절학, 제3장 참조)가 중요하다. 생육기의 양쪽 끝 중 하나에서 며칠 또는 몇 주 동안의 긍정적인 탄소 획득이 장기적인 교목 생장에 상당한 차이를 낼 수 있지만, 이는 잎에 대한 서리 피해 위험과 균형을 이루어야 한다. 하층 수목은 종종 매우 짧은 생장기에 대처해야 하기 때문에, 생장은 임관이 폐쇄되기 전에 가장 쉽게 이룰 수 있고 나머지 생육기를 통해서는 미미한 획득만 있을 뿐이다(그림 3.20 참조).

긴 생육기의 편익은, 따뜻한 온대지방과 같이 생육기가 긴 일부 지역에서 어느 정도 적절한 일일 탄소 획득으로 생육기에 걸쳐 상당한 양을 축적할 수 있다는 것이다. 반대로 한랭기후, 북방지역, 고위도 서식지와 같이 광합성에 유리한 환경적인 여건이 오래 가지 못하는 곳에서는, 높은 일일 광합성 속도에도 불구하고 그다지 크지 않은 연간 탄소 획득만을 달성할 것이다(Larcher 2003).

연속적인 무상일수(無霜日數, frost free days)는 생육기의 합리적인 예측을 제공한다(그림 7.7). 열대지방은 서리가 내리지 않기 때문에, 일 년 내내 생육기가 될 수 있다. 그러나 수분 가용성과 같은 다른 요소가, 특히 아열대 기후에서, 생육기를 단축시킬 수도 있다. 난온대지역(暖溫帶地域, warm temperate region)과 지중해 지역은 보통 250일 이상 서리가 내리지 않는 데 비해, 온대 환경에서는 그 기간이 200일 정도이다. 북방과 북극 환경에서는 서리가 없는 날이 150일 미만인 경향이 있고, 더 높은 위도에서는 높은 수준

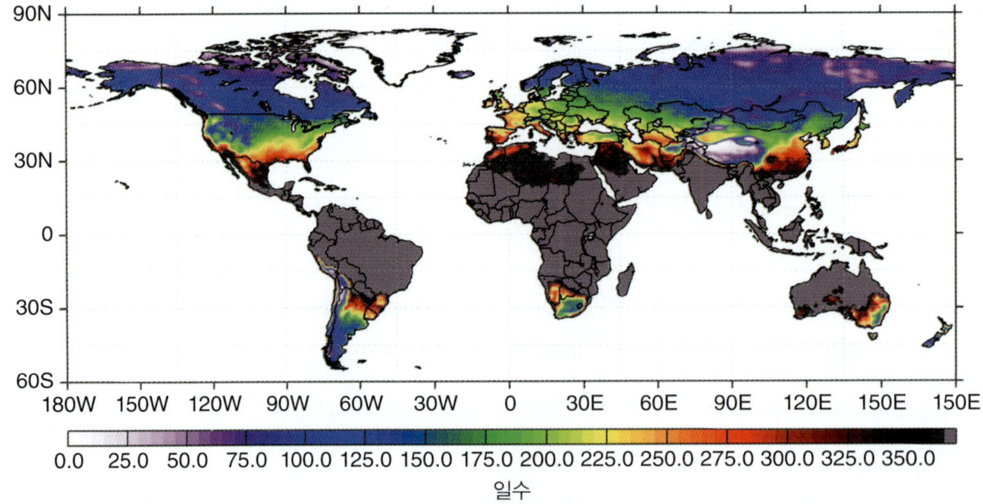

그림 7.7 ERA-Interim Reanalysis의 1986~2015 자료를 이용한 평균 연간 연속적인 무상(서리는 0℃ 미만) 일수(Dee 등 2011). 그림 – Linda Hirons(영국 University of Reading의 National Centre for Atmospheric Science).

의 광합성이 가능한 기간이 몇 주에 불과할 수도 있다. 고도상 교목한계선(喬木限界線, tree line)에 근접한 교목도, 그림 7.7에서 연속적인 무상일수에 산맥이 미치는 영향에서 볼 수 있듯이, 비슷하게 짧은 생육기를 가질 수도 있다. 물론 이러한 일반화 중에서도, 실제 생육기는 물이 너무 많거나 너무 작아서, 기온이 너무 높거나 너무 낮아서, 또는 생장을 제한하는 다른 환경적인 측면 때문에 더 짧을 수도 있다.

7.6 교목 내 탄소 동역학: 생산, 사용, 저장

교목이 자신의 연간 생활사(生活史, life cycle) 동안 당면하는 도전 중 하나는 자신이 필요한 탄소가 광합성을 통해 생산한 것과 항상 일치하지 않는다는 것이다. 때로는 생장과 호흡이 광합성이 불가능한 때 또는 탄소 공급이 수요를 충족시킬 수 없을 때 발생한다. 예를 들면, 건기가 한창인 때에는 효과적으로 광합성을 중단해야 하지만 살아 있기 위해서는 해당 교목은 호흡을 계속해야 한다. 같은 방식으로 낙엽성 교목은 광합성을 시작하기 전인 봄에 잎을 키워내야 한다. 두 경우에, 교목은 용해성 설탕(주로 자당/sucrose)과 전분(澱粉/starch)의 형태로 비구조성 탄수화물(非構造性炭水化物, non-structural carbohydrate)을 축적함으로써 이러한 수요를 충족시키는데, 이러한 물질들은 공급이 수요를 제대로 충족시키지 못하는 기간 동안 탄소 완충장치 역할을 한다(Chaplin 등 1990). 이들 탄소 화합물은 사부를 통해 탄소 수용부로 재분배되거나 해당 교목의 생물량을 쌓기 위해 사용되기 전에 목부 유조직(木部柔組織, xylem parenchyma)과 가끔은 뿌리에 저장된다(Placová & Jansen 2015). 간단하게 말하면, 교목은 자신이 당장 공급할 수 있는 것보다 더 많은 탄소가 필요한 기간에 대비하여 보험을 드는 탄소 저축계획을 가지고 있다.

이러한 탄소 축적은 과거에 추정한 것처럼 생산량이 많은 기간 동안 약간의 잉여 탄소를 저장하는 단순한 수동적인 사건이 아니라, 사실은 고도로 통제되는 과정이다. 교목은 장기적인 생장과 스트레스에 대한 회복을 지원하기 위해 단기적으로 생장을 줄일 수 있을 정도로 저장에 우선을 둘 수도 있다(Sala 등 2012).

교목 내 NSC를 정확하게 평가하기는 어려운데, 이는 NSC 수준이 생육기에 걸쳐 그리고 서로 다른 해당 교목 내 저장 구획(즉, 굵은 뿌리, 줄기, 가지, 잎) 사이에 차이가 크기 때문이다. 많은 온대 교목에서, 봄에 새로운 뿌리, 목재, 잎의 생장은 그림 7.8에서

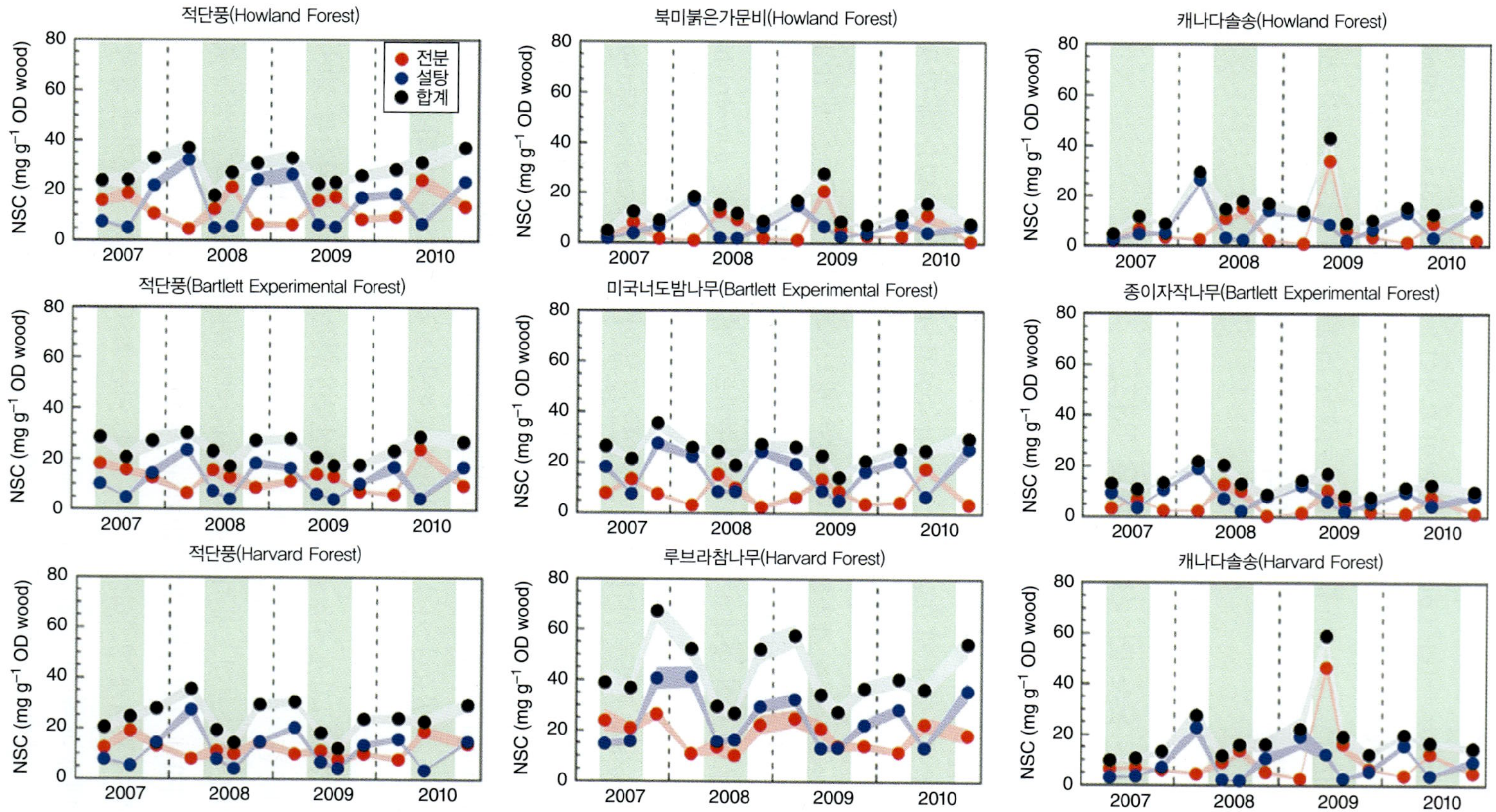

그림 7.8 삼림 교목 줄기에 있는 비구조성 탄수화물(NCS-전분, 그리고 자당, 포도당, 과당, 라피노오스, 스타키오스로 구성된 설탕) 농도의 계절 변화. 다양한 낙엽성과 상록성 종이 세 연구부지에서 표본으로 추출되었다: 적단풍(*Acer rubrum*), 북미붉은가문비(*Picea rubens*), 미국너도밤나무(*Fagus grandifolia*), 루브라참나무(*Quercus rubra*), 캐나다솔송(*Tsuga canadensis*), 종이자작나무(*Betula papyrifera*). 개별 점은 각 날짜에 표본 추출된 각 종의 10 개체 평균을 나타낸다. 회색 음영은 가능 오차(평균의 표준오차 ±1)를 나타낸다. 녹색 음영은 5월에서 9월까지 피크 생육기를 나타낸다. 점선의 수직선은 1월 1일을 나타낸다. 출처: Richardson 등(2013). John Wiley and Sons의 허락을 받아 전재.

보여주는 바와 같이 가지와 수간에 저장된 설탕을 고갈시킬 것이다(Hoch 등 2003; Richardson 등 2013). 흥미롭게도, 설탕 비축이 감소하고 있는 동안 대부분 종의 전분 수준은 동시에 증가한다(적어도 줄기에서는). 전분(상대적으로 비이동성이고 불활성의 탄소 형태)의 생산은 직관에 반대되는 것처럼 보인다. 그러나 줄기에서 설탕을 전분으로 전환하는 것은 설탕 농도를 계속 낮게 유지시키고 강한 수용부 능력(受用部能力, sink strength)을 유지함으로써 잎으로부터 설탕을 끌어당기는데 도움을 줄 것이다. 이는 설탕이 잎에 축적되는 것을 막아서 광합성의 하향조절(下向調節, down regulation) 가능성을 최소화한다(Richardson 등 2013). 또한 이러한 발견은 NSC 풀(pool)이 전체 교목의 장기적인 성과에 도움을 주기 위해 조절되는 것으로, 상대적인 공급과 수요의 변덕에 따라 단순히 축적되고 고갈되는 잉여 탄소의 수동적인 풀로 볼 수 없다는 것을 나타낸다.

이는 새로운 생장을 위해 사용되는 탄소는 과거에 저장된 탄소와 최근에 생산된(1년 미만) 탄소의 결합에 의존한다는 탄소동위원소(炭素同位元素, carbon isotope – 약간 다른 질량을 가지고 있어서 추적이 가능한 탄소 원자)를 이용한 연구에서 분명해졌다. 적단풍(*Acer rubrum*)과 캐나다솔송(*Tsuga canadensis*)의 일부 먹이 비축(NSCs)이 10년 이상 된 것으로 확인되었다(Richardson 등 2013). NSCs의 연령 단면을 자세히 조사해 보면, 새로운 생장이 일부 오래된 탄소와 일부 최근에 동화된 탄소의 결합에 의해 지원을 받지만, 최근에 생산된 NSCs는 오래된 나이테에 저장된 탄소 비축과 광범위하게 혼합되지 않은 것으로 보인다. 이는 정상적인 교목 생장 과정 동안 일부 오래된 비축이 새로운 생장을 지원하기 위해 인출되지만, 최근에 생산된 NSCs는, 줄기가 나이 듦에 따라 접근하기가 점점 어렵게 되기 때문에, 오래된 나이테에 저장되지는 않는 것을 의미한다. 이들 오래된 탄소 공급의 유지는 현재의 생장보다 뿌리(Vargas 등 2009)와 줄기(Carbone 등 2013)에서의 중대한 교란 후의 생장 반응에 더 중요한 것으로 보인다. 그러므로 교목 내 NSCs의 풀이 하나가 아니라 두 개(**신속 순환 풀**/fast cycling pool과 **완만 순환 풀**/slow cycling pool)가 존재하는 것 같다(Richardson 등 2013, 2015). 신속한 풀은 탄소에 대한 현재 수요에 반응하는 데 비해 완만한 풀은 보다 예외적인 스트레스나 교란이 발생한 경우에 인출될 수 있다. 따라서 교목은 해당 생육기에 걸쳐 정상적인 생장과 유지관리를 지원하기 위한 단기 저축계좌(instant savings account – 신속 풀)와 함께 장기간 지속되는 스트레스와 중대한 교란이 발생할 때 동원될 수 있는 장기 저축계좌(long-term savings account – 완만 순환 풀)를 가지고 있는 것으로 보인다.

동위원소 연구에서 나타난 보다 자세한 결과는 교목이 탄소에 대해 **후입선출**(後入先

出, last in first out) 정책을 채택하고 있다는 것이다. 즉, 수요가 발생하면 NSC 풀에 최근에 추가된 탄소가 먼저 사용된다. 따라서 스트레스를 받는 교목은 점점 더 오래된 탄소 비축을 점진적으로 소진할 것이다. 이론적으로, 이로 인해 보다 최근에 동화된 탄소가 먼저 활용되기 때문에 탄소 비축의 평균 연령이 더 오래될 것이다. 그러므로 교목 조직 내 NSC의 총 구성비에 추가하여, 완만 순환 풀이 고갈되고 있는지 여부를 조사하는 방법으로 이들 탄소 풀의 연령 분포를 확인하면 해당 교목의 건강에 관한 유용한 통찰력을 제공할 수 있다(Richardson 등 2013).

건강한 성목은 가뭄과 같은 스트레스 하에서도 탄소 공급이 실제로 교목 발달을 그렇게 크게 제한할 가능성은 낮다(Fatichi 등 2014; Körner 2015)(상자 7.2 참조). 온대 교목(Hoch 등 2003)과 열대 교목(Würth 등 2005) 모두에서, 계절, 서식지, 기후와 관계없이 높은 NSC 풀이 확인되었다. 그러므로 제한이 없는 여건 하에서, 교목은 시간에 걸쳐 전형적인 수요를 충족시키기 위해 필요한 것보다 더 많은 탄소를 저장하고 있다고 추정할 수 있다. 어쩌면 적어도 이들 비축은 꽤 오랜 시간 동안 광합성 없이도 교목 발달을 지속시키기 위해 사용될 수 있고 몇 번의 도전적인 생육기를 거치면서도 해당 교목을 볼 수 있을 가능성이 높다. Hoch 등(2003)은 건강한 온대 교목이 일반적으로 전체 수관을 네 번 교체하기에 충분한 탄소 비축을 저장하고 있다고 예측했다. 너도밤나무(*Fagus sylvatica*)의 최대 결실기(masting year – 예외적으로 많은 수의 씨앗을 생산하는 해)에서도 NSC 풀을 크게 줄이지 않았다. 마찬가지로, 올리브나무(*Olea europaea*)도 다량의 열매를 생산한 해에도 탄수화물 고갈은 확인되지 않았다(Bustan 등 2011). 따라서 자연 생태계와 생산 시스템에 있는 건강한 교목은 자신의 발달에 탄소 제한은 없다는 것을 보여주는 실체적인 증거가 늘어나고 있다.

이것이 노령목이나 거목에 관해 전하는 메시지는 무엇인가? 이들 교목의 생장 쇠퇴가 탄소 수용부 크기의 점진적인 증가나 탄소 공급원의 감소 중 하나에 의해 유발된 제한된 탄소 가용성 때문인가? 교목은 정말 너무 크게 자라서 모든 세포가 호흡을 유지하기 어렵게 만드는 너무 많은 살아 있는 조직을 유지해야 하는가? 탄소 풀의 고갈을 야기하는 탄소 수요 증가에 대한 최선의 지원은 대교목이 아니라 짙은 그늘에서 자라고 있는 수요가 적은 스트로브잣나무(*Pinus strobus*)의 실생묘에서 나타난다(Machado & Reich 2006). 그러나 어린 교목과 성숙한 교목 사이의 배분 패턴의 일부 변화가 관찰되었다. 어린 페트라참나무(*Quercus petraea*)는 목재 형성(木材形成, wood formation)이 끝날 때까지 탄소를 생장에 우선 배분하는 데 비해, 성목은 눈이 트고 난 직후에 탄소를 저

상자 7.2 가뭄에 직면하면 교목이 굶어죽을 수 있을까?

McDowell 등(2008)은 교목의 가뭄에 대한 반응(기공 폐쇄)은, 내부 수분 손실에 대처하기(**비등수분**/anisohydric 종)보다 높은 수분함량을 유지하기 위해 자신의 기공을 쉽게 닫는 (**등수분**/isohydric) 종에서 특히, 탄소 기아로 이어질 수 있다고 주장한다. 기공이 닫혀 있으면, 해당 교목의 수리 전도도는 유지되지만 결국은 해당 교목이 탄소 비축(설탕과 전분)이 바닥나서 그야말로 굶어죽을 것이다. 문제는 이를 증명하는 것이다. 실생묘와 어린 묘목은 제한된 비축을 가지고 있어서 고갈될 가능성이 매우 높지만, 매우 오래된 교목에서도 이러한 현상이 발생하는 일부 증거도 있다. 그러나 가물 때 죽는 많은 교목이 여전히 내부에 많은 양의 저장된 탄수화물을 가지고 있기 때문에 이것이 교목이 굶어죽는다는 주장을 확실하게 반박할 수 있는가? 꼭 그런 것은 아니다. 이들 비축의 일부는, 예를 들면 건조가 효소 생산이나 운반을 방해하여 비축에 접근할 수 없게 되기 때문에, 사용할 수 없게 될 수도 있다. 즉 남아 있는 비축이 있더라도 이들을 사용할 수 없어서 해당 교목이 실제로 굶어죽게 된다.

다른 사람들은(Sala 등[2011]과 같이) 교목이 아사 직전으로부터 스스로를 제지하는 기제를 가지고 있다고 주장한다. 가뭄으로 인해 광합성이 감소함에 따라, 해당 교목은 탄수화물을 보전하기 위해 생장과 호흡을 줄일 것이다. 이는 일반적으로, 예를 들어 잎을 떨어뜨리거나 세근을 버림으로써, 에너지를 요구하는 조직의 상실을 동반한다. 물론 이는 광합성과 수분 흡수를 줄임으로써 문제를 복잡하게 만들지만, 여건이 개선될 때까지 진행을 늦춤으로써 해당 교목이 생존할 있게 할 것이다.

이는 분명 확인하기에 복잡한 일습의 문제이기 때문에 논쟁이 계속될 것이다. 핵심은 가뭄, 그리고 고온과 같은 다른 물리적 문제가 교목에 스트레스를 가하고, 이들이 빈번하게 교목의 죽음을 가속화시키는 방식으로 이를 약화시킨다는 것이다.

장하는 데 배분하기 시작하였다(Gilson 등 2014). 따라서 **노령**목조차도 충분한 탄소 비축을 가지고 있을 가능성이 있을 것이다. 그러나 노령목은 결국 부후를 포함한 광범위한 내외 요소에 의해 유발되어 노쇠하기 시작한다(Brutovska 등 2013; Salguero-Gomez 등 2013; Thomas 2013). 이 시점에서 문제는 저장된 탄소가 너무 작아서가 아니라 이들 비축이 점점 쓸 수 없게 되는 것으로(상자 7.2에서 설명한 바와 같이), 해당 교목은 적절하게 가득 찬 저장소를 가지고 있지만 이에 접근할 수 없게 된다. 이런 방식으로 탄소 비축은 탄소 수용부로부터 효과적으로 단절되어 해당 교목 주위의 필요한 지점으로 이동할 수 없게 된다. 해당 교목이 죽어 들어오기(die back) 시작함에 따라, 수관은 작아지고,

뿌리는 죽고, 건전한 목재의 양이 감소함으로써 탄소가 고정되는 양과 저장되는 양 모두 떨어지기 시작하고 NSC는 해당 교목의 방어 능력을 제한하기 시작할 수 있다. 이처럼 나이든 교목에서는, **현재의** 제한된 탄소 저장이 중요하다. 교목의 크기와 나이에 관련된 쇠락의 자세한 기제를 이해하는 것은 아직도 논쟁과 연구의 영역으로 남아 있는 것은 분명하다.

7.7 교목은 어떻게 죽는가?

교목의 죽음에 관해서는 많은 이유가 있음에도 불구하고, 교목 죽음에 대해서는 현실적으로 두 가지 주된 기제(機制, mechanism)만 존재한다: 탄소 기아(炭素飢餓, carbon starvation)과 수력학적 파단(水力學的破斷, hydraulic failure)(그림 7.9). 탄소 기아는 가용한 탄소 풀이 기본적인 대사(예: 호흡)를 지원할 수 없을 정도로 고갈되면 발생한다. 이러한 탄소

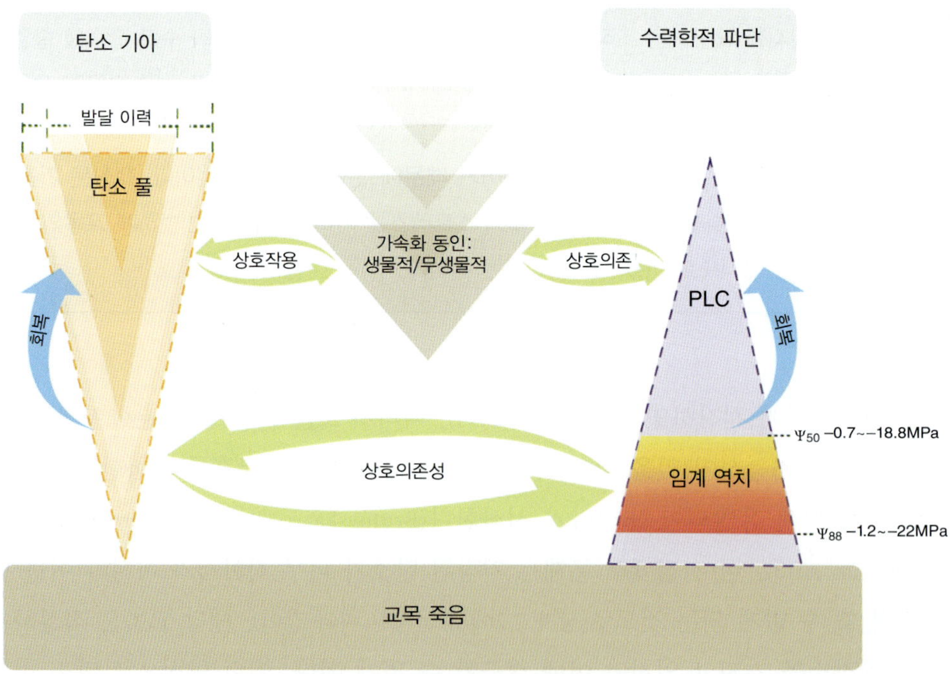

그림 7.9 교목 죽음의 주된 두 기제(탄소 기아와 수력학적 파단)의 개념적인 도해. PLC−전도도 손실률(percent loss of conductivity); Ψ_{50}−전도도 50% 상실 시의 수분포텐셜; Ψ_{88}−전도도 88% 손실 시의 수분포텐셜. 전체 설명은 본문 참조.

풀의 크기는 해당 교목의 발달 이력과 관련이 있다. 곤궁한 여건에서 자란 교목보다 양호한 여건에서 자란 교목이 더 클 것이다. 아무래도 교목의 일생에 걸쳐 탄소 풀은 일별로, 계절별로, 연간 기준으로 변동할 것이다. 고갈된 풀은 심하게 그늘진 교목이 더 많은 햇빛에 접근하게 되는 경우와 같이 탄소 동화(광합성)를 위한 여건이 크게 개선되면 회복할 수 있다. 그러나 탄소 풀이 특정 경계 아래로 고갈되어 해당 교목이 더 이상 생존할 수 없는 지점이 있을 것이다.

수력학적 파단은 목부 내부 유관속 폐색(제2장 참조)에 의해 유발된 전도도 손실률(傳導度損失率, PLC/percentage of loss of conductivity)이 물이 더 이상 잎으로 전달되지 못할 정도로 증가하여 광합성이 중단되고 교목 주위로 탄수화물을 이동시킬 능력도 훼손될 때 발생한다. 따라서 탄소 기아와 수력학적 파단 사이에는 어느 정도의 독립성이 있다. 전도도 손실률은 수종에 따라 달라서 차이가 매우 크다. 예를 들어, 교목의 수리 전도도(水理傳導度, hydraulic conductivity) 50% 손실을 유발하는 수분포텐셜은 0.7에서 18.8MPa 사이로 그 폭이 크다(제2장 참조). Ψ_{50}와 전도도 손실 약 88%(Ψ_{88}) 사이 어느 지점에서, 교목은 임계 역치(臨界閾値, critical threshold)를 통과하여 회복하지 못하게 될 것이며, 수력학적 파단으로 인한 죽음은 피할 수 없을 것이다. 그러나 해당 교목이 이러한 임계 역치에 도달하지 않으면, 예를 들어 새로운 기능성 목부(온대 환공재 교목에서 계절에 따라 발생 하듯이)를 생산하거나 폐색된 도관을 다시 채우는 식으로 회복할 수 있을 것이다.

비록 교목의 죽음이 기본적으로 이들 두 주된 기제 중 하나로 전개되지만, 현실 세계에서는, 이들의 진행에 영향을 미칠 수 있는 것들이 엄청나게 많이 있다. 예를 들면, 해충은 해당 교목으로 하여금 탄소 집약적인 방어 반응을 하도록 만듦에 따라 탄소 풀의 하락을 가속화시킬 수 있고; 극한적인 기온과 제한된 수분 가용성은 광합성을 감소시켜 탄소 획득을 제한할 것이고; 유관속 시듦병은 해당 교목의 목부를 막아 수력학적 파단을 가속화시킬 수도 있고; 기후적인 가뭄이나 뿌리 상실에 의해 유발된 수분 결핍은 마찬가지로 수력학적 파단을 가속화시킨다. 따라서 교목 죽음에 대한 자극이 매우 다양할 수 있지만, 이는 일반적으로 탄소 기아, 수력학적 파단 또는 이 둘 사이의 상호의존과 관련되어 있다. 이에 대한 주목할 만한 예외는 다른 방식으로 교목 죽음을 유발할 수 있는 직접적인 농약의 약해(藥害, phytotoxicity)인데, 이는 자연 환경에서는 드물다.

7.8 경관 교목의 탄소 수지 개선

건강하고 성숙한 삼림 교목에서는 탄소 때문에 자신의 발달에 제한을 받지 않는다는 증거가 있지만, 관상수의 탄소 수지에는 무심하지 않는 것이 중요하다. 도시 환경의 생장 여건은 종종 자연적인 삼림 환경과 크게 다르기 때문에 탄소 풀이 같은 정도로 축적되지 않을 가능성이 높다. 그러므로 가능하면 관상수의 탄소 상태를 향상시키기 위해 모든 노력을 기울이는 것이 좋다.

핵심적인 관리 초점은 광합성을 향상시키는 것이다. 먼저, 이를 위해서는 적절한 산소, 물, 영양소를 제공하는 양호한 뿌리 전개 환경에 식재해야 한다. 햇빛 가용성에 대해 중대한 제약이 없다고 가정하면, 개별 잎은 자신의 광합성 능력에 가깝게 기능을 수행한다는 것을 의미한다. 또한 양질의 뿌리 환경은 잎의 조기 노화를 방지하여 가장 긴 생육기를 보장하고 탄소 획득을 극대화할 것이다. 열악한 부지에 생육하는 많은 교목들이 습윤하고 비옥한 부지에서 자라는 보다 운이 좋은 동료들보다 잎을 더 빨리 떨어뜨리는 것을 볼 수 있다.

수관 관리, 특히 전정이 광합성을 하는 잎을 감소시킬 뿐만 아니라 남은 잎의 광저해를 높임으로써 전체 교목의 탄소 획득에 어떻게 영향을 미치는가를 고려하는 것도 중요하다. 분명히 교목을 전정하는 이유가 잠재적인 생산성 손실보다 더 설득력이 있는 경우가 많겠지만, 관리 의사결정을 할 때에는 해당 교목에 대한 생물적 영향을 잘 알고 충분히 고려하는 것이 중요하다.

탄소 손실을 줄이는 데 도움을 주는 관리 실무도 도움이 될 수 있다. 호흡률(呼吸率, respiration rate)을 떨어뜨리기 위해 해당 교목 주위의 밤 시간 기온을 낮추는 것은 실행 가능한 방안이 될 수 없다. 그러나 전정으로 인해 유발된 것을 포함하여 상처 발생은 방어를 위해 추가적인 탄소 배분이 필요하기 때문에 탄소 풀을 감소시킨다고 생각하는 것이 좋다. 다시 말하면 전정에 대한 요구를 평가하는 것이 이와 관련이 있다는 것이다.

7.9 교목의 연중 탄소 동역학과 수목관리 작업의 시기 선택

교목이 건강하다면, 대부분의 종에 대한 수목관리 작업의 시기선택은 해당 교목의 연중 탄소 동역학(炭素動力學, carbon dynamics)에 의해 주도되지 않아도 좋다(Hirons 2012). 그러나 탄소 풀의 계절적인 침체가 두 교목 집단에서 더 크다는 증거가 있다. 환공재 교목은 잎이 나오기 전에 새로운 목부를 생산할 필요가 있기 때문에(제2장 참조) 이들은 봄에 광합성이 시작되기 전에 어쩔 수 없이 저장된 탄수화물을 사용하여 이 작업을 수행해야 한다. 잎이 나오기 전에 많은 꽃을 피워야 하는 종도 비슷하게 저장된 탄수화물을 사용한다. 초봄에 대폭적인 전정 작업에 반응해야 하는 요구도 다른 스트레스로 인해 자신의 탄소 비축이 고갈되기 때문에 이들 두 교목집단에게는 불리할 수 있다. 심각한 계절적인 토양 수분 결핍 이전인 초여름 전정은 이들의 경우 전정 영향을 줄이는데 도움이 될 수 있다(Hirons 2012).

수목관리 작업의 시기선택을 고려할 때 교목의 수분 상태가 탄소 상태보다 훨씬 중요하다. 상대적으로 낮은 수분포텐셜 기간 중에 교목을 전정하면(제6장 참조), 목부 내부의 폐색으로 인해 심각한 수리 전도도 손실이 발생할 수 있다. 이는 광합성을 위해 잎으로 물을 공급하는 해당 교목의 능력을 떨어뜨린다. 더구나 만약 전도도가 빠르게 회복되지 않으면, 해당 교목 내 수리적 연결이 상실되고, 이는 다시 저장된 탄소 풀을 해당 교목 전반의 다양한 탄소 수용부와 격리시킬 수도 있다. 따라서 물리적인 손상이나 수분 결핍으로 인해 유발된 수리적 기능 상실과, 생장과 방어를 위해 필요한 부위로 탄소를 공급하는 해당 교목의 능력 사이에는 중요한 상호작용이 있다.

인용문헌

Barnes, B.B., Zak, D.R., Denton, S.R. and Spurr, S.H. (1998) *Forest Ecology*, 4th edition. Wiley, New York, USA.

Beck, C.B. (2010) *An Introduction to Plant Structure and Development: Plant Anatomy for the Twenty-first Century*, 2nd edition. Cambridge University Press, Cambridge, UK.

Brutovská, E., Sámelová, A., Dušička, J. and Micieta, K. (2013) Ageing of trees: application of general ageing theories. *Ageing Research Reviews*, 12: 855–866.

Bustan, A., Avni, A., Lavee S., Zipori, I., Yeselson, Y., Schaffer, A.A., *et al.* (2011) Role of carbohydrate reserves in yield production of intensively cultivated oil olive (*Olea europaea* L.) trees. *Tree Physiology*, 31: 519–530.

Carbone, M.S., Czimczik, C.I., Keenan, T.F., Murakami, P.F., Pederson, N., Schaberg, P.G., *et al.* (2013) Age, allocation and availability of nonstructural carbon in mature red maple trees. *New Phytologist*, 200: 1145–1155.

Ceulemans, R.J. and Saugier, B. (1991) Photosynthesis. In: Raghavendra, A.S. (ed.) *Physiology of Trees*. Wiley, New York, USA, pp. 21–50.

Chaplin, F.S. III, Schulze, E. and Mooney, H.A. (1990) The ecology and economics of storage in plants. *Annual Review of Ecology and Systematics*, 21: 423–447.

Craine, J.M. (2009) *Resource Strategies of Wild Plants*. Princeton University Press. Princeton, USA.

Dee, D.P., Uppala, S.M., Simmons, A.J., Berrisford, P., Poli, P., Kobayashi, S., *et al.* (2011) The ERA-Interim reanalysis: Configuration and performance of the data assimilation system. *Quarterly Journal of the Royal Meteorological Society*, 137: 553–597.

Dominy, N.J., Lucas, P.W., Ramsden, L.W., Rib-Hernandez, P., Stoner, K.E. and Turner, I.M. (2002) Why are young leaves red? *Oikos*, 98: 163–176.

Dreyer, E., Le Roux, X., Montpied, P. Daudet, F.A. and Masson, F. (2001) Temperature response of leaf photosynthetic capacity in seedlings from seven temperate tree species. *Tree Physiology*, 21: 223–232.

Fatichi, S., Leuzinger, S. and Körner, C. (2014) Moving beyond photosynthesis: From carbon source to sink-driven vegetation modeling. *New Phytologist*, 201: 1086–1095.

Field, T.S., Lee. D.W. and Holbrook, M.M. (2001) Why leaves turn red in autumn; the role of anthocyanins in senescing leaves of red-osier dogwood. *Plant Physiology*, 127: 566–574.

Flexas, J., Gallé, A., Galmés, J., Ribas-Carbo, M. and Medrano, H. (2012a) The response of photosynthesis to soil water stress. In: Aroca, R. (ed.) *Plant Responses to Drought*. Springer, Berlin, Germany, pp. 129–144.

Flexas, J., Loreto, F. and Medrano, H. (2012b) *Terrestrial Photosynthesis in a Changing Environment: A Molecular, Physiological, and Ecological Approach*. Cambridge University Press, Cambridge, UK.

García-Plazaola, J.I. and Flexas, J. (2012) Special photosynthetic adaptations. In: Flexas, J., Loreto, F. and Medrano, H. (eds) *Terrestrial Photosynthesis in a Changing Environment: A Molecular, Physiological, and Ecological Approach*. Cambridge University Press, Cambridge, UK, pp. 85–97.

Gilson, A., Barthes, L., Delpierre, N., Dufrêne, É., Fresneau, C. and Bazot, S. (2014) Seasonal changes in carbon and nitrogen compound concentrations in a *Quercus petraea* chronosequence. *Tree Physiology*, 34: 716–729.

Hirons, A.D. (2012) Straightening out the Askenasy curve. *Arboriculture and Urban Forestry*, 38: 31–32.

Hoch, G., Richter, A. and Körner, C. (2003) Non-structural carbon compounds in temperate forest trees. *Plant Cell Environment*, 26: 1067–1081.

Koike, T., Kitao, M., Maruyama, Y., Mori, S. and Lei, T.T. (2001) Leaf morphology and photosynthetic adjustments among deciduous broad-leaved trees within the vertical canopy profile. *Tree Physiology*, 21: 951–958.

Körner, C. (2003) Carbon limitation in trees. *Journal of Ecology*, 91: 4–17.

Körner, C. (2005) An introduction to the functional diversity of temperate forest trees. In: Scherer-Lorenzen, M. Körner, C. and Schulze, E.-D. (eds) *Forest Diversity and Function: Temperate and Boreal Systems*. Springer, Berlin, Germany, pp. 13–37.

Körner, C. (2012) *Alpine Treelines: Functional Ecology of the Global High Elevation Tree Limits*. Springer, Berlin, Germany.

Körner, C. (2015) Paradigm shift in plant growth control. *Current Opinion in Plant Biology*, 25: 107–114.

Kozlowski, T.T. (1992) Carbohydrate sources and sinks in woody plants. *Botanical Review*, 58: 107–222.

Lambers, H., Stuart Chaplin, F.S.III and Pons, T.L. (2008) *Plant Physiological Ecology*, 2nd edition. Springer, Berlin, Germany.

Larcher, W. (2003) *Physiological Plant Physiology*, 4th edition. Springer, Berlin, Germany.

Machado, J.-L. and Reich, P.B. (2006) Dark respiration rate increases with plant size in saplings of three temperate tree species despite decreasing tissue nitrogen and nonstructural carbohydrates. *Tree Physiology*, 26: 915–923.

Marschner, P. (2012) *Mineral Nutrition of Higher Plants*, 3rd edition. Academic Press San Diego, CA, USA.

Mauseth, J.D. (2016) *Botany: An Introduction to Plant Biology*, 6th edition. Jones and Bartlett Learning, Burlington, VT, USA.

McDowell, N., Pockman, W.T., Allen, C.D., Breshears, D.D., Cobb, N., Kolb, T. *et al.* (2008) Mechanisms of plant survival and mortality during drought: Why do some plants survive while others succumb to drought? *New Phytologist*, 178: 719–739.

Miyazawa, Y. and Kikuzawa, K. (2005) Winter photosynthesis by saplings of evergreen broad- leaved trees in a deciduous temperate forest. *New Phytologist*, 165: 857–866.

Morales, F. and Warren, C.R. (2012) Photosynthetic responses to nutrient deprivation and toxicities. In: Flexas, J., Loreto, F. and Medrano, H. (eds) *Terrestrial Photosynthesis in a Changing Environment: A Molecular, Physiological, and Ecological Approach*. Cambridge University Press, Cambridge, UK, pp. 312–330.

Niinemets, Ü. (2007) Photosynthesis and resource distribution through plant canopies. *Plant Cell Environment*, 30: 1052–1071.

Niinemets, Ü. and Sack, L. (2006) Structural determinants of leaf light-harvesting capacity and photosynthetic potentials. In: Esser, K., Lüttge, U.E., Beyschlag, W. and Murata, J. (eds) *Progress in Botany*, Vol. 67. Springer, Berlin, Germany, pp. 385–419.

Pearcy, R.W. (1988) Photosynthetic utilization of sunflecks by understorey plants. *Australian Journal of Plant Physiology*, 15: 223–238.

Pearcy, R.W. (2007) Responses of plants to heterogeneous light environments. In: Pugnaire, F.I. and Valladares, F. (eds) *Functional Plant Ecology*, 2nd edition. CRC Press, Boca Raton, FL, USA, pp. 213–257.

Placová, L. and Jansen, S. (2015) The role of xylem parenchyma in the storage and utilization of non-structural carbohydrates. In: Hacke, U. (ed.) *Functional and Ecological Xylem Anatomy*. Springer, Berlin, Germany, pp. 209–234.

Richardson, A.D., Carbone, M.S., Hugget, B.A., Furze, M.E., Czimczik, C.L., Walker, J.C., *et al.* (2015) Distribution and mixing of old and new nonstructural carbon in two temperate trees. *New Phytologist*, 206: 590–597.

Richardson, A.D., Carbone, M.S., Keenan, T.F., Czimczik, C.I., Hollinger, D.Y., Murakami, P., *et al.* (2013) Seasonal dynamics and age of stemwood nonstructural carbohydrates in temperate forest trees. *New Phytologist*, 197: 850–861.

Sala, A., Fouts, W. and Hoch, G. (2011) Carbon storage in trees: Does relative carbon supply decrease with tree size. In: Meinzer, F.C., Lachenbruch, B. and Dawson, T.E. (eds) *Size- and Age-Related Changes in Tree Structure and Function*. Springer, Berlin, Germany, pp. 287–306.

Sala, A. Woodruff, D.R. and Meinzer, F.C. (2012) Carbon dynamics in trees: feast or famine? *Tree Physiology*, 32: 764–775.

Salguero-Gómez, R., Shefferson, R.P. and Hutchings, M.J. (2013) Plants do not count… or do they? New perspectives on the universality of senescence. *Journal of Ecology*, 101: 545–554.

Schaberg, P.G., Murakami, P.F., Turner, M.R., Heitz, H.K. and Hawley, G.J. (2008)

Association of red coloration with senescence of sugar maple leaves in autumn. *Trees*, 22: 573–578.

Taiz, L., Zeiger, E., Møller, I.M. and Murphy, A. (2014) *Plant Physiology*, 6th edition. Sinauer Associates, Sunderland, MA, USA.

Thomas, H. (2013) Senescence, ageing and death of the whole plant. *New Phytologist*, 197: 696–711.

Thomas, S.C. and Martin, A.R. (2012) Carbon content of tree tissues: A synthesis. *Forests*, 3: 332–352.

Valladares, F., García-Plazaola, J.I., Morales, F. and Niinemets, Ü. (2012) Photosynthetic responses to radiation. In: Flexas, J., Loreto, F. and Medrano, H. (eds) *Terrestrial Photosynthesis in a Changing Environment: A Molecular, Physiological, and Ecological Approach*. Cambridge University Press, Cambridge, UK, pp. 239–256.

Valladares, F. and Niinemets, Ü. (2008) Shade tolerance, a key plant feature of complex nature and consequences. *Annual Review of Ecology, Evolution and Systematics*, 39: 237–257.

Vargas, R., Trumbore, S.E. and Allen, M.F. (2009) Evidence of old carbon used to grow new fine roots in a tropical forest. *New Phytologist*, 182: 710–718.

Vogel, S. (2012) *The Life of the Leaf*. University of Chicago Press, Chicago, IL, USA.

Warren, C.R., Garcia-Plazaola, J.I. and Niinemets, Ü. (2012) Ecophysiology of photosynthesis in temperate forests. In: Flexas, J., Loreto, F. and Medrano, H. (eds) *Terrestrial Photosynthesis in a Changing Environment: A Molecular, Physiological, and Ecological Approach*. Cambridge University Press, Cambridge, UK, pp. 465–487.

Way, D.A. and Pearcy, R.W. (2012) Sunflecks in trees and forests: from photosynthetic physiology to global change biology. *Tree Physiology*, 32: 1066–1081.

Weston, D.J. and Bauerle, W.L. (2007) Inhibition and acclimation of C3 photosynthesis to moderate heat: a perspective from thermally contrasting genotypes of *Acer rubrum* (red maple). *Tree Physiology*, 27: 1083–1092.

White, T.C.R. (2009) Catching a red herring: Autumn colours and aphids. *Oikos*, 118: 1610–1612.

Wright, I.J., Reich, P.B., Westoby, M., Ackerly, D.D., Baruch, Z., Bongers, F., *et al.* (2004) The worldwide leaf economics spectrum. *Nature*, 428: 821–827.

Würth, M.K.R., Peláez-Riedl, S., Wright, S.J. and Körner, C. (2005) Non-structural carbohydrate pools in a tropical forest. *Oecologia*, 143: 11–24.

Xu, L. and Baldocchi, D.D. (2003) Seasonal trends in photosynthetic parameters and stomatal conductance of blue oak (*Quercus douglasii*) under prolonged summer drought and high temperature. *Tree Physiology*, 23: 865–877.

8장

교목 영양

자연에서, 교목은 가장 극한적인 서식지를 제외한 모든 곳에서 식생의 지배적인 형태이다. 인간의 간섭이 없으면, 이들은 범람원(氾濫原, flood plain), 바위가 많은 산비탈과 사실상 그 사이 모든 서식지의 지상과 지하 모두에 대한 공간을 두고 성공적으로 경쟁할 수 있다. 이들 대조적인 환경에서의 상대적인 성공은 자신의 생장, 발달, 궁극적으로는 번식을 지원하기 위해 물과 무기 자원(영양소)을 취득하는 뿌리 시스템의 능력에 의해 주도된다.

영양(營養, nutrition)은 자연환경과 관리되는 경관에서의 교목 성과에 필수적이다. 물과 햇빛을 제외하고, 영양소(營養素, nutrient)는 교목 생장을 가장 크게 제약하는 환경 요소이다. 이에 따라, 교목의 집단과 개체에 의해 제공되는 편익(생태서비스/ecosystem service)은 영양소를 취득하고 사용하는 개별 교목의 능력에 의해 영향을 받을 것이다. 따라서 교목을 관리하는 사람들은 교목 영양과 이것이 어떻게 관리될 수 있는가에 대해 어느 정도 이해할 필요가 있다.

교목 영양을 관리하는 것은 영양소를 공급하는 토양의 용량과 이들을 취득하는 해당 교목의 능력 모두에 영향을 미칠 수 있는 요소가 너무 많기 때문에 매우 복잡하다. 답압(踏壓, compaction), 토성(土性, soil texture), 수분 상태와 같은 토양의 물리적 속성(제4장과 6장 참조)이 양분유효도(養分有效度, nutrient availability)에 영향을 미칠 수 있다. pH,

염도(鹽度, salinity), 양이온교환용량(陽-交換容量, CEC/cation exchange capacity)과 같은 화학적 요소도 영양소 공급에 영향을 미친다. 칼슘(calcium)과 칼륨(potassium)과 같은 공통 영양소의 대부분은 물에 녹아 있을 때 양전하(陽電荷, positive charge)를 띠고 있어서 양이온(陽-, cation)이라고 부르며(표 8.1), CEC는 이들 영양소가 용탈되기 전에 식물이 가용하도록 이들을 잡고 있을 수 있는 토양의 능력이다. 미생물과 다른 토양 동물상(動物相, fauna)도 토양 영양소를 두고 경쟁하거나 이에 기여할 수 있다. 균근 곰팡이(mycorrhizal fungi)와 같은 일부 미생물은(제9장 참조) 교목 뿌리와 영양소 흡수를 도와주는 공생관계(共生關係, symbiotic relationship)를 형성하기도 한다. 온도, 강우, 증발은 생물적 화학적 과정에 상당한 영향을 미치고, 기후도 교목 발달에 영양소를 공급하는 토양의 능력에 큰 영향을 미친다. 서로 다른 교목 종의 뿌리 전개 형태는 이들이 토양 생물상(土壤生物相, soil biota)과 상호작용하는 방식에 영향을 미칠 것이다. 복잡한 방식으로 상호작용하는 모든 이들 변수의 누적적인 효과는, 부지에 따라 영양소가 다를 수 있기 때문에, 어떤 요소가 영양소 유효도를 가장 크게 제한하는가를 결정하기 어렵게 만든다. 그럼에도 불구하고, 이들 요소는 '토양 비옥도'(土壤肥沃度, soil fertility)라고 부르는 것의 설계자들이다.

관리 관점에서 보면, 어떤 특정 부지가 얼마나 비옥한지 그리고 부지 관리와 교목 관리가 이를 어느 정도 조절할 수 있는가를 결정하는 것이 중요하다. 교목의 성과를 향상시키는 데 어떤 기회가 존재하는가? 중요한 것은, 그렇게 하는 것의 위험이 무엇인가라는 것이다. 나아가 결과가 관리 비용을 들일 가치가 있는가? 후자의 질문에 대해서는 관리의 비용/편익비율(費用便益比率, benefit-cost ratio)을 계산하는 것이 보다 어려울 수 있는 경관 교목보다 식물 성과가 수확물의 경제적 가치와 쉽게 연결될 수 있는 농업, 생산 원예, 상업적인 임업에서 훨씬 쉽게 대답할 수 있다. 교목의 영양을 향상시키는 가능한 관리 전략을 개발하기 전에, 영양소의 역할과 이들이 어떻게 얻어지는가를 이해하기 위해 노력하는 것이 중요하다.

8.1 필수영양소

현재 식물에서 발견된 **필수영양소**(必須營養素, essential nutrient)는 14가지로 알려져 있다(표 8.1). 이렇게 분류되기 위해서는, 식물이 해당 영양소가 없으면 자신의 생활사(生

표 8.1 필수 영양소, 가용한 형태(available form), 이들의 교목 내 기능. 물에 용해되면 양전하(양이온)을 띠는 것과 음전하(음이온)을 띠는 것이 있다. 형태와 기능은 본문 어디에서도 고찰되지 않는데, 이를 포함시킨 것은 누락을 방지하기 위해서 이며, 관심 있는 독자는 이에 관한 정보를 어디서든 쉽게 확인할 수 있다. 각 요소 아래 괄호 속 농도는, Epstein & Bloom(2005)에 기반을 둔, 적절한 생장을 하기에 충분한 건조된 식물 줄기 그램당 대략적인 농도를 나타낸다. 다른 자료의 출처는 Marschner(2012)와 Jones(2012)이다.

영양소	전형적인 가용 형태	기능
다량영양소(多量營養素, macronutrients)		
질소(N, nitrogen) (~1000μmol/g)	질산염(窒酸鹽/nitrate, NO_3^-) 암모늄(ammonium, NH_4^+)	단백질, 인지질, 핵산, 엽록소, 조효소(co-enzyme), 식물 호르몬, 이차 대사물질
칼륨(K, potassium) (~250μmol/g)	K^+ 양이온	효소 활성화, 단백질, 기공개도 조절, 사부 운반(적재), 스트레스 저항
칼슘(Ca, calcium) (~125μmol/g)	Ca^+ 양이온 탄산칼슘($CaCO_3$) 황산칼슘($CaSO_4$)	세포벽 안정화, 세포 신장, 분비 과정, 막 안정화, 삼투압 조절
마그네슘(Mg, magnesium) (~80μmol/g)	Mg^+ 양이온	엽록소, 효소 활성화, 인산화
인(P, phosphorous) (~60μmol/g)	인산2수소(H_2PO_4) 인산1수소(HPO_4^{2-}) 인산 알루미늄/철/칼슘	ATP(에너지 운반), 핵산, 인지질, 조효소, 전분, 설탕
황(S, sulfur) (~30μmol/g)	황산염(SO_4^{2-})	아미노산, 단백질, 조효소, 이차 대사물질, 탈수와 서리 피해에 대한 세포 저항성
미량영양소(微量營養素, micronutrient)		
염소(Cl, chlorine) (~3μmol/g)	Cl^- 음이온	광합성 산소 방출에 역할, 삼투압 조절
붕소(B, boron) (~2μmol/g)	붕산(H_3BO_3) 붕산염(BO_3^{3-}) 비해리 붕소($B(OH)_3$)	세포벽 구조에 역할, 막 기능, 생식 생장과 발달, 뿌리 신장과 줄기 생장에 역할
철(Fe, iron) (~2μmol/g)	제2철 양이온(Fe^{3+}) 제1철 양이온(Fe^{2+})	엽록소 합성, 단백질, 효소
망간(Mn, manganese) (~1μmol/g)	Mn^{2+}, Mn^{3+}, Mn^{4+} 양이온	효소, 효소에 대한 보조인자, 광합성 산소 방출,
아연(Zn, zinc) (~0.3μmol/g)	Zn^+ 양이온	효소 구성요소, 효소 활성화, 단백질 합성에 관여, 탄수화물 대사에 관여
구리(Cu, copper) (~0.1μmol/g)	낮은 분자량의 부식산/풀브산 제2구리이온(Cu^{2+})	단백질, 리그닌화에 중요, 꽃가루 형성과 수정에 역할
니켈(Ni, nickel) (~0.001μmol/g)	Ni^{2+} 양이온	효소 구성요소, 질소대사에 역할
몰리브덴(Mo, molybdenum) (~0.001μmol/g)	몰리브덴산염 음이온(MoO_4^{2-})	질소고정을 위한 효소, 효소의 구성요소, 효소 보조인자

活史, life cycle)를 완성하지 못해야 하고, 다른 영양소로 대체할 수 없어야 하고, 식물 대사에 직접 관여해야 한다(Aron & Stout 1939). 이들 모두가 중요함에도 불구하고 식물체 내 이들 영양소의 상대적인 농도는 크기가 수십만 배 차이가 난다. 질소는 몰리브덴보다 약 10,000배 더 필요하지만, 둘 다 필수적이다. 이처럼 필요한 영양소 양의 차이로 인해 영양소를 다량영양소(多量營養素, macronutrient)와 미량영양소(微量營養素, micronutrient)로 구분하게 된다(표 8.1). 대부분의 미량영양소는 주로 효소에 사용되기 때문에 이들은 적은 농도(0.001~3μmol/g)를 요구하는 경향이 있다. 다량영양소는 단백질, 핵산과 같은 더 큰 유기 화합물을 위해 사용되거나, 세포의 삼투포텐셜을 조절하는 역할을 하기 때문에 훨씬 더 높은 농도(30~1000μmol/g)가 발견된다(Kirkby 2012). 질소, 인, 칼륨은 식물 생장을 가장 빈번하게 제한하는 다량영양소이기 때문에 종종 토양과 식물 분석의 초점이 된다.

14개 필수영양소에 더하여, 나트륨(Na, sodium), 규소(Si, silicon), 코발트(Co, cobalt), 셀레늄(Se, selenium), 알루미늄(Al, aluminium)과 같은 일부 다른 원소는 **유용원소**(有用元素, beneficial element)로 여겨진다. 이들은 다른 요소의 독성을 완화시키거나(예: 규소는 망간 독성으로부터 도움을 줌) 유익한 공생 유기체를 도와줌으로써(예: 공생 질소고정박테리아는 코발트가 필요함) 어떤 방식으로든 생장을 자극하는 경향이 있지만, 기본적인 식물 대사에 필수적인 것은 아니다(Broadley 등 2012).

8.2 영양소 흡수

대부분의 영양소는 토양 수분(토양 용액)에 용해된 상태로 식물에 흡수된다. 고형의 영양소는 뿌리가 쉽게 사용하지 못하고, 뿌리가 이들을 **용질**(溶質, solute)로 흡수할 수 있도록 용액에 녹아 있어야 한다. 따라서 건조한 토양은 잠재적으로 영양소가 풍부함에도 불구하고 결코 비옥할 수가 없는 이유 중 하나이다.

그럼 영양소는 토양에 어떻게 저장되고 방출되는가? 토양의 가장 중요한 구성성분 중 하나는 **콜로이드 입자**(-粒子, colloidal particles)로, 점토 크기의 광물 입자(鑛物粒子, mineral particle)[1]와 유기 부식질(有機腐植質, organic humus material)로 구성되어 있다. 이

1 점토 입자는 <2μm, 0.002mm, 또는 0.000002m로 정의된다.

들 토양입자는 거대한 **비표면적**(比表面積, specific surface area – 표면적/부피 비율)을 가지고 있고 보통 정전하(靜電荷, electrostatic charge)를 가진다(Ashman & Puri 2002). 정전하는 독소와 토양 산도(pH)에 영향을 미치는 수소 이온은 물론 반대되는 전하를 가진 이온을 끌어당겨서 토양에게 영양소를 저장하는 능력을 갖게 한다. 만약 토양이 과도한 산성이거나 알칼리성이 아니면, 콜로이드 입자와 가장 빈번하게 관련된 정전하는 음성이다. 반대 전하를 끌어당기기 때문에, 양전하(양이온)를 띤 모든 원소는 이 입자의 표면으로 끌리어 **양이온교환용량**(陽-交換容量, CEC/cation exchange capacity)을 형성한다. 점토 입자에 가장 가까운 양이온은 매우 강하게 결합되어 있지만 그 다음 층의 양이온은 콜로이드 입자로부터 더 멀리 정착하기 때문에 점진적으로 약하게 부착된다. 영양소의 정전하도 토양 콜로이드 입자와 영양소 이온 사이의 끌어당기는 힘과 관련이 있다. 예를 들면, Al^{3+}와 같은 3가(trivalent) 양이온은 Ca^{2+}와 같은 2가 양이온 보다 더 강하게 결합하며, K^+와 같은 1가 양이온보다 더 강하게 결합한다(White 2012). 중요한 것은, 양이온 층인 콜로이드 표면과 주위의 토양 용액 사이에 양이온이 **교환**될 수 있다는 것으로 이것이 이들을 뿌리에 가용하게 만든다. 물리적, 생물적, 화학적 성질이 서로 다른 이온이 토양 입자 부위에 자리를 차지하기 위해 경쟁하는 역동적인 과정에 영향을 미친다.

CEC는 양이온을 흡수할 수 있는 토양 능력의 측정치로, 이는 토양이 식물에 K^+, Ca^{2+}, Mg^{2+}, NH_4^+, Na^+와 같은 영양소를 공급할 수 있는 능력을 의미한다(표 8.1). CEC는 콜로이드 입자에 의해 결정되기 때문에, 점토와 유기물 비율이 높은 토양은 높은 CEC를, 사질 토성과 유기물 양이 적은 토양은 낮은 CEC를 가진다. 음전하(음이온)를 가진 영양소는 음전하를 띤 콜로이드 표면에 이끌리지 않는다. 따라서 NO_3^-와 같은 질산염(窒酸鹽, nitrate)과 $H_2PO_4^-$와 HPO_4^{2-} 같은 인산염(燐酸鹽, phosphate)은 토양으로부터 쉽게 용탈된다. 중금속으로 오염되거나 강산성인 토양에서는, 수소 이온이 콜로이드 입자에 강하게 달라붙어(양성자화/protonation 과정) 이들이 양의 전하를 띠도록 만들 수 있다. 이렇게 되면, 음이온(陰-, anion)이 콜로이드 표면에 붙을 수 있어서 잘 용탈되지 않을 수 있다. 음이온도 음전하를 띤 토양 입자에 고착될 수 있는 다른 토양 원소와 회합(會合, association)을 형성하면 토양에 더 단단하게 부착될 수도 있다.

영양소는 세 가지 방식 중 하나로 뿌리와 접촉이 이루어진다: 뿌리가 자람에 따라 직접 토양 입자에 접촉함으로써, 토양 용액의 흐름을 통해, 영양소 이온이 농도 기울기(concentration gradient)를 따라 아래로 확산. 이는 낮은 용해성(溶解性, solubility) 때문에 이동성이 매우 낮은 PO_4^{3-} 형태의 인산염과 같은 일부 영양소에 더 큰 문제를 일으킨다. 따라서 토양 내 이들의 이동이 제약을 받기 때문에 흡수는 뿌리로의 양분 이동에 의하기보다 영양소가 풍부한 부위로의 뿌리 생장(또는 균근)에 의존한다. 뿌리도 근권(根圈, rhizosphere)[2]으로 화학물질을 적극적으로 방출할 수 있다. 이들은 토양 내 화학적으로 결합된 영양소를 방출하는 데 도움을 주거나 미생물이 영양소를 해당 교목에 가용하도록 하는 데 도움을 준다. 토양 화학성에 관한 더 자세한 정보는 Ashman & Puri(2002), Brady & Weil(2016), Binkley & Fisher(2013)와 같은 참고서에서 확인할 수 있다.

영양소의 화학적 성질로 인해, 식물은 어떤 영양소를 각각 얼마나 많이 선택할 것인가를 결정할 수 있고, 이에 따라 자신의 뿌리를 통해 흡수한다. 특정 영양소는 우선적으로 흡수되는 데 비해 다른 영양소는 대부분 제외될 수 있다. 또한 이는 영양소가 해당 식물 주위로 이동할 수 있고 외부 환경보다 세포 내부에 더 높은 농도로 보유되거나 반대의 경우가 될 수 있음을 의미한다.

영양소 흡수는 대부분 직경 <2mm의 세근(細根, fine root)을 통해 일어난다. 영양소는, 제6장에서 설명한 바와 같이, 세포 사이 또는 세포 내부를 통해 뿌리의 외피층(outer cortex)을 통과하여 물과 함께 뿌리로 들어간다. 일단 이들이 내피에 도달하면(그림 6.5 참조) 영양소는 세포막을 통과해서 세포 속으로 들어가야 한다. 서로 다른 영양소 이온과 관련된 작은 전하(電荷, electrical charge)에 의해 발생된 전기화학적 기울기(electrochemical gradient)는 에너지를 사용하는 **능동적**(能動的, active)인 과정에 의해 영양소가 세포막을 통과해서 운반되어야 한다는 것을 의미한다. 이는 해당 교목에 비용이 발생하지만 영양소의 흡수와 교목 내 이동을 엄격하게 통제할 수 있게 하기 때문에 가치가 있다. 그러나 이는 뿌리 세포에 대한 산소와 탄수화물 공급과 같은 요소들도 영양소 흡수에 영향을 미친다는 것을 강하게 암시한다(White 2012). 이는 매우 낮은 산소 수준을 가질 수 있는 침수되거나 답압된 토양과 그늘이나 전정을 통해 아래 가지를 상실한 교목(아래 가지가 일반적으로 탄수화물을 뿌리로 반출하기 때문에)에서 특히 관련이 있다. 사실, 과도한 수관 높이기와 수간의 아래에서 잠아 생장을 제거하는 것은 뿌리로 반출되는 탄수화물의 양을 크게 감소시킬 수 있기 때문에 영양소 흡수를 제약한다.

대부분의 영양소는 세근이 흡수하고, 주로 수액의 이동, 고착과 저장을 위해 사용되는 굵은 목질의 뿌리를 통해 흡수되는 영양소는 극히 미미하다. 따라서 세근의 발달과 생존을 붕괴시키는 생물적 피해(뿌리를 먹는 초식동물과 같은)나 무생물적 요소(침수, 토양

2 근권은 뿌리에 의해 영향을 받는 토양 영역이다.

답압이나 기계적인 상처와 같은)는 영양소 취득에 근본적인 영향을 미친다. 따라서 이식 과정에서 세근이 제거되었거나 고도로 답압된 토양(제4장 참조)에서 자라고 있는 교목은, 해당 토양의 표면적인 영양 상태와 관계없이, 영양 결핍에 취약하다. 그러나 세근은 수분 흡수도 담당하고 있기 때문에 심각한 뿌리 손실을 경험한 교목은 종종 영양 결핍 증상보다 수분 결핍 증상을 더 빨리 나타낸다.

영양소 획득을 도와주는 공생관계

교목의 영양소 흡수에 가장 깊은 영향을 미치는 것 중 하나가 공생 미생물과의 관계이다. 자연 생태계에서, 교목은 세근에 대량 서식하는 **균근**(菌根, mycorrhizae) 곰팡이와의 공생관계(共生關係, symbiotic relationships)를 형성한다. 제9장에 설명되어 있는 바와 같이, 공생은 곰팡이가 방대한 균사(菌絲, hyphae – 곰팡이 끈)를 사용하여 영양소 취득을 도와주는 대가로 해당 교목으로부터 탄수화물(설탕)을 취하는 것을 기반으로 한다.

상대적으로 숫자는 작지만 다양한 교목 집단이 세균(細菌, bacteria)과 공생관계를 형성한다. 질소(窒素, nitrogen – N_2)가 공기의 78%를 점하고 있지만 대부분의 교목은 대기로부터 질소를 흡수할 수 없다. 그러나 일부 특화된 세균은 대기 중의 N_2를 식물이 사용할 수 있는 형태인 암모니아(ammonia, NH_3)로 고정(固定, fix)하는 기제(機制, mechanism)를 개발했다. 세균과 이러한 공생관계를 형성할 수 있는 교목은, 특히 비옥도가 낮은 부지에서 큰 이점을 가진다. 이러한 관계는 교목이 세균에게 탄소 자원을 제공하고 교목은 이의 대가로 세균에 의해 고정된 질소의 일부를 얻는 방식에서 균근의 그것과 유사하다.

이러한 관계를 형성하는 가장 큰 식물 집단은 콩과(Fabaceae – pea family)에 속한다. 완두콩, 콩, 렌틸콩과 같은 중요한 농작물을 포함하여 수많은 중요 목본 속(屬, genera)[3]

---

3 대기로부터 질소를 고정하기 위해 근류세균류(*Rhizobium* spp.)와 제휴관계를 형성하는 콩과에 속하는 속(genera): 아카시아(*Acacia*), 자귀나무(*Albizia*), 바우히니아(*Bauhinia*), 실거리나무(*Caesalpinia*), 골담초(*Caragana*), 카시아(*Cassia*), 아마릴로(*Centrolobium*), 케라토니아(*Ceratonia*), 박태기나무(*Cercis*), 유달회화나무(*Cladrastis*), 황단(*Dalbergia*), 봉황목(*Delonix*), 크란지(*Dialium*), 코끼리나무(*Enterolobium*), 닭벼슬나무(*Erythrina*), 주엽나무(*Gleditsia*), 기보우르티아(*Guibourtia*), 켄터키커피나무(*Gymnocladus*), 히메네아(*Hymenaea*), 심빌로(*Inga*), 나도싸리(*Laburnum*), 은자귀나무(*Leucaena*), 리실로마(*Lysiloma*), 마카이리움(*Machaerium*), 애기등(*Millettia*), 미모사(*Mimosa*), 마이록실론(*Myroxylon*), 파킨소니아(*Parkinsonia*), 퍼플하트(*Peltogyne*), 피시디아(*Piscidia*), 피테셀로비움(*Pithecellobium*), 플라티미시움(*Platymiscium*), 프로소피스(*Prosopis*), 자단(*Pterocarpus*), 꽃아카시아(*Robinia*), 스키졸로비

그림 8.1 유럽오리나무(*Alnus glutinosa*) 뿌리의 일부에 짧은 측근으로 구성된 방선균근 혹. 이들은 질소를 고정한 다음 해당 교목이 가용하게 하는 세균(*Frankia alni*)을 내포하고 있다.

도 이 집단에 속한다. 이들 중에서, 근류세균류(根瘤細菌類, *Rhizobium* spp. – 가장 큰 세균 그룹 중 하나인 프로테오박테리아/proteobacteria에 속함)가 뿌리에 서식하여 탄소와 질소가 교환되는 장소가 되는 독특한 뿌리 혹(불룩한)을 형성한다. 초본인 근접종과 마찬가지로, 이들의 꼬투리도 종종 높은 수준의 단백질을 함유하고 있기 때문에 사료로서의 가치가 매우 높다.

근류세균류에 더하여, 프랑키아(*Frankia* – 세균과 곰팡이 모두의 특징을 가진 그룹인 방선균류[放線菌類, Actinomycete])라고 알려진 질소를 고정하는 또 다른 토양 세균 집단도 다양한 목본 속에서 약 220종과 제휴한다(Santi 등 2013).[4] 이들 **방선균근** 식물(actinorhizal plant)은 공생 세균을 받아들이는 짧은 측근의 덩어리를 닮은 독특한 구조를 형성한다(그림 8.1). 콩과식물의 구성원들처럼, 프랑키아 제휴 종은 매우 도전적인 환경에서 생존할 수 있다. 예를 들면, 사막참나무(*Allocasuarina decaisneana*)는 호주 중부의 양분이 부족하고 건조한 곳에서 자랄 수 있는 몇 안 되는 교목 중 하나이다(그림 8.2).

교목의 뿌리 시스템이 영양소를 획득하는 임무를 맡고 있기 때문에, 뿌리와 함께 공생의 토양 곰팡이(균근)와 세균의 공진화(共進化, co-evolution)는 분명히 중요한 진전이었

움(*Schizolobium*), 세네갈리아(*Senegalia*), 회화나무(*Styphnolobium*), 타마린드(*Tamarindus*), 티푸아나(*Tipuana*), 가시나무(*Vachellia*), 바타이레아(*Vatairea*).

4 프랑키아와 제휴를 형성하는 목본의 속: 블랙쉬오크(*Allocasuarina*), 오리나무(*Alnus*), 목마황(*Casuarina*), 갈매나무(*Ceanothus*), 산마호가니(*Cercocarpus*), 산미저리(*Chamaebatia*), 코리아리아(*Coriaria*), 보리수나무(*Elaeagnus*), 김노스토마(*Gymnostoma*), 사극(*Hippophaë*), 모렐라(*Morella*), 소귀나무(*Myrica*), 푸르시아(*Purshia*), 버펄로베리(*Shepherdia*).

그림 8.2 사막참나무(*Allocasuarina decaisneana*)는 프랑키아 세균과의 관계로 인해 매우 척박한 토양에서 자랄 수 있다. 앞쪽에 보이는 어린 나무의 폭이 좁은 독특한 어린 형태에 유의하라. 이들 교목은 호주 노던주(NT)의 울룰루-카타추타 국립공원(Uluru-Kata Tjuta National Park)에서 찍었다.

다. 그러나 이는 그림의 일부일 뿐일 수도 있다. 질소고정 세균은 흑양(*Populus trichocarpa*)과 시트카버드나무(*Salix sitchensis*)와 같은 강변(수변/riparian)에 사는 종의 줄기에서도 발견되었다(Doty 등 2005, 2009). 이는 이들 종의 주어진 생태에서 매우 중요하다. 모든 수변 종처럼, 빈번하게 범람하는 홍수로 인한 물은 주기적으로 세근의 죽음으로 이어지고, 이는 뿌리와 공생적 결합을 상실할 가능성이 있다. 따라서 공생자를 줄기에 유지함으로써 이러한 자산을 보호한다. 더구나 위의 두 종은 줄기 파편을 이용하여 번식하기 때문에 여기에 공생 세균을 휴대하면 영양소가 부족한 강자갈에 정착할 때 귀중한 질소 공급원이 된다. 탐지하기 쉬운 '무거운'(heavy) 형태의 질소(원자량 14를 가진 정상적인 질소에 비해 ^{15}N 동위원소)를 사용한 자세한 연구는, 사시나무 잡종(*Populus trichocarpa* x *P. deltoides*)의 경우, 세균에 의해 고정된 질소는 대개 잎과 줄기에서 발견되는 질소를 담당하고 있는 데 비해, 토양으로부터 획득한 무기 질소는 뿌리에 남아 있다고 주장한다

(Knoth 등 2014). 이들 연구는 교목과 이들이 살고 있는 다양한 생물적 지역사회 사이의 복잡한 상관관계에 관해 알려진 것이 얼마나 보잘 것 없는지를 강조하고 있지만, 교목이 도전적인 환경을 극복하기 위해 사용하는 전략에 대해 매우 흥미로운 통찰을 제공하기도 한다.

얼마나 많은 질소가 고정될까? 이는 종과 환경에 따라 변이가 심하다. 온대지방 환경에서는, 아까시나무(*Robinia pseudoacacia* – 근류균을 이용하여)와 미국오리나무(*Alnus rubra* – 프랑키아를 이용하여)는 연간 헥타르당 300kg까지의 질소를 고정하는 것으로 추정된다. 그러나 추정치는, 특히 최적 이하의 토양에서는, 종종 이보다 낮다. 산도, 염분, 온도, 습도, 물리적 특성과 같은 토양 요소가 세균 감염과 혹 형성에 영향을 미침으로써 질소 고정에 영향을 미칠 것이다(Cooper & Scherer 2012). 그럼에도 불구하고 사소한 양의 고정된 질소일지라도 그렇지 않은 경우에 비해 척박한 토양에 대해 추가적인 영양소를 제공함으로써 해당 종에 큰 도움이 될 수 있다. 사실, 질소 고정 종은 자신이 생산하는 낙엽을 통해 영양소를 공유하기 때문에 근처 식생에 큰 자산이 될 수도 있다. 표 8.2에서 보여주듯이, 물오리나무(*Alnus incana*)가 생산하는 낙엽이 노르웨이단풍(*Acer platanoides*)의 낙엽보다 6배나 더 많은 질소를 가지고 있고, 질소를 고정하지 않는 종의 평균 질소 함량 대비 3배가 넘는다(Berg & McClaugherty 2008). 따라서 시간이 흐름에 따라 질소 고정 종에서 나오는 낙엽이 토양 속으로 질소를 방출함으로써 토양의 비옥도를 높

표 8.2 일부 온대 수종의 낙엽에 있는 다량 영양소. 질소 고정 물오리나무(*Alnus incana*)의 낙엽이 유의하게 높은 수준의 질소를 가지고 있음에 유의하라.

수종	영양소 농도(mg/g)					
	질소	인	황	칼륨	칼슘	마그네슘
노르웨이단풍(*Acer platanoides*)	5.1	3.15	–	13.1	20.4	1.46
물오리나무(*Alnus incana*)	30.7	1.37	6.12	15.6	12.3	2.32
은자작나무(*Betula pendula*)	7.7	1.05	0.80	4.7	11.8	3.30
너도밤나무(*Fagus sylvatica*)	9.5	1.40	1.30	2.3	7.4	1.20
구주물푸레(*Fraxinus excelsior*)	8.6	1.96	–	15.3	33.2	2.28
북미사시나무(*Populus tremula*)	8.2	0.93	–	5.1	29.9	4.69
영국참나무(*Quercus robur*)	15.9	0.73	–	0.75	7.2	0.68
유럽팥배나무(*Sorbus aucuparia*)	7.1	0.31	–	10.8	12.4	2.86
평균	**10.9**	**1.45**	**2.74**	**9.6**	**18.2**	**2.59**

출처: Berg & McClaugherty(2008). Springer의 허락을 받아 전재.

일 수 있다. 이는 다시 다른 종이 발달하는 생태계를 더욱 비옥하게 자라도록 만든다. 이 때문에, 질소 고정 종을 영양적으로 척박한 부지에 교목 피복을 조성하고, 임간농업(agroforest)과 조경 식재지의 토양 비옥도를 지원하기 위해 활용할 수 있게 한다.

그러나 우호적인 질소 고정 세균들이 교목에게 제공하는 이점은 이들 교목을 침입성으로 만들 수 있다. 실제로 유럽 일부에서 아까시나무가 침입성으로 여겨지고 있다(Cierjacks 등 2013).

양분 유효도에 영향을 미치는 기타 요소 - pH, 수분, 통기, 온도

토양 pH는 뿌리가 흡수하는 영양소의 유효도(有效度, availability)에 직접적인 영향을 미친다(그림 8.3). 알칼리성 토양(pH >6.5; 상자 4.2 참조)에서는, 인, 철, 망간, 몰리브덴, 구리, 붕소, 아연의 유효성이 매우 낮다. 산성토양(pH <5.0)에서는, 대부분 영양소의 유효성이 떨어지지만, 알루미늄과 같은 원소의 높아진 독성도 영양소 흡수를 방해할 수 있다. 이에 따라 관리하고 있는 토양의 **표적** *pH*(標的-, target pH)는 일반적으로 pH 6.2~6.5 범위인데, 이는 모든 영양소가 이 범위에서 유효한 경향이 있기 때문이다. 그러나 교목의 자연 분포는 많은 교목이 이 법위 밖에서 매우 성공적으로 작동할 수 있다는 것을 입증하고 있다. 북방 침엽수림(北方針葉樹林, boreal coniferous forest)에서는, pH가 3까지 떨어질 수 있는가 하면, 석회석 모암에서 형성된 토양은 8의 pH를 가질 수 있다. 대개 pH가 너무 극단적(<4 또는 >8)이지 않으면, 교목 생장과 영양소에 최소한의 영향만 미치는 것으로 보인다(Binkley & Fisher 2013). 그러므로 개량제 첨가를 통해 토양의 pH 전체를 조정하는 것은 대부분의 교목에게 의미가 있는 것 같지 않다. 그러나 pH는 미화 경관에 널리 식재되는, 예를 들면 대왕참나무(*Quercus palustris*)와 다양한 진달래류와 같이 산성 토양을 요구하는, 일부 수종에서는 양분 결핍을 유발해왔다(그림 8.4). 수많은 초본성 식량 작물도 토양 pH에 민감함을 나타내어 많은 표준적인 토양 교과서에 중요한 주제가 되고 있다.

영양소는 물에 녹아 있어야 하기 때문에, 토양 수분의 가용성이 영양소 흡수에 필수적이다. 그러나 너무 많은 물은 일반적으로 도움이 되지 않는데, 이는 유동성이 높아진 영양소가 토양을 통해 세근으로부터 멀리 용탈될 수 있기 때문이다. 침수된 토양도 영양소 흡수에 직접적인 영향을 미치는 산소 결핍으로 이어질 수 있는데, 이는 이 과정이 세포 에너지(cellular energy)를 필요로 하기 때문이다. 이러한 여건은 뿌리 죽음으로 이

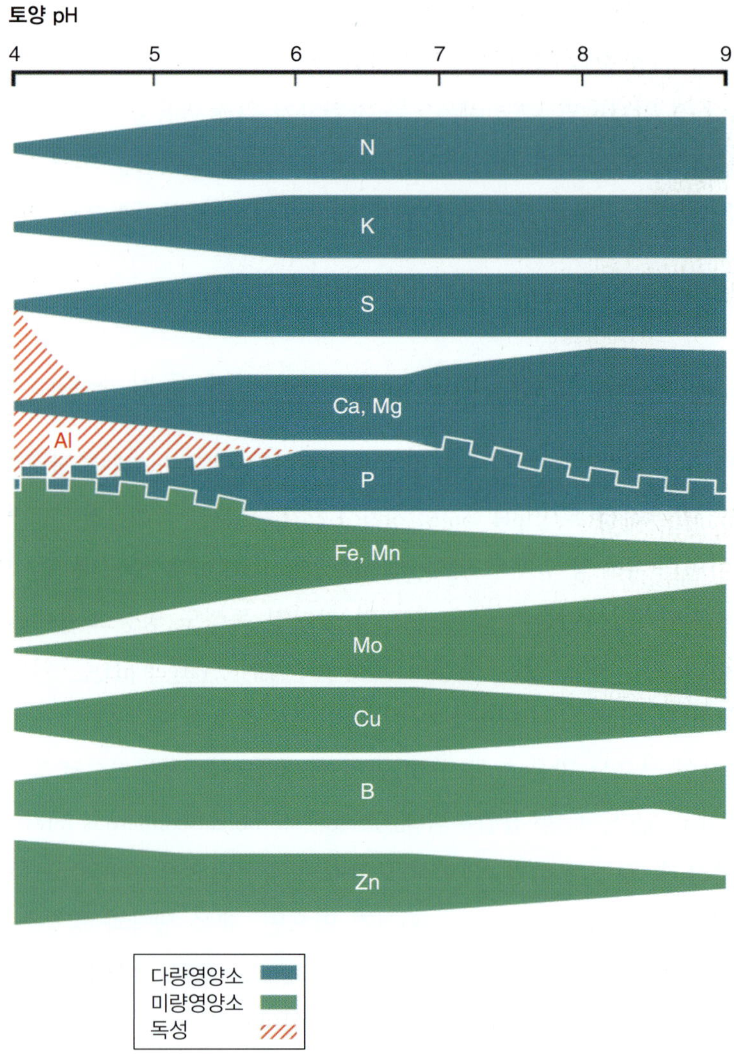

그림 8.3 토양 pH가 영양소에 미치는 영향. 띠의 폭은 영양소의 상대적인 유효성을 나타내고, 막힌 가장자리는 영양소가 부동화되어 식물에게 유효하지 못하게 된다는 것을 나타낸다. 빗금 친 부분은 pH가 낮아짐에 따라 알루미늄 독성 가능성이 증가함을 나타낸다. 7의 pH가 화학적으로 중성이고, <7은 산성, >7은 알칼리성이라고 간주된다. 그러나 생태적으로는, '중성'(中性, neutral) 토양은 pH 5.0~6.5로 일반적으로 pH 6.2~6.5가 영양소가 가장 유효한 범위로 간주된다. 원소의 완전한 이름은 표 8.1에서 확인할 수 있다. 참고 자료: Landon(1991), Ingram 등(2008), Brady & Weil(2016).

어질 수도 있어서 정상적인 뿌리 활동을 재개하기에 앞서 새로운 뿌리를 발달시킬 필요가 있을 것이다. 토양 온도(土壤溫度, soil temperature)는 토양 내 화학적 생물적 활동에 영향을 주기 때문에, 뿌리와 제휴된 공생자에 의한 영양소 흡수와 함께 분해의 핵심 과

그림 8.4 대왕참나무에서 잎의 황백화 또는 황화현상은 이 교목에게 너무 높은 토양 pH로 인해 미화 경관에서 자주 볼 수 있다. 이 종은 산성 토양(pH <5)을 요구하여 더 높은 pH에서는 영양 결핍 증상을 보일 것이다.

정에 영향을 미칠 것이다. 동결된 토양은 영양소 흡수에 특별한 도전을 야기하겠지만, 이러한 상황은 해당 교목의 영양소 수요가 매우 낮을 때 발생하는 경향이 있기 때문에 큰 문제가 되지 않을 것이다.

8.3 영양소 순환

영양소는 교목에게 귀중한 원료이다. 뿌리를 자라게 하고, 영양소를 흡수하고 공생 유기체를 부양하기 위해서는 에너지를 쓴다. 따라서 일단 영양소가 안전하게 확보되면, 교목은 이들을 보존하기 위해 엄청나게 먼 길을 간다. 이를 달성하기 위한 전략은 모든 단계에서 볼 수 있다. 제3장에서 설명한 바와 같이, 교목은 이들이 기후 요소에 대처하는 방식에 따라 영양소를 보전하기 위해 상록성과 낙엽성 잎을 발달시켰다. 잎도 토양으로부터 얻을 수 있는 영양소에 따라 진화되었다. 상록성 잎은 매년 토양으로부터 필요한 영양소의 양을 줄이기 위해 해당 교목에 한 생육기 이상 붙어 있지만, 이는 잎이 추운 겨울이나 주기적인 가뭄으로 인해 유발된 상당한 환경적 스트레스 기간 동안 견딜 수 있도록 강건할 것을 요구한다. 보다 비옥한 환경에서, 교목은 매년 새로운 잎을 구축할 여유가 있고 혹독한 겨울이나 여름 가뭄 동안 떨어지는 일회용 잎을 만드는 것이 비용이 덜 든다. 그러나 이러한 환경 하에서도, 영양소 보전은 여전히 성행하는데, 영양소를 낭비하는 교목은 장기적으로 성공하지 못할 것이다.

보다 낮은 단계로는, 자연이 낙엽성과 상록성 교목 모두에게 가혹하다는 것은 이들이 잎을 떨어뜨리기 전에 개별 잎으로부터 가능한 한 많은 영양소를 회수하기 위해 노력하는 것을 보면 알 수 있다. 이 **재흡수 효율**(再吸收效率, resorption efficiency)은 종에 따라, 부지에 따라, 영양소에 따라 변이가 매우 클 수 있지만, 일반적으로 낙엽에 앞서 질소와 인과 같은 핵심 영양소의 50%가 해당 교목으로 되돌아간다(표 8.3). 잎의 세포 구조에 갇힌 잔여 영양소는 낙엽이 분해된 이후에만 해당 교목에 가용하게 된다.

그러나 떨어지는 잎과 함께 상실된 영양소는 분해에 관여하는 토양 유기체에 필수적이기 때문에 낭비되는 것은 아니다. 이들 유기체는 유기물을 분해하여 해당 교목이 다시 사용할 수 있는 영양소를 방출함으로써 해당 교목에 서비스를 제공한다. 지역 내 개별 식물들이 영양소에 대한 자신의 몫을 두고 경쟁하기 때문에 모든 영양소가 이들이 나온 수목으로 되돌아가지는 않지만, 이들은 지속적인 교목 생장을 위해 필요한 건강한 생태계에 모두 기여하게 될 것이다. 대략 영양소의 약 90%가 유기물의 재활용에서 나오고 약 10%만이 대기의 침적이나 모암의 풍화로부터 유래한다는 것이 세계 삼림에서 자연이 작동하는 방식이다(Chaplin 1991).

그러므로 영양소 재순환은 교목과 삼림 건강에 매우 중요하다(그림 8.5). 근본적으로, 해당 교목에서 이탈된 잎, 세근, 기타 부위가 토양 유기물에 기여한다. 다양한 미생물

표 8.3 성숙한 잎의 평균(±표준편차) 질소(N)와 인(P) 농도(잎 그램당 밀리그램)와 재흡수 효율. 칸 내 서로 다른 문자는 통계적으로 유의한 차이가 있다는 것을 나타낸다.

	농도(mg/g)		재흡수 효율(%)	
	N	P	N	P
상록성 교목과 관목	13.7(±5.2)[a]	1.02(±0.56)[a]	46.7(±16.4)[a]	51.4(±21.7)[a]
낙엽성 교목과 관목	22.2(±7.4)[b]	1.60(±0.92)[b]	54.0(±15.9)[b]	50.4(±19.7)[a]
평균	**17.95**	**1.31**	**50.4**	**50.9**

출처: Aerts(1996). John Wiley and Sons의 허락을 받아 전재.

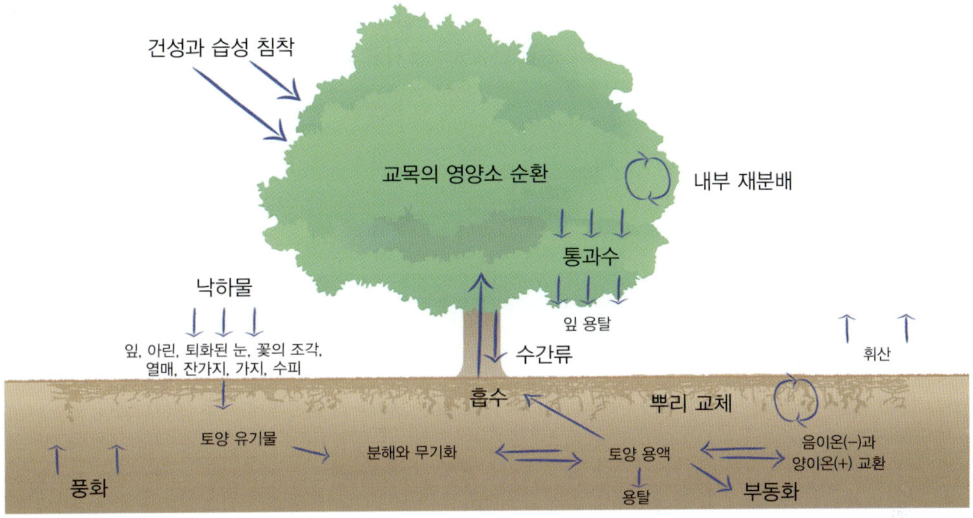

그림 8.5 단순화된 교목의 영양소 순환 모습. 출처: Jirons(2015). Royal Horticultural Society의 허락을 받아 전재.

은 무척추동물(無脊椎動物, invertebrate)의 도움을 받아서 이 유기물을 분해하여 식물이 흡수할 수 있는 형태로(**무기화**[無機化, mineralization] 과정을 통해)로 영양소를 토양 용액 속으로 방출한다. 이들 영양소의 많은 부분은 토양 내 음이온과 양이온 교환 장소와 상호작용하고, 일부는 부동화될 수 있고, 나머지는 뿌리가 도달할 수 없는 아래로 용탈되고, 그래도 남는 것이 있으면 **휘산**(揮散, volatilization) 과정을 통해 기체 형태로 대기로 되돌려 보내질 것이다. 영양소는 균근 곰팡이와 세근에 의해 토양 용액으로부터 흡수되어 내부적으로 해당 교목 전반에 걸쳐 필요한 곳으로 배분된다. 어렵게 얻은 영양소의 일부는 호우로 잎에서 용탈되어 잃게 되지만, 전략적으로 위치한 세근은 줄기를 타고 흘러내리는 물(**수간류**/stemflow)이나, 특히 수관 가장자리의 낙수선 주의에서, **통과수**(通過水, throughfall) 형태로 수관을 통과하는 물방울로부터 이들 용탈되는 영양소의 일부를 잘 재포획할 수도 있다. 어떤 영양소는 토양을 통해 씻겨나가거나 잎의 파편 형태로 날려감으로써 매년 해당 시스템으로부터 상실되겠지만, 토양 아래 바위로부터, 그리고 특히 비와 그 위의 먼지(**건성과 습성 침착**/dry and wet deposition)로부터의 유입이 이러한 손실을 보상하고도 남아 장기적으로는 자급자족(self-sustaining) 시스템이다.

영양소의 상당한 양이 낙하물(落下物, litter) 층 내에 간직되어 있고(표 8.4) 이들이 분해와 무기화 과정을 통해 재순환될 때에만 가용하게 된다는 것을 아는 것이 중요하다(그림 8.5). 낙하물 층의 잠재적인 양과 비교해서, 온대 낙엽수림의 교목이 연간 흡

표 8.4 온대 낙엽수림 낙하물 층의 영양소 함량(kg/ha). 이는 유럽과 북미에 걸친 20개 부지에서 나온 자료에 근거한다. 아래 값은 평균과 범위이고, 단일 교목의 수관 면적으로 표시된 것을 면적 100m²으로 환산하였다.

	영양소			
	질소	인	칼륨	칼슘
범위	65~1,050	3~72	12~123	6~517
평균	362	29	56	141
kg/100m²(평균 기준)	3.62	0.29	0.56	1.41

출처: Khanna & Ulrich(1991).

표 8.5 온대 낙엽수림의 연간 영양소 흡수율(kg/ha/y). 아래 값은 표 8.4와 같은 방법으로 계산하였다.

	영양소			
	질소	인	칼륨	칼슘
범위	43~115	48~169	40~59	48~169
평균	75	6	51	85
kg/100m²(평균 기준)	0.75	0.06	0.51	0.85

출처: Landsberg & Gower(1997)

수하는 영양소는 상당히 낮아서(표 8.5), 매년 이들 교목들이 헥타르당 75kg의 질소를 필요로 한 데 비해 낙하물 층이 항상 보유하고 있는 질소는 헥타르당 362kg이다(Landsberg & Gower 1997). 가장 중요한 영양소의 경우, 연간 흡수율은 낙하물 층에 존재하는 평균값을 밑돈다(표 8.4와 8.5). 이는, 대부분의 영양소가 재순환에 의해 교목에 유효하게 된다는 사실과 함께, 교목 영양소 공급원으로서 낙엽의 중요성을 보여준다. 더 추운 북부지방에서는, 분해가 훨씬 느려서 대부분의 영양소가 토양 유기물에 갇혀 있기 때문에 교목 생장을 지연시키는 병목(bottleneck)을 형성할 수 있다. 그러나 온대지방에서는, 분해가 조장되면 교목의 연간 영양소 요구를 충분히 공급할 수 있다. 그러므로 낙하물의 제거는 교목의 장기적인 영양소 공급에 심각한 결과를 가져올 수 있다는 것을 의미한다.

비록 이러한 온대 교목과 삼림의 영양소 동역학(動力學, dynamics)에 대한 분석이 상대적으로 단순하지만 우리의 정원, 공원, 가로에서의 관리 의사결정을 하는 데 도움이 될 수 있다. 온대 교목 생태계는, 이들 고유의 장치에 맡겨두면, 자기 자신의 영양 요구량 이상을 공급할 수 있는 능력이 있다. 그러나 영양소가 토양으로 되돌아가는 것을 막고 있는 포장된 표면이나(그림 8.6) 낙엽을 제거하는 것과 같은 관리 실무에 의한 정상적

(a) (b)

그림 8.6 (a) 이 너도밤나무 삼림지대처럼 온대림은 낙하물 층 내에 보유된 영양소의 재순환을 통해 해당 교목들의 영양소 요구를 충족시킬 수 있다. (b) 이와 달리, 낙엽이 없는 도시 부지의 표장된 표면은 모든 영양소 순환을 심각하게 방해하여 교목의 영양 결핍으로 이어질 수 있다. (b 삽입-왼쪽 아래) 영양소가 토양으로 되돌아오기에 제한된 공간을 보여주는 수간 기부에 대한 근접 촬영 사진.

인 재순환 과정의 붕괴는 교목에 대한 영양소 가용성을 크게 감소시킨다는 것은 너무나 명백하다. 이렇게 되면 교목은 지속적으로 줄어드는 영양소 공급으로 매년 생물량 생산을 계속해야 한다.

8.4 교목 영양 관리

영양 관리의 주된 목적은 영양소가 결핍되거나 유독해지지 않고 '적절한'(adequate) 범위 내에서 영양 공급이 유지되도록 하는 것이어야 한다(그림 8.7). 이는 각 부지에 대한 주기적인 식물과/이나 토양 분석, 그리고 이어지는 처방된 영양 개량을 통해 가능할 것이다. 그러나 이는 오히려 노동 집약적이고 비용이 많이 들 가능성이 있다. 그러므로 심각한 영양 문제의 증거가 없으면, 자연에서 일어나는 것을 단순히 흉내 내는 것이 좋다. 자연적인 영양소 재순환을 촉진하는 것이 교목에 대한 지속가능한 영양소를 보장하는 가장 효과적인 방법 중 하나이다. 가능하다면, 낙엽층이 해당 교목의 뿌리층 위에 쌓여서 분해되도록 하는 것이 좋다. 이는 다른 요소가 관리 의사결정에 영향을 미치는 보다 도시화된 환경인 공원과 정원에서 더 쉽게 달성할 수 있을 것이다. 미적이나 안전상 이유로 잎을 남겨둘 수 없는 경우에는, 해당 교목의 낙화물을 수집하고 이를 어떤 형태의 유기 멀칭자재로 대체하는 것이 나을 것이다(그림 8.8). 제5장에서 자세히 고찰한

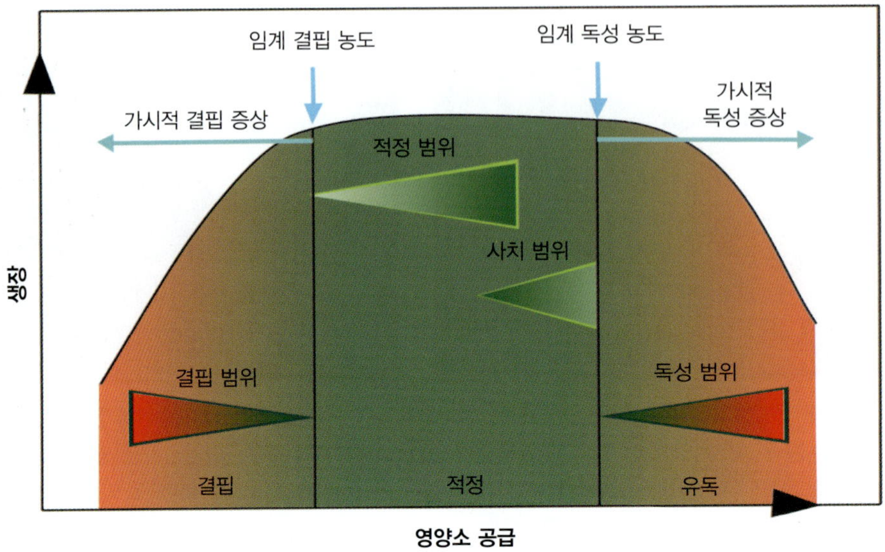

그림 8.7 영양소 공급과 생장 간의 관계. 영양소 공급은 적정 범위 내에서 유지되는 것이 좋고 결핍이나 독성을 통해 생장을 제한하도록 허용해서는 안 된다. Römheld(2012)의 재구성. 출처: Marschner(2012). Elsevier의 허락을 받아 전재.

그림 8.8 호주 시드니 왕립식물원(Royal Botanic Gardens)의 뽕나무(*Morus alba*) 뿌리판 위에 잘 유지된 멀칭의 테두리. 이런 유형의 멀칭은 뿌리 발달 여건을 향상시키고 영양소를 공급할 뿐만 아니라 사람들이 뿌리판 위를 걸어가지 않도록 만든다.

바와 같이, 이는 영양소 재순환을 위한 원료, 건강하고 생물적으로 활동적인 토양, 해당 교목에 영양소를 공급할 수 있는 능력 등을 제공할 것이다. 해당 교목의 뿌리판 위에 5~10cm 깊이로 올바르게 적용하면(해당 교목의 줄기를 덮지 않도록), 멀칭은 유익한 효과를 주는 주체가 될 수 있다(그림 5.23 참조). 신선한 목재 칩은 해당 교목에게 가용한 질소의 양을 줄일 수 있기 때문에(질소가 이 어려운 물질을 분해하는 미생물 내부에 갇히기 때문에) 이를 멀칭자재로 사용할 때 주의하는 것이 좋다. 멀칭자재는 잔디나 다른 초본식물을 억제함으로써 영양소에 대한 경쟁을 낮추는 데에도 도움이 된다.

멀칭이 모든 교목 영양관리 계획에서 높은 위치에 있는 것이 좋지만, 멀칭 자재 아래의 고도로 답압된 토양에 의해 뿌리가 물리적으로 제한되지 않는 것이 매우 중요하다(제4장 참조). 만약 뿌리가 멀칭 자재 아래의 토양에서 자랄 수 없다면, 멀칭자재를 맨 먼저 적용할 필요가 없다. 마찬가지로 영양소는 토양 용액을 통해 흡수되기 때문에, 적절한 토양 습도가 필수적이다. 그러나 교목에 대한 과도한 관수는 귀중한 영양소를 뿌리에서 용탈시킬 수 있고 침수를 유발할 수 있기 때문에 주의해야 한다.

대부분의 경우, 만약 낙엽을 그 자리에 남겨두거나 멀칭으로 교체하면, 해당 토양은 세근 발달에 적합하고(즉, 통기되고, 습하고, 답압되지 않은), 영양소가 제한되지 않을 것이다. 그러나 그림 8.9에서 보여주는 바와 같이, 변형된 잎(변형/deformation), 황화(황백

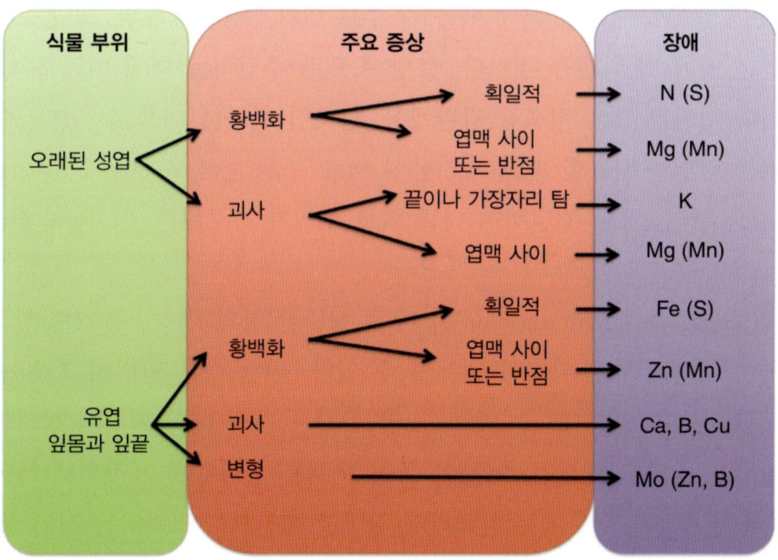

그림 8.9 식물의 영양 결핍을 나타내는 가시적인 신호. 주된 증상의 정의는 본문을 참고하라. Römheld(2012)의 재구성. 출처: Marschner(2012). Elsevier의 허락을 받아 전재.

화/chlorosis) 또는 죽은 부위(괴사/necrosis)와 같은 가시적인 증상은 영양 장애를 나타낼 수도 있다. 가치가 높은 관상수나 상업적인 조림목인 경우, 토양이나 식물 소재의 분석을 통해 의심되는 결핍을 확인하는 비용을 지출할 가치가 있을 수 있다. 이 경우에도, 시험을 하는 실험실은 일반적으로 요구하는 영양소에 대한 시험만 하기 때문에 시험할 결핍이 무엇인가를 결정하는 데 가시적인 증상이 유용하다. 즉, 가능성이 없는 결핍 후보를 평가하기 위해 시간(그리고 돈)을 낭비할 필요가 없다. 일단 영양 문제가 확인되면, 비료(肥料, fertilizer)를 적용하는 것이 적절할 수 있다. 그러나 토양 답압과 같은 요소들을 먼저 걸러내는 것이 중요한데, 그렇지 않으면 비료 적용이 효과가 없을 수도 있기 때문이다. 또한 토양 pH가 영양소의 유효성을 방해하지 않는다는 것을 분명히 하는 것도 중요하다. 이것이 문제인 경우, 적용된 비료가 어떤 결핍의 근원적인 원인을 해결하지 못할 수 있다.

이처럼 세심한 조언에도 불구하고, 어떤 경우에는, 비료를 적용하는 것이 타당한 관리전략이 될 수 있다. 비료는 매우 다양한 형태로 다양한 방법을 사용하여 적용될 수 있다. 물론 사용되는 비료는 확인된 특정 결핍을 겨냥해야 한다. 그러나 가장 적절한 적용 기술은 부지에 따라 다를 수 있다. 비료는 과립형태로 흩뿌리거나, 관수 시스템으로 적용하거나(**관비**/灌肥, fertigation), 토양에 주입(액체나 과립으로)하거나, 줄기에 주사할 수도 있다. 뿌리층 위에 뿌리는 과립 비료는 어떤 환경에서는 잘 작동하지만, 잔디와 같은 주변 식물에게 가장 큰 혜택을 줄 수도 있다. 이러한 경우, 해당 교목은 적용으로부터 얻는 것이 거의 없을 것이다. 토양 속으로 주입되는 액체 비료를 사용하면, 특히 공원이나 정원과 같은 비포장 경관에서, 양호한 효과를 얻을 수 있다. 이러한 방법은 흩뿌리는 방법을 사용할 때보다 가용성 비료(可溶性肥料, soluble fertilizer)를 해당 교목의 더 깊은 뿌리층으로 전달하여 다른 식물 뿌리가 가로채는 것(이들의 뿌리에 따라)을 제한한다.

수간 주사(樹幹注射, stem injection)는 매우 정밀한 양의 영양소를 전달할 수 있고 비표적 식물에 대한 영향을 완전히 배제할 수 있다. 이는 다른 방법의 적용이 어려운 경성 경관에서 좋은 대안이 될 수 있다. 수간 주사는 가끔 해당 교목에 상처를 유발하기 때문에 비난을 받기도 하지만, 이들이 특정 문제를 현명하게 표적으로 하여 사용하고 대안적인 방법이 없는 경우에는 완벽하게 정당한 대안으로 고려하는 것이 좋다. 그러나 주입한 물질이 흡수되어 수관 주위로 배분될 수 있도록 활발하게 통도하는 변재(제2장 참조) 속으로 확실히 전달되도록 주의를 기울이는 것이 좋다.

비료, 특히 질소 함량이 높은 것은 해당 교목의 무생물과 생물적 스트레스 모두에 대한 취약성을 높일 수 있다. 뿌리보다 줄기 생장을 촉진하여 엽면적과 줄기/뿌리 비율(shoot/root ratio)을 높인다. 이렇게 되면 물을 흡수할 수 있는 해당 교목의 능력은 높아지지 않은 상태에서 수관으로부터의 수분 수요만 증가시킨다(Brunetti & Fini 2017). 시비(施肥, fertilization)는 종종 방어 화합물의 수준을 낮추는 영양가가 매우 높은 신초의 빠른 생장으로 이어질 수도 있다. 이는 해당 교목 부위를 먹는 곤충에 대한 감수성(感受性, susceptibility)을 높인다(Herms 2002).

비료 적용 시점이 중요하다. 매우 잘 녹는 비료는 뿌리가 활동적일 때 적용하는 것이 좋은데, 그렇지 않으면 영양소가 필요로 하는 시점에는 뿌리가 도달할 수 있는 범위를 벗어나 용탈될 수도 있다. 완효성비료(緩效性肥料, slow-release fertilizer)는 과도한 용탈 가능성을 줄여주기 때문에 가능하면 선호된다. 또한 생육기 후반에 비료 적용을 피하는 것이 최선인데, 이는 비료가 한해(寒害, cold injury)에 취약한 새로운 생장을 촉발할 수 있기 때문이다.

인용문헌

Aerts, R. (1996) Nutrient resorption from senescing leaves of perennials: Are there general patterns? *Journal of Ecology*, 84: 597–608.

Arnon, D.I. and Stout, P.R. (1939) The essentiality of certain elements in minute quantity for plants with special reference to copper. *Plant Physiology*, 14: 371–375.

Ashman, M.R. and Puri, G. (2002) *Essential Soil Science: A Clear and Concise Introduction to Soil Science*. Blackwell, Oxford, UK.

Berg, B. and McClaugherty, C. (2008) *Plant Litter: Decomposition, Humus Formation, Carbon Sequestration*, 2nd edition. Springer, Berlin, Germany.

Binkley, D. and Fisher, R.F. (2013) *Ecology and Management of Forest Soils*, 4th edition. Wiley-Blackwell, Chichester, UK.

Brady, N.C. and Weil, R.R. (2016) *The Nature and Properties of Soils*, 15th edition. Pearson, London, UK.

Broadley, M., Brown, P., Cakmak, I., Ma, J.F., Rengel, Z. and Zhao, F. (2012) Beneficial elements. In: Marschner, P. (ed.) *Mineral Nutrition of Higher Plants*, 3rd edition. Academic Press, San Diego, CA, USA, pp. 249–269.

Brunetti, C. and Fini, A. (2017) Fertilization in urban landscapes. In: Ferrini, F., Van Den Bosch, C.C.K. and Fini, A. (eds.) *Routledge Handbook of Urban Forestry*. Taylor & Francis, Abingdon, UK, pp. 434–448.

Chaplin, F.S. III (1991) Effects of multiple environmental stresses on nutrient availability. In: Mooney, H.A., Winner, W.E. and Pell, E.J. (eds) *Response of Plants to Multiple*

Stresses. Academic Press, San Diego, CA, USA, pp. 67–88.

Cierjacks, A., Kowarik, I., Joshi, J., Hempel, S., Ristow, M., von der Lippe, M., *et al.* (2013) Biological Flora of the British Isles: *Robinia pseudoacacia*. *Journal of Ecology*, 101: 1623–1640.

Cooper, J. and Scherer, H. (2012) Nitrogen fixation. In: Marschner, P. (ed.) *Mineral Nutrition of Higher Plants*, 3rd edition. Academic Press, London, UK, pp. 389–408.

Doty, S.L., Dosher, M.R., Singleton, G.L., Moore, A.L., Van Aken, B., Stettler, R.F., *et al.* (2005) Identification of an endophytic *Rhizobium* in stems of *Populus*. *Symbiosis*, 39: 27–35.

Doty, S.L., Oakley, B., Xin, G., Kang, J.W., Singleton, G., Khan, Z., *et al.* (2009) Diazotrophic endophytes of native black cottonwood and willow. *Symbiosis*, 47: 23–33.

Epstein, E. and Bloom, A.J. (2005) *Mineral Nutrition in Plants: Principles and Perspectives*. Sinauer, Sunderland, MA, USA.

Herms, D.A. (2002) Effects of fertilization on insect resistance of woody ornamental plants: Reassessing an entrenched paradigm. *Environmental Entomology*, 31: 923–933.

Hirons, A.D. and Percival, G.C. (2012) Fundamentals of tree establishment: A review. In: Johnston, M. and Percival, G. (eds) *Proceedings of the Urban Trees Research Conference, 'Trees, People and the Built Environment'.* Forestry Commission, Edinburgh, UK, pp. 51–62.

Ingram, D.S., Vince-Prue, D. and Gregory, P.J. (2008) *Science and the Garden*, 2nd edition. Wiley-Blackwell, Chichester, UK.

Jones, J.B. (2012) *Plant Nutrition and Soil Fertility Manual*, 2nd edition. CRC Press, Boca Raton, FL, USA.

Khanna, P.K. and Ulrich, B. (1991) Ecochemistry of temperate deciduous forests. In: Röhrig, E. and Ulrich, B. (eds) *Temperate Deciduous Forests*. Ecosystems of the World: 7, Elsevier, Amsterdam, The Netherlands, pp. 121–163.

Kirkby, E. (2012) Introduction, definition and classification of nutrients. In: Marschner, P. (ed.) *Mineral Nutrition of Higher Plants*, 3rd edition. Academic Press, San Diego, CA, USA, pp. 3–5.

Knoth, J.L., Kim, S.-H., Ettl, G.J. and Doty, S.L. (2014) Biological nitrogen fixation and biomass accumulation within poplar clones as a result of inoculations with diazotrophic endophyte consortia. *New Phytologist*, 201: 599–609.

Landsberg, J.J. and Gower, S.T. (1997) *Applications of Physiological Ecology to Forest Management*. Academic Press, San Diego, CA, USA.

Langdon, J.R. (1991) *Booker Tropical Soil Manual*. Longman Scientific and Technical, Harlow, UK.

Marschner, P. (2012) *Mineral Nutrition of Higher Plants*, 3rd edition. Academic Press, San Diego, CA, USA.

Römheld, V. (2012) Diagnosis of deficiency and toxicity of nutrients. In: Marschner, P. (ed.) *Mineral Nutrition of Higher Plants*, 3rd edition. Academic Press, San Diego, CA, USA, pp. 299–312.

Santi, C., Bogusz, D. and Franche, C. (2013) Biological nitrogen fixation in non-legume plants. *Annals of Botany*, 111: 743–767.

White, P. (2012) Ion uptake mechanisms of individual cells and roots: short distance transport. In: Marschner, P. (ed.) *Mineral Nutrition of Higher Plants*, 3rd edition. Academic Press, San Diego, CA, USA, pp. 7–47.

9장

다른 유기체와의 상호작용

9.1 서식지와 숙주로서의 교목

대형 포유류가 있는 아프리카 밖에서는, 교목이 가장 큰 유기체인 경향이 있고 일반적으로 경관의 단위 면적당 가장 큰 생물량(生物量, biomass)을 가지고 있다. 따라서 이들은 자신이 발견되는 모든 생태계에서 매우 중요한 부분이다. 이들은 당연히 미세 환경(微細環境, microenvironment)을 변화시키고, 자신의 그늘 아래 살 수 있는 것에 영향을 미치며, 또한 엄청나게 많은 수의 서식지와 틈새를 제공한다. 이들에는 새가 집을 지을 수 있는 곳을 제공하는 것으로부터 수많은 곤충, 곰팡이, 세균을 위해 죽은 목재를 제공하는 것에 이르기까지 광범위하다. 또한 이들은 작은 곤충으로부터 줄기, 잔가지, 잎을 먹는 대형 포유류에 이르기까지 폭넓은 범위의 유기체에 대한 먹이 공급원이다. 이들이 생산하는 낙하물은 '깔끔하게 정리된' 도시지역을 원하는 사람들에게는 악몽이 될 수 있지만, 보다 자연적인 환경에서는 이들 낙하물과 폐기물들이 교목이 요구하는 영양소를 방출하는 잔사 식생물(殘渣食生物, detritivore)과 분해자(分解者, decomposer)의 전체 먹이그물(food web)에 대한 핵심 구성요소이다.

이들과의 상호작용의 일부는 교목이 자신의 생물량을 잃을 수도 있고 완전히 죽임을 당할 수도 있다는 점에서 해로울 가능성도 있다. 이외에 착생식물과 같이 교목에 대한 영향이 거의 중립적이거나 대부분의 균근 관계에서처럼 긍정적으로 이로울 수도 있다. 이들 상호작용을 이해하고 어떤 것을 방제해야 하는가를 아는 것은 교목 관리의 중요한 부분이다.

9.2 수목과 착생식물

조류(藻類, algae), 지의류(地衣類, lichen), 식물을 포함한 수많은 살아 있는 물체가 교목에 붙어서 살고 있다. 이들은 해당 교목으로부터 아무 것도 취하지 않고 살아 가는 작은 장소로만 이용하기 때문에 **착생식물**(着生植物, epiphyte)로 분류된다. 이러한 관계 때문에 이들은 해당 교목으로부터 무언가를 취하는 기생자(寄生者, parasite)와 다르다. 착생식물에는 수피에 사는 지의류와 녹조류(綠藻類, green algae – 일반적으로 모아포균/*Pleurococcus* 과 종종 오렌지색 흰 가루의 오랑케꽃말류/*Trentepohlia* spp.)가 있지만, 가지 분기에 모인 부식질 주머니에서 자라거나 부후된 목재 속에 뿌리를 내린 교목 실생묘와 기타 현화식물도 포함될 수 있다(그림 9.1). 다른 착생식물은 땅에 뿌리를 박고 있지만, 교목에 기댐으로써 수관 높은 곳의 햇빛에 도달하기 위해 자신을 스스로 지탱할 수 있는 목질의 골격을 만드는 데 필요한 거액의 투자를 절감한다. 온대지방에서는 아이비(*Hedera helix*)가

그림 9.1 (a) 유럽주목(*Taxus baccata*)의 수피에 사는 목조류 모아포균/*Pleurococcus*. (b) 뉴질랜드 카우리(*Agathis australis*)에 사는 착생식물들.

좋은 사례이지만, 열대 우림(雨林, rainforest)에서는 수많은 종의 리아나(liana – 열대산 칡의 일종)를 볼 수 있다.

이들은 해당 교목에 어떤 피해를 주는가? 짧게 그리고 놀랍게도 대답은 '아니다' 이다. 세상의 습하고 오염되지 않은 부분에서 발견되는 이끼와 지의류가 화려하게 생장하고 있음에도 불구하고 해당 교목에 피해를 주지 않는다. 때로는 이들이 피목(皮目, lenticel – 산소와 기타 기체가 해당 교목을 들락거릴 수 있는 코르크질 숨구멍)을 막을 수 있다고 주장하지만, 착생식물은 이러한 일이 일어나지 않는 열린 조직을 생산한다. 어떤 사람은 이들이 수피를 감상하기 위해 키운 교목에 대해서는 미적으로 바람직하지 못하다고 생각할 수 있지만, 이들을 방제할 수 있는 이끼용 제초제와 지의류용 살균제가 없어서 이들이 자라지 못하도록 할 수 있는 수단은 거의 없다. 약한 비누 용액으로 부드럽게 문지르는 것이 도움이 될 수 있지만 이는 소교목에 대해서만 가능할 뿐이다. 수관의 부식질 주머니는 착생식물의 죽은 부위가 쌓임에 따라 고사리와 같은 착생식물의 숙주(宿主, host)가 되면 더 커지게 될 것이다. 맹그로브(mangrove)를 포함한 열대 교목은 종종 가지에서 이들 주머니를 침입하는 뿌리를 발달시킴으로써 이들이 추가적인 영양소 공급원이 된다. 이러한 뿌리는 너도밤나무와 피나무류와 같은 온대 교목에서 발견될 수 있지만, 열대성 유사종과 달리, 이들이 많은 추가적인 영양소를 얻을 가능성은 낮다.

아이비가 교목에 피해를 주기 때문에 제거하는 것이 좋은가(그림 9.2)? 아이비는 땅에 뿌리를 박고 있어서 해당 교목을 지지용으로 사용하는 것을 제외하면 영향이 거의 없다. 따라서 건강한 교목에는 주목할 만한 피해를 주지 않으며, 이의 외관은 주로 미적인 문제이다. 이의 꽃은 매년 늦게 꿀을 제공하여 이들이 밀생하면 많은 새와 곤충의 서식지가 되기 때문에, 그대로 두고 보는 것이 싫지 않으면 활력이 좋은 교목으로부터 주기적으로 제거하지 않는 것이 좋다. 아이비는 수관에 하중을 추가하고, 특히 일반적으로 바람이 겨울에 가장 강하고 아이비가 아니면 잎이 없는 낙엽수인 경우, 해당 교목이 풍도될 가능성을 높여주는 바람에 대한 커다란 '돛' 면적(~面積, sail area)을 제공할 수 있기 때문에, 노령의 약한 교목에게는 문제가 될 수 있다. 마찬가지로 천천히 자라는 노령 교목에게도 꽃을 피우는 왕성한 줄기는, 특히 새로 나온 잠아지(潛芽枝, epicormic shoot)에 대해, 햇빛을 가려 잎을 질식시킬 수 있다(이 장의 뒤쪽 전문가 논단 9.2 참조). 이 경우, 아이비 제거가 타당할 수 있다. 교목을 점검할 때, 아이비가 교목 위험 평가에 관련이 있을 수도 있는 곰팡이, 공동, 또는 다른 구조적인 결함을 확인하기 어렵게 할 수도 있다.

그림 9.2 (a) 참나무에서 자라는 아이비로, 대규모 상록성 잎 생물량을 창출하여, (b) 위에 있는 부분을 죽이기 위해 기부에서 절단된 아이비. 이는 일반적으로 해당 교목에 도움을 주기 위해 필요한 것은 아니다.
출처: Thomas(2014). Cambridge University Press의 허락을 받아 전재.

어떤 식물은 기생자이기 때문에 자신의 숙주가 필요하다. 유럽겨우살이(*Viscum album*)와 미국의 활엽성 포라덴드론류(*Phoradendron* spp.)는 녹색이고 자신의 숙주로부터 물만 취하기 때문에 피해를 거의 주지 않는다(엄밀하게 **반기생**/hemiparasite이라고 부른다). 다른 것들은 완전한 **기생자**로써 숙주로부터 물과 영양소뿐만 아니라 설탕도 도둑질한다. 여기에는 북중미, 아시아, 아프리카에서 발견되는 작고, 가끔은 황색인, 난장이 겨우살이(아르큐토비움류/*Arceuthobium* spp.와 같은)가 있다. 이들은 왜곡되고 뒤틀린 가지 생장을 유발하여 북미 서부와 아시아의 구과식물에 많은 피해를 줄 수 있어서, 다량으로 감염되면 위축된 활력과 죽음에까지 이를 수 있다.

교목은 자신의 뿌리에서도 기생 식물을 지지할 수도 있다(그림 9.3). 영국에서의 유명한 사례는 꽃을 피울 때에만 지상으로 나타나는 엽록소가 없는 백색 식물인 영국개종용(*Lathraea squamaria*)이다. 새둥지란(*Neottia nidus-avis*)과 수정란풀류(*Monotropa* spp)와 같

(a)

(b)

그림 9.3 (a) 다양한 교목, 특히 개암나무와 느릅나무류의 뿌리에 대한 기생 식물인 영국개종용. 꽃의 머리는 높이가 30cm에 이르고 엽록소가 없으며, 이것이 우리가 볼 수 있는 해당 식물의 유일한 부분이다(나머지는 지하의 해당 교목 뿌리에서 살아가기 때문임). (b) 라플레시아(*Rafflesia*)는 동남아시아에 사는 목본의 덩굴식물에 기생하는 28개 종을 포함하고 있는 속이다(Mursidawati 등 2015). 큰 꽃은 직경이 1m에 이를 수 있다. 이들은 꽃가루 매개 파리를 유인하기 위해 썩는 고기 같은 냄새를 풍기고 이처럼 보이기 때문에 '시체 꽃'(corpse flower)으로도 불리는 등 다양한 일반명을 가진다.

이 비슷하게 보이는 수많은 다른 식물은 교목에 기생하는 것이 아닌 토양에 있는 곰팡이로, 이들은 과거에 부생균(腐生菌, saprophyte)이라고 불렀지만, 사실은 **진균종속영양생물**(myco-heterotrophs)이다. 해당 교목에 주목할 만한 피해를 주지 않고, 대부분의 경우 매우 드물게 우려의 원인이기보다 소중한 무언가를 제공한다.

9.3 미생물

인간처럼, 교목은 세균, 효모(酵母, yeast), 곰팡이에 의해 둘러싸여 있다. 일부는 착생식물이지만 대부분은 **종속영양생물**(從屬營養生物, heterotrophs)로 자신의 숙주(宿主, host)를 통해 생계를 꾸려간다. 잎에는 **엽면**(葉面, phylloplane) 집단(잎 표면에서 자라는)이 대부분 식물의 삼출물(滲出物, exudate)과 동물의 산물(진딧물의 달콤한 감로를 포함하여) 또는 죽은 조직을 먹고 살며 거의 피해를 주지 않는다. 다른 세균과 곰팡이는 잎에 기생하여 잎 속으로 침투하여 살아 있는 조직을 악용하고 괴사된 부위를 유발한다. 어떤 경우에는, 이러한 피해가 건강 문제보다 미적인 부분에 발생한다. 예를 들면, 버즘단풍나무(*Acer pseudoplatanus*)의 잎에 독특한 검은 점을 만드는 타르점무늬병균(*Rhytisma acerinum*)은 기후가 습한 해에 대 유행을 함에도 불구하고 해당 교목의 장기적인 생장에는 거의 피해를 주지 않는다.

공생 곰팡이

곰팡이(fungus)는 교목을 약하게 하고 죽게 하는 나쁜 압박을 가하는 경향이 있지만, 많은 곰팡이는 매우 소중한 **균근**(菌根, mycorrhizae) 관계(모두에게 편익을 주는 식물의 뿌리와 하나 이상의 곰팡이 사이의 관계/공생)를 형성한다. 곰팡이는 해당 교목으로부터 설탕과 다른 화합물을 받음으로써 혜택을 얻는 반면, 이에 대한 보답으로 물과 영양소, 특히 인과 경쟁이 치열한 곳에서는 질소와 다른 몇 가지 영양소를 공급한다. 해당 교목은 유독한 수준의 염분과 중금속으로부터 일부 보호를 받을 수도 있다. 나아가 매우 가벼운 형태의 병 역할을 하는 균근 곰팡이에 노출되면 **전신획득저항성**(全身獲得抵抗性, SAR/systemic acquired resistance)을 얻는 과정에서 해당 교목이 이 병에 대한 '면역력을 갖게' 될 수 있다. 균근은 세계 유관속 식물의 80% 이상에서 발견되고 너도밤나무류(*Fagus* spp.), 참나무류(*Quercus* spp.), 소나무류(*Pinus* spp.)와 같은 많은 경우에 필수적이다. 그러나 단풍나무류(*Acer* spp.)와 자작나무류(*Betula* spp.)는 균근 없이도 잘 자랄 수 있으며, 특히 남반구에 사는 프로테아속(*Protea*), 뱅크셔속(*Banksia*), 그레빌레아속(*Grevillea*)과 같이 프로테아과(Proteaceae)에 속하는 종들은 균근을 형성하더라도 드물다. 어떤 곰팡이는 균근 관계에서만 발견되는데(**절대공생체**/obligate symbionts) 비해, 다른 것들은 독립생활을 할 수 있고(**조건공생체**/facultative symbionts) 알맞은 조건이 주어지면 공격적인 병원체가 될 수도 있다.

교목에서 발견되는 균근은 두 가지 주된 형태로 존재한다: **외생균근**(外生菌根, ECM/ectomycorrhizas)과 **수지상균근**(樹枝狀菌根, AM/arbuscular mycorrhizas – VAM, AMF 또는 내생균근/endomycorrhizas이라고도 불림). ECM의 경우, 곰팡이(일반적으로 담자균류/Basidiomycetes지만 때로는 자낭균류/Ascomycetes)가 뿌리 세포 사이를 침투하는 균사(菌絲, hyphae)로 뿌리 끝 위에 장갑 같은 피복을 형성한다. 이러한 균근은 전 세계에 걸쳐 상대적으로 드물어 현화식물의 3%에서만 발견되지만, 교목에서는 매우 중요하다. 여기에 속하는 식물로는 대부분의 구과식물을 포함한 북반구 교목의 90%, 이우시과

(Dipterocarpaceae)와 같은 일부 열대 식물, 노토파구스속(*Nothofagus*)과 유칼리나무속(*Eucalyptus*)과 같은 남반구 교목이 있다. AM류는 곰팡이 균사(일반적으로 글로무스목/Glomales; 과거에는 접합균류/Zygomycetes에 속했으나 지금은 새로운 그룹인 취균강/Glomeromycetes에 배정됨)의 느슨한 망이 장갑 같은 피복을 형성하지 않고 뿌리 세포 속으로 침투하기 때문에 현장에서 보기가 쉽지 않아서 쉽게 간과될 수 있다. 이들은 세계에 걸쳐 폭넓게 다양한 과에서 발견되는데, 단풍나무류(*Acer*), 느릅나무류(*Ulmus*), 물푸레나무류(*Fraxinus*), 사시나무류(*Populus*)와 같은 흔한 교목이 여기에 속한다.[1] 식물계(植物界, plant kingdom)에서 다섯 가지 다른 유형의 균근이 확인되었는데(Smith & Read 2008), 이들 중에서 교목과 관련이 가장 많은 것은 AM과 유사점이 많고 대부분의 헤더(heather)가 포함된 진달래과(Ericaceae)에 속하는 종에서 발견되는 **진달래형**(erikoid type)이다.

AM류는 보통 질소는 꽤 풍부하나 인이 제한적인 경향이 있는 영양소가 풍부한 토양에서 더 잘 발견된다. 여기서는 죽은 낙엽이 빠르게 분해되고 균근은 주로 균사가 토양 속으로 확산(때로는 **기질 밖 균사체**/extramatrical mycelium로 불림)됨에 따라 뿌리의 효과적인 표면적을 높임으로써 해당 교목에 도움을 준다. 이처럼 엄청나게 증가하는 효과적인 토양 개척에도 불구하고 곰팡이에게는 매우 쉬운 일이어서 교목은 상당히 싼 비용을 지불하는데, 고정한 탄소의 2~15%를 곰팡이에게 제공한다.

이와 달리, ECM류는 질소 공급이 부족한 토양이 찬 고위도에서 보다 빈번하게 발견된다. 여기서는, 곰팡이의 역할이 직접 낙엽을 분해하여 해당교목에게 영양소를 전달하는 것이다. 이를 위해서는 유효한 곰팡이가 많아야 하기 때문에 비용이 더 많이 드는 관계이다. 소나무류(*Pinus* spp.)에서는, 뿌리 cm당 1000~8000cm까지의 균사가 있을 수 있고(Lipson & Näsholm 2001), 일반적으로 교목이 고정한 탄소의 20%까지 곰팡이가 사용하지만, 이들 토양에서는 부족한 질소를 얻기 위해 설탕을 많이 소비하게 된다. 더 나은 기능을 가진 ECM도 있는데, 큰졸각버섯(*Laccaria bicolor*)은 톡토기를 잡아 소화시켜 자신의 교목 숙주에 질소를 전달하는 것이 발견되었다. Klironomos & Hart(2001)은

---

1 AM류를 형성하는 과는 다음과 같다: 아라우카리아과(Araucariaceae) – 몽키퍼즐, 카우리; 자작나무과(Betulaceae) – 자작나무류, 오리나무류; 측백나무과(Cupressaceae) – 사이프러스류, 향나무류, 레드우드류, 낙우송; 은행나무과(Ginkgoaceae) – 은행나무; 조록나무과(Hamamelidaceae) – 풍나무류, 위치하젤류; 가래나무과(Juglandaceae) – 호두나무류, 히코리류; 목련과(Magnoliaceae) – 목련류, 튤립나무류; 물푸레나무과(Oleaceae) – 올리브류, 물푸레나무류; 버드나무과(Salicaceae) – 버드나무류, 사시나무류; 무환자나무과(Sapindaceae) – 단풍나무류; 주목과(Taxaceae) – 주목류; 느릅나무과(Ulmaceae) – 느릅나무류.

스트로브잣나무(*Pinus strobus*)가 이들 토양 동물로부터 자신의 질소 중 25%까지 얻을 수 있다는 것을 발견하였다. 또한 균근은 실생묘의 정착에도 도움을 줄 수 있다. Horton 등(1999)은 미송(*Pseudotsuga menziesii*) 실생묘가 수많은 ECM 곰팡이를 공유하는 베어베리류(*Arctostaphylos* spp.) 덤불 가까이에서만 성공적으로 정착할 수 있다는 것을 발견하였다. 기후 변화가 심해짐에 따라 외생균근 결합이 숙주 교목에게 더욱 귀중하게 될 것 같다(Gehring 등 2014).

교목 관리 면에서, 균근 곰팡이와 뿌리 간의 관계는 분명하고 단순한 '좋은 일'(good thing)일 수 있어서, 균근의 활동을 보장하면 모든 것이 좋을 것이다. 그러나 많은 경우, 균근은 극도로 유익하지만, 항상 그렇게 명확한 것은 아니다. 교목에 대한 균근의 순편익은 곰팡이와 수종, 그리고 영양소 유효성에 대해 자신의 영향력이 미치고 있는 근권의 뿌리를 감싸고 있는 미생물 군집(微生物群集, microbial community) 간의 상호작용에 의해 강하게 영향을 받을 수 있다(Prescott & Gayston 2013). 이것이 균근이 교목 생장에 미치는 영향을 쉽게 예측할 수 없게 만들 수 있다. 영양소가 풍부한 토양에 자라는 교목은, 만약 충분한 영양소를 쉽게 얻을 수 있으면 균근이 불필요한 비용이 되기 때문에, 균근 곰팡이 특히 ECM류를 덜 필요로 할 것이다. 어떤 경우에는, 실생묘가 짙은 그늘 아래와 같이 고도로 경쟁적인 환경에서 정착하는 데 도움을 받기 위해 균근 결합을 필요로 하지만, 나중에는 균근 없이 더 잘 자라게 된다. 구주소나무(*Pinus sylvestris*)에서 질소 공급이 부족한 경우 외생균근 곰팡이가 이에 대한 비축을 늘려간다는 증거가 있다(Näsholm 등 2013). 교목이 질소 전달을 조장하기 위해 더 많은 설탕을 공급하게 되면, 더 많은 질소가 곰팡이 안에 갇혀 해당 교목에 손해를 입히는 양(+)의 피드백 고리를 창출하는 결과가 된다. 이 경우, 해당 교목은 균근 곰팡이를 제거하는 것이 더 좋지만 구속력 있는 합의에 빠져 있어서 균근 없이 더 잘 생장할 수 있음에도 불구하고 곰팡이와의 관계를 단절할 수 없다(Franklin 등 2014). 더구나 약한 교목에서는, 해당 교목이 충분한 설탕을 제공하지 못하면 균근 곰팡이가 기생성이 되고 이는 다시 교목에 더욱 해롭게 될 수 있다. 개별 외생균근 곰팡이가 다른 교목에 연결될 수도 있고 개별 교목이 보통 하나 이상의 곰팡이에 의해 감염될 수도 있기 때문에 더욱 복잡하게 될 수 있다. 이 경우, 이는 자신의 편익을 극대화하기 위해 노력하는 각 참가자를 가진 일종의 시장이 된다. 또한 대기의 질소 오염물질의 증가가 또 다른 변수를 추가함으로써 각 동업자에 대한 비용/편익 분석을 흔든다. 이를 통해 얻을 수 있는 메시지는, 자연 삼림에서 ECM류가 항상 아늑한 도움이 되는 결합이 아니라는 것이다.

상업적 접종제

수많은 상업적인 균근 접종제(接種劑, inoculant)가 가용한데, 가루나 물에 녹인 다음 뿌려진 씨앗과 실생묘에 적용하거나, 보통 해당 교목의 낙수선 주위에서 0.5m 떨어진 토양 속으로 뚫은 구멍을 통해 성목의 뿌리에 액체 부유액으로 적용한다. 접종제는 일반적으로 한 접종제가 많은 잠재 숙주 종에 적합한 범용성 AM과 ECM 곰팡이 혼합물을 함유하고 있다. 칠레에서의 연구에 의하면, 비자생 소나무는 단 하나의 ECM 곰팡이 종과 관계를 맺을 수 있다는 것을 보여주었으며, 이는 제한된 범위의 곰팡이 종을 이용한 인공 접종이 대부분의 식재된 교목이 균근 결합을 형성하도록 도와줄 수 있다는 것을 의미한다(Hayward 등 2014).

자연 삼림에서, 균근 특히 ECM류는 해당 교목에 항상 도움이 되지 않을 수도 있지만, 답압과/이나 오염을 포함한 수많은 문제가 있고 균근 곰팡이의 자연적인 공급원도 없을 수도 있는 도시 토양에서는 접종이 유익할 수도 있다. 이는 자생이 아닌 교목이 식재된다면 특히 도움이 될 수 있는데, 이들은 자생종보다 토양에 존재하는 곰팡이 중에서 공존할 수 있는 곰팡이의 범위가 더 좁기 때문이다(Lothamer 등 2014). 그러나 자생종마저도 이들이 농장을 떠나면 매우 다양한 균근에 의한 감염을 경험할 수 있다. 이는 수많은 연구가 농장 토양의 균근이 반드시 도시 토양에 생존하는 것은 아니라는 것을 보여주는 것이 바로 그것이다. 접종된 균근을 이용한 연구 결과는 서로 매우 엇갈리고 있는데, 특정 여건 하에서 일부 교목 종에 혜택이 있었다는 몇몇 연구가 있는가 하면(예: Wiseman 등 2009; Ferrini & Fini 2011), 다른 연구는 혜택을 보여주지 못했거나(예: Appleton 등 2003; Wiseman & Wells 2009) 몇 년 후에나 편익이 나타났다. 감지된 편익의 일부는 사실 점토 입자, 비료 또는 근권 박테리아와 같은 접종제 혼합에 대한 다른 첨가제로부터 유래할 수도 있다. 대부분의 경우, 접종의 성공은 수고와 줄기 직경 생장 측면에서 평가되었는데, 반면 Garbaye & Churin(1996)은 파리에 식재된 직경 7~9cm 은피나무(*Tilia tomentosa*)에 접종한 결과 가을에 잎의 황화가 지연된다는 것을 발견하였다. 그러나 더욱 중요한 것은 어떠한 부정적인 효과를 보인다는 연구가 없다는 것이다. 실무적인 조언을 한다면, **도시** 토양에서 상업적 균근 접종을 이용하는 것은 제한된 수의 교목에서만 도움이 될 가능성이 있지만, 이들이 피해를 주는 것 같지는 않으므로 경제적으로 가능하면 사용할 수 있다. 어떤 경우든, 다양한 균근 종을 함유하고 있는 최근에 생산되는 접종제는 살아 있는 포자와, 표적 교목과 곰팡이의 공존 기회를 극대화하도록 사용하는 것이 좋다.

병원성 곰팡이

공생하는 균근과 마찬가지로, 어떤 곰팡이는 기생체(寄生體, parasite – 자신의 숙주에서 살지만 이들을 죽이지 않는)인가 하면 다른 곰팡이는 부생체(腐生體, saprotroph – 죽은 목재를 분해하는)이고 또 다른 곰팡이는 병원체(病原體, pathogen – 병을 유발하고 자신의 숙주를 죽일 수도 있는)이다. 같은 곰팡이가 서로 다른 시기에 다른 방식으로 작용할 가능성도 있다. 예를 들면, 어떤 곰팡이는 큰 피해를 유발하지 않고 교목에 침입하여 기생할 수 있지만, 해당 교목이 가뭄 등으로 인해 약화되면 해당 숙주를 압도하는 병원균이 된 다음 다른 숙주 교목을 탐색하는 동안 죽은 목재에서 살아간다(부생균으로 활동). 목재의 부생곰팡이(saprotrophic fungus)는 특정한 숙주–곰팡이 관계에 따라 다양한 비율로 셀룰로오스(cellulose), 헤미셀룰로오스(hemicellulose), 리그닌(lignin)을 분해한다. 이들 물질은 목재에 역학적인 성질을 제공하는 화합물이기 때문에 이러한 분해는 해당 교목의 안정성에 분명히 영향을 줄 수 있다(보다 자세한 사항은 '줄기 부후'를 참조).

병원성 곰팡이는 실로 가공할 만한데, 전형적인 사례로 1970년대에 영국에서만 15백만 그루의 느릅나무를 죽인 *Ophiostoma novo-ulmi*에 의해 유발된 느릅나무시듦병과 1세기도 안 되는 기간 동안 북아메리카 동부지역의 미국밤나무(*Castanea dentata*) 99%에 해당하는 약 35억 그루를 죽인 *Cryphonectria parasitica*에 의해 유발된 밤나무줄기마름병이 있다. 좀 과장해서 말하면, 영국의 모든 나무 생장이, 죽이지는 않지만, 아밀라리아류(*Armillaria* spp.)에 의해 억제되고 있다고 말해왔다. 여기서도 항상 같은 것은 아니다. 이들 중에서 뽕나무버섯균(*Armillaria mellea*)은 저지대에서 특히 가장 피해가 큰 병원균이지만, 일반적으로 삼림지대에서는 다른 곰팡이가 이 곰팡이의 병원균으로서의 유효성을 약화시키기 때문에 덜 치명적이다. 더구나 *Armillaria*의 병원성(病原性, pathogenicity)은 해당 숙주의 상태에 의해서 영향을 받는다. 만약 최근의 가뭄이나 침수에 의해 스트레스를 받았다면, 이미 기생자로 해당 교목에 들어와 있는 *Armillaria*는 더욱 강렬해지고 치명적이 될 가능성이 있다(Popoola & Fox 2003).

다른 곰팡이는 무자비한 살해자가 아니지만, 이들은 관상수를 훼손할 수 있고, 이 병이 해당 숙주를 죽이기 전에 너무 보기 흉하게 되거나 떨어지는 죽은 가지의 위험 때문에 해당 교목이 제거될 수도 있다. 현재 아틀라스시더(*Cedrus atlantica*)의 곰팡이 감염이

(a) (b)

그림 9.4 해당 교목을 죽이기보다 당장 미적인 문제를 일으키는 심각한 가지 마름과 낙엽을 유발하는 아틀라스시더에 대한 시로코쿠스가지마름(*Sirococcus tsugae*) 곰팡이. 이 병은 2013년 영국에서 처음 보고되었다. (a) 앞마당의 감염된 시더는 자신의 잎을 대부분 잃어 매우 보기 흉하게 되었다. 히말라야시더(*Cedurs deodara*)는 지금 영국에서는 감염되지 않고 있지만, 북아메리카에서는 감수성이다. 이 곰팡이는 솔송나무류(*Tsuga* spp.)도 공격하는데(이 곰팡이의 이름에서 알 수 있듯이) 감염된 교목이 영국 남서부에서 발견되었다. (b) 감염된 침엽은 갈색으로 변하기 전에 독특한 분홍빛으로 변하고 자실체를 생산한다.

좋은 사례이다(그림 9.4).

다양한 파이토프토라류(*Phytophthora* spp.)도 미국으로부터 뉴질랜드에 이르기까지 전 세계에 문제를 유발하고 있는데, 이들은 곰팡이와 비슷한 유기체인 난균류(Oomycete)이다. 이들 중 가장 강력한 것 중 하나가 *Phytophthora ramorum*인데, 참나무급사병을 유발하여 캘리포니아와 남부 오리건에서 수십만 그루의 탄오크(*Notholithocarpus densiflorus*)와 캘리포니아흑참나무(*Quercus kelloggii*)를 죽였다. 이 병원균은 이제 적어도 또 다른 100종에서 발견되고 있다. 지금은 같은 병원균의 다른 균주(菌株, strain)가 유럽에 정착되었다. 2003년 영국에서 처음 발견된 이후, 이제 동백나무류(*Camellia*), 낙엽송류(*Larix*), 목련류(*Magnolia*), 마취목류(*Pieris*), 가막살나무류(*Viburnum*), 특히 진달래류(*Rhododendron*)에서 발견되고 있고, 참나무뿐만 아니라 단풍나무류(*Acer*), 밤나무류(*Castanea*), 너도밤나무류(*Fagus*)와 다양한 관목에 대해서도 위협을 가하고 있다. 다행히도, 영국 자생의 두 참나무(영국참나무/*Quercus rober*와 페트라참나무/*Q. petraea*)는 이 병에 덜 취약할 가능성이 있는 백참나무(white oak) 집단에 속한다. *Phytophthora* 탐지는 간단하지 않아서, 해당 종의 존재를 확인하기 위해서는 DNA 감식이나 현미경이 필요하다. 유럽은 다른 *Phytophthora* 종 외 뿌리를 감염시키는 곰팡이와 가뭄, 다양한 해충 공격 등과 같은 다양한 원인 때문에 수십 년 동안 참나무 쇠퇴에 시달리고 있어서 문제를 더욱 어렵게 만든다. *Phytophthora*는 포자가 신발이나 차량 타이어에 묻은 물이나 진흙으로 쉽게 이동하기 때문에 확산이 계속될 가능성이 있다. 비록 이것이 여전히 관리하기 어려운 병원균 집단이지만, 부지 배수와 토양 답압을 개선하면 병의 진전을 늦출 수 있다. 수피 살포 및 계면활성제(界面活性劑, surfactant)와 함께 수간 주사를 통해 전달되는 아인산염(亞燐酸鹽, phosphite) 살균제(殺菌劑, fungicide) 적용이 *Phytophthora ramorum*을 어느 정도 방제한다는 것이 확인되었다(Garbelotto 등 2007). 다른 연구는 바이오차(biochar)(Zwart & Kim 2012)와 오염되지 않은 멀칭자재(Percival 2013)도 *Phytophthora*류에 의해 유발된 병의 심각성을 줄여주는 처치로서의 가능성을 보인다. 해충과 병의 관리는 전문가 논단 9.1에서 더 자세히 고찰된다.

전문가 논단 9.1 교목 건강관리 기술: 병과 해충

Glynn C. Percival

최근까지 병해충 관리는 도시 교목관리에 종사하는 전문가들에게 중요하지 않은 부분이었다. 그러나 과거 10년에 걸친 도시 숲 내 병해충 발발의 극적인 증가는 이제 이에 대한 관리 전략(戰略, strategy)이 기본적이고 경제적으로 중요하다는 것을 의미한다. 영국만 하더라도 관련 사례는 슈도모나스궤양병(*Pseudomonas syringae*), 참나무급사병(*Phytophthora ramorum*), 칠엽수잎굴나방(*Cameraria ohridella*), 참나무행렬모충나방(*Thaumetopoea processionea*), 런던버즘나무마사리아궤양병(*Splanchnonema platani*), 밤나무줄기마름병(*Cryphonectria parasitica*), 물푸레나무줄기마름병(*Hymenoscyphus fraxineus, Chalara fraxinea*), 유리알락하늘소(*Anoplophora glabripennis*) 등이 있다. 방제하지 않으면, 이런 유형의 병해충이 도시 수목경관을 황폐화시킬 수 있다는 것을 역사가 보여주었다.

병해충 관리: 제안된 절차

1) 동정과 진단

병이나 해충이 공격하는 초기 단계에 이를 정확하게 동정(同定, identification)하는 것이 매우 중요하다. '예방이 치료보다 낫다'는 얘기가 매우 적절하다. 심각성이나 감염이 높을 때 병이나 해충을 성공적으로 관리하는 것은 극히 어렵고, 상당한 인력, 자금, 자원의 투입이 필요하다. 공격의 초기 단계에 관리하면 필요한 자원의 몇 분의 일로도 성공할 가능성이 높다. 점검할 때 수집해야 하는 정보의 유형는 다음과 같다:

- 부지 정보(예: 기후 여건); 현재와 과거의 경관관리 작업; 관련 있는 건물과/이나 공사 작업; 구조(식토, 양토, 사토)와 영양소 구성(다량/미량 영양소, pH, 유기물, 염도, 중금속)을 포함한 토양 여건.
- 교목 정보 – 상태, 발달과 계절생물학적 단계.
- 수집할 병해충 정보에는 동정, 개체군 수준, 생활사 단계 등이 있다. 교목에 유기체가 있다고 해서 그것이 우발적인 작인(作因, agent)을 의미하는 것은 아니라는 것에 유의하라. 유기체의 그릇된 동정은 문제의 오진이나 관리 작전의 그릇된 처방으로 이어질 수 있다.

2) 관리 전략의 목적

병해충 관리 전략을 시작하기에 앞서 물어볼 첫 번째 질문은 '관리 전략의 목적이 무엇인가?'이다.

예방인가? 많은 병해충은 이들의 개체수가 증가할 기회를 갖기 전에 식물 보호제(살균제, 항생제, 살충제)를 적용함으로써 효과적으로 방제할 수 있다.

대신 병해충을 박멸하기 위해 노력하기로 결정할 수도 있다. 이 경우, 완전한 박멸은 달성하기 극히 어렵다는 것을 명심할 필요가 있다. 그러나 공중 건강에 위험을 가하는 참나무행렬모충나방과 같은 매우 유독한 해충을 다룰 때에는 필요할 수도 있다.

그러나 대부분의 상황에서의 '표준'은 억제(抑制, suppression)이다. 이 경우, 의도는 병해충 개체수와 관련된 경관 피해를 허용 가능한 수준으로 줄이는 것이다.

3) 관리 전략 개발

최근 보호 기술의 발달로 인해, 화학적, 생물적, 영양적, 경종적, 물리적 전술(戰術, tactic)을 포함한 몇 가지 병해충 관리 전략이 존재한다. 이상적으로는, 모든 관리 전술이 최고의 효율과 효과를 목표로 하나의 관리전략으로 통합되는 것이 좋다.

각 전술이 전통적인 병해충 삼각형(pest and disease triangle)(숙주, 병원균, 환경; 그림 EB9.1 참조)의 한쪽 면에 초점을 맞추도록 하기 위해 병해충 관리에 대한 통합적 접근이 필요하다. 병과 해충이 숙주를 감염시키기 위해서는 이들 요인의 각각이 적합해야 한다. 통합된 방제 수단은 교목의 활력에 유리하도록 이들 요인 중 하나 이상을 조절하여 병과 해충의 생활사를 불리하게 교란시키는 여건을 창출하는 것이 좋다.

4) 병해충 방제를 위한 관리 전술

관리 전술은 경관 생태계에 미치는 부정적인 영향이 최소화되도록 선택하는 것이 좋다. 이러한 방안으로는 다음과 같은 것이 있다:

- 수종 선택: 실무자는 수종이 특정 해충과/이나 병에 대한 감수성(感受性, susceptibility)이나 저항성(抵抗性, resistance)이 있는가에 대한 정보를 알고 있는 것이 좋다. 고품질의 농

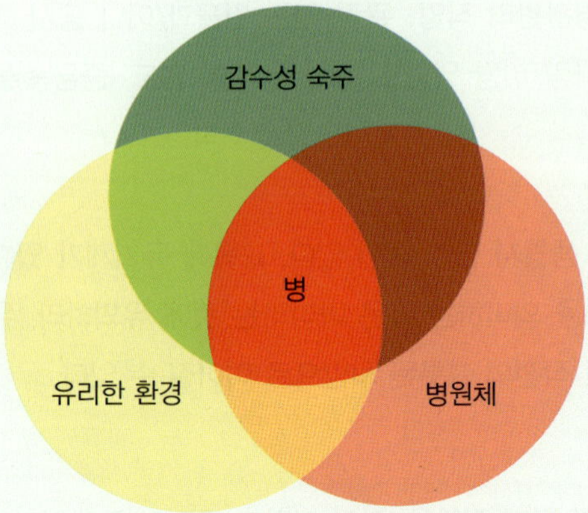

그림 EB9.1 전형적인 병해충 삼각형. 환경 = 병해충 발달에 영향을 주는 여건 전체. 병원체 = 병해충의 병원성과 풍부도. 숙주 = 숙주 발달에 영향을 미치는 여건 전체. 병 = 병과/이나 해충 공격의 개체수와 심각성.

장 수목을 선택하는 것도 농장으로부터 경관으로의 병해충 유입 위험을 최소화한다.

- 식물 다양성: 건강하고 지속가능한 도시 교목 집단을 위한 해결방안으로 고도의 종과 속 다양성이 제안되어 왔지만, 일반적으로 도시 경관은 제한된 교목의 종과 속으로 꾸려지고 있다. 이에 대한 연구 결과 일치된 의견은, 어떤 종이든 한 종의 최대 구성비가 해당 집단의 5~10%인 것이 좋다는 것이다.
- 재배 실무: 경종적 방제(耕種的防除, cultural control)는 교목 생장에 최적이 아닌 여건이 병과 해충이 공격하기에 유리하다는 전제에 기반을 둔다. 바꾸어 말하면 수목 생장에 최적의 환경을 조성하는 것이 병과 해충의 공격에 불리한 여건을 창출하는 것이다. 이는 최적의 토양 영양(비료, 멀칭 자재)을 확보하고, 토양이 답압되지 않고 통기가 잘 되도록 하고(공기 굴착 기술 이용), 뿌리 균근 결합을 조장하는 등으로 경관 환경을 조성함으로써 달성할 수 있다.
- 수목 보호 제품: 병과 해충의 창궐을 관리하는 가장 효과적이면서 논쟁의 여지가 있는 수단 중 하나가 화학적인 식물 보호제(예: 살충제와 살균제)를 활용하는 것이다. 국제적으로 많은 나라들이 엽면 살포(葉面撒布, foliar spray), 토양 주입과/이나 수간 주사로 등록된 매우 다양한 화학적 식물 보호제품에 접근하고 있다. 그러나 영국에서는, 살충제와 살균제 사용과 적용을 법으로 엄격하게 제약하고 있어 제한된 수의 제품만이 상업적으로 가용하다. 관심 있는 독자들은 British Crop Protection Council이 발행한 최신 Pesticide Safety Directorate 책자를 구해볼 것을 권하는데, 여기에 현재 영국의 경관 환경 내에서 사용할 수 있게 등록된 다양한 제품이 자세하게 언급되어 있다. 다른 나라에서는 관련된 기관에서 발행한 동일한 지침을 찾아보는 것이 좋을 것이다.

살포할 것인가, 아니면 살포하지 않을 것인가?

지금은 관리 전술이 등록된 살균제나 살충제의 반복적인 살포(撒布, spray) 기술에 크게 의존하고 있다. 영국 도시 경관 내에서, 살포는 다량이나 극미량/미량 기술(즉, 정전기/靜電氣적으로)에 의해 적용되는 경향이 있다. 둘 다 장단점이 있다. 다량 살포는 잎 표면을 완전히 덮음으로써 쉽게 적용할 수 있지만, 비산이 문제가 될 수 있다. 극미량과 미량 살포는 매우 적은 제품을 적용하지만 비산을 현저하게 감소시킨다. 현재 영국 내 여론은 다량보다 미량 살포 기술을 선호한다. 적용 기술과 관계없이 책임 있는 효과적인 병해충 관리는 다음 절차를 채택하는 것이 좋다:

- 공식적으로 등록된 적절한 제품을 선택하라.
- 올바른 조제를 사용하라.
- 제품을 정확한 생활사 단계에 적절한 주기로 적용하라.
- 모든 형태의 식물보호제(植物保護劑, plant protecton products)를 적용하기 위해 고용된 개인은 적절하게 훈련되고 자격을 보유하고 있는 것을 확인하라.

식물보호제는 접촉성(接觸性, contact) 또는 침투성(浸透性, systemic)으로 분류된다. 접촉성 제품은 해당 물질이나 적용 후 잔유물이 직접 물리적 접촉을 통해 해충과 병원균을 죽인다. 침투성 농약은 해당 교목의 뿌리 층, 줄기 또는 잎에 적용되어 유관속을 통해 감염된 조직으로 이동된다. 적절한 제품을 사용하면 다음 사례에서 보는 바와 같이 특정 병해충을 방제하는 데 두드러진 효과를 기대할 수 있다.

사례 1: 런던 왕립식물원 큐 가든

몇 년 전, 왕립식물원(Royal Botanic Gardens) 큐 가든(Kew Garden) 영국참나무(*Quercus robur*), 페트라참나무(*Q. petraea*), 터키참나무(*Q. cerris*)의 잎을 떨어뜨리는 해충인 참나무행렬모충나방(OPM, oak processionary moth)의 창궐을 경험했다. OPM은 사람의 건강에도 위협적이다. 오래된 애벌레는 염증을 일으키는 독소를 가진 털로 덮여 있다. 이 털과 접촉하면 피부염과 같은 피부 염증과 발진이나 결막염과 같은 알레르기 반응을 일으킬 수 있다. 만약 털이 기도로 들어가면 천식이나 과민증(anaphylaxis)과 같은 호흡 장애를 유발할 수 있다. 왕립식물원은 하루에 10,000명의 방문객을 받기 때문에 이러한 문제는 심각하다.

이에 따라 식물원 내 모든 감수성 참나무에 약제를 살포하기로 결정하였다: 대부분의 교목이 수고 30m를 넘는 700그루 이상의 교목에 살포하는 것은 쉬운 일이 아니었다. 1년차에 DiPel® 로 알려진 생물적 방제 약제를 사용하기로 결정했다. DiPel은 곤충이 삼키면 애벌레를 죽일 수 있는 독소를 생산하는 살아 있는 세균(BT균, *Bacillus thuringiensis*)으로 이루어져 있다. 또한 DiPel은 물 가까이에서 사용할 수 있고 부수적 피해(collateral damage – 비표적 곤충에 대한 영향)도 낮다는 점에서 장점이 있다. 불행히도 처치 당시 기상 상황의 영향을 받아 결과는 가변적이어서, OPM의 60% 정도만 방제된 것으로 추정되었다. 또한 결과는 OPM 유충이 성숙할수록 BT균에 덜 취약하여 군집을 덜 죽이는 것으로 나타났다.

1차년도의 불량한 방제율에 따라, 2차년도에는 처치된 교목의 잎에 오랜 잔효성(殘效性, residual activity)과 빠른 방제가 결합된 합성 제충국(除蟲菊, pyrethrum)을 사용하기로 결정하였다. 효과는 살포 2시간 안에 뚜렷하여 OPM을 100% 죽인 것으로 기록되었다. 그러나 델타메트린(deltamethrin)은 비표적 곤충(예: 진딧물, 매미충, 잎나방벌레, 뭠벼룩갑충)에게 부수적 피해도 유발하는 광범위 살충제(廣範圍殺蟲劑, broad-spectrum insecticide)이다.

3년차 이후부터 OPM 관리는 곤충 생장조절제(生長調節劑, growth regulator)인 Dimilin® Flo에 주로 의존하고 있다. 처치된 애벌레는 기본적으로 허물을 벗은 후 외골격(exoskeleton)을 재생하지 못한다. DiPel과 비슷하게, Dimilin Flo는 어린 애벌레에 가장 효과적이고, 중요한 것은 애벌레와 나방에게만 영향을 미친다. Dimilin Flo는 무당벌레, 딱정벌레, 꿀벌과 같은 다른 곤충에게는 거의 영향이 없어서, 이 제품을 사용함으로써 발생하는 부수적 피해는 거의 없다. 수집된 자료도 90% 이상의 방제를 달성할 수 있다는 것을 보여준다. 이처럼 높은 살충과 낮은 부수적 피해율로 인해 Dimilin Flo를 OPM 관리 방안으로 선호하게 되었다.

그러나 높은 표적 사상률과 낮은 부수적 피해에도 불구하고, 도시 경관에서의 살포는 여전히 대부분의 경우 주변의 식생, 교통, 보행자에 대한 살포액 비산 오염 가능성 때문에 피해야 한다.

앞으로의 방향은?

지난 몇 년에 걸쳐 수간 주입 기술에서 중요한 진전이 있었다. 미국, 캐나다, 호주에서 널리 사용되고 있는 시스템은 살충제나 살균제를 해당 교목의 유관속 시스템 속으로 빠르게 주입한다. 수간 주입 기술은 살포 기술에 비해 여러 가지 장점을 가지고 있다:

1) 교목의 수액 흐름 속으로의 직접적인 주입은 해당 교목 자신의 자연 운반 시스템을 사용한다. 따라서 공기, 토양, 지하수 오염이 발생하지 않고 제품 낭비도 없다.
2) 일단 주입되면, 제품은 교목 전반으로 빠르게 이동된다.
3) 한 번 주입으로 2~3년까지 방제를 달성할 수 있다.

사례 2: 런던 리치몬드(Richmond)의 반즈 공유지(Barnes Common - 자연보호구역)

테임즈(Thames) 강변의 리치몬드 자치구(borough) 내 40헥타르가 넘는 반스 공유지에 생장하는 영국참나무는 수도 런던에 중요한 녹색공간을 제공하고 있다. 이곳은 거의 13,000명에 이르는 지역주민뿐만 아니라 많은 해외 방문객들이 이용하는 곳이다. 그러나 이 공유지 내 OPM 발발 이후에 감염된 영국참나무 40그루에 살충제를 주사하였다. OPM 방제 정도는 이후 3년에 걸쳐 OPM 둥지의 수를 세어 기록하였다. 지금까지의 결과는 매우 인상적이어서, 주사된 교목은 OPM 둥지가 없는 데 비해, 주사되지 않은(또는 물을 주사한) 교목은 매년 평균 6개의 둥지가 발견되었다. 중요한 것은 수간 주입 시스템은 개별적이고, 살포와 달리 비나 바람과 같은 기후 여건과 무관하게 수행할 수 있다는 것이다.

살포할 것인가 주입할 것인가?

살포냐 주입이냐의 결정은 교목 집단 크기와 위치에 크게 영향을 받는다. 예를 들면, 학교, 공원, 골프장, 운동장, 수로 주변과 같이 환경적으로 민감한 지역에서는 주입 기술이 선호될 것이다. 마찬가지로 호우나 강풍과 같은 궂은 날씨에는 주입을 계획할 수 있다. 그러나 수간 주입은 살포 기술보다 시간이 더 많이 소요되고 비싸다. 따라서 대규모 개체군이 있는 지역에서는, 하루에 수백 그루의 교목을 살포할 수 있는 살포 기술이 유리하다. 최근 미국과 캐나다의 연구에 의하면 물푸레나무 20%에 대한 주입이 물푸레나무좀 개체군의 80%를 방제하는 것으로 나타났다. 이러한 결과는 해충 발발을 방제할 때 전체 교목 개체군에 주입할 필요가 없다는 것과, 특정 교목의 전략적인 선택이 수용가능한 수준으로 개체군을 낮추기에 충분할 수도 있다는 것을 의미한다.

결론

최근 병해충 발생의 현저한 증가는 이미 상당한 수의 도시 교목을 위협하고 있다. 또한 OPM과 같은 일부 해충은 인간 건강에 중요한 영향을 주고 있다. 그러므로 잘 계획되고, 효과적인 병해충 관리가 매우 중요하다. 병해충 관리 프로그램은 다음과 같은 다양한 적절한 전략적 실무를 채택하는 것이 좋다:

1) 수종 선택을 올바르게 하는 것으로, 병이나 해충에 대한 저항성은 같은 과의 수목 내에서도 엄청나게 다를 수 있다.
2) 토양 영양을 평가하고 적절한 시비와 개량을 통해 결핍을 교정.
3) 교목 활력을 높이는 수단으로 뿌리 활력을 증진시키기 위한 멀칭.
4) 사후적인 치료보다 예방이 가능하도록 정기적인 교목의 육안 점검.
5) 혁신적인 수목보호기술과 적용 방법의 사용

만약 새로운 접근과 새로운 사고방식을 포용하는 현재의 관리시스템을 채택하지 않으면, 많은 지배적인 교목이 우리의 경관에서 사라질 가능성이 있다는 것을 역사가 보여주었다.

9.4 줄기의 방어

대부분의 교목은 자신의 신체가 온전하게 남아 있고 건강한 상태로 유지되면 복잡한 생태계에서 살아가는 데 매우 잘 대처할 수 있다. 그러나 교목의 줄기는 많은 미생물과 곤충에게 그들 종의 성공에 기여할 수 있는 엄청난 식물 저장고(larder)에 해당하기 때문에 이들은 들어가는 길을 찾아야만 한다. 곰팡이는 교목에서 가지가 부러지거나 뿌리가 자연적으로 죽은 곳과 같이 지상 또는 지하의 수피가 파손된 틈을 통해 교목으로 들어갈 수 있다. 아밀라리아(*Armillaria*)와 같은 병원성 곰팡이는 뿌리의 살아 있는 조직을 공격적으로 침투하기 때문에 교목이 자신의 생애 언젠가는 병원성 곰팡이에 감염되는 것은 거의 피할 수 없다. 이것이 해당 교목의 장래를 위협할 것인지 여부는 관여하는 곰팡이 종, 이들의 병원력(病原力, virulence), 감염된 교목의 활력에 크게 좌우된다. 이에 따라 교목은 침입자에 대해 수많은 방어 수단을 가지고 있다.

줄기 방어의 역사적 추이

삼림 병리학자(病理學者, pathologist)들이 100년 훨씬 넘게 목재와 미생물 사이의 관계를 관찰해왔지만, 미국 산림청(US Forest Service)의 Alex Shigo와 그의 동료들이 방향을 완전히 바꾸어 놓았는데, 이 아이디어는 CODIT(Compartmentalization of Decay in Trees – 교목의 부후 구획화) 모델을 통해 알려졌다(Shigo & Marx 1977; Shigo 1979, 1984). 이 모델은 교목이 네 경계 또는 'wall'(벽)을 이용하여 자신의 목부 일부를 봉쇄하는 방법을 설명한다. *Wall 1*은 가도관과 도관을 메움으로써 부후가 줄기를 통해(축 방향으로) 확산되는 것을 제한하고; *wall 2*는 추재의 방어력(防禦力, resilience)을 이용하여 부후가 줄기의 중심(방사 방향)을 향해 확산되는 것을 제한하고; *wall 3*는 방사조직의 화학적 변형을 통해 부후가 줄기 둘레(접선 방향)로 확산되는 것을 제한하고; *wall 4*는 상처 발생 당시에 존재하는 목부를 이후에 새로이 생장하는 목부와 분리시키기 위한 방벽지대(防壁地帶, barrier zone)를 나타낸다. 이 wall들은 1에서 4에 이를수록 부후에 대한 방벽으로서의 효과가 순차적으로 높아지게 된다.

이 모델이 여전히 인기를 유지하고 있는 가운데, 많은 저자들이 비판을 해오고 있다. 어떤 균학자(菌學者, mycologist)는, 이것이 목재를 부후로부터 보호하는 전적으로 방어적인 'wall'일 뿐만 아니라 곰팡이 생장에 불리한 여건이기 때문에, 이 모델에 이의를 제기하였다(Boddy & Rayner 1983; Rayner & Boddy 1988). 특히 기능성 변재의 낮은 산소 함유량이 곰팡이 확산을 제한하는 데 도움이 된다. 목재가 손상되었을 때에만 광범위한 통기가 가능하여 곰팡이의 빠른 생장이 가능한 산소가 충분히 존재한다. CODIT 모델의 또 다른 비판은 약어의 단어 'decay' 선택이다. Dujesiefken 등(1989)이 지적한 바와 같이, CODIT 모델 내에서의 많은 반응의 목적은 부후를 방지하기보다 목부가 효과적으로 물을 통도하도록 하는 데 있다. 교목의 문제에서 목재 부후는 수리적 기능장애(機能障礙, dysfunction)보다 훨씬 덜 긴급하다. 그러므로 *dysfunction*이 CODIT의 'D'에 더 적절한 단어일 것이라고 주장한다. 이것은 분명 일리가 있다. Pearce(1996)는 CODIT 모델의 적극적인 미생물 방어와 병원체 생장에 대한 수동적인 환경적 제약을 통합하는 탁월한 논평을 발표하였다.

CODIT 모델의 강점은 교목이 본래 고도로 구획화된 구조라는 것을 인식하는 것이다. 그러므로 교목 내 기능장애 발달을 설명하는 유용한 틀을 제공한다. 그러나 여기서의 논의는 줄기 방어의 세 가지 주된 요소에 초점을 맞춘다: 줄기의 타고난 방어력, 살아 있는 세포의 반응, 형성층의 반응(표 9.1). 이러한 접근은 목재(목부)에만 초점을 맞추지 않고, 수피를 포함한 전체 목질의 줄기를 하나의 단위로 고려하는 장점이 있다.

줄기 방어

교목의 도전은 교목에게 도움이 되는 미생물이나 곤충을 방해하지 않으면서 병을 일으킬 수 있는 미생물이나 손상시킬 가능성이 있는 곤충의 접근을 차단하는 것이다. 줄기(수간과 가지)와 뿌리는 생체역학적 지지를 제공하고 필요한 곳으로 물질을 운반하는 역할 때문에 교목의 장기적인 생존에 결정적이다. 일부 세부적인 사항에서는 교목 간에 차이가 있을 수 있지만, 고맙게도 여러 가지 공유된 방어수단이 있다(표 9.1).

교목은 생존을 위해 병과 해충에 대해 타고난 방어력을 발달시켜야 했다. 대부분의 곤충과 미생물은 교목의 복잡한 탄소 기반 구조를 파괴하기는커녕 교목 안으로 들어갈 수 있는 제대로 된 도구조차도 갖고 있지 못하다. 리그닌(lignin), 셀룰로오스(cellulose), 수베린(suberin), 목재와 수피에서 발견되는 다른 화합물의 주성분은 쉽게 소화되지 않는다. 교목의 몸체가 생존에 필요한 먹이원이 되기 위해서는 특화된 효소, 어떤 곤충의 경우, 입틀(口器, mouthpart)이 필요하다.

가장 바깥 방어벽은 주피(周皮, periderm)와, 존재하는 경우 조피(粗皮, rhytidome)이다

표 9.1 줄기 방어의 주된 요소 요약

줄기 방어의 구성 요소	주요 예
타고난 방어력과 수동적 방어	수피, 돌기와 가시 목질화된 조직 목재 밀도가 높은 구역 기능 중인 변재의 낮은 산소 고도의 보호 물질을 가진 심재 유연벽공(有緣壁孔, bordered pit)의 수동적 폐쇄
살아 있는 조직의 반응	유상주피를 형성하거나 유관속 형성층을 수선하기 위한 유조직의 퇴화 취약한 부위에 수지, 겔(gel), 기타 추출물의 합성과 분배 전충체와 겔을 이용한 도관 내강 봉쇄 수베린, 페놀, 탄닌, 테르펜과 같은 화합물로 종축과 방사 유조직의 화학적 변형
형성층의 반응	주피 회복 변형된 목부 구성으로 방벽지대 생산 – 보통 통도요소는 숫자가 작고 섬유와/나 유조직의 비율이 더 높다. 일부 종의 경우, 분비도(分泌道, secretory canal) 증가도 중요하다. 상처 유합조직 형성

(제2장 참조). 이들 둘러싸고 있는 조직은 피해를 줄 수 있는 작인(作因, agent)의 진입을 막고, 변재의 수분 상태를 유지하고, 줄기의 가스 교환을 조절한다. 이는 여러 가지 면에서 우리의 피부와 비슷하다. 이것이 없으면 감염 가능성이 크게 높아진다. 코르크참나무(*Quercus suber*)와 자이언트세쿼이아(*Sequoiadendron giganteum*)처럼 매우 두꺼운 수피는 해당 교목을 불로부터도 보호할 수 있다. 추운 환경에서는, 두꺼운 수피가 서리 피해로부터 유용한 보호 수단이 된다.

대개 죽은 조직으로 이루어진 외수피(外樹皮, outer bark)는 **수동적 방어**(passive defence)를 제공한다. 달리 말하면, 해당 조직이 자라면서 방어 능력이 생기게 되고, 결정적으로는 일단 자리를 잡으면 이들이 작동하도록 하는데 어떠한 추가적인 에너지도 필요하지 않다. 물리적인 장벽을 제공하는 데 더하여, 수피의 리그닌, 수베린, 왁스는 줄기에 수분을 유지할 뿐만 아니라 미생물의 군체 형성을 줄이는 항균성과 소수성 특성을 가지고 있다. 탄닌과 페놀 같은 보호 화합물도 이들의 기호를 더욱 떨어뜨리기 위해 수피에 침전될 수도 있다. 많은 종에서, **이형세포**(異形細胞, idioblast)라고 알려진 특화된 세포가 옥살산칼슘(calcium oxalate) 결정을 생산하여 초식 동물과 천공성 해충이 영양분이 많은 아래에 있는 사부에 접근하기 위해 씹는 것을 물리적으로 저지시키는 '돌세포'(stone cell)를 형성한다(Hudgins 등 2004). 수피의 낮은 영양 가치와 함께 이러한 요소들은 탁월한 방벽을 형성한다.

내수피(內樹皮, inner bark – 이차사부)도 두꺼워진 후막조직(厚膜組織, sclerenchyma – 사부 섬유)과 옥살산칼슘 결정을 이용하여 방어력을 제공한다. 또한 이는 **능동적 방어**(active defence)를 제공하는 살아 있는 세포를 가지고 있는데, 이는 살아 있는 상태로 에너지를 사용하여 상처나 침입성 유기체에 반응하여 세포를 변형시키거나 새로운 세포를 창출한다(Pearce 1996). 사부에 있는 일부 유세포는 페놀 화합물을 생산하고 축적하도록 특화되어 있다. 구과식물에서는, **폴리페놀유세포**(PP cells/polyphenolic parenchyma cells)로 알려진 이들 세포는 종종 해당 교목의 주변에 고리 형태로 생산되어 수십 년 동안 생존할 수도 있다(Krekling 등 2000). 또한 이들은 특정 침입성 유기체에 반응하여 자신의 독성을 높일 수 있는 능력도 있다(Franceschi 등 2005). 이러한 맞춤 반응은, 존재한다면, 줄기 방어의 핵심 구조로 특화된 이러한 유세포 띠를 만든다.

수피 상처의 영향

수피가 파손되면 무슨 일이 생길까? 많은 종은 내수피 내부의 살아 있는 세포를 사용하여 미생물과 곤충의 성장을 억제하는 화합물을 생산한다: 많은 구과식물은 수지(樹脂, resin); 쌍자엽교목은 겔, 점액(mucilage), 검, 수지, 기름과 유액(乳液, latex); 유칼리나무와 다른 여러 교목들은 키노(kino, 선홍색의 수지 같은 물질). 이들 화합물은 상처 주변 유조직에 의해 직접 생산되거나 특화된 저장소로부터 통로(수지) 또는 엽맥(키노)을 통해 흘러나온다. 보통 때는 수지도(樹脂導, resin canal)가 발견되지 않는 종에서도, 기계적인 상처, 미생물이나 곤충의 활동으로 인해 **병리**(病理, pathological) 수지도 또는 **상해**(傷害, traumatic) 수지도가 유발될 수 있다.[2] 이들 화합물은 병원균에 독성을 가지거나 곤충의 구기를 물리적으로 막는 방식으로 작동한다. 그러나 고도로 특화된 미생물은 이처럼 복잡한 화합물을 먹이원으로 사용할 수도 있다.

---

2 병리 또는 상해 수지도는 전나무류(*Abies*), 개잎갈나무류(*Cedrus*), 세코이어류(*Sequoia*), 솔송나무류(*Tsuga*)와 같은 속에서 상처에 반응하여 형성된다. 수지도는 낙엽송류(*Larix*), 가문비나무류(*Picea*), 소나무류(*Pinus*), 미송류(*Pseudotsuga*)와 같은 속 목부의 정상적인 특징이지만, 상해 수지도도 형성될 수 있다.

많은 경우, 이들 방어 화합물은 경제적으로 사회적으로 중요할 수 있다. 예를 들면, 감람나무(*Commiphora myrrha*)와 보스웰리아류(*Boswellia* spp.)의 수지로부터 몰약과 보스웰리아를 얻는다. 흥미롭게도, 이것이 현재 소말리아지역인 아프리카의 뿔(Horn of Africa)에서 이집트로 이루어진 첫(BC 1550~1292) 장거리 교목 이식의 이유였을 가능성이 있다(Dixon 1969). 많은 고대사회는 이식 비용을 지불할 가치가 있을 정도로 수지(resin)와 검(gum)를 매우 높게 평가했다. 오늘날 상업적으로 수확되어 가장 널리 사용되는 방어물질 중 하나가 파라고무나무(*Hevea brasiliensis*)의 피상적인 상처를 통해 생산되는 라텍스(latex)이다(그림 9.5).

화합물에 의한 초기의 상처 보호에 이어 수선이 신속하게 뒤따른다. 수피의 표면에 대한 가벼운 상처는 **유상주피**(瘉傷珠皮, wound periderm)에 의해 수선될 수 있다(Biggs

그림 9.5 파라고무나무의 줄기에 상처를 내면, 상처 난 줄기를 따라 흘러내리는 흰 액체와 같은, 라텍스를 생산하게 된다. 수집된 라텍스는 고무로 바뀐다. 원래 브라질 원산이지만, 이제 고무나무는 많은 열대국가에서 경제적으로 중요한 교목이며, 이 농장은 태국에 있다. 이 최근에 상처를 낸 교목 뒤의 헛간에 걸려 있는 부분적으로 가공된 라텍스에 유의하라.

1992). 이들은 일반적으로 내수피의 피층에 있는 유세포의 역형성(逆形成, anaplasia)으로부터 발생한다.[3] 처음에는 코르크형성층(phellogen)이 형성되고, 오래지 않아 이는 결국 손상되지 않은 인접한 기존 수피와 연결될 수 있는 새로운 코르크 세포를 창출한다(제2장 참조)(Fink 1999). 유상주피는 변재와 바깥세상 사이의 연속적인 물리적 장벽을 회복하는 역할을 하고, 쉽게 얼룩질 수가 있기 때문에 정상적인 수피와 다르게 보인다. 할퀴어 발생한 것(예: 발톱을 가는 곰이나 교목에 자신의 이름 첫 글자를 새기는 낭만적인 사람들에 의해)과 같은 표면 상처가 새로운 수피에 의해 폐쇄된 후 오랜 기간 볼 수 있는 것도 이 때문이다. 유상주피의 형성은 새로운 조직을 창출하기 위해 에너지를 쓰기 때문에 능동 방어의 한 형태이다. 따라서 유상주피는 조직이 생장하기에 적합한 여건인 생육기 중에만 형성될 수 있다.

해당 줄기의 넓은 면적에 대해 수피가 제거되면, 유상주피가 상실된 수피를 모두 교체할 가능성은 낮다. 그러나 가끔 상처 표면의 유세포가 자신의 세포벽을 코르크화(suberization)와 리그닌화(lignification)를 통해(이들 과정을 후기목전화/metacutization라고 함) 변형됨으로써 코르크 세포가 된다(Fink 1999). 이 유세포가 방벽을 얼마나 잘 만드는가는 노출된 표면에 있는 유세포의 수와 분포에 따라 크게 차이가 난다. 실제로 후기목전화는 부분적인 경계를 창출할 뿐이지만 아래에 있는 조직의 탈수를 방지하는 데 도움이 될 수도 있다. 상처 표면의 궁극적인 유합은 유관속 형성층에 의해, 아마 역형성에 의해 형성된 새로운 분열조직 세포와 결합하여, 상처의 가장자리 주위에 만들어지는 **상처 유상조직**(傷處癒傷組織, wound callus)에 의존할 것이다(Blanchette 1992). 유상조직으로부터 시작되는 새로운 목재와 수피는 상처의 가장자리로부터 안쪽으로 자라서(그림 9.6), 시간이 흐름에 따라 노출된 상처 표면을 완전히 덮을 수도 있다. 큰 상처의 경우, 이 과정이 오래 걸릴 수 있고 아니면 영원히 아물지 못할 수도 있다. 이러한 새로운 목부 조직은 전도성이 높을 필요가 없기 때문에 정상적인 목부보다 도관의 수가 더 적은 경향이 있다.

수피가 손상된 직후 해당 교목이 반응하기도 전에 곰팡이와 세균이 매우 쉽게 상처에 대규모의 군체를 형성하는 경향이 있다. 이는 수피가 없어지고 손상된 목재의 건조로 미생물이 자라기에 충분한 산소가 공급되기 때문이다. 따라서 상처의 미래는 목재의

---

3 역형성(anaplasia)은 이미 분화된 성숙 세포가 분열세포로 재분화되는 것으로 정의된다(Fink 1999). 이는 교목의 상처 치유에 특히 중요한 과정이다. 상처에 인접한 온전한 줄기 유조직이 유상주피와 같은 새로운 보호 조직을 생산하기 위해 다시 분열성이 될 수 있다.

그림 9.6 구주물푸레의 줄기 상처 주위에 형성된 유합조직.

산소 함량을 낮출 수 있는 상처 반응을 구축할 수 있는 해당 교목의 능력 대비 미생물이 해당 상처를 얼마나 빨리 대량 서식하느냐에 달렸다(Boddy 1992).

상처발생이 변재에 미치는 영향

수피의 제거나 줄기에 대한 기계적인 손상은 불가피하게 변재를 건조와 폐색에 노출시킨다. 상처 난 목부의 수리적 기능장애를 제한하는 것이 가장 중요한데, 이러한 장애가 해당 교목의 당면한 생존을 위협할 수 있기 때문이다. 제2장에서 언급한 것과 같이('변재와 심재' 참조), 교목은 목부로 공기가 들어오는 것을 중단시키는 다양한 기제를 가지고 있다. 가도관의 경우, 유연 벽공의 폐쇄이다(에너지 소비가 불필요한 수동적 방어). 이 과정이 에너지를 필요로 하지 않는다는 사실은 대부분의 구과식물이 자기 목부의 능동적 반응을 위해 막대한 주축 유조직을 필요로 하지 않는다는 것을 의미한다. 그러나 도관의 경우, 겔을 유출하거나 상처발생 2~3시간 안에 유세포가 공유된 벽공을 통해 전충체(塡充體, tyloses)를 도관의 내강으로 밀어 넣는다. 이러한 특성들이, 아마 도관천공(導管穿孔, vessel perforation)의 결각(缺刻, incrustation)과 결합하여, 도관 내강을 막는다. 겔과 전충체는 더 이상의 가스가 들어오는 것을 막도록 물리적인 도움을 줄 뿐만 아니라 미생물에게 화학적으로 유독하게 될 수 있기 때문에 이들이 목부를 통해 확산되는 것을 지연시킨다. 도관을 막는 것은 새로운 물질의 합성이 필요하기 때문에 능동적인 방어기제로 여겨진다.

유독한 겔과 전충체를 생산하는 목부 내 유세포는 스스로도 수베린, 펙틴, 테르펜, 탄닌, 기타 페놀 화합물과 같은 상당한 양의 항균 물질을 함유하고 있다. 목부 관(xylem tube) 사이의 살아 있는 세포(**주축 유조직**/axial parenchyma)는 방사조직 내 살아 있는 세포(**방사 유조직**/ray parenchyma)와 결합하여 변재 전반에 걸쳐 살아 있는 조직의 3차원 격자를 창출한다(그림 9.7). 이 격자의 세부적인 구조는 수종에 따라 다르다. 자신의 목부 전반을 통해 주축 유조직의 띠(band)를 가지고 있는 종은 방사 방향(수/pith를 향해 또는 반대로)으로의 미생물 생장에 매우 잘 저항한다.[4] 이 유조직 띠는 목부 형성 과정에서 계절 변화에 의해 창출되는 나이테가 없는 많은 열대 수종의 방어에 특히 중요한 것으로 보인다(Morris 등 2016). 주축 유조직의 완전한 띠가 없는 수종은 부후에 대해 목부의 수동적 저항에 더 많이 의존해야 하며 같은 수준으로 능동적인 방어기제를 사용할 수 없다. 이러한 수동적인 저항은 대개 추재의 목재 밀도를 높이는 섬유나 가도관의 고도로 리그닌화된 세포벽을 유발한다. 방사조직, 특히 일부 종이 보유하고 있는 큰 다열 방사조직(多列放射組織, multiseriate ray)은 해당 교목 둘레의 접선 방향(接線方向, tangential direction – 유관속 형성층에 평행)의 군체형성에 대한 방벽을 제공하다.[5] 방사조직은 살아 있기 때문에, 이들은 화학적으로 변형되어 병원균에 대해 능동적인 반응을 제공할 수 있다.

살아 있는 유조직에 의해 유발된 구조적 화학적 변화는 **손상재**(새살/wound wood)라고 불리는 상처에 영향을 받은 변재와 주변의 기능성 변재 사이의 좁은 지대(zone) 형성으

---

4 띠로 된 주축 유조직을 가진 것으로 알려진 북반구 온대지방의 속: 가죽나무(*Alianthus*), 오리나무(*Alnus*), 채진목(*Amelanchier*), 자작나무(*Betula*), 서어나무(*Carpinus*), 밤나무(*Castanea*), 개암나무(*Corylus*), 너도밤나무(*Fagus*), 호두나무(*Juglans*), 모감주나무(*Koelreuteria*), 뽕나무(*Morus*), 니사나무(*Nyssa*), 새우나무(*Ostrya*), 유향나무(*Pistacia*), 버즘나무(*Platanus*), 벚나무(*Prunus*), 때죽나무(*Styrax*). 출처: InsideWood 데이터베이스 정보(2004부터 계속; Wheeler 2011).

5 큰 다열 방사조직을 가진 북반구 온대지방 속: 단풍나무(*Acer*), 가죽나무(*Ailanthus*), 목마황(*Casuarina*), 팽나무(*Celtis*), 유달회화나무(*Cladrastis*), 층층나무(*Cornus*), 너도밤나무(*Fagus*), 물푸레나무(*Fraxinus*), 커피나무(*Gymnocladus*), 호두나무(*Juglans*), 뽕나무(*Morus*), 유향나무(*Pistacia*), 버즘나무(*Platanus*), 벚나무(*Prunus*), 참나무(*Quercus*), 딱총나무(*Sambucus*), 고추나무(*Staphylea*), 때죽나무(*Styrax*), 노린재나무(*Symplocos*), 느릅나무(*Ulmus*). 출처: InsideWood 데이터베이스 정보(2004부터 계속; Wheeler 2011).

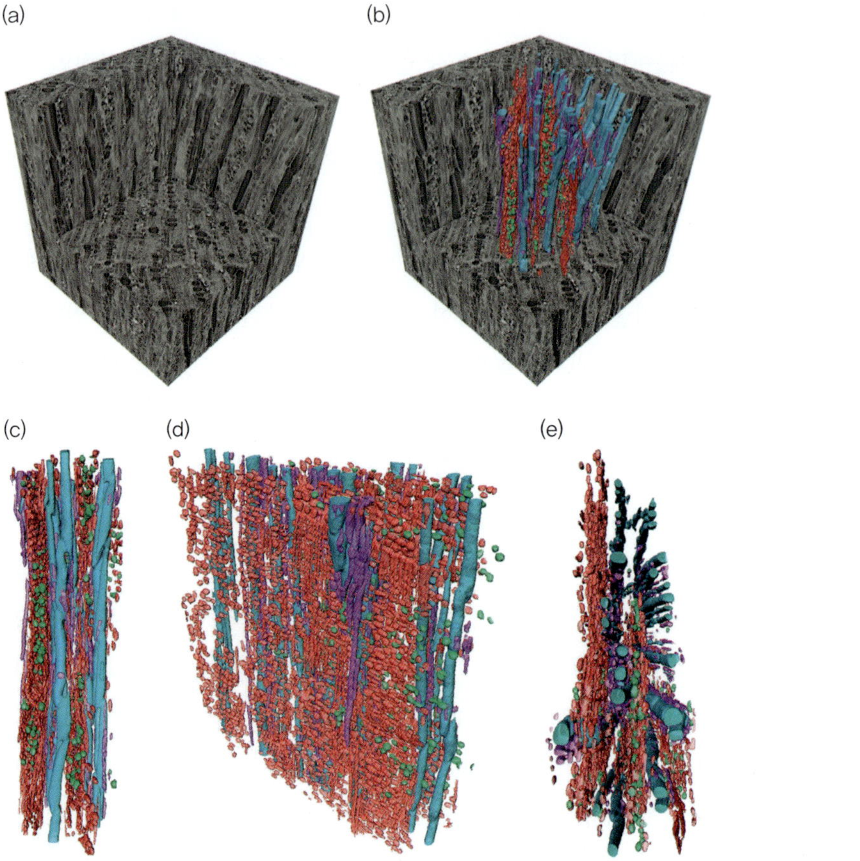

그림 9.7 텍사스대추나무(*Ziziphus obtusifolia*) 목재 정육면체의 3차원 모습. 목재 구조는 그림 (a)와 같고, 서로 다른 색상으로 보이는 다양한 조직은 (b)에서 보여준다. 대추나무의 경우, 방사조직(붉은색)은 수평으로 배열되어(줄기 중심으로부터 방사상으로 뻗어나가는) 다른 시각에서 시각화한 바와 같이 도관의 열 사이에서 별도의 영역을 형성한다: (c)는 접선방향, (d)은 비스듬한 방사방향, (e)는 횡방향이다. 주축 유조직(보라색)이 도관(청색)을 둘러싸고 있다. 옥살산칼슘 결정이 방사 유조직(녹색) 전반에 분포되어 있는 것을 볼 수 있고, 화학적 방어 기제로서의 역할을 한다. 크기는 관점에 따라 차이가 크다. 회색 목재 정육면체의 한 변은 650μm이다. 출처: Moris 등(2016). http://journal.frontiersin.org/article/10.3389/fpls.2016.01665/ full.Licensed under CC by 4.0.

로 이어진다. 이 구역은 이러한 색깔 변화가 표면상 해당 교목의 상처에 대한 반응에 의해 발생하기 때문에 종종 **반응지대**(反應地帶, reaction zone)라고 부른다(Shain 1995). 반응지대는 대체로 CODIT 모델의 wall 1, 2, 3에 해당한다. 정상적인 심재 형성에도 비슷한 과정이 관여하기 때문에 손상재도 일종의 심재와 비슷하다. 일반적으로 뚜렷한 심재를 형성하지 않는 너도밤나무류(*Fagus*)와 단풍나무류(*Acer*)와 같은 교목에서는, 상처나 기타 외상에 대한 유세포의 반응이 때로는 변재를 방어적 성질을 가진 **'위심재'**(僞心

材, false heartwood)로 전환시킬 수 있다(제2장 참조). 손상재와 정상적인 심재의 주된 차이는 전자가 외적인 신호(상처)에 반응하여 유발된 능동적 방어기제인 데 비해, 후자는 정상적인 목부 발달의 일환으로 내부적인 신호에 반응하여 유발된다는 것이다(Spicer 2005). 곰팡이와 세균의 침입에 저항하는 손상재의 능력은 유조직 격자의 범위와 생산되는 방어 화합물의 힘에 따라 다르다.

살아 있는 유조직에 의해 생산되는 목부의 화학적 또는 물리적 변화가 없으면, 미생물에 대한 방어는 해당 목재의 구조에 의존한다. 도관과 가도관의 내강은 이들이 부분적으로 공기로 채워는 순간 곰팡이 생장의 좋은 통로가 된다. 이것이 교목이 왜 공기의 진입로가 확보되자마자 도관과 가도관의 벽공을 막는(나자식물에서) 기제를 발달시켜왔는가를 설명하는 데 도움을 준다.

가도관, 도관, 섬유는(일반적으로) 성숙하면 죽기 때문에, 미생물 존재에 반응할 수 없다. 그러나 목재 세포 내 리그닌은 부후에 고도로 저항성이다. 따라서 만약 세포벽이 상대적으로 리그닌이 풍부하거나 세포 직경 대비 두꺼우면(그리고 조밀하면) 해당 목재는 부후에 보다 저항성일 것이다. 가지 연결부위는 조밀한 목재구역인 경향이 있고 보다 뒤틀린 통로를 가진 세포로 구성되어 있다. 이들 요소 모두 미생물 균체 형성에 저항성을 제공하여 매생물이 가지로부터 줄기로 자라 들어가는 것을 지연시킬 것이다.

곰팡이, 세균, 곤충의 침입에 대한 추가적인 방어선은 해당 교목이 상처를 받은 후에 계속해서 자랄 때 발생한다. 상처 근처 유관속 형성층이 생장을 재개하면, 새로운 목부가 손상재로부터 이후 자란 목재 속으로 미생물이 이동하는 것을 더욱 어렵게 되도록 변형된다. CODIT 모델에서 wall 4(Shigo 1984)로 불리는 이 **방벽지대**(防壁地帶, barrier zone)는 이미 상처를 점유하고 있는 미생물로부터 새로운 목부를 보호한다. 이를 위해서는, 방벽지대 목부 구성이 해당 종의 보다 전형적인 목부와 완전히 달라야 한다. 예를 들어 설탕단풍나무(*Acer saccharum*)의 경우, 목부는 일반적으로 도관 약 15%, 유조직 15%, 섬유질 70%로 구성되지만, 상처 발생 후에 형성된 목부는 도관 5%, 유조직 95%로 구성되어 있으며 섬유는 없는 것으로 확인되었다(Rademacher 등 1984). 구주물푸레의 경우, 춘재 도관이 숫자에서 4배에 달하지만 방벽지대 내부에서는 내강의 크기가 약 3/4으로 줄어든다. 또한 방사조직은 크기와 빈도가 증가하였다. 이러한 변화는 통도성을 떨어뜨리지만 상처에 의한 목부 폐색으로 손상된 수리적 안정성을 향상시킨다(Arbellay 등 2012). 발삼포플러(*Populus balsamifera*)의 경우, 섬유가 방벽지대의 주된 세포 유형인 것으로 확인되었다(Rioux & Ouellette 1991). 유조직에 의해 주도되는 방벽지대는 진행 중인 위협에 능동적으로 반응할 수 있는 능력을 보유하고 있는 것으로 보이고, 이들이 섬유에 의해 주도되는 방벽지대보다 에너지 측면에서는 비싸게 먹히지만 더 나은 방어를 제공한다. 외상성 수지, 키노, 겔 통로도 추가적인 보호를 위해 방벽지대에서 발견될 수도 있는데, 이들은 유칼리나무류(*Eucalyptus*), 풍나무류(*Liquidambar*), 벚나무류(*Prunus*) 등에서 발견된다.

직경이 가는 줄기에서는, 방벽지대가 해당 줄기의 둘레 전체로 연속될 수도 있다. 그러나 굵은 줄기에서는, 방벽지대가 종종 **불연속**적이어서 둘레의 일부 주변에만 존재하여(대개 상처 양쪽 30° 주변) 해당 상처 아래와 위로 짧게 존재한다. 일반적으로 상처 발생 후 2~3년 이내에는, 목부는 정상적인 발달 패턴으로 되돌아가지만 미생물이 최초의 경계를 파괴하면 반응지대와 방벽지대를 넓힐 것이다. 이러한 내부 변화는 목재 내에 보존되어 과거로부터 지금까지의 교란을 찾아다니는 사람들에게 유용한 상처 기록을 제공한다(Schweingruber 2007; Stoffel 등 2010).

전정과 상처발생

교목을 전정(剪定, pruning)하면, 다양한 보호 기제가 줄기의 통합성을 확보하고, 역학적인 구조와 물과 설탕의 통도 능력을 유지하기 위해 노력한다. 전정은 절단 표면으로부터 물기둥의 즉각적인 반응을 유발하기 때문에, 적어도 절단 아래에서의 어느 정도 폐색은 발생할 수 있다. 나자식물의 경우, 이로 인해 유연 벽공의 폐색과 상처 부위로의 수지 유입을 유발할 것이다. 피자식물의 경우, 처음에는 도관으로의 공기 유입이 천공판(穿孔板, perforation plate)에 의해 중지될 가능성이 있지만, 해당 교목이 물기둥 내 높은 장력으로 이어지는 물 부족인 경우, 공기는 줄기 속으로 더 깊이 들어갈 수도 있다. 따라서 건조 스트레스 하의 교목은 전정 후에 고도의 목부 기능 장애 상태에 놓일 수 있다. 기능 상실 도관은 보통 2~3일 이내에 전충체나 겔에 의해 막힐 것이다(자세한 내용은 제2장 참조). 절단 표면에 있는 건조에 의해 죽지 않은 유세포는 가끔 코르크화(수베린으로 채워져)되어 이어지는 건조와 미생물 침입으로부터 어느 정도의 보호를 제공한다. 이후 절단 가장자리로부터 상처 유상조직이 형성되어 시간이 흐름에 따라 새로운 목재와 수피가 생기고, 이러한 과정이 오랜 시간이 걸릴 수도 있지만, 노출된 목부를 덮을 것이다. 해부학적 구조에 의한 수동적 방어와 미리 형성된 화합물은 심재에서 미생물이 군체를 형성하는 것을 어느 정도 막아주겠지만 위에 설명한 능동적 방어과정이 변재 보호에 매우 중요하다.

온대 교목의 경우, 이들 능동적인 과정은 기온이 낮아지면 제한되는 경향이 있기 때문에 생육기 중에만 발생할 가능성이 있다. 예를 들면, 5℃ 아래에서는 전충체가 형성되지 못하는 경향이 있어서(Schwarze 등 2005b), 모든 보호 물질의 형성이 비슷하게 기온에 의해 제한될 가능성이 있다. 나아가 살아 있는 유조직은 변재에서만 발견되기 때문에 변재에서만 일어날 수 있다. 따라서 심재를 노출시키는 모든 전정은 미생물에 의한 군체 형성을 제한하는 것은 능동 반응보다 나이 들어 변형된 목재에 의존해야 한다. 따라서 심재는 근본적으로 해당 교목의 중심부에서 미생물 군체가 형성될 가능성을 크게 높인다. 규칙적인 심재를 가지는 종은 숙재(熟材, ripewood)만을 형성하는 종과 같이 불규칙한 심재를 가진 종보다 훨씬 저항성이다(제2장 참조). 여러 개의 작은 상처가 항상 소수의 큰 상처보다 유리한데, 이렇게 하면 심재가 덜 노출되기 때문이다. 특히 위험한 계획은 줄기의 같은 구역에 전정으로 일련의 상처를 창출하는 것이다(Lonsdale 1999). 상처와 연관된 기능 장애 지대인 이곳이 하나로 합쳐져 큰 부피의 기능 장애 목재를 형성할 수 있다. 이는 미생물 군체 형성을 촉진하여 부후 곰팡이가 정착하면 상당한 공동으로 이어질 가능성이 있다. 결국에는 이것이 전체 줄기의 역학적 통합을 위협하여 교목 파손으로 이어질 수 있다.

줄기는 서로 다른 연기자들이 우위를 차지하기 위해 애쓰는 극장이 된다. 이는 수많은 종의 상호작용이 서로 연관되어 있는 매우 복잡한 경기장이다. 교목이 수천 년에 걸쳐 연마한 전략을 사용하여 상처를 둘러싸거나 '구획화'(區劃化, compartmentalization)할 것인가, 아니면 미생물과 곤충의 기술에 의해 식품 저장고가 열릴 것인가? 물론 대답은 두 결과가 어느 정도 동시에 발생한다는 것이다. 교목은 감염과 만연에 저항할 수 있지만, 특정 환경 하에서는 곰팡이, 세균, 곤충에 유리하도록 전환된다. 이것이 자연이 작동하는 방식이다. 과정은 역동적이고, 복잡하고, 많은 무대 특히 다양한 배역이 있는 극장이다.

줄기 부후

교목이 보유하고 있는 수많은 방어에도 불구하고 많은 곰팡이는 목재를 감염시키고 부후시키는 방법을 개발해왔다(사실 이것이 목질의 물질을 재순환시키는 데 필수적이다). 목재를 먹이로 사용하기 위해, 이들은 셀룰로오스, 헤미셀룰로오스(hemicellulose), 리그닌의 복잡한 탄소 구조를 자신들의 물질대사(物質代謝, metabolism)에 사용할 수 있는 단당류로 분해하는 특화된 효소(酵素, enzyme)를 개발했다(Stokland 등 2012).

전통적으로 부후 곰팡이는 다양한 유형의 부후로 분류되어 왔다(그림 9.8). **갈색부후**(褐色腐朽, brown rot)는 셀룰로오스와 헤미셀룰로오스를 선택적으로 붕괴시키지만 리그닌 분해는 제한된다. **백색부후**(白色腐朽, white rot)는 셀룰로오스, 헤미셀룰로오스, 리그닌을 제거하는 능력을 가지고 있지만 이를 시작하는 방식에서 차이가 있다. **선택적 탈리그닌 백색부후**(selective delignification white rot)는 리그닌과 헤미셀룰로오스를 우선 분해하고 아주 후기에 셀룰로오스로 이동한다. **동시 백색부후**(simultaneous white rot)는 부후의 초기단계부터 리그닌, 셀룰로오스, 헤미셀룰로오스를 분해할 수 있다. 이러한 부후가 매우 광범위하거나 역학적으로 중요한 부위에 발생하면 해당 교목에게는 특히 급박한 문제가 된다. 셀룰로오스와 리그닌은 목부에 서로 다른 역학적 성질을 제공하기 때문에 이들의 분해도 서로 다른 유형의 역학적 성능 상실로 연결된다. 셀룰로오스의 제거는 목재의 인장강도(引張强度, tensile strength)를 약화시키고, 리그닌 제거는 압축 강도(壓縮强度, compressive strength)를 낮춘다. **연부후**(軟腐朽, soft rot)의 특징은, 이들이 리그닌을 변형시킬 능력은 약하지만, 세포벽에 터널을 뚫고 셀룰로오스와 헤미셀룰로오스를 우선 분해하는 균사(菌絲, hyphae)를 가지고 있다는 것이다(Schwarze 등 2000b).

곰팡이는 목재의 방어를 극복하기 위해 어떤 매우 특수한 적응 기술을 개발해왔다. *Ganoderma adspersum*(불로초류)와 같은 일부 부후 전문가는 도관을 막는 전충체에 침착되고 겔에 존재하는 페놀 화합물을 소화시키는 능력을 개발했다(Schwarze & Baum 2000). 다른 곰팡이는 화학적으로 변형된 유세포를 분해할 수 있는 능력을 보여준다. 사실 많은 곰팡이가 이들을 분류하려는 우리의 시도를 어렵게 만드는 놀랄만한 다양성을 보여준다. '백색부후' 곰팡이인 시루뻔버섯(*Inonotus hispidus*)은 '연부후' 곰팡이처럼 세포벽을 통과하는 터널을 뚫어 런던버즘나무(*Platanus* x *acerifolia*)의 반응지대를 침투할 수 있어서, 도관을 막고 있는 페놀 침전물을 피해간다(Schwarze & Baum 1997). 결과적으로 교목이 생산한 독성 화합물을 피하게 된다. 일단 이들 곰팡이가 도관의 방해물을 통과하면, '백색부후' 방식이 계속된다. 비슷한 유연성은 큰잎유럽피나무(*Tilia platyphyllos*)와 너도밤나무(*Fagus sylvatica*)에 대한 왕잎새버섯(*Meripilus giganteus*)에서 볼 수 있다(Schwarze & Fink 1998). 나아가, '갈색부후' 곰팡이인 소혀버섯(*Fistulina hepatica*)은 탄닌이 풍부한 참나무류(*Quercus* spp.)의 심재에 대한 초기 부후 동안 연부후 방식을 사용한다(Schwarze 등 2000a). 곰팡이는 숙주의 방어를 극복하는 방식에서 엄청나게 창의적이

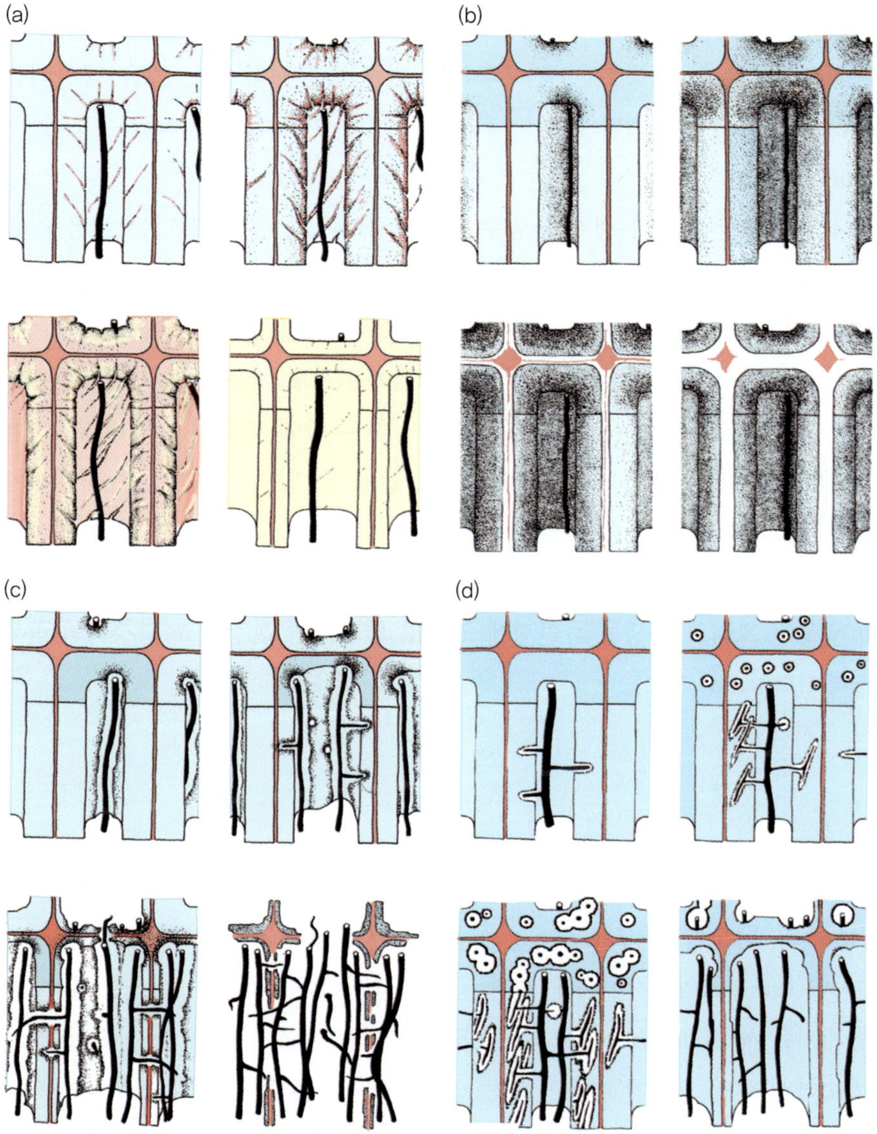

그림 9.8 서로 다른 부후 유형의 특징. (a) 소나무잔나비버섯(*Fomitopsis pinicola*)에 의한 갈색부후. 부후의 초기 단계에는, 세포벽에 퍼져 있는 S_3 층에서 자라는 균사가 효소를 분비한다. 더 진전되면, 효소가 이차벽 전반에 침투하여 헤미셀룰로오스와 셀룰로오스의 광범위한 분해를 유발한다. 목재 수축으로 이차벽 내부에 수많은 균열이 형성된다. 이 부후의 후기단계에서도, S_3은 변형된 리그닌 망에 의해 지지되어 그대로 있다. (b) 벽돌빛뿌리버섯(*Heterobasidion annosum*)에 의한 선택적 탈리그닌 백색부후. 부후의 초기단계에는, 효소(점으로 표시됨)가 균사로부터 이차벽으로 확산된다. 이들은 이차벽 내부의 헤미셀룰로오스와 리그닌 분해를 시작하고 중엽층으로 확대한다. 후기에는 펙틴(세포를 서로 잡고 있는)과 리그닌을 우선 분해함으로써 개별 세포를 분리시킨다. 초기에는, 셀룰로오스가 그대로 남아 있다. (c) 말굽버섯(*Fomes fomentarius*)에 의한 동시 백색부후. 초기에는 내강 내에서 자라는 풍부한 균사 주변에서 분해가 일어난다. 세포벽은 내강으로부터 바깥으로 점진적으로 분해된다. 개별 균사는 세포벽을 직각으로 침투한다. 세포벽은 점점 얇아져 수많은 시굴공(borehole)이 인접 세포를 통과한다. 더 진전되면, 강하게 리그닌화된 화합물인 중엽층에 의해 부후가 저지된다. (d) 껍질방석꼬투리버섯(*Kretzschmaria deusta*)에 의한 연부후. 부후의 초기단계에는, 균사가 이차벽 속으로 확산되어, S_2 층의 셀룰로오스 미세원섬유를 따라 가지를 치고 자란다. 이는 원추형 모양의 끝을 가진 공동 형성으로 이어진다. 부후의 후기단계에는, 이차벽이 거의 완전히 분해되는 데 비해 과이아실(guaiacyl)이 풍부한 화합물인 중엽층은 남아 있다. 출처: Schwarze & Baum(2000). Springer의 허락을 받아 전재.

기 때문에, 갈색부후, 백색부후, 연부후라는 범주가 유용하지만, 많은 곰팡이는 쉽게 한 유형으로 분류되지 않거나 특정한 환경에서는 부후의 유형을 바꿀 수도 있다(Eaton 2000; Schwarze 2007).

엄청나게 다양한 곰팡이 세계를 범주별로 깔끔하게 맞출 수 없다는 것은 놀랄 일이 아닐 것이다. 부후 곰팡이에게 교목은 단순히 생장을 위한 기질, 자신의 영역을 확장하기 위한 기회, 자신의 번식을 지원하는 먹이원에 해당할 뿐이다. 이들은 죽은 목재의 순환뿐만 아니라 폭넓은 다른 종의 서식지 창출자로서도 매우 중요하다(이 장 뒤쪽의 전문가 논단 9.3 참조). 어떤 종은 고도로 특화되어 한 수종에 제한될 수도 있고, 다른 종들은 보다 만능이어서 수많은 다른 수종에서 발견될 수 있다. 어떤 종은 죽은 목재만을 침입할 수 있고, 다른 종은 살아 있는 교목을 침범할 수 있는 전문 병원균이다. 어떤 종은 뿌리 전문가인 반면, 다른 종은 지상의 죽은 목재에 관여할 뿐이다. 부후 곰팡이는 자신의 생물적 그리고 무생물적 환경에 고도로 반응적인 복잡하고 경쟁적인 곰팡이 집단의 일부이다(Boddy 2001).

세균

어떤 세균(細菌, bacteria)은 확실히 교목에 유익하다. 제8장에서 고찰한 바와 같이, 아카시아류(*Acacia*), 나도싸리류(*Laburnum*), 꽃아까시아류(*Robinia*), 회화나무류(*Styphnolobium*), 바첼리아류(*Vachellia*)와 같은 속에 속한 종은 대기 질소를 식물이 사용할 수 있는 형태로 전환시키는 세균(*Rhizobium* spp.)을 내포하고 있는 혹을 뿌리에 가지고 있다. 이는 균근과 비슷하게 해당 교목에 비용이 드는 공생관계이기 때문에 토양 질소 수준이 높아서 해당 교목이 세균의 필요성이 낮은 곳에서는 뿌리혹이 덜 형성된다. 폭넓은 다른 교목도, 일반적으로 사상세균(絲狀細菌, filamentous bacteria) 유형인 프랑키아류(*Frankia* spp.)인 방선균류(放線菌類, actinomycetes)와 공생관계를 형성하고 있다. 이들은 오리나무류(*Alnus*), 갈매나무류(*Ceanothus*), 보리수나무류(*Elaeagnus*), 소귀나무류(*Myrica*)를 포함한 대부분의 온대 활엽수들이다. 이들 혹은 정상적인 균근 관계에 대한 보충으로 영양소의 추가 공급원으로 사용된다.

인산용해세균(燐酸溶解細菌, phosphate solubilizing bacteria)(예: 아그로박테리움 라디오박터/*Agrobacterium radiobacter* – 토양에서 인의 가용성을 높여주는 자유생활 세균)과 함께 근권세균과 다른 질소고정 세균은 주로 농업에서 식물의 영양소를 증대시키기 위해 토양에 적용되어 왔다.

부정적인 측면으로는, 세균 특히 슈드모나스속(*Pseudomonas*), 엔테로박터속(*Enterobacter*), 클로스트리듐속(*Clostridium*)에 속하는 종은 교목에서 소규모의 습재(濕材, wetwood)를 유발하고 때로는 발육이상을 일으킨다(Scott 1984). 세균성 습재 부위는 발효 압력으로 인한 상처로부터 흘러내리는 갈색 삼출액(滲出液, exudate) 때문에 분명해진다. 이 삼출물은 알코올 냄새가 날 수 있지만 일반적으로 이 액체는 다른 세균이나 효모균(yeast)이 빠르게 침범하여 매우 불쾌한 냄새를 유발한다. 슈도모나스 시링가에(*Pseudomonas syringae*) 병원형(病源形, pathovar)[6]은 더 나아가 구주물푸레(*Fraxinus excelsior*)와 벚나무류(*Prunus* spp.)에서 솟아오른 세균성 궤양을 만든다. 벚나무에서, 세균은 잎도 감염시켜 작은 면적을 죽여 떨어져나가게 하여 천공(穿孔, shot hole)이라고 알려진 가장자리가 붉은 구멍을 남기는데, 이렇게 부르는 것은 해당 식물이 산탄총의 공격을 받은 것처럼 보이기 때문이다. 더욱 심각한 것은 가시칠엽수(*Aesculus hippocastanum*)의 *P. syringae* pv. *aesculi*는 치명적일 수 있는 **칠엽수궤양병**(chestnut bleeding canker)을 유발하는데, 사부가 죽음에 따라 광범위한 면적의 죽은 수피에서 검은 삼출액을 볼 수 있다(그림 9.9).

다행히도 대부분의 습재 감염은 일반적으로 해당 교목에 피해를 거의 주지 않으며 구조를 심각하게 약화시키지 않는다. 더구나 세균 감염 주변의 목재는 너무 습하기(따라서 산소가 낮음) 때문에 목재 부후 곰팡이의 발달을 억제하는 경향이 있다. 눈에 거슬리지만, 물을 빼거나 부후를 제거하려는 시도가 감염을 악화시키거나 확산시키는 역할을 하기 때문에 습재 감염은 그대로 두는 것이 최선의 처치이다.

9.5 곤충

꽃가루 매개자와 방어자로서의 곤충

대부분의 주요 삼림 교목은, 고위도에서는 확실히, 풍매 수분(風媒受粉, wind pollination)이다. 이들은 한 종에 의해 주도되는 숲을 형성하는 경향이 있기 때문에 수많은 같은

---

6 pathovar 또는 pv.는 pathogenic variety(병원균의 변종)의 줄임말임.

그림 9.9 세균 *Pseudomonas syringae* pv. *aesculi*에 의해 유발된 가시칠엽수의 칠엽수궤양병. (a) 초기 감염부 위에서 흘러나오는 삼출물이 보이는 초기단계. 출처: Duncan Slater 제공. (b) 위에 검은 삼출물이 남아 있고 감염에 의해 유발된 광범위한 면적의 수피가 죽어 있는 보다 심각한 감염.

종의 개체들이 바람을 매우 효율적인 교목 간 꽃가루 운반자가 되게 한다. 또한 이들이 생산하는 엄청나게 많은 꽃은 가용할 수 있는 것보다 더 많은 수분 매개자를 필요로 할 것이다. 이와 달리, 마가목속(*Sorbus*), 산사나무속(*Crataegus*), 벚나무속(*Prunus*)에 속하는 종을 포함하여 넓은 면적에 작은 집단이나 개별적으로 자라는 많은 소교목은 충매수분(蟲媒受粉, insect pollination)이다. 이의 가치를 과소평가해서는 안 된다. 중국의 여러 지방에서는 벌 개체수의 급감 이후 사과 생산이 힘든 인공 수분(人工授粉, hand pollination)으로만 유지되고 있다(Partap 등 2001).

전 세계 수많은 교목은 방어의 한 형태로 곤충, 특히 개미를 사용한다. 이들은 주로 열대 교목에서 발견되지만 많은 온대 교목에서도 발견된다. 개미는 곤충과 새까지도 죽이거나 몰아냄으로써 해당 교목을 보호하고, 대가로 보금자리와/나 먹이를 얻는다. 세로티나벚나무(*Prunus serotina*)의 경우, 붉은머리개미(*Formica obscuripes*)는 자신의 인접 둥지로부터 초봄에 해당 교목 잎의 가장자리 톱니에 있는 꽃밖 꿀샘(extrafloral nectary)으로 유인된다. 나무에 있는 동안, 개미는 벚나무의 주요 낙엽 해충인 동부텐트나방

(*Malacosoma americanum*)의 어린 유충을 열심히 먹는다(Tilman 1978). 이는 개미와 해당 교목 모두에게 이득이다.

온대 교목도 스스로를 방어하기 위해 훨씬 더 작은 곤충을 이용한다. 많은 수종의 잎은 엽맥이 만나는 잎의 아래쪽에 **소혈**(巢穴, domatium)이라고 불리는 작은 다발의 털이나 주머니 조직을 가지고 있다(Grostal & O'Dowd 1994). 이들은 잎을 돌아다니면서 잔뜩 먹고 동시에 초식성 피해나 병으로부터 잎을 보호하는 데 도움을 주는 다양한 포식성 곤충과 미생물 포식동물의 집이다.

흡즙곤충과 식엽곤충

수많은 진딧물(aphid)과 깍지벌레(scale insect)는 피나무류(*Tilia* spp.)와 일부 단풍나무(버즘단풍나무와 같은)처럼 상처받기 쉬운 교목의 개별 사부 관다발을 찔러 달콤한 사부 수액을 훔친다. 이들은 특히 수액에 있는 소량의 질소를 얻으려고 하기 때문에 많은 양의 과도한 설탕을 방출하는데, 이것이 수피와 아래에 있는 잎을 포함하여 차창과 다른 표면에 달라붙는 물질이다. 이 달콤한 액체는 쉽게 그을음병이 침범하여 해당 교목에 해롭기보다 미적으로 더 골칫거리인 보기 흉한 지저분한 검은 모양을 창출한다. 어떤 진딧물은 더 큰 피해를 줄 수도 있다. 일부 솜벌레(woolly aphid – 너도밤나무에서 발견되는 너도밤나무솜벌레/*Phyllaphis fagi*, 사과나무류에서 발견되는 사과면충/*Eriosoma lanigerum*, 전나무류에서 발견되는 발삼솜벌레/*Adelges piceae*와 같이 왁스질 털에 덮인 진딧물)는 잎 말림, 신초 부풂, 마름 현상을 유발할 수 있다. 나아가 이들이 유발한 손상은 곰팡이성 병원균이 침입할 수 있게 한다. 예를 들면 사과면충(*Eriosoma lanigerum*)이 만연(蔓延, infestation)하면 알보리수버섯류(*Nectria* spp.)에 의해 유발되는 부란병(腐爛病, apple canker)으로 이어질 수 있다. 북미 북동부에서는, 너도밤나무궤양병(두 *Neonectria* 종에 의해 유발됨)은 침입성 비토착 곤충인 너도밤나무밀깍지벌레(*Cryptococcus fagisuga*)의 만연에 뒤이어 미국너도밤나무(*Fagus grandifolia*)를 침범한다(Cale 등 2015).

곤충의 애벌레는 교목의 잎을 먹어치우는 데 매우 효과적일 수 있다. 북미에서, 곤충과 병원균이 산불보다 다섯 배 더 많은 경제적인 피해를 유발한다(Dale 등 2001). 심각한 잎 상실은 다양한 곤충에 의해 유발될 수 있지만, 특히 '자벌레'(looper)의 애벌레(자나방과로, 겨울물결자나방/*Operophtera brumata*과 얼룩암갈색자나방/*Erannis defoliaria* 등이 있음)와 녹색참나무잎말이나방(*Tortrix viridana*)을 포함한 나방류(moths)에 의해 유발된다. 영국에서는, 이들에 더해 이미 네덜란드와 인접 벨기에에 엄청난 만연을 유발한 해충으로 중부와 남부 유럽 자생인 참나무행렬모충나방(*Thaumetopoea processionea*)과 같은 새로운 해충이 추가되었다. 이는 영국에서 2005년에 처음 발견되었다. 다양한 교목(유럽 대륙에서 자라는 터키참나무, 서어나무류, 밤나무류, 너도밤나무류, 개암나무류, 자작나무류와 함께, 자생종인 영국참나무, 페트라참나무)의 잎을 갉아먹는 것 외에 유충은 피부와 호흡기 문제를 유발할 수 있는 **두드러기를 일으키는** 털을 가지고 있다(전문가 논단 9.1 참조). 기후 변화와 온난한 겨울로 인해 수많은 곤충 종이 겨울철에 생존하여 개체수를 효과적으로 증강시킬 수 있을 것이다. 이는 국제적인 식물 무역이 증가하는 상황에서 **식물위생**(phytosanitation – 생물보안/biosecurity) 점검을 예고 없이 통과하여 새로운 국가로 들어갈 수 있는 길을 찾을 수 있는 해충의 수가 증가함으로써, 앞으로 더 많은 잎의 상실을 예상할 수 있다는 것을 의미한다.

대략적으로, 잎을 먹어치우는 곤충에 의해 잎의 30%까지를 잃더라도 한 해에는 생장을 거의 위축시키지 않으며, 해당 교목이 다른 피해와 연관되어 있지 않으면 잎의 50%를 잃어도 일반적으로 영향은 거의 없을 것이다. 나아가 일단 곤충의 활동이 끝나면 대부분의 교목은 여름 늦게 새로운 잎을 다시 만들어 완전한 잎 상실로부터 회복될 것이다. 잎 상실은 **라마스 생장**(lammas growth – 8월 1일인 Lammas day에서 유래)의 원인 중 하나이다. 그 해에 새로운 생장을 위한 시간을 가질 수 없거나 갖지 않은 교목은 평소처럼 이듬해 봄에 새로운 잎을 다시 만들겠지만, 단 한 해의 잎 상실 효과가 5년에 이르기까지 위축된 생장을 보일 수 있다. 가장 큰 문제는 해마다 반복되는 잎 상실로 인해 발생하는데, 이는 잎이 제거되면 설탕과 전분 생산을 크게 감소시켜서 점점 줄어드는 해당 교목 내부에 저장된 비축분을 매년 새로운 잎이 추가로 소모시키기 때문이다. 또한 이는 화학적 방어에 대한 투자를 줄일 수 있어서 생물적 무생물적 스트레스 요인에 대한 감수성을 더 높이게 된다. 결국 죽음으로 끝날 수 있다.

이 시점에, 일부는 위협적이지만, 잎을 공격하는 많은 곤충은 해당 교목에 심각한 위협을 가하지 않는다는 것을 언급할 필요가 있다. 유해한 사례는 칠엽수잎굴파리(*Cameraria ohridella*)이다. 이 나방의 작은 유충은 엽육 안에 살면서 내부 조직을 먹어치우고 뒤에 갈색 자국을 남긴다. 영국에서는, 2002년 런던에서 처음 발견되었지만 이제는 확산되어 수관 전반에 걸쳐 모든 잎이 갈색으로 변할 정도로 고밀도로 발생할 수 있다. 녹색 엽면적의 상실이 35%의 광합성 감소로 이어질 수 있다는 증거가 있다. 보다 중요한 것은 번식(繁殖, reproduction)에 미치는 영향인데, 잎굴파리가 종자 무게를 47%

감소시키는 것으로 나타났고, 어떤 경우에는 발아가 32%까지 낮아졌다(Takos 등 2008; Percival 등 2011). 더구나 이 잎굴파리가 핵심 방어 효소를 억제함으로써 해당 교목을 칠엽수궤양병에 더욱 민감하게 만든다(Percival & Banks 2014). 더욱 극심한 것은 영국 자생인 소나무밤나비(*Panolis flammea*)가 구주소나무(*Pinus sylvestris*)의 침엽에서 발견되었다. 이는 1976년 북부 스코틀랜드의 습한 이탄토(泥炭土, peat soil)에서 자라는 룻지폴소나무(*Pinus contorta*)에서 발견되었는데, 이의 유충 때문에 소나무를 살리기 위해 수만 헥타르의 조림지에 농약을 뿌렸다.

곤충을 쓸어 모으거나 씻어내어 물리적으로 제거하는 것은 소교목에는 가능하지만, 가장 효과적인 방제 방법은 농약인데, 특히 곤충이 가장 취약하고 이들이 다음 가해 주기를 시작하기 전인 겨울이나 초봄이 적기이다. 이들 농약은 분명히 환경에 미치는 영향이 있고, 이들의 적용이 종종 크게 만연할 때에는 비현실적이다. 이러한 경우, 최선의 관리는 해당 교목이 잎 상실을 견딜 수 있도록 건강을 확보하는 것이다.

기후 변화는 한때 교목에 도움이 된다고 생각되었는데, 이는 겨울물결자나방(*Operophtera brumata*)과 같은 곤충의 유충이 이들이 사는 참나무보다 초봄 기온에 더 잘 반응할 것으로 생각했기 때문이다. 이렇게 되면 이들 유충은 눈이 트기 전에 나와서 굶어죽게 된다. 그러나 자연은 똑똑하여 이 곤충은 이제 적응되었다. 그럼에도 불구하고 일부 개별 교목은 이들의 봄 행태의 변이에 의해 이득을 볼 수도 있다. 잎은 시간이 지남에 따라 탄닌과 같은 화학적 억제물질의 농도를 더 많이 축적함으로써 더 단단해지기 때문에, 곤충이 너무 많이 먹을 수 있을 정도로 크기 전에 더 빨리 잎을 피우는 교목은 이제 살아남을 수도 있다. 더욱이 매우 늦게 잎을 피우는 교목도 곤충의 유충이 번데기가 되고 난 후에 어린 취약한 잎이 나타나기 때문에 크게 피해를 받지 않고 생존할 수도 있다. 따라서 기후 변화의 영향은 복잡하여 예측하기 어려울 수 있다.

목재와 수피 천공충

곤충은 목재 속으로 굴을 팜으로써 상당한 피해를 유발할 수 있다. 다양한 곤충이 보금자리와 먹이로 목재를 사용한다. 지구의 따뜻한 지역에서는, 흰개미류(흰개미목/Isoptera)가 2000종 정도의 매우 엄청난 집단을 형성하고 있다. 대부분이 매우 온순하지만, 죽은 목재와 건물에 중대한 피해를 유발할 수 있는 종이 약 100종이 있다. 온대지방에서는, 대부분의 목재 천공충은 딱정벌레(beetle, 딱정벌레목/Coleoptera)와 나방(moth,

나비목/Lepidoptera)이고, 몇몇 잎벌(sawfly)과 송곳벌(wood wasp – 벌목/Hymenoptera)이 여기에 속한다. 대부분의 딱정벌레는 죽거나 스트레스를 받은 교목과 가지로 제한되어 문제가 되지 않지만, 일부는 건강한 교목에 심각한 해충이 될 수 있다. 이들 중 일부는 성충이 목재에 피해를 유발하지만, 일반적으로 굴을 파고 목재에 안전하게 숨어서 자신의 생애 대부분을 보내는 것은 유충이다. 많은 곤충이 곰팡이성 부후가 발생하기에는 너무 건조한 목재에 살 수 있다는 것에 유의하는 것이 중요하다. 대부분의 나무좀 피해를 유발하는 일반가구좀(*Anobium punctatum*)은 수분 12%에서도 생존할 수 있지만 일반적으로 좀 더 습한 목재에서 가장 잘 산다.

일부 천공성 곤충은 목재를 갈아서 뚫는 유충 때문에 교목에 상당한 피해를 줄 수 있다. 하늘소류(longhorn beetles)가 이 범주에 속하는데, 유리알락하늘소(*Anoplophora glabripennis*)와 알락하늘소(*A. chinensis*)(그림 9.10)가 있다. 둘 다 아시아 자생이고 미국, 캐나다, 유럽 여러 나라에 도입되었고, 1994년 이후 영국에서도 산발적으로 발견되고 있다. 피해는 유충의 엄청난 크기(길이 5cm까지)와 이들이 목재를 통해 파는 수많은 넓은 터널에 의해 유발된다. 이들이 수피를 통해 떠나는 탈출공은 직경이 1cm에 이르러 내부 피해가 상당할 수 있다. 이들은 단풍나무류(*Acer*), 칠엽수류(Aesculus), 자작나무류(*Betula*), 버드나무류(*Salix*), 사시나무류(*Populus*), 느릅나무류(*Ulmus*)를 포함한(그리고 정도는 덜하지만, 오리나무류/*Alnus*, 너도밤나무류/*Fagus*, 물푸레나무류/*Fraxinus*, 사과나무류/*Malus*, 버즘나무류/*Platanus*, 벚나무류/*Prunus*, 배나무류/*Pyrus*에서도) 다양한 교목에서 발견되어, 이들이 정착하는 경관에 대한 영향은, 특히 다양성이 낮은 지역인 경우, 엄청날 수 있다(Sjöman 등 2014).

일부 더 작은 천공충이 자신의 숙주가 환공재(제2장 참조)일 경우 더 큰 피해를 줄 수

그림 9.10 알락하늘소(*Anoplophora chinensis*). 출처: https://en.wikipedia.org/wiki/citrus_long-horned_beetle#/media/File:Anoplophora_malasia.jpg. CCBY2.5에 따라 허가됨.

있다. 이들 교목은 목재의 가장 바깥 나이테가 수분 통도에 핵심이기 때문에, 사부와 목부 접합부위를 침범하여 바로 그 가장 바깥 나이테를 손상시키는 하늘소에 매우 취약하다. 중요성이 증대되고 있는 것 중에서 아시아와 동부 러시아 자생인 선명한 녹색 하늘소인 호리비단벌레(*Agrilus planipennis*)가 있는데, 2002년 북아메리카에서 발견되었으며(목재 포장자재로 유입되었을 것으로 추정) 어떤 사람들은 북미에서 확인된 가장 파괴적인 삼림 해충이라고 생각하고 있다(Thomas 2016). 이제 미국과 캐나다의 13,000km^{2}가 넘는 지역에서 발견되고 있고, 물푸레나무 수천만 그루 이상을 죽였다. 광역 유럽에서는, 모스코바에서 특히 문제를 유발하고 있는데, 1백만 그루 이상의 교목을 죽이고 매년 30~40km의 속도로 서쪽과 남쪽으로 이동하고 있다(주요 고속도로를 따라 차량에 편승하는 것 같다; Straw 등 2013). 일단 감염되면 교목은 일반적으로 2~3년 내에 죽는다. 어떤 곤충은 병원균과 함께 움직이기 때문에 더 빠르고 광범위한 피해를 주기도 한다. 이의 가장 고전적인 사례는 유럽에서 2천만 그루, 미국에서 4천만 그루의 느릅나무를 죽인 느릅나무시듦병(DED, Dutch elm disease) 곰팡이(*Ophiostoma novo-ulmi*)를 운반하는 느릅나무좀(유럽에서는 주로 큰유럽느릅나무좀/*Scolytus scolytus*과 작은유럽느릅나무좀/*S. multistriatus*, 북미에서는 미국느릅나무좀/*Hylurgopinus rufipes*)이다. 이 병은 두말할 나위 없이 느릅나무류가 환공재이기 때문에 특별히 황폐화시키고 있다.

보다 일반적으로 말하면, 목재 천공 곤충은 비록 목재의 질을 크게 떨어뜨릴 수 있어도 해당 교목이 부러질 정도로 물리적으로 약화시키지 않지만, 병원균과 다른 해충의 침입구를 제공함으로써 무해하다고 생각되는 많은 곤충도 교목에 피해를 줄 수 있다. 그러나 가능하면 모든 천공성 딱정벌레를 제거하는 것이 항상 좋다고 할 수 있는 간단한 사항은 아니다. 참나무비단벌레(*Agrilus biguttatus*)는 참나무 쇠락과 연계되어 유럽 대륙에서는 해충으로 여기지만, 과성숙 또는 노숙 참나무와 관련해서는 British Red Data Book(영국의 멸종/희귀종을 기록한 공식 문서)의 희귀종이다. 따라서 이를 보존하기 위한 노력을 기울이고 있다.

물론 교목은 딱정벌레가 들어오는데 수동적인 것은 아니다. 교목은, 종종 가벼운 정(正, positive)의 압력 하에서, 딱정벌레나 다른 잠재적인 해충을 물리적으로 수피로부터 씻어내고 이를 죽일 수도 있는 다양한 유독한 수지, 겔, 라텍스를 생산한다. 그러나 딱정벌레와 교목 사이의 무기 경쟁은 항상 일방적인 것은 아니어서, 많은 딱정벌레가 대응되는 방어를 개발해왔다. 독일가문비(*Picea abies*) 속으로 파고들어가는 여덟이빨나무좀(*Ips typographus*)은 청변균(青變菌, *Ceratocystis polonica*)을 지니고 다닌다. 이 곰팡이는 수지 생산을 줄이는 역할을 하여 더 많은 딱정벌레가 더 쉽게 수간으로 접근할 수 있게 한다. 이 딱정벌레는 보통 약화되거나 병든 교목을 침범하는데, 이는 수지 생산을 극복하기가 더 쉽기 때문이다. 건강한 교목을 침범하기 위해서는, 딱정벌레가 침범하기에 충분할 정도로 수지 생산을 둔화시키기 위해 더 많은 곰팡이가 필요하기 때문에, 훨씬 더 많은 수의 딱정벌레가 필요하다. 비슷한 과정이 다양한 소나무좀류(*Dendroctonus*)에서 일어날 수도 있다. 폰데로사소나무좀(*D. ponderosae*)은 북아메리카 서부의 넓은 면적에 걸쳐 수백만 그루의 소나무를 죽였고 마찬가지로 수지 생산을 둔화시키는 청변병을 일으키는 곰팡이(*Grosmannia clavigera*)를 가지고 다닌다. 또한 이 곰팡이도 목재를 분해하여 더 잘 소화될 수 있도록 함으로써 딱정벌레 유충이 먹는 것을 도와주는 역할을 할 수 있다.

목재 천공 해충과 나무좀 관리를 고려할 때에는 의심할 여지없이 예방이 최선의 방법이며, 이는 주로 교목의 활력을 유지함으로써 달성된다: 적지적수(適地適樹, the right tree in the right place). 나이 들고 천천히 자라는 교목, 햇빛과 물, 영양소를 두고 고도의 경쟁을 벌이는 교목, 새로이 이식된 교목은 가장 감수성일 가능성이 있다. 특별히 귀중한 교목의 수피에 살충제를 뿌릴 수도 있지만 일단 곤충이 해당 교목 안에 있으면 살충제는 대개 효과가 없을 것이다. 세간의 이목을 끄는 나무좀을 위해 페로몬 트랩(pheromone trap)이 사용되어 왔는데, 이는 암컷의 냄새를 사용하여 수컷을 유인하여 잡음으로써 번식을 낮추거나, 귀중한 교목으로부터 나무좀을 멀리 밀어내기 위해 기피제를 사용한다. 일단 교목이 해충의 유충으로 만연하게 되면 발생된 가지를 잘라버리거나 극단적인 경우 해당 교목을 잘라서 이상적으로는 전체 교목 또는 적어도 전체 수피를 태우는 것 외 다른 방법이 거의 없다. 물론 피해가 거의 없거나 전혀 없는 죽은 목재에 사는 자생 나무좀은 허용되고 장려하기도 한다.

곤충에 의한 땅속 피해는 상대적으로 드문데, 이는 토양을 통과해서 이동하는 데는 많은 에너지를 쓰기 때문에 대부분의 지하 동물은 충분한 에너지를 얻기 위해서는 육식성일 필요가 있다(지렁이는 예외적으로 위협적이 아니다). 그러나 식물에 피해를 주는 몇 가지가 있다. 유럽에서 이들 중 가장 중요한 것은 유럽왕풍뎅이(*Melolontha melolontha*)이다. 큰 성충 풍뎅이는 참나무의 잎을 갉아먹어서 거의 피해가 없다. 그러나 토양에 낳은 알은 길이 30~45mm에 이르는 유충이 되어 2년 동안 토양 속 뿌리를 먹고 산다. 이들은 경기장(성한 뿌리가 부족하여 잔디가 실처럼 말릴 수 있다)과 교목 농장에서 광범위한 문제를 유발할 수 있다. 이 맛있는 유충을 먹기 위해 새, 오소리, 여우가 땅을 파면 문제를 더욱 악화시킬 수 있다. 이들을 방제하는 가장 간단한 방법은 살충제를 이용하는 것이지만 기생성 선충(線蟲, nematodes)과 세균을 사용하는 생물적 방제(生物的防除, biological control)도 활용할 수 있다.

해충, 병, 환경적 스트레스의 시너지 효과

현실 세계에서는 해충과 병원균이 교목을 따로 따로 공격하지 않는다. 스트레스나 어떤 병원균에 의해 약해진 교목은 다른 공격자의 쉬운 표적이 되기 때문에 주된 사인을 동정하는 것이 어려울 수 있는 경우가 종종 있다. 이러한 사례를 유럽의 참나무 쇠퇴에서 볼 수 있다. 고질적인 참나무 쇠퇴가 1990년대 초에 처음 인지되었는데, 잔가지 끝에서 시작되어 굵은 가지까지 죽으면서 수관이 점진적으로 말라 들어가고 이로 인해 수간까지 죽는 것이 특징이다. 어떤 교목은 회복하여 수사슴의 머리처럼 생존한다. 여건은 한 가지 원인이라기보다 아밀라니아류(*Armillaria* spp.)와 다른 뿌리 병원균(예: 파이토프토라류/*Phytophthora* spp.), 천공성 딱정벌레류(참나무비단벌레/*Agrilus biguttatus*를 포함하여), 식엽성 해충, 흰가루병, 가뭄이나 고온과 같은 스트레스를 포함한 매우 폭넓은 원인의 복합적인 영향이다. 이에 비해, 2~4년 안에 죽일 수 있는 급성 참나무 쇠락은 주로 수피에 어두운 수액 유출 반점이나 균열을 만드는 세균성 감염에 기인한다. 여기서도 말할 것도 없이 다른 작인에 의해 약화된 교목이 세균성 감염에 더 취약할 가능성이 높다. 물론 이들 중 어떤 것도 참나무역병(*Phytophthora ramorum*)에 의해 유발된 불시의 참나무 죽음과 구분할 수 있으며, 이 장을 시작할 때 살펴보았다.

위의 사례에서, 참나무 쇠퇴의 주된 원인은 병해충이지만, 마찬가지로 일차 원인은 살아 있지 않은 무생물적 요소일 수 있다. 가뭄이 해당 교목을 어려운 상황에 빠뜨리는 주된 도전자이다. 제6장에서 살펴본 바와 같이, 대부분의 교목은 수분 손실을 줄여서 목부의 공동현상을 막기 위해 기공을 단단히 폐쇄함으로써 자신의 수리 전도도(水理傳導度, hydraulic conductivity)를 유지하기 위해 노력할 것이다. 이는 가스 교환을 제한함으로써 이산화탄소 부족으로 광합성이 빠르게 감소하는데, 이는 바꾸어 말하면 해당 교목이 탄수화물을 소진하여 굶어죽는다는 것을 의미한다. 교목이 실제로 이러한 방식으로 굶어죽을 것인가는 논란의 여지가 있지만(제7장 참조), 탄수화물 비축이 감소한다는 것은 식물 방어를 위한 가용량이 줄어듦으로써 약화된 교목이 병해충에 훨씬 더 감수성이 된다는 것을 의미한다.

이의 중요한 추론은 교목이 죽는 원인은 가장 두드러진 증상을 통해서도 분명하게 알 수 있다는 것이다. 예를 들면, 곤충에 의한 잎 상실로 고통 받는 교목을 보면, 우리는 해당 교목을 약화시켜 곤충에 더욱 취약하게 만드는 답압에 의해 유발된 수분 스트레스라고 하는 근원적인 문제에 더 이상 관심을 두지 않을 수도 있다. 곤충의 공격을 처리하는 것이 토양 답압이라는 주된 기저 문제를 해결하는 것만큼 중요하지 않을 것이다. 이 얘기의 교훈은 눈에 보이는 것의 이면을 보라는 것이다.

하나 이상의 스트레스 요인으로 고통받고 있는 교목이 죽어가고 있는 경우, 돌이킬 수 없는 상태(때로는 **비가역적 티핑포인트**/irreversible tipping point라고도 함)에 이르기 전에 그 원인을 알아낼 수 있다면 유용할 것이다. 이것이 가능하다면, 우리는 시도할 수 있는 시간을 가지고 바로잡을 수 있을 것이다. 좋은 소식은 일부 조기 경고신호가 발견된다는 것이고(Camarero 등 2015), 그리 좋지 않은 소식은 이들이 종에 따라 다르다는 것이다. 어떤 경우에는 교목이 쇠락하기 시작함에 따라 생장(나이테가 보여주는 바와 같이)의 변이가 훨씬 심하게 되거나 감소하고(유럽은색전나무/*Abies alba*에서 보는 바와 같이), 아니면 변재의 탄수화물 변화를 확인해보면 저장된 에너지의 빠른 하락을 보일 수도 있다(구주소나무/*Pinus sylvestris*와 알레포소나무/*P. halepensis*에서 보는 바와 같이). 이는 여전히 활발한 연구가 이루어지는 분야로서 보다 보편적인 징후가 발견되기를 희망한다.

9.6 포유동물과 새

씨앗 전파자

온대 숲과 도시 지역에서, 새는 모수(母樹, parent tree)로부터 씨앗을 옮기는 데 가장 효과적인 동물이다. 이들 씨앗의 많은 수가 새가 앉아서 먹거나 배설하는 다른 교목의 횃대 아래가 종착점이 된다는 것은 잘 알려진 사실이다. 따라서 텃새(resident bird)가 일상적으로 이용할 수 있는 크기의 횃대 수를 조절하면 **자생 실생묘**(volunteer seedling – 스스로 '자생하고' 심지 않은 실생묘)의 수를 크게 바꿀 수 있다.

새와 포유동물에 의한 상처

새, 특히 비둘기와 같은 큰 새는 둥지 짓는 재료로 쓰기 위해 잔가지와 가지를 꺾음으로써 교목에 엄청난 피해를 유발할 수 있다. 삼림에서는 이러한 피해가 많은 교목 간에 배분되기 때문에 큰 문제가 안 되지만, 도시 지역의 고립되어 있거나 간격이 넓은 교목에게는 심각한 손실이 될 수 있다.

시골로 갈수록 사슴도 어린 가지를 먹어치우고 어린 실생묘를 죽이기도 하고 자신의 어린 뿔을 덮고 있는 것을 벗겨내기 위해 교목의 수피를 벗겨냄으로써 문제를 일으킬 수 있다. 다행해 사슴은 문지를 때 같은 교목을 사용하는 경향이 있기 때문에 피해는 일반적으로 국지적이다. 비슷하게 토끼, 들쥐, 생쥐와 같은 작은 동물들도 수피, 특히 어린 교목에 상당한 피해를 줄 수 있다. 아마도 가장 심각한 피해는 1880년대에 북미에서 영국으로 도입된 동부회색다람쥐(*Sciurus carolinensis*)에 의해서다. 이 설치류는 봄에 부분적으로 달콤한 사부에 접근하기 위해 활엽수로부터 대량의 수피를 벗겨낼 수 있을 뿐만 아니라 경쟁적인 다람쥐에 공격적인 자세를 취한다. 밀도가 높은 삼림지대에서 자생으로 자란 교목(수피는 더 두껍고 수액 함량은 더 낮음)보다 잘 관리되고 활력이 좋은 교목이 선호되는 대상인 경향이 있기 때문에, 표적이 되는 것은 가끔 바로 표본목이다. 단풍나무류(*Acer*)와 너도밤나무류(*Fagus*)와 같은 일부 교목이 물푸레나무류(*Fraxinus*), 피나무류(*Tilia*), 벚나무류(*Prunus*)보다 더 피해를 받기 쉽다. 동물 피해를 방제하는 것은 사슴과 토끼처럼 적절한 울타리를 치는 것으로 해결이 가능하면 간단하지만, 다람쥐의 경우, 다양한 덜 잔인한 덫을 쓸 수도 있지만, 훨씬 어렵다. 이러한 덫을 사용하거나 보다 직접적인 제거 방법을 사용할 때에는 신중하고 세심한 주의를 기울일 필요가 있다.

9.7 서식지로서의 교목 관리하기

이 책은 교목 자체에 대해 강조하고 있지만, 이들이 가지고 있는 생물다양성(生物多樣性, biodiversity) 측면에서도 매우 중요하다. 우리는 다른 이유가 없다면 사전 예방 원칙(precautionary principle)에 근거하여 생물다양성을 지킬 도덕적인 책임이 있고, 다른 종들이 생태계 서비스를 기준으로 언제 유용하게 될지 아무도 모른다. 또한 생물다양성 보존이 우리의 경관에 교목을 식재하거나 유지하는 중요한 이유가 될 수 있다. 앞서 살펴본 착생의 지의류와 이끼, 곤충을 포함하여 일부 생물다양성은 빠르게 나타날 수 있지만, 이는 일반적으로 자연적인 공동을 박쥐와 새를 위한 홰나 둥지를 트는 장소로 남겨두는 것과 같은 적절한 관리에 의해 보강될 수 있다. 열매가 보도와 도로에 불쾌함을 유발하지 않으면, 곤충, 새, 포유류의 먹이 원으로 열매를 맺는 교목을 식재할 수 있다. 관리도 같은 식재 구덩이에 여러 그루의 교목을 식재하는 것과 같이 보다 극단적일 수 있다. 이러한 **군식**(群植, bundle planting)은 중세기(中世, Middle Ages)에 많이 활용되었는데, 서로 붙어 폭넓은 수관을 가진 다간의 교목을 만들고 종종 풍부한 과일을 생산하기 위해 2~7그루의 묘목을 같이 식재했다.

오래된 교목은 일반적으로 더 크고 수관 내 더 많은 죽은 목재를 축적함으로써 야생동물을 위한 틈새를 더 많이 제공하여 보존에 필요한 서식지를 더 많이 제공한다. 이처럼 고목과 노숙목(전문가 논단 9.2)은 그 자체로서 귀중할 뿐만 아니라 이들이 다양한 서식지를 제공한다는 면에서 소중하다. 교목 수관의 죽은 목재를 유지하고 조장하는 것은 한 발 더 나아가는 것이다.

전문가 논단 9.2 고목과 노숙목: 이들의 중요성과 관리

David Lonsdale

고목과 노숙목은 무엇인가?

고목(古木, ancient tree)은 '같은 종(same species)의 다른 교목과 비교하여 성숙기를 지나고 오래되거나 노령인 교목'으로 정의되어 왔다(Anon 2008). 이 정의에 '같은 종'이라는 단어를 포함하는 것은 어떤 종은 다른 종보다 훨씬 더 오래 사는 경향이 있기 때문이다. 예를 들어, 700년 된 주목류는 몇백 년 더 살 수도 있지만, 70년 된 자작나무류는 자신의 생애 말 가까이에 도달했을 수도 있다. 이러한 차이는 종에 따라 누적된 사건에 대응할 수 있는 능력과 궁극적으로 생명을 위협할 수 있는 과정이 다양하기 때문이다. 어떤 종은 상대적으로 수명이 짧은 경향이 있지만, 교목은 일반적으로(야자수를 제외하고) 타고난 정해진 수명이 없다. 도리어 이들은 이론적으로 새로운 줄기와 목재와 수피의 새로운 생장을 통해 생장을 지속하는 무한한 능력을 기지고 있다.

우리가 우연히 교목의 나이를 알게 되면, 위의 정의에 따라 해당 교목이 고목인지 여부를 판단할 수 있다. 나이를 알 수 없으면, 이의 발달 단계는 물리적인 특성에 의해서만 인지할 수 있다. 고목은 보통 다음과 같은 몇 가지 특징을 가지고 있다:

그림 EB9.2 굵은 둘레, 울퉁불퉁한 외관, 공동이 있는 광범위한 심재부후를 보이는 영국참나무 고목. 아래 가지의 일부는 위 수관의 삭감에 반응하여 발달한 이차적으로 발생한 것일 가능성이 있다.
출처: © David Lonsdale(허락을 받아 사용함).

- 관심 있는 종에 비해 굵은 줄기 둘레(그림 EB9.2).
- 불규칙적이고/거나 오래된 상처와 관련된 생장 부위에 의한 울퉁불퉁한 외관.
- 광범위한 심재부후, 일반적으로 공동이 존재함(곰팡이 자실체를 볼 수도 있음).
- 어린 교목의 수관과 비교하여 특유의 '수관 구조'(Raimbault 2006).
- 과성숙 수관 크기의 점진적 또는 일시적인 축소 흔적, 종종 '삭감'(削減, retrenchment)으로 알려짐(그림 EB9.3).
- 상대적으로 많은 이끼, 지의류 또는 기타 착생식물이 덮고 있음.

또한 고목 줄기에서 현재 형성되고 있는 나이테는 성숙 최고점에 축적된 나이테보다 현저하게 좁을 것이다. 그러나 특정 나이테의 폭은 줄기 둘레 주위에 따라 크게 다를 수 있다.

'노숙목'(老熟木, veteran tree)이라는 용어는, 만약 전반적 건강이 양호한 경우(즉, 수관이 삭감되고 있지만 회복할 수 없을 정도로 말라 들어가지 않은), 위 특성 중 몇 가지를 가지고 있는 모든 연령의 교목에 적용될 수 있다. 사람에 비유하면 상대적으로 젊은 군인도 전쟁에서 상처를 입은 참전용사가 될 수 있는 것과 같다. 모든(또는 거의 모든) 고목은 노숙목이지만 모든 노숙목이 고목은 아니라는 뜻이다. 간단히 말하면, 가끔 고목을 모두 '노숙목'으로 부르지만, 진짜 고목

그림 EB9.3 진행된 수관 삭감을 보여주는 영국참나무 고목. 수관은 건강하지만 지금은 줄기 둘레에 비해 매우 작다. 출처: © David Lonsdale(허락을 받아 사용함).

의 특별한 역사적, 문화적, 또는 생태적 가치의 특별한 중요성을 강조하기 위해 때로는 '고목과 기타 노숙목'이라는 용어를 사용한다.

고목과 기타 노숙목은 왜 중요한가?

사람들이 고령이 될 때까지 살도록 내버려두는 교목은 상대적으로 비율이 낮기 때문에 고목은 상대적으로 드물다. 그러나 수백 년 동안 비교적 호의적인 관리 덕분에 고목이 집중적으로 발견될 수 있는 특정 장소(예: 오래된 사슴 사냥터와 전통적인 삼림 방목장/wood pasture)가 있다.

고목은 드물 뿐만 아니라 이들의 특별한 속성 때문에 보존할 가치가 있다. 우리는 단순히 이들의 크기와 가시적인 특징뿐만 아니라 이들의 역사적 문화적 연관성에 대해 가치를 부여한다. 더 중요한 것은 이들이 곰팡이, 지의류, 무척추동물을 포함한 종속적 유기체를 풍부하게 가지고 있기 때문일 것이며, 이들 유기체 중 많은 종이 이러한 교목이 적어도 수백 년 동안 지속적으로 존재한 곳에만 존재한다.

교목과 기타 노숙목을 보존하는 근본적인 이유

교목과 이들에 의존하고 있는 종을 보존하기 위한 전략을 개발하기 위해서는, 가능하다면 자연적인 상태 하에서 이처럼 장수할 수 있는 여건을 이해하기 위해 노력할 필요가 있다. 현재 널리 믿고 있는 영국 브리튼섬(British Isle)의 원시 경관은 개방된 공간에서 자란 교목, 목초지, 황야지대(heathland), 수관이 폐쇄된 숲의 모자이크이다. '원시림'(原始林, wildwood)은, 들불이나 산사태와 같은 사건으로 인해 간헐적으로 존재하는 빈 공간을 제외하고, 수관이 거의 완전히 폐쇄된 숲으로 묘사되곤 했다. 그러나 들소와 지금은 멸종된 오로크스(aurochs - 소의 일종)와 같은 대형 초식동물이 풀과 나뭇잎을 뜯어먹는 상황이 수세기 동안 지속되었기 때문에 이러한 빈 공간이 많이 그리고 광범위 하게 존재했을 가능성이 있다(Vera 2000). 그렇지 않으면 영국의 식물, 동물, 곰팡이 중 많은 비율이 개방된 서식지를 필요로 하는 이유를 설명하기 어렵게 된다. 이들은 오늘날의 고목에 완전히 의존적인 종이다.

유럽의 경우, 고목의 거의 대부분이 개방된 생장 공간에서 나타나며, 이들은 보통 낮은 가지를 가지고 있는데, 이들 낮은 가지는 조밀한 삼림에서는 그늘져 사라졌을 것이다. 많은 경우, 사람들이 땔감과/이나 가축의 사료용으로 두절(pollarding - 미국의 두목작업과 다름)을 함으로써 이들 교목이 낮은 가지를 가진 구조로 발달하도록 도와주었다. 두절은 새로운 생장이 초식동물의 먹이가 되지 않고 자랄 수 있도록 하기 위해 이들이 닿지 못하는 높이에서 이루어졌다. 다른 경우, 울타리 자재 생산을 포함한 여러 목적을 위해 사용될 수 있는 다수간(多樹幹, multiple stem) 생장을 조장하기 위해 종종 교목을 낮게 절단하였다. 많은 지역에서 두절과 왜림 작업(coppicing)이 더 이상 경제적인 이유 때문에 이루어지지는 않지만, 어떤 면에서는 이들 관행이 초기 산림의 연속성을 나타내기 때문에 고목의 유산으로 남아 있다. 그러나 이러한 고목은 수십 년 동안 절단되지 않은 무거운 가지나 줄기를 가지고 있기 때문에 가끔 수명을 단축시키는 파손이 발생하기 쉽다.

고목과 기타 노숙목과 연관된 야생돌물이 이들을 보존하는 또 다른 매우 중요한 이유를 제공한다. 전문가 논단 9.3에서 설명된 이유 때문에, 많은 희귀 무척추동물, 곰팡이, 지의류가 적어도 2~300년 동안 지속적으로 고목이 존재한 곳에서만 발견된다.

고목과 기타 노숙목, 그리고/또는 이들의 잠재적인 후계자를 관리하는 데 가장 우선되는 원칙은 불필요한 손실을 피하는 것이다. 그러므로 이러한 교목에 대해 바람직한 생장 여건을 제공하고 부적절한 제거나 피해로부터 이들을 보호하는 것을 목표로 하는 것이 좋다.

시기를 놓친 두절목과 왜림목을 포함한 고목의 예방 관리

피해를 주는 과정과 활동으로부터 고목을 도와줄 수 있는 목적과 실무는 다음과 같다(다음 목록에서 용어 '노숙목'/veteran tree은 수령 상 고목과 더 어린 노숙목을 포함한다):

1) 노숙목 보전

- 오래된 사슴 사냥터와 삼림 방목장과 같은 핵심적으로 중요한 지역뿐만 아니라 넓은 시골 경관과 도시화 되었거나 되기로 예정된 지역에서 발견되는 모든 노숙목을 보전한다.
- 시기를 놓친 왜림 그루터기를 관리할 때에는, 부후하고 있는 목재 서식지와 진물이 흐르는 오래된 줄기를 가능하면 많이 보전한다.

2) 피해를 주는 영향으로부터의 보호

- 적절한 뿌리 보호를 제공하는데, 발표된 지침에서 제시된 최소한을 적용하기보다 일반적으로 지나치다 싶을 정도로 주의를 기울이는 것이 좋다.
- 따라서 노숙목의 경우, 줄기의 흉고직경 15배 또는 수관 가장자리 5m 바깥 중 큰 수치의 반경을 보호하라. 뿌리 시스템이 가끔 매우 비대칭이라는 가정 하에, 중요한 교목의 뿌리 시스템 지도를 작성하기 위해 지면 투과 레이더 사용을 고려하는 것이 좋다. 뿌리 보호는 가능하면 어디서나 수행하는 것이 좋다:
  - 임업(예: 벌목 중)
  - 농업
  - 주변 부지를 스포츠나 다른 휴양용으로 사용
  - 건설 공사
- 과거에 적절한 뿌리 보호에 실패하여 유발된 악영향(예: 멀칭과/이나 기계적인 답압으로)을 조심스럽게 개선하라.
- 자리를 잘못 잡은 모닥불을 포함하여 불로부터 교목과 뿌리를 보호하라.
- 개방공간에서 자란 교목은 자연 갱신이나 교목 식재로 인한 과도한 그늘짐으로부터 보호하라. 만약 과도한 그늘이 이미 존재한다면, 선택적인 제거나 그늘을 유발하고 있는(후광효과/haloing) 교목을 축소하는 방법으로 이를 점진적으로 줄여주어라(Lonsdale 2013a).
- 교목 사이의 개방된 공간을 유지관리 하기 위해, 가능하면 가축의 적절한 번식을 통한 방목을 활용하되, 과도한 답압을 피하기에 충분할 정도로 낮은 방목밀도(放牧密度, stocking density)를 유지하라. 필요한 경우, 저지벽(예: 뾰족한 전정)을 이용하여 개별 교목을 가축으로부터 보호하라.
- 잠아지(潛芽枝, epicormic shoot)는, 오래된 가지를 상실했을 때 새로운 가지로 키울 수 있는 가능성이 있기 때문에, 아이비에 의해 그늘지지 않도록 보호하는 것이 좋은데, 이때 아이비의 서식지 가치를 고려해야 한다.
- 외래 병해충에 의해 제기된 위험을 완화시키는 데 도움을 주어야 하는 상황에서는 생물보안(生物保安, biosecurity)을 실시하라.

- 일부 외래 병해충은 '대체'할 수 없는 노숙목에 엄청남 피해를 줄 수 있다는 것을 인식하고, 이들이 영국에서 정착하는 것을 방지하는 데 도움을 줄 수 있는 효과적인 수단을 도입하는 것을 지원하라. 물푸레나무줄기마름병과 같은 일부 병은 결국 유전적으로 저항성 교목을 식재함으로써 관리할 수 있겠지만, 기존의 노숙목은 대체할 수 없다.

3) 교목 천이

- 노숙목 특징을 가진 교목의 단절되지 않은 천이(遷移, succession)를 위해 요구되는 사항을 예측하기 위해 교목 집단의 수령 구조와 오래된 교목의 '사망률'(死亡率, death rate)을 평가하라.
- 경관/관리상 요구사항과 서식지 요구사항 모두를 충족시키기 위해 가로와 같은 공식적인 식재지에 있는 교목의 천이를 확보하라.
- 기존의 오래된 두절목의 후계자로 어린 교목을 통해 새로운 두절목을 창출하라.
- 수령 구조의 갭을 메울 필요가 있고 조숙한 교목이 많은 경우, 이들 중 일부를 '노숙화'할 수도 있다(단절되지 않은 서식지 연속성의 필요성에 대해 기술한 전문가 논단 9.3 참조).

관리 지침으로서 교목의 발달 단계

교목이 어릴 때에는, 수관과 뿌리 시스템이 최대(성숙) 크기에 도달할 때까지 자라는데, 이는 해당 교목의 유전적인 특성과 생육 여건에 의해 결정된다. 이러한 성숙기 동안, 해당 교목의 줄기, 가지, 주근은 연속적인 목재 생장을 쌓음으로써 계속해서 굵어진다(이차 비대에 의해 생장하지 않는 야자수의 경우를 제외하고). 한 해에서 다음 해까지, 해당 교목이 완전한 수관을 유지하고 있는 한, 대략 동일한 단면적의 목재가 쌓인다. 그러나 증가된 면적이 늘어나는 둘레 주위로 펼쳐지기 때문에 연속족인 나이테 폭은 점차 줄어들 것이다.

성숙기 후기에는, 교목의 줄기 둘레 증가가 보다 활력적인 가지에 잘 연결된 특정한 줄기 부위에 집중되는 경향이 있다. 또한 이들은 잘 발달된 뿌리 시스템 부위에 연결되어 있다. 이들 띠의 각각은 자신의 잎과 뿌리를 가지고 있어서 점점 준자치적 기능을 가진 단위가 된다(Lonsdale 2013b): 교목 내 교목처럼. 해당 교목이 생애의 노령기에 접어듦에 따라 잘 발달된 '기능 단위'(functional unit) 사이에 있는 조직 띠의 생장속도가 상대적으로 느리기 때문에 줄기는 점점 세로 홈이 생기는 경향이 있다(그림 EB9.4). 사이에 낀 천천히 자라는 띠는 결국 죽을 수도 있다. 반면, 천천히 자라는 수관 부위는 마르거나 강풍에 부러진 후 생장을 거의 못하는 경향이 있다. 이제 수관은 '삭감' 단계에 있지만 여전히 건강한 가지를 많이 보유하고 있다. 반면, 삭감은 뿌리 시스템에서 일어날 가능성이 있지만, 분명하지 않기 때문에 우리는 지하에서 일어나고 있는 과정에 관해서는 많이 알지 못한다.

그림 EB9.4 주된 줄기 파손을 경험한 구주물푸레(*Fraxinus excelsior*) 노숙목. 이 교목은 이제 여러 '기능 단위'로 구성되어 있는데, 각각은 왕성한 가지, 주된 줄기의 기능을 가진 잔여 부위, 뿌리 시스템의 왕성한 부위(사진에는 보이지 않음)로 구성되어 있다. 이들 가지는 수피의 질감에서 볼 수 있듯이 나이가 서로 다르다.
출처: Lonsdale; 허락을 받아 사용함.

교목 수관의 '체계'(體系, structure)는 교목이 초기 생장 단계, 성숙 단계, 노령 단계를 거침에 따라 변화한다. 이러한 변화는 부분적으로 가지가 신장함에 따라 신초의 신장 생장이 감소하기 때문이다. 또한 수종에 따라, 보다 처지는 잔가지 패턴을 발달시키는 경향이 있을 수도 있다. 만약 수관이 전정이나 파손으로 일부를 잃게 되면, 이에 반응하여 자라는 새로운 줄기는(만약 있다면) 성숙한 패턴에 도달할 때까지 몇 년 동안 유년기에 가까운 다른 생장 패턴을 보일 수도 있다. 따라서 생애의 여러 단계에 해당하는 교목의 수관 체계를 전정의 지침으로 사용할 것을 제안하고 있다. 교목 생장의 10단계를 묘사하는 모델이 Raimbault(1995)에 의해 제안되었다.

수명을 단축시키는 교목 파손을 예방하는데 도움이 되는 관리

시기를 놓친 두절목과 개방 공간에서 자란 교목의 경우, 낮게 위치한 가지는 위쪽의 가지가 결국 죽거나 감축 과정에서 파손된 후에 잔여 수관을 형성할 수 있다. 따라서 해당 교목은 더 오랜 기간 생존하는 데 필요한 엽면적을 유지하면서 보다 웅크리고 안정적인 형태를 보존하게 된다. 아래 가지는 때로는 부러지지 않고 땅에 닿을 때까지 휘어질 수 있기 때문에 자연적인 지지대를 확보하게 된다. 또한 이들은 자연적인 휘묻이(layering) 과정에 의해 토양 속으로 뿌리를 내릴 수 있다. 낮은 가지가 탈락되더라도, 이는 잠아지에서 발달한 새로운 가지에 의해, 이러한 가지가 그늘져 죽지 않으면, 계승될 수도 있다.

자연적인 지지대 설치는 재앙적인 교목 파손을 예방하는 데 도움을 주거나 너무 크고 오래되어 이러한 가혹한 처치에 견딜 수 없는 가지를 절단해야 하는 상황을 피하기 위해 권장될 수 있다. 따라서 만약 낮고 무거운 가지가 땅을 향해 휘어지면, 가지 파손을 예방하는 데 도움을 줄 정도의 지지만을 제공하기 위해 흙을 쌓을 수 있다.

만약 수명을 단축시키는 파손을 예방하는 데 도움을 주기 위해, 고령의 교목을 전정할 필요가 있다면, 핵심 고려사항 하나는 앞으로 새로운 순을 생산할 수 있는 능력 유무이다. 이는 관심 수목의 종, 개별 교목과 이의 과거, 현재 그리고 미래의 생장 여건에 따라 크게 차이가 있다. 내음성과 휴면아(休眠芽, dormant bud)의 수명을 포함한 몇 가지 요소를 추가로 고려할 필요가 있다(Lonsdale 2013a).

교목의 직경이 굵어짐에 따라, 오래되고 비통도성 목재를 구성하는 목재 단면적의 비율도 증가한다. 일부 종의 경우, 변재의 살아 있는 세포는 이들이 전부 죽을 때까지 오랜 기간에 걸쳐 조금씩 죽는다. **숙재**(熟材, ripewood)라는 용어는 종종 이들 종의 오래되고 가운데 있는 목재를 설명할 때 사용된다. 다른 종은 변재와 이들의 가운데 살아 있지 않은 목재(즉, 심재/heartwood) 사이에 뚜렷한 경계선을 가지고 있다. 종에 따라, 심재는 다양한 종류의 천연 방부재(防腐劑, preservative – 목재산업에서 추출액/extractive으로 알려짐) 존재 여부로 인해 내구성에서 매우 큰 차이를 보인다.

숙재나 비내구성 심재를 생산하는 종(예: 너도밤나무나 서어나무)의 경우, 부러지거나 전정으로 이러한 목재가 노출되면 쉽게 부후로 이어질 수 있다. 너무 빨라서 해당 교목의 역학적인 강도와 때로는 변재의 생존 능력도 훼손된다. 고목의 변재는 매우 좁고 줄기의 특정한 부위에만 존재할 가능성도 있다는 것을 명심할 필요가 있다(위 '기능 단위' 참조). 부후의 진전은 내구성 심재를 가진 종(예: 영국참나무나 유럽주목)에서는 일반적으로 매우 느리다. 이 때문에 아마 내구성 심재를 형성하는 종이 더 오래 사는 경향이 있을 가능성이 있다.

경제적인 관점에서 보면, 교목의 줄기는 상대적으로 이른 부후 단계에 '품질이 저하'되었다고 간주될 수도 있다. 그러나 생물학적 관점에서 보면, 부후는 교목이 성숙 단계에서 고목 단계로 이어지는 교목 발달의 정상적이고 지속가능한 부분이다. 부후는 가지와 뿌리의 자연적인 마름이나 파손이 산소와/나 부후 곰팡이의 진입을 가능하게 하는 목질의 단면 내 특정 부위에서 시작한다. 그러나 후자는 종종 건전한 목재에 이미 잠재적으로 존재한다.

부후하고 있는 교목이 바깥에 계속 새로운 목재의 나이테를 축적하고 있다면, 해당 교목은 그 자리에 서서 무기한으로, 어쩌면 수세기나 수천 년까지도, 계속 생존할 수 있다. 이러한 교목은 서식지, 특히 부후하는 목재 서식지의 계속성이 요구되는 많은 종에게 엄청난 가치를 가질 수 있다. 고목이 자신에, 아마 수세기 전부터, 서식하는 오래된 곰팡이와 조화롭게 살고 있을 수도 있다. 그러나 이전에 건전한 목재 단면의 대부분이, 예를 들어 폭풍이나 과도한 전정 작업에 의해, 노출된다면 부후 속도는 이와 보조를 유지함으로써 생존할 수 있는 해당 교목의 능력을 추월할 수 있다.

부후는 가끔 부분적으로 해당 교목과 곰팡이 종에 따라 살아 있는 변재 속으로 연장한다. 그러나 대부분의 교목 종의 경우, 변재가 풍부하고 건강한 잎에 연결되어 있으면, 매우 효과적일 수 있는 자연 방어력을 가지고 있다. 이것이 교목, 특히 고목 전정을 계획하고 있는 사람은 절단에 반응하여 건강한 신초를 생산할 수 있는 해당 교목의 능력을 고려해야 하는 이유 중 하나이다. 특히 어떤 전정이든 수행하기에 앞서 인식할 수 있는 고목의 각 '기능 단위'가 보일 반응을 평가해야 한다(Lonsdale 2013b).

부적합한 전정은 위의 여러 이유 때문에 고목에게 매우 해로울 수 있다는 것을 고려하면, 다음 수단이 때로는 부정적인 효과를 최소화하는데 도움을 줄 수 있다:

- 자연적인 삭감을 자극하기 위해 적절한 경우 단계적인 전정(수년에 걸친 후속 모니터링을 통해).
- 신초 생장을 조장하기 위해 필요한 경우 가지 터기(stub) 보전.
- 잠재적인 새로운 가지로 활용하기 위해 잠아지 보전.
- 의도적인 자연 파손의 활용 가능성, 이는 가끔 신초 생장을 자극한다고 생각됨.
- 과도한 그늘짐이나 반대로 신초가 발달할 때 과도한 일사를 피하는 데 도움을 주기 위해, 관심 있는 종의 내음성과 햇빛 요구를 고려.
- 교목 작업을 위해 요구되는 방치된 두절목이나 왜림목의 개별적인 평가 – 일반적으로 둥근 머리까지(왜림목의 경우 지표면까지) 절단하지 않는다.
- 교목이 생리적 스트레스(예: 건조에 의해) 하에 있을 때에는 전정을 피하기 위해 특별한 관리.

9.8 죽은 목재

과거 1900년대에도, 교목 내부 죽은 목재와 지저분한 부러진 가지는 태만과 '올바른' 관리를 하지 않는다는 것을 의미하였다. 그러나 이제는 죽은 목재의 보존 가치를 더 크게 평가하고, 이를 유지하고 의도적으로 조장하는 경향이 있다(전문가 논단 9.3).

전문가 논단 9.3 교목 내 생물다양성 향상

David Lonsdale

전문가 논단 9.2에서 언급된 바와 같이, 고목은 '자연림'(wildwood)에서 생태적 중요성 측면에서 핵심적인 역할을 해온 것으로 믿고 있다. 오늘날 이들의 후계목은 근대 농업이나 도시화를 위해 개발되지 않은 상대적으로 몇 안 되는 장소(예: 오래된 사슴 사냥공원과 전통적인 삼림 방목장)에서 주로 발생한다. 이들은, 특히 무척추동물, 곰팡이, 지의류 등을 위한 서식지의 연속성을 제공하는데, 이들 중 일부는 연속성이 상실된 후에는 군집을 형성하는 능력이 매우 제한적인 것으로 보인다. 이러한 종의 존재는 부지의 서식지 질을 평가하는 데 사용된다(Fowles 등 1999; Alexander 2004).

특별히 고목과 관련된 서식지의 연속성을 유지하기 위해서는, 가능한 한 이러한 교목의 고의적인 파괴를 피하는 것이 의심할 여지없이 필요하지만, 이것으로 충분하지 않다. 이러한 교목이 파괴적인 형태의 부지 관리와 그늘지는 것으로부터 보호하는 것도 마찬가지로 필요하다. 또한 어린 교목이 결국에는 이들의 뒤를 이음으로써 이러한 역할을 하기에 충분한 나이가 되면 동일한 취약종(脆弱種, vulnerable species)을 위한 서식지를 제공할 수 있도록 할 필요가 있다. 이들 목표를 달성하기 위한 수단의 일부는 위에 요약되어 있다.

고목의 특정 서식지 특성은 사람에게 위해할 가능성을 가지고 있다. 붙어 있는 죽은 가지는 결국 떨어질 것이다. 그렇지만, 살아 있는 가지가 더 큰 레버리지(leverage)를 가지고 있어서 때로는 죽은 가지보다 더 쉽게 파손될 수도 있고, 죽은 가지가 자생 참나무인 영국참나무(*Quercus robur*)와 페트라참나무(*Q. petraea*)의 사슴뿔 모양을 한 수관의 머리에서처럼 이들이 내구성 심재를 가지고 있으면 오랜 기간 동안 견딜 수도 있다. 그러나 만약 죽은 가지가 사람에게 피해를 줄 수 있는 수용할 수 없는 위험을 제기한다고 생각되면 길을 우회시키고, 경고 표지를 사용하거나 심각한 폭풍이 부는 동안 일시적으로 부지를 폐쇄하는 것과 같은 방법으로 '피해 대상을 이동'시키는 것을 우선 고려하는 대책을 강구할 필요가 있을 것이다. 만약 죽은 가지를 절단하거나 축소할 필요가 있으면, 이러한 작업 후에 이들을 근처에 보존하는 것이 좋다. 일반적으로, 고목의 전정으로부터 발생하는 '폐기물'(廢棄物, arisings)은 가능하면 현장에 보존하는 것이 좋다.

어린 교목의 계승에서의 갭 때문에 결국 서식지 연속성이 끊어질 위험에 있는 곳에서는, 어린 교목을 의도적으로 피해를 유발함으로써('노숙화'/veteranizing) 이러한 갭을 메울 수도 있다. 이러한 교목은 일반적으로 부후하는 목재 서식지를 많이 제공할 정도로 충분히 나이가 들지는 않았지만, 부후과정이 가속화될 수 있으면 이들은 이러한 역할을 하기에 충분할 정도의 크기가 될 수 있다. 다른 한편으로는, 이러한 교목의 수피는 너무 젊어서 매우 오래된 교목의 표면에서 사는 희귀 지의류나 관련 무척추동물을 지지할 수 없을 수도 있다. 또한 수령 갭이 이어질 수 있더라도, 가장 취약한 종의 일부는 적합한 교목이 거리 상 너무 멀리 떨어져 있으면 이들이 분산되는 데 실패할 수도 있다.

일반적으로 다양한 수종을 통해 폭넓은 서식지가 노숙화로부터 혜택을 받기를 기대할 수 있지만, 특히 취약한 종을 위한 특정한 유형의 서식지를 창출하기 위한 노력이 필요할 수도 있다. 이러한 수단에 의해 보존되고 있는 목식성(木食性, saproxylic) 종으로는 보라색방아벌레(*Limoniscus violaceus*)(Green 1995), 사시나무꽃등에(*Hammerschmidtia ferruginea*)(Rotheray 등 2015), 소나무꽃등에(*Blera fallax*)(Rotheray & McGowan 20002) 등이 있다.

특정 부지에 대한 '노숙화'가 적절할지를 결정하기 위해서는, 해당 교목 군집의 수령 구조를 자세히 연구할 필요가 있다. 특히, 서식지 연속성의 갭 발생 가능성을 확인하기 위해서는 나이 든 교목의 사망률을 추정할 필요가 있다. 노숙화가 상대적으로 어린 선택된 교목의 수명을 단축시킬 가능성을 고려하면, 일부는 고목 집단의 잠재적인 장기적 후계목으로 보존하면서 다른 일부는 노숙화로 희생시킬 수 있을 정도로 충분한 수의 교목이 있는지를 확인해야 하는 것은 당연하다.

노숙화를 위한 다양한 방법이 제시되었고, 어떤 곳에서는 실험적인 작업에 들어갔다(Lonsdale 2013a). 이들 방법에는 강전정, 큰 망치로 줄기의 기부에 상처 유발, 보다 극단적인 경우에는 환상박피 등이 있다. 마지막 방법은 어린 교목이 인접 고목에 그늘을 지우는 곳에서 특히 유용하다. 이렇게 하면 주변 교목이 드리우는 과도한 그늘이 감소함으로써 후광효과 관리 실무와 결합될 수 있다.

교목의 주된 줄기를 손상시키는 것과 관련된 노숙화는 특히 오래된 고목의 중요한 특징인 심재부후(心材腐朽, heart rot) 서식지의 연속성을 제공하는 데 도움을 줄 수 있다. 부착되어 있는 죽은 가지와 같은 다른 특징과 관련된 서식지의 계속성도 확보할 필요가 있다. 이들은 어느 정도 죽어 들어갈 수 있는 긴 가지터기를 남기는 전정을 통해 제공될 수 있다.

죽은 목재 – 교목의 사후 세계

달력과 연하장에는 가끔 블루벨(bluebell)로 뒤덮이기도 한 아름다운 삼림 경관을 찍은 사진이 인쇄되어 있지만, 이들은 매우 중요한 구성요소인 부후하는 목재가 빠져 있는 경향이 있다. 부후하는 목재 서식지의 중요성은 20세기 중반에 선구적인 생태학자인 Charles Elton에 의해 호평을 받았지만, 이들이 보존 분야의 주류에서 자리를 잡는 데 성공하기까지 수십 년이 걸렸다. Elton은 부후하는 목재 서식지가 없으면 삼림의 동물상(動物相, fauna)의 약 1/5이 해당 삼림에서 사라질 것이라고 주장했지만(Elton 1966), 이제 이것이 과소 추정되었을 가능성이 있다고 여기고 있다.

아름답지만 과도하게 잘 정돈된 블루벨 숲의 이미지에도 불구하고, 많은 삼림은 다양한 곰팡이와 무척추동물(목식성 종)의 서식지를 제공하는 떨어진 죽은 가지가 풍부하게 존재한다. 이들 목재의 대부분은 직경이 상대적으로 가늘어서 다양한 여건과 굵은 직경의 물체에 존재할 수 있는 관련 서식지를 제공하지 못한다. 굵은 직경의 물체가 풍부하면, 더 범위가 넓은 목식성 종이 존재할 가능성이 있지만, 이들 대부분은 상대적으로 이동이 가능한 종일 수 있어서 서식지 연속성이 단절된 후에 해당 부지에서 다시 군집을 형성할 수도 있을 것이다. 가장 희귀하고 가장 취약한 종은 살아 있는 고목의 부후하고 있는 목재에 사는 것들이다(Alexander 2004). 이 경우 해당 교목이 새로운 목재 나이테를 계속 쌓아가는 상황에서 수 세기 동안 지속될 수 있는 서식지의 천이를 제공한다.

다양한 곰팡이, 세균, 방선균(放線菌: Actinomycetes), 기타 미생물이 목재를 부후시키는 역할을 하지만, 그 과정은, 대용량의 목재 속으로 깊이 침투할 수 있는 특화된 목재 부후 곰팡이가 없으면, 매우 느릴 것이다. 이들 중 많은 종이 이들의 선반형(bracket) 또는 스툴형(stool – 등받이 없는 의자) 자실체로 인해 친숙하다. 이들 곰팡이가 없으면 죽은 목재가 엄청난 양으로 쌓일 것이다. 목재를 분해함으로써, 이들은 목재 형성 과정에서 갇힌 탄소와 무기물의 순환에 핵심적인 역할을 한다(그림 EB9.5).

무척추동물도 부후되지 않는 목재를 먹고 사는 종으로부터 부후 곰팡이에 의해 완전히 소화된 목재를 요구하는 종에 이르기까지 목재 분해에 중요한 역할을 한다. 또한 목재 자체가 아닌 목재 내 곰팡이를 먹는 종도 있다. 고목의 목재에는 거의 무한대에 가까운 목재의 구성과 질감

그림 EB9.5 덕다리버섯(*Laetiporus sulphureus*) 곰팡이에 의해 유발된 심재가 부후된 영국참나무(*Quercus robur*) 고목. 이 심재부후와 곰팡이의 자실체 모두는 적어도 수 세기 동안 서식지 연속성이 존재하는 곳에서만 발생하는 희귀 무척추동물의 서식지로서 특히 중요하다. 출처: © David Lonsdale; 허락을 받아 사용함.

이 있는데, 이는 다양한 곰팡이, 습도와 무기물 함량의 변이에 의해 유발된 다양한 종류의 부후와 함께 건전한 목재로부터 거의 완전히 부후된 목재에 이르는 단계적 변화 때문이다. 또한 목식성 무척추동물에는 목재나 곰팡이를 먹고사는 것을 먹이로 하는 종들이 많이 있다.

목재의 온도도 특정한 지역에 어떤 종이 번성할 것인가를 결정할 수 있는 또 다른 중요한 요소라고 생각된다. 크기가 크고 개방공간에서 자란 교목과 관련된 딱정벌레류 중 많은 종이 상대적으로 따뜻한 여건을 요구한다(K.N.A. Alexander 박사, 개인적인 정보). 영국보다 여름이 더 따뜻한 유럽 대륙의 일부에서도 같은 관계가 발견되었다(Horák 등 2010). 이러한 개방된 생육여건이 교목들을 매우 오래 생존할 수 있게 할 뿐만 아니라 이들 교목이 태양에 의해 데워지기 때문에 중요하다는 것을 나타낸다. 그러나 서늘하고 습한 여건도 목재 부후를 위해 필요할 수 있는데, 이는 두 날개를 가진 목식성의 파리(파리목/Diptera) 중 많은 종이 선호한다.

곤충은 목식성 무척추동물의 대부분을 구성하는데, 이들 중 많은 종이 적어도 두 생활 방식을 가지고 있다: 하나는 죽은 목재나 수피에서의 애벌레(larvae)로, 다른 하나는 바깥세상에서의 성충(成蟲, adult)으로. 성충 단계의 먹이 요구는 종에 따라 다양하다. 많은 종이 화밀(花蜜, nectar)과/이나 꽃가루를 필요로 하지만, 이들은 여름철 숲에서 공급이 부족할 수 있다. 사슴 사냥터나 삼림 방목장의 햇빛이 잘 드는 여건에서 현화식물(顯花植物, flowering plants)이 상대적으로 풍부하면 이들 지역이 목식성 곤충에게 그렇게 중요한 또 다른 이유가 된다.

양지바른 여건은 오래된 교목의 수피에 사는 일부 희귀 지의류가 선호하지만, 일부 지의류는 그늘진 상태을 요구한다. 그러므로 희귀 지의류가 있으면 그늘을 줄이거나 늘리는 어떤 일을 수행하기에 앞서 해당 지역의 관리에 관한 전문가 자문을 구하는 것이 도움이 될 것이다.

전체 가지 또는 살아 있는 교목 내부의 부후하고 있는 목재든 죽은 목재는 죽은 목재 내부의 모든 종류의 미소서식지(微少棲息地, microhabitat)와 관련이 있는 수천 종에 달하는 식물상(植物相, flora)과 동물상(動物相, fauna)의 중요한 서식지이다(Stokland 등 2012). 영국의 경우, 1700종 이상의 무척추동물이 고목에 의존해서 살아가고 있고, 많은 종이 죽은 목재를 사용한다(Butler 등 2002). 이들 죽은 목재에 사는 종의 상당수가 국가 적색목록(赤色目錄, Red list)에 멸종위기 또는 준 멸종위기 종으로 등재되어 있다. 동시에 우리 경관의 죽은 목재량은 자연적인 수준(자연 삼림에서는 보통 생물량의 1/3이 죽은 목재임)보다 크게 낮은 것이 일반적이며, 이는 자연 보전지역과 기타 보호지역에 모여 있는 경향이 있다. 따라서 경관에 걸쳐 산재해 있는 죽은 목재를 공급할 필요성이 매우 크다. 이는 수관의 관리를 그만두는 것이 좋다는 것을 의미하는 것은 아니지만, 사람과 해당 교목의 장기적인 건강에 피해를 주지 않고 미적인 문제가 없으면 수관에 죽은 목재를 유지하는 경향이 있다.

죽은 줄기와 가지를 제거하지 않으면 안 될 경우, 외과적이고 편평한 체인톱 절단이 아닌 보다 자연스럽게 보이는 어떤 형태로 절단하는 것을 강하게 옹호하는 사람들이 있다. 들쭉날쭉한 것을 더 많이 남기는 이러한 **자연 파손 전정**(natural fracture pruning) 기술은 죽은 목재에 사는 유기체를 위한 전반적인 미소서식지를 창출한다. 나아가 부정아로부터 발생하는 생장이 종종 깔끔한 톱 절단 이후에 발생하는 것보다 더 튼튼하다. 가장 최초의 시도 중 일부가 남부 잉글랜드의 윈저 그레이트 파크(Windsor Great Park)에서 실시되었는데(Finch 1993), 목적은 가지를 윈치로 찢기 전에 가지를 약화시키기 위해 구멍을 뚫거나 톱으로 절단을 함으로써, 또는 가지를 폭약으로 가지를 날려 보냄으로써(건강과 안전 문제를 상상해보라!) 오래된 노숙 두절목을 갱신하는 것이었다. 보다 최근에는 자연적인 가지 파손을 흉내 내기 위해 **화관절단**(花冠切斷, coronet cutting)(그림 9.11)이 활용되어 왔다. 이러한 형태의 절단은 원래 죽은 상태로 서 있는 수간(**모노리스**[monolith – 큰 기둥]라고 불림)이 죽은 목재 서식지로서 안전하게 똑바로 서 있을 수 있도록 서 있는 죽은 교목으로부터 대부분의 가지를 제거하는 것과 같은 수준으로 죽은 가지를 축소함으로써 죽은 가지를 안전하게 만들기 위해 사용되었다. 또한 이 기술은 이제 수관 내 죽은 목재를 창출한다는 분명한 목적과 **노숙화** 과정에서 살아 있는 가지를

그림 9.11 랭커셔(Lancashire) 마이어스코프(Myerscough)대학에 있는 화관절단된 너도밤나무(*Fagus sylvatica*). 목표는 들쭉날쭉한 가지터기를 남기는 숙련된 톱 사용을 통해 자연적인 파손을 흉내 내는 것이다. 이러한 이름은 절단의 모양에서 유래한다. 출처: Duncan Slater 제공.

축소하기 위해 사용된다. 일부는 더 나아가 수분 보전과 부후를 조장하기 위해 건강한 교목 속으로 아래를 향해 경사진 구멍을 뚫는다. 우리는 교목의 수명을 연장하는 것을 목표로 하기 때문에 대부분의 교목 관리자에게는 다소 극단적일 수 있지만, 이는 교목의 전체론적 관리(holistic management) 범위 내에서 죽은 가지를 용인하거나 조장할 수 있다는 것을 보여준다.

인용문헌

Appleton, B., Koci, J., French, S., Lestyan, M. and Harris, R. (2003) Mycorrhizal fungal inoculation of established street trees. *Journal of Arboriculture*, 29: 107–110.

Alexander, K.N.A. (2004) Revision of the Index of Ecological Continuity as used for saproxylic beetles. *English Nature Research Report No. 574*. English Nature, Peterborough, UK.

Anon. (2008) *Ancient Tree Guide No.4*. Ancient Tree Forum, c/o The Woodland Trust, Grantham, UK.

Arbellay, E., Fonti, P. and Stoffel, M. (2012) Duration and extension of anatomical changes in wood structure after cambial injury. *Journal of Experimental Botany*, 63: 3271–3277.

Biggs, A.R. (1992) Anatomical and physiological responses of bark tissues to mechanical injury. In: Blanchette, R.A. and Biggs, A.R. (eds) *Defense Mechanisms of Woody Plants Against Fungi*. Springer, Berlin, Germany, pp. 13–40.

Blanchette, R.A. (1992) Anatomical responses of xylem to injury and invasion by fungi. In: Blanchette, R.A. and Biggs, A.R. (eds) *Defense Mechanisms of Woody Plants Against Fungi*. Springer, Berlin, Germany, pp. 76–95.

Boddy, L. (1992) Microenvironmental aspects of xylem defences to wood decay fungi.In: Blanchette, R.A. and Biggs, A.R. (eds) *Defense Mechanisms of Woody Plants Against Fungi*. Springer, Berlin, Germany, pp. 96–132.

Boddy, L. (2001) Fungal community ecology and wood decomposition processes in angiosperms: From standing tree to complete decay of coarse woody debris. *Ecological Bulletins*, 49: 43–56.

Boddy, L. and Rayner, A.D.M. (1983) Origins of decay in living deciduous trees: The role of moisture content and a reappraisal of the expanded concept of tree decay. *New Phytologist*, 94: 623–641.

Butler, J., Alexander, K.N.A. and Green, T. (2002). *Decaying Wood: An Overview of its Status and Ecology in the United Kingdom and Continental Europe*. United States Department of Agriculture, Forest Service, General Technical Report PSW-GTR-181, Albany, CA, USA.

Cale, J.A., Teale, S.A., Johnston, M.T., Boyer, G.L., Perri, K.A. and Castello, J.D. (2015) New ecological and physiological dimensions of beech bark disease development in aftermath forests. *Forest Ecology and Management*, 336: 99–108.

Camarero, J.J., Gazol, A., Sangüesa-Barreda, G., Oliva, J. and Vicente-Serrano, S.M. (2015)

To die or not to die: Early warnings of tree dieback in response to a severe drought. *Journal of Ecology*, 103: 44–57.

Dale, V.H., Joyce, L.A., McNulty, S., Neilson, R.P., Ayres, M.P., Flannigan, M.D., *et al.* (2001) Climate change and forest disturbance. *BioScience*, 51: 723–734.

Dixon, D.M. (1969) The transplantation of punt incense trees in Egypt. *Journal of Egyptian Archaeology*, 55: 55–65.

Dujesiefken, D., Ebenritter, S. and Liese, W. (1989) Wandreaktionen im Holzgewebe bei birke, buche und linde. *European Journal of Wood and Wood Products*, 47: 495–500.

Eaton, R. (2000) A breakthrough for wood decay fungi. *New Phytologist*, 146: 3–4.

Elton, C. (1966) *The Pattern of Animal Communities*. Chapman and Hall, London, UK.

Ferrini, F. and Fini, A. (2011) Results of a long-term project using controlled mycorrhization with specific fungal strains on different urban trees. In: Johnston, M. and Percival, G. (eds) *Trees, People and the Built Environment*. Forestry Commission, Edinburgh, UK, pp. 39–50.

Finch, R. (1993) An alternative method of crown reduction for ancient pollards and dead trees. In: Read, H. (ed.) *Pollard and Veteran Tree Management II*. Corporation of London, London, UK, pp. 98–99.

Fink, S. (1999) *Pathological and Regenerative Plant Anatomy*. Gebruder Borntraeger Berlin, Germany.

Fowles, A.P., Alexander, K.N.A. and Key, R.S. (1999) The Saproxylic Quality Index: Evaluating wooded habitats for the conservation of dead-wood Coleoptera. *The Coleopterist*, 8: 121–141.

Franceschi, V.R., Krokene, P., Christiansen, E. and Krekling, T. (2005) Anatomical and chemical defenses of conifer bark against bark beetles and other pests, Tansley Review. *New Phytologist*, 167: 353–376.

Franklin, O., Näsholm, T., Högberg, P. and Högberg, M.N. (2014) Forests trapped in nitrogen limitation: An ecological market perspective on ectomycorrhizal symbiosis. *New Phytologist*, 203: 657–666.

Garbaye, J. and Churin, J.L. (1996) Effect of ectomycorrhizal inoculation at planting on growth and foliage quality of *Tilia tomentosa*. *Journal of Arboriculture*, 22: 29–34.

Garbelotto, M., Schmidt, D.J. and Harnik, T.Y. (2007) Phosphite injections and bark application of phosphite+Pentrabark™ control sudden oak death in coast live oak. *Arboriculture and Urban Forestry*, 33: 309–317.

Gehring, C.A., Mueller, R.C., Haskins, K.E., Rubow, T.K. and Whitham, T.G. (2014) Convergence in mycorrhizal fungal communities due to drought, plant competition, parasitism, and susceptibility to herbivory: Consequences for fungi and host plants. *Frontiers in Microbiology*, 5: article 306.

Green, T. (1995) Creating decaying trees. *British Wildlife*, 6: 310.

Grostal, P. and O'Dowd, D.J. (1994) Plants, mites and mutualism: leaf domatia and the abundance and reproduction of mites on *Viburnum tinus* (Caprifoliaceae). *Oecologia*, 97: 308–315.

Hayward, J., Horton, T.R., Pauchard, A. and Nuñez, M.A. (2014) A single ectomycorrhizal fungal species can enable a *Pinus* invasion. *Ecology*, 96: 1438–1444.

Horák, J., Rébl, K., Vávrová, E., Horáková, J., Neradilová, I. and Loskotová, T. (2010) Beetles of Mr. President: Saproxylic beetles and sun-exposure gradient in pasture woodland in the Lány Game Park. In: 6th European Symposium and Workshop on the Conservation of Saproxylic Beetles, June 15–17 2010, Ljubljana, Slovenia, p. 30.

Horton, T.R., Bruns, T.D. and Parker, V.T. (1999) Ectomycorrhizal fungi associated with *Arctostaphylos* contribute to *Pseudotsuga menziesii* establishment. *Canadian Journal of Botany*, 77: 93–102.

Hudgins, J.W., Christiansen, E. and Franceschi, V.R. (2004) Induction of anatomically based defense responses in stems of diverse conifers by methyl jasmonate: A phylogenetic perspective. *Tree Physiology*, 24: 251–264.

Klironomos, J.N. and Hart, M.M. (2001) Food-web dynamics: Animal nitrogen swap for plant carbon. *Nature*, 410: 651–652.

Krekling, T., Franceschi, V.R., Berryman, A.A. and Christiansen, E. (2000) The structure and development of polyphenolic parenchyma cells in Norway spruce (*Picea abies*) bark. *Flora*, 195: 354–369.

Lipson, D. and Näsholm, T. (2001) The unexpected versatility of plants: Organic nitrogen use and availability in terrestrial ecosystems. *Oecologia*, 128: 305–316.

Lonsdale, D. (1999) Principles of tree hazard assessment and management. *Research for Amenity Trees No. 7,* The Stationery Office, London, UK.

Lonsdale, D. (2013a) *Ancient and Other Veteran Trees: Further Guidance on Management.* The Tree Council, London, UK.

Lonsdale, D. (2013b) The recognition of functional units as an aid to tree management, with particular reference to veteran trees. *Arboricultural Journal*, 35: 188–201.

Lothamer, K., Brown, S.P., Mattox, J.D. and Jumpponen, A. (2014) Comparison of root-associated communities of native and non-native ectomycorrhizal hosts in an urban landscape. *Mycorrhiza*, 24: 267–280.

Merrill, W. (1992) Mechanisms of resistance to fungi in woody plants: A historical perspective. In: Blanchette, R.A. and Biggs, A.R. (eds) *Defense Mechanisms of Woody Plants Against Fungi.* Springer, Berlin, Germany, pp. 1–12.

Morris, H., Brodersen, C., Schwarze, F.W. and Jansen, S. (2016) The parenchyma of secondary xylem and its critical role in tree defense against fungal decay in relation to the CODIT Model. *Frontiers in Plant Science*, 7: 1665.

Mursidawati, S., Ngatari, N., Irawati, I., Cardinal, S. and Kusumawati, R. (2015) *Ex situ* conservation of *Rafflesia patma* Blume (Rafflesiaceae): An endangered emblematic parasitic species from Indonesia. *Sibbaldia*, 13: 99–110.

Näsholm, T., Högberg, P., Franklin, O., Metcalfe, D., Keel, S.G., Campbell, C., *et al.* (2013) Are ectomycorrhizal fungi alleviating or aggravating nitrogen limitation of tree growth in boreal forests? *New Phytologist*, 198: 214–221.

Partap, U.M.A., Partap, T.E.J. and Yonghua, H.E. (2001) Pollination failure in apple crop and farmers' management strategies in Hengduan Mountains, China. *Acta Horticulturae*, 561: 225–230.

Pearce, R.B. (1996) Antimicrobial defences in the wood of living trees, Tansley Review. *New Phytologist*, 132: 203–233.

Percival, G.C. (2013) Influence of pure mulches on suppressing *Phytophthora* root rot pathogens. *Journal of Environmental Horticulture.* 31: 221–226.

Percival, G.C. and Banks, J.M. (2014) Studies of the interaction between horse chestnut leaf miner (*Cameraria ohridella*) and bacterial bleeding canker (*Pseudomonas syringae* pv. *aesculi*). *Urban Forestry and Urban Greening*, 13: 403–409.

Percival, G.C., Barrow, I., Noviss, K., Keary, I. and Pennington, P. (2011) The impact of horse chestnut leaf miner (*Cameraria ohridella* Deschka and Dimic; HCLM) on vitality, growth and reproduction of *Aesculus hippocastanum* L. *Urban Forestry and Urban*

Greening, 10: 11–17.
Popoola, T.O.S. and Fox, R.T.V. (2003) Effect of water stress on infection by species of honey fungus (*Armillaria mellea* and *A. gallica*). *Arboricultural Journal*, 27: 139–154.
Prescott, C.E. and Grayston, S.J. (2013) Tree species influence on microbial communities in litter and soil: Current knowledge and research needs. *Forest Ecology and Management*, 309: 19–27.
Rademacher, P., Bauch, J. and Shigo, A.L. (1984) Characteristics of xylem formed after wounding in *Acer, Betula* and *Fagus*. *IAWA Bulletin*, 5: 141–151.
Raimbault, P. (1995) Physiological diagnosis. In: *The Tree in its Various States: Diagnosis and Architectural Training*. Proceedings of the Second European Congress of Arboriculture, Versailles, France, pp. 52–55.
Raimbault, P.F. (2006) A basis for morpho-physiological tree assessment. In: *Proceedings of the Seminar, Arboricultural Association*. Treework Environmental Practice, Ashton Court, Bristol, UK, 23 and 24 March 2006.
Rayner, A.D.M. and Boddy, L. (1988) *Fungal Decomposition of Wood: Its Biology and Ecology*. Wiley, New York, USA.
Rioux, D. and Ouellette, G.B. (1991) Barrier zone formation in host and non-host trees inoculated with *Ophiostoma ulmi*. I. *Anatomy and histochemistry, Canadian Journal of Botany*, 69: 2055–2073.
Rotheray, G.E. and MacGowan, I. (2000) Status and breeding sites of three presumed endangered Scottish saproxylic syrphids (Diptera, Syrphidae). *Journal of Insect Conservation*, 4: 215–223.
Rotheray, G.E., MacGowan, I., Rotheray, E., Sears, J. and Elliott, A. (2015) Conserving the aspen hoverfly. *British Wildlife*, 27: 35–40.
Schwarze, F.W.M.R. (2007) Wood decay under the microscope. *Fungal Biology Reviews*, 21: 133–170.
Schwarze, F.W.M.R. and Baum, S. (2000) Mechanisms of reaction zone penetration by decay fungi in beech wood. *New Phytologist*, 146: 129–140.
Schwarze, F.W.M.R. and Fink, S. (1997) Reaction zone penetration and prolonged persistence of xylem rays in London plane wood degraded by the basidiomycete *Inonotus hispidus*. *Mycological Research*, 101: 1201–1214.
Schwarze, F.W.M.R. and Fink, S. (1998) Host and cell type affect the mode of degradation by *Meripilus giganteus*. *New Phytologist*, 139: 721–731.
Schwarze, F.W.M.R., Baum, S. and Fink, S. (2000a) Dual modes of degradation by *Fistulina hepatica* in xylem cell walls of *Quercus robur*. *Mycological Research*, 104: 846–852.
Schwarze, F.W.M.R., Mattheck, C. and Engels, J. (2000b) *Fungal Strategies of Wood Decay in Trees*. Springer, Berlin, Germany.
Schweingruber, F.H. (2007) *Wood Structure and Environment*. Springer, Berlin, Germany.
Scott, E.S. (1984) Populations of bacteria in poplar stems. *European Journal of Forest Pathology*, 14: 103–112.
Shain, L. (1995) Stem defense against pathogens. In: Gartner, B.L. (ed.) *Plant Stems: Physiology and Functional Morphology*. Academic Press, San Diego, CA, USA, pp. 383–406.
Shigo, A.L. (1979) *Tree Decay: An Expanded Concept*. United States Department of Agriculture, Forest Service, Agriculture Information Bulletin 419, Washington, DC, USA.
Shigo, A.L. (1984) Compartmentalization: A conceptual framework for understanding how trees grow and defend themselves. *Annual Review of Phytopathology*, 22: 189–214.

Shigo, A.L. and Marx, H.G. (1977) *Compartmentalization of Decay in Trees*. United States Department of Agriculture, Forest Service, Agriculture Information Bulletin 405, Washington, DC, USA.

Sjöman, H., Östberg, J. and Nilsson, J. (2014) Review of host trees for the wood-boring pests *Anoplophora glabripennis* and *Anoplophora chinensis*: An urban forest perspective. *Arboriculture and Urban Forestry*, 40: 143–164.

Smith, S.E. and Read, D.J. (2008) *Mycorrhizal Symbiosis*, 3rd edition. Academic Press, Elsevier, Amsterdam, The Netherlands.

Spicer, R. (2005) Senescence in secondary xylem: heartwood formation and an active developmental program. In: Holbrook, N.M. and Zwieniecki, M.A. (eds) *Vascular Transport in Plants*. Elsevier, Amsterdam, The Netherlands, pp. 457–475.

Stoffel, M., Bollschweiler, M., Butler, D.R. and Luckman, B.H. (2010) *Tree Rings and Natural Hazards: A State of the Art*. Advances in Global Change Research, Volume 41. Springer, Berlin, Germany.

Stokland, J.N., Siitonen, J. and Jonsson, B.G. (2012) *Biodiversity in Dead Wood*. Cambridge University Press, Cambridge, UK.

Straw, N.A., Williams, D.T., Kulinich, O. and Gninenko, Y.I. (2013) Distribution, impact and rate of spread of emerald ash borer *Agrilus planipennis* (Coleoptera: Buprestidae) in the Moscow region of Russia. *Forestry*, 86: 515–522.

Takos, I., Varsamis, G., Avtzis, D., Galatsidas, Sp., Merou, Th. and Avtzis, N. (2008) The effect of defoliation by *Cameraria ohridella* Deschka and Dimic (Lepidoptera: Gracillariidae) on seed germination and seedling vitality in *Aesculus hippocastanum* L. *Forest Ecology and Management*, 255: 830–835.

Thomas, P.A. (2014) *Trees: Their Natural History*, 2nd edition. Cambridge University Press, Cambridge, UK.

Thomas, P.A. (2016) Biological Flora of the British Isles: *Fraxinus excelsior*. *Journal of Ecology*, 104: 1158–1209.

Tilman, D. (1978) Cherries, ants and tent caterpillars: Timing of nectar production in relation to susceptibility of caterpillars to ant predation. *Ecology*, 59: 686–692.

Vera, F.W.M. (2000) *Grazing Ecology and Forest History*. CABI, Wallingford, UK.

Wheeler, E.A. (2011) InsideWood: A web resource for hardwood anatomy. *IAWA Journal*, 32: 199–211.

Wiseman, P.E., Colvin, K.H. and Wells, C.E. (2009) Performance of mycorrhizal products marketed for woody landscape plants. *Journal of Environmental Horticulture*, 27: 41–41.

Wiseman, P.E. and Wells, C.E. (2009) Arbuscular mycorrhizal inoculation affects root development of *Acer* and *Magnolia* species. *Journal of Environmental Horticulture*, 27: 70–79.

Zwart, D.C. and Kim, S.H. (2012) Biochar amendment increases resistance to stem lesions caused by *Phytophthora* spp. in tree seedlings. *HortScience*, 47: 1736–1740.

10장

교목에 대한 환경적 도전

교목이 자라는 곳이면 어디서나 생장이나 생존 기회를 줄이는 다양한 환경적 도전이 작용한다. 이들 도전의 일부는 어떤 형태의 홍수와 같이 매우 일시적인 데 비해 다른 경우에는 지역적인 기후가 수개월 지속되는 도전적인 여건을 유지한다. 세계의 많은 지역에서 가장 큰 도전은 수분 가용성의 제한이나 극단적인 기온이다. 염(鹽, salt)에 대한 내성도 이 장에서 다룬다. 그러나 빛의 유효성은 본질적으로 광합성에 밀접하게 연계되어 있기 때문에 제7장에서 다루었다.

각 수종은 일반적으로 자신이 자랄 수 있는 범위의 환경적인 여건을 가지고 있을 것이다. 매우 특화된 종의 경우, 이 여건의 제한 폭이 매우 좁거나, 적어도 다른 환경에서는 매우 효과적으로 경쟁하지 못할 것이다. 예를 들면, 많은 한대 교목은 온대기후에서 자랄 수는 있지만 따뜻한 기후에 더 적합한 더 빨리 자라는 종에 의해 경쟁에서 밀려나는 경향이 있다. 마찬가지로, 따뜻하고 건조한 여건에 잘 적응된 많은 교목은 토양 수분이 더 높은 지역에서 자랄 수 있지만, 이러한 여건에서 진화한 교목과 경쟁하기는 힘들 수도 있다. 그러므로 성공적인 교목은 다른 식물에 대한 경쟁력과 병해충에 대한 저항성을 유지하면서 다양한 환경적 도전에 대처할 수 있는 수많은 적응 기제를 가지고 있다.

교목이 자신의 자연 환경에 적응하는 데 도움이 되는 속성과 전략을 이해함으로써,

이러한 지식을 우리의 경관에 있는 교목을 관리하는 데 적용할 수 있다. 해당 교목의 생태적 유산을 인정하는 것이 교목 선택과 성공적인 교목 정착의 기회를 향상시키는데, 이것이 미래 세대에게 관상수로부터의 생태계 서비스를 제공하기 위해 매우 중요하다. 식물 스트레스에 대한 기본적인 지식도 교목이 건강하지 못하는 잠재적인 원인을 이해하고 스트레스의 장기적인 충격을 감축시키는 개입을 위한 설계에 매우 중요하다.

10.1 식물 스트레스의 회피와 내성

교목 생장에 가장 중요한 환경적 도전을 다루기에 앞서, 식물 스트레스와 관련된 일부 용어의 의미를 분명히 하는 것이 중요한다.

스트레스(stress)는 생장이나 광합성과 같은 생리적 과정의 속도를 가능한 최고 속도 이하로 낮추는 환경요소(環境要素, environmental factor)로 정의된다(Lambers 등 2008). 그러므로 스트레스의 직접적인 영향은 성과의 감소이다. 다행히도, 식물은 성과에 대한 충격을 줄이고 어느 정도의 스트레스 저항성을 부여할 수 있는 다양한 기제(機制, mechanism)를 개발했다.

이들 기제의 자세한 내용은 스트레스의 유형, 이의 지속 기간, 관련 수종에 따라 차이가 매우 크다. 그러나 두 가지 지배적인 전략을 생각하는 것이 편리하다: 스트레스 **회피**(回避, avoidance)와 스트레스 **내성**(耐性, tolerance)(Levitt 1980; Kozlowski & Pallardy 2002). 환경 스트레스 기간을 피하는 것은 단명식물(ephemeral plants)은 하지만, 교목은 다년생(多年生, perennial)이기 때문에 이러한 전략은 모든 교목에 불가능하다. 스트레스 **회피** 전략은 어느 정도 스트레스가 식물조직에 영향을 주지 않도록 작용한다. 예를 들면, 지하수(地下水, groundwater)에 다다를 수 있는 뿌리를 깊이 내리는 교목은 장기간 지속되는 건기(乾期, dry period)에 의해 유발되는 수분 결핍(水分缺乏, water deficit)을 피할 수 있다. 스트레스 **내성**은 해당 교목이 스트레스 하에서도 생존할 수 있게 한다. 예를 들면, 낮은 잎의 수분 함량에 대처할 수 있는 종은 다른 곳에서 물을 얻지 않고도 수분부족 시기 내내 살아남을 수 있기 때문에 스트레스에 내성이 있다. 물론 개별 종은 특정한 범위 내에서 서로 다른 스트레스에 대한 내성만을 가질 것이다. 마찬가지로 죽음에 이르는 피해에 대한 문턱값(threshold)도 종에 따라 차이가 매우 크다.

교목이 회피와 내성을 활용한다는 것은 교목을 관리하는 사람들에게 두 가지 중요한 점을 시사한다. 첫째로, 회피가 가능하기 때문에, 특정한 환경 하에서 자라는 것을 관찰하는 것만으로 해당 교목이 특정 여건에 선천적으로 내성이 있다고 확신하기는 어렵다. 그러므로 어떤 교목이 건조한 지역에서 한여름에 자라고 있다고 해당 교목이 이러한 여건에 내성이 있다는 것을 의미하는 것은 아니다. 왜냐하면 이 교목은 뿌리를 깊이 내려 건조를 피하고 있을 수 있기 때문이다. 둘째로, 같은 장소에서 자라는 종이 서로 다른 전략을 채택할 수도 있기 때문에, 같은 지역에서 사는 교목들이 동일한 문제에 다른 해결책을 보일 수도 있다. 이는 특정 부지에 사는 교목의 생장 결과가 스트레스 회피가 아닌 내성과 밀접하게 연계되어 있으면 의미가 있다. 예를 들어, 뿌리 전개가 제약을 받는 환경은 해당 종이 뿌리를 깊이 발달시킴으로써 수분 부족을 피하는 것을 어렵게 만든다. 따라서 수분 부족에 내성이 있는 종이 이러한 부지에 더 잘 자랄 가능성이 있다.

많은 지역, 특히 계절성 기후(seasonal climate)를 가진 곳에서는 교목이 생장하기에 너무 춥거나 너무 건조할 수 있는 불리한 여건이 몇 개월 지속된다. 이 경우 생존은 이를 견딜 수 있는 해당 교목의 문턱값에 의해 결정될 것이다. 이는 낮은 겨울 기온, 제한된 수분 가용성 또는 둘 모두에 대응할 수 있는 능력과 관련이 있다. 온대지방 교목은 어느 정도의 여름철(일반적으로) 수분 부족과 함께 동결 기온에 대처할 필요가 있다. 서식지에 따라, 다른 형태의 스트레스가 중요할 수도 있다. 예를 들면, 수변(水邊, riparian – 범람원)에 사는 교목은 홍수기에 대처할 필요가 있을 것이다.

10.2 순화와 적응

일단 **스트레스 요소**(stress factor – 스트레스 자극)가 해당 환경에 존재하면, **스트레스 반응**(stress response)은 교목 생장의 특정 분야에서의 즉각적인 쇠퇴로 나타난다. 어떤 상황에서는, 구조적 또는 생리적 조절이 수반되는 **순화**(馴化, acclimation)가 식물 생장의 초기 쇠퇴를 상쇄하는 데 도움을 준다. 예를 들면, 이전에 그늘진 잎은 광저해(光沮害, photoinhibition) 충격을 줄이기 위해 더 높은 광 수준에 순응할 수 있다(제3장 참조). 중요한 것은 순응이 개체가 살아 있는 동안 일어나며 일반적으로 스트레스가 시작된 후 며칠 이내에 시작된다.

장기적으로, **적응**(適應, adaptation)은 진화적인 반응으로, 특정 스트레스와 관련된 생장 쇠퇴를 상쇄하는 집단의 유전적 변화로 이어진다(Lambers 등 2008). 세대를 거듭함에 따라 이들 적응은 해당 식물이 가장 제한적인 스트레스 요소에 더 잘 대처하도록 도와준다. 특정 유형의 기후 내 주된 스트레스 요소는 세계의 많은 지역에서 비슷하기 때문에, 교목은 이러한 지역에서 비슷한 적응을 진화시켰다. 달리 말하면, 이들은 **수렴진화**(收斂進化, convergent evolution)를 겪어 비슷한 기후 특성(氣候特性, climate regime)에 대처할 수 있는 비슷한 전략에 도달하였다. 예를 들면, 지중해성 기후(地中海氣候, Mediterranean climate)에서 자란 교목은, 이들이 지중해 분지(盆地, basin), 캘리포니아 샤퍼랠(chaparral), 칠레 마토랄(matorral), 남아프리카 핀보스(finbos), 웨스턴오스트레일리아의 말리(mallee) 어디에 살든, 뿌리를 깊이 내릴 능력을 가진 광엽의 상록수종인 경우가 많다(Archibald 1995).

환경적인 스트레스에 대한 특화는 도전적인 환경에서 생존할 수 있게 하지만, 포기한 기회에 대한 비용이 발생할 수 있다. 이들 스트레스 요소의 하나(또는 일련의)에 적응함으로써, 해당 종은 종종 보다 유리한 환경에서 활용하고 경쟁할 수 있는 능력을 상실한다(Keddy 2007). 특정한 환경 여건에 적응하여 얻은 이점과, 이와 관련된 다른 환경에서의 경쟁력 약화는 주어진 서식지 내의 종 구성을 결정하는 데 크게 영향을 미친다.

환경적인 스트레스에 대한 교목의 반응과 적응의 복잡함을 모두 자세히 다루는 것은 불가능하기 때문에, 여기서는 가장 중요한 환경적인 도전에 대해 개괄적으로 살펴보고자 한다.

10.3 내한성

저온(低溫, low temperature)은 교목의 생장과 생존을 제한하는 주된 요소일 수 있다. 저온에 의해 유발된 피해에 대한 저항성(**내한성**/耐寒性, cold-hardiness)은 종의 자연 분포를 결정하는 데 도움을 주고(Barnes 등 1998), 원예 식물이 자랄 수 있는 장소를 결정하는 데 중요한 요소 중 하나이다(Thomashow 1999). 따뜻한 지역 원산인 교목은 추운 지역에 정착하기에 충분할 정도의 내한성을 발달시키지 않는다. 저온은 해당 지역에 충분할 정도의 내성을 가지지 못하거나, 가을 동안 신속하게 내한성을 확보하지 못하거나, 봄에 너무 빨리 내한성을 상실하는 교목을 죽인다. 그러므로 해당 교목이 자신의 자연적인 범위 바깥에서 자라야 한다면, 교목의 내한성을 식재지에 일치시키는 것이 매우 중요하다. 따라서 내한성은 식재 교목을 선정하는데 결정적인 요소이고, 이를 인정하여 서로 다른 종의 내한성을 확인하는 데 많은 노력을 기울여야 한다.

내한성 확보

이러한 특성을 규정짓는 것을 보다 어렵게 만드는 요소는 내한성이 가장 강한 종조차도 연중 추위에 대한 내성에서 차이가 상당히 크다는 것이다. 이는 교목이 겨울이 되기 전에 낮은 기온에 대해 준비하거나 **순화**하여 점점 더 내한성이 강해지기 때문이다. 그 해의 생장이 멈춘 뒤에는, 일장(日長, day length)이 짧아지고 어느 정도는 결빙보다 약간 위까지 기온이 떨어지는 것이 순화 과정의 시작을 알리는 환경적인 신호가 된다. 이러한 **예비 경화**(豫備硬化, pre-hardening) 단계에서는, 동결 온도에 대비하여 다양한 보호 화합물과 탄수화물을 세포 속에 축적한다. 액포(液胞, vacuole)도 동결 피해 가능성을 줄이기 위해 크기가 작은 여러 액포로 분할된다. 일단 기온이 영도 이하로 떨어지면, 세포막과 단백질은 얼음 결정에 의해 유발되는 수분 손실을 견딜 수 있도록 변형된다(Larcher 2003). 그러므로 내한성을 확보하는 것은 겨울 기온에 대비하기 위한 연속적인 단계가 발생하는 점진적인 과정이다. 치명적인 기온에 대한 저항성을 제공하기 위한 경화가 충분히 발달하기 위해서는 환경적인 신호와 준치사(sub-lethal) 저온 모두에 노출되어야 한다.

겨울철과 봄의 날씨가 따뜻한 기간은 **유화**(柔化, dehardening)를 유도하여, 서리 피해에 살아남을 수 있는 조직의 능력이 점진적으로 약화된다. 따라서 경화의 수준은 겨울 전반을 통해 변이가 클 수 있는데, 특히 동결온도와 이보다 따뜻한 기간이 변동을 거듭하는 온난한 겨울을 가진 지역에서 잘 나타난다. 저온요구도(低溫要求度, chilling requirement – 제3장 잎의 생물계절학 참조)가 크지 않은 종은 따뜻한 늦겨울 기온에 의해 쉽게 그릇된 경계심을 가질 수 있다. 이것이 잎의 조기 출현으로 이어지면, 이들 경화되지 않은 조직은 늦서리에 의한 피해에 취약할 수 있다. 그러므로 다른 지역 출신의 교목을 식재할 때에는, 기후 변화가 교목 발달 시기와 서리 피해에 대한 감수성에 미칠 수 있는 잠재적인 영향을 고려하는 것이 중요하다.

내한성 지도

교목이 전 세계에 걸쳐 대처해야 하는 최저온도(最低溫度, minimum temperature)의 범위가 그림 10.1에서 보여주고 있다. 이와 같은 자료를 사용하는 식물 내한성 지도는 많은 국가에서 개발되었다(그림 10.2). 널리 사용되는 식물 자재에 대해서는 보통 표준적인 참고자료로 발간된 자세한 내한성 자료가 있지만, 내한성 등급부여가 항상 신뢰할 수 있는 것은 아니기 때문에 이들 자료를 해석할 때에는 어느 정도 주의를 기울이는 것이 좋다. 이들 자료는 주어진 종이 서리 피해를 받지 않고 식재될 수 있는 곳을 결정하는 데 도움을 주기 위해 식물 내한성 지도와 비교할 수 있다. 그림 10.1은 이처럼 매우 다양한 기후를 내포하고 있기 때문에, 가장 널리 채택되는 내한성 지도는 그림 10.2에 제시된 미국 농무부(USDA)에서 발행한 것이다. 26개 지대 중에서 가장 추운 지대(1a)는 최저 연간 기온이 −51.1에서 −48.3℃(−60에서 −55°F)이고 가장 따뜻한 내한성 지대(13b)는 최저 연간 기온이 18.3~21.1℃(65~70°F)까지밖에 떨어지지 않는다.

내한성 지도는 대부분의 나라에서 구할 수 있고 항상 어떤 형태의 연간 최저기온의 측정치를 필요로 한다. 그러나 캐나다와 같은 일부 국가는 보다 복잡한 내한성 지수를 산출하기 위해 추가적인 기후 변수(강수량과 눈 깊이와 같은)를 사용한다(Brady 2008). 이들 지도는 어떤 종이 서리 피해에 취약할 가능성이 있는지를 확인하는 데 분명히 도움이 되지만 고려해야 하는 두 가지 사안이 있다. 첫째로, 치명적인 최저기온은 해당 교목의 나이, 연중 시점, 기후적인 이력과 조직 유형(잎, 꽃, 또는 목질 부위)에 따라 다양하다(Sakai & Larcher 1987). 이것이 교목의 절대적인 최저기온 한계를 예언하는 것을 어렵

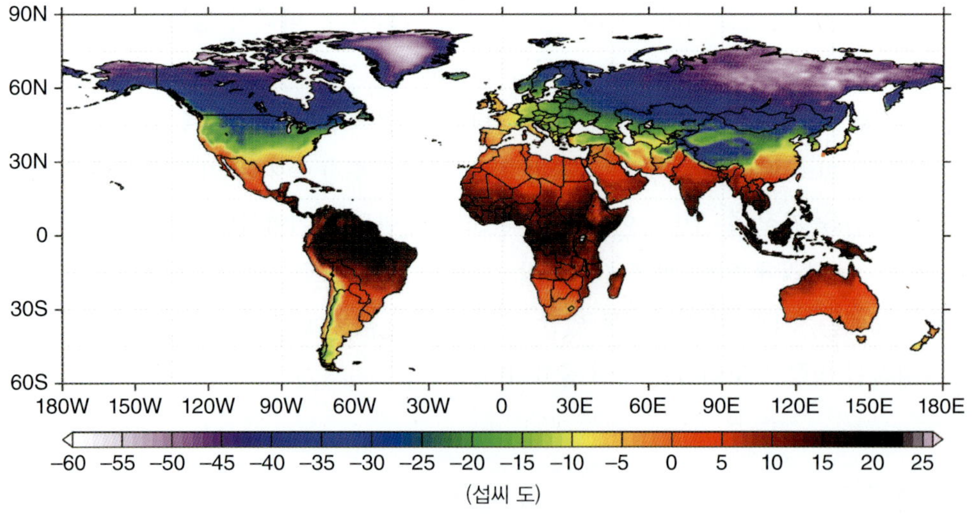

그림 10.1 지상 2m에서의 평균 연간 최저기온(℃)으로, ERA-Interim Reanalysis의 1986~2015 자료를 사용함. 출처: Dee 등(2011) 자료. Linda Hirons(Reading대학교의 National Centre for Atmospheric Sciences) 도면 제작.

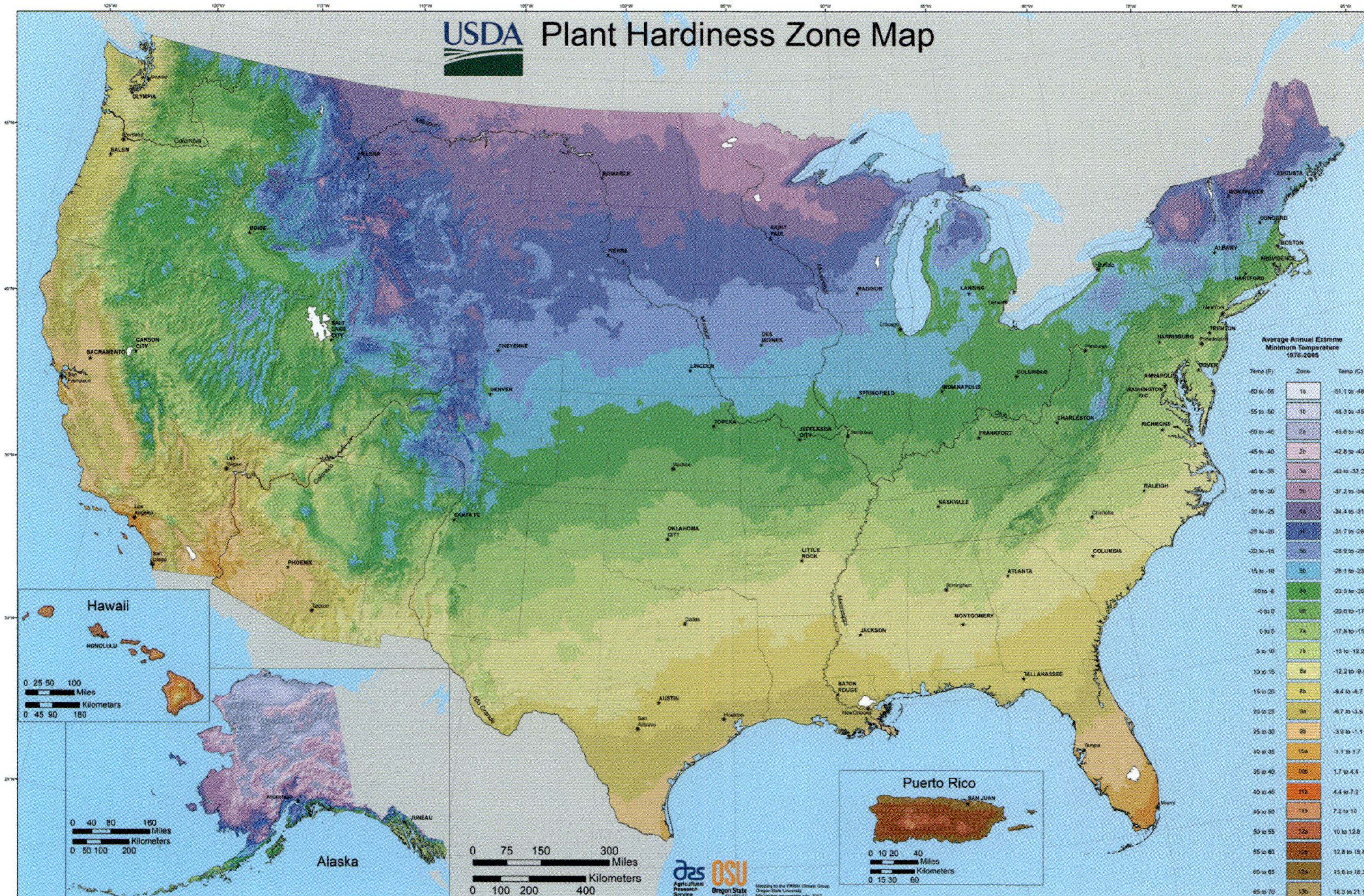

그림 10.2 미국 농무부가 발행한 식물 내한성 지대 지도. 미국 농무부 제공.

게 만든다. 둘째로, 비슷한 겨울 기온을 가진 지역이 매우 다른 여름철 기온과 강수를 보일 수 있는데, 이는 자생 교목이 겨울 기온에 대응하는 방법에 영향을 줄 수 있다. 예를 들면, 미국 동부의 일부 지역은 영국과 비슷한 최저 겨울 기온을 가지지만, 미국의 해당 지역은 여름 동안 30℃ 이상이 50일을 훨씬 초과하는 데 비해 영국에서는 이들 기온이 며칠에 불과하다. 연중으로 보면, 겨울 기온이 비슷함에도 불구하고, 매우 다른 생장 환경을 제공한다. 이는 내한성 지도와 지대 등급부여가 유용하지만 새로운 지역에 대한 교목의 적합성을 결정할 때 따로 떼어 사용하지 않는 것이 (즉, 해당 지역과 그 지역에 부여된 등급을 연계시켜서 고려하는 것이) 좋다는 것을 의미한다. 가능하면, 어떤 종을 새로운 지역으로 도입하기 전에 해당 종의 자연적인 범위의 토착 기후와 서식지 여건에 관한 다른 정보를 고려하는 것이 좋다. 이에 더하여, 수년에 걸친 주의 깊은 실험이 새로운 지역에 대한 종의 실제 적합성을 찾아내는 유일한 길이다. 적어도 이러한 실험의 일부는 지역의 식물 수집가와 농장에 의해 이미 수행되었을 수도 있기 때문에 가능하다면 의사결정을 하기 전에 지역 전문가를 활용하라.

교목에 대한 한해

식물 세포는 기온이 임계값(臨界-, critical value) 아래로 떨어졌을 때 피해를 입는다. 이 값이 빙점(氷點, freezing point)보다 높으면 이로 인한 피해를 **냉해**(冷害, chilling injury)라고 부르고, 영도(0℃) 이하 기온에 의해 유발된 피해는 **상해**(霜害, frost injury) 또는 **동해**(凍害, freezing injury)라고 부른다. 냉해는 온대나 한대 수종에는 큰 문제가 아닌데, 이는 추운 겨울이 적어도 어느 기간 동안의 결빙온도(結氷溫度, freezing temperature)에서 생존할 수 없는 종은 오래전에 몰아냈기 때문이다. 그러나 열대와 아열대 원산의 교목은 약 10℃와 0℃ 사이에서 냉해를 입을 수도 있다.

추워지면, 낮은 기온에 의해 일부 세포의 기능이 피해를 입거나 중단되지만, 냉각이 2~3일 이상 지속되면 일반적으로 피해가 영구화된다. 냉각의 일차적인 영향은 세포막의 기능을 중단시키는 것이다. 이는 세포의 활동에 영향을 주어 이들의 죽음으로 이어질 수도 있다(Larcher 2003). 교목 전체가 저온에 민감할 수 있고, 냉해가 꽃이나 열매에만 한정될 수도 있다. 모든 유형의 저온 피해에서처럼, 감수성 차이는 그 해 시점의 차이와 수령 차이(즉, 실생묘, 유묘, 성목)로 인해 발생한다.

온대 환경에서는 여름 기온이 일반적으로 적정하기 때문에 냉각에 민감한 교목을 키울 수 있다. 그러나 기온이 서늘해지기 시작하자마자 보호가 필요할 것이다. 많은 경우, 이는 기술적으로 가능하지만 경제적으로는 지지할 수 없는 부분이다. 이러한 일이 16세기와 17세기에 북유럽에 걸쳐 '외래' 감귤(*Citrus*) 종에 대한 수요 때문에 일어났는데, 사회 엘리트들은 이들을 겨울 동안 저온으로부터 보호하기 위해 특별히 지은 오렌지나무 온실로 옮길 수 있도록 하기 위해 이들 교목을 용기화하였다. 당연히 추운 기후의 식물 수집가들은 종종 추위에 민감한 종을 위해 어떤 형태의 보호되는 생장 환경을 가지고 있었지만, 이러한 수준의 투자는 특별된 기관이 아니면 하기 어렵다.

지구 육지면적의 절반 이상이 연중 빙점(<0℃)에 노출되어 있기 때문에(그림 10.1) 저온에 대처할 수 있는 능력은 많은 교목의 생존에 필수적이다. 이는 지중해, 온대지방, 한대와 고위도 지역에서 자라는 교목도 포함한다.

영하 기온에서의 결빙 회피

내부 조직에 얼음 결정(ice crystal)이 생긴 후에도 생존할 수 있는 식물세포는 없기 때문에, 빙점 아래에서 생존하기 위해서는 세포 내부에 얼음이 형성되는 것을 막아야 한다(Körner 2012). 겨울에 낙엽이 지는 교목의 경우, 잎을 떨어뜨림으로써 잎이 동해를 입을 가능성을 제거한다. 남아 있는 모든 조직(상록수종의 잎 포함)은 결빙(結氷, freezing)을 회피하거나 원형질체(原形質體, protoplast) 바깥의 얼음 형성에 내성을 가지는 방법으로 결빙 여건에서 생존해야 한다.

결빙은 세포 내부의 **빙점**을 약 -1와 -5℃ 사이까지 **낮출** 수 있는 설탕(자당/sucrose, 라피노오스/raffinose, 스타키오스/stachyose)과 같은 물질(용질)을 축적함으로써 회피할 수 있다. 이는 가벼운 결빙을 피하는 꽤 믿을 만한 방법이지만 심한 추위로부터 교목을 보호하기에는 당연히 충분하지 않다.

또한 주목할 만한 것은, 교목이 용질(溶質, solute)을 사용하지 않고도 자신의 세포가 어는점을 낮출 수 있다. 이러한 **과냉각**(過冷却, supercooling)이 물을 빙점 아래 온도에서 고체가 되지 않고 겔(gel)과 같은 상태로 유지시킨다. 이러한 과정에 대한 우리의 이해가 불완전하지만, 플라보노이드배당체(flavonoid glucosides)(Kasuga 등 2008)와 같은 부동물질(不凍物質, anti-nucleation agent)이 어는점 훨씬 아래 기온에서 얼음 결정 형성을 막는 것으로 보인다. 잎의 경우, 이것이 약 -12℃까지 피해를 막아준다. 그러나 목부 유세포의 경우, 비슷한 **세포내 과냉각**(deep supercooling) 과정이 세포내 얼음 형성 온도를 열대 교목은 -10℃까지, 온대 교목은 -40℃까지, 한대 교목은 거의 -70℃까지 낮춘다(Fujikawa 등 2009). 이 과정으로 보호할 수 있는 가장 낮은 기온은 종과 저온순화(低溫馴化, cold acclimation)에 따라 차이가 크지만, 일단 이 한계를 벗어나면 물은 세포 내부에서 결빙되어 치명적인 피해가 발생한다.

세포 원형질체 바깥의 얼음 형성

분명, 매우 추운 기온에서는 교목 내부의 모든 물이 어는 것을 막는 것은 불가능하다. 식물은 교모하게 물을 원형질체 밖으로 이동시켜 이를 세포 **사이** 공간이나 세포벽과 원형질체 사이의 세포 **안쪽**에 둠으로써 이러한 결빙이 유발할 수 있는 피해를 회피한다.

세포 바깥에서 발견되는 물은 더 적은 용질을 포함하고 있기 때문에 필연적으로 먼저 결빙된다. 이는 액체상태의 물을 제거함으로써 용질을 농축시키고, 이는 다시 물이 결빙되는 세포로부터 더 많은 물을 끌어낸다. 결국 세포 내부의 물은 고갈되고, 내부의 용질은 더욱 농축되어 원형질체의 크기는 현저하게 축소된다. 그러므로 영도 이하의 기온은 원형질(原形質, protoplasm)에 건조와 비슷한 효과를 초래한다(Larcher 2003). 민감한 종의 경우, 이러한 탈수(脫水, dehydration)는 과도한 수축을 유발함으로써 세포 막을 손상시켜 용질이 유독한 농도에 이르게 할 수 있다. 이러한 상황이 되면, 세포의 탈수가 원형질에 대한 비가역적 피해를 극복할 수 없게 되어 세포가 죽는 것을 피할 수 없다.

다행히도, 결빙에 내성이 있는 종은 몇 가지 방법으로 세포를 보호한다. 첫째로, 얼음이 세포 내부가 아닌 세포막 밖에서 형성되고; 둘째로, 정교한 세포 구조를 보호하기 위해 특화된 단백질, 아미노산, 설탕, 당알코올(糖-, sugar alcohol)을 사용하여 얼음이 녹고 세포가 재수화(再水和, rehydration)되면 세포가 다시 작동할 수 있게 한다(Körner 2012). 두 요소가 함께 세포가 안전하게 탈수와 재수화할 수 있게 한다. 결국, 종의 내한성이 클수록 결빙으로 인해 유도된 탈수에 견딜 수 있는 힘이 더 크다.

서리 피해

기온이 해당 교목 또는 꽃, 열매, 잎의 임계 내한성 문턱값 아래로 떨어지면, 그 해의 시점과 관계없이 피해가 발생할 것이다. 사실 한해(寒害, cold injury)는 교목이 해당 기

그림 10.3 구주물푸레의 어린 순에 발생한 서리로 인해 피해를 입은 순이 검게 변하였다. 출처: Duncan Slater 제공.

후에 대한 적응이 불량하면 전체 교목을 죽일 정도로 심각할 수도 있다. 이러한 피해는 과도하게 야심적으로 외래종을 식재하거나 극한적인 기후로 인해 발생할 수 있다.

온대 낙엽 수종에서는, 봄에 어린잎이 피해를 입을 가능성이 매우 높다. 늦서리(late frost)가 종종 교목을 죽일 수도 있는데, 특히 교목이 겨울철 저온요구를 충족시키지 못하고 따뜻한 봄 기후가 줄기의 조기 발달을 촉진하면 그러하다. 상해(霜害, frost injury)가 발생하면, 어린잎이 검게 보이는 데 비해(그림 10.3) 보다 성숙한 잎은 붉은색에서 어두운 갈색으로 변하는 경향이 있다. 줄기와 수피가 죽지 않았으면, 액아나 잠아에서 새순이 나올 수 있다(제2장 참조). 이른 가을 서리도 아직 추위에 견딜 준비가 안 된 신초에 피해를 줄 수 있다. 따라서 따뜻한 늦여름 기온에 의해 유발된 라마스 생장이나 그릇된 비료 적용에 의해 자극된 늦은 신초 생장은 특히 한랭장해에 취약하다. 그러나 모든 줄기는 저온순화 이전에는 어느 정도의 감수성을 가질 것이다.

꽃눈(flower bud)은 영양아(營養芽, vegetative bud)보다 저온에 더 취약하다. 꽃눈 피해는 과수 재배자들에게는 경제적으로 엄청난 피해를 주는 과일(그리고 종자) 생산에 심각한 결과를 가져올 수 있다. 그러나 관상수의 경우, 이러한 피해는 종종 보다 미적인 문제가 되는데, 영국에서는 늦서리에 의해 일찍 피는 목련의 장관이 갑작스럽게 사라진다.

저온은 목질의 줄기에도 피해를 줄 수 있다. **겨울철 피소**(皮燒, sunscald)는 그늘진 북쪽 면보다 더 많은 햇빛을 받는 수간의 남쪽에 대한 동해이다. 낮 동안, 태양은 해당 교목의 그늘진 쪽에 비해 양지쪽을 적어도 20℃까지 데울 수 있다. 태양이 구름에 가려지거나 해가 진 후에는 급속한 동결에 의해 형성층 조직이 죽을 수 있을 정도로 기온이 빠르게 떨어진다. 이는 수간에 대한 손상을 유발하여 수피의 죽은 조각으로 나타난다(Kozlowski 등 1991). 심각한 경우에는, 얼고 녹음의 빈번한 반복이 목부로부터 수피의 분리를 유발하고, 이는 사부에서의 설탕 이동을 방해하고 목부 표면을 병해충 감염에 노출시킨다. 많은 북쪽 지방 자작나무류(*Betula* spp.)는 수피에 태양 에너지를 반사하는 데 도움을 주는 베툴린(betulin)이라는 흰 물질을 가지고 있어서 피소 발생을 줄인다. 동일한 효과를 얻기 위해, 어떤 지역에서는 일부 감수성 종의 아래쪽 수간을 흰색으로 칠하는 전통이 있다. 수간 둘레를 밀짚이나 마대와 같은 어떤 형태의 단열 자재로 감아주는 것도 기온의 큰 폭 변동을 예방하여 피해 가능성을 줄이는 데 도움을 주기 위해 사용되어 왔다(그림 10.4).

된서리(severe frost)도 여러 요소들의 복잡한 상호작용을 통해 작동하는 수직적인 **상렬**(霜裂, frost crack–갈라짐)을 유발할 수 있다. 상렬의 일부는 추우면 변재가 더 따뜻한 안쪽 심재보다 더 많이 수축되는 경향이 있어서 장력이 생기기 때문에 유발된다. 물의

그림 10.4 과도한 기온 변동으로부터 보호하기 위해 마대를 감은 수간. 일본 홋카이도 남부의 벚나무.

동결로 인한 바깥 변재의 탈수도 목재의 바깥 부분을 수축시킨다(Kubler 1983). 결과는 해당 교목이 활기를 띰에 따라 유합된 긴 수직의 균열로 나타난다. 많은 교목이 상렬에 감수성인데, 이들에는 전나무류(*Abies*), 단풍나무류(*Acer*), 오리나무류(*Alnus*), 자작나무류(*Betula*), 물푸레나무류(*Fraxinus*), 새우나무류(*Ostrya*), 버즘나무류(*Platanus*), 사시나무류(*Populus*), 참나무류(*Quercus*), 느릅나무류(*Ulmus*) 등이 있지만, 대부분의 종도 적절한 여건이 주어지면 상렬 피해를 입을 수 있다. 또한 상렬은 심재에 세균성 습재(細菌性濕材, bacterial wetwood)가 존재할 경우 발생할 가능성이 더 높다(Sakai & Larcher 1987; 제9장 참조). 형성층에 의해 형성된 이들 균열의 가장자리 유상조직(癒傷組織, callus tissue)은 줄기 표면으로부터 약간 솟아오른 독특한 상종(霜縱, frost rib)으로 이어진다(그림 10.5). 이들 상렬은 궁극적으로 균열을 폐쇄된 상태로 유지하기에 충분할 정도로 유상조직이 축적될 때까지(종종 온난한 겨울이나 둘 다의 도움으로) 오랜 기간 동안 겨울마다 다시 열릴 수 있고, 아물더라도 솟아오른 세로 조직은 원래 피해의 증거로 존재한다.

이차생장(二次生長, secondary growth) 중에 결빙이 발생하면, 형성층에 대한 손상으로

그림 10.5 남부 스코틀랜드의 페트라참나무(*Quercus petraea*)에 있는 상종.

인해 목부의 안쪽에 **상륜**(霜輪, frost ring)이 발생할 수 있다. 피해는 전체 나이테 둘레가 될 수도 있고 줄기의 일부에 한정될 수도 있는데, 여기에 붕괴된 세포, 유상조직, 그리고 휘어진 방사조직(放射組織, rays)이 보인다(Schweingruber 2007). 상륜의 심각성에 따라, 목부 내 물의 이동을 방해할 수 있고, 국지적으로 목재의 강도를 떨어뜨릴 수 있으며, 이들의 존재는 목재를 위해 키우고 있는 교목을 바람직하지 못하게 만든다.

토양과 적설(積雪, snow cover)(있는 경우)이 뿌리가 매우 낮은 기온에 노출되는 것으로부터 보호하는 데 도움을 준다. 따라서 뿌리는 많은 세근(細根, fine root)의 생리적 활동을 중단시키고 치명적인 피해를 유발하는 동결에 덜 적응되어 있는 경향이 있다. 온대 수종의 경우, 세근에 대한 동결 피해는 −1에서 −3℃ 사이에서 발생하고, 더 굵은 목질의 뿌리는 −5에서 −25℃ 사이에서 발생한다. 일부 한대 침엽수에서는 이 범위가 −35℃까지 확대될 수도 있다(Sakai & Larcher 1987). 뿌리 피해는 특히 용기화된 교목에서 흔한데, 이는 주변의 토양이 단열되지 않아서 토양의 위쪽과 함께 측면이 찬 기온에 뿌리가 노출되기 때문이다. 이것이 많은 추운 기후에서 지상의 용기화된 수목 생산을 어렵게 만든다.[1]

동결된 토양과 관련된 또 다른 문제는 동계 건조(冬季乾燥, winter desiccation)에 의한 피해이다. 맑은 겨울날이나 이른 봄날에, 잎의 기온은 상록 교목의 광합성을 자극하기에 충분할 정도로 상승할 수도 있다. 이렇게 되면 잎으로부터 일부 증산작용과 수분 손실이 발생할 것이다. 그런데 토양이 여전히 동결되어 있으면, 수분 공급이 수요를 따라갈 수 없어서 잎이 점진적으로 메말라져서 건조피해를 유발한다. 이러한 문제는 고도가 높아 겨울철 대부분 동안 토양이 결빙된 상태로 유지되는 산악지역에서 특히 심각할 수 있어서, 전체 산비탈에 걸쳐 붉고 건조된 침엽이 나타난다. 피해는, 초겨울 동안 토양이 물로 재충전되지 않으면, 특히 심각할 수 있다.

결빙 온도에 의해 유발되는 이러한 물리적인 손상에 추가하여, 겨울철 동결-해동(freeze-thaw) 주기에 의한 매우 중요한 생리적 결과는 목부의 공동현상(空洞現像, cavitation)으로, 수리전도성(水理傳導性, hydraulic conductivity)의 상실로 이어진다(제2장 참조).

1 포트 내 포트(pot-in-pot) 용기 생산으로 알려진 시스템이 여전히 일부 지역에서 가능할 수도 있다. 이 시스템은 교목을 용기에서 키우지만 이를 땅속의 끼워 넣을 수 있는 용기(socket pot) 속에 놓는데, 이것이 뿌리층을 낮은 기온으로부터 완충시키는 데 도움을 준다.

10.4 고온

모든 교목은 자라는데 어느 정도의 온기(溫氣, warmth)는 필요하다. 모든 주요 생물적 과정의 속도는 온도가 특정 최적치(最適値, optimum value)까지 올라감에 따라 증가하는데, 최적치는 종종 해당 종의 자생지역 평균 여름 기온과 높은 상관관계를 가진다. 여름이 더 서늘한 지역에서 생존하는 종도 있지만, 여름철 더위는 어떤 종이 번성하기 위해 필수적일 수도 있다. 북아메리카 동부의 전형적인 낙엽성 삼림지역처럼 여름이 더운(≥22℃) 온대기후의 경우, 더운 여름 기온과 함께 2~3주에 걸쳐 봄에서 여름으로 빠르게 바뀌면, 여기서 자라는 교목은 영국과 다른 서유럽 지역의 해양성 온대기후에서 자라는 교목보다 훨씬 더 많은 열을 받게 된다. 유럽에서는 봄이 오히려 오래 끌고(수개월) 여름은 기온이 ≥10℃인 4개월 이상이라고 규정된다(Peel 등 2007). 이러한 두 지역의 여름 기온 차이는 한 지역 원산으로 다른 지역에 식재된 종에 대한 생장성과에 중요할 수 있다. 예를 들어, 미국 동부지역에 널리 퍼져 있는 미국참나무(*Quercus alba*)는 영국의 여름철 더위를 즐기고 추위에 대해 충분한 내한성을 가지고 있지만 서늘한 여름에는 잘 적응하지 못한다. 반대로 영국참나무(*Quercus robur*)는 원산지인 여름이 서늘한 영국에서는 완벽하게 적응하지만 미국 동부의 더 따뜻한 여름에는 잘 자라지 못하는 것 같다. 그러므로 식재지의 겨울과 여름 기온 모두에 일치시키는 것은 비자생종을 미적인 경관이나 상업적 삼림에 식재할 때 필수적이다.

고온에 대한 내성은 연중 교목 생장성과에 중요하고, 변화하는 기후가 열파(熱波, heat wave)의 빈도와 강도를 증대시킴에 따라 점점 더 중요할 수 있다(Teskey 등 2015). 교목은 열에 대해 자신의 광합성을 조절(순화)할 수 있지만 고온에 의해 포토시스템 Ⅱ(photosystem Ⅱ)[2]에 손상이 발생하고 40℃를 초과하면 돌이킬 수 없게 된다(Yordanov 1992). 이는 잎을 냉각시킬 수 있도록 증산작용을 가능하게 하면 막을 수 있지만 이는 분명 물의 가용성에 달렸다. 줄기도 수액이 교목을 통해 이동함에 따라 대류열전달(對流熱傳達, convective heat transfer)로 인한 편익을 얻을 수도 있다. 그럼에도 불구하고, 전체 교목에 대해, 온대지방의 실질적인 열해(熱害, heat injury) 문턱값은 50℃ 내외인 편인 데 비해 열대와 아열대지방은 이 값이 60℃까지 올라갈 수 있다(Larcher 2003). 그러

2 포토시스템 Ⅱ는 광자(光子, photon – 햇빛)로부터의 들뜸 에너지(여기/勵起-, excitation energy)를 광합성의 명반응(light-dependent reaction) 전자에 전달하는 필수적인 단백질복합체(蛋白質複合體, protein complex)이다. 이 단백질복합체가 손상되면 광합성이 감소한다.

나 온대지방 내에서도 민감한 종은 40에서 45℃ 사이에서도 가시적인 피해를 보이는데 비해 내열성 종은 50℃를 초과하는 기온도 견딜 수 있을 것이다. 이러한 수치가 높은 것처럼 들리겠지만, 식물과 토양의 온도는 강한 햇빛(태양 복사)으로 인해, 특히 매우 고요하거나 증발산(蒸發散, evapotranspiration) 냉각이 제한될 때, 주위 대기 온도보다 훨씬 높아질 수 있다. 그러므로 열 스트레스(熱-, heat stress)는 주변 대기 온도가 상대적으로 시원한 날에 발생할 수 있다. 건물에서 배출되거나 장비, 배기구나 배기관에서 방출되는 추가적인 열에 노출되면 일부 도시 교목에 대한 열 스트레스가 악화될 수 있다.

추운 기온에서도 마찬가지로 피해의 정도는 해당 교목의 유전적 차이, 그 해의 시점, 열에 대한 노출 기간, 순화의 정도, 성숙도에 따라 종 내에서도 차이가 크다. 잎에 대한 피해는 일반적으로 데침(blanching)이나 반점(죽은 부위)으로 나타나지만, 잎의 고사, 낙엽, 잎 확장 위축도 최근에 나온 어린잎에서 관찰된다(Filewood & Thomas 2014). 치명적이지 않은 고온은 호흡속도(呼吸速度, respiration rate)를 높이고 핵심 광합성 효소의 기능을 낮추고 세포막에 손상을 주기 때문에 순광합성(純光合成, net photosynthesis)의 감소를 유발할 수 있다(Bita & Gerats 2013; 제7장 참조). 이렇게 되면 주로 광합성에 대한 열의 부정적인 영향과 총 엽면적의 전반적인 감소로 인해 생장이 줄어든다(표 10.1).

고온에 대한 대응

교목이 자신의 최적 생장여건인 적어도 5℃ 이상의 기온에 노출되면, 열에 대한 내성에 도움을 주기 위해 수많은 세포와 생리적 과정이 발생한다(표 10.1). 온도가 올라감에 따라 유동성이 높아지는 막(膜, membrane)을 안정시키는 데 도움을 주기 위해 **열충격단백질**(熱衝擊蛋白質, heat shock proteins)이 생산된다. 프롤린(proline), 글리신 베타인(glycine betaine), 수용성 당(soluble sugars), 아브시스산(abscisic acid), 에틸렌(ethylene), 과산화수소(hydrogen peroxide), 살리실산(salicylic acid)과 같은 다른 화합물도 식물의 내열성을 향상시키는 데 영향을 미친다(Song 등 2012; Bita & Gerats 2013).

어떤 교목은 고온과 같은 무생물적 스트레스에 반응하여 **휘발성 유기화합물**(揮發性有機化合物, VOCs/volatile organic compounds)을 생산한다. 예를 들면, 바우히니아(*Bauhinia*), 유칼리나무(*Eucalyptus*), 풍나무(*Liquidambar*), 가문비나무(*Picea*), 사시나무(*Populus*), 자단(*Pterocarpus*), 참나무(*Quercus*), 버드나무(*Salix*) 등의 속에 해당하는 종 중에서 적어도 몇 종은 단기 열 스트레스에 반응하여 높은 수준의 **이소프렌**(isoprene)을 생산하는 것으로

표 10.1 고온이 주요 세포, 잎, 전체 교목의 과정에 미치는 것으로 알려진 영향들. 고온에 따른 과정의 증가, 감소, 무 변화는 각각 +, −, 0으로 표시된다. 과정과 관련된 기호가 둘 이상이면 종 간 또는 종 내에서의 변이를 나타낸다. 'Yes'는 고온에 반응하는 순화가 논문으로 보고되었다는 것을, 'No'는 순화가 보고되지 않았다는 것을, '?'는 순화가 존재할 가능성이 있지만 증거가 제한적이라는 것을 각각 나타낸다. PSII는 포토시스템 II이고; VOCs는 휘발성 유기화합물(volatile organic compounds)이고, rubisco(루비스코)는 광합성에서 사용되는 단백질이다. 세포와 잎의 여러 과정은 제3장에 기술되어 있다.

	과정	고온에 대한 반응	순화
세포	PS II 작용	−	Yes
	Thylakoid 막의 유동성	+	Yes
	Rubisco의 활동성	−	Yes
	생산된 열충격단백질	+	Yes
잎	광합성	−	Yes
	암(暗, dark) 호흡	+	Yes
	광호흡	+	Yes
	VOC 배출	+/0	?
	기공 전도도	+/−	Yes
	증산작용	+/−	No
교목 전체	엽면적 발달	−	No
	낙엽	+	?
	조기 눈터짐	0/+	No
	생장	−	Yes
	사망률	+	Yes
	생식력	−	Yes

출처: Teskey 등(2015). John Wiley and Sons의 허락을 받아 전재.

확인되었다(Monson 등 2013). 소나무류(*Pinus* spp.)와 같은 다른 종은 스트레스 하에서 **모노테르펜**(monoterpene)을 방출한다. 이들 VOCs는 광합성 기관을 보호하는 데 도움을 주고 열 스트레스에 노출된 교목에서 중요한 항산화 역할(antioxidative role)을 할 수도 있다(Sharkey 등 2008). 이러한 반응은 경관의 이름을 짓는 데에도 영감을 줄 수 있다. 미국 애팔래치아산맥(Appalachians)의 그레이트스모키마운틴(Great Smokey Mountains)과 블루리지마운틴(Blue Ridge Mountains), 호주 뉴사우스웨일스주(New South Wales)의 블루마운틴(Blue Mountains)의 이름은, 특히 여름 동안 교목들이 방출하는 VOCs의 아지랑이 때문이다.

가끔 고온의 효과와, 그리고 이와 동반하는, 가뭄과 고광도(제7장 참조)의 영향을 구분하는 것이 종종 어려울 수 있다. 높은 수준의 토양 수분을 동반한 극단적인 고온은 드물다. 고온이 토양 수분 결핍과 동반하여 발생하는 경우가 보다 일반적이다. 건기 중에는, 구름에 의한 가림이 줄어들어 태양 복사가 증가하고 이로 인해 지표면의 가열과 증기압차(蒸氣壓差, vapor pressure deficit)가 증가한다(제6장 참조). 이는 증산작용을 증대시키는 경향이 있어서, 토양을 더욱 건조시키고 이는 고온과 가뭄 모두의 효과를 증폭시키는 정(+)의 피드백 루프를 제공한다. 이러한 열과 가뭄의 결합은, 상대적으로 습한 온대지방에서도, 삼림 고사의 중요한 동인인 것이 입증되었다(Allen 등 2010). 또한 이러한 스트레스는 교목이 병해충에 더 잘 걸리게 하여 교목의 사망률을 더욱 높인다(Anderegg 등 2015).

앞서 설명한 열에 대한 세포 및 생리적 적응과 함께, 더운 기후에서 자라는 수많은 교목은 자신의 잎이 자라는 방식을 변경한다. 이들 적응 방식 중에는 위험한 온도까지 잎을 빠르게 가열시킬 수 있는 태양 에너지를 회피하는 방식이 많다. 바첼리아류(*Vachellia* spp.)와 아카시아류(*Acacia* spp.)(그림 10.6)와 같은 사바나 교목의 경우, 작은 잎(小型葉/microphyll)이 큰 잎을 가진 종보다 흡수되는 복사를 줄이고 동시에 열을 더 빨리 잃도록 하는 데 도움을 준다. 여러 유칼리나무류(*Eucalyptus* spp.)와 같이 또 다른 더

그림 10.6 케냐에 자라는 이 바첼리아류(*Vachellia* spp.-과거에는 아카시아속에 속함)는 피해를 주는 잎 온도를 예방하는 데 도움을 주기 위해 매우 작은 잎을 가지고 있다. 주위에 초식동물이 많이 있을 때에는, 작은 잎을 가지고 있으면 방어용 가시에 의해 더 잘 보호될 수 있게 된다.

(a)

(b)

그림 10.7 은피나무는 잎의 뒷면 은색이 잎을 반사하여 자신의 수관에 대한 열 부하를 줄일 수 있도록 잎의 방향을 바꾼다. (a)은 남부 스웨덴에서 자라는 작은 집단의 은피나무를 보여주고, (b)는 이 종의 특징인 잎의 뒤쪽 은색을 보이도록 잎을 뒤집은 모습을 보여준다.

운 기후에 특화된 교목은 복사 부하를 줄이기 위해 자신의 잎을 수직으로 늘어뜨리는데, 이는 잎이 과열되는 것을 막고 소위 **그늘이 없는 숲**(shadeless forest)을 만든다(앞의 그림 3.16 참조). 보다 온대지방 자생의 종까지도 자신의 잎이 과열되는 것을 피하기 위한 전략을 개발했다. 은피나무(*Tilia tomentosa*)는 더운 기간 동안 잎의 독특한 은색(엽모/leaf hair로 이루어진)인 아래쪽이 보이도록 자신의 잎을 뒤집는데, 이는 햇빛을 반사하는 데 도움을 주기 때문에 높은 잎 온도로부터 피해를 막는 데 도움을 준다(그림 10.7).

10.5 가뭄과 수분 결핍

어떤 교목이 저온에 대처할 수 있도록 충분히 경화되었다고 가정하면, 교목 발달을 제한할 가능성이 가장 높은 것은 수분의 유효도(有效度, availability)인데, 이는 생장 자체뿐만 아니라 모든 주요 생리과정에 중요하기 때문이다(Pallardy 2008). 양분유효도(養分有效度, nutrient availability)도 중요하지만, 물은 생장을 조절하는 가장 공통적인 제한 요소(制限要素, limiting factor)이다. 자연 환경에서 교목에 대한 수분 공급을 제한하는 것은 일반적으로 **기후적 가뭄**(氣候的-, climatic drought)으로, 계절적인 강수량이 잠재증발량(潛在蒸發量, potential evaporation) 아래로 떨어져서 토양 수분이 심각하게 고갈되기 때문이다. 이러한 현상은 계절적으로 지중해와 많은 아열대기후에서 발생하지만, 극한적인 기후 상황에서는 다른 모든 삼림 유형에서도 발생할 수 있다.

관상수에 대한 물 부족은 이식이나 공사 활동 중의 뿌리 손실, 토양 부피의 제한, 뿌리 지역 위의 불투수성 표면, 부지 배수 등에 의해 더 악화될 수 있는데, 이들이 물의 흡수나 유효도를 방해하기 때문이다(제6장 참조). 이들 요소 어느 것도 반드시 기후적 가뭄을 반영하지 않기 때문에, 이러한 환경적 스트레스는 **가뭄**이라기보다 **수분 결핍**(水分缺乏, water deficit)이라고 부르는 것이 더 정확한데, 가뭄은 생리적 여건이 아닌 기상학적 사건을 의미한다. **수분 스트레스**(water stress)는 물이 너무 많은지 아니면 너무 적은지에 관한 표현이 없기 때문에 자체로 한계가 있다.

교목과 물의 기본적인 관계, 그리고 토양 수분 유효도 관리는 제6장에서 다루었다. 여기서는 수분 결핍의 영향, 수분 결핍에 대응하기 위한 적응, 수분 결핍에 대한 내성에 기반을 둔 수종 선택에 초점을 맞춘다.

수분 결핍과 교목 발달

수분 결핍의 가장 두드러진 영향 중 하나는 수고(樹高, tree height)가 줄어드는 것이다. 건조한 부지에서 자라는 교목은 습한 부지에서 자라는 같은 종의 수고보다 더 낮다. 예를 들면, 북서 캘리포니아의 저지대 계곡의 습한 충적토(沖積土, alluvial soil)에서 자라는 레드우드(*Sequoia sempervirens*)는 100m 이상까지 자랄 수 있지만, 인접한 고지대의 얕고 상대적으로 건조한 토양에서는 약 30m에 도달할 뿐이다(Kozlowski 등 1991). 비슷한 경향은 수분 가용성의 기울기가 큰 다른 경관에서도 볼 수 있다. 지중해성과 사바나 생물군계(生物群系, biomes)의 식생은 온대지방에 비해 더 작은 경향이 있다.

제6장에서 살펴본 바와 같이, 식물 세포는 자신의 형태와 크기를 유지하기 위해 물로 가득차야(최대한의 팽압이나 압력을 위해) 한다. 뿌리 시스템이 수관의 수요를 충족시키기에 충분한 물을 확보하는 데 실패하는 상황이 되면, 교목은 목부 내 물의 장력이 증가하기 때문에 수분포텐셜은 하락하게 된다. 이렇게 되면 팽압(膨壓, turgor pressure)을 유지하기 어렵게 되어 세포가 수분을 잃음에 따라 팽창의 점진적인 상실이 발생한다(그림 10.8). 시듦(wilting)은 건조 주기의 후반에 발생하는 경향이 있고 광엽의 상록성 피질의 잎은 더 많은 지지 조직을 가지고 있기 때문에 훨씬 눈에 잘 띄지 않는다.

시듦 증상이 나타나기 전에도 세포 팽압의 감소는 해당 교목 전반에 걸쳐 생장을 둔화시킬 것이다. 잎의 확대, 신초 신장, 직경 생장이 수분 결핍에 의해 줄어들지만, 결핍의

그림 10.8 잎의 시듦은 첫 번째 나타나는 수분 결핍 증상 중 하나이다. 이 유럽팥배나무(*Sorbus aucuparia*)는 시듦의 분명한 징후를 보인 반면, 페트라참나무(*Quercus petraea*)와 유럽향나무(*Juniperus communis*–각각 중간 오른쪽과 앞쪽)는 남부 스웨덴의 이러한 부지의 토양 수분 수분에 매우 잘 적응한다. 이들과 같은 상호작용이 부지에 대한 교목의 정착과 어떤 수종이 자랄 수 있는가에 영향을 미친다.

시점과 정도가 모든 생장 감소에 영향을 미칠 것이다. 세포 분열(細胞分裂, cell division)은 세포 확장보다 수분 결핍의 영향을 훨씬 덜 받기 때문에, 수분 결핍 기간이 짧으면(며칠), 생장 회복은 단순히 세포가 자신의 확장을 지연시키기 때문에 나타날 수 있다. 그러나 수분 결핍이 더 오랜 기간(몇 주) 지속되면, 분열조직의 활동이 억제되기 때문에 가끔 생장의 영구적인 감소가 발생할 수 있다. 나자식물과 피자식물 모두에서, 직경 생장과 토양 수분 가용성 간에는 일관된 관련성이 있다(Schweingruber 2007). 온대 환경의 경우, 종 사이에 변이가 있지만, 직경생장 변이의 70~80%가 수분 가용성과 관련이 있다(Zahner 1968). 이는 과거 기후를 재구성하는 연륜연대학(年輪年代學, dendrochronology)에서 활용되고, 강수 기울기에 걸친 교목 생장을 비교하는 데 유용하다(Fonti 등 2010).

이러한 수분 결핍의 보다 분명한 징후에 더하여, 수많은 필수적인 세포 과정도 영향을 받는다. 세포가 수분을 잃어 부피가 줄어듦에 따라, 핵심 과정(단백질 합성과 같은)이 위축되고, 효소의 활동성이 교란되고, 세포 대사의 모든 면이 방해를 받는다. 탈수가 계속되면 세포의 팽압이 0에 이르게 된다. 교목에서 팽압 0에 이르는 세포 건조로 인해 유발된 혼란은 매우 심각하여 해당 세포가 영구히 피해를 입게 된다. 따라서 팽압 0에서의 잎 수분포텐셜(Ψ_{po})은 해당 교목이 시듦에서 회복할 수 없는 토양 수분포텐셜의 잠재적인 문턱값 아래이기 때문에 매우 유용한 값으로 간주된다. 종에 따라 팽압상실점(膨壓喪失點, turgor loss point)이 다르기 때문에, 이를 내건성의 양적인 측정치로 사용하며, 낮은(더 작은 음수) Ψ_{p0}를 가진 교목은 더 높은(더 큰 음수) Ψ_{p0}를 가진 교목보다 낮은 토양 수분포텐셜에서 광합성 활동과 생장을 유지할 수 있다. 교목 선택에 도움을 주는 속성으로서의 잎 팽압상실점을 활용할 수 있는 가능성은 다음에서 찾을 수 있다.

가뭄과 수분 결핍의 계절적인 시점도 생장에 대한 전반적인 영향과 관련이 있다. 신초가 봄에 한 번의 분출로 발달하는 유한생장(有限生長, determinate growth)을 하는 종의 경우, 여름철 토양수분의 감소는 신초 생장에 영향을 미칠 가능성이 낮을 수 있다. 그러나 늦여름 수분 결핍은 여전히 눈 형성에 영향을 미칠 수 있기 때문에 다음 생육기의 신초 발달에 영향을 미칠 것이다. 생육기 내내 신초 신장을 할 수 있는 무한생장(無限生長, indeterminate growth)을 하는 종은 생육기 동안의 토양 수분 변동에 훨씬 더 잘 반응할 것이다.

수분 결핍은, 특히 잎 팽창기 동안에 개별 잎 크기를 감소시켜서 전체 수관이 낮은 엽면적으로 이어질 것이다. 실제로 가뭄이 자주 발생하는 지역의 교목은 수분 수요를 줄이기 위해 작은 잎을 개발함으로써, 전체 수관의 탄소 획득이 감소함에도 불구하고 생존 가능성을 높인다.

수분 결핍의 주된 생리적인 시사점은 광합성 감소이다. 토양 수분이 감소함에 따라, 다양한 수리적 비수리적 기제(즉, 아브시스산/abscisic acid과 같은 식물생장조절제로부터의 화학적 신호)가 수분을 보존하기 위해 기공을 폐쇄하도록 작용한다(Augé 등 2000). 이는 불가피하게 광합성을 감소시키지만, 수관으로부터의 수분 손실을 크게 감소시킴으로써 해당 교목의 수리 통합성을 보존하는 데 도움을 준다. 모든 교목이 자신의 기공을 조절하지만, 기공의 수분 손실(즉, 기공 전도도/stomatal conductance – g_s)과 잎의 수분포텐셜 간의 관계는 종에 따라 크게 다르다. 따라서 기공 폐쇄를 유발하는 잎의 수분 상태에 대한 일반적인 값을 제시하는 것은 불가능하다.

토양 건조와 잎의 수분포텐셜(Ψ_{leaf})에 대한 반응을 보면, **등수리**(等水理, isohydric) 수종은 잎이 시들지 않도록 하고 목부의 공동현상 가능성을 줄이기 위해 자신의 기공을 매우 빠르게(-1MPa 정도의 Ψ_{leaf}에서) 닫기 시작할 것이다(제2장 참조). 이는 수분을 보전하는 데에는 효과적이지만, 이산화탄소가 소진되어 광합성이 빠르게 감소하기 때문에 특히 고광도 여건 하에서 광저해(光沮害, photoinhibition) 문제가 발생할 수 있다(제7장 참조). **부등수리**(不等水理, anisohydric) 수종은 잎의 수분 상태가 떨어지는 경우 더 오랫동안 자신의 기공을 개방한 상태를 유지하는데, 어떤 종은 –3MPa 미만의 Ψ_{leaf}에서도 높은 수준의 기공 전도도를 유지할 수도 있다. 이들 종은 건조한 주기 전반에 걸쳐 더 오래 생산성을 유지할 수 있지만 줄기의 수분 상태가 통제되지 않고 계속 떨어지면 심각한 공동이 발생할 위험에 처하게 된다. 중요한 것은, 서로 다른 종은 반드시 양 극단적인 것은 아니어서 두 반대되는 기공 행태 사이에 연속성 변이를 보인다(Klein 2014).

가뭄 상황 하에서의 온대 교목의 가지 마름에 대한 연구에서 나타나는 경향은 낮은 목재 밀도를 가진 종은 보다 등수리인 경향인데 비해 목재 밀도가 높은 종은 보다 비등수리인 경향이 있다는 것이다(Hoffmann 등 2011). 종 전반에 걸쳐 최대 기공 전도도 50%(Ψg_{s50})에서의 잎 수분포텐셜을 비교해보면, 산공재 수종보다 환공재 수종의 기공이 잎 수분포텐셜에 덜 민감한 것으로 나타났다(Klein 2014)(그림 10.9). 다양한 기후 자생의 광범위한 종을 평가해보면 이러한 발견을 확인하는 데 도움이 될 것이다.

이들의 전략을 이해하는 것이 도시 교목을 식재할 때 유용할 수 있다. 만약 도시 교목이 증발산을 통해 해당 환경을 냉각시키는 데 도움이 되기를 원한다면, 등수리 수종은 잎 수분포텐셜이 조금만 내려가도 자신의 기공을 닫기 때문에 도움이 안 될 것이다. 이러한 상태는 냉각이 가장 필요한 시기 동안 발생할 가능성이 있다. 이러한 경우에는

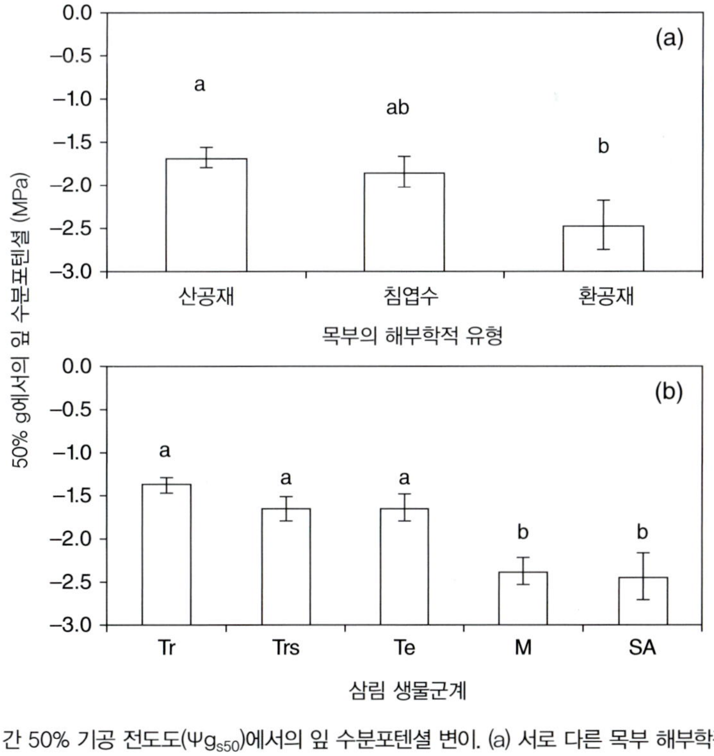

그림 10.9 수종 간 50% 기공 전도도(Ψg_{s50})에서의 잎 수분포텐셜 변이. (a) 서로 다른 목부 해부학적 유형간 차이, (b) 삼림 생물군계 간 차이. 생물군계는 열대(Tr), 계절성 열대(Trs), 온대(Te), 지중해성(M), 반건조(SA)이다. 도표 내 문자는 목부 유형이나 생물군계 사이의 유의성($P < 0.05$)을 나타낸다. 에러 바(error bar)는 평균의 표준오차를 나타낸다. 출처: Klein(2014). John Wiley and Sons의 허락을 받아 전재.

훨씬 넓은 잎 수분포텐셜에 걸쳐 계속 물을 증산하는 부등수리 수종을 식재하는 것이 훨씬 좋을 것이다. 분명한 것은 이들이 건강한 수관을 유지할 수 있다고 가정하면 두 유형의 교목 모두 여전히 귀중한 그늘을 드리울 것이다. 반대로, 수축성인 점토질 토양에 교목을 심는 경우, 부등수리 수종은 토양 수분을 계속 뽑아내어 토양의 부피 변화를 유발할 가능성이 더 높을 것이다. 이렇게 되면 토양 침하로 주택에 피해를 줄 수 있다. 이러한 상황인 경우, 건조 주기의 초기에 자신의 기공을 닫아서 수분 손실을 줄임으로써 토양의 수축을 제한하는 등수리 수종을 선택하는 것이 더 좋을 것이다. 그러나 수관 엽면적과 뿌리 전개 깊이와 같은 다른 특성도 토양으로부터 추출되는 물의 양에 상당한 영향을 준다는 사실에 유의하는 것이 좋다. 불행히도 관상수종의 기공 행태는 알려진 바가 거의 없어 도시와 준도시 부지에 대한 교목을 선정할 때 고려되지 않고 있다.

기공 폐쇄가 수분 손실을 충분히 조절하지 않거나 토양 건조가 꾸준히 계속되면, 증산으로 인한 수분 손실이 공급을 초과할 것이다. 이렇게 되면 물기둥 내부의 장력이 증가하여 결국에는 수리 전도도 상실을 유발하는 목부의 유관속폐색이 발생한다(보다 자세한 것은 제2장 참조). 이는 처음에는 잎의 시듦으로 이어지지만, 교목의 광범위한 수리 전도도 상실은 **수관 가지마름**(crown dieback)도 동반한다. 수관의 아래쪽 줄기보다 가장 높은 줄기가 더 높은 장력 하에서 놓이기 때문에 더 높이 있는 잔가지와 가지가 낮은 가지보다 더 강한 공동현상을 경험한다. 이러한 수관 가장자리에서의 수리 전도도 상실은 수관 가지마름의 주된 원인이다. 수관 손상은 수관에 대한 수분 공급을 감소시키는 가뭄, 뿌리부후 곰팡이에 의한 뿌리 상실, 부족한 뿌리 전개 환경(예: 고도로 답압된 토양)에 의해 더욱 악화될 수 있다.

느릅나무시듦병(Dutch elm disease, *Ophiostoma novo-umli*)과 같은 유관속시듦병도 해당 교목이 이 곰팡이에 반응하여 전충체와/나 겔로 도관을 폐쇄하기 때문에(제9장 참조) 줄기를 통한 물의 통도를 크게 감소시킨다. 이는 줄기 전도성의 빠른 쇠락, 물기둥 내의 장력 증가, 광범위한 폐색을 유발한다. 이로 인해 수관 내 광범위한 마름이 발생하고 많은 경우 전체 교목의 죽음으로 이어진다. 다시 말하면 원인이 토양 수분과 전혀 관련이 없음에도 불구하고 해당 교목에 미치는 영향은 수분 결핍 증상과 비슷하다.

가뭄과 식물의 수분 결핍에 의한 영향에 관한 자세한 사항은 Larcher(2003), Schulze 등(2005), Pallardy(2008) 또는 Aroca(2012)와 같은 전문가의 참고서에서 확인할 수 있다.

회피와 내성 전략을 활용한 수분 부족에 대한 저항

식물은 수분 결핍의 회피나 내성을 통해 저항할 수 있게 하는 다양한 **형질**(形質, trait)을 진화시켜왔다(그림 10.10). 이들 전략은 반드시 서로 배타적인 것이 아니어서 수분이 제한된 환경에서 경쟁력을 유지하기 위해 많은 종이 다양한 적응과/이나 반응을 결합할 것이다.

그림 10.10에서 보는 바와 같이, 수분 결핍은 물 획득(water acquisition)을 극대화하거나 물 사용을 줄임으로써 피할 수 있다. 물 흡수의 향상은 뿌리 생장을 통한 흡수 면적의 증대, 뿌리의 수리 전도도 제고, 깊은 뿌리 시스템 발달 등에 의해 이루어진다. 더 깊은 뿌리가 제공하는 이점은 서로 다른 생물군계의 최대 뿌리 전개 깊이(그림 4.14 참조)를 비교해보면 분명하다. 즉, 계절적인 건기를 가진 지역에 자생하는 교목은 토양 수분이 보다 풍부한 지역에 자생하는 교목보다 훨씬 더 깊은 뿌리를 가지는 경향이 있다(Canadell 등 1996). 간헐적인 강우를 가로채기 위한 얕은 수평 뿌리와 지하수를 흡수하기 위한 직근으로 구성된 2형(二形, dimorphic) 뿌리 시스템도 건조한 지역에서는 흔하

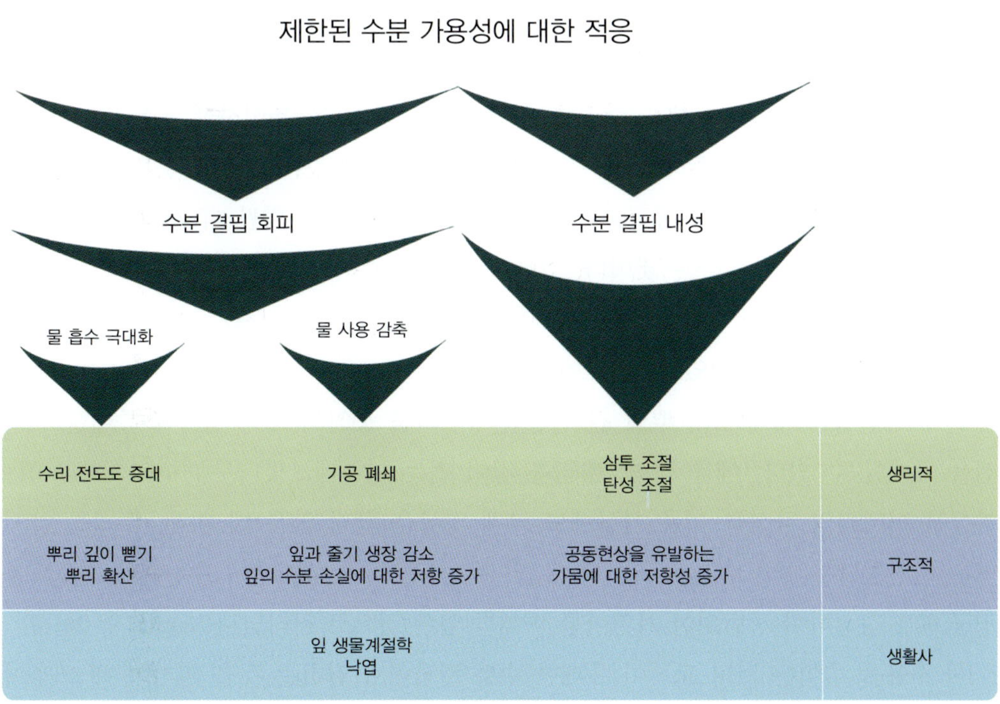

그림 10.10 온대교목이 수분 결핍에 저항하는 중요한 전략 개요.

그림 10.11 케냐 삼부루 국립 보호구역(Samburu National Reserve) 바첼리아류(*Vachellia* spp.)의 뿌리를 깊이 뻗는 습관은 이들 사바나에 특화된 종이 장기간 지속된 가뭄 동안에도 살아 움직이는 잎을 일부 유지할 수 있다는 것을 의미한다. 다른 종은 수분 결핍에 굴복한지 오래되었다.

다. 이러한 유형의 뿌리 형태도 수력학적 인양(제6장 참조)을 용이하게 하는 데 도움을 주어 건조환 환경에서 생존하는 데 핵심이 될 수도 있다. 깊은 뿌리의 분명한 주된 가치는 강우로부터 자신의 물 공급을 어느 정도 분리하여 연중 훨씬 더 긴 기간 동안 물 공급을 유지할 수 있게 하는 것이다. 그림 10.11은 바첼리아류(*Vachellia* spp.)의 뿌리를 깊게 뻗는 습성 때문에 다른 식생이 죽거나 휴면에 들어간 이후에도 이 나무는 오랫동안 녹색의 잎을 유지하고 있는 것을 보여준다.

온대 삼림집단 내에서도, 뿌리 깊이의 변이가 가뭄 동안의 교목 성과에 중대한 시사점을 제시할 수 있다. 예를 들면, 뿌리를 깊이 뻗는 마하레브벚나무(*Prunus mahaleb*)는 북동부 이태리의 극심한 여름 가뭄에도 크게 영향을 받지 않은 데 비해, 뿌리를 얕게 뻗는 잔털참나무(*Quercus pubescens*)와 유럽새우나무(*Ostrya carpinifolia*)는 수리 전도도를 평균 60% 상실하여 광범위한 가지마름 피해를 입은 것으로 나타났다(Nardini 등 2016).

물 사용을 줄이는 것도 교목이 유해한 수분 결핍이 발달하는 것을 피하는 데 도움이 된다. 계절적인 수분 결핍은 기공을 폐쇄함으로써 대처할 수 있다. 만약 수분 결핍이 더욱 극단적이 되면, 자작나무류(*Betula* ssp.), 버드나무류(*Salix* ssp.), 사시나무류(*Populus* ssp.)와 같은 가뭄에 민감한 많은 온대 교목에서 보듯이, 잎을 빨리 떨어뜨려 총 엽면적을 줄임으로써 물을 보전할 수 있다. 보다 더 건조한 환경에서는, 더 작은 잎을 가져서 수관의 전반적인 엽면적을 축소시킴으로써 물 사용을 줄일 수 있다. 그 해의 가장 건조한 기간 동안 어떤 잎도 갖지 않도록 교목의 생활사(生活史, life cycle)가 변형될 수도 있는데, 이러한 **건기 낙엽성**(乾期落葉性, drought deciduous)이 계절적인 가뭄이 있는 지역에서는 일반적이다(Archibald 1995; Mooney & Miller 1985). 건기 낙엽성 종은 수분 손실은 최소화하면서 일부 광합성을 계속할 수 있도록 가끔 녹색의 줄기를 가지기도 한다.

수분 손실을 줄이는 데 도움을 줄 수 있는 다른 잎 특성으로는 백분(白粉, epicuticular wax)과 엽모(葉毛, leaf hair; trichome)가 있다. 이러한 **건생형태**(乾生形態, xeromorphic) 특징은 브라질 사바나나 세라도(cerrado)에 자생하는 종과 같이 건조한 환경에서 자라는 교목 종의 성공적인 삶에 중요하다(Bieras & Graças Sajo 2009). 이는 반사와 잎의 경계층의 저항성을 부분적으로 높임으로써(잎에 습한 공기층을 보유함으로써 추가적인 증발을 줄임) 잎의 수분 손실을 줄일 뿐만 아니라, 이들이 초식동물의 섭식을 단념시키기 때문이다. 상대적으로 습한 환경에 사는 교목들도 같은 목적을 위해 엽모를 사용할 수도 있다.

또한 교목은, **삼투 조절**(滲透調節, osmotic adjustment)이라고 알려진 과정을 통해, 물을 세포 안으로 더 강하게 끌어당겨 보유하기 위해 세포의 삼투포텐셜(滲透-, osmotic potential/Ψ_π)을 낮출 수 있는 삼투적으로 효과적인 화합물을 축적함으로써 수분 결핍을 견딘다. 이에 따라 세포는 완전히 수화되면(Morgan 1984) 높은 팽압포텐셜(膨壓-, turgor potential)을 가지게 되어 건조한 주기 동안 팽압을 더 오래 유지할 수 있다. 또한 삼투조절은 토양이 건조하고 있는 동안 교목이 더 오래 물을 계속 흡수하여 해당 교목이 큰 피해 없이 자랄 수 있는 토양 수분포텐셜의 범위를 확대시키는 데 도움을 준다. 대부분의 교목이 자신의 목부 유조직에 약간의 물을 저장하고 이를 단기간의 수분 결핍을 완충(**저수용량**/capacitance으로 알려진 과정)하는데 사용할 수 있는데, 이러한 전략은 바오밥나무류(*Adansonia* spp.)와 같이 일부 건조지역에 특화된 종에게 특히 중요하다(그림 10.12). 이들 교목 목부 유조직의 탄력적인 세포벽은 토양으로부터 물을 흡수하지 않고 잎이 없는 상태에서 18개월까지 생존할 수 있는 물을 자신의 줄기에 저장할 수 있게 한다(Wickens 2008).

수분 결핍에 대한 내성은 공동 현상(空洞現像, cavitation)에 대한 취약성에서도 찾아볼 수 있는데, 이는 종에 따라 차이가 매우 크다(제2장 참조). 일반적으로 공동 현상에 대한

그림 10.12 마다가스카르 서해안의 모론다바(Morondava) 근처에서 자라는 바오밥나무(*Adansonia grandidieri*). 이들은 오랜 가뭄 기간 동안 생존하는 데 도움이 되는 대량의 물을 저장할 수 있는 불룩한 수간을 가지고 있다.

취약성은 해당 교목이 자신의 서식지에서 일반적으로 경험한 여건과 밀접하게 관련이 있다. 교목은 자신의 수리 시스템(hydraulic system)을 과잉 설계하지 않는 경향이 있어서, 보다 건조한(xeric) 환경에서 자란 종은 습한(mesic) 환경에서 자란 종보다 공동 현상에 덜 취약하지만, 재미있는 것은 종의 안전역(安全域, safety margin)은 이들 서식지 사이에 비슷할 수도 있다(Choat 등 2012). 목부 해부학적 구조, 특히 벽공(壁孔, pit) 구조의 미시적 조절은 공동 현상에 대한 취약성과 수리 전도도를 상실하는 수분포텐셜의 범위를 좌우한다. 따라서 밀접하게 관련된 종에서도 자신의 목부 해부학적 구조에 따라 수분 결핍에 매우 다르게 반응할 수 있다. 예를 들면, 분포의 남쪽 한계선에서 영국참나무(*Quercus robur*)는 종종 호랑가시참나무(*Quercus ilex*)와 비슷하다. 영국참나무는 호랑가시참나무보다 공동 현상에 더 취약하고 더 좁은 수리 안전역을 가지고 있다. 이는 영국참나무가 호랑가시참나무보다 건조한 부지에 대해 덜 경쟁적이어서 가뭄 동안에 고사할 위험이 더 크다는 것을 의미한다. 기후 변화로 인해 가뭄의 빈도와 강도가 증가할 것이라고 예상하고 있는 점을 고려하면, 영국참나무는 현재 호랑가시참나무와 공유하고 있는 많은 부지에 대한 경쟁력이 점점 약화될 가능성이 있다(Urli 등 2015). 강수 패턴이 바뀌고 지구적인 기온이 상승함에 따라 세계 모든 지역에서 비슷한 효과가 나타날 것이다.

열악한 도시 부지에 대한 내건성

최근에 식재된 교목의 경우, 이식 중의 뿌리 손실은 주변 토양에 가용한 수분이 많이 있는 곳에서도(즉, -0.05MPa 이상의 토양 수분포텐셜) 자신의 수관에 물을 공급하는 능력을 감소시킨다. 이는 종종 뿌리가 공급하는 물의 양을 초과하는 증산 수요로 이어질 수 있다. 만약 수분 결핍이 발달하도록 방치하면, 수리 전도도의 상실, 영양소 부족, 줄어든 광합성의 결합이 교목 쇠락의 원인이 된다. 뿌리 시스템이 회복되어 잘 자라고 있을 때에도, 물이 토양 속으로 침투하는 것을 막는 불투수성 표면, 제한된 토양 부피, 다양한 기후 요소(고온이나 낮은 강수와 같은) 또는 이들의 결합이 수분 결핍의 원인이 될 수 있다. 따라서 새로이 식재된 관상수와 정착된 관상수 모두 조기 고사의 주된 원인 중 하나가 수분 결핍이다. 따라서 내건성 수종이 높은 생존율을 보이는 것은 놀랄 일이 아니다(Roman 등 2014).

생태적 요소로서 가뭄의 중요성은 정해진 환경적 여건 하에서 수종에 대한 내건성 척도의 개발도 이어졌다. 예를 들면, 표 10.2에서 보는 바와 같이, Niinemets & Valladares(2006)는 온대 교목의 내건성에 대해 5점 척도를 개발했다. 50% 미만의 잎 피해에도 생존할 수 있는 능력을 기준으로 교목들의 등급이 매겨졌다. 이러한 유형의 척도는 교목이 자연 생태계에 어떻게 적응하는지를 이해하고자 할 때 매우 유용하고, 자연 환경에 식재하기 위한 수종을 선정할 때에도 마찬가지로 도움이 될 수 있다. 그러나 종 등급은 특정 부지에 대한 교목의 성과에 기반을 두기 때문에, 회피 전략을 가진 종과 내성 전략을 가진 종을 구분할 수 없다. 따라서 어떤 교목이 지하수원에 이르기까지

표 10.2 내건성에 따라 806종의 온대 교목에 등급을 부여하기 위해 Niinemets & Valladares(2006)가 사용한 척도. 교목은, 잎 50% 피해와 가지마름을 기준으로 부지에 대한 생존 능력에 따라 등급이 부여되었다. P:PET는 잠재 증발산량(evapotranspiration)에 대한 강수량 비율이다.

척도 등급	연간 강수량 (mm)	강수량 분포 (변이 계수)	P:PET율	토양 수분포텐셜 (MPa)	건기 지속기간
1. 매우 낮은 내성	> 600	최소	> 3.0	> -0.3	2~3일
2. 낮은 내성	500-600	< 10%	1.5:3	-0.3에서 -0.8	2~3주
3. 중간 내성	400-500	10~15%	0.8~1.5	-0.8에서 -1.5	1개월까지
4. 높은 내성	300-400	20~25%	0.5:0.8	-1.5에서 -3	2~3개월
5. 매우 높은 내성	< 300	> 25%	< 0.5	< -3	3개월 초과

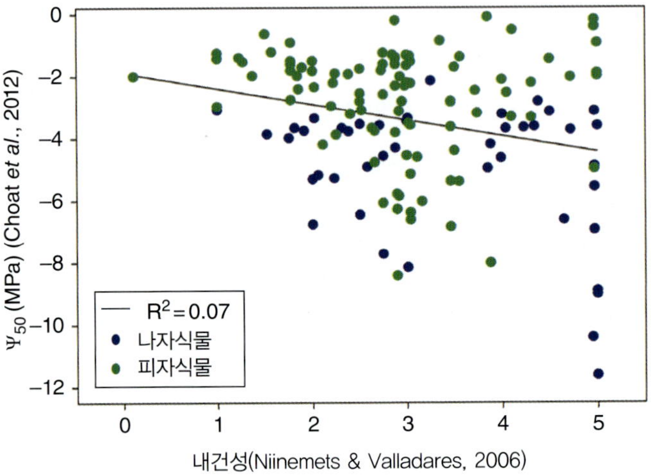

그림 10.13 내건성(표 10.2 참조)과 수리 전도도 50% 상실이 발생했을 때의 수분포텐셜(Ψ_{50}) 간 상관관계. 이것은 내건성과 Ψ_{50} 간 유의한($P = 0.003$) 상관관계가 있음에도 불구하고, 한 속성으로부터 다른 속성을 예측하는 것이 어려울 정도로 큰 변이(R^2 0.07)가 있음을 보여준다. 가뭄에 내성이 매우 높다(5)라로 분류된 어떤 종은 수분 결핍에 의해 유도된 공동 현상에 매우 취약하다(높음, 즉 작은 음수의 Ψ_{50}). 출처: Niinemets & Valladares(2006)와 Choat 등(2012).

깊이 뿌리를 내리거나 건조 주기 초기에 기공을 닫음으로써 수분 결핍의 발달을 피하는 경우에도 당당히 내건성이 있는 종으로 등급이 매겨질 수도 있다. 사실, Niinemets & Valladares(2006)의 내건성 등급을 수리 전도도 50% 상실에서의 수분포텐셜과 같은 생리적 내건 특성과 비교해보면, 가뭄이 들기 쉬운 부지에서 잘 자라는 많은 교목이 낮은 수분포텐셜에 내성이 없다는 것은 분명해진다(그림 10.13).

수분 결핍에 대한 교목의 생리적 내성에서 이러한 변이가 있다는 사실은 다양한 도시 식재 부지에 적합한 교목을 선정할 때 생태적 내건성 척도를 사용하는 데 대해 중요한 시사점을 가지고 있다. 가로, 마당, 주차장, 기타 많은 도시 부지의 경우, 제한된 토양 깊이는 수분 결핍을 줄이기 위해 뿌리를 깊이 내리는 종을 사용할 수 없음을 의미한다. 단근(斷根, root pruning), 이식, 용기화와 같은 여러 일상적인 작업이 많은 회피 전략의 가치를 더욱 축소시킨다. 그러므로 많은 관상수의 경우, 낮은 수분 가용성에 대한 생리적 내성이, 제한된 토양 부피와 뿌리 손실 이후에도 해당 교목에 도움을 주기 때문에, 형태적 적응(뿌리를 깊이 내리는 것과 같은)보다 훨씬 효과적이다.

생리적 내건성의 유용한 지표는 잎의 팽압상실점(Ψ_{P0})인데, 이는 이것이 영구적인 손상 없이 교목이 경험할 수 있는 최저 수분포텐셜과 관련이 있기 때문이다. 낮은(큰 음수)

Ψ_{P0}를 가진 식물은 더 낮은 토양 수분포텐셜에서 잎의 가스 교환, 수리 전도도, 생장을 유지하는 경향이 있기 때문에, 토양 수분이 고갈될 때 경쟁적인 이점을 가지고 있다(Mitchell 등 2008; Blackman 등 2010).

식물의 내건성에 기여하는 다양한 특성을 평가함으로써, Bartlett 등(2012a)은 최고 팽압에서의 삼투포텐셜($\Psi_{\pi100}$)이 Ψ_{P0}를 결정하는 핵심 변수이고 따라서 이를 식물의 Ψ_{P0}를 예측하는 데 사용할 수 있다는 것을 입증하였다. $\Psi_{\pi100}$를 평가하는 주된 이점은 증기압삼투압측정법(蒸氣壓滲透壓測定法, vapour pressure osmometery)과 같은 기술을 사용하여 빠르게 확인할 수 있다는 것이다(Bartlett 등 2012b). 이에 따라 이제 전통적인 종과 새로운 종에 대해 도시 환경에 관련성이 높은 내건성 특질을 효율적으로 걸러낼 수 있다(Sjöman 등 2015).

$\Psi_{\pi100}$를 평가하고 이를 통해 Ψ_{P0}를 예측함으로써, Sjöman 등(2015)은 27개 단풍나무 종과 품종의 Ψ_{P0}를 평가했다. 예상한 바와 같이, 그늘지고 습한 삼림의 하층에서 자라도록 진화한 종은 보다 건조한 환경에서 자연적으로 자란 종보다 수분 결핍에 훨씬 더 민감하였다(그림 10.14). 여름에는, 평가된 모든 단풍나무의 평균 Ψ_{P0}가 -3MPa였지만, -1.6MPa인 미국산겨릅나무(*Acer spicatum*)로부터 -4.3MPa인 몽펠리에단풍(*Acer monspessulanum*)에 이르기까지 그 차이가 2.7MPa였다(그림 10.15). 가장 낮은 팽압 손실점을 가진 종들은 모두 봄과 여름 사이에 현저한 삼투 조절을 보여, 단풍나무에서 이러한 내건성 전략의 중요성을 확인시켜주고 있다.

그림 10.14 단풍나무 종 사이에는 선호하는 서식지가 크게 다르다. (a) 미국산겨릅나무(*Acer spicatum*)와 같은 하층 종은 높은(작은 음수) 잎 팽압 손실점을 보인 반면, (b) 상대적으로 건조한 환경에서 자란 북미큰거치단풍나무(*Acer grandidentatum*)와 같은 단풍나무는 여름 동안 훨씬 낮은(큰 음수) 잎 팽압 손실점을 보인다.
출처: (b) Henrik Sjöman 제공.

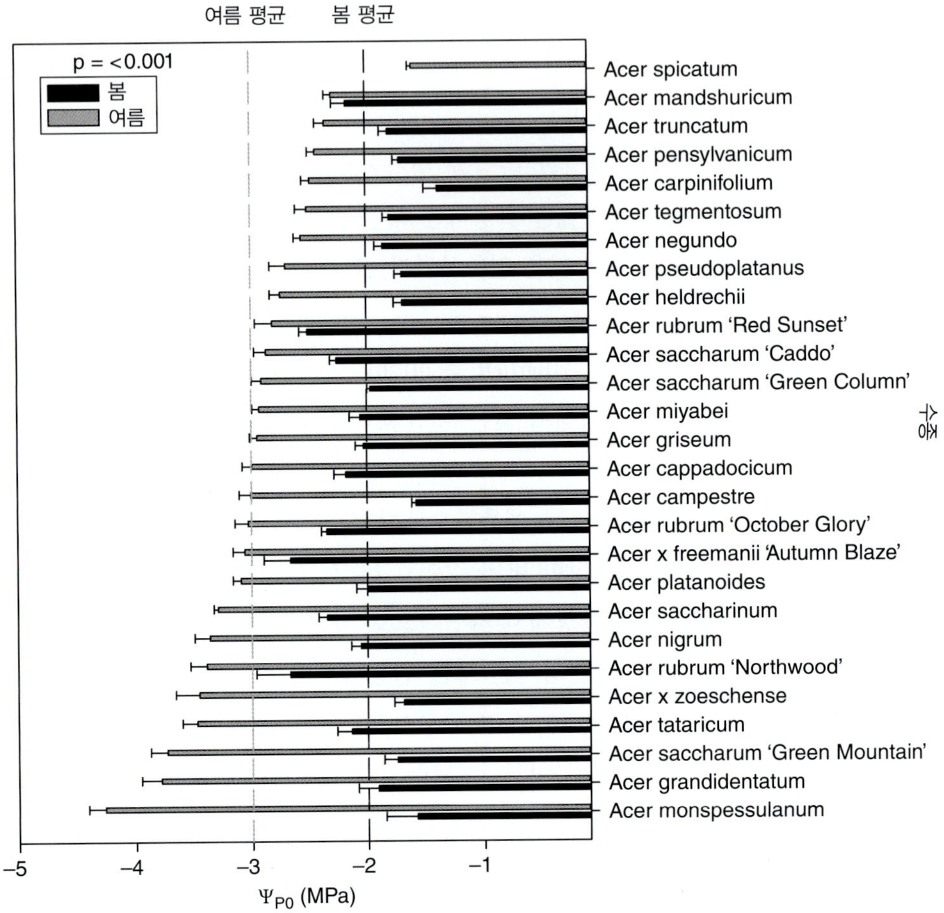

그림 10.15 27개 단풍나무 종과 품종의 최대 팽압에서의 삼투포텐셜 평가를 기반으로 완전히 전개된 봄과 여름 잎의 예측된 팽압 손실. 세로 점선은 모든 교목에 대한 봄과 여름의 평균을 나타낸다. 가로줄은 표준오차를 나타낸다. 출처: Sjöman 등(2015). Elsevier의 허락을 받아 전재.

이런 유형의 내건성 자료는 수분 결핍이 발생할 가능성이 있는 도시 부지에 식재할 교목을 선택하는 데 큰 도움을 줄 수 있다. 예를 들면, 그림 10.16은 매우 제한된 토양 부피를 가진 도시의 식재 상을 보여준다. 이러한 부지는 영구적인 보충적 관수를 활용하지 않으면 교목 발달에 필요한 적절한 물을 공급하는 것이 불가능할 것이다. 수분 결핍에 견딜 수 없는 교목은 이러한 부지에 적합하지 않기 때문에 수분 결핍에도 잘 자랄 가능성이 있는 내건성 종이 우선적으로 선정되어야 할 것이다. 그러나 어떤 환경 스트레스에 내성이 있는 종을 선정했다고 기본적인 교목 유지관리를 소홀히 할 수 있다는 것을 의미하지는 않는다.

그림 10.16 미국 뉴욕 이타카(Itacha)의 이들 두 식재 상과 같은 많은 도시 부지는 교목에게 매우 제한된 뿌리 전개 환경을 제공한다. 이는 불가피하게 교목 발달에 심각한 제약을 가하는 수분 결핍으로 이어진다. 이런 유형의 부지에 대한 교목을 선정할 때에는, 낮은(큰 음수) 잎 팽압 손실점을 가진 종을 선택하는 것이, 이들 종이 건조한 여건에 견딜 수 있는 능력이 있기 때문에, 유익할 것이다.

이처럼 심각한 뿌리 전개 제약이 없는 공원과 정원에는 보다 광범위한 종을 식재할 수 있다. 이들 부지는 토양 수분이 빠르게 감소할 가능성이 낮기 때문에, 높은 Ψ_{P0}를 가진 종도 완벽하게 정착할 수 있을 것이다. 그러므로 Ψ_{P0}와 같은 핵심 내건성 속성을 평가하는 것이 도시 환경에 적합한 교목을 선택하거나 생산하는데 관련된 사람들에게는 본질적인 관심사이다(Sjöman 등 2015).

10.6 범람과 침수 내성

자연 환경에서, **범람**(氾濫, flooding – 물이 지표 위에 있는 상태)과 **침수**(浸水, waterlogging – 지하수위가 지표에 위치한 상태)는 조림된 **습지**(濕地, wetland)나 다른 배수가 불량한 지역과 함께 개울과 강에 인접한 **수변**(水邊, riparian)[3] 서식지에서 자라는 종에 엄청난 영향을 미친다. 이러한 환경에서 살아가야 하는 교목은 장기간에 걸친 홍수, 침전물 퇴적,

빠르게 흐르는 물에 의해 유발되는 전단응력(剪斷應力, shear stress), 하류로 이동하는 파편에 의한 물리적 마손에 대응해야 한다. 습지의 경우, 계절적으로 발생하는 경향이 강한 수계(水系, river system)에서는 연중 대부분 기간 동안 잠김이 발생하는 데 비해, 경사가 급한 강의 위쪽에서는 잠김이 종종 상대적으로 짧은 범람 기간 이후에 수위의 빠른 감소와 수분 결핍 기간으로 이어지는 특징이 있다.

또한 범람으로 인한 물의 속성은 변이가 매우 클 수 있다. 움직이고 요동치는 물은 정체된 물보다 산소 함량이 높고 영양소 변이도 클 수 있다. 또한 교목 생장과정과 관련하여 범람의 지속기간과 시점이 범람 이후까지 생존할 수 있는 해당 교목의 능력에 심대한 영향을 미칠 수 있다. 그러므로 이러한 생태적 교란의 속성은 해당 부지의 지형, 교목과 수로의 근접성에 따라 크게 차이가 있기 때문에 강의 물길을 따라 매우 다를 수 있다.

범람의 주된 영향은 물 자체의 많음보다는 물이 토양 공극 내 공기를 대체함에 따라 갑작스런 산소 상실 때문에 유발된다. 산소는 물속에서 공기보다 10,000배나 느리게 움직이기 때문에 물 아래에 있는 식물 조직은 산소를 얻는 것이 엄청나게 어렵게 된다. 또한 기체 확산의 갑작스런 감소는 이산화탄소와 식물 스트레스 호르몬인 에틸렌(ethylene)의 축적을 유발한다. 산소 고갈로 인해 그리고 독소를 생산하는 화학 반응이나 미생물 군집에 대한 영향 때문에, 여러 가지 토양 성질도 변화하여 영양소 유효도를 바꾸어 놓는다. 정체된 물은 흐르는 물에서 발생하는 것과 같이 물속으로 혼합되는 산소가 거의 없기 때문에 더 해로운 경향이 있고, 이에 따라 산소가 더 빨리 떨어져서 **저산소**(低酸素, hypoxic)나 **무산소**(無酸素, anoxic) 여건을 만든다. 대부분의 교목에서, 토양 내 산소 부족은 뿌리 발달과 생장을 감소시킨다. 따라서 지하수위가 높은 부지는 깊게 뻗은 뿌리가 거의 없이 얕게 확산하는 뿌리 시스템을 가지는 것이 특징이다.

범람 피해

범람의 첫 징후는 교목의 지상부에서 보이지만, 이는 뿌리 주변의 통기성이 급격하게 변하여 유발된다. 역설적이게도, 범람 피해 초기의 가시적인 증상은 잎의 시듦과 낙엽

---

3 riparian이라는 용어는 '강둑(river bank)에 속하는'이라는 의미를 가진 라틴어 *riparius*에서 유리한 것으로 개울, 강, 연못, 호수, 어떤 형태의 습지의 기슭에 있는 서식지를 가리킨다(Naiman 등 1998).

으로 나타나기 때문에 수분 결핍 증상과 비슷하다(Crawford 1982). 분명 물 자체의 가용성에는 문제가 없지만, 산소 가용성의 갑작스런 감소가 물을 흡수할 수 있는 뿌리의 능력을 붕괴시킨다(Kreuzwieser & Rennenberg 2014). 범람이 2, 3일 이상 지속되면 범람에 민감한 종에서는 뿌리가 죽기 시작하여 물 흡수가 더욱 줄어들게 된다. 이는 줄기에서의 수분 제한으로 이어져 광합성이 감소하게 되고 이는 다시 줄기 생장의 감소로 이어지게 되며, 범람이 지속되면 잎이 떨어진다. 너무 오랜 기간 지속되면 범람에 민감한 종에서는 줄기 마름도 발달한다(Kozlowski 1997).

뿌리 전개 환경에서의 산소 결핍은 유기호흡(有氣呼吸, aerobic respiration)이 중단됨에 따라 뿌리에 에너지 위기가 유발된다(Bailey-Serres & Voesenek 2008). 설탕이 더 이상 분해되지 못해 에너지를 방출하지 못하고, 탄수화물 운반과 영양소 흡수와 같은 핵심 과정이 훨씬 어렵게 된다. 생육기 중에는 에너지 수요가 더 크고 따뜻한 기온이 호흡률을 높이기 때문에 그 영향이 더 크다. 발효 대사경로(醱酵代謝經路, fermentation pathway)와 해당과정(解糖過程, glycolysis – 산소 없이 설탕을 부분적으로 분해)을 통해 에너지가 혐기적으로 생산될 수 있지만 이들은 효율이 훨씬 떨어지기 때문에 뿌리에 저장된 탄수화물을 빠르게 고갈시킬 수 있다. 혐기성 대사(嫌氣性代謝, anaerobic metabolism)로의 전환은 젖산(lactic acid)이 축적됨에 따라 세포 내용물의 점진적인 산성화와(우리 근육에서 산소가 충분히 빨리 공급되지 못하면 일어나는 것처럼) 발효에 의해 생산된 에탄올과 아세트알데하이드(acetaldehyde)와 같은 독소 형성을 유발하는 등의 다른 문제도 유발한다(Lambers 등 2008). 재산소화(再酸素化, reoxygenation)가 심각한 막 손상을 유발할 수 있는 활성산소종(活性酸素種, reactive oxygen species)(제7장 참조)의 원천이 되면, 재산소화 이후에 아세트알데하이드의 축적이 문제를 일으킨다(Blokhina 등 2003). 이러한 **무산소후**(post-anoxic) 스트레스는 범람 기간 후 다시 통기가 되는 동안 피해의 주된 원인이 될 수 있다. 산소 결핍 하의 뿌리 시스템에서 생산된 아브시스산(abscisic acid)과 에틸렌과 같은 스트레스 호르몬도 정상적인 발달 과정을 바꾸어 놓는다.

범람과 토양

대부분의 교목에서, 뿌리 주변의 산소 부족은 뿌리의 생장과 개시(開始, initiation)의 감소로 이어진다. 그러나 이는 또한 균근 곰팡이와 토양 미생물에 의해 제공되는 다른 다양한 서비스의 빠른 감소로 이어진다. 또한 대사의 어려움과 유익한 토양 미생물의 상실은 해당 교목을 뿌리 병원균에 감염되기 쉽게 한다. 많은 파이토프토라류(*Phytophthora* spp.)와 같은 특화된 뿌리 병원균은 낮은 산소 환경에 잘 적응되어 습한 여건에서 자신의 활동을 높일 수 있다. 또한 파이토프토라 포자는 침수된 토양에서 기동성이 높기 때문에 감염 위험은 증가한다. 병든 뿌리는 해당 교목에 대한 손상 정도를 더욱 악화시켜 종종 뿌리 건강을 하향 소용돌이에 휩싸이게 한다. 이러한 쇠락의 속도와 심각성은 많은 요소에 달렸지만, 실무적인 관리 관점에서 보면 부지의 배수를 향상시키면 범람의 지속 기간과 이와 관련된 문제를 줄일 수 있다.

그러므로 범람된 토양은 뿌리의 활력과 기능에 수많은 직접적인 어려움을 준다. 이는 유기 호흡에 대한 심각한 어려움을 유발함과 동시에, 물과 영양소 취득의 대규모 붕괴로 이어져 병원균에 대한 교목의 감수성도 높일 수 있다. 이러한 영향이 광범위한 뿌리 죽음의 결과를 가져오면 해당 교목은 풍도와 수분 결핍과 같은 범람 후 피해에 더 취약할 수 있다.

범람 저항성의 변이

교목은 생육기 동안 범람에 대한 내성에서 큰 차이가 있다. 가장 민감한 종은 2, 3시간의 침수에도 피해를 입을 수 있는가 하면, 가장 내성이 있는 종은 일 년 이상의 범람에도 생존할 수 있다. 같은 종 내에서도, 내성의 유전적 차이가 있을 수 있어서, 성목은 매우 어리거나 매우 노령의 교목보다 이러한 피해에 저항성이 높은 경향이 있다(Kozlowski 1984). 일반적으로 피자식물이 나자식물보다 범람에 내성이 더 강한데, 버드나무류와 사시나무류를 생각하면 알 수 있다(Kozlowski & Pallardy 1997). 다만 북미낙엽송(*Larix laricina*), 늪지낙우송(*Taxodium ascendens*), 낙우송(*T. distichum*)(그림 10.17), 멕시코낙우송(*T. mucronatum*), 미국편백나무(*Chamaecyparis thyoides*)는 이러한 규칙에 대한 특이한 예외이다.

범람에 가장 민감한 종을 제외하고, 교목은 휴면기 동안에는 2, 3주 정도의 포화된 토양에 견딜 수 있는 경향이 있다. 그러나 생육기 동안의 범람은 산소에 대한 수요가 훨씬 크기 때문에 더 큰 위험을 제기한다. 주기적으로 범람하거나 장기간 범람이 발생하는 서식지에 번성하는 교목은 적응적 속성을 가지고 있을 필요가 있다. 당연하게도, 이러한 속성은 주로 낮은 산소에 대한 회피와 내성과 관련이 있다.

그림 10.17 낙우송은 몇 안 되는 습지 구과수종 중 하나이다. 이는 필요하면 일 년 이상 동안 범람에서 생존할 수 있는데, 부분적으로는 수면 위로 솟아올라서 뿌리의 환기를 도와주는 통기근(通氣根, pneumatophore)이 있기 때문이다. 출처: Henrik Sjöman 제공.

범람에 대한 구조적 적응

장기간 범람에 생존해야 하는 교목은 가끔 자신의 뿌리와 아래 줄기에 **통기 조직**(通氣組織, aerenchyma)을 가지고 있다. 이 변형된 조직은 뿌리로부터 독소와 이산화탄소 확산을 가능하게 함과 동시에 줄기 위쪽의 통기성이 좋은 조직으로부터 뿌리로 산소가 확산될 수 있는 유조직 내 세포 사이의 넓은 공기 공간의 형태를 취한다. 이는 오리나무(*Alnus*), 물푸레나무(*Fraxinus*), 사시나무(*Populus*), 버드나무(*Salix*)와 같은 속에 속하는 수변 수종이 자신의 뿌리에 심각한 산소 결핍을 피할 수 있게 해준다. 또한 이들 구조는 개별 침수된 뿌리를 둘러싸고 있는 얇은 토양층(근권/根圈, rhizosphere)으로 산소가 방출되도록 하여 (이러한 과정을 **근권 산화**/rhizospheric oxidation라고 부른다) 영양소 흡수를 지원하고 혐기성 토양에서 발달하는 독소를 억제하도록 도와줄 수 있다.

줄기의 낮은 부위로 그리고 이로부터의 기체 환기는 **비대 피목**(肥大皮目, hypertrophied lenticel)의 생산에 의해서도 향상된다. 이들이 통기조직(通氣組織, aerenchyma)과 연계되면 가장 잘 작동하지만, 이들은 가끔 통기조직을 만들지 않을 것 같은 종에서 발달하는데, 이들 종은 스스로 뿌리에 산소를 늘릴 수 있기 때문이다. 비대 피목을 가지고 있는 종은 전나무(*Abies*), 단풍나무(*Acer*), 오리나무(*Alnus*), 아라우카리아(*Araucaria*), 자작나무(*Betula*), 유칼리나무(*Eucalyptus*), 물푸레나무(*Farxinus*), 낙엽송(*Larix*), 멜라루카(*Melaleuca*), 가문비나무(*Picea*), 소나무(*Pinus*), 버즘나무(*Platanus*), 사시나무(*Populus*), 배나무(*Pyrus*), 참나무(*Quercus*), 버드나무(*Salix*), 주목(*Taxus*), 느릅나무(*Ulmus*) 등의 속에 속하는 종이다(Kozlowski 1997; Glenz 등 2006; Iwanga & Yamamoto 2008).

범람 내성과 관련된 가장 흔한 적응은 아마 물에 잠긴 원 뿌리 시스템과 줄기부위에서 **부정근**(不定根, adventitious root)을 만들어내는 능력일 것이다. 유세포에서 나오는 이들 뿌리는 더 깊은 뿌리의 상실을 보충하는 데 도움을 준다. 어떤 종은 잠긴 뿌리와 대기 사이에 가스가 원활하게 교환될 수 있도록 하기 위해 스노클처럼 수면위에 솟아오른 **통기근**(通氣根, pneumatophore)으로 알려진 특별히 인상적인 부정근을 발달시킨다(Martin & Francke 2015). 통기근의 좋은 사례는 조수에 의한 침수 영향을 제한해야 하는 회색맹그로브(*Avicennia marina*)와 같은 맹그로브류와(그림 10.18), 내륙 습지에 적응한 낙우송(*Taxodium distichum*)과 같은 종에서(그림 10.17) 발견된다.

부정근은 교목이 범람으로 유발된 침전물 퇴적에 대처하는 데에도 도움을 준다. 상류에서 씻겨 내려오는 퇴적물에 의해 많은 충적토(沖積土, alluvial soil)가 쌓인다. 이로 인해 해당 교목 줄기와 뿌리의 낮은 부위가 묻히고 종종 이들이 저산소 상태(低酸素狀態,

그림 10.18 뉴질랜드 카이파라(Kaipara)항에서 발견된 회색맹그로브 아종(*Avicennia marina* subsp. *australasica*) (a)과 같은 맹그로브류는 뿌리 시스템으로의 통기를 제공하는 데 도움을 주는 피목으로 덮여 있는 통기근(b)을 발달시켰다. 높은 조수에 잠기게 되지만 이들 변형된 뿌리가 낮 동안 뿌리 통기 시간을 크게 연장시킬 수 있다.

그림 10.19 일본 북부의 화산 폭발에서 나온 재로 부분적으로 덮인 250년 된 떡갈나무(*Quercus dentata*)의 그루터기와 뿌리. 잘라낸 단면이 새로운 지표면 아래에서 새로운 부정근이 자랐다는 것을 보여주고 있다. 이 그루터기는 일본 홋카이도 도마코마이 시민공원의 박물관에 보존되어 있다.

hypoxic condition)에 놓이게 된다. 그러나 많은 범람원 수종의 경우, 해당 교목의 기부에서 나오는 부정근이 산소와 영양소 공급이 보다 풍부한 토양의 표면에 더 가까운 새로운 뿌리 시스템을 발생시킬 수 있다(그림 10.19). 오래 사는 레드우드(*Sequoia sempervirens*)는 76cm의 단일 퇴적과 자신의 일생에 걸쳐 9m까지 높여진 지표면에 대처할 수 있는 것으로 알려져 있다(Olson 등 1990). 부정근 시스템을 발달시킬 수 있는 능력이 없으면, 이들 교목은 이러한 서식지에서 결코 생존할 수 없었을 것이다. 이에 따라 성숙한 레드우드는 결국 자신의 생애 동안 상당한 퇴적 사건의 빈도를 나타내는 수많은 층의 뿌리 시스템을 가지게 된다. 이들 다층의 뿌리 시스템은 이들 거대한 교목이 캘리포니아의 깊은 충적토 속으로 자리를 잡는 데 도움을 주는 뛰어난 고착을 제공한다.

유속이 빠른 수로에서 교목이 생존하기 위해서는, 파편에 의한 마멸과 물의 흐름에 의해 가해지는 견인에도 대처할 필요가 있다. 유속이 빠른 수로 가까이에서 자라는 많은 수변 교목(예: 오리나무류/*Alnus*, 사시나무류/*Populus*, 버드나무류/*Salix*)은 자신의 줄기에 대한 부하를 줄이는 데 도움이 되도록 유연한 줄기를 가지고 이다. 또한 많은 수변 교목이 빠르게 흐르는 강물에 의해 가해지는 견인을 줄이는 데 도움이 되는 좁은 잎을 가지고 있다는 사실도 주목할 만하다(Rood 등 2010). 강이 계절적이거나 몇 년 동안 말라 있는 상대적으로 건조한 지역에서는, 실질적인 하상(河床, river bed)이 어떤 교목이 정착하기에 매력적인 장소가 될 수 있는데, 이는 지표면 아래에 오랜 기간 물이 흐를 수 있기 때문이다. 그러나 이들 종은 빠르게 흐르고 파편이 포함된 물에 의한 불가피한 범람에 대처할 수 있어야 한다. 호주의 멜라루카류(*Melaleuca* spp.)는 이러한 모험적인 서식지에 대한 일련의 적응 방안을 마련했다. 이들은 줄기에 가해지는 견인을 줄이기 위해 땅에 거의 닿는 지점까지 누울 수 있고, 물의 흐름과 겹칠 수 있는 유연한 수관을 가지고 있고, 파편의 충격을 흡수할 수 있는 두껍고 푹신한 수피를 가지고 있다(Naiman 등 2005).

범람에 대한 생리적 적응

통기조직의 물리적 적응인 비대 피목과 부정근은 뿌리와 낮은 줄기 내의 심각한 산소 결핍을 피하기 위해 진화되었다. 그러나 어떤 교목은 낮은 산소 수준에 생리적으로 적응할 수도 있다. 많은 범람 내성 수종은 영양소 흡수와 생장과 같은 에너지를 많이 소비하는 과정의 속도를 늦춤으로써 저산소나 무산소 상태 동안 에너지를 보전한다. 에너지 효율성 자체가 장기간 생존에 도움이 될 가능성은 낮기 때문에, 어떤 교목은 발효와 해당과정(解糖過程, glycolysis)을 통해 에너지를 생산한다. 해당과정은 효율이 호기성 호흡의 10%에 불과하지만(Bailey-Serrse & Voesenek 2008), 해당 교목이 기능을 유지하기에 충분할 수 있다. 문제는 이러한 비효율성이 같은 양의 에너지를 생산하기 위해 더 많은 탄수화물을 필요로 하기 때문에 생존을 위해서는 적절한 탄수화물 공급이 필수적이라는 것이다. 따라서 많은 범람 내성 수종은 전분, 지방산, 지질(脂質, lipid)을 저장하고 이들 비축물질을 사용가능한 에너지로 전환할 수 있는 고도의 능력을 가지고 있다(Kreuzwieser & Rennenberg 2014).

바꾸어 말하면, 범람 감수성 수종은 뿌리의 에너지 위기를 불가피하게 높이는 침수가 2, 3일 지속되면 가용성 당(可溶性糖, soluble sugar)이 고갈되는 경향이 있다. 이들 수종의 경우 사부를 통해 줄기 시스템으로부터 뿌리로의 탄수화물 움직임이 심각하게 악화될 가능성이 있기 때문에 이는 더욱 악화된다. 반면 보다 내성이 있는 수종은 계속 효과적일 수 있다(Ferner 등 2012). 그러므로 정(+)의 탄소 관계(carbon relation)를, 특히 뿌리에서, 유지하는 능력은 범람에서 생존하는 데 중요한 역할을 할 가능성이 있다. 밀접하게 관련된 종 간에도 범람 내성에는 차이가 클 수 있다. 들판느릅나무(*Ulmus minor*) 실생묘는 범람 상황에서 유럽흰느릅나무(*U. laevis*)보다 불량한 생존을 보이는데, 이는 주로 몇 주에 걸쳐 정의 탄소수지를 유지하는 능력이 떨어지기 때문이다(Li 등 2015).

오리나무류(*Alnus*), 자작나무류(*Betula*), 사시나무류(*Populus*)에 속하는 종과 같은 특정 교목은 자신의 줄기에 엽록소를 가지고 있다. 이들 조직은 수피를 통과하는 빛을 이용하여 광합성을 할 수 있다(Pfanz 등 2002). 유럽오리나무(*Alnus glutinosa*)와 같은 종의 경우, 줄기 광합성이 매우 효과적이어서 이렇게 내부적으로 생산된 산소가 뿌리 통기를 향상시킬 가능성이 있다(Armstrong & Armstrong 2005). 오리나무류의 다간 생장 습성은 물 표면에 가까운 수피 표면적을 높여 줄기 광합성을 통해 뿌리 통기에 도움을 줄 수도 있다(Crawford 2008). 이는, 적어도 부분적으로는, 오리나무류가 범람이 덜한 지역에서는 단일 줄기를 가지는 데 비해 물에 가까이 자라는 개체는 다간 수형을 가지는 경향을 가지는 이유를 설명할 수도 있다.

도시 환경에 적응된 수변 교목

풍부한 물과 관련이 있는 교목은 물이 부족한 도시 환경에 대한 이상적인 후보자가 될 수 없다고 생각하기 쉽다. 그러나 많은 수변 교목이 실제로 도시 부지에 매우 유용한데, 이는 이들의 적응이 과도한 물에 대한 적응보다 산소 결핍에 견디는 것과 더 큰 관련이 있기 때문이다. 많은 도시 토양은 답압과/이나 불투수성 표면으로 인해 저산소 상태가 될 수 있기 때문에 범람에 대한 적응력을 가진 교목이 가끔 한계적인 도시 부지에서 잘 정착한다. 이들은 에너지를 보존하는 전략을 가지고 있고, 저산소 상태 하에서 생리적 활동을 유지하고, 더 큰 뿌리 재생 능력을 가지고 있고, 토양 높이의 변화에 대처할 수도 있다. 매년 눈 녹음이나 계절적인 강수에 의해 유발되는 계절성이 매우 강한 수로를 따라 늘어선 주택은 이들 종이 도시 교목으로 특히 좋은 후보자가 될 수 있는데, 이는 이들이 종종 수분 결핍기와 함께 저산소 기간에 견딜 수 있는 속성을 가지고 있기 때문이다. 이처럼 고도로 역동적인 환경에서 발견될 수 있는 종으로는 이태리오리나무(*Alnus cordata*), 회색오리나무(*A. incana*), 흑자작나무(*Betula nigra*), 개오동(*Catalpa ovata*), 미국풍나무(*Liquidambar styraciflua*), 양버즘나무(*Platanus occidentalis*), 버즘나무(*P. orientalis*) 등이 있다.

새로운 뿌리를 빨리 생산하는 수변 교목의 능력은 이식 후에 뿌리 시스템을 회복하는 데에도 도움이 된다. 이에 따라 적단풍(*Acer rubrum*), 은단풍(*A. saccharinum*), 구주물푸레(*Fraxinus excelsior*), 붉은물푸레(*F. pennsylvanica*), 미국주엽나무(*Gleditsia triacanthos*),

귀룽나무(*Prunus padus*), 대왕참나무(*Quercus palustris*), 버들참나무(*Q. phellos*), 오리나무류(*Alnus* spp.), 사시나무류(*Populus* spp.)와 같은 수변 종이 도시 환경에 이식하기 쉬운 것으로 입증되었다. 특정 서식지에 대한 이들 생태적 적응의 연관성을 인정하는 것이 수종 선정과 이러한 주기적인 교란이 없는 서식지에서 자란 교목이 정착에 더 어려울 수 있는 이유를 설명하는 데 도움을 줄 수 있다.

10.7 내염성

염류토양(鹽類土壤, saline soil)(상자 10.1)은 모암(母岩, parental rock)의 자연적인 풍화(風化, weathering)로부터 유래된 염(鹽, salt)이 축적되는 곳에 자연적으로 발생한다. 이들 중 염화나트륨(NaCl)이 가장 중요하지만, 염화칼슘($CaCl_2$)과 염화마그네슘($MgCl_2$), 그리고 정도는 덜 하지만 황산염(黃酸鹽, sulfate)과 탄산염(炭酸鹽, carbonate)도 발생한다. 이들 염은 매우 불량한 배수로 인해 침전되어 축적될 수 있고(예: 소금평원/walt flat), 높은 지하수위(예: 염생습지/鹽生濕地, salt marsh)와 **염류화작용**(鹽類化作用, salinization)의 과정에서 지표면에 염의 축적으로 이어지는 물의 증발에 의해 식물의 뿌리 층으로 운반될 수 있다. 바람, 비, 물보라, 조수 범람에 의해 해안 지방에 축적되는 바다 소금도 염류토양을 유발한다.

인간은 염분이 포함된 관개용수(灌漑用水, irrigation water)를 사용함으로써 토양 염류화를 가속화시켰다. 건조한 지역은 여러 가지 이유로 이러한 문제를 더욱 강하게 경험

상자 10.1 염류토양의 정의

토양은 해당 토양의 포화된 반죽이 0.4S/m(Siemen/m) 이상의 전기전도도(電氣傳導度, electrical conductivity) 측정치를 보이면 염류토양으로 분류된다. 이는 NaCl 40mmol(염화나트륨 농도)과 동일하며 −0.14MPa의 삼투포텐셜을 형성한다. 바닷물과 비교해보면, 바닷물은 5.4S/m의 전도도와 NaCl 약 500mmol을 함유하고 있으며, 삼투포텐셜 약 −2.5MPa를 형성한다. 그러므로 염류토양의 물은 바닷물 약 8% 농도에서 시작된다. 관수용 물은 전기전도도 0.2S/m(=−0.07MPa), 바닷물 농도 4%를 초과하지 않는 것이 좋다(즉, 바닷물 한 양동이를 관수용 최대 염도로 만들기 위해서는 24양동이의 민물이 필요하다).

하는 경향이 있다. 이 지역의 경우, 양질의 관개용수는 부족한 반면 관개용수 수요는 크고, 적은 강수량으로 염이 토양 단면을 통해 자연적으로 용탈되지 않는다는 것을 의미한다. 반면 서늘하고 습한 지역은 보통 염류토양으로 인한 문제가 거의 없는데, 많은 강수량이 토양을 통해 염을 씻어내는 데 도움을 주기 때문이다. 그러나 겨울 동안 결빙으로 인한 위험을 줄이기 위해 상당한 양의 염이 종종 도로와 보도에 사용된다. 이는 인접 토양을 교목과 다른 식생에 심각한 스트레스를 유발할 수 있는 높은 수준의 염으로 오염시킨다. 또한 경관을 조성할 때 염류토양을 식재지에 반입함으로써 식물에 염류장해(鹽類障害, salt stress)를 유발할 수 있다. 이러한 환경 하에서 염류 장애를 진단하는 것은 오염원이 분명하지 않기 때문에 쉽지 않다. 염의 원천과 관계없이, 토양 내 염의 수준이 높으면, 대응 전략이 결여된 식물은 악영향을 받을 것이다.

염류토양의 탈수와 독성 피해

토양용액(土壤溶液, soil solution)에 있는 염은 토양의 삼투포텐셜을 낮추고 이로 인해 토양의 수분포텐셜이 낮아지기 때문에 생리적 수분 결핍을 유발할 수 있다. 이는 해당 교목에 즉각적인 영향을 미치는데, 토양이 매우 습함에도 불구하고 뿌리가 토양으로부터 물을 끌어내는 것을 더욱 어렵게 만들기 때문이다. 이로 인한 교목에 대한 영향이 건조한 토양의 수분 결핍에 의해 유발되는 증상과 매우 유사한 것은 놀랄 일이 아니다. 즉, 생장이 감소되고 광합성이 제한되고 다양한 대사 과정이 위축된다(Kozlowski 1997). 교목은 자기 세포의 삼투 조절을 통해 이러한 스트레스를 극복할 수 있는데, 이는 적어도 내염성의 관찰 가능한 차이를 부분적으로 설명할 수 있다. 일반적으로 자기 세포의 삼투포텐셜이 토양 용액의 삼투포텐셜보다 낮은 한 생장을 계속할 수 있을 것이다.

바닷물의 주된 구성 성분인 염화나트륨(NaCl)이 물에 녹으면, 나트륨과 염소 원자는 분리되어 각각은 전하(電荷, electrical charge)를 가지게 되고(나트륨은 양전하/Na^+, 염소는 음전하/Cl^-), 이를 이온(ion)이라고 부른다. 물속에서 다른 화합물이나 염도 비슷하게 이온을 생성할 수 있다. 나트륨과 염소 이온(그리고 붕소와 같은 다른 이온도)은 식물 조직 내부에 축적될 수 있고, 종 특이 문턱값(species-specific threshold)을 초과하게 되면 **이온 독성**(ion toxicity)을 유발할 수 있다. 이를 위해서는 가끔 염류 여건에 2, 3주 정도 노출이 필요하며, 일단 과도한 수준의 Na^+ 또는 Cl^-가 축적되면, 이들이 정상적인 세포 기능을 방해하여 피해 증상이 눈에 보이게 된다. 잎 괴사(壞死, necrosis – 세포가 죽은 반점)

와 황백화(黃白化, chlorosis－녹색 상실)가 흔한 증상이며, 특히 이온이 더 오래 축적되는 오래된 잎에서 심하다(Costello 등 2003). 이온 독성이 더 심해지면, 해당 교목이 크게 손상된 잎을 떨어뜨리기 때문에 낙엽이 발생한다. 낙엽의 패턴이 종종 염의 유래를 확인하는 데 도움을 준다. 뿌리 전개 환경 전체가 염류토양이면, 증상은 전체 수관에 걸쳐 발생할 것이다. 그러나 만약 염이 주로 도로에 뿌려진 염의 비말인 경우, 도로에 가장 가까운 아래 수관이 현저하게 더 많은 영향을 받을 것이다. 해안 부지에서도 비슷하게 염을 잔뜩 실은 주풍(主風, prevailing wind)에 가장 가까운 수관 쪽이 영향을 가장 많이 받을 것이다. 염수 비말에 대한 잎의 내성은 종에 따라 차이가 매우 큰 데 두껍고 보다 강건한 잎, 종종 털을 가진 잎이 내성이 더 강한 경향이 있다. 아래쪽에 조밀한 흰 털로 덮인 타원형 혁질의 잎을 가진 뉴질랜드 자생의 포후투카와(*Metrosideros excelsa*)와 같은 해안 교목은 내염성 교목의 전형이다.

내염성 교목은 자신의 뿌리로 들어오는 이온의 유형을 고도로 선별함으로써 식물의 내부를 염이 없는 상태로 유지하여 이온 독성을 피할 수 있다. 이러한 선택성(選擇性, selectivity)은 대사관련 비용이 발생하지만, 민감한 식물 조직에 잠재적인 독성 이온의 축적을 방지함으로써 생존을 확보하는 데 도움이 된다. 또한 어떤 종은 이들 이온을 자신의 뿌리 유조직에 격리시켜 이들이 잎으로 운반되는 것을 막음으로써 같은 목표를 달성할 수 있다. 개별 잎은 이들 이온을 세포 액포 내에 격리함으로써 같은 방식으로 이온을 회피할 수 있다. 그러나 이는 삼투에 의해 물이 액포로 이동하여 세포의 나머지 부분이 마르기 때문에 문제를 유발한다. 이러한 문제는 세포가 세포기질(細胞基質, cytosol－세포의 액상 부분) 내부에 설탕(**화합성 용질**/化合性溶質, compatible solute)과 같은 무독성 화합물을 축적함으로써 삼투의 균형을 유지하여 해결한다(Munns & Testa 2008). 회색맹그로브(*Avicennia marina*)(그림 10.18)와 같은 많은 맹그로브 종은, 염을 못 들어오도록 하여 어느 정도의 내염성을 발달시킴과 동시에, 특화된 선(腺, gland)을 통해 염을 해당 식물 밖으로 분비함으로써 자신의 잎 내부에 독성의 염이 축적되는 것을 피할 수도 있다. 비슷한 선이 염류 여건에 내성이 있는 것으로 잘 알려진 위성류류(*Tamarix* spp.)에서도 발견된다. 열악한 해안 부지에 자라는 많은 교목은 염의 흡수를 효율적으로 조절하지 못하거나, 세포 내 염에 대한 어떤 형태의 내성을 가지지 못하거나, 자신의 잎을 통해 염을 배출하는데 특화된 적응 기제가 없으면 생존하지 못할 것이다.

관상수 식재 시 염류토양 관리하기

만약 과도한 염이 교목 상태의 쇠락 원인이 될 것으로 의심되면(예: 겨울철에 염이 뿌려지는 도로나 보도 옆), 이를 확인하기 위해 토양 분석을 활용할 수 있다. 이러한 문제가 확인되면 상대적으로 내염성이 있는 교목을 활용하는 것이 식재 계획의 성공을 위해 필수적일 것이다. 일반적인 농업용 종과 달리, 관상수의 내염성에 관해 알려진 정보의 대부분은 세심하게 설계된 연구가 아닌 실무자의 경험에서 비롯된다. 따라서 내성 척도는 어느 정도 자의적이지만, 교목 선정에 관한 많은 표준적인 참고서는 여러 종의 인지된 내염성에 대한 일부 지침을 포함하고 있다. 유용한 목록은 많은 교목 생산농장에서 발간하는 문헌과 함께, Flint(1997), Costello 등(2003), Trowbridge & Bassuk(2004), Dirr(2011)에서 확인할 수 있다. 염류 부지나 염 유입에 취약한 새로운 식재지를 관리하는 최선의 접근은 무엇보다도 염에 대해 상당한 내성을 가진 것으로 알려진 종을 식재하는 것이다.

세심한 종 선택에 더하여, 뿌리층(root zone)으로부터 염을 멀리 용탈시켜 염분을 낮추기 위해서는 양호한 부지 배수가 필수적이다. 이는 강수량이 많은 지역에서는 자연적으로 달성될 수도 있지만, 종종 봄에 교목의 생장이 시작되기 전에 다량의 비염류성 물을 이용한 관수가 필요할 수도 있다. 배수가 불량한 부지인 경우, 뿌리층을 통해 염을 효과적으로 씻어내지 못하고, 침수 위험이 있기 때문에 관수가 실용적이지 못할 수도 있다. 광범위한 관수는 소중한 영양소의 용탈로 이어질 수도 있기 때문에 물로 씻어낸 후에는 영양 개량제 적용을 고려하는 것이 현명할 수도 있다. 물이 부족한 지역에서는, 염을 씻어내기 위해 양질의 물을 다량 사용하는 것이 윤리적으로 부적절할 수도 있다. 그러나 물이 부족하지 않은 지역의 고가 관상수를 위한 방안으로 토양 세척은 고려할 수 있다.

토양 세척이 부적합한 부지에서 해빙염(解氷鹽, de-icing salt)에 의한 심각한 오염이 발생하는 경우에는, 석고(石膏, gypsum - $CaSO_4.2H_2O$)를 첨가하면 토양을 개량할 수 있다(Roberts 등 2006). 이를 교목 주변의 토양에 적용할 수 있지만, 공기 경운 기술을 이용하여 석고를 토양 속으로 혼합해주면 더 효과적일 것이다(제4장 이완 참조).

소금 창고에서도 소금 저장은 뿌리층 주위를 피하는 것이 좋다. 교목에 대한 염 피해 사례가 부적절한 염 저장으로 인해 발생했다. 또한 경성 경관(硬性景觀, hard landscape)에 있는 교목 주위에 해빙염을 사용할 때에는, 이로 인한 피해가 발생하지 않아야 한다면, 주위를 기울이는 것이 좋다. 여기에는 염을 살포하는 책임자에 대해 염이 교목에 미치는 영향에 관한 교육을 하는 것이 포함된다.

인용문헌

Allen, C.D., Macalady, A.K., Chenchouni, H., Bachelet, D., McDowell, N., Vennetier, *et al.* (2010) A global overview of drought and heat-induced tree mortality reveals emerging climate change risks for forests. *Forest Ecology and Management*, 259: 660–684.

Anderegg, W.R., Hicke, J.A., Fisher, R.A., Allen, C.D., Aukema, J., Bentz, B., *et al.* (2015) Tree mortality from drought, insects, and their interactions in a changing climate. *New Phytologist*, 208: 674–683.

Archibald, O.W. (1995) *Ecology of World Vegetation*. Chapman and Hall, London, UK.

Armstrong, W. and Armstrong, J. (2005) Stem photosynthesis not pressurized ventilation is responsible for light-enhanced oxygen supply to submerged roots of alder (*Alnus glutinosa*). *Annals of Botany*, 96: 591–612.

Aroca, R. (2012) *Plant Responses to Drought Stress: From Morphological to Molecular Features*. Springer, Berlin, Germany.

Augé, R.M., Green, C.D., Stodola, A.J.W., Saxton, A.M., Olinick, J.B. and Evans, R.M. (2000) Correlations of stomatal conductance with hydraulic and chemical factors in several deciduous tree species in a natural habitat. *New Phytologist*, 145: 483–500.

Bailey-Serres, J. and Voesenek, L.A.C.J. (2008) Flooding stress: Acclimations and genetic diversity. *Annual Review of Plant Biology*, 59: 313–339.

Barnes, B.B., Zak, D.R., Denton, S.R. and Spurr, S.H. (1998) *Forest Ecology*, 4th edition. Wiley, New York, USA.

Bartlett, M.K., Scoffoni, C., Ardy, R., Zhang, Y., Sun, S., Cao, K., *et al.* (2012a) Rapid determination of comparative drought tolerance traits: using an osmometer to predict turgor loss point. *Methods in Ecology and Evolution*, 3: 880–888.

Bartlett, M.K., Scoffoni, C. and Sack, L. (2012b) The determinants of leaf turgor loss point and prediction of drought tolerance of species and biomes: A global meta-analysis. *Ecology Letters*, 15: 393–405.

Bieras, A.C. and Graças Sajo, M. (2009) Leaf structure of the cerrado (Brazilian savanna) woody plants. *Trees*, 23: 451–471.

Bita, C. and Gerats, T. (2013) Plant tolerance to high temperature in a changing environment: Scientific fundamentals and production of heat stress-tolerant crops. *Frontiers in Plant Science*, 4: 273: 1–18.

Blackman, C.J., Brodribb, T.J. and Jordan, G.J. (2010) Leaf hydraulic vulnerability is related to conduit dimensions and drought resistance across a diverse range of woody angiosperms. *New Phytologist*, 188: 1113–1123.

Blokhina, O. Virolainen, E. and Fagerstedt, K.V. (2003) Antioxidants, oxidative damage and oxygen deprivation stress: A review. *Annals of Botany*, 91: 179–194.

Brady, M. (2008) Hardiness zone maps of the northern hemisphere. *The Plantsman*, September: 170–176.

Canadell, J., Jackson, R.B., Ehleringer, J.R., Mooney, H.A., Sala, O.E. and Schulze, E.D. (1996) Maximum rooting depth of vegetation types at the global scale. *Oecologia*, 108: 583–595.

Choat, B., Jansen, S., Brodribb, T.J., Cochard, H., Delzon, S., Bhaskar, R., *et al.* (2012) Global convergence in the vulnerability of forests to drought. *Nature*, 491: 752–756.

Costello, L.R., Perry, E.J., Matheny, N.P., Henry, J.M. and Geisel, P.M. (2003) *Abiotic Disorders of Landscape Plants: A Diagnostic Guide.* University of California, Agricultural and Natural Resources Publication 3420, CA, USA.

Crawford, R.M.M. (1982) Physiological responses to flooding. In: Lange, O.L., Nobel, P.S., Osmond, C.B. and Zieger, H. (eds) *Physiological Plant Physiology II; Water Relations and Carbon Assimilation*. Springer, Berlin, Germany, pp. 453–477.

Crawford, R.M.M. (2008) *Plants at the Margin; Ecological Limits and Climate Change.* Cambridge University Press, Cambridge, UK.

Dee, D.P., Uppala, S.M., Simmons, A.J., Berrisford, P., Poli, P., Kobayashi, S., *et al.* (2011) The ERA-Interim reanalysis: Configuration and performance of the data assimilation system. *Quarterly Journal of the Royal Meteorological Society*, 137: 553–597.

Dirr, M.A. (2011) *Dirr's Encyclopedia of Trees and Shrubs.* Timber Press, Portland, OR, USA.

Ferner, E., Rennenberg, H. and Kreuzwieser, J. (2012) Effect of flooding on C metabolism of flood-tolerant (*Quercus robur*) and non-tolerant (*Fagus sylvatica*) tree species. *Tree Physiology*, 32: 135–145.

Filewod, B. and Thomas, S.C. (2014) Impacts of a spring heat wave on canopy processes in a northern hardwood forest. *Global Change Biology*, 20: 360–371.

Flint, H.L. (1997) *Landscape Plants for Eastern North America, Exclusive of Florida and the Immediate Gulf Coast*, 2nd edition. Wiley, New York, USA.

Fonti, P., von Arx, G., Garcia-Gonzalez, I., Eilmann, B., Sass-Klaassen, U., Gartner, H., *et al.* (2010) Studying global change through investigation of the plastic responses of xylem anatomy in tree rings. *New Phytologist*, 185: 42–53.

Fujikawa, S., Kasuga, J., Takata, N. and Arakawa, K. (2009) Factors related to change of deep supercooling capability in xylem parenchyma cells of trees. In: Gusta, L.V., Wisniewski, M.E. and Tanino, K.K. (eds) *Plant Cold Hardiness; From the Laboratory to the Field*. CABI, Wallingford, UK, pp. 29–42.

Glenz, C., Schlaepfer, R., Iorgulescu, I. and Kienast, F. (2006) Flooding tolerance of Central European tree and shrub species. *Forest Ecology and Management*, 235: 1–13.

Hoffmann, W.A., Marchin, R.M., Abit, P. and Lau, O.L. (2011) Hydraulic failure and tree dieback are associated with high wood density in a temperate forest under extreme drought. *Global Change Biology*, 17: 2731–2742.

Iwanga, F. and Yamamoto, F. (2008) Flooding adaptions of wetland trees. In: *Sakio, H.* and Tamura, T. (eds) *Ecology of Riparian Forests in Japan*. Springer, Berlin, Germany, pp. 237–247.

Kasuga, J., Hashidoko, Y., Nishioka, A., Yoshiba, M., Arakawa, K. and Fujikawa, S. (2008) Deep supercooling xylem parenchyma cells of katsura tree (*Cercidiphyllum japonicum*) contain flavonol glycosides exhibiting high anti-ice nucleation activity. *Plant Cell Environment*, 31: 1335–1348.

Keddy, P.A. (2007) *Plants and Vegetation; Origins, Processes, Consequences.* Cambridge University Press, Cambridge, UK.

Klein, T. (2014) The variability of stomatal sensitivity to leaf water potential across tree species indicates a continuum between isohydric and anisohydric behaviours. *Functional Ecology*, 28: 1313–1320.

Körner, C. (2012) *Alpine Treelines: Functional Ecology of the Global Elevation Tree Limits.* Springer, Berlin, Germany.

Kozlowski, T.T. (1984) Responses of woody plants to flooding. In: Kozlowski, T.T. (ed.) *Flooding and Plant Growth.* Academic Press, New York, USA, pp. 129–164.

Kozlowski, T.T. (1997) Responses of woody plants to flooding and salinity. *Tree Physiology Monograph*, 1: 1–29.

Kozlowski, T.T., Kramer, P.J. and Pallardy, S.G. (1991) *The Physiological Ecology of Woody Plants.* Academic Press, San Diego, CA, USA.

Kozlowski, T.T. and Pallardy, S.G. (1997) *Growth Control in Woody Plants.* Academic Press, San Diego, CA, USA.

Kozlowski, T.T. and Pallardy, S.G. (2002) Acclimation and adaptive responses of woody plants to environmental stresses. *The Botanical Review*, 68: 270–334.

Kreuzwieser, J. and Rennenberg, H. (2014) Molecular and physiological responses of trees to waterlogging stress. *Plant Cell Environment*, 37: 2245–2259.

Kubler, H. (1983) Mechanism of frost crack formation in trees: A review and synthesis. *Forest Science*, 29: 559–568.

Lambers, H., Stuart Chaplin, F.S.III and Pons, T.L. (2008) *Plant Physiological Ecology*, 2nd edition. Springer, Berlin, Germany.

Larcher, W. (2003) *Physiological Plant Physiology*, 4th edition. Springer, Berlin, Germany.

Levitt, J. (1980) *Responses of Plants to Environmental Stresses. Volume* II, 2nd edition. Academic Press, San Diego, CA, USA.

Li, M., López, R., Venturas, M., Pita, P., Gordaliza, G.G., Gil, L., *et al.* (2015) Greater resistance to flooding of seedlings of *Ulmus laevis* than *Ulmus minor* is related to the maintenance of a more positive carbon balance. *Trees*, 29: 835–848.

Martin, C.E. and Francke, S.K. (2015) Root aeration function of baldcypress knees (*Taxodium distichum*). *International Journal of Plant Science*, 176: 170–173.

Mitchell, P.J., Veneklaas, E.J., Lambers, H. and Burgess, S.S.O. (2008) Leaf water relations during summer water deficit: Differential responses in turgor maintenance and variation in leaf structure among different plant communities in south-western Australia. *Plant Cell and Environment*, 31: 1791–1802.

Monson, R.K., Jones, R.T., Rosenstiel, T.N. and Schnitzler, J.P. (2013) Why only some plants emit isoprene. *Plant, Cell and Environment*, 36: 503–516.

Mooney, H.A. and Miller, P.C. (1985) Chaparral. In: Chabot, B.F. and Mooney, H.A. (eds) *Physiological Ecology of North American Plant Communities.* Chapman and Hall, New York, USA, pp. 213–231.

Morgan, J.M. (1984) Osmoregulation and water stress in higher plants. *Annual Review of Plant Physiology*, 35: 299–319.

Munns, R. and Testa, M. (2008) Mechanisms of salt tolerance. *Annual Review of Plant Biology*, 59: 651–681.

Naiman, R.J., Décamps, H. and McClain, M.E. (2005) *Riparia: Ecology, Conservation, and Management of Streamside Communities.* Elsevier, Academic Press, Amsterdam, The Netherlands.

Naiman, R.J., Fetherston, K.L., McKay, S.J. and Chen, J. (1998) Riparian forests. In: Naiman, R.J., Bilby, R.R. and Kantor, S. (eds) *River Ecology and Management: Lessons from the Pacific Coastal Ecoregion.* Springer, New York, USA, pp. 289–323.

Nardini, A., Casolo, V., Dal Borgo, A., Savi, T., Stenni, B., Bertoncin, P., *et al.* (2016) Rooting depth, water relations and non-structural carbohydrate dynamics in three woody angiosperms differentially affected by an extreme summer drought. *Plant, Cell and Environment*, 39: 618–627.

Niinemets, Ü. and Valladares, F. (2006) Tolerance to shade, drought, and waterlogging of temperate northern hemisphere trees and shrubs. *Ecological Monographs*, 76: 521–547.

Olson, D.F. Jr., Roy, D.F. and Walters, G.A. (1990) *Sequoia sempervirens* (D. Don) Endl. In: Burns, R.M. and Barbara, H. (eds) *Silvics of North America: 1. Conifers*. Agriculture Handbook 654, United States Department of Agriculture, Forest Service, Washington, DC, USA, pp. 541–551.

Pallardy, S.G. (2008) *Physiology of Woody Plants*, 3rd edition. Academic Press, San Diego, CA, USA.

Peel, M.C., Finlayson, B.L. and McMahon, T.A. (2007) Updated world map of the Köppen-Geiger climate classification. *Hydrology and Earth System Sciences Discussions*, 4: 439–473.

Pfanz, H., Aschan, G., Langenfeld-Heyser, R., Wittmann, C. and Loose, M. (2002) Ecology and ecophysiology of tree stems: corticular and wood photosynthesis. *Naturwissenschaften*, 89: 147–162.

Roberts, J., Jackson, N. and Smith, M. (2006) *Tree Roots in the Built Environment*. Research for Amenity Trees No. 8, The Stationary Office, London, UK.

Roman, L.A., Battles, J.J. and McBride, J.R. (2014) Determinants of establishment survival for residential trees in Sacramento County, CA. *Landscape and Urban Planning*, 129: 22–31.

Rood, S.B., Nielsen, J.L., Shenton, L., Gill, K.M. and Letts, M.G. (2010) Effects of flooding on leaf development, transpiration, and photosynthesis in narrowleaf cottonwood, a willow-like poplar. *Photosynthesis Research*, 104: 31–39.

Sakai, A. and Larcher, W. (1987) *Frost Survival of Plants: Responses and Adaptation to Freezing Stress*. Springer, Berlin, Germany.

Schulze, E.-D., Beck, E. and Müller-Hohenstein, K. (2005) *Plant Ecology*. Springer, Berlin, Germany.

Schweingruber, F.H. (2007) *Wood Structure and Environment*. Springer, Berlin, Germany.

Sharkey, T.D., Wiberley, A.E. and Donohue, A.R. (2008) Isoprene emission from plants: why and how. *Annals of Botany*, 101: 5–18.

Sjöman, H., Hirons, A.D. and Bassuk, N.L. (2015) Urban forest resilience through tree selection: Variation in drought tolerance in *Acer*. *Urban Forestry and Urban Greening*, 14: 858–865.

Song, L., Jiang, Y., Zhao, H. and Hou, M. (2012) Acquired thermotolerance in plants. *Plant Cell, Tissue and Organ Culture*, 111; 265–276.

Teskey, R., Wertin, T., Bauweraerts, I., Ameye, M., McGuire, M.A. and Steppe, K. (2015) Responses of tree species to heat waves and extreme heat events. *Plant, Cell and Environment*, 38: 1699–1712.

Thomashow, M.F. (1999) Plant cold acclimation: Freezing tolerance genes and regulatory mechanisms. *Annual Review of Plant Biology*, 50: 571–599.

Trowbridge, P.J. and Bassuk, N.L. (2004) *Trees in the Urban Landscape: Site Assessment, Design and Installation*. Wiley, Hoboken, NJ, USA.

Urli, M., Lamy, J.B., Sin, F., Burlett, R., Delzon, S. and Porté, A.J. (2015) The high

vulnerability of *Quercus robur* to drought at its southern margin paves the way for *Quercus ilex*. *Plant Ecology*, 216: 177–187.
Wickens, G.E. (2008) *The Baobabs: Pachycauls of Africa, Madagascar and Australia*. Springer, Berlin, Germany.
Yordanov, I. (1992) Response of photosynthetic apparatus to temperature stress and molecular mechanisms of its adaptations. *Photosynthetica*, 26: 517–531.
Zahner, R. (1968) Water deficits and growth of trees. In: Kozlowski, T.T. (ed.) *Water Deficits and Plant Growth*. Academic Press, New York, USA, pp. 191–254.

찾아보기

국문 찾아보기

[ㄱ]

가도관(假導管) 19, 60, 63, 66
가스 교환(-交換) 23, 57, 104
가스 침투 86
가용성 당(可容性糖) 476
가용성 비료(可溶性肥料) 372
가지 23
가지 깃 42
가지보호지대 158
가지터기 절단 42
가축성(假軸性) 29
각피(角皮) 103
각피질(角皮質) 103
갈색부후(褐色腐朽) 404
감쇄(減殺) 113
감수성(感受性) 373, 387
감수성 곡선(感受性曲線) 88
강성(剛性) 50, 138
개척종(開拓種) 241
건기 낙엽성(乾期落葉性) 463
건생형태(乾生形態) 463
건성과 습성 침착 367
건조(乾燥) 88
건조 감수성(乾燥感受性) 256
건조 저항성(乾燥抵抗性) 254
건조중량(乾燥重量) 324
검 77, 158
겔 77
격벽(隔壁) 60, 82
격벽섬유(膈壁纖維) 60
격자시렁 248
견인력(牽引力) 296
결각(缺刻) 399
결빙온도(結氷溫度) 444
경계층(境界層) 316
경성 경관(硬性景觀) 9, 481
경재(硬材) 59
경제적 편익(經濟的便益) 3
경종적 방제(耕種的防除) 388
결 직근 187
계단상천공판 82
계문형(階紋形) 63
계절성 기후 439
고립된 눈 35
고목(古木) 418
고온층적처리(高溫層積處理) 257
고정(固定) 359
고착(固着) 182, 190
고초열(枯草熱) 5
골격지(骨格枝) 140
공급원(供給源) 325
공급원 기관(供給源器官) 239
공기 경운(空氣耕耘) 209
공기분사시스템(空氣噴射-) 209
공기 전정 277
공동현상(空洞現像) 82, 159
공변세포(孔邊細胞) 104
공생관계(共生關係) 359
공생 유기체(共生有機體) 326
공중 취목(空中取木) 38
공진화(共進化) 360
과냉각(過冷却) 445
관개용수(灌漑用水) 478
관목(灌木) 17
관비(灌肥) 372
관상요소(管狀要素) 19, 51
관수 주머니 301
관입계(貫入計) 202
광물 입자(鑛物粒子) 356
광반(光斑) 91, 330
광반응곡선(光反應曲線) 328
광범위 살충제(廣範圍殺蟲劑) 390
광보상점(光補償點) 328
광보호(光保護) 330, 332
광원(光源) 91
광자(光子) 327
광저해(光沮害) 332
광주기(光周期) 48, 126
광질(光質) 328
광투과(光透過) 328
광포화점(光飽和點) 328
광합성(光合成) 323
광합성 광량자속밀도(光合成光量子速密度) 327
광합성 속도(光合成速度) 328
광합성 유효방사(光合成有效放射) 327
광합성 탄소 동화 작용(光合成炭素同化作用) 327
광호흡(光呼吸) 332
광휴면(光休眠) 259
괴경(塊莖/덩이줄기) 39
괴사 372

교목(喬木) 1, 17
교목 보호관 286
교목 생물학(喬木生物學) 7
교목의 부후 구획화 392
교목 피복(喬木被覆) 3
교목한계선(喬木限界線) 142
교정전정(矯正剪定) 165
교질섬유(膠質纖維) 63
구과 231
구과식물(毬果植物) 20, 234
구동력(驅動力) 80
구조 뿌리 181
구조적 생장 배지(構造的生長培地) 222
구조 전정(構造剪定) 153, 160
구조 탄수화물(構造炭水化物) 324
구형(球型) 31
구획화(區劃化) 403
군식(群植) 418
굴곡(屈曲) 143
굴광성(屈光性) 154
굴외성 177
굴중성(屈重性) 154
규칙적 심재 76
균근(菌根) 180, 324, 359, 380
균사(菌絲) 359, 380
균주(菌株) 385
그늘이 없는 숲 455
그늘 지우기 11
그늘 효과 11
근경(根莖/뿌리줄기) 39
근관(根冠/뿌리골무) 177
근권(根圈) 282, 358
근권 동물원 176
근권 산화 473
근단분열조직(根端分裂組織) 176
근류세균류(根瘤細菌類) 360
근맹아(根萌芽) 40
근압(根壓) 308
근원(根元) 36
급속초살지대 185
기공(氣孔) 104, 296
기공 개구부(氣孔開口部) 104, 319
기공 전도도(氣孔傳導度) 306, 317
기근(氣根) 145, 191
기능적 속성 268
기대수명(期待壽命) 182
기름 61
기부 맹아(基部萌芽) 36
기생자(寄生者) 376
기생체(寄生體) 384
기온(氣溫) 48, 335
기질 밖 균사체 381
기질포텐셜(基質-) 297
기체 유동 198
기후 변화(氣候變化) 5
기후적 가뭄(氣候的-) 455
기후 특성(氣候特性) 440
기후 패턴(氣候-) 2
깃 157
깍지벌레 409
꽃가루(花粉) 231
꽃가루매개자(花粉媒介者) 234
꽃밖 꿀샘 408
꽃밥(葯) 232
꽃잎 234
꽃차례(花序) 235
꿀 234

[ㄴ]

나근(裸根) 275
나아(裸芽) 26
나자식물(裸子植物) 19
낙수선(落水線) 211
낙엽성(落葉性) 118
낙엽성 잎(落葉性葉) 119
낙지(落枝) 156
난저장성 256
난파(暖波) 126
내강(內腔) 50
내생균근 380
내성(耐性) 438
내수피(內樹皮) 18, 44
내음성(耐陰性) 132, 268
내피(內皮) 309
내한성(耐寒性) 127, 266, 440
냉각(冷却) 11
냉각효과(冷却效果) 12
냉해(冷害) 444
노숙목(老熟木) 419
노숙화(老熟化) 166
녹조류(綠藻類) 376
농도 기울기 357
높이 제한 313
눈 24
느릅나무시들병 413
능동적(能動的) 358
능동적 방어 395

[ㄷ]

다년생(多年生) 17, 438
다량영양소(多量營養素) 356
다열(多列) 61
다층(多層) 112
단근(斷根) 466
단기 낙엽성 120
단단한 줄당김 167
단명식물 438
단성화(單性花) 236
단순벽공(單純壁孔) 63
단순천공판(單純穿孔板) 82
단열(單列) 61
단엽(單葉) 99
단위 결실(單爲結實) 238
단일(短日) 127
단자엽식물(單子葉植物) 20, 261
단지(短枝) 29, 114
단축분지성(單軸分枝性) 28
단층(單層) 112
담자균류 380

당김줄 167, 191
당단백질(糖蛋白質) 49
당알코올(糖-) 446
대공극(大孔隙) 202
대교목(大喬木) 6
대기압(大氣壓) 296
대류열전달(對流熱傳達) 451
대형동물상(大型動物相) 208
도관(導管) 19, 63, 68
도관요소(導管要素) 50, 60
도관천공(導管穿孔) 398
도시 교목(都市喬木) 3
도시 식량 임업 247
도시열섬(都市熱島) 12, 244
도일(度日) 125
돌기(突起) 24
돌세포 395
동결·융해주기(凍結融解週期) 84, 207
동계 건조(冬季乾燥) 450
동물상(動物相) 354, 430
동시 백색부후 404
동시지(同時枝) 29
동일세력 줄기 140
동적 부하(動的負荷) 148
동해(凍害) 444
동형세포형(同形細胞形) 62
된서리 448
두목(頭木) 166
두목작업(頭木作業) 42
등경세포(等徑細胞) 62
등수리(等水理) 458
등수분 345
등수화(等水化) 218
떡잎 36, 256

[ㄹ]

라마스 생장 410
라이시미터 213
런던버즘나무마사리아궤양병 386
로제트 29
리그닌 19, 49, 324
리그닌화(-化) 51, 397

[ㅁ]

마디 24
막관통 310
막 단백질(膜蛋白質) 47
망상형(網狀形) 63
매몰된 수피 145
맹아 은행(萌芽銀行) 39
먹이그물 375
먹이원 98
멀칭 209
멀칭 자재 211
모근(母根) 177
모노테르펜 4, 453
모듈 24
모래 기반 기질 222
모세관 상승(毛細管上昇) 314
모세포(母細胞) 45
모수(母樹) 32
모암(母岩) 478
목본식물(木本植物) 17, 43
목부(木部) 18, 105
목부 모세포(木部母細胞) 47
목부분리형 61
목부연접형 61
목부 유조직(木部柔組織) 308, 341
목부 층 44
목식성(木食性) 428
목재(木材) 18, 44
목재 형성(木材形成) 344
무기질 토양(無機質土壤) 200
무기화(無機化) 367
무산소(無酸素) 470
무산소후 471
무상일수(無霜日數) 340
무수정(無受精) 250
무수정생식(無受精生殖) 238
무척추동물(無脊椎動物) 367
무한생장(無限生長) 27
물순환(-循環) 313
물질대사(物質代謝) 323
물푸레나무줄기마름병 386
미량영양소(微量營養素) 356
미상(尾狀) 235
미생물 군집(微生物群集) 382
미세원섬유 각도(微細纖維角度) 50
미세종(微細種) 238
미세 환경(微細環境) 375
미소서식지(微少棲息地) 430

[ㅂ]

바늘 잎 105
바람 응력(-應力) 191
바이오차 222, 301
반기생 378
반세포(伴細胞) 24, 53, 326
반수체 233
반응지대(反應地帶) 400
반환공재(半環孔材) 68
발달 추진력 263
발아(發芽) 42, 259
발아력(發芽力) 254
발효 대사경로(醱酵代謝經路) 471
밤나무줄기마름병 386
방벽지대(防壁地帶) 392, 401
방사가도관(放射假導管) 68
방사계(放射系) 46
방사단면(放射斷面) 58
방사상 멀칭 210
방사 유세포(放射柔細胞) 53
방사 유조직(放射柔組織) 19, 61, 68, 399
방사조직(放射組織) 19, 61
방사형 시원세포(放射形始原細胞) 46
방선균류(放線菌類) 360
방추형 시원세포(紡錘形始原細

胞) 46
배뿌리 260
배아(胚芽) 256
배적동형(胚的同形) 109
배적이형(胚的異形) 109
배젖 256
배주(胚珠) 231
배지(培地) 187
백분(白粉) 334
백색부후(白色腐朽) 404
백색 지대 180
버팀벽 191
범람(氾濫) 469
범람원(氾濫原) 181
베툴린 57
벽공(壁孔) 51, 61, 63, 81
벽공강 63
벽공구 63
벽공막(壁孔膜) 64
벽공실(壁孔室) 63
변재(邊材) 19, 72
변형 371
병리(病理) 395
병원력(病原力) 392
병원성(病原性) 384
병원체(病原體) 384
병원형(病源形) 407
병징(病徵) 206
병층분열(竝層分裂) 47
병해충 삼각형 387
보수력(保水力) 301
보호층(保護層) 51
복사평형(輻射平行) 11
복엽(複葉) 99, 115
복합중엽(複合中葉) 49
복합 천공판(複合穿孔板) 81
본엽(本葉) 260
부가 눈 40, 250
부교 시스템 222
부동물질(不凍物質) 445
부등수리(不等水理) 458
부란병(腐爛病) 409
부생 곰팡이 384
부생균(腐生菌) 158
부생체(腐生體) 384
부수적 피해 389
부압(負壓) 49, 84
부정근(不定根) 37, 181, 474
부정아(不定芽) 32, 34
부정지(不定枝) 33, 38
부족 관수 304
부지에 대한 적합성 270
부착력(附着力) 314
부피밀도(-密度) 200
부하력(負荷力) 138
분기분열조직(分岐分裂組織) 35
분리층(分離層) 158
분열조직(分裂組織) 20
분열지연중심부(分裂遲延中心部) 177
분해자(分解者) 375
분화(分化) 177
불규칙 심재 76
불완전화(不完全花) 236
브라시노스테로이드 47
비가역적 티핑포인트 416
비구조성 탄수화물(非構造性炭水化物) 324
비근장(比根長) 182
비대 피목(肥大皮目) 473
비등수분 345
비등수화(非等水化) 218
비료(肥料) 372
비분열조직 34
비용/편익비율(費用便益比率) 354
비표면적(比表面積) 357
빗물집수시스템 224
빙점(氷點) 444
뿌리 175
뿌리 분 191
뿌리 시스템 18, 175, 181
뿌리 신장(-伸張) 203
뿌리/줄기 비율 261
뿌리-줄기 전이대 284
뿌리층 481
뿌리털 308
뿌리 틀 190
뿌리 판 190

[ㅅ]

사관요소(篩管要素) 47, 52
사근(斜根) 187
사부(篩部) 18, 44, 105, 326
사부섬유(篩部纖維) 49, 53
사부요소(篩部要素) 24
사상세균(絲狀細菌) 406
사세포(篩細胞) 52
사요소(篩要素) 326
사이토키닌 47, 48
사토(砂土) 300
산공성(散孔性) 59
산공재(散孔材) 68
산도(酸度) 201
산란광(散亂光) 135
산지(産地) 253
살포(撒布) 389
삼림(森林) 3
삼림 모방(森林模倣) 8
삼림욕(森林浴) 4
삼출물(滲出物) 379
삼투 조절(滲透調節) 463
삼투포텐셜(滲透-) 297
삼투현상(滲透現像) 308
삽목(揷木) 233
상대기체확산계수(相對氣體擴散係數) 198
상렬(霜裂) 448
상록성(常綠性) 118
상록성 잎(常綠性葉) 119
상륜(霜輪) 450
상배축(上胚軸) 261
상자 시스템 222
상종(霜縱) 449
상처 유상조직(傷處癒傷組織)

397
상충(相衝) 22, 80
상충 삼각형(相衝三角形) 22
상표피(上表皮) 103
상피세포(上皮細胞) 78
상해(霜害) 444, 447
상해(傷害) 395
생물계절학(生物季節學) 123
생물군계(生物群界) 79
생물다양성(生物多樣性) 3, 417
생물량(生物量) 22
생물보안(生物保安) 273
생물 센서 306
생물적 방제(生物的防除) 415
생물지표(生物指標) 306
생식구조(生殖構造) 326
생식세포(生殖細胞) 233
생장기(生長期) 23
생장률(成長率) 22
생장점(生長點) 241
생장조절제(生長調節劑) 390
생장-휴면 주기(生長休眠週期) 48
생태계 서비스 1
생활사(生活史) 17, 124, 354
생활형(生活形) 79
석고(石膏) 481
석력토양 271
선(腺) 480
선구 교목(先驅喬木) 141
선충(線蟲) 415
선택압(選擇壓) 71
선택적 탈리그닌 백색부후 404
섬유(纖維) 19, 47, 60
섬유가도관(纖維假導管) 63
성목(成木) 6, 77
성분 세포(成分細胞) 57
성엽(成葉) 108, 334
세균(細菌) 359, 406
세균성 습재(細菌性濕材) 449
세근(細根) 177, 181, 308, 358
세근 회전 183
세립질 토성(細粒質土性) 205
세포기질(細胞基質) 480
세포벽 비후(細胞壁肥厚) 49
세포분열(細胞分裂) 20, 47
세포소기관(細胞小器官) 52
세포예정사(細胞豫定死) 51
세포 팽압(細胞膨壓) 47
세포 팽창(細胞膨脹) 47
세포핵(細胞核) 52
세포 확장(細胞擴張) 295
셀룰로오스 19, 324
셀룰로오스 미세원섬유 49
소공(小孔) 68
소수성(疏水性) 50
소엽(小葉) 99, 116
소용돌이형 나무결 143
소혈(巢穴) 409
소형엽(小型葉) 101
속내형성층(束內形成層) 44
속생(束生) 107
손상재(새살) 399
솜벌레 409
수(髓) 24, 155
수간(樹幹) 18
수간류 367
수간 주사(樹幹注射) 372
수고(樹高) 456
수관(樹冠) 18, 97
수관 가지마름 460
수관 재배치 140
수관 틈 37
수광단면(受光斷面) 114
수구과 231
수동적 방어 394
수력학적 인양(水力學的引揚) 311
수력학적 재분배(水力學的再分配) 310
수력학적 파단(水力學的破斷) 316, 346
수렴진화(收斂進化) 22, 440
수리 기반시설(水理基盤施設) 90
수리 망(水理網) 90
수리 시스템 464
수리 요구(水理要求) 73
수리용량(水理容量) 72
수리 저항성(水理抵抗性) 81
수리 전도도(水理傳導度) 81, 347, 415
수리통로(水理通路) 159
수목관리전문가 149
수베린 53
수변(水邊) 439, 469
수분(受粉) 231
수분 가용성(水分可用性) 88, 259, 300
수분 결핍(水分缺乏) 84, 337, 456
수분균형(水分均衡) 320
수분방출특성 213
수분수송(水分輸送) 18
수분 스트레스 456
수분율(受粉率) 241
수분 전도(水分傳導) 66
수분포텐셜 87, 296
수액(樹液) 314
수액 통도세포(通導細胞) 47
수용부(受用部) 325
수용부 기관(受容部器官) 239
수용부 능력(受用部能力) 343
수정(受精) 238
수주(水柱/물기둥) 82
수증기(水蒸氣) 316
수지(樹脂) 158, 395
수지구(樹脂溝) 67, 108
수지도(樹脂道) 78
수지상균근(樹枝狀菌根) 380
수직근(垂直根) 187, 189
수층분열(垂層分裂) 47
수피(樹皮) 52
수화젤(水和-) 301
숙재(熟材) 76
숙주(宿主) 18, 377
순광합성(純光合成) 452

순 탄소동화(純炭素同化) 323
순화(馴化) 439
숲 1
슈도모나스궤양병 386
스트라스버거 세포 53
스트레스 438
스트레스 반응 439
스트레스 요소 439
스프링클러 301
습윤성(濕潤性) 82
습재(濕材) 407
습지(濕地) 469
시간감 3
시간 영역 반사측정법(時間領域反射測定法) 304
시듦 456
시방서(示方書) 273
시비(施肥) 373
시원세포(始原細胞) 45
식물보호제(植物保護劑) 389
식물상(植物相) 430
식물생장조절제(植物生長調節劑) 47
식물위생 410
신속 순환 풀 343
신호 전달(信號傳達) 197
실생묘(實生苗) 233
심장근 189
심재(心材) 18, 72, 76
심재 추출물 77
심플라스트 19, 61
쌍자엽식물(雙子葉植物) 261

[ㅇ]

아린(芽鱗) 25, 34
아브시스산 47, 458
아쿠아포린 47, 310
아한대(亞寒帶) 90
아흔(芽痕) 26
안개 312
안전역(安全域) 88
안토시아닌류 332
암구과 231
암모니아 359
암술대(花柱) 232
암스테르담 석력토양 12
암 심피(-心皮) 232
압력유동설(壓力流動說) 326
압력포텐셜(压力-) 297
압축 강도(壓縮强度) 50
압축공기 토양 굴착(壓縮空氣掘鑿) 209
압축력(壓軸力) 53, 154, 186
압축이상재(壓縮異常材) 154
액아(腋芽) 99
액포(液胞) 105, 441
약해(藥害) 347
양분유효도(養分有效度) 312, 353
양성화(兩性花) 236
양수 332
양압(陽壓) 309
양엽(陽葉) 110
양의 탄소수지(陽-炭素收支) 324
양이온(陽-) 354
양이온교환용량(陽-交換容量) 201, 281, 354, 357
양자(量子) 327
양전하(陽電荷) 354
양토(壤土) 300
얼음 결정 445
에틸렌 47, 48
여름도장지(-徒長枝/라마枝) 30
역형성(逆形成) 397
연륜연대학(年輪年代學) 457
연변부(緣邊部) 64
연부후(軟腐朽) 404
연재(軟材) 59
열매 232
열 스트레스(熱-) 452
열 시간 125
열적쾌적성(熱的快適性) 12
열충격단백질(熱衝擊蛋白質) 452
열파(熱波) 12, 451
열해(熱害) 451
염(鹽) 478
염도(鹽度) 354
염류 장해(鹽類障害) 479
염류토양(鹽類土壤) 297, 478
염류화작용(鹽類化作用) 478
염색체(染色體) 233
염색체 교차(染色體交叉) 233
염생습지(鹽生濕地) 478
염화나트륨 479
염화마그네슘 478
염화칼슘 478
엽렬(葉裂) 62
엽록소(葉綠素) 330
엽록조직 108
엽록체(葉綠體) 104, 334
엽맥(葉脈) 104
엽면(葉面) 379
엽면 살포(葉面撒布) 388
엽면적(葉面積) 22, 213
엽면적비(葉面積比) 122
엽면적 지수(葉面積指) 338
엽면 흡수(葉面吸收) 311
엽모(葉毛) 102, 334
엽상경(葉狀莖) 107
엽서(葉序) 105
엽소(葉燒) 113
엽액(葉腋) 26
엽육(葉肉) 104
엽육 전도도(葉肉傳導度) 338
엽저(葉底) 24
엽초(葉鞘) 105
엽축(葉軸) 99, 116
엽침(葉枕) 105
엽형(葉型) 109
엽흔(葉痕) 128
영구위조점(永久萎凋點) 218, 298
영양(營養) 353
영양계 군락 40

영양 번식(營養繁植) 181
영양생식(營養生殖) 156, 237
영양소(營養素) 353
영양소 재흡수(營養素再吸收) 121
영양아(營養芽) 25, 33, 241
예비 경화(豫備硬化) 441
예비아(豫備芽) 33
오염물질(汚染物質) 10, 247
오일러좌굴(-挫屈) 138
옥살산칼슘 394
옥신 31, 47
온기(溫氣) 451
온도 기울기 335
온실가스(溫室-) 10
옹이 146
왁스층 103
완만 순환 풀 343
완전화(完全花) 236
완효성비료(緩效性肥料) 373
왜림작업(倭林作業) 42
외부집단화(外部集團化) 35
외생균근(外生菌根) 380
외수피(外樹皮) 18, 44, 51, 55
외팔보 139
외피층(外皮層) 309, 358
외향생장(外向生長) 86
용매(溶媒) 295
용질(溶質) 356
용해성(溶解性) 357
우기 녹색 123
우상(羽狀) 99
우상엽(羽狀葉) 141
우세종(優勢種) 328
원나자식물(原裸子植物) 136
원뿔형 134
원심력(遠心力) 84
원절(圓節) 66
원주세포(圓柱細胞) 104
원추형(圓錐型) 31
원형질막(原形質膜) 52
원형질연락사(原形質連絡絲) 61
원형질체(原形質體) 60, 445
위심재(僞心材) 77, 400
위조점(萎凋點) 306
유공형(有孔形) 63
유관속(維管束) 24
유관속간 형성층 44
유관속시듦병 460
유관속 영역구분(維管束領域區分) 90
유관속 조직(維管束組織 177
유관속폐색(維管束閉塞) 61, 73, 315
유관속 형성층(維管束形成層) 19, 44, 184
유근(幼根) 176, 187
유기 부식질(有機腐植質) 356
유기호흡(有氣呼吸) 471
유도기간(誘導期間) 330
유리알락하늘소 386
유상조직(癒傷組織) 34, 42, 177
유상주피(癒傷珠皮) 396
유성생식(有性生殖) 237
유세포(柔細胞) 19, 47, 53
유액(乳液) 395
유연벽공(有緣壁孔) 63~64
유엽(幼葉) 108
유용원소(有用元素) 356
유전물질(遺傳物質) 233
유전자형(遺傳子型) 269
유전적 결합 253
유전적 변이(遺傳的變異) 232
유조직(柔組織) 24
유출수(流出水) 13
유한생장(有限生長) 27
유화(柔化) 441
유효도(有效度) 363
유효 수명(有效壽命) 156
유효수분(有效水分) 218, 300
음엽(陰葉) 110
음이온(陰-) 357
응집력(凝集力) 200, 314
응집장력설(凝集張力說) 314
이상재(異常材) 154
이성체(異性體) 24
이소프렌 452
이식 스트레스 265
이열(二列) 61
이온 독성 479
이입조직(移入組織) 107
이정점(二頂點) 195
이중벽 60
이차목부(二次木部) 44
이차 분열조직(二次分裂組織) 44
이차사부(二次篩部) 44
이차생장(二次生長) 20, 43, 181, 184
이차세포벽 50
이차휴면 257
이타성(利他性) 235
이탄토(泥炭土) 411
이형성(二形性) 108
이형세포(異形細胞) 394
이형세포형(異形細胞形) 62
이형엽(異形葉) 28
이회우상(二回羽狀) 117
인공 수분(人工授粉) 244
인공 환경(人工環境) 7, 192
인산염(燐酸鹽) 357
인산용해세균(燐酸溶解細菌) 406
인엽(鱗葉) 102, 107
인장강도(引張强度) 50, 315
인장력(引張力) 63, 154
인장이상재(引張異常材) 50, 154
인피 52
인피형섬유(靭皮形纖維) 63
일장(日長) 48, 124, 259, 441
일차세포벽(一次細胞壁) 49
일차생장(一次生長) 20
임계 역치(臨界閾値) 347
임계온도(臨界溫度) 125
임관(林冠) 31, 130
임상(林床) 130
입단(粒團) 200

입자 크기(粒子-) 223
잎 97
잎몸(葉身) 99
잎 수명 119
잎 원기(-原基) 24
잎자루(葉柄) 99
잎 전략 118
잎차례(葉序) 114
잎 회전 119

[ㅈ]

자가 맹아갱신(自家萌芽更新) 249
자가불화합성(自家不和合性) 239
자기 차광(自己遮光) 111
자낭균류 380
자당 341
자란(雌卵) 231
자루가 없는(無柄) 99
자생 실생묘 416
자생종(自生種) 253
자연 낙지(自然落枝) 8
자연 보강재 150
자연선택(自然選擇) 233
자연적인 과정 7
자연 전정 156
자연 파손 전정 431
자연표적전정(自然標的剪定) 8, 163
자연화(自然化) 208
자웅동주(雌雄同株) 237
자웅이주(雌雄異株) 237
작인(作因) 20
잔사 식생물(殘渣食生物) 375
잠아(潛芽) 33
잠아 가닥 36
잠아 구조(潛芽構造) 40, 33
잠아 전략(潛芽戰略) 35
잠아지(潛芽枝) 33
잠아흔(潛芽痕) 34
잠재증발량(潛在蒸發量) 455
장과(漿果) 234, 245
장력(張力) 296, 314
장상(掌狀) 99
장소감 3
장지(長枝) 29, 114
재배종(栽培種) 238
재분화(再分化) 62
재산소화(再酸素化) 471
재수화(再水化) 313
재수화(再水和) 446
재충전(再充塡) 205
재흡수 효율(再吸收效率) 366
저산소(低酸素) 205, 470
저산소 상태(低酸素狀態) 474
저수용량 463
저온(低溫) 440
저온순화(低溫馴化) 446
저온요구도(低溫要求度) 48, 125, 441
저온 일 125
저온층적처리(低溫層積處理) 257
저항(抵抗) 203
저항성(抵抗性) 387
적응(適應) 439
적응 생장(適應成長) 143
적재(積載) 326
적지적수(適地適樹) 414
전광(全光) 327
전기전도도(電氣傳導度) 478
전기화학적 기울기 358
전단파괴(剪斷破壞) 62
전도도 손실률(傳導度損失率) 347
전분(澱粉) 341
전세포벽 310
전신획득저항성(全身獲得抵抗性) 380
전연엽(全緣葉) 99
전원형질(全原形質) 19, 61, 310
전이대(轉移帶) 77
전정(剪定) 79, 159, 402
전체론적 관리 432
전충체(塡充體) 78, 158, 398
전하(電荷) 358
절간(節間) 24, 166
절대공생체 380
절제층(切除層) 57
점액 395
점원(點源) 135
접목불친화성(接木不親和性) 284
접선단면(接線斷面) 58
접종제(接種劑) 383
접촉성(接觸性) 389
접촉형태형성(接觸形態形成) 142
정단 갈고리 260
정단분열조직(頂端分裂組織) 20, 24
정아(頂芽) 31, 28
정아우세(頂芽優勢) 30
정아통제(頂芽統制) 30
정적 당김 실험 149
정적 부하(靜的負荷) 148
정전하(靜電荷) 357
정지(整枝) 248
제충국(除蟲菊) 390
젤라틴 층 155
조건공생체 380
조기 낙과 242
조류(藻類) 376
조립질 토성(粗粒質土壤) 205
조직 탈수(組織脫水) 311
조피(粗皮) 393
종-반응 88
종속영양생물(從屬營養生物) 379
종 특이 문턱값 479
종피(種皮) 187
종합관수시스템 224
주두(柱頭/암술머리) 232
주연부(周緣部) 66

주축계(主軸系) 46
주축 요소 58
주축 유세포(主軸柔細胞) 53
주축 유조직(主軸柔組織) 19, 61, 66, 399
주풍(主風) 480
주피(周皮) 53, 55, 184, 393
준건조저항성(準乾燥抵抗性) 256
줄기 23, 26
줄기 압력 308
중간목(中間木) 48
중간크기 골재 기질 222
중력(重力) 139
중력포텐셜(重力-) 297
중습(中濕) 88
중심점(中心點) 191
중심주(中心柱) 177
중엽층(中葉層) 49, 157
즉시 반복 177
증기 농도 기울기 316
증기압삼투압측정법(蒸氣壓滲透壓測定法) 467
증기압차(蒸氣壓差) 215, 316, 454
증발(蒸發) 316
증발산(蒸發散) 217
증발산량(蒸發散量) 304
증산류(蒸散流) 72
증산작용(蒸散作用) 104, 296, 316
지레팔 139
지베렐린 48
지상발아(地上發芽) 261
지상성(地上性) 260
지연된 심재 76
지연 반복 179
지오셀 222
지의류(地衣類) 376
지지대 167
지표종(指標種) 306
지피융기선(枝皮隆起線) 146
지하 단근 275
지하성(地下性) 261
직립세포(直立細胞) 61
진균종속영양생물 379
진달래형 381
진딧물 409
질산염(窒酸鹽) 357
질소(窒素) 336, 359
질소 산화물(窒素酸化物) 10
집(초/鞘) 45

[ㅊ]

착생식물(着生植物) 376
착의 벽공(着衣壁孔) 86
참나무급사병 386
참나무행렬모충나방 386
채종원(採種園) 248
책상조직(柵狀組織) 104
천공판(穿孔板) 50, 63, 81
천연갱신(天然更新) 254
천이(遷移) 270
첨두부하(尖頭負荷) 167
초기 주피(初期周皮) 55
초살(梢殺) 138
촉성요구도(促成要求度) 125
최저온도(最低溫度) 441
최적치(最適値) 451
추재(秋材) 58
축합형 탄닌 지대 180
춘엽(春葉) 28
춘재(春材) 58
충매수분(蟲媒受粉) 408
충적토(沖積土) 456
취수권 304
취약종(脆弱種) 427
측근(側根) 177, 187
측근 원기(側根原基) 177
측방분열조직(側方分裂組織) 20, 44
측방 재분배(側方再分配) 311
측아(側芽) 31
측아도장지(側芽徒長枝) 30
층(層) 130
칠엽수궤양병 407
칠엽수잎굴나방 386
침수(浸水) 198, 469
침투성(浸透性) 389
침투저류지(浸透貯留池) 14

[ㅋ]

카르티노이드 330
코르크조직 184
코르크조직 세포 53
코르크 지대 180
코르크피층 세포 53
코르크형성층 44, 53, 184
코르크화 397
코르티솔 3
콜로이드 297
콜로이드 입자(-粒子) 356
크산토필 332
키노 158, 395

[ㅌ]

타가수분(他家受粉) 239
타감물질(他感物質) 283
타일로소이드 78
탁엽(托葉) 26
탄닌 61
탄력적 줄당김 167
탄소 격리(炭素隔離) 5
탄소 기아(炭素飢餓) 158, 346
탄소 동역학(炭素動力學) 348
탄소동위원소(炭素同位元素) 343
탄소 비용 121
탄소 예산(炭素豫算) 22, 239
탄소 이익 121
탄소 저장(炭素貯藏) 240
탄소 화합물(炭素化合物) 323
탈리(脫離) 128, 156

탈리대(脫離帶/떨켜층) 128
탈리층(脫離層) 158
탈수(脫水) 319, 446
태양각(太陽角) 131, 218
태터링 99
턱잎(托葉) 99
텃새 416
테르펜 61
토성(土性) 201, 353
토양 강도(土壤剛度) 202
토양 강도(土壤强度) 203
토양개량제(土壤改良劑) 301
토양 공극률(土壤孔隙率) 202
토양 단면(土壤斷面) 202
토양 답압(土壤踏壓) 200
토양 부피 212, 281
토양 비옥도(土壤肥沃度) 354
토양 생물상(土壤生物相) 354
토양수분(土壤水分) 281
토양수분방출곡선(土壤水分放出曲線) 298
토양수분장력계(土壤水分張力計 304
토양/식물/대기 연속계 297
토양 온도(土壤溫度) 281, 364
토양용액(土壤溶液) 479
토양 이완(土壤弛緩) 209
토양 입단(土壤粒團) 205
토양 입자(土壤粒子) 200
토양 침식(土壤侵蝕) 2, 281
통과세포 180
통과수(通過水) 367
통기(通氣) 197
통기근(通氣根) 474
통기 조직(通氣組織) 473
통도 변재 73
통행 부하(通行負荷) 202

[ㅍ]

파종상(播種床) 275
판근(板根) 191
판상근 188
팽압(膨壓) 295, 456
팽압상실점(膨壓喪失點) 218, 298, 457
페놀 61
페로몬 트랩 414
펙틴 49
펙틴 매트릭스 64
펜만-몬티스공식 306
편심(偏心) 184
평복세포(平伏細胞) 61
평절(平切) 42, 162
포매(包埋) 146
포식자 포만(捕食者飽滿) 243
포장용수량(圃場容水量) 218, 300
폴리아크릴레이트 301
폴리페놀유세포 395
표면적(表面積) 308
표적 pH(標的-) 363
표피(表皮) 24, 55
표피 세포(表皮細胞) 103
풍도(風倒) 38
풍매 식물(風媒植物) 235
풍상측(風上側) 142
풍하중(風荷重) 140
풍하측(風下側) 139
풍화(風化) 478
프랑키아 360
플라반 180
플라보노이드배당체 445
플래깅 142
피넨 2
피목(皮目) 57
피소(皮燒) 447
피압목(被壓木) 48
피자식물(被子植物,) 19
피층(皮層) 24
피층유조직 53
피층조직(皮層組織) 55
피하후막세포(皮下厚膜細胞) 107
필수영양소(必須營養素) 354

[ㅎ]

하겐-푸아죄유 공식 82
하배축(下胚軸) 179, 260
하엽(夏葉) 28
하적(下積) 326
하표피(下表皮) 104
하향력(下向力) 138
하향 수력학적 재분배(下向水力學的再分配) 311
하향조절(下向調節) 343
한해(寒害) 30, 446
함수량(含水量) 77, 205, 300
항균성(抗菌性) 50
항력(抗力) 42, 139
해걸이 243
해당과정(解糖過程) 471, 476
해면조직(海綿組織) 104
해빙염(解氷鹽) 282, 481
햇빛 기울기 132
햇빛 삼각형 130
향기부성(向基部性) 175
향정단성(向頂端性) 175
헤미셀룰로오스 19, 50
현화식물(顯花植物) 20, 231
혐기성 대사(嫌氣性代謝) 471
형성층 구역(形成層區域) 46
형성층 세포(形成層細胞) 44
형질(形質) 90, 461
호리비단벌레 4, 413
호박돌 골격 기질 222
호흡(呼吸) 323
호흡률(呼吸率) 335
호흡속도(呼吸速度) 452
혼합아(混合芽) 25
홍수(洪水 2
화관절단(花冠切斷) 431
화분립(花粉粒) 233
화아(花芽/꽃눈) 25
화합물(化合物) 175

화합성 용질(化合性溶質) 480
환경요소(環境要素) 438
환경적 편익(環境的便益) 3
환공성(環孔性) 58
환공재(環孔材) 68
환상박피(環狀剝皮) 326
활성산소종(活性酸素種) 333, 471
활엽수(闊葉樹) 99
황백화(黃白化) 371, 480
회복 눈(回復-) 40, 250
회복력(回復力) 200
회전 모멘트 139
회피(回避) 438
횡단면(橫斷面) 46, 58
효소(酵素) 404
후기목전화 397
후막조직(厚膜組織) 395
후벽세포 54
후숙(後熟) 256
후입선출(後入先出) 343
훈향목(薰香木) 262
휘묻이(취목/取木) 38
휘묻이 잡아지 38
휘발성 유기화합물(揮發性有機化合物) 2, 10, 246, 452
휘산(揮散) 367
휨강도 50
휨 응력(-應力) 190
휴면(休眠) 47, 256
휴면아(休眠芽) 26, 32
휴식(休息) 47
휴지(休止) 47
흡수(吸水) 259
흡수율(吸收率) 305
흡수지(吸收紙) 260
흡인(吸引) 296
흡지(吸枝) 37

[기타]

BT균 389
I형 보 186
T형 보 186

영문 찾아보기

[A]

ABA/abscisic acid 47, 319, 458
abscission 128, 156
abscission layer 158
abscission zone 128
absorbent paper 260
absorption rate 305
acclimation 439
acidity 201
acropetal 175
Actinomycete 360
active 358
active defence 395
adaptation 439
adaptive growth 143
additional bud 40, 250
adhesive force 314
adult leaf 108
adventitious bud 32, 34
adventitious root 37, 181, 474
adventitious shoot 38
adventitious sprout 33
aeration 197
aerenchyma 473
aerial root 145, 191
aerobic respiration 471
after-ripening 256
agent 20
aggregate 200
Agrilus planipennis 413
air cultivation 209
air injection system 209
air layering 38
air-prune 277
algae 376
allelochemicals 283
alluvial soil 456
altruism 235
AM/arbuscular mycorrhizas 380
ammonia 359
Amsterdam structural soil 12
anaerobic metabolism 471
anaplasia 397
anchorage 182, 190
ancient tree 418
angiosperm 19
anion 357
anisohydric 218, 345, 458
Anoplophora glabripennis 386
anoxic 470
anther 232
anthocyanins 332
anticlinal division 47
antimicrobial property 50
anti-nucleation agent 445
aphid 409
apical bud 31
apical control 30
apical dominance 30
apical hook 260
apical meristem 20, 24
apomictic 250

apomixis 238
apoplast 310
apotracheal 61
apple canker 409
aquaporin 310
aquaporins 47
arboriculturist/arborist 149
Ascomycetes 380
atmospheric pressure 296
auxin 31, 47
availability 363
available water 218, 300
avoidance 438
axial element 58
axial parenchyma 1961, 66, 399
axial parenchyma cell 53
axial system 46
axillary bud 99

[B]

Bacillus thuringiensis 389
bacteria 359, 406
bacterial wetwood 449
bare-root 275
bark 52
barrier zone 392, 401
basal sprout 36
Basidiomycetes 380
basipetal 175
bast 52
BBR/branch bark ridge 146
bending strength 50
bending stress 190
beneficial element 356
benefit-cost ratio 354
berry 234, 245
betulin 57
bimodal 195
biochar 222, 301
biodiversity 3, 417
bioindicator 306
biological control 415
biological sensor 306
biomass 22
biome 79
biosecurity 273
bipinnate 117
biseriate 61
border 64
bordered pit 63~64
boreal 90
boundary layer 316
branch 23
branch collar 42, 157
branch protection zone 158
brassinosteroids 47
brevideciduous 120
broadleaved tree 99
broad-spectrum insecticide 390
brown rot 404
bud 24
bud bank 39
bud scale 34
bud scale/cataphyll 25
bud trace 26
built environment 7, 192
bulk density 200
bundle planting 418
buttress 191
buttress root 191

[C]

$CaCl_2$ 478
calcium oxalate 394
callus 34, 42, 177
cambial cell 44
cambial zone 46
Cameraria ohridella 386
canopy gap 37
cantilever beam 139
capacitance 463
capillary rise 314
carbon budget 22, 239
carbon compound 323
carbon cost 121
carbon dynamics 348
carbon isotope 343
carbon profit 121
carbon reserve 240
carbon sequestration 5
carbon starvation 158, 346
carotenoid 330
cation 354
cation exchange capacity 201
catkin 235
cavitation 82, 159
cavity wall 60
CEC/cation exchange capacity 281, 354, 357
cell division 20, 47
cell enlargement 295
cell expansion 47
cell turgor 47
cell wall thickening 49
cellulose 19, 324
cellulose microfibrils 49
centrifugal force 84
Chalara fraxinea 386
chestnut bleeding canker 407
chill day 125
chilling injury 444
chilling requirement 48, 125, 441
chlorenchyma 108
chlorophyll 330
chloroplast 104, 334
chlorosis 371, 480
chromosomal crossover 233
chromosome 233
cladode 107
cladoptosis 156
climate change 5
climate regime 440
climatic drought 455

clonal colony 40
CML/compound middle lamella 49
coarse textured soil 205
CODIT/Compartmentalization of Decay in Trees 392
co-dominant stem 140
co-evolution 360
cohesive force 200, 314
cold acclimation 446
cold injury 446
cold stratification 257
cold-hardiness 127, 266, 440
collateral damage 389
colloid 297
colloidal particles 356
columnar cell 104
companion cell 24, 53, 326
compartmentalization 403
compatible solute 480
component cells 57
compound 175
compound leaves 99, 115
compound perforation plate 81
compressed air soil-excavation 209
compression wood 154
compressive force 53, 154, 186
compressive strength 50
concentration gradient 357
condensed tannin/CT zone 180
conducting cell 47
conducting sapwood 73
conical shape 134
conifer 20
conifers 234
contact 389
convective heat transfer 451
convergent evolution 22, 440
cooling 11
cooling effect 12
coppicing 42
cork cambium 53, 184
cork cambium/phellogen 44
cork zone 180
coronet cutting 431
cortex 24
cortical parenchyma 53
cortical tissue 55
cortisol 3
cotyledon 36, 256
crate system 222
critical temperature 125
critical threshold 347
cross/transverse section 46
cross-pollination 239
crown 18, 97
crown dieback 460
crown reconfiguration 140
Cryphonectria parasitica 386
CT/cohesion-tension theory 314
cultivar 238
cultural control 388
cuticle 103
cutin 103
cutting 233
cytokinin 47, 48
cytosol 480

[D]

damping 113
day length 124, 259, 441
day-length 48
decidous leaf 119
deciduous 118
decomposer 375
decurrent 31
DED/Dutch elm disease 413
deep supercooling 445
deficit irrigation 304
deformation 371
degree day 125
dehardening 441
dehydration 319, 446
de-icing salt 282, 481
delamination 62
delayed heartwood 76
delayed reiteration 179
dendrochronology 457
desiccation-sensitive 256
desiccation-tolerant 254
detached meristem 35
determinate growth 27
detritivore 375
developmental momentum 263
DHR/downward hydraulic redistribution 311
dicotyledon 261
differentiation 177
diffuse porous 59
diffuse porous wood 68
dimorphism 108
dioecious 237
domatium 409
dominant species 328
dormant 47, 256
dormant bud 26, 32
down regulation 343
downward force 138
drag 139
drag force 42
drip line 211
driving force 80
drought deciduous 463
dry and wet deposition 367
dry mass 324
dynamic loading 148

[E]

EAB/emerald ash borer 4
early leaves 28
early/spring wood 58
eccentric 184
ECM/ectomycorrhizas 380

economic benefits 3
ecosystem service 1
electrical charge 358
electrical conductivity 478
electrochemical gradient 358
electrostatic charge 357
embedding 146
embolism 61, 73, 315
embryo 256
end wall 82
endodermis 309
endomycorrhizas 380
endosperm 256
entire leaf 99
environmental benefits 3
environmental factor 438
enzyme 404
ephemeral plants 438
epicormic bud 33
epicormic sprout 33
epicormic strand 36
epicormic strategy 35
epicormic structure 33, 40
epicormic trace 34
epicotyl 261
epicuticular wax 334
epidermal cell 103
epidermis 24, 55
epigeal 260
epigeal germination 261
epiphyte 376
epithelial cell 78
erikoid type 381
espalier 248
essential nutrient 354
ET/evapotranspiration 304
ethylene 47, 48
Euler buckling 138
evaporation 316
evapotranspiration 217
evergreen 118
evergreen leaf 119
excision layer 57
excurrent 31
exotrophy 177
external clustering 35
extrafloral nectary 408
extramatrical mycelium 381
exudate 379

[F]

facultative symbionts 380
false heartwood 77, 400
fascicle 107
fascicular cambium 44
fast cycling pool 343
fauna 354, 430
female carpel 232
female cone 231
female egg 231
fermentation pathway 471
fertigation 372
fertilization 238, 373
fertilizer 372
fiber 19, 47, 60
fiber-tracheid 63
field capacity 218, 300
filamentous bacteria 406
fine root 177, 181, 308, 358
fine root turnover 183
fine textured soils 205
fitness for site 270
fix 359
flagging 142
flavan 180
flavonoid glucosides 445
flexible bracing 167
flood plain 181
flooding 2, 469
flora 430
flower bud 25
flowering plant 20, 231
flush cut 42, 162
fog 312
foliar spray 388
foliar strategy 118
food source 98
food web 375
foraminate 63
forcing requirement 125
forest 1
forest canopy 31, 130
forest floor 130
forest mimicry 8
formative pruning 153
formative/structural pruning 160
Frankia 360
freeze-thaw cycle 84, 207
freezing injury 444
freezing point 444
freezing temperature 444
frost crack 448
frost free days 340
frost injury 444, 447
frost rib 449
frost ring 450
fruit 232
FU/foliar uptake 311
full sunlight 327
functional attribute 268
fusiform initials 46

[G]

gas exchange 23, 57, 104
gas flux 198
gas seeding 86
gel 77
gelatinous fiber 63
gelatinous layer 155
genetic combination 253
genetic material 233
genetic variation 232
genotype 269
geocell 222

germination 259
gibberellin 48
gland 480
glycolysis 471, 476
glycoproteins 49
graft incompatibility 284
gravitational potential 297
gravitrophy 154
gravity 139
green algae 376
greenhouse gas 10
growing point 241
growth period 23
growth rate 22
growth regulator 390
growth-dormancy cycle 48
guard cell 104
gum 77, 158
guy rope 191
guying 167
gymnosperm 19
gypsum 481

[H]

Hagen-Poiseuille equation 82
hand pollination 244
haploid 233
hard landscape 481
hard landscapes 9
hardwood 59
heart root 189
heartwood 18, 72, 76
heartwood extractive 77
heat injury 451
heat shock proteins 452
heat stress 452
heat wave 12, 451
height limit 313
heliotrophy 154
hemicellulose 19, 50
hemiparasite 378
hermaphrodite flower 236
heteroblastic 109
heterocellular 62
heterophyllous 28
heterotrophs 379
hey fever 5
HL/hydraulic lift 311
holistic management 432
homoblastic 109
homocellular 62
host 18, 377
HR/hydraulic redistribution 310
hydraulic capacitance 72
hydraulic conductivity 81, 415
hydraulic failure 316, 346
hydraulic infrastructure 90
hydraulic need 73
hydraulic networks 90
hydraulic pathway 159
hydraulic resistance 81
hydraulic system 464
hydrogel 301
hydrological cycle 313
hydrophobic 50
Hymenoscyphus fraxineus 386
hypertrophied lenticel 473
hyphae 359, 380
hypocotyl 179, 260
hypodermal sclerenchyma cell 107
hypogeal 261
hypoxic 205, 470
hypoxic condition 474
hyraulic conductivity 347

[I]

IAA/indole-3-acetic acid 47
I-beam 186
ice crystal 445
idioblast 394
imbibe 259
immediate reiteration 177
impedance 203
imperfect flower 236
incense tree 262
included bark 145
incrustation 399
indeterminate growth 27
indicator species 306
induction period 330
infiltration basin 14
inflorescence 235
initial 45
initial periderm 55
inner bark 18, 44
inoculant 383
insect pollination 408
Integrating irrigation system 224
interfascicular cambium 44
intermediate tree 48
internode 24, 166
invertebrate 367
ion toxicity 479
irregular heartwood 76
irreversible tipping point 416
irrigation water 478
isodiametric cell 62
isohydric 218, 345, 458
isolated bud 35
isoprene 452
i-Tree 14

[J]

June drop 242
juvenile leaf 108
juvenile root 187

[K]

kino 158, 395
knot 146

[L]

LAI/leaf area index 338
lammas growth 410
lammas shoot 30
large stone skeleton substrate 222
large tree 6
last in first out 343
late leaves 28
late/summer wood 58
lateral bud 31
lateral meristem 20, 44
lateral root 177, 187
lateral root primordium 177
latex 395
layered sprout 38
layering 38
leaf 97
leaf area 22, 213
leaf axil 26
leaf base 24
leaf blade/lamina 99
leaf form 109
leaf hair 102, 334
leaf longevity 119
leaf primordium 24
leaf scar 128
leaf scorch 113
leaf stalk/petiole 99
leaf turnover 119
leaflet 99, 116
lee ward 139
lenticel 57
lever arm 139
libriform fiber 63
lichen 376
life cycle 17, 354
life expectancy 182
life history 124
life-form 79
light compensation point 328
light gradient 132
light interception 114
light quality 328
light response curve 328
light saturation point 328
light source 91
light transmission 328
light triangle 130
lignification 51, 397
lignin 19, 49, 324
lignotuber 39
load force 138
loading 326
loam 300
long shoot 29, 114
low temperature 440
lower epidermis 104
LR/lateral redistribution 311
lumen 50
lysimeter 213

[M]

macro-fauna 208
macronutrient 356
macropore 202
male cone 231
margo 66
masting 243
matric potential 297
mature leaf 334
mature tree 6, 77
medium 187
medium-sized aggregate substrate 222
membrane protein 47
meristem 20
mesic 88
mesophyll 104
mesophyll conductance 338
metabolism 323
metacutization 397
metamer 24
MFA/microfibril angle 50
$MgCl_2$ 478
microbial community 382
microenvironment 375
microhabitat 430
micronutrient 356
microphyll 101
microspecies 238
middle lamella 49, 157
mineral particle 356
mineral soil 200
mineralization 367
minimum temperature 441
mixed bud 25
module 24
monocotyledon 20, 261
monoecious 237
monolayer 112
monopodial 28
monoterpene 453
monoterpenes 4
mother cell 45
mucilage 395
mulch 211
mulching 209
multilayer 112
multiseriate 61
myco-heterotrophs 379
mycorrhizae 324, 359, 380
mycorrhizal 180

[N]

NaCl 479
naked bud 26
native species 253
natural brace 150
natural branch shedding 8
natural fracture pruning 431
natural process 7
natural pruning 156

natural regeneration 254
natural selection 233
natural target pruning 8, 163
naturalization 208
necrosis 372
nectar 234
needle sheath 105
needle-like leaf 105
negative pressure 49, 84
nematodes 415
net carbon assimilation 323
net photosynthesis 452
nitrate 357
nitrogen 336, 359
nitrogen oxides 10
node 24
non-meristematic tissue 34
NSC/non-structural carbohydrates 324
nucleus 52
nutrient 353
nutrient availability 312, 353
nutrient resorption 121
nutrition 353

[O]

obligate symbionts 380
oblique root 187
oil 61
optimum value 451
organelle 52
organic humus material 356
osmosis 308
osmotic adjustment 463
osmotic potential 297
outer bark 18, 44, 51
outer cortex 309, 358
outgrowth 86
ovule 231

[P]

palisade mesophyll 104
palmate 99
PAR/photosynthetically active radiation 327
parasite 376
parasite 384
paratracheal 61
parenchyma 24
parenchyma cell 19, 47, 53
parent root 177
parent tree 32
parental rock 478
parthenocarpy 238
particle size 223
passage cell 180
passive defence 394
pathogen 384
pathogenicity 384
pathological 395
pathovar 407
peak load 167
peat soil 411
pectin 49
penetrometer 202
Penman-Monteith equation 306
perennial 17, 438
perfect flower 236
perforate plate 63
perforation plate 50, 81
periclinal/radial 47
periderm 53, 55, 184, 393
permanent wilting point 218
pest and disease triangle 387
petal 234
pH 281
phellem 184
phellem cell 53
phelloderm cell 53
phenol 61
phenology 123
pheromone trap 414
phloem 18, 44, 105, 326
phloem fiber 49, 53
phosphate 357
phosphate solubilizing bacteria 406
photodormancy 259
photoinhibition 332
photon 327
photoperiod 48, 126
photoprotection 330, 332
photorespiration 332
photosynthesis 323
photosynthetic carbon assimilation 327
photosynthetic rate 328
phylloplane 379
phyllotaxy 105, 114
Phytophthora ramorum 386
phytosanitation 410
phytotoxicity 347
pinene 2
pinnate 99
pinnate leaf 141
pioneer species 241
pioneer tree 141
pit 51, 61, 63, 81
pit aperture 63
pit cavity 63
pit chamber 63
pit membrane 64
pith 24, 155
pivot point 191
plant growth regulators 47
plant protecton products 389
plasma membrane 52
plasmodesmata 61
plate root 188
PLC/percentage of loss of conductivity 347
pneumatophore 474
point source 135

pollard 166
pollarding 42
pollen 231
pollen grain 233
pollination 231
pollination rate 241
pollinator 234
pollutants 10, 247
polyacrylate 301
pore 68
positive carbon balance 324
positive charge 354
positive pressure 309
post-anoxic 471
potential evaporation 455
PP cells/polyphenolic parenchyma cells 395
PPFD/photosynthetic photon flux density 327
predator satiation 243
pre-hardening 441
pressure flow hypothesis 326
pressure potential 297
prevailing wind 480
preventitious bud 33
primary cell wall 49
primary growth 20
procumbent cell 61
programmed cell death 51
progymnosperm 136
proleptic shoot 30
propping 167
protective layer 51
protoplast 60, 445
protuberance 24
provenance 253
pruning 79, 159, 402
Pseudomonas syringae 386
pulling force 296
pulvini 105
PWP/permanent wilting point 298
pyrethrum 390

[Q]

quantum 327
quiescence 47
quiescent center 177

[R]

rachis 99, 116
radicle 187
radial initials 46
radial mulching 210
radial parenchyma 19, 61
radial parenchyma cell 53
radial section 58
radial system 46
radiation balance 11
radicle 176, 187, 260
raft system 222
rain-green 123
rainwater harvesting system 224
RAM/root apical meristem 176
ray 19, 61
ray parenchyma 68, 399
ray tracheid 68
reaction wood 154
reaction zone 400
reactive oxygen species 471
recalcitrant 256
recharge 205
re-differentiate 62
regular heartwood 76
rehydration 313, 446
relative gas-diffusion coefficient 198
remedial pruning 165
reoxygenation 471
reparative bud 40, 250
reproductive cell 233
reproductive structure 326
resident bird 416
resilience 200
resin 395
resin canal 78
resin duct 67, 108
resins 158
resistance 387
resorption efficiency 366
respiration 323
respiration rate 335, 452
rest 47
reticulate 63
Rhizobium spp. 360
rhizome 39
rhizosphere 282, 358
rhizosphere zoo 176
rhizospheric oxidation 473
rhytidome 55, 393
rigid bracing 167
ring porous wood 68
ring-barking 326
ring-porous 58
riparian 439, 469
ripewood 76
root 175
root ball 191
root cage 190
root cap 177
root collar 36
root elongation 203
root hair 308
root plate 190
root pressure 308
root pruning 466
root sucker 40
root system 18, 175, 181
root to shoot ratio 261
root zone 481
root-stem transition zone 284
ROS/reactive oxygen species 333
rosette 29
run-off 13

[S]

safety margin 88
saline soil 297, 478
salinity 354
salinization 478
salt 478
salt marsh 478
salt stress 479
sand 300
sand-based substrate 222
sap 314
saprotroph 384
saprotrophic fungus 158, 384
saproxylic 428
sapwood 19, 72
SAR/systemic acquired resistance 380
scaffold branch 140
scalariform 63
scalariform perforation plate 82
scale insect 409
scale leaf 102
scale-like leaves 107
scattered light 135
sclereid 54
sclerenchyma 395
seasonal climate 439
secondary cell wall 50
secondary dormancy 257
secondary growth 20, 43, 181, 184
secondary meristem 44
secondary phloem/inner bark 44
secondary xylem/wood 44
sedbed 275
seed coat 187
seed orchard 248
seedling 233
selective delignification white rot 404
selective pressure 71
self-coppicing 249
self-incompatibility 239
self-shading 111
semi-ring porous wood 68
sense of place 3
sense of time 3
separation layer 158
septate fiber 60
septum 60
sessile 99
severe frost 448
sexual reproduction 237
shade leaf 110
shade tolerance 132
shadeless forest 455
shade-tolerant 268
shading 11
shading effect 11
shade-intolerant species 332
shear failure 62
sheath 45
shinrinyoku 4
shoot 23, 26
short day 127
short shoot 29, 114
shrubs 17
side taproot 187
sieve cell 52
sieve elements 326
sieve tube element 24, 47, 52
signalling 197
simple leaf 99
simple perforation plate 82
simple pit 63
simultaneous white rot 404
sink 325
sink organ 239
sink strength 343
sinker root 187, 189
SLA/specific leaf area 122
slow cycling pool 343
slow-release fertilizer 373
soft rot 404
softwood 59
soil aggregate 205
soil amendment 301
soil biota 354
soil compaction 200
soil decompaction 209
soil erosion 2, 281
soil fertility 354
soil moisture 281
soil particle 200
soil porosity 202
soil profile 202
soil solution 479
soil strength 202, 203
soil temperature 281, 364
soil texture 201, 353
soil volume 212, 281
soil water release curve 298
solar angle 131
solubility 357
soluble fertilizer 372
soluble sugar 476
solute 356
solvent 295
source 325
source organ 239
SPAC/soil-plant-atmosphere continuum 297
species-response 88
species-specific threshold 479
specific surface area 357
specification 273
Splanchnonema platani 386
spongy mesophyll 104
spray 389
sprinkler 301
sprouting 42
spur 114
SRL/specific root length 182
starch 341

static loading 148
static pulling test 149
stele 177
stem injection 372
stem pressure 308
stemflow 367
stiffness 50, 138
stigma 232
stipule 26, 99
stoma 296
stomatal aperture 319
stomatal conductance 306, 317
stomatal pore 104
stone cell 395
strain 385
Strasburger cell 53
strata 130
stress 438
stress factor 439
stress response 439
strobilus 231
structural carbohydrates 324
structural growing media 222
structural root 181
structural soil 271
stub cut 42
style 232
suberin 53
suberization 397
suborthodox 256
succession 270
sucker 37
sucrose 341
suction 296
sugar alcohol 446
sun angle 218
sun fleck 91, 330
sun leaf 110
sunscald 447
supercooling 445
suppressed tree 48
surface area 308
susceptibility 373, 387
sylleptic shoot 29
symbiotic organisms 326
symbiotic relationships 359
symplast 61, 19, 310
sympodial 29
symptom 206
systemic 389

[T]

tangential section 58
tannin 61
taper 138
target pH 363
tattering 99
T-beam 186
TD/tissue dehydration 311
TDR/time domain reflectometry 304
temperature 48, 335
temperature gradient 335
tensile force 63, 154
tensile strength 50, 315
tensiometer 304
tension 296, 314
tension wood 50, 154
terminal bud 28
terpene 61
Thaumetopoea processionea 386
the right tree in the right place 414
thermal comfort 12
thermal time 125
thigmomorphogenesis 142
throughfall 367
tolerance 438
tortuosity 143
torus 66
tracheary element 19, 51
tracheid 19, 60, 63, 66
trade-off 22, 80
trade-off triangle 22
traffic load 202
train 248
trait 90, 461
transfusion tissue 107
transition zone 77
transmembrane 310
transpiration 104, 316
transpiration 296
transpiration stream 72
transplant stress 265
transverse/cross section 58
traumatic 395
tree 1, 17
tree biology 7
tree cover 3
tree height 456
tree line 142
tree shelter 286
true leaf 260
trunk 18
turgor loss point 218, 298, 457
turgor pressure 295, 456
turning moment/torque 139
tyloses 78, 158, 398
tylosoid 78

[U]

undercut 275
uniseriate 61
unisexual flower 236
unloading 326
upper epidermis 103
upright cell 61
urban food forestry 247
urban heat island 12, 244
urban tree 3
useful life 156

[V]

vacuole 105, 441
vapor concentration gradient 316
vapor pressure deficit 215, 454
vapour pressure osmometery 467
vascular bundle 24
vascular cambium 19, 44, 184
vascular sectorality 90
vascular tissue 177
vegetative bud 25, 33, 241
vegetative propagation 181
vegetative reproduction 156, 237
vein 104
vessel 19, 63, 68
vessel element 50, 60
vessel perforation 398
vestured pit 86
veteran tree 419
veteranisation 166
viability 254
virulence 392
VOC/volatile organic compound 2, 10, 246, 452
volatilization 367
volunteer seedling 416
VPD/vapor pressure deficit 316
vulnerability curve 88
vulnerable species 427

[W]

warm spell 126
warm stratification 257
warmth 451
water abstraction right 304
water availability 88, 259, 300
water balance 320
water column 82
water conduction 66
water content 77, 205, 300
water deficit 84, 337, 456
water holding capacity 301
water potential 296
water release characteristics 213
water stress 456
water transport 18
water vapor 316
watering bag 301
waterlogging 198, 469
waxy layer 103
weather pattern 2
weathering 478
wetland 469
wettability 82
wetwood 407
white rot 404
white zone 180
whorled grain 143
wilting 456
wilting point 306
wind loading 140
wind pollinated plant 235
wind stress 191
wind-throw 38
windward 142
winter desiccation 450
winter injury 30
wood 18, 44
wood formation 344
woodlands 3
woody plant 17, 43
woolly aphid 409
wound callus 397
wound periderm 396
wound wood 399

[X]

xanthophyll 332
xeric 88
xeromorphic 463
xylem 18, 105
xylem layer 44
xylem mother cell 47
xylem parenchyma 308, 341

[Z]

ZRT/zone of rapid taper 185